·普通高等学校规划教材·

植物资源应用与实践

ZHIWU ZIYUAN YINGYONG YU SHIJIAN

刘松青◎主编

四川大学出版社
SICHUAN UNIVERSITY PRESS

图书在版编目（CIP）数据

植物资源应用与实践 / 刘松青主编 . -- 成都 : 四川大学出版社，2024.7
ISBN 978-7-5690-4045-6

Ⅰ . ①植… Ⅱ . ①刘… Ⅲ . ①植物资源－高等学校－教材 Ⅳ . ① Q949.9

中国版本图书馆 CIP 数据核字（2020）第 257623 号

书　　名：植物资源应用与实践
　　　　　Zhiwu Ziyuan Yingyong yu Shijian
主　　编：刘松青

选题策划：王　锋
责任编辑：王　锋
责任校对：唐　飞
装帧设计：裴菊红
责任印制：王　炜

出版发行：四川大学出版社有限责任公司
　　　　　地址：成都市一环路南一段 24 号（610065）
　　　　　电话：（028）85408311（发行部）、85400276（总编室）
　　　　　电子邮箱：scupress@vip.163.com
　　　　　网址：https://press.scu.edu.cn
印前制作：成都完美科技有限责任公司
印刷装订：四川五洲彩印有限责任公司

成品尺寸：185mm×260mm
印　　张：25
字　　数：685 千字

版　　次：2024 年 7 月 第 1 版
印　　次：2024 年 7 月 第 1 次印刷
定　　价：78.00 元

本社图书如有印装质量问题，请联系发行部调换

扫码获取数字资源

四川大学出版社
微信公众号

《植物资源应用与实践》编委会

主　编：刘松青

副主编：张　硕　杨财容　叶美金　邱成书

参　编：任迎虹　冯　鸿　王　芳　夏　珊
郭海霞　祁伟亮　陈　洁　蒋　伟
唐　蓉　郑名敏　杜亚飞　杜　昕
黄仁维　陈　存　刘　绪　程　驰
曾　睿　刘红玲　薛飞龙

内容简介

植物资源是自然界中多样性十分丰富的一类资源，是目前发展最快的研究领域之一。如何更好地保护植物资源并利用这些资源服务于人类生活是摆在我们面前的重要任务。本书包括两部分，第一部分是理论知识部分，主要涉及植物资源概述、观赏植物及应用、药用植物及应用、食用植物及应用、环境保护植物及应用、组织培养技术、观赏植物栽培技术、食用菌种植及加工技术等；第二部分是实验部分，主要包括实验器皿及器械的洗涤、灭菌和环境消毒、培养基的制作、外植体消毒与接种技术、观赏植物的栽培与养护、观赏植物的嫁接技术、观赏植物的扦插技术、食用菌形态结构的观察、食用菌组织分离与孢子分离培养技术以及原种与栽培种的制种技术、食用菌的种植及管理、食用菌的加工技术等 10 个实验。全书内容丰富，紧跟时代，结构合理，图文并茂，通俗易懂。

本书可作为高等学校生物科学、生物技术、生物工程、生物制药、生态学、园艺、林学、园林、经济林、农学、植物保护、植物科学与技术、应用生物科学、农艺教育、园艺教育、智慧农业、菌物科学与工程、森林保护、农业资源与环境、中药学、中药资源与开发、中草药栽培与鉴定、食用菌科学与工程、食品科学与工程、食品质量与安全等专业的教学用书，也可作为高等学校教师、科研人员、工程技术人员、实验室工作人员、职业教育、新型职业农民培训、植物资源爱好者等的参考书，同时可作为中国大学 MCOO 和智慧树两个在线学习平台《探索神奇的植物世界》课程的配套教材。

前 言

植物是地球上最重要的生物类群之一，据估计全世界约有 50 万种植物，其中高等植物近 30 万种。繁多的植物资源是人类生存和发展的重要物质基础，如何有效合理地开发这些植物、利用这些植物是植物资源学工作者的重要任务之一。

《植物资源应用与实践》课程始于 2005 年成都师范学院建成的四川省精品课程“资源植物学”，2016 年为顺应学科发展，更名为“植物资源应用与实践”，并于当年获四川省创新创业示范课程，2018 年、2023 年先后被评为四川省省级社会实践类一流本科课程和教育部国家级社会实践类一流本科课程，2018 年，课程在东西部课程联盟慕课平台——智慧树网上线运行，为使课程有更大的受众面，经过精心录制，2020 年同步上线中国大学 MCOO 网站，双平台面向全国开放。为增加课程的通识性及网络课程的吸引度需要，线上课程名称确定为“探索神奇的植物世界”，同步进行了内容更改、充实与完善，使其受众面更广，适用性更强，更具普适性，便于全国各高校开设通识性公共选修课使用。线上课程在兼顾原有线下课程的同时，实现华丽转身，选课高校逐步增多，选课人数不断攀升，受到全国各高校及选课学生的好评，2022 年被评为四川省一流线上本科课程。由于课程的进一步开设，不少高校提出能否提供对应的教材，为此，我们组织课程的主讲教师及部分植物资源领域的专家编写了这本教材，满足选用这门课程的师生使用。

本教材突出知识的系统性、实用性和趣味性，注重课程思想政治建设，根据我国农村种植业现状及社会发展需要，紧紧围绕培养创新型人才要求，以强化应用能力为主线，着眼于培养适合相应岗位的人才为目标，提高学生科学实验、生产经营、技术推广和组织管理的能力；依据认知规律，全面系统地介绍了植物资源的分类和特点，开发利用的途径和方法以及保护管理的原理和措施，植物资源研究、应用的基本理论和技能，主要研究领域和国内外发展动态，为从事植物资源研究、应用和经营管理打下基础。使学生在了解植物资源的基本理论和技能的基础上，树立资源经济与资源生态协调统一的资源可持续利用思想。同时，培养学生相应的实验能力，贴近生产和管理实际，让学生通过学习能独立从事相关工作，服务地方经济。

本教材在编写过程中得到了成都师范学院化学与生命科学学院、成都师范学院教务处、成都师范学院科研与学科建设处、成都师范学院教育信息化推进办公室等单位有关领导和老师的大力支持和帮助，全体参编人员付出了辛勤劳动，教材引用来自国内外大量文献资料，限于篇幅，未能全部列出，在此一并致谢。

由于编者水平有限，教材涉及的内容广，知识面宽，研究深度不一，参考资料不尽相同，整体行文风格难免有所差异，不足之处，恳请读者提出宝贵意见，以便进一步修订完善。

编 者

2024 年 4 月

目 录

第一章　绪　论

第一节　植物资源及相关概念

人类作为地球的主宰不过是几百万年的事情，而同样作为生命的载体的植物却在这个星球上存在了几十亿年的光景。从生命学的角度来看，植物从某种意义上应该算作我们人类的远祖。因为在地球形成的初始阶段，如果没有植物对地球大气进行彻底的改造，靠氧气生存的动物便无法出现。因此说，人类是攀扶着植物的茎蔓才站在这个星球上的。多少年来，神奇的植物世界向人们展示着她多姿的神采，在岁月的年轮上刻下了一道道深深的印痕，她哺育了人类、哺育了地球上的所有生灵，不论是纤纤小草或是冲天云杉，我们都可以沿着它的叶脉走向生命的源头。

一、自然资源

自然资源，亦称天然资源，是指在其原始状态下就有价值的货物。一般来说，假如获取这个货物的主要工程是收集和纯化，而不是生产，那么这个货物就是一种自然资源。因此，采矿、采油、渔业和林业一般被看作获取自然资源的工业，而农业则不是。自然资源是自然界赋予或前人留下的，可直接或间接用于满足人类需要的所有有形之物与无形之物。资源可分为自然资源与经济资源，能满足人类需要的整个自然界都是自然资源，它包括空气、水、土地、森林、草原、野生生物、各种矿物和能源等（图1—1、图1—2、图1—3）。自然资源是动态的，能够为人类提供生存、发展和享受的物质与空间。社会的发展和科学技术的进步，需要开发和利用越来越多的自然资源。

图1—1　土壤

图1—2　森林

图1—3　野生动物

《辞海》对自然资源的定义为：指天然存在的自然物（不包括人类加工制造的原材料）并有利用价值的自然物，如土地、矿藏、水利、生物、气候、海洋等资源，是生产的原料来源和布局场所。联合国环境规划署关于自然资源的定义为：在一定的时间和技术条件下，能够产生经济价值，提高人类当前和未来福利的自然环境因素的总称。

自然资源可分为可再生资源、可更新自然资源和不可再生资源。自然资源具有可用性、整

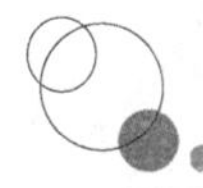

体性、变化性、空间分布不均匀性和区域性等特点。自然资源可划分为生物资源、农业资源、森林资源、国土资源、矿产资源、海洋资源、气候气象资源、水资源等。

生物资源是一类可再生或可更新的资源，如动物资源、植物资源和微生物资源等。这类资源的特性都是具有生长、繁殖、发育和调节的能力。

农业资源是农业自然资源和农业经济资源的总称。农业自然资源包含农业生产可以利用的自然环境要素，如土地资源、水资源、气候资源和生物资源等。农业经济资源是指直接或间接对农业生产发挥作用的社会经济因素和社会生产成果，如农业人口与劳动力的数量和质量、农业技术装备，以及交通运输、通信、文教和卫生等农业基础设施等。

森林资源是林地及其所生长的森林有机体的总称。这里以林木资源为主，还包括林下植物、野生动物、土壤微生物等资源。林地包括乔木林地、疏林地、灌木林地、林中空地、采伐迹地、火烧迹地、苗圃地和国家规划宜林地。森林可以更新，属于可再生的自然资源。反映森林资源数量的主要指标是森林面积和森林蓄积量。森林资源是地球上最重要的资源之一，是生物多样化的基础，它不仅能够为生产和生活提供多种宝贵的木材和原材料，能够为人类经济生活提供多种食品，更重要的是森林能够调节气候、保持水土、防止和减轻旱涝、风沙、冰雹等自然灾害；森林还有净化空气、消除噪声等功能；同时森林还是天然的动植物园，哺育着各种飞禽走兽和生长着多种珍贵林木及药材。

国土资源有广义与狭义之分。广义的国土资源是指一个主权国家管辖的含领土、领海、领空、大陆架及专属经济区在内的资源（自然资源、人力资源和其他社会经济资源）的总称；狭义的国土资源是指一个主权国家管辖范围内的自然资源（图1—4、图1—5）。国土资源具有整体性、区域性、有限性和变动性等特点。

图1—4　领海

图1—5　领空

矿产资源是指经过地质成矿作用形成的，埋藏于地下或出露于地表，并具有开发利用价值的矿物或有用元素的集合体。矿产资源属于非可再生资源，其储量是有限的。世界已知的矿产有160多种，其中80多种应用较广泛。按其特点和用途，矿产资源通常分为金属矿产、非金属矿产和能源矿产三大类（图1—6、图1—7、图1—8）。

图1—6　金属矿产

图1—7　非金属矿产

图1—8　能源矿产

海洋资源是海洋生物、海洋能源、海洋矿产及海洋化学资源等的总称（图1—9、图1—10）。海洋生物资源以鱼、虾为主，在环境保护和提供人类食物方面具有极其重要的作用。海洋能源资源包括海底石油、天然气、潮汐能、波浪能以及海流发电、海水温差发电等，远景发展尚包括海水中铀和重水的能源开发。海洋矿产资源包括海底的锰结核及海岸带重砂矿中的钛、锆等。海洋化学资源包括从海水中提取淡水和各种化学元素（溴、镁、钾等）及盐等。海洋资源的开发较之陆地复杂，技术要求高，投资亦较大，但有些资源的数量却较之陆地多几十倍甚至几千倍，因此，在人类资源的消耗量愈来愈大，而许多陆地资源的储量日益减少的情况下，开发海洋资源具有很重要的经济价值和战略意义。

图1—9 海洋生物

图1—10 海底热液矿

气候资源是在社会经济技术条件下人类可以利用的太阳辐射所带来的光、热资源以及大气降水、空气流动（风力）等。气候资源对人类的生产和生活有很大影响，既具有长期可用性，又具有强烈的地域差异性。

能源资源是在社会经济技术条件下可为人类提供的大量能量的物质和自然过程，包括煤炭、石油、天然气、风、流水、海流、波浪、草木燃料及太阳辐射、电力等。能源资源不仅是人类生产和生活中不可缺少的物质，也是经济发展的物质基础，它与可持续发展关系极其密切。

水资源是自然界中可以液态、固态、气态三态同时共存的一种资源，是在社会经济技术条件下可被人类利用和可能利用的一部分水源，如浅层地下水、湖泊水、土壤水、大气水和河川水等。

二、生物资源

生物资源是人类社会生存与可持续发展不可或缺、生命科学原始常新、获得知识产权及生物产业的物质基础，是保障国家粮食安全、生态安全、能源安全、人类健康安全、实现农业可持续发展的战略性资源。具有特殊用途的生物资源已经成为国家经济与社会可持续发展的重要战略资源，是当前国际生物技术及其产业发展竞争的焦点。在当前的社会经济技术条件下，人类可以利用与可能利用的生物，包括动植物资源和微生物资源等。生物资源具有再生机能，如利用合理，并进行科学的抚育管理，不仅能生长不已，而且能按人类意志进行繁殖更生；若不合理利用，不仅会引起其数量和质量下降，甚至可能导致灭种。

植物资源是在当前的社会经济技术条件下人类可以利用与可能利用的植物，包括陆地、湖泊、海洋中的一般植物和一些珍稀濒危植物。植物资源既是人类所需的食物的主要来源，也能为人类提供各种纤维素和药品，在人类生活、工业、农业和医药领域具有广泛的用途。

动物资源是在当前的社会经济技术条件下人类可以利用与可能利用的动物，包括陆地、湖泊、海洋中的一般动物和一些珍稀濒危动物。动物资源既是人类所需的优良蛋白质的来源，也能为人类提供皮毛、畜力、纤维素和特种药品，在人类生活、工业、农业和医药领域具有广泛的用途。

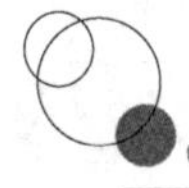

中国是世界上动物资源最为丰富的国家之一。据统计，全国陆栖脊椎动物约有2070种，占世界陆栖脊椎动物的9.8%。其中鸟类1170多种、兽类400多种、两栖类184种，分别约占世界同类动物的13.5%、11.3%和7.3%。在西起喜马拉雅山—横断山北部—秦岭山脉—伏牛山—淮河与长江一线以北地区，以温带、寒温带动物群为主，属古北界，以南地区以热带性动物为主，属东洋界。其实，由于东部地区地势平坦，西部横断山为南北走向，两界动物相互渗透混杂的现象比较明显。

微生物资源是在当前的社会经济技术条件下人类可以利用与可能利用的以菌类为主的微生物所提供的物质，其在人类生活和工业、农业、医药诸方面能够发挥特殊的作用。

生物多样性是生物及其与环境形成的生态复合体以及与此相关的各种生态过程的总和，由遗传（基因）多样性、物种多样性和生态系统多样性等部分组成。遗传（基因）多样性是指生物体内决定性状的遗传因子及其组合的多样性。物种多样性是生物多样性在物种上的表现形式，可分为区域物种多样性和群落物种（生态）多样性。生态系统多样性是指生物圈内生境、生物群落和生态过程的多样性。遗传（基因）多样性和物种多样性是生物多样性研究的基础，生态系统多样性是生物多样性研究的重点（图1—11、图1—12、图1—13）。

图1—11　鹿葱

图1—12　虎

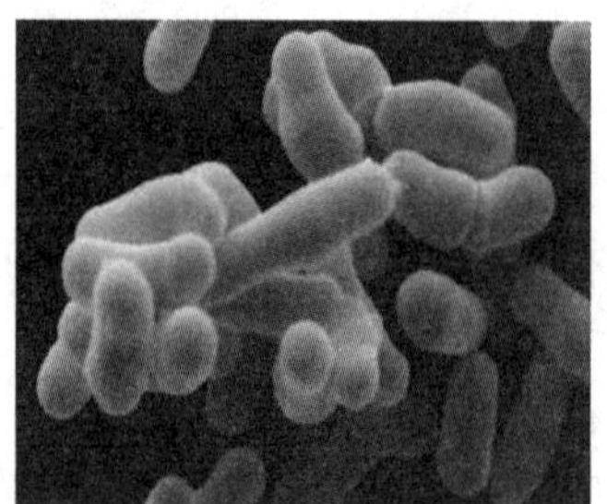
图1—13　杆菌

三、植物资源

对人类有用的植物总称资源植物，具有商品价值的植物就是经济植物。Wickens认为，经济植物是对人类直接或间接有用的植物。直接有用的植物是指满足人类或家畜并维持其生存环境需要的植物；间接利用的植物资源是指可被培育用于工业，或者保护环境，或被用于观赏等用途的植物。Wickens从经济植物产生的历史背景及与其他学科联系的角度，对经济植物概念作了充分的阐述。广义植物包括种子植物、蕨类植物、苔藓植物、藻类植物、真菌和地衣；狭义植物仅指高等植物，即种子植物、蕨类植物和苔藓植物。广义的植物资源包括经济植物。

植物资源是指一切能提供物质原料以满足人们生产和生活需要的可利用的植物。它是生物资源的一个重要组成部分。由于植物资源本身的特性，不同的学者对植物资源的理解有所不同。国内外一些著名学者对植物资源的定义可分为狭义和广义两种概念。狭义概念指的是我国著名学者吴征镒院士认为的，一切有用植物的总和统称为植物资源。广义概念指一切植物的总和。

全世界约有50万种植物，其中高等植物近30万种。植物世界充满了神奇，比如世界上抵抗性最强的植物——千岁兰（图1—14），这种生长在纳米比亚的植物虽然看起来不怎么漂亮，却是相当有“个性”的一类植物。它们由两片叶子和粗壮的根部组成，可谓简单至极。这两片叶子一直不停地生长，根部则一直变厚，而不会继续长高。这种植物可生长到2～8 m宽，寿命可达400～1500年。即使没有雨，它也可以存活5年，可见其生命力有多顽强了。不管是生吃还是烤熟了吃，千岁兰都是一道美味的菜肴，因此有“沙漠之葱”的美誉。捕蝇草因为其特殊的结构而成为最著名的肉食植物。这种植物能猛地吸住任何毫无戒备之心的苍蝇。使这种陷阱闭合的机制包括植物细胞质中的弹性、渗透压力和细胞之间的相互作用，只要被碰触，它就会快速地闭合。世界上有那么一种花，它虽然很出名，但是无论如何你都不会将它种到院子里，这种花就是阿诺尔特大花，它是世界上最大的花（图1—15）。这种花在开花时节，会散发出腐肉的味道。这就是为什么人们不会在院子里栽种它们。不过这种难闻的气味却可以吸引嗜腐肉的昆虫传粉。跳舞草又名舞草、求偶草等，是喜阳植物。当气温达25℃以上并在70分贝声音的刺激下，两枚小叶便绕中间大叶“自行起舞”，故名“跳舞草”。有人说跳舞草是为那些“感恩的死者”而舞蹈的。有一种胖胖的大戟属植物，长得像棒球，这种植物生长在南非的干旱高原，目前是一种濒临灭绝的植物。当地已通过一项立法，想要保护这种稀有的植物，而植物学家们也号召当地人在家里培育这种植物，尽量减少人们对于自然界中这种植物的掠夺。有一种称为“尸花”的植物——巨型海芋，它原产于印度尼西亚苏门答腊岛，正如它的名字一样，这种花在开放时会散发出一股类似腐尸并混合着粪便的味道，奇臭无比。据称，这种气味对“尸花”的生存是至关重要的，因为它能吸引食肉的昆虫将卵产在花朵中，等到昆虫孵化后就成为“尸花”授粉的得力助手。还有生长在马达加斯加岛、非洲大陆以及澳大利亚的猴面包树，或者叫瓶子树，它们不仅外形看起来像瓶子，而且非常能储水，每棵树竟然可以储存300升的水！难怪它们能存活500年呢。伞状的龙血树是索科特拉岛最醒目的植物。1882年，它被Isaac Bayley Balfour在文章中正式描写，它们红色的树汁就像远古时代的龙血一样，常被用于医疗和染料。含羞草的叶子在受到碰触或者摇晃时，就会自动闭合，然后会在几分钟后重新开启。它们原产于南美洲和中美洲，不过现在已经随处可见了。复苏植物较多，比如卷柏，这种植物在完全脱水的情况下，仍然可以继续存活几十年甚至上百年。在气候干燥的时节，它们的茎干可以缩成小球状，当空气湿润之后又会重新伸展开来。

图1—14 千岁兰

图1—15 阿诺尔特大花

图1—16 尸花

中国地域广阔，地形复杂，气候多样，植被种类丰富，分布错综复杂。在东部季风区，有热带雨林，热带季雨林，中、南亚热带常绿阔叶林，北亚热带落叶阔叶常绿阔叶混交林，温带落叶阔叶林，寒温带针叶林，以及亚高山针叶林、温带森林草原等植被类型。在西北部和青藏高原地区，有干草原、半荒漠草原灌丛、干荒漠草原灌丛、高原寒漠、高山草原草甸灌丛等植被类型。我国植物种类多，据统计，有种子植物300科、2980个属、24600个种。其中被子植物2946属（占世界被子植物总数的23.6%）。比较古老的植物约占世界总数的62%。有些植物，如水杉、银杏等，在世界上的其他地区已经绝灭，都是残存于我国的“活化石”。种子植物兼有寒、温、热三带的种类，比全欧洲都多得多。此外，还有丰富多彩的栽培植物。从用途来说，有用材林木1000多种，药用植物4000多种，果品植物300多种，纤维植物500多种，淀粉植物300多种，油脂植物600多种，蔬菜植物也不下80种，成为世界上植物资源最丰富的国家之一。

植物中很多对人类有用，在一定时间、空间、人文背景和经济技术条件下，对人类直接或者间接有用的植物都可称作植物资源。

(1) 时间性。时间性体现在植物不同生长发育时期其利用途径和价值的差异，如“三月茵陈四月蒿，五月砍了当柴烧”。

(2) 空间性。空间性是指植物在其分布区域内，由于环境条件的变化导致利用价值的差异，具有明显的地道性，如浙江的浙贝母具有清肺祛痰之功效，适用于痰热蕴肺止咳嗽；四川的川贝母能润肺止咳，有燥热止咳嗽、虚劳止咳嗽之功效；广藿香分为牌香、肇香、湛香、南香等；此外还有甘肃的当归、宁夏的枸杞等。表1－1和表1－2显示空间性对植物特定成分含量的影响。

表1－1 不同产地丹参中各种化学物质的含量测定

	山西东垆（无花）	山西永乐（白花）	山西大王（紫花）	四川（紫花）	山东（紫花）	陕西（紫花）	甘肃	陵川
醚浸出物（%）	2.95	2.61	1.90	2.08	3.08	3.59	3.17	2.48
水浸出物（%）	61.08	33.95	57.62	58.24	57.41	51.64	52.96	36.79
丹参酮ⅡA（%）	0.30	0.09	0.15	0.02	0.13	0.26	0.12	0.10
总酚酸吸光度A	0.57	0.78	0.59	0.61	0.49	0.60	0.17	0.31
总酚酸含量（%）	3.64	5.04	3.77	3.83	3.11	3.79	1.09	1.96

表1－2 不同产地金银花中绿原酸的含量

采集/提供地点	质量分数	绿原酸含量（%）
河南封丘城郊	2.79	0.83
河南封丘杨许寨	3.08	0.66
河南密县	2.67	0.52
山东平邑羊城	3.50	1.17
山东平邑郑城	2.39	0.83
山东平邑流域	2.50	0.85
江苏南京	2.46	0.77
重庆	5.02	0.51
四川南江金银花研究所	5.74	0.82
湖南隆回金银花研究所	6.45	0.90

(3) 人类认识水平和技术手段的限制利用。比如美国 Wall 博士和 Wani 博士于1967年发现，红豆杉（*Taxus chinensis*）中的紫杉醇具有广泛抗恶性肿瘤的作用，1999年我国将红豆

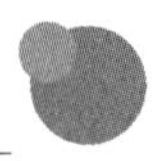

杉列为一级濒危保护植物，导致这种植物的身价倍增。明代《本草纲目》中记载，银杏（*Ginkgo biloba*）“熟食温肺益气，定喘嗽，缩小便，止白浊；生食降痰消毒、杀虫。”说明银杏果在治疗咳嗽、哮喘、遗精遗尿、白带方面具有独特的效果。通过对银杏果药用成分分析得知，其果肉内含黄酮、内酯、白果酸、白果醇、白果酚、鞣酸、抑菌蛋白及多糖等有效成分，具有抑制真菌、抗过敏、通畅血管、改善大脑功能、延缓老年人大脑衰老、增强记忆能力、治疗老年痴呆症和脑供血不足等功效。除此之外，银杏果还具有耐缺氧、抗疲劳和延缓衰老的作用。银杏叶提取物对治疗冠心病、心绞痛和高脂血症有明显的效果，可明显改善冠心病患者的头晕、胸闷、心悸、气短、乏力等症状，可改善心脏血流、保护缺血心肌，降低胆固醇、甘油三酯、升高高密度脂蛋白，改善血液流变学的某些指标，对预防心脑血管疾病有重要意义。有研究表明，银杏叶提取物在口腔中具有一定的抗菌和抗细菌黏附等作用，且其所具有的增强免疫、促进肿瘤细胞凋亡的作用，对口腔癌具有一定的疗效。另有报道称，银杏叶提取物能抑制亚硝酸胺等物质的致癌作用。

（4）人类的审美观点和个人喜好不同，植物资源的价值也大为不同。比如兰花的观赏价值就因人而异。

四、植物资源学

植物资源学是研究植物资源种类、蕴藏量、开发利用、分类和分布、引种和驯化、植物体内有机物的形成、积累和转化规律、提取和加工的条件（李扬汉，1982）。植物资源学是研究有用植物的分类，有用物质的形成、积累、转化规律以及它们的开发利用与保护等的一门综合性科学，其中植物资源的持续发展是本学科研究的最重要和最基本的内容（裴盛基，1982；许再富，1996）。植物资源学是应用植物学的一个分支，它是研究资源植物的分布、分类、引种驯化；植物资源中有用物质的性质，形成积累和转化的规律及其提取和加工的工艺；一定地区的植物资源种类蕴藏量，开发利用及其保护的一门学科（刘胜祥，1992）。

根据以上有关植物资源学的各种定义，并结合植物资源学的发展趋势，本书将植物资源学定义为研究植物资源的种类、分布规律、有用成分的形成、积累与转化规律、开发利用途径（包括新资源植物的寻找）、对人类利用的反应、植物资源的动态特征、植物资源的可持续利用和保护途径（包括野生植物资源的引种和驯化）等的一门综合性科学。它是一门新发展起来的边缘科学，是植物学向应用领域拓展，并与植物化学、分类学、中药学、生药学、食品学、生态学、农学等多学科交叉渗透，应用现代科学技术、基础理论和方法研究植物资源的种类、分布、用途、品质、贮量、利用方法、产品开发和资源保护与可持续利用的科学。

植物资源应用与实践是研究植物资源的分类分布、引种驯化、理化成分、经济价值、常见植物的种类、栽培技术以及开发利用和保护的一门应用型学科。

第二节 研究植物资源的意义

凡对人类有直接和间接利用价值的栽培和野生植物均是植物资源，从这一意义上讲，所有植物均是资源。植物资源具有再生性、地域性和多宜性的特点。

（1）再生性。植物能吸收和固定太阳能，并不断自然更新和人为繁殖扩大。从理论上讲，植物资源是用之不竭的资源，但若管理不善，也会退化和永远消失，保护和合理利用植物资源是人类面临的重要课题。

（2）地域性。不同植物种的生理适应能力与地质历史时期和现存地理环境的差异，导致不同植物物种和植物群落的垂直分布和水平分布规律。地球从南往北热带、亚热带、温带、寒温带、寒带的分布，依次出现雨林、季雨林、常绿阔叶林、针叶阔叶混交林、针叶林、草原以及灌丛、草地等。植物分布的地域性强烈影响植物资源的利用状况，必须因地制宜发展和利用优势植物资源。

（3）多宜性。植物资源有多种用途和功能，如森林资源既可提供木材等工业原料，又可保持水土、净化空气、防风等。一种植物从花、果、籽到根、茎、叶也可能有多种用途。这种多宜性，在开发利用时必须全面权衡，综合利用。

因此，植物资源是地球的主要组成部分，研究植物资源有重要的意义。

（1）人类和其他生物赖以生存的基础。植物资源是自然界重要的生产者，是第一生产力的“创造者”，也就是说，它处于生产者的地位，没有它对物质的生产，其他生物就无从谈起，所以它是人类和其他生物赖以生存的基础。

（2）植物资源是人类食物的来源之一。比如粮食作物、蔬菜、水果等可作为人类食物的来源。

（3）近缘野生种的抗逆性是培育新品种的重要资源。地球上众多的植物大部分还处于野生状态，我国植物资源极为丰富，可利用的仅为1%～2%，但我们的衣食住行离不开这些植物，被动地利用野生植物显然不行，现有的栽培种已不能满足人们的需求，只能从野生植物种驯化栽培对人类有用的植物。

图1—17　**喜树**

图1—18　**皂荚**

（4）野果、野菜可作为高营养价值的食物进行开发。每种植物有着不同的形态结构和相同或不同的化学物质，有着广阔的开发前景。比如可食用的山葡萄、余甘子、无花果、蕨菜等，沙棘开发成沙棘饮料，油橄榄提取橄榄油。

图1—19　**余甘子**

图1—20　**沙棘**

图1—21　**油橄榄**

（5）植物资源是治疗各种疾病的主要药物来源。

人参中的人参皂苷、黄花蒿中的青蒿素、甘草中的甘草酸和甘草苷、萝芙木中的生物碱、

月见草中的脂肪酸、红豆杉中的紫杉醇、喜树中的喜树碱、皂荚中的三萜皂苷等。

图 1—22 萝芙木

图 1—23 月见草

图 1—24 水栗

（6）植物资源是许多工业原料的重要来源。

棉花、亚麻、芦苇等纤维素植物，薄荷、花椒、姜黄、紫草、茜草等色素和香料植物，甘草、甜叶菊作食品添加剂，漆树提取生漆，杜仲提取杜仲胶，绿玉树提取石油物质，油瓜中提取油脂，麻疯树中提取麻疯树油，瓜儿豆种子中提取瓜儿胶，栓皮栎作软木。黄连木是优良的木本油料树种，具有出油率高、油品好的特点。其种子含油率 42.26%（种仁含油率 56.5%），种子出油率 20%～30%，果壳含油量 3.28%，是一种不干性油，油色淡黄绿色，带苦涩味，精制后可供食用；鲜叶含芳香油 0.12%，可作保健食品添加剂和香熏剂等。所含的脂肪酸主要包括棕榈酸、油酸、亚油酸、棕榈油酸、硬脂酸、花生四烯酸、亚麻酸，其中油酸、亚油酸、棕榈酸 3 种脂肪酸的含量之和占脂肪酸总量的 95%左右。麻疯树有较高的经济价值，是世界公认的生物能源树，其种仁是传统的肥皂及润滑油原料，并有泻下和催吐作用，油枯可作农药及肥料。

图 1—25 棉

图 1—26 薄荷

图 1—27 甜菜

（7）植物资源是开发无污染生物农药的原料来源。

植物资源是开发无污染农药的热点，它解决了传统农药毒性大、易残留、难分解的缺点，具有毒性小、残留少、易分解的特性，如除虫菊酯、烟碱等杀虫剂。

（8）植物资源是筛选一些有用植物的重要物种库。

对野生植物进行筛选，可获得优良的观赏绿化植物、抗污染植物、净化环境植物、防风固沙植物、绿肥植物、能源植物等，它是改良农作物品质性状的重要资源。

（9）植物资源是山区人民脱贫致富，保护天然林资源，调整林区产业结构的重要组成部分。

目前对于植物的开发利用水平低下、掠夺式索取导致破坏严重，影响了其自然更新与可持续利用。因此，研究植物资源，合理应用植物资源，在提高人民生活质量、保护生态环境和物种多样性方面具有重要意义。

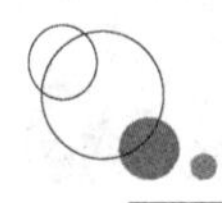

图 1—28　黄连木

图 1—29　麻风树

第三节　我国及世界上植物资源开发利用的历史

中国植物资源开发历史悠久，我们的祖先为了生存，很早就开展了植物资源的利用，积累了植物资源开发利用的宝贵经验。

新石器时代（距今 7000 年），浙江余姚河姆渡发现有大量的稻谷、稻壳和稻叶及葫芦科的小葫芦种子。

随着人们利用植物水平的提高，对药用植物和观赏植物的利用和研究逐步增加，出版了不少的专著。

《诗经》中涉及大量的植物名称，有 130 多种，如：参差荇菜，左右采之；桃之夭夭，灼灼其华；园有桃，其实之淆。桃是我国开发较早的种类（浙江、河南）。

秦汉时期的《神农本草经》是最早的以植物为主的药物学专著，记录药用植物 252 种。

北魏时期的《齐民要术》把植物大致分为粮食作物、蔬菜、果蔬、㮂柘、竹木等经济作物。

明代李时珍（1578 年）的《本草纲目》收载药物 1892 种，其中药用植物 1094 种，分成草、谷、菜、果和木等五部，以及山草、芳草等三十类。《本草纲目》先后流传到日本（1606 年）、朝鲜、越南等地，1656 年，波兰人卜弥格将《本草纲目》译成拉丁文本，书名《中国植物志》（*Florasinensis*），在欧洲维也纳出版，1676 年米兰出版了意大利文译本，1735 年以后又被翻译成法文、德文、英文、俄文等多种文字。李时珍的科学活动要比林奈的科学活动早一个半世纪，达尔文在 19 世纪中期读到《本草纲目》时，他立即在他的重要著作《人类起源及性的选择》一书中引证了《本草纲目》的有关资料，以论证他提出的说明生物进化的人工选择原理。

清代吴其濬《植物名实图考》记录植物 1714 种，将其分为谷、蔬、山草、隔草、石草、水草、蔓草、芳草、毒草、群芳、果和木等 12 类。

新中国成立前对植物资源的研究较少，新中国成立以后，我国对植物资源调查与利用工作较为重视，组织了全国范围的普查工作，编写了各类植物资源志。1958 年开展野生植物资源的普查活动，1959 年基本摸清植物资源的分布状况。特别值得一提的是，《中国植物志》的编撰，从 1959 年到 2004 年，编撰了 80 卷 126 册 5000 多万字，记载了我国 3 万多种植物，共 301 科 3408 属 31142 种，全国 60 余家科研教学单位，312 位作者，164 位绘图人员，80 年的工作积累，45 年艰辛编撰，经过四代人的艰辛努力才得以完成，是目前世界上最大型、种类最丰富的一部科学巨著，2010 年“《中国植物志》的编研”被授予国家自然科学奖一等奖。除

此之外还有《中国经济植物志》《中国有毒植物》《中国油脂植物》《中国辛香料植物资源开发与利用》《中国蜜源植物》《中国资源植物利用手册》等一些专门的植物志和《山东经济植物》《河南经济植物志》等地方植物志的编撰,《植物学报》(JIPB)、《植物分类学报》(JSE)、《植物学通报》(《植物学报》)《植物研究》《广西植物》《西北植物学报》《武汉植物学报》《云南植物研究》(《植物资源与环境学报》)《中国野生植物资源》等相关植物学期刊也相继创刊。这些工作的开展,为科学地研究和开发利用植物资源奠定了基础。

图 1—30 广西药用植物园

应用研究方面建立各级植物保护区和药用植物园,引种驯化栽培管理,如水杉和银杏的开发利用,现在世界各地都有引种栽培;北京大道南侧的鹅掌楸(马褂木);开发了红豆杉树、黄花蒿、油瓜、蝴蝶果、麻风树、瓜儿豆、田菁等一批新的植物资源。近期主要重点保护植物的确定与保护,药用植物方面主要进行了药源的开发利用、引种及栽培研究,生物技术的应用,新药开发,综合利用,有效成分的合成和结构改造以及基础性研究等。芳香植物方面,目前已生产的天然香料有 120 多种。其中,薄荷油、桂油和茴油的产量已稳居世界第一。因此,无论在香料植物资源上,还是目前已经形成商品的天然香料的品种和数量上,我国在国际上均已占有一定的地位,已成为天然香料的生产大国之一。

图 1—31 红豆杉树

图 1—32 桂油

图 1—33 芦荟粉

国外对植物的重视程度远远大于我国,他们将植物资源看作"资源库"和提高栽培植物产量和质量的"种质库"。多数国家设置了种质资源研究机构,并颁布了可保护植物种质资源的法规或条例,出版了具有世界性野生植物研究刊物,如英国的大英博物馆、邱园植物园,收藏着全世界的植物腊叶标本,并出版了邱园植物园名录,是世界各国研究和考证植物史的重要参考资料。世界各国都出版了本国的《植物志》,有的国家还专门出版了野生植物的书刊,如苏联的《苏联野生有用和工艺植物》和《植物资源》杂志,专门报道苏联国内和世界上研究野生资源植物的最新成果和研究方法,许多国家都有《植物学》刊物,如 *American Journal of Botany*、*Annals of Botany*、*Annals of the Missouri Botanical Garden*、*Plant Biology*、*Botanical Journal of the Linnean Society*、*International Journal of Plant Sciences*、*Plant Journal*、*Plant Molecular Biology*、*Plant Systematics and Evolution*、*Systematic Biology*、*Systematic Botany*、*Taxon* 等,这些著作和刊物中均发表一些野生植物资源开发利用的情况。各国在保护植物种质的同时,加强了植物资源综合利用的科研,对芳香植物、抗癌植物等方面的研究较深入。苏联报道了许多野生小浆果类资源的综合利用情况,特别对沙棘资源的综合开发利用报道的资料较丰富。

美国从20世纪50年代开始重视药用植物，如抗肿瘤药物，筛选了11万种植物提取液，已证实有作用的有5000种左右。德国从番荔枝中分离出的附子碱是一种较好的强心药，从银杏中提取出治疗冠心病的新药“银杏内酯”，效果显著。法国当前医药工业的发展趋势是转向天然药物，以克服合成药物的副作用，特别是从东方天然药物中筛选新药，如从玫瑰中找到7一羟基玫瑰树碱和9一氨基玫瑰树碱，具有抗肿瘤作用。日本在野生植物的染色体、化学成分上研究较多，特别对抗癌植物的筛选研究上，取得了可喜的成果。

第四节　植物资源应用与实践课程的任务和要求

本课程主要从应用与实践的角度去学习植物资源，通过课程的学习，同学们能够了解植物资源的分类系统，了解植物资源的种类、数量、分布，了解植物资源合理开发与利用，了解植物资源的动态规律，掌握常见的植物资源及栽培管理技术，提出科学的经营管理方法，积极扩大与寻找新的植物资源为人类服务。

全书介绍了植物资源的基本知识，简要介绍了植物资源的分类方法、植物资源的基本特点、植物资源的分布情况，接着介绍了观赏植物分类、开发利用现状，主要的观赏树木资源，分别介绍了乔木、灌木、藤蔓、匍匐类、竹类、棕榈等植物；主要的观赏花卉资源，分别介绍了露地花卉、室内花卉、岩石植物、观赏草类、专类花卉、草坪与地被植物等；另外还详细介绍了中国传统十大名花。在药用植物部分，首先从总体上介绍了药用植物资源的情况，接着介绍了具有解表、清热、泻下、止咳化痰、祛湿、理气、理血、补益等功效的中草药植物，介绍了具有杀虫、杀菌、除草作用的农药植物，介绍了含生物碱、毒蛋白、酚类的有毒植物。在食用植物方面，介绍了可作为植物食品添加剂的色素植物、芳香植物、甜味植物、调味植物，可作为植物常规食品的淀粉植物、蛋白质植物、油脂植物、糖料植物、饮品植物、维生素植物，可作为功能性食品的提高免疫力植物、抗衰老植物、抗疲劳植物、降血压植物、降血脂植物、降糖植物、减肥植物、美容植物、抗肿瘤植物。还介绍了环境保护植物的分类及开发现状，介绍了具有防风固沙、保持水土、改良土壤、监测和抗污染、绿化美化、保护环境、污染指示等作用的环境保护植物。通过这部分学习，同学们能从应用上探索出植物的神奇一面。为了加深同学们的直观感受，也为了使同学们通过这门课程的学习掌握一些实用技术，后面安排了不少实验课，比如，植物组织培养技术实验，老师从实验器皿及器械的洗涤、灭菌、环境消毒、MS培养基制作、外植体消毒与接种技术方面进行实际操作，只要大家认真看，就能基本掌握这项技术。观赏植物栽培技术实验介绍了观赏植物的陆地栽培管理、盆栽观赏植物的栽培管理、枝接、芽接、根接、嫁接后的管理、植物的扦插技术和后期管理。最后以香菇、黑木耳、灵芝、羊肚菌为例介绍了食用菌的种植技术及加工技术。

图1—34　香菇

图1—35　灵芝

图1—36　羊肚菌

第二章 植物资源概述

第一节 植物资源的概念与分类

资源（Resource）的直接含义，是生产资料或生活资料的来源。以前泛指人类从事社会活动所需的全部物质基础。现在指在一定的时空分布和一定的经济条件和技术水平下，由人们发现的、可被利用的、有价值的东西，包括有形的物质和无形的东西，如资本、技术和智慧等。资源的分类：①按来源分：分为自然资源和社会经济资源两大类。②按自然资源的性质分：分为可更新资源和不可更新资源。可更新资源包括太阳能、地热、风能、水力能、生物资源等，生物资源包括植物资源、动物资源和微生物资源。植物资源是生物资源的一个重要组成部分，由于植物资源本身的特性，不同的学者对植物资源的理解有所不同。我们根据国内一些著名学者对植物资源的定义，将这些概念划分为狭义和广义两种。狭义上我国著名学者吴征镒院士对植物资源定义如下：一切有用植物的总和，统称为植物资源。广义上植物资源是指一切植物的总和，中国植物资源是指中国土地上的一切植物总和。某一地区的植物资源是指某一地区的一切植物总和。

植物资源的分类方法有四类：①按植物分类系统分类；②按资源用途分类；③根据植物体内的内含物和用途分类；④按植物资源分类系统分类。什么叫作植物分类？它是一门主要研究整个植物界的不同类群的起源、亲缘关系，以及进化发展规律的一门基础学科，也就是把纷繁复杂的植物界分门别类一直鉴别到种，并按系统排列起来，以便于人们认识和利用植物。植物界被分为低等植物和高等植物。低等植物包含藻类植物、菌类植物、地衣植物，高等植物分为苔藓植物、蕨类植物、裸子植物、被子植物。藻类植物、菌类植物、地衣植物、苔藓植物、蕨类植物为孢子植物，裸子植物、被子植物为种子植物。

按资源用途分类，不同的学者有不同的观点。1960 年中华人民共和国商业部土产废品局和中国科学院植物研究所编著的《中国经济植物志》将植物分成：①纤维类；②淀粉及糖类；③油脂类；④鞣料类；⑤芳香油类；⑥树脂及树胶类；⑦橡胶及硬橡胶类；⑧药用类；⑨土农药类与其他类的植物。王宗训 1989 编写的《中国植物资源利用手册》将资源植物分为 10 类，即纤维植物、淀粉及其他类植物、油脂植物、鞣料植物、芳香油植物、树脂植物和树胶植物、保健饮料食品植物、甜味剂植物和色素植物、饲料植物和其他资源植物。董世林 1994 年编写的《植物资源学》将资源植物分为成分功用型和株体功用型植物资源。成分功用型包含：①饮食用植物资源类，又包含野果植物资源、色素植物资源、淀粉植物资源、油脂植物资源、芳香植物资源、野菜植物资源、饲用植物资源、蜜源植物资源、甜味剂植物资源 9 个植物资源相。②医药用植物资源类包含药用植物资源一个植物资源相。③工业用植物资源类包含芳香油植物资源、油脂植物资源、淀粉植物资源、树脂植物资源、鞣质植物资源、树胶植物资源 6 个植物资源相。④农业用植物资源类包含绿肥植物资源、农药植物资源两个植物资源相。株体功用植物资源型包含：①株体藏身功用植物资源类包含能源植物资源（薪炭型能源）、纤维植物资源（原纤维型）、木材植物资源、寄主植物资源、种质植物资源 5 个植物资源相。②株体效益植物资源类包含指示植物资源、环保植物资源、绿化观赏植物资源、防风固沙植物资源、水土保持植物资源5个植物资源相。何关福根据植物体内的内含物和用途将植物分成：①甜味品植物资源；②淀粉植物资源；③蛋白质植物资源；④油脂植物资源；⑤芳香植物资源；⑥维生素植物资源；⑦色素植物资源；⑧鞣质植物资源；⑨树脂植物资源；⑩胶用植物资源；⑪药用植物资源；⑫饮料植物资源；⑬野菜植物资源；⑭野果植物资源；⑮纤维植物资源；⑯木材植物资源；⑰饲料植物资源；⑱蜜源植物资源；⑲经济昆虫寄生植物资源；⑳环境植物资源。

我国著名的植物分类学家吴征镒1983年的植物资源分类系统将植物资源分成食用、药用、工业用、保护改造环境用和种质资源5大类。

(1) 食用植物资源包括直接和间接（饲料、饵料）食用的植物，可分为7类。①淀粉、糖类植物。如橡子、薯芋、魔芋、蕨类、葛根、百合、慈姑、菱角等，是中国野生淀粉植物中较主要的种类。各种橡子种实淀粉含量多在50%以上，可供食用及酿酒等；含糖及甜味植物有龙眼、荔枝、柿、枣、罗汉果、马槟榔、甜茶（石栎幼叶）等。②蛋白质植物。包括小球藻、叶蛋白、食用菌类、四棱豆、派克豆等。③油脂植物。初步查明全国野生油料植物含油量在15%以上的有约1000种。其中木本油料植物含油量在20%以上的有约300种，能够食用的百余种，如蝴蝶果、油瓜、榛子、文冠果及各种野生油茶、核桃、松子等。④维生素植物。以各种野生植物为主，如猕猴桃、阳桃、沙棘、山楂、海棠及蔷薇属的许多种，其鲜果一般每百克含维生素200～800毫克。缫丝花（刺梨）可达2000毫克。⑤饮料植物。除茶叶、可可、咖啡三大饮料植物外，还有若干地区性饮料植物（主要是代茶植物），如云南的扫把茶，四川的白茶，广东的布渣叶、鸡蛋花及中国传统的槐花、桑叶茶、菊花茶、金银花等。⑥食用香料色素植物。苏仿木、茜草、红花、姜黄等为中国传统食用色素。香茅、木姜子、花椒、茶辣及砂仁、三萘、八角、桂皮等为中国特产调味香料。⑦植物性饲料、饵料。包括大部分禾草类、豆科植物的枝叶荚果，构树叶、高山栎、各种野芭蕉、芭蕉芋等。

(2) 药用植物资源可分为2类。①中草药。载于历代本草的中药在500种以上，常用的有300多种，绝大部分来自野生植物，但多逐渐栽培。如三参（人参、党参、丹参）、杜仲、黄连、贝母、天麻、枸杞、当归、川芎、柴胡、甘草、栝楼、桔梗等，均为较名贵的或常用药。全国药草达5000种以上，常用的约400种，有些已进行栽培和制造成药，或作为化学药品的原料，如萝芙木、三尖杉、锡生藤等。②植物性农药。包括土农药植物，如除虫菊、冲天子、鱼藤、百部、无叶假木贼等共约500种。它们含有除虫菊素、植物碱、糖苷类等物质，有杀虫灭菌或除莠的功能。还有植物激素如露水草（含脱皮激素）、胜红蓟（含抗保幼激素）等，也可作农药用。

(3) 工业用植物资源包括木材、纤维、鞣科、芳香油、胶脂、工业用油脂及植物性染料等资源。①木材资源。中国是少林国家，而且森林分布不均，随木材的大量采集和森林资源的减少，今后进行树种资源的调查研究并人工营造速生、珍贵木材将是重点工作之一，如团花、八宝树、望天树、阿丁枫、毛麻楝、泡桐、杉木、各种杨树等都是优良速生树种。②纤维资源。中国重要纤维植物有190种，主要利用禾本科、鸢尾科、香蒲科、龙舌兰科、棕榈科等单子叶植物的杆、叶及榆、桑、荨麻、锦葵、木棉、罗布麻等的根、茎、皮部或果实的棉毛，用以纺织、造纸、编制等。竹类、芦苇、稻草、麦秆、玉蜀黍皮资源最富，用途最广。③鞣料资源。鞣科植物含有丰富的单宁，不仅可以烤胶鞣革、制药，并已发现还是优良的去水垢物质。各种落叶松、云杉、铁杉、黑荆树、红树、儿茶等都是重要的单宁原料植物。④芳香油资源。芳香油植物是提取香料、香精的主要原料，中国种子植物中约有60余科含有芳香油植物。木姜子、

樟树、枫茅、香草、依兰香、金合欢、安息香等都是中国用于生产的香料植物。⑤植物胶资源。包括富含橡胶、硬胶、树脂、水溶性聚糖胶等的植物，如松科的很多种，豆科的槐、瓜儿豆、金合欢、黄芪等，杜仲、多种卫茅、夹竹桃科的鹿角藤、花皮胶、杜仲藤及菊科的橡胶草、银叶菊等。它们分别生产各种胶脂，但栽培的三叶橡胶树仍是现今橡胶的主要来源。⑥工业用油脂资源。在含油量 20%以上的大约 300 种木本油料中，工业用油树种占 50%以上，如油桐、漆树、乌桕、风吹楠属植物等。桐油、生漆为中国传统的出口商品。工业能源植物还有续随子、马利筋等以及新近引种成功的西蒙德木。⑦工业用植物性染料。如桑色素、苏木精、红木靛叶、姜黄等。

（4）保护和改造环境植物资源有 5 类。①防风固沙植物。如木麻黄、大米草、多种桉树、银合欢、毛麻楝、杨树、琐琐、柽柳、沙拐枣等。②保持水土、改造荒山荒地植物。如银合欢、金合欢、雨树、牛油树、油楝、黄檀、洋槐、锦鸡儿、胡枝子、榛葛藤及多种木本油料植物。③固氮增肥、改良土壤植物。如桤木、碱蓬（钾肥植物）、紫苏（增加土壤有机质）、田菁、紫云英、红萍等。④绿化美化、保护环境植物。包括各类草皮、行道树、观赏花卉、盆景等。中国到处都有各色观赏植物，如菊梅、牡丹、芍药、海棠、山茶花、杜鹃花、樱花、报春花、龙胆、百合花、兰花及龙柏、水杉、台湾杉、珙桐、棕榈等。⑤监测和抗污染植物。如碱蓬可监测环境中汞的含量，风眼莲能快速富集水中的镉类金属，清除酚类。森林对于净化环境有极大作用，许多水藻也有净化水域的功能。

戴宝合（2003）介绍了常用的 22 个植物资源类型。

（1）淀粉植物资源：包括食用和工业用淀粉。我国野生植物中蕴藏着大量的淀粉。如葛根、蕨根等是淀粉植物的主要种类。估计全国可产野生植物淀粉 300 万吨以上。

（2）油脂植物资源：根据多年的调查资料，我国含油率在 10%以上的野生油脂植物有 1000种之多，其中完全可食用的有 50 多种。有些含有特种脂肪酸，如 γ—亚麻酸等，对人体极具营养保健价值。蝴蝶果、油朴、深木、文冠果等也是很好的食用油源。可供工业用的如油桐等是很有工业价值的油脂植物资源，我国油桐产的桐油，在世界上颇负盛名。

（3）纤维植物资源：纤维植物量大，用途广泛。我国从汉代就开始用纤维植物造纸了，当时使用的原料主要是竹类和树皮，以后逐渐发展到使用草类纤维和木材纤维。至今瑞香科和桑科中的一些植物的韧皮纤维仍是制造特种纸张和高级文化用纸的最好原料。我国古代的衣料除蚕丝外，主要为麻类纤维，其中野葛的韧皮纤维用于织布，称之为“葛布”。苎麻也是使用较早的织布原料，在棉花引入栽培之前，曾经使用极为广泛。椴树科、梧桐科、桑科、亚麻科等的植物纤维可以纺织麻袋和帆布等，也可用于制绳索。纤维植物除用于造纸、纺织、制绳外，用其编织物品在我国也有很悠久的历史，直到现在仍占有一定地位，如草帽、草席、竹筐、竹椅、条筐、簸箕等。棕榈科的黄藤、白藤，防已科的青藤，都是特色的编织植物。此外，作为填充料、刷子等使用的纤维植物也不少，如木棉纤维就是救生圈、枕芯等的优良填充料。

（4）药用植物资源：高等植物是人类现用药物的重要资源。我国药用植物的种类和蕴藏量极为丰富，素有“世界药用植物宝库”之称。我国已发现的药用植物有 11146 种，其中绝大多数为野生植物。中草药在我国人民保健事业中占有重要的位置。国外一些学者也认为“现在是从高等植物，也就是从自然资源中来发现新药的时代”。美国国立癌症研究所曾对 20525 种植物进行动物抗癌活性的筛选。国外越来越多的人把治疗疾病的希望寄托在天然植物上。我国民间的兽用药大多数来自植物，其中有许多是中草药。对于民间的兽用药，也应该更好地加以筛选和整理。

(5) 芳香植物资源：芳香植物有食用香料植物和工业用香料植物。食用香料植物的一些芳香油是重要的香料工业原料。我国已发现的芳香植物有400余种。其中桂油、松节油、柏木油、山苍子油等的产量已居世界前列。樟树产的樟脑，产量居世界第一。全世界已发现的芳香植物有1000多种，在国际市场上有名录的天然香料约500种，实际上作为天然香料应用而具有商品价值的约200种。

(6) 鞣质及染料植物资源：鞣质是有机酚类复杂化合物的总称。鞣质又称单宁，栲胶是它的商品名称，是从含鞣质植物中浸提出来的产品。鞣质广泛分布于植物中，目前已知含鞣质较多的植物有300多种，但真正符合经济要求的鞣质植物仅有几十种。生产上常被利用的有：凤尾蕨、落叶松、铁杉、云杉、油松、化香树、栓皮栎、刺栲等栎类；红树科的角果木、秋茄树、蔷薇科的悬钩子、豆科的黑荆树等。鞣质本身也是染料和媒染剂。其他可作为染料的植物，常见的有靛蓝、栀子、苏木、茜草等。它们主要用于织物的染色，随着合成有机染料的发展，植物性染料的使用大为减少。但目前在织物染色行业回归自然的浪潮下，天然植物染料仍有着其特殊的地位。

(7) 树脂及树胶植物资源：树脂包括松脂、橡胶、漆树等，它们的性质和用途各不相同。松脂是我国马尾松等松树树干流出物，每年产量很大，经提炼后生产脂松香和松节油，主要用于出口，在世界贸易中占有一定份额。除马尾松外，我国两广地区还引进种植美国湿地松，还有云南松、思茅松、南亚松等都是优良的采脂树种。橡胶原产巴西热带雨林，现在世界上栽培、开发利用也只有200年的历史，可说是植物资源开发利用的一个典范。生漆的利用在我国有数千年的历史，在20世纪50—80年代是重要的出口物资。现在虽然为化学漆所代替，但在有些特种漆中，它们是不可缺少的原料。树胶也是重要的工业原料，能够从树木中提取出来，或从草本植物的种子中获得，现在都称“植物胶”。植物胶属于多糖类化合物，水溶性好。我国产的植物胶主要有桃胶类、田青胶、葫芦巴胶等，在食品、化工、石油、冶金等行业均大量使用。

(8) 饮料及野果植物资源：饮料包括叶类加工产品和野果类加工产品。其发展趋势是从植物资源中寻找新的天然保健饮料。我国现已发现有开发潜力的野生饮料植物有80多种，其中有柿叶茶、苦丁茶、刺李（果）、沙棘、野蔷薇果、猕猴桃属植物、野山楂、酸枣、山葡萄、君迁子、越橘等。野生果树除少部分果实可直接食用外，一般均需加工后作饮料或食品使用。

(9) 食用色素植物资源：食用色素植物资源在我国民间应用历史悠久，用量也较大。如乌饭树、红曲霉、姜黄、染饭花等都是直接被利用的。在合成食用色素被发现对人体有害而逐渐被摒弃后，天然食用色素越来越受人们欢迎。胡萝卜素是人们熟知的一类黄色素，现已发现有400多个胡萝卜素化合物。除胡萝卜根中含有大量胡萝卜素外，许多植物的果实中也含有它们。胡萝卜素对人体有益，在人体内可转化为维生素A。其他食用色素目前也已开发出许多产品。

(10) 甜味剂植物资源：人们通常以蔗糖作为甜味剂，但过多食用蔗糖可造成龋齿、肥胖、心脏病和糖尿病等病害，而合成的糖精对人体有害，已被许多国家禁用或限制使用，这就促使人们从植物中寻找安全、低能量、优质而廉价的新天然甜味品。我国已从罗汉果、马槟榔、甜茶、白元参、甘草等植物中找到了甜味物质，有的已在食品中应用了。

(11) 维生素植物资源：植物的果实含有大量的维生素，其中许多富含维生素C，如余甘子、刺李、黄蔷薇、沙棘等。有些植物的叶、花中含有大量的维生素B族类化合物，如许多野菜中均含有较高的维生素B类成分。各种植物油脂中均含有维生素E。因为维生素C在人体不

能自身转化，必须从食品中获得，因此维生素C的补充显得更为重要。

（12）蛋白质植物资源：植物蛋白长期以来多从植物的种子，特别是豆科植物的种子中获得。自20世纪下半叶以来，叶蛋白引起了人们的极大兴趣。许多野生植物的叶子中含大量的蛋白质，并已筛选出一些含量高、氨基酸全面的叶蛋白植物种类。目前尚未充分利用，主要是提取方法和精制成本没有突破，多停留在研究阶段。但叶蛋白资源量大，开发潜力非常大。

（13）野菜植物资源：由于某些野菜有特殊的营养价值和特殊的风味，再加上没有污染或很少污染，因而越来越受人们的欢迎。目前，我国有关野菜的著作很多，其中有食用菌类、蕨类、木本类、草本类。有些已经开始小面积栽培，可以常年丰富人们的菜肴。

（14）饲用植物资源：饲料是发展畜牧业的物质基础。目前我国已发现有开发利用价值的饲料植物500余种。除豆科、禾本科植物外，还有许多植物可作饲料，如毛茛科、玄参科、伞形科、旋花科、菊科、眼子菜科、浮萍科、茄科、藜科、苋科、十字花科、莎草科等。此外，鱼虾料有螺旋藻、小球藻等；蚕饲料有桑叶、马桑、柞树（壳斗科）等。尤其是大戟科的肥牛树，干叶中含碳水化合物23%，蛋白质13.2%，粗脂肪22%，是牛羊喜食的好饲料，每年可亩产鲜叶1500～2000千克。在两广地区大有开发利用前景。

（15）木材植物资源：植物界每年向人类提供10～20亿立方米的木材。随着森林资源减少，特别是我国人均森林资源量少，更应加速营造速生和珍贵的木材树种。我国南方热带、亚热带地区已发掘出一些速生珍贵造林树种，如云南石梓、团花、八宝树、望天树、顶果木、阿丁枫、番龙眼、格木等。传统的松、杉类当然也是发展的首选树种。

（16）能源植物资源：以往许多著作中并未提及能源植物，20世纪60—70年代，世界能源危机以后才逐渐热门起来。其实能源植物自古以来就与人类生活密切相关，薪柴就是植物在现实生活中主要可替代石油的植物能源。提起植物能源首先想到的是植物油脂，如黑皂树油、加工的废油等，还有豆科的油楠的树脂可以直接代替石油作动力燃料，桉类的枝叶蒸馏油也是极好的燃油。由淀粉和糖类转化来的乙醇也是极有开发潜力的植物能源。

（17）农药植物资源：土农药在我国民间应用已久，常与有毒植物联系在一起。现在要研究的问题，是如何提取出高效、易降解、无农药残留的杀虫成分，以代替现有的化学农药。印楝在印度是常见树种，从它的叶、树皮中提取的印楝素是很好的植物杀虫（驱虫）药。烟碱也是一种较好的杀虫剂。

（18）观赏绿化植物资源：包括各类草皮、行道树、观赏花卉和盆景等，都是现代生活不可缺少的。我国是花卉的宝库，从南到北，从高山到平原，从寒温带到热带，到处都有出类拔萃的观赏植物，如菊花、梅花、兰花、竹、牡丹、芍药、山茶、杜鹃、报春、龙胆、百合、绿绒蒿、马先蒿及珙桐、水杉、鹅掌楸、海棠、樱花、台湾杉、棕榈植物等，都是闻名世界的观赏植物。如今欧美各国庭园中多有来自中国的花卉和竹类。

（19）育种植物资源：主要用于农作物的品种改良。在果树业中，常以近缘野生种砧木，嫁接优质的果树。这是利用野生种发达而抗性强的根系来营养果实。野生稻用来改良水稻品种以获得高产。现在，转基因育种技术的发展，更需要从农作物的野生近缘种中选择优良的基因材料。

（20）蜜源植物资源：我国已发现的蜜源植物有300多种。它们分布于全国各地区，养蜂者大多采用游牧方式，利用各地不同的花期来收采花蜜。如何建立天然和人工栽培蜜源基地，改变游牧式养蜂仍是一个重要课题。

（21）经济昆虫寄主植物资源：我国已发现的各种经济昆虫寄主植物有50多种，例如柴胶虫寄主植物有三叶木豆、牛肋巴、秧青、泡火绳、柴铆树等。五倍子蚜虫寄主植物有提灯藓和盐肤木等。胭脂虫寄主植物为仙人掌。白蜡虫寄主植物有白蜡树、女贞树等。

（22）环境改良植物资源：包括防风固沙、水土保持、沿海滩涂利用、盐碱地改良、改土增肥以及抗污染等作用的植物资源。如防风固沙植物有木麻黄、相思树、沙枣、琐琐、柽柳、柠条、花棒子、沙打旺、沙拐枣等；改土增肥植物有田青、猪屎豆、紫云英、马桑以及一些固氮植物。另外，碱蓬可监测环境中的汞含量；凤眼莲能快速富集水中的镉，并清除酚类物质；大多数林木能吸收二氧化硫。

第二节　植物资源的基本特性

了解植物资源的基本特性是经济资源植物合理开发利用和保护的重要基础。植物资源是生物资源中的一个组成部分，它和其他生物资源一样，具有生命现象，即具有生长发育、遗传变异和自我繁衍的各种生命过程。同时，植物资源又不同于其他生物资源，它具有把无机物和太阳能直接转化为自身物质和能量的特性。植物资源对环境条件的依赖程度很高。因此，植物资源从开发利用方面来看，具有以下一些基本特性。

一、植物资源的再生性

植物资源的再生性是指植物具有不断繁殖后代的能力（狭义），也包括其自身组织和器官的再生能力（广义）。这种特性对人类有着巨大的经济意义和生态意义。正是由于植物资源的再生性，才使人类有持续利用的可能。再生性包含两个方面，一方面是产生新个体的再生性，指植物可通过无性繁殖方式或有性繁殖方式繁殖后代，另一方面是植物通过孢子繁殖形成新个体，如苔藓（*Bryophyta*）和蕨类（*Pteridophyta*）植物的繁殖。营养繁殖是许多多年生高等植物采用的一种繁殖方式，自然营养繁殖指植物通过根、茎、断开母体等方式，形成新的植物个体的过程。如天麻、半夏等可通过块茎繁殖，平贝母、小根蒜等可通过鳞茎繁殖，东方草莓、鹅绒委陵菜等可通过地上匍匐茎繁殖。人工营养繁殖指借助人为的力量，将植物体与母体分开，使之形成新个体。其中包括分离法（分根培养）、扦插法（根插、枝插、叶插）、压条法和嫁接法。再生性还指组织器官的再生性。植物的组织器官受自然或人为的损伤后仍能恢复和再生，如杜仲被剥皮后仍可以再生，韭菜收割后也能重新长出。植物资源的再生能力有一定限度。再生能力受其生存的生态条件制约。因此，植物资源在开发利用前，应在野外调查的基础上测算出所开发利用植物资源的贮量、生长量，以确定适当的保护措施，保障实现植物资源的永续利用。

二、植物资源分布的地域性

植物资源分布的地域性指资源植物都分布在一个自己适应的区域内，超出这一区域，其资源价值也将不复存在或降低。植物资源分布的地域性指植物资源分布的广布性和特有性。植物资源的广布性是指植物分布地域的广泛程度。某些植物分布幅度大，能够广泛分布至世界各大洲，这样的植物种称为世界广布种。如花卉植物资源中的睡莲（*Nymphaca tetragona*）、纤维植物中的芦苇（*Phragmitea communis*）、浮叶眼子菜（*Potamogeton natans*）等，遍布于北半球。有些植物分布在全国大多数省区，称为全国广布种，如栓皮栎。植物资源的特有性是指植物的分布都局限在某个局部地区，这些植物种则称为这个地区的特有种（或狭域种）。这些植物资源就称为该地区特有的植物资源。如药用植物人参（*Panax ginseng*）主要分布于我国东北东部山地，是生长在红松阔叶林下特有的药用植物；当归（*Angelica sinensis*）则分布于甘肃、云南、四川、陕西、宁夏、贵州、湖北等地。分布区中心有几种类型，分别是起源中心、分化中心、多度中心。我们着重介绍多度中心（即集中分布区）。多度中心指在一个植物种分布区内，该种个体数量最多、最密集的地方，即为多度中心。多度中心的生境是该种的最适宜的生境。研究某种植物资源的分布区中心（即集中分布区），也是开发利用植物资源的重要基础。掌握这一点对我们进行植物资源的引种驯化有重要的参考价值。对于狭域分布的植物资源，只有充分掌握各种植物资源的分布规律、中心分布区，才能预见某一植物资源引种的可能性及其开发价值，才能把本地区的植物资源优势转化为经济优势。植物资源分布的区域与环境因素有关。第一是气候因素的影响。有些植物的现代分布严格地受某些气候条件的限制。如赤松、马尾松、红松都有特殊的分布区域，受特殊气候因素决定。第二是土壤因素的影响，土壤类型或土壤的某些特殊理化性质也是某些植物分布的决定因素。如喜酸植物（杜鹃、山茶）、喜钙植物（蜈蚣草、甘草）。第三是地形因素，海洋、山脉等自然屏障往往成为分布区的天然界限，自然屏障的作用是使该区气候改变，致使植物中断侵移。第四是生物因素。由于食物链、寄生等造成植物分布。例如，某些寄生植物的分布区由寄主植物的分布区决定。菟丝子是一种生理构造特别的寄生植物，其组成的细胞中没有叶绿体，利用爬藤状构造攀附在其他植物上，并且从接触寄主的部位伸出尖刺，戳入宿主直达韧皮部，吸取养分以维生，更进一步还会储存成淀粉粒于组织中，通常寄生于豆科、菊科、蒺藜科等多种植物上。槲寄生为桑寄生科槲寄生属灌木植物，通常寄生于麻栎树、苹果树、白杨树、松树等各种树木上，有害于宿主。第五是地质历史因素。地理变迁、气候变迁对植物分布造成影响。如板块运动、大陆漂移对植物分布造成隔离；冰期造成植物灭绝等。第六是人为因素的影响，人类活动对植物分布的影响很大，不仅可以使某个种的分布区域扩大，还能使其缩小以至消亡。对人类生活密切相关的经济植物都有引种历史。例如中国栽培花生、西红柿、烟草、橡胶树等都来自南美。因此，植物资源分布的区域性原理在生产实践中有重要的指导意义，在人工栽培中，对一些经济价值大、野生贮量较少的植物资源进行人工栽培，是保证原料供应的一个重要手段。自然界植物地理分布范围是长期进化适应史。场地人工栽培资源植物必须在其适宜地理分布范围。地域性在植物资源开发利用中很重要，必须处理好植物资源与各种生态因子之间的协调关系。植物栽培应该注意的环境因素：第一要注意光，要考虑光周期、光强、光质。第二要考虑水，要注意降雨量分布、多少、空气湿度。第三要考虑土壤，要关注土壤肥力、酸碱度、质地。引种是从外地或国外引入经济价值较大的植物，在本地区栽培，以满足社会生活、生产的需要。驯化是指引种后通过栽培使植物在生理生态上通过调整，适应当地气候土壤条件，产生与原产地相似的经济效果。一般情况下，气候土壤条件相似的地域引种容易成功。引种驯化中应该注意水分、温度和土壤这三个条件，一般而言，北种南移比南种北移容易成功，草本植物比木本植物容易引种成功。

三、近缘种化学成分的相似性

植物化学的大量研究表明，在系统分类中位置相近的类群（属、科）常具有相类似的化学成分。理论依据是从生物化学的角度，遗传物质不仅决定植物的形态、结构和遗传，而且决定代谢产物的积累，因此形态结构相似的植物代谢产物也相似，亲缘关系越近的植物所含化学成分越相似。这一规律不仅是进行植物化学分类的依据，也为植物资源开发利用、寻找和挖掘具有相似成分的新植物资源提供了依据。植物化学分类学是以植物化学成分为依据，以经典分类学为基础，对植物加以分类和记述，研究植物化学成分与植物类群间的关系，探讨植物界的演化规律。

（1）外部形态越相似的或者近缘类群（同类）植物中，其代谢产物越具有相似性。理论依据是植物的遗传物质决定着植物的代谢产物。有时在形态并不相似的科属中也可以同时存在相似的化学物质，这样就反映出一定的亲缘关系。这是植物分类的依据，也为植物资源开发利用，寻找具有相似特性的新植物资源提供了线索。一个例子就是从印度蛇根木提取物中研制而成的利血平，我国为了满足人民群众的需要，植物工作者利用化学分析法找到了含有利血平原料的植物萝芙木。植物的代谢产物主要有脂肪族化合物、芳香族化合物、含氧杂环化合物、脂环族化合物、非碱性含氧化合物。

（2）植物化学成分与资源利用有两个规律可以利用：①在近缘物种中寻找相似的化学内含物。植物在系统进化中的位置与其化学成分有密切关系，是寻找新资源的途径，亲缘关系越近，化学成分相似性越大；植物生物碱越复杂，其进化地位越高。②在具有相似化学成分的植物中，寻找更多的经济植物种类，扩展新的资源途径，利用植物近缘种的相似性来寻找新植物，以节省人力、物力、财力，走捷径，节省时间。因此，植物资源近缘种化学成分的相似性理论，对植物资源开发利用具有重要的指导意义。

四、植物资源采收利用的时间性

植物生长、生命和体内代谢都有周期性。植物组织和器官所含的成分及其结构也相应地随时间而变化。因此，植物资源开发利用具有严格的时间限制，即具有确定的时间性，这是植物资源开发利用中必须遵守的原则之一。植物资源开发利用的时间性包括采集时间性、收获物保鲜时间性和产品的保存时间性。

有效成分的含量受一年中的年周期变化及年龄变化的影响。对于地下器官类，包括根、根茎、球茎、鳞茎、块茎等，一般2～5年以上采收。在秋末，当地上部分已经枯萎或在早春植物返青以前进行采收，这时植物的养分及有效成分多集中在地下器官中。对于皮类，通常在春天或初夏采收。此时植物体内汁液充沛，树皮容易从木质部剥下，但有些根皮类往往以秋季采收为佳。比如桂皮、厚朴。桂皮又称肉桂、官桂或香桂，为樟科植物天竺桂、阴香、细叶香桂、肉桂或川桂等树皮的通称。本品为常用中药，又为食品香料或烹饪调料。对于叶类，通常在花蕾开放时采收。此时正是植物生长最旺期，质量好。例如：嫩叶，茶叶。但某些叶需在秋天霜降后采收或采集地上落叶，这要以具体用途而定。花类因一般花期较短，如采收时间不当，对品质影响较大，如金银花、月季花（*Rosa* spp.）、丁香花（*Syringa* spp.）都应在一定大小的花蕾时采，开花后，颜色变淡，易脱落，对香料和色素的提取不利，也不能入药。对于果实种子类，一般在果实充分成熟或将成熟时采收，有的果实在成熟经霜后采收为佳。如山茱萸要在经霜变红后采收，有的果实的成熟期不一致，要随熟随采，以免影响质量，如山楂等。植物器官收获后，在贮藏过程中，由于光合作用停止，植物体内代谢被破坏，许多细胞器的膜发生解体，易受微生物侵染而腐烂变质，保鲜时间是有限的。如新鲜针叶的保存期（在20℃左右条件下）不应超过3天。

五、植物资源用途的多样性

植物资源有多种用途，植物种类的多样性、植物营养器官和体内所含化学成分的丰富性，

决定了植物资源用途的多样性。

(1) 从群体上看植物资源用途的多样性：从植物群体整体性上看，乔木、灌木、草本植物由于自身存在对环境产生生态效应。不同的植被类型的形式（例如，森林、草原、荒漠，农田、湿地等)，在提供原料、保护水土、改良土壤、防风固沙、指示探矿和保护环境等各方面发挥作用。从植物群体内部看，在个体构造上又有更加丰富的利用价值。以一个典型的木本植物为例，木本植物的叶、枝、花、果实、种子、树干、根系都有各自的用途。

(2) 从种群角度看植物资源用途的多样性：某一地区同种植物的个体总和称之为种群。从种群角度看，由于植物体内所含丰富的营养成分，植物营养器官的结构特性等，使植物种群具有多种多样的用途。例如：①沙棘果实含有多种营养成分，可作饮料和食品原料。②果实是多功能的药用植物，也是轻化工业原料。③植物体可以是能源和饲料植物。④群体（群落）是重要的水土保持林、主要树种。

(3) 从某类营养器官的角度看植物资源用途的多样性：①作为工业原料：一类原料有多种用途，比如栲胶既可作鞣皮革，也可用于自来水管净化。②重要的药用资源，一种药材治疗几种疾病，比如丹参可作妇科用药，对治疗冠心病也有良好效果，此外亦可治疗神经性衰弱失眠、关节痛等。③重要的畜禽饲料（紫穗槐叶片)。④肥料的重要来源（豆科植物叶片和根瘤菌)。

(4) 从开发利用层次看植物资源作用的多样性。发展原料的一级开发利用的手段侧重于农学和生物学方面，目的在于不断扩大植物资源产量，不断提高质量。一方面加大对野生资源植物自然更新能力和可持续利用技术的研究，提高野生资源的利用率；另一方面主要通过驯化、组培、栽培、良种选育、科学管理、病虫害防治、合理采收和初加工等生产手段，为植物资源产品生产的二级开发提供数量更多的、质量更好的原料。针对发展产品的二级开发利用手段侧重于工业生产方面，但因资源开发目标不同而异。药用植物资源：侧重于药物化学提取、分离、提纯技术以及制药技术等；果树植物资源：侧重于果品保鲜、酿造、果脯、果冻等食品加工技术；果树植物资源：侧重于果品保鲜、酿造、果脯、果冻等食品加工技术；野菜植物资源：侧重于保鲜、罐藏、腌制及干制等食品加工技术；香料植物资源：侧重于香料成分的提取、分离、提纯技术等。针对发展新资源的三级开发利用手段涉及多学科综合性研究，包括区域调查、植物系统分类、植物区系、植物化学、植物生态、植物地理、植物生理等多个学科，目的在于发掘新资源、开发新原料、发现新成分、开发新产品等。如西洋参的发现，就是利用植物生态、植物地理、植物化学手段发掘新资源的典型例子。

六、植物资源用途的相对性

由于同一资源植物往往具有多种用途，因此在实践中往往很难将某一资源植物完全划归为某类资源类型。如银杏既是一种观赏植物，也是一种食用植物，还是一种药用植物。

七、植物资源种类的多样性

我国地域辽阔，地形复杂，气候多样，这些得天独厚的地理条件和气候条件，为各种植物提供了适宜生长繁衍的环境。据统计，我国现有种子植物 25700 多种，蕨类植物 2400 余种，苔藓植物 2100 多种，合计约有高等植物 3 万余种，为全世界近 30 万种植物的 1/10。我国还有大量的藻类、菌类和地衣植物。这些种类繁多的植物，构成了我国宝贵的植物资源基因库。另外，由于地球上第四纪冰川及其他原因的影响，我国还保存了一些特有的珍贵植物资源，如人参、银杏、杜仲等，这些丰富的植物资源为开发利用提供了坚实的物质基础。植物引种利用也取得了巨大成就，随着改革开放、国际交往的不断扩大，资源植物的引种驯化也在不断加强，一些新的优良的资源植物在我国安家落户，必将为我国丰富的植物资源增加新的内容。

八、植物资源的解体性

任何一种植物的再生能力都是有限的，对植物资源的利用不当，都可能影响其再生能力的发挥，使其种群处于衰退状态。如人参、天麻等在自然界中已经很难找到，利用的大部分是人工栽培种，野生人参已经被列入世界有灭绝危险的物种。杜仲需活体剥皮，剥皮强度超过了其运输代谢物质的要求或剥皮方法不当都会导致死亡。刺五加自从人们发现根皮中含有多种苷类，其中刺五加苷与人参中的皂苷有相似生理活性，而成为医药和保健食品工业的重要原料，无计划地掠夺式采挖，使资源受到了极大的破坏。据有关研究表明：人类活动造成的物种灭绝速度是其自然灭绝速度的100～1000倍，有近30％受威胁的物种与直接经济利用有关。因此，需加强研究自然更新能力、更新周期及其利用强度的关系，探讨持续利用的方法、技术和途径，制定合理的轮采制度，加强植物资源的保护管理。

九、植物资源的转能性

植物资源与其他生物资源的不同之处在于它能直接利用太阳能，并将其转换为化学能加以储藏。这些储藏物质（如碳水化合物、脂肪、蛋白质和纤维素等）在一定条件下可以释放出来，转化为热能。

十、植物资源的群落性

植物资源在地球上的分布并不是孤立存在的。它们与其他种类的植物、各种其他生物（动物、微生物）总是生长在一起的，组成了多种多样的生物群落。

十一、植物资源对利用的反应

植物资源对不同的利用方式会产生一定的反应，如有些牧草在受到过度放牧的影响后纤维含量就会增加，适口性变差。不同的植物资源类型对人类的利用方式的反应是不同的，这种反应与植物资源的再生能力具有密切关系。

十二、我国植物资源的特点

我国地域辽阔，地形复杂，气候多样。这种独特的地理环境和气候条件，为植物的生长繁衍创造了良好的基础。据统计，我国现有高等植物470科，3700余属，约3万种，为全世界近30万种高等植物的1/10左右，少于马来西亚（约4.5万种）和巴西（约5.5万种），居世界第三位，其中有许多是在北半球地区早已绝迹的古老孑遗植物，尤其是特有属种比较多，计有243个特有属，约1000个特有种。

在这些丰富的植物资源中，许多种类具有重要的经济用途，同时它们的作用是随着生产的发展和科研的深入而不断被人们发现的。据初步统计，我国已发现的药用植物种类在5000种以上；我国已发现的香料植物约350种，其中可生产利用的约300种，具有开发价值的在100种以上，工业用植物也在200种以上。

我国资源丰富，这是我们民族生存、经济发展的物质基础。我国植物资源的基本特点

如下：

（1）种类丰富、类型多样；植物资源的绝对量大，人均相对量小；植物资源分布不均，地域差异明显。

我国地域广阔，地跨热带、亚热带、温带和寒温带，气候条件多种多样，加以地形、地貌、地质和土壤条件变化复杂，小环境更是因地而异，这就为植物的生长和分布创造了优越的条件。因此，我国植物的种类繁多，仅高等植物就有 3 万种左右。古老的植物有水杉、银杏等。

我国西北部多为干旱的草原、荒漠和高寒地带，植物种类并不多，植物资源分布是不均匀的，即使是东北部森林区域，虽然植物种类很多，植物资源不少，但任何一种植物的贮量都是十分有限的，甚至像芦苇和龙须草这样广泛分布的种类，只依靠天然的贮量，在生产应用上也是不够的，更不要说一些零星分布在森林中的种类了。

（2）植物资源采收过度，缺乏适当的保护措施。

我国对野生植物资源的利用是相当广泛的，由于缺乏全面的科学规划，不了解植物种群的消长情况，过分的采收成为引起植物灭绝的主要原因之一。这特别表现在许多药用植物和工业原料用的资源植物上，例如黄芪、砂仁、余甘子、刺五加、山葡萄等就是这种情况。因此，利用野生植物必须在掌握各种植物的生物生态学特性的基础上来制订具体方案，有计划地进行。

（3）对各种植物的研究不够，利用潜力很大。

任何一种植物都有其一定的用途，有些人们知道得较多，有些根本不了解。1973 年以来，世界卫生组织正式确定了 2 万种药用植物，但其中只有 200 种做过较详尽的研究。

（4）利用植物的经验丰富，但推广不够。

我国不但对野生植物广泛利用，而且凡是经济价值较大、利用较广的植物，大多进行了人工栽培，并建立有栽培基地，例如水杉、银杏、杜仲、人参、三七、罗汉果、黄连、天麻等，但在及时总结经验，进行推广，并深入一步研究方面，远远未能跟上形势发展的需要，有待加强。

第三节　植物资源的分布

一、我国植物资源分布的概况

我国植物资源极为丰富，据统计，我国维管植物（包括蕨类植物和种子植物）共有 353 科，3184 属，3 万余种，其中蕨类和拟蕨类约 52 种，占全世界蕨类和拟蕨类科数的 80%，世界现存裸子植物中，除南洋杉科（现有引种）外，其他科我国均有分布。

（一）影响植被分布的因子

现代地球上植被的分布，主要是地带性与非地带性两个地理规律的综合作用和历史因素影响的结果。地带性规律是指植被的水平分布规律性和垂直分布规律性。在地球表面，热量随纬度而变化，水分随距海洋远近及大气环流和洋流特点而变化。水热结合，导致气候、土壤及植被等的地理分布一方面从赤道向极地沿纬度方向呈带状发生有规律的更替；另一方面，从沿海向内陆沿经度方向呈带状发生有规律的更替。前者称纬度地带性，后者称经度地带性。此外，随着海拔高度的增加，气候、土壤、植被也发生相应的有规律的变化，即为垂直地带性。纬度地带性、经度地带性和垂直地带性三者结合，决定了一个地区植被的基本特点，称为三向地带性。

在同样的气候条件下，由于地质构造、地表组成的物质、地貌、水文、盐分及其他生态因素的非地带性差异，往往出现一系列与该地带大气候的地带性植被不同的植被，即非地带性植被。例如：沙漠中的绿洲，森林中的沼泽地等。但非地带性植被也受地带性大气候的影响，反映出一定的地带性特征。例如：我国温带草原区中，在沟谷、低山丘陵的阴坡常有针阔混交林出现，它仍反映了温带的特征。

（二）植物的水平分布

从赤道至两极，由于太阳相对位置的不同，所接受的热量也不一样。根据热量状况，通常把地球划分为热带、温带和寒带三个基本气候带。也有分为热带、亚热带、暖温带、温带、寒温带和寒带 6 带者，或更分为 7 带。从海洋到内陆，依水分状况的不同而分为湿润区、半湿润区及干旱区，也有分为 5 区者。植被受不同的水热变化而成自然的水平分布带。北半球夏雨气候植被水平分布的模式见图 2—1。

如图 2—1 所示，在同一气候带内，因为距海洋远近不同，干湿度不同，因而形成了不同的植被带。例如，同在热带，从海洋到大陆中心依次分布着热带雨林、热带季雨林、落叶阔叶林草原、草原和荒漠。在同一干湿度带内，因为距赤道的远近不同，温度不同，因而也形成了不同的植被带。例如，同在过湿润带，从赤道到极地依次分布着热带雨林、亚热带雨林、照叶林、落叶阔叶林、常绿针叶林和苔原。

图 2—1　北半球夏雨气候植被水平分布模式图

（三）植物的垂直分布

山地随海拔高度的上升，更替着不同的植被带，形成植被的垂直分布。一座有足够高度的山，从山麓到山顶更替着的植被带系列类似于该山区所在水平地带到北极的水平植被地带系列。高山植被垂直分布的模式如图 2—2 所示。

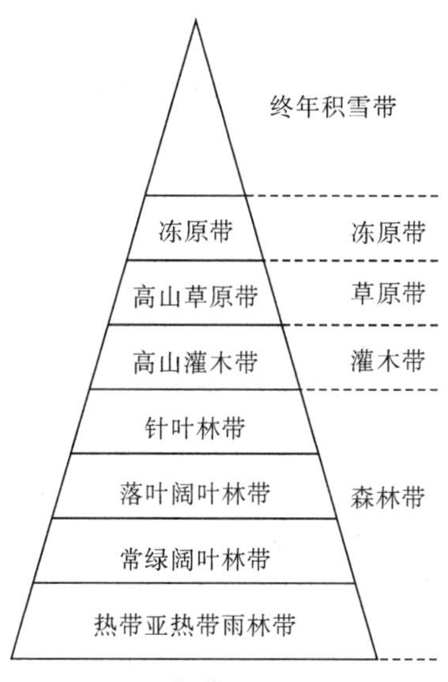

图 2—2　植被垂直分布模式图

除了海洋气候条件下的热带，很难看到全部各带具备的垂直分布，越近赤道区，高山的垂直带越多，越近极地，垂直带就越少。各带之间也非截然分开，一般都有过渡群落带。例如，在针叶林带和落叶阔叶林带之间，常有针叶、落叶阔叶混交林带出现。

在干旱区域，高山的下部可能是草原，草原上面因海拔升高，湿度增大，方有森林出现。此外，山地的垂直分布带只类似于该山所处的水平地带到北极的水平植被地带系列，并不完全相同，山体所在的纬度越低差异就越大。例如，台湾地区玉山的针叶林同亚寒带大兴安岭的针叶林，相似点都是由针叶树组成的，但玉山针叶林的优势种为云杉和铁杉，其所在地湿度大，冬季温度较高，生长期长，年生长量比大兴安岭的落叶松和樟子松大得多。

二、植被分区

（一）我国植被分区的依据

我国位于亚洲大陆东南，东部和南部面临太平洋，西北部伸入亚洲大陆的内部，南端到热带区域，最北是亚寒带。我国的温度从南到北依次降低，雨量则从东南向西北递减，大陆的地势由东向西逐渐增高。我国的植被分布从东南向西北形成森林、草原和荒漠三个基本植被带，东南半壁的林区从南向北、从热带到寒带又分出热带、亚热带、暖温带、温带和寒温带五个森林植被地带。

（二）各植被区域气候特点及主要植被

我国的植被区域是以植被的地带性和非地带性两个地理规律为原则，并结合植被类型等因子而划分的。最高单位为植被区域，下面再依次划分为植被地带、植被区等。

我国的 8 个植被区域如下文所述。

1. 寒温带针叶林区域

本区域是我国最北部的一个植被区域，也是我国最寒冷的地区。年平均气温在 0℃以下，冬季（平均气温低于 10℃）长达 9 个月，最冷月份 1 月份平均气温为－38℃～－28℃，绝对最低温度−45℃，夏季（平均气温≥22℃）最长不超过 1 个月，无霜期 80～100 天，年降水量 350～550 mm，并集中在 8 月份。地带性植被为寒温带针叶林，植物种类贫乏，维管植物仅有 800 余种，缺乏特有种和孑遗种。

本区原产的主要树种有落叶松、樟子松、红皮云杉、白桦、黑桦、山杨、蒙古栎、紫椴、水曲柳、黄檗、花楸、胡枝子、兴安杜鹃及岩高兰等。

2. 温带针阔叶混交林区域

本区年均温 2℃～8℃，冬季长达 5 个月以上，最冷月份均温−25℃～−10℃，绝对最低温为−35℃，无霜期 100～180 天，年降水量 500～800 mm，并多集中在 6—8 月份。地带性植被为温带针阔叶混交林。此区较适合植物生长，形成独特的长白山植物区系，维管植物达 1900 多种，有本区的特有种和孑遗种。

本区原产的主要树种除寒温带针叶林区域树种外，尚产杉松、臭冷杉、红松、朝鲜崖柏、东北红豆杉、槭属多种、栎属多种、胡桃楸、天女花、暴马丁香、东北杏、五味子、山葡萄及猕猴桃属多种等。

3. 暖温带落叶阔叶林区域

本区域春、夏、秋、冬四季明显，夏热冬冷，年均温 8℃～14℃，最冷月份均温−13.8℃～−2℃，无霜期 180～240 天，年降水量 500～900 mm，并多集中在 5—9 月份。地带性植被为落叶阔叶林。本区适合多种植物生长，种子植物约 3500 种，本区属华北植物区系，特有种少但孑遗种较多。

本区原产的树种很多，主要有云杉属、冷杉属、落叶松属、松属、侧柏、栎属、榆属、桦木属、杨属、柳属、栾树、文冠果、李属及臭椿等。

4. 亚热带常绿阔叶林区域

本区年均温 14℃～20℃，最冷月份均温 2.2℃～13℃，无霜期 240～350 d，年降水量 800～3000 mm。地带性植被有 3 种，即常绿阔叶林、常绿落叶阔叶混交林和季风常绿阔叶林。高等植物种类特别丰富，特有种和孑遗种均多，裸子植物除南洋杉科和百岁兰科外的 10 科均有，共 100 多种，被子植物约 14500 种，很可能是被子植物的起源中心之一。

本区原产的主要树种有久负盛名的世界孑遗植物银杏、金钱松、银杉、水杉、水松、鹅掌楸、珙桐、喜树等。其他观赏树木更是不胜枚举，它们以松科、杉科、柏科、红豆杉科、山毛榉科、桑科、樟科、木兰科、蔷薇科、豆科、山茶科、桃金娘科、金缕梅科、大风子科、杜鹃花科、大戟科等种类最为丰富。

5. 热带季雨林、雨林区域

本区为我国最南端的一个植被区域，气候特点为高温多湿，年均气温 22℃～26.5℃，最冷月份均温 16℃～21℃，全年基本无霜，年降水量 1200～3000 mm，分干（11—4 月）和湿（5—10 月）两季。地带性植被有季雨林和雨林两种，植被的组成种类丰富且富于热带性，其中古老种类较多。

本区原产的主要树种有苏铁科、罗汉松科、桑科、樟科、番荔枝科、夹竹桃科、桃金娘科、使君子科、马鞭草科、楝科、豆科、梧桐科、山龙眼科、紫葳科、棕榈科及竹亚科等多种树木。

6. 温带草原区域

本区域年均温−3℃～8℃，最冷月份均温−27℃～−7℃，无霜期 100～170 天，年降水量 150～450 mm，全区气候较干旱，四季分明。本区东部降水集中在夏季，西部全年分布均匀。

地带性植被为温带草原，种子植物约 3600 种，但其中木本植物种类贫乏。

本区原产的观赏树木很少，主要有枸子属、樱属、蔷薇属、锦鸡儿属、胡枝子属、松属、栎属、桦木属、杨属、柳属等一些耐旱抗寒种类。

7. 温带荒漠区

本区域年均温 4℃～12℃，最冷月份均温－6℃～12℃，无霜期 140～210 d，年降水量 100～250 mm。本区域是我国降水量最少、相对湿度最低、蒸发量最大的干旱区，且冷热变化剧烈、风沙大。地带性植被为温带荒漠。本区植物种类较贫乏，高等植物约 3900 种，其中木本较少且多为灌木、半灌木，多是耐旱和耐风沙树种。

本区原产主要树种有雪岭云杉、青海云杉、祁连山圆柏、昆仑方枝柏、胡杨、沙棘、天山花楸及柽柳属等。

8. 青藏高原高寒植被区域

本区域年均温－10℃～10℃，温度从东南向西北逐渐降低，降水量从东南向西北从 1000 mm 降至 50 mm 以下。地带性植被从东到西有 4 类，即寒温带针叶林、高寒灌丛与草甸、高寒草原和高寒荒漠。植物种类较复杂，高等植物约有 4400 种，木本植物主要分布在东部和东南部，多为亚热带或温带树种。

本区原产的观赏树木种类较多，针叶树以松属、云杉属、冷杉属、落叶松属、柏木属、圆柏属种类为多，阔叶树以山毛榉科、杨柳科、槭树科、桦木科、蔷薇科、杜鹃花科、樟科最丰富。

形成我国丰富多彩的植物资源的主要条件是我国辽阔的疆域、中纬度和大陆东岸的地理位置，起伏多山的地形以及人类活动的巨大影响等。

（1）辽阔的疆域。我国领土北起漠河以北的黑龙江江心（北纬 53°30′），南到南沙群岛南端的曾母暗沙（北纬 4°15′）；东起黑龙江与乌苏里江汇合处（东经 135°05′），西到帕米尔高原（东经 73°40′）。从南到北，从东到西，距离都在 5000 千米以上。我国大陆海岸线长约 1.8 万千米。海岸地势平坦，多优良港湾，且大部分为终年不冻港。我国大陆的东部与南部濒临渤海、黄海、东海和南海。海域面积 473 万平方千米。在我国海域上，分布着 5400 个岛屿。其中最大为台湾岛，面积 3.6 万平方千米；其次是海南岛，面积 3.4 万平方千米。位于台湾岛东北海面上的钓鱼岛、赤尾屿，是中国最东的岛屿。散布在南海上的岛屿、礁、滩总称南海诸岛，为中国最南的岛屿群，依照位置不同称为东沙群岛、西沙群岛、中沙群岛和南沙群岛。

（2）中纬度和大陆东岸的地理位置。由于青藏高原的存在，我国大陆东岸中纬度地区季风气候十分明显，水热同季，为植物的生长提供了良好的条件。

（3）起伏多山的地形。我国是一个多山的国家，山地、高原、盆地、平原相互纵横交错，形成了许多网络状地貌组合，生态环境千姿百态，为各种各样植物资源的分布提供了丰富的场所。我国大陆呈阶梯状，自西向东，逐渐下降。第一阶梯为青藏高原，海拔 4000 米以上，号称“世界屋脊”。喜马拉雅山主峰珠穆朗玛峰高达 8844.43 米，是世界第一高峰。第二阶梯由内蒙古高原、黄土高原、云贵高原和塔里木盆地、准噶尔盆地、四川盆地组成，海拔在 2000 米至 1000 米之间。第三阶梯是第二阶梯东缘的大兴安岭、太行山、巫山和雪峰山，向东直达海岸，此阶梯地势下降到海拔 1000 米至 500 米以下，分布着东北平原、华北平原、长江中下游平原，镶嵌着低山和丘陵。第四阶梯是我国大陆架浅海区，水深大都不足 200 米。

（4）多样的气候。我国的大部分地区位于北温带，气候温和，四季分明。大陆性季风气候是我国气候的主要特点。每年 9 月至次年 4 月，干寒的冬季风从西伯利亚和蒙古高原吹来，寒冷干燥，南北温差甚大。每年的4月至9月，暖湿的夏季风从东部和南部海洋吹来，普遍高温多雨，南北温差甚小。从南至北呈现出赤道带、热带、亚热带、暖温带、温带、寒温带6个温度带。降水量从东南向西北逐渐减少，各地平均年降水量差异很大，东南沿海可达1500毫米以上，而西北内陆还不到200毫米。

（5）人类活动的巨大影响。现存的植物资源都是历史时期自然因素与人类活动相互作用的共同产物。人类有意识或无意识的活动使某一地区植物资源可大幅度增加，也可大幅度减少。

三、中国植物资源分区

我国植物资源的分布究竟如何呢？这就是关于我国植物资源分区的内容了。根据我国的气候特点、土壤和植被类型，以及植物的自然地理分布等，我国植物资源可分为东北、华北等8个区。

（一）东北区

范围：本区包括黑龙江、吉林、辽宁三省和大兴安岭以东内蒙古自治区的一部分。

气候：该区是我国最冷的地区，大部分属于寒温带和温带的湿润和半湿润地区，冬季严寒而漫长，年降水量在350～700 mm，海拔高度从松辽平原的120 m到长白山白云峰的2691 m。本区水热条件较好，资源植物非常丰富，可分为以下几种类型。

1. 木材用植物

本区的大、小兴安岭和长白山保存着大片森林。据统计，全区林地面积占全国森林总面积的30%，木材蓄积量占全国总量的33.7%，每年上调国家的木材占全国各地上调总量的72%，是我国最大的木材基地。大兴安岭以耐寒针叶林为主，主要有兴安落叶松（*Larix gemelinii*）、樟子松（*Pinus sylvestris var. mongolica*）。

长白山地区以寒温带针叶林为主，主要树种为红松（*Pinus koraiensis*）、云杉（*Picea koraiensis*）、冷杉（*Abies nephrolepis*）、华山松、水曲柳（*Fraxinus mandshurica*）。

2. 药用植物

本区药用植物有500余种，我国道地药材“关药”多产于本区，如升麻（*Cimicifuga dahurica*）、白头翁（*Pulsatilla chinensis*）、五味子（*Schisandra chinensis*）、细辛（*Asarum helerotropoides var. mandshuricum*）、马兜铃（*Aristolochia contorta*）、木通（*A. mandshuriensis*）、野罂粟（*Papaxer nudicaule*）、芍药（*Paeonia lactiflora*）、西伯利亚小檗（*Berberis sibirica*）、龙牙草（*Agrimonia pilosa*）、黄芪（*Astragqlus membranaceus*）、黄檗（*Phellodendron amurense*）、人参（*Panax ginseng*）、防风（*Saposhnikovia divaricata*）、兴安杜鹃（*Rhododendron dahuricum*）、杜香（*Ledum palustre*）、兴安薄荷（*Mentha dahurica*）、大叶龙胆（*Gentiana macrophylla*）、党参（*Codonopsis pilosula*）、北苍术（*Atractylodes chinensis*）等。

3. 农作物

本区栽培制度一年一熟，主要作物有甜菜（*Beta vulgaris*）、大豆（*Glycine max*）、水稻（*Oryza sativa*）、马铃薯（*Solanum tuberosum*）、春小麦（*Triticum aestivum*）、高粱（*Sorghum vulgare*）、玉蜀黍等，是我国重要的商品粮基地之一。

4. 牧草

本区辽阔的松辽平原古代曾是丰茂的牧场，现仍盛产羊草（*Aneurolepidium chinensis*）

等牧草。野生纤维植物乌拉草（*Carex meperiana*）为“东北三宝（人参、鹿茸、乌拉草）”之一，生于沼泽中，可供填充、纺织或造纸等用。

（二）华北区

华北区包含辽宁西部、河北大部、山西、陕西、宁夏南部、甘肃东南部、山东、河南、安徽淮河以北、江苏北部、北京、天津以及燕山、太行山、伏牛山东面的鲁中山地。该区为暖温带，夏季多雨，冬季晴朗干燥，春季多风沙。该区为半湿润向半干旱过渡植被，农业发达，人类活动影响深刻。华北地区植物起源于北极第三纪植物区系，由于没有受到大规模冰川的直接影响，残留很多种类。

1. 材用植物

本区天然状态存在的相对稳定的植被类型为落叶阔叶林，最主要的树种有油松、赤松（*Pinus densiflora*）、辽东栎（*Quercus liaotungensis*）、麻栎（*Q. acutissima*）、槲树（*Q. dentata*）、蒙古栎（*Q. mongolica*）和栓皮栎（*Q. variabilis*）等。

本区华北平原是由海河、黄河、淮河等河流共同淤积而成的大平原。主要乔、灌木呈零星状分布，常见的有旱柳（*Salix matsudana*）、毛白杨（*Populus tomentosa*）、刺槐（*Robinia pseudoacacia*）、槐（*Sophora japonica*）、荆条、酸枣、紫穗槐（*Amorpha fruticosa*）、柽柳（*Tomarix chinensis*）、锦鸡儿（*Caragana lactiflora*）等。

2. 药用植物

本区是我国道地药材“北药（怀药）”的产区，药用植物有酸枣、细叶小檗（*Berberis poiretii*）、枸杞（*Lycium chinense*）、文冠果（*Xanthoceras sorbifolia*）等，此外，大面积栽种的药用植物有怀牛膝（*Achyranthes bidentata*）、地黄（*Rehmannia glutinosa*）、金银花（*Lonicera japonica*）、连翘（*Forsythia suspensa*）、薯蓣（*Dioscorea opposita*）、白芍（*Paeonia lactiflora*）等。

3. 经济林木

本区果树、木本粮油植物普遍。苹果产量高、品质好，产量约占全国总产量的60%，以山东产量最高，占全国产量的40%左右，烟台占山东的一半。此外，该区也是我国梨、桃、板栗（*Castanea mollissima*）、核桃（*Juglans regia*）、枣（*Zizyphus jujuba*）等的重要产区之一。

4. 农作物

本区的华北平原是我国重要粮仓之一，栽培制度以一年一熟和二年三熟为主，主要的粮食作物有麦类、高粱、玉米、小米（*Setaria italica*）、黍（*Panicum miliaceum*）、荞麦（*Fagopyrum esculentum*）、稻（*Oryga sativa*）等；纤维作物有棉花、麻类等；油料作物有落花生（*Arachia hypogaea*）、芝麻（*Sesamum indicum*）及特种经济作物烟草（*Nicotiana tabacum*）等。

（三）黄土高原区

黄土高原区位于黄河中游，西起日月山，东至太行山，北达长城，南抵秦岭，地跨青、甘、宁、内蒙古、陕、晋、豫七省区。暖温带半湿润、半干旱气候，降雨量少。植物区系成分以多年生、旱生、草本植物占优势，多属亚洲中部成分和内蒙古草原成分，植物种类比较贫乏。本区畜牧业发达，是我国重要畜牧业基地之一，也是我国地道药材“北药”中适应干旱环境种类的集中产区之一，也是“蒙药”的发源地。

1. 木材用植物

本区森林树种单一，仅山区分布有辽东栎（*Quercus liaotungensis*）、山杨（*Populus davidiana*）、白桦（*Betula platyphylla*）、油松（*Pinus tabulaeformis*）、侧柏（*Platycladus orientalis*）等。

2. 药用植物

本区药用植物的种类虽不多，但分布较广，产量大，主要有柴胡（*Bupleurum chinense*）、防风（*Saposhinkovia divaricata*）、黄精（*Polygonatum sibricum*）、玉竹（*P. odoratum*）、知母（*Anemarrhena asphodeloides*）、甘草（*Glucurryhiga uralensis*）、黄芪（*Astragalus membranacejs*）、内蒙古黄芪（*A. mongolica*）、远志（*Polygala lenifolia*）、麻黄（*Ephedra sinica*）和龙胆（*Gentiana scabra*）等。

3. 经济林木

本区的果树有苹果、梨、核桃、柿、枣、石榴、板栗、山杏等。

4. 农作物

本区栽培制度一年一熟，主要作物有春小麦、燕麦、玉米、荞麦、高粱、小米、马铃薯、大豆、胡麻（*Sesamum indicum*）、天麻、甜菜、春油菜、棉花、烟草等。

（四）西北区

西北区包含大兴安岭以西、黄土高原和昆仑山以北的广大干旱和半干旱的草原和荒漠地区，包括宁夏、新疆全部，河北、山西、陕西三省北部，内蒙古、甘肃大部和青海的柴达木盆地。内陆干旱气候，日照丰富。地形东部高原平坦、西部盆地宽阔。气候干旱少雨、风沙大、土壤盐渍化强烈。本区以亚洲荒漠成分占优势，山地森林以西伯利亚落叶松、雪岭云杉等为主体，植物资源少。

1. 木材用植物

本区森林树种单一，主要分布在天山、阿尔泰山等 1500 m 以上山地，有雪岭云杉（*Picea schrtnkiana*）、西伯利亚云杉（*P. obovata*）、西伯利亚落叶松（*Larix sibirica*）、西伯利亚冷杉（*Abies sibrica*）等。在荒漠和荒漠草原区地下水较浅的地区常有胡杨（*Populus diversifolia*）林、柽柳（*Tarmarix* spp.）灌丛等分布。

2. 药用植物

本区药用植物有甘草、麻黄、新疆阿魏（*Ferula sinsiangensis*）、新疆紫草（*Arnebia euchroma*）、雪莲（*Saussurea involucrata*）、水母雪莲花（*S. medusa*）、冬虫夏草、唐古特大黄（*Rheum tanquticum*）、唐古特乌头（*Aconitum tanguticum*）、山莨菪（*Anisodus langutica*）、黄芪（*Astragalus aksuensis*）、天山党参（*Codonopsis clematidea*）、甘肃贝母（*F. przewalskii*）等。虫草又称冬虫夏草、冬虫草等，是麦角菌科的真菌（虫草菌）与蝙蝠蛾幼虫在特殊条件下形成的菌虫结合体，子座出幼虫的头部、单生、细长如棒球棍，长 4～11 cm。冬虫夏草是虫和草结合在一起生长，冬天是虫子，夏天从虫子里长出草来。虫是虫草蝙蝠蛾的幼虫，草是一种虫草真菌。补虚损，益精气，止咳化痰。肉苁蓉补肾阳，益精血，润肠通便。与韭菜籽炙黄锁阳可以搭配服用，用于阳痿，早泄，不孕，腰膝酸软，筋骨无力，肠燥便秘等。肉苁蓉是一种寄生在沙漠树木梭梭、红柳根部的寄生植物，对土壤、水分要求不高，其种植是一项较有前景的产业。肉苁蓉分布于内蒙古、宁夏、甘肃和新疆，素有“沙漠人参”

的美誉，具有极高的药用价值，是我国传统的名贵中药材，也是历代补肾壮阳类处方中使用频度最高的补益药物之一。

3. 经济林木

本区果品有苹果、梨、葡萄、哈密瓜（*Cucumis molo var. sacharinus*）、油桃（*Prunus persica var. nectarina*）、李、杏、无花果（*Ficus carica*）等。其中著名果品有伊犁苹果、库尔勒香梨（*Pyrus bretschneideri*）、新疆梨（*P. sinkiangensis*）、吐鲁番葡萄及鄯善哈密瓜等。

4. 农作物

本区栽培制度以一年一熟为主，主要作物有小麦、稻、玉米、高粱、黍、马铃薯、豌豆（*Pisum sativum*）、棉花、春油菜、胡麻、向日葵、甜菜等。

5. 牧草

本区主要牧草有羊草（*Aneurolepidium chinense*）、大针茅（*Stipa capillala*）、阿尔泰针茅（*S. kruylovii*）、砂生针茅（*S. gkrcosa*）、棱狐茅（*Festuca sulcata*）、高山狐茅（*F. alpina*）、紫狐茅（*F. rubra*）、羊胡苔草（*C. pauciglora*）、黑苔（*C. melanantha*）等。

（五）华中区

华中区包含秦岭淮河一线以南，北回归线以北，云贵高原以东的中国亚热带地区，包括汉中盆地、四川盆地、长江中下游（浙江、江西、上海、湖南、湖北东部）、广东和广西北部、台湾北部和福建人部等。地形以盆地、山地等为主。气候温暖湿润，冬温夏热，四季分明。植物资源丰富，是我国地道药材“浙药”和“南药”的主产区。

1. 材用植物

本区的森林面积占全国总面积的32.3%，蓄积量占全国的16.8%，木材产量约占全国1/3，是我国第三大林区，主要造林树种和材用树种有马尾松（*Pinus massoniana*）、毛竹（*Phyllostachys pubescens*）、紫楠（*Phoene sheareri*）、红楠（*Machilus thunbergii*）、苦槠（*Castanopsis scherophylla*）、东南栲（*C. jucunda*）等，材质坚硬，均为优质建筑、家具等用材。

2. 药用植物

本区是我国地道药材“浙药”和部分“南药”“川药”的产区。仅沪、杭、宁及黄山等地栽培的药用植物就达1000种，主要有地黄、山药、芍药、牡丹、白术、薄荷、延胡索、藏红花等。

3. 经济林木

本区自古以来就广为栽种经济林木，成为人民生活中不可缺少的油料、工业原料的重要来源。主要有核桃（*Juglans regia*）、油茶（*Camellia japonica*）、油桐（*Vernicia fordii*）、漆树、山苍子、栓皮栎（*Quercus variabilis*）、盐肤木等。

本区果品以柑橘类为主，其中包括甜橙（*Citrus sinensis*）、宽皮橘（*C. reticulata*）、柚（*C. grandis*）、金橘（*Fortunella margarita*）等。枇杷（*Eriobotrya joponica*）、杨梅（*Mgrica rubra*）、香榧（*Torreya grandis*）、猕猴桃（*Actinidia chinensis*）等也均有大量分布。

4. 农作物

本区栽培制度为一年两熟或两年五熟，南部则为一年三熟。

主要作物有稻、薯类、玉米、高粱、荞麦、甘蔗、油菜、芝麻、花生、烟叶、茶叶以及棉花、麻类等。

（六）华南区（南方区）

华南区（南方区）位于我国最南部，也是世界热带的最北界，包含北回归线以南的云南、广西、广东南部、福建福州以南的沿海地带以及台湾、海南全部和南海诸岛。本区西北高，东部低。典型的植被是常绿的热带雨林、季雨林和南亚热带季风常绿阔叶林。植物以热带区系成分为主，以桃金娘科、番荔枝科、樟科、龙脑香科、肉豆蔻科、红树科、棕榈科、猪笼草科植物为特色，并保存了大批古老的科属。植物资源最丰富，仅西双版纳经济植物就达700多种，海南岛4000多种，分布很多热带经济植物。

1. 材用植物

本区面积虽小，但植物资源最丰富。包含有许多优良的用材树种，是制造高级家具的材料。如坡垒（*Hopea hainanensis*）、青梅（*Vatica astrotricha*）、人面子、榕树（*Dracontomelon dao*）、红椿（*Toona sureni*）、榄仁树（*Terminalia catappa*）、海南紫荆木（*Madhuca hainanensis*）、糖胶树（*Alstonia scholaris*）等。

2. 药用植物

本区东部是我国地道药材“广药”的产区，主要药用植物有海南粗榧（*Cephalotaxus hainanensis*）、槟榔（*Areca catechu*）、肉桂（*Cinnamomum cassia*）、八角茴香（*Illicium verum*）、龙脑香（*Dipterocarpus aromatica*）、美登木（*Maytenus hookeri*）、三七（*Panax pseudoginseng*）等。

3. 经济林木

本区果树以热带果树为主，有椰子、柑橘、香蕉、菠萝、番木瓜（*Carica papaya*）、阳桃（*Averrhoa carambola*）、杧果、橄榄以及龙眼、荔枝等80余种。此外还有茶叶、咖啡、可可、三叶橡胶、油棕、剑麻等重要经济林木。

4. 农作物

本区栽培制度为一年三熟，主要作物有稻、麦类、玉米、甘薯、木薯、甘蔗、豆类、油菜、花生、烟草、棉花、红麻、黄麻等。

5. 牧草

本区牧草资源较丰富，主要有白兰草（*Bothriochloa ischaemum*）、黄背草（*Themeda triandra var. joponica*）、野古草（*Arundinella hirta*）、大油芒（*Spodiopgon sibiricus*）等。

（七）西南区（云贵高原区）

西南区位于我国西南部，包括秦巴山地、四川盆地、云贵高原及部分横断山地。本区是北方暖温带落叶林与南方亚热带常绿阔叶林过渡地带，大部分地区属亚热带常绿阔叶林，以壳斗科的常绿树种为主。地形为喀斯特地貌。气候属亚热带高原气候。本区植物资源极其丰富，是我国地道药材“川药”“云药”“贵药”的主产区。

1. 用材林植物

本区贵州高原东部树种与华中相似。主要有杉木、云南松、马尾松、青冈、米槠（*Castauopsis carlesii*）、红楠、紫楠、宜昌楠（*Machilus ichaengensis*）、阿丁枫（*Altingia obvata*）、木荷等，高山则可见到铁杉（*Tsuga chinensis*）、滇青冈（*Cyclobalanopsis glaucoides*）等。大面积较干燥的山坡上常生长着大片云南松（*Pinus yunnanensis*）。

2. 药用植物

本区药材种类较多，这里是我国地道药材“川药”“贵药”和“云药”的产地。如黄连（*Coptis chinmensis*）、冬虫夏草（*Cordyceps sinensis*）、贝母（*Fritllaria cirrhosa*）、大黄（*Rheum palmatum*）、天麻（*Gastrodia elata*）、白芪（*Bletilla Striata*）、茯苓（*Poria cocos*）、杜仲、木香（*Aucklandia lappa*）、雪莲花（*Saussurea* spp.）等。

3. 经济林木

本区主要果树有苹果、梨、桃、李、柑橘、香蕉、菠萝等。此外还有油桐、漆树、棕榈（*Trachycarpus fortunec*）等重要经济林木。

4. 农作物

本区栽培制度为一年两熟，主要作物有稻、小麦、高粱、甘薯、蚕豆（*Vicia faba*）、甘蔗、棉花、花生、油菜、烟草等。

（八）青藏高原区

青藏高原是世界著名的高原之一，包括西藏自治区大部、青海省南部、甘肃省东南部、四川省西北部。这里是世界最高的高原，被誉为世界屋脊，地球的第三极。本区东南部地势低，气候温暖湿润，植被类型为针阔叶混交林和寒温带针叶林，西北部地势高，气候寒冷，植被为高寒灌丛、草甸、草原、荒漠等，空气稀薄、光照充足，气温低，干湿季分明。本区气候、地形、植被复杂，垂直变化明显，植物资源丰富，是“藏药”的发源地。

1. 材用植物

本区东南部森林资源丰富，主要树种有云南松、华山松（*Pinus armandii*）、高山松（*P. densata*）、铁杉（*Tsuga chinensis*）、云杉、冷杉及落叶松属等多种。

2. 药用植物

本区药用植物有掌叶大黄（*Rheum palmatum*）、小大黄（*R. pumilum*）、天麻、冬虫夏草、贝母、绵参、雪莲、长花党参（*Codonopsis mollii*）、藏南党参（*C. subsimbplex*）、梭果黄芪（*Astragalus ernestii*）、西藏木瓜（*Chaenomeles tibetica*）、大花龙胆（*Gentiana stechenyii*）、麻花艽（*G. slraminea*）、匙叶甘松（*Nordostachys jatamansi*）等。

3. 经济林木

本区果树有苹果、桃、李、杏及乔木状沙棘（*Hippophae rhamnoides*）等。

4. 农作物

本区栽培制度为一年一熟，主要作物有青稞（*Hordeum vulgare var. nudum*）、小麦、豌豆、玉米、马铃薯、油菜、胡麻、亚麻、烟草等。

5. 牧草

本区牧草常见的有紫花针茅（*Stipa purpurea*）、砂生针茅、碱茅（*Piccinettia distans*）、高山早熟禾（*Poa zlpina*）、矮狐茅（*Festuca valesiaca*）、棱狐茅、鹅冠草（*Agropyrn thoroldianum*）、偏穗鹅冠草（*A. cristalum*）、滨草（*Elymus juncens*）等。

第三章　观赏植物及应用

本章介绍观赏植物的概念、分类、特性、资源分布、开发利用及其应用方式等。阅读中注意按照这个线路来理清各知识点之间的关系，有助于对知识要点整体的理解和掌握。

本章包含四节内容，分为总论和各论两大部分。其中，第一节观赏植物资源概述属于总论，第二节到第四节属于各论。总论是对观赏植物资源的整体介绍，在总论的基础上选择一些具有代表性的植物作更加详尽的阐述。第二节介绍主要的观赏树木资源，第三节介绍常见的观赏花卉资源，第四节介绍中国十大传统名花。

第一节　观赏植物资源概述

本节对观赏植物的资源进行概述，包含三个方面的内容：一是观赏植物资源的概念，二是观赏植物资源的分类，三是观赏植物资源的开发利用现状。

一、观赏植物资源的概念

什么是观赏植物资源？它是指具有观赏价值的一类野生和人工栽植的植物，包括园林树木、花卉植物和绿化植物等植物资源。从广义上来说，只要是具有观赏价值、能满足人们观赏需求的植物就属于观赏植物资源。

二、观赏植物资源的分类

植物的生态习性和观赏特性决定了不同的应用方式，因此根据不同的观赏特性、用途或近似的植物类群，有以下四种常见的分类方法，分别是第一种按照观赏部位分类，第二种按照植物的生活型分类，第三种按照栽培方式分类，第四种按照经济用途分类。

（一）按照观赏部位分类

这种分类方式是按照花卉可观赏的花、叶、果、茎等器官进行的分类。根据主要观赏部位的不同，又进一步细分为以下四类。

1. 观花植物

以植物的花为主要的观赏对象，分类为观花植物。观花部位包含花器官和花序的总苞。常见的如牡丹（*Paeonia suffruticosa* Andr.）、月季花（*Rosa chinensis* Jacq.）、梅花（*Armeniaca mume* Sieb.）、水仙（*Narcissus tazetta* L. *var*. *chinensis* Roem.）、唐菖蒲（*Gladiolus gandavensis* Vaniot Houtt.）、马蹄莲（*Zantedeschia aethiopica* Spreng.）等，这几种观花植物花色艳丽，现有许多园艺栽培品种，花色丰富，具有很高的观赏价值。

2. 观叶植物

以植物的叶或叶状茎为主要的观赏对象，分类为观叶植物，常见的有苏铁（*Cycas revoluta* Thunb.）、彩叶草（*Plectranthus scutellarioides* R. Br.）、文竹（*Asparagus*

setaceus）、变叶木（*Codiaeum variegatum* A. Juss.）、槭树类及松柏类等。这些植物的叶片，有一些是绿色的，有一些是红色或者黄色的，或者是几种颜色的混合，还有一些是形成斑点的，比如彩叶草。

3. 观果植物

以植物的果实为主要的观赏对象，分类为观果植物，比如金橘（*Fortunella margarita* Swingle.）、佛手（*Citrusmedica var. sarcodactylis* Swingle.）、香橼（*Citrus medica* L.）、朝天椒（*Capsicum annuum var. conoides*）、金银茄（*Solanum texanum*）等。这类植物的果实通常形态奇特有趣。

4. 观茎植物

以植物的茎为主要的观赏对象，分类为观茎植物，常见的有红瑞木（*Cornu salba* L.）、斑竹（*Phyllostachys bambusoides f. lacrimadeae*）、佛肚竹（*Bambusa ventricosa* McClure.）、龟背竹（*Monstera deliciosa* Liebm）、仙人掌（*Opuntia stricta* Haw. *var. dillenii* L. D. Benson.）、仙人球（*Echinopsis tubiflora*）等。比如红瑞木的茎干是红色的，仙人球的茎膨大成球状等。

5. 观芽植物

以植物的芽为主要的观赏对象，分类为观芽植物，常见的如银柳（*Salix argyracea* E. Wolf.），它的花芽肥大而具银色的毛茸。

（二）按照植物的生活型分类

1. 木本植物

木本植物是指具有木质茎的观赏植物。这类观赏植物多数是多年生，且茎干木质化，根据叶片的生活习性，也就是看其叶片是否在一段时间内统一脱落，进而又有常绿和落叶之分。比如在我国的南方，一旦到了秋天，落叶树的叶片通常就会统一脱落，进入冬天以后，落叶树的枝干已经是光秃秃的了，几乎完全没有了叶片；而常绿树的叶片就类似人的头发，虽然也会时不时地脱落一些，但不会统一脱落，而始终保持不同程度的绿叶，看起来一年四季都是常青的。再根据乔木、灌木、藤木区分，木本植物一般又会进一步地细分为以下 6 个小类：常绿乔木，如圆柏（*Sabina chinensis* Ant.）、侧柏（*Platycladus orientalis* Franco.）、广玉兰（*Magnolia grandiflora* Linn.）等；落叶乔木，如银杏（*Ginkgo biloba* L.）、杨柳（*Salix babylonica* L.）、桃（*Amygdalus persica* L.）、杏（*Armeniaca vulgaris* Lam.）等；常绿灌木，如石榴（*Punica granatum* L.）、夹竹桃（*Nerium indicum* Mill.）等；落叶灌木，如牡丹、木槿（*Hibiscus syriacus* Linn.）等；常绿藤本，如常春藤（*Hedera nepalensis var. sinensis* Rehd.）；落叶藤本，如紫藤（*Wisteria sinensis* Sweet.）等。

如图 2—1 所示为香樟（*Cinnamomum camphora* Presl.），树体高大，具有很明显的乔木特征。香樟是樟科樟属的常绿大乔木，一年四季常青，常见高达十多米的香樟树。多配植在公园作为园景树，同时也有很多城市选用香樟作为道路的行道树。如图 2—2 所示为贴梗海棠，贴梗海棠属于蔷薇科木瓜属，它是一种落叶的丛生大灌木，花色一般为大红色，春天开花，而且是先开花，然后陆续长叶。花朵盛开的时候，观景效果最佳。如图 2—3 所示为夹竹桃，它属于常绿直立大灌木，长势较好的高度甚至可达 5 米之多，花形大、花色艳丽、花期长，常用作观赏。开红色和白色花的居多。但需要注意的是，夹竹桃的根、茎、叶均有不同程度的毒性，接触时要注意防护。

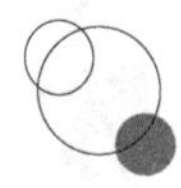

图 3—1 香樟

图 3—2 贴梗海棠

图 3—3 夹竹桃

图 3—4 爬山虎

如图 3—4 所示为爬山虎（*Parthenocissus tricuspidata*），比较常见，常攀爬在建筑墙体或者城市的高架桥和一些立交桥墩上。它是多年生大型落叶的木质藤本植物，它的形态与野葡萄（*Ampelopsis brevipedunculata* Trautv.）相似。相关实验表明，一根茎粗 2 厘米的藤条，种植两年后，墙面绿化覆盖面居然可以达到 30～50 平方米之多，说明爬山虎生长是比较迅速的，生长能力特别强。

2. 宿根植物

宿根植物属于多年生草本植物，多年生草本植物一般又有两种：一种是宿根植物，另一种是球根植物。宿根植物指不具变态根或地下茎的多年生草本植物，也就是地下部分是正常的形态，没有发生膨大、肥大等变态现象，具有这种特征的草本植物就是宿根植物。按照叶片的生活习性，宿根植物又可以进一步细分为常绿宿根植物，如兰花（*Cymbidium* spp.）、吉祥草（*Reineckia carnea* Kunth.）、万年青（*Rohdea japonica* Roth）等和落叶宿根植物，如菊花（*Dendranthema morifolium* Tzvel.）、芍药（*Paeonia lactiflora* Pall.）、玉簪（*Hosta plantaginea* Aschers.）等。

如图 3—5 所示为广东万年青（*Aglaonema modestum*），它是天南星科多年生常绿草本植物，根茎粗短，叶比较宽，倒披针形，质地硬而且有光泽。通常 4—5 月份开花，花色白而带

绿。该植物特别容易繁殖，剪取一枝，直接插在水中，过段时间就能生根长叶，还会发新枝出来。

图 3—5　广东万年青

3. 球根植物

球根植物和宿根植物的区别主要在于其地下部分。球根植物是指以变态根或变态茎越过不良季节的草本植物。根据变态部分不同，可分为鳞茎类，如水仙、郁金香（*Tulipa gesneriana* L.）、百合（*Lilium brownii var. viridulum* Baker.）等；球茎类，如唐菖蒲等；根茎类，如美人蕉（*Canna indica* L.）、鸢尾（*Iris tectorum* Maxim.）、睡莲（*Nymphaea tetragona* Georgi.）、荷花（*Nelumbo nucifera*）等；块茎类及块根类，如大丽花（*Dahlia pinnata* Cav.）等。而宿根植物是指不具变态根或地下茎的多年生草本植物，也就是地下部分是正常的形态，没有发生膨大、肥大等变态现象。

（1）鳞茎类：典型特征是地下茎短缩为圆盘状，其上着生着肉质膨大的鳞片。根据其鳞茎的有皮与否又可以分为有皮鳞茎和无皮鳞茎。有皮鳞茎有郁金香、风信子（*Hyacinthus orientalis* L.）、水仙、石蒜（*Lycoris radiata* Herb.）、朱顶红（*Hippeastrum rutilum* Herb.）、文殊兰（*Crinum asiaticum* L. *var. Sinicum* Baker.）等植物。无皮鳞茎常见的有百合、贝母（*Fritillaria*）等植物。

（2）球茎类：是指地下茎短缩膨大，呈实心球状或扁球形，上方着生环状的节，顶端是有顶芽的，节上又有侧芽。常见的有唐菖蒲、香雪兰（*Freesia refracta* Klatt.）、番红花（*Crocus sativus* L.）、仙客来（*Cyclamen persicum* Mill.）等植物。

（3）根茎类：是指地下茎呈根状肥大，具有明显的节与节间，节上有芽并能够发生不定根，它的顶芽能发育形成花芽开花，而侧芽则形成分枝，如美人蕉、荷花、睡莲、鸢尾类、姜花（*Hedychium coronarium* Koen.）、红花酢浆草（*Oxalis corymbosa* DC.）、铃兰（*Convallaria majalis* Linn.）等植物。

（4）块茎类：指地下茎变态膨大了，呈不规则的块状或球状，它的上面着生有明显的芽眼，如马蹄莲、花叶芋（*Caladium bicolor* Vent.）、晚香玉（*Polianthes tuberosa* Linn.）等植物。

（5）块根类：指根的变态，由侧根或不定根肥大而成，肥大部分贮藏大量的养分，块根没有节，也没有芽点，芽在根颈部，如大丽花、花毛茛（*Ranunculus asiaticus* Lepech.）、欧洲银莲花（*Anemone coronaria* L.）等植物。

4. 一、二年生植物

一年生植物是指在一年内完成其生长、发育、开花、结实直至死亡的生命周期的花卉，即经过春天播种，夏秋开花、结实后枯死。在观赏园艺中，把一年生草本植物称为春播草花，如一串红（*Salvia splendens* Ker-Gawler）、百日草（*Zinnia elegans* Jacq.）、鸡冠花（*Celosia cristata* L.）、凤仙花（*Impatiens balsamina* L.）等植物。二年生植物是指在两年内完成其生长、发育、开花、结实直至死亡的生命周期的花卉，即经过秋天播种、幼苗过冬，翌年春夏开花、结实后枯死，又把二年生草本植物称为秋播花卉，如金鱼草（*Antirrhinum majus* L.）、三色堇（*Viola tricolor* L.）、石竹（*Dianthus chinensis* L.）、金盏菊（*Calendula officinalis* L.）等植物。需要特别注意的是，这两种植物的实际生命周期均为一年。切勿望文生义，以为二年生草本植物的生命周期就是两年。

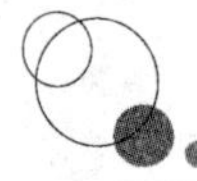

如图 3—6 所示为鸡冠花。鸡冠花是一年生草本植物，夏秋季开花，花多为红色，呈鸡冠状，因此被称为鸡冠花。目前园艺品种的花被片有红色、紫色、黄色、橙色或红色与黄色相间等，色彩丰富。如图 3—7 所示为一串红，它是亚灌木状的草本，整体形态看起来像灌木，高度可达 90 厘米。它的茎钝四棱形，叶卵圆形或者三角状卵圆形，花是红色的。随着花颜色的不同，该园艺品种的名称也发生变化，如开白色花的就是一串白，开紫色花的就是一串紫，都是由花的颜色而得名。

如图 3—8 所示为三色堇。三色堇是波兰的国花，通常花朵每花有紫、白、黄三色，故名三色堇，因为其花的形态与猫的脸有些相似，所以又常被称为猫儿脸。

图 3—6 鸡冠花

图 3—7 一串红

图 3—8 三色堇

（三）按照栽培方式分类

根据观赏植物栽培场所的不同，又可进一步划分为地栽和盆栽两种。地栽是指直接栽种在苗圃或温室的土壤中，或栽种在花坛、树坛的土壤中，简单地说就是直接栽植在土地里面。而盆栽指的是栽种在各种专门的容器中，比如花盆、木桶或者陶制的容器中。根据观赏植物在栽培过程中是否需要特殊保护又分为露地植物和温室植物。其中露地植物是指栽培的全过程均在露地进行。露地植物根据耐寒程度，又分为耐寒植物（是指在冬季不需任何防寒措施就能安全越冬的植物，比如三色堇）、半耐寒植物（是指在冬季需要适当防寒措施才能安全越冬的植物，

比如金鱼草）和不耐寒植物（是指在冬季完全无法安全越冬的植物，比如一年生春播花卉就属于不耐寒植物，没法露地越冬）。温室植物是指需要在温室中栽培的植物。其根据对冬季温度的要求，又分为冷室植物、低温温室植物、中温温室植物和高温温室植物。其中冷室植物指的是温度只需保持在 1℃～5℃的室内就能够越冬的种类，比如苏铁、蒲葵（*Livistona chinensis* R. Br.）、蜘蛛抱蛋（*Aspidistra elatior* Blume.）、文竹等；低温温室植物指的是要求温度保持在 5℃～8℃的室内就能越冬的种类，比如瓜叶菊（*Pericallis hybrida* B. Nord.）、报春花（*Primula malacoides* Franch.）、秋海棠（*Begonia grandis* Dry.）等；中温温室植物介于两者之间，它是温度保持在 8℃～15℃的条件下就能够越冬的种类，比如仙客来、倒挂金钟（*Fuchsia hybrida* Hort. ex Sieb. et Voss.）等；高温温室植物指的是要求温度保持在 15℃～25℃，甚至 30℃的温室内才能越冬的种类，比如各种热带兰（*Aerides odoratum*）、变叶木等植物。

（四）按照经济用途分类

根据其不同的经济用途又可分为药用、香料、食用和其他类观赏植物。药用观赏植物有芍药、银杏、杜仲（*Eucommia ulmoides* Oliver.）等，香料观赏植物有香叶天竺葵（*Pelargonium graveolens* L'Herit.）、米兰（*Aglaia odorata* Lour.）、茉莉（*Jasminum sambac* Aiton）、栀子（*Gardenia jasminoides* Ellis.）、桂花（*Osmanthus fragrans* Lour.）等，食用观赏植物有玫瑰（*Rosa rugosa* Thunb.）、百合、黄花菜（*Hemerocallis citrina* Baroni.）等，还有其他类，如可生产纤维、淀粉、油料的观赏植物。

（1）杜仲属于杜仲科植物。杜仲的干燥树皮是我国名贵滋补药材，而杜仲则是高大乔木，可作观赏。茉莉花呈白色，圣洁雅致，花又非常芳香，除了可作观赏外，还是著名的花茶原料以及重要的香精原料。黄花菜，花被淡黄色、橘红色、黑紫色，不仅花色艳丽，还可食用。不过要特别注意的是，黄花菜一般晒干食用，炒菜或者做汤，十分美味，但新鲜的黄花菜最好不要食用，因其有一定毒性。

（2）棉花（*Gossypium* spp.）的植株呈灌木状，在热带地区栽培可长到 6 米高，一般为 1～2 米。花朵乳白色，开花后不久转成深红色然后凋谢，留下绿色小型的蒴果，称为棉铃。棉铃内有棉籽，棉籽上的茸毛从棉籽表皮长出，塞满棉铃内部，棉铃成熟时裂开，露出柔软的纤维。纤维白色或白中带黄。

三、观赏植物资源的开发利用现状

（一）我国观赏植物资源概况及开发利用现状

我国地域辽阔，地形复杂，具有多种多样的气候和土壤，观赏植物资源非常丰富，既有热带、亚热带、温带、寒温带和湿润、半湿润、干旱花木，也有高山、岩生、湿泽、水生花木，是许多世界名花和观赏树木的原产地，被英国园艺工作者亨利·威尔逊赞誉为“世界园林之母”，享有“花卉王国”的美誉。我国闻名海内外的观赏植物，有云贵的杜鹃花（*Rhododendron simsii* Planch.）、云台海的兰花、云南的金花茶（*Camellia nitidissima* C. W. Chi）、广东的鸽子树（*Davidia involucrate* Baill.）、洛阳的牡丹、漳州的水仙等。

我国观赏植物的开发利用历史悠久，其过程大致可分为以下 5 个时期：起步时期（周、秦），如距今约 2500 年的《诗经》就记载了多种观赏植物的特征与风姿；发展时期（汉、晋、南北朝），观赏植物的开发利用由以经济、实用为主，逐渐转向以观赏、美化为主；兴盛时期（隋、唐、宋），观赏植物的开发利用逐渐稳定繁荣，选种、育种、品种分类、栽培繁殖等都已达较高水平；兴旺至起伏时期（元、明、清、民国），其间虽因社会变迁、战乱等影响，但观赏植物的开发利用仍得到了一定程度的发展；繁荣发展时期，新中国成立以来，特别是改革开放以来，观赏植物的开发利用步入了一个健康稳步发展的全新时期。

我国园林植物种质资源具有种类繁多、变异丰富、分布集中、特点突出、遗传性好等特点。国内拥有高等植物达 3 万多种，居世界第 3 位，有观赏价值的园林植物达 6000 种以上。苔藓植物 106 科，占世界科数的 70%；蕨类植物 52 科，2600 种，分别占世界科数的 80%和种数的 26%；木本植物 8000 种（包括种、变种、变型和栽培种），其中乔木约 2000 种。全世界裸子植物共 12 科 71 属 750 种，中国就有 11 科 34 属 240 多种。针叶树的总种数占世界同类植物的 37.8%。被子植物占世界总科、属的 54%和 24%。其中特有植物种类繁多，约 17000 余种，如银杉（*Cathaya argyrophylla* Chun et Kuang.）、珙桐（*Davidia involucrata* Baill.）、银杏、百山祖冷杉（*Abies beshanzuensis* M. H. Wu）、香果树（*Emmenopterys henryi* Oliv.）等均为我国特有的珍稀濒危野生植物。经过近 30 年的调查和研究，我国观赏植物资源基本摸清。原产我国的观赏植物约 1 万～2 万种，常见的约 2000 种。

（二）存在的问题及建议

1. 存在的问题

我国观赏植物资源极为丰富，可是大量可供观赏的种类仍然处于野生状态，而未被开发利用。因此造成了植物种类贫乏，园艺栽培品种不足及退化。同时，虽然我国植物自然资源得天独厚，种类丰富，但忽略了保护，使自然资源遭到破坏。再者，由于较低的园艺水平，贫乏的园林植物种类，使得园林植物景观单调，缺乏生气。

现阶段，我国对植物资源的开发利用还存在诸多问题，比如优良品种的失传，甚至濒于灭绝等问题，还有对于现有资源，不能合理开发利用，科学研究也相对滞后，并且存在缺乏健全的管理制度等问题。这亟须国内广大科技工作者和管理者以及社会的各个层面，共同来面对，协调发展。总的来讲，我国观赏植物资源开发利用的现状可以概括为“历史悠久、名花著世、亟待创新、尚需接轨”。只有认清现实，观赏植物资源的开发与利用才能做到可持续科学发展。

2. 建议

（1）继续开展野生观赏植物资源的收集和保存研究，对野生观赏植物资源进行详细、系统的编目，同时进行遗传多样性的详细评价，用于编撰野生观赏植物资源文献和建立资源谱。

（2）继续进行野生花卉引种驯化工作，深入研究引种对象的生长规律及生境，进一步探索引种的理论和方法。

（3）利用野生种质资源开展栽培品种的改良研究。以观赏为育种目标的同时，兼顾抗逆性和低能耗花卉品种的选育。同时可利用生物技术进行珍稀野生花卉的种质保存及致濒因子的研究。

（4）对已引种成功的种类进行种子生理、种苗繁殖及配套栽培技术的研究。

（5）积极研究野生花卉在园林中的应用，探寻野生观赏植物作为新的园林造景材料的巨大潜力和广阔前景。

第二节　主要的观赏树木资源

本节依据观赏树木的生长形状，将其分为乔木、灌木、藤蔓、匍匐、竹类和棕榈6类，下面逐一介绍。

一、乔木植物

乔木通常树体高大，一般高度在6米以上，具有明显的主干。按照树体的高度又分为伟乔、大乔、中乔、小乔这四种。31米以上为伟乔，21米到30米之间为大乔，11米到20米之间为中乔，6米到10米之间为小乔。按照叶片的生长习性，乔木又有常绿和落叶之分。常绿乔木常见的有香樟、乐昌含笑（*Michelia chapensis* Dandy.）、广玉兰、雪松（*Cedrus deodara* G. Don.）、杜英（*Elaeocarpus decipiens* Hemsl.）等，落叶乔木常见的有银杏、国槐（*Sophora japonica* Linn.）、悬铃木（*Platanus acerifolia* Willd.）、刺桐（*Erythrina variegata* L.）、栾树（*Koelreuteria paniculata* Laxm.）等。乔木种类繁多，下面选择一些具有代表性的植物做介绍。

（一）银杏

（1）拉丁学名：*Ginkgo biloba* L.

（2）科属：银杏科银杏属，世界上仅存在1目1科1属1种。

（3）分布：为中生代孑遗的稀有树种，系我国特产，仅浙江天目山有野生状态的树木，生于海拔500～1000米、酸性（pH值5～5.5）黄壤、排水良好地带的天然林中。银杏的栽培区甚广，北自沈阳，南达广州，东起华东海拔40～1000米地带，西南至贵州、云南西部（腾冲）海拔2000米以下地带均有栽培。

（4）观赏特性：著名的裸子植物，银杏是成都市的市树。落叶大乔木，成熟植株高可达40米，胸径可达4米。枝条的分枝很多，有长短枝之分。在短枝上簇生着3～8片叶子，叶呈扇形，有长柄，没有毛，有多数叉状并列细脉；春夏叶片绿色，秋季落叶前变为黄色，是著名的秋景树。银杏的球花雌雄异株，单性，长在短枝顶端的鳞片状叶的腋内，呈簇生状，雄球花和雌球花差异很大。雄球花，葇荑花序状，下垂，雄蕊排列疏松，具有短梗，花药通常是2个。雌球花，花具长梗，梗端常分成两叉，每叉顶端生一盘状珠座，胚珠着生在上面，通常只有一个叉端的胚珠发育成种子。种子具长梗，下垂，种子有椭圆形、长倒卵形、卵圆形或近圆球形。银杏的花期在3—4月，种子成熟期在9—10月。

（5）观赏应用：银杏是园林绿化、行道、公路、田间林网、防风林带的理想栽培树种，被列为中国四大长寿观赏树种之一。银杏树高大挺拔，叶似扇形，冠大荫状，抗烟尘、抗火灾、抗有毒气体，是著名的无公害树种。银杏树体高大，树干通直，姿态优美，春夏翠绿，深秋金黄，是理想的园林绿化、行道树种。

（二）栾树

（1）拉丁学名：*Koelreuteria paniculata* Laxm.

（2）科属：无患子科栾树属。

（3）分布：产于我国大部分省区，东北自辽宁起经中部至西南部的云南。世界各地均有栽培。

(4) 观赏特性：落叶乔木或灌木；树皮厚，灰褐色至灰黑色，老时纵裂；皮孔小，灰至暗褐色；叶丛生于当年生枝上，平展，一回、不完全二回或偶有为二回羽状复叶，无柄或具极短的柄，对生或互生，纸质，卵形、阔卵形至卵状披针形，顶端短尖或短渐尖，基部钝至近截形，边缘有不规则的钝锯齿，有时小叶背面被茸毛。聚伞圆锥花序，密被微柔毛，分枝长而广展，在末次分枝上的聚伞花序具花3～6朵，密集呈头状；苞片狭披针形，被小粗毛；花淡黄色，稍芬芳；花瓣4，瓣片基部的鳞片初时黄色，开花时橙红色，具参差不齐的深裂；雄蕊8枚，花丝下半部密被白色、开展的长柔毛。蒴果圆锥形，具3棱，顶端渐尖，果瓣卵形，外面有网纹，内面平滑且略有光泽；种子近球形。花期6—8月，果期9—10月。

(5) 观赏应用：栾树春季嫩叶多为红色，夏季黄花满树，入秋叶色变黄，果实紫红，形似灯笼，十分美丽。栾树适应性强、季相明显，是理想的绿化、观叶树种。宜作庭荫树、行道树及园景树，栾树也是工业污染区配植的好树种。栾树春季观叶、夏季观花、秋冬观果，已大量将它作为庭荫树、行道树及园景树，同时也作为居民区、工厂区及村旁绿化树种。

(三) 羊蹄甲

(1) 拉丁学名：*Bauhinia purpurea* Linn.

(2) 科属：豆科羊蹄甲属。

(3) 分布：产于我国南部，中南半岛、印度、斯里兰卡均有分布。

(4) 观赏特性：乔木或直立灌木，高7～10米；树皮厚，近光滑，灰色至暗褐色；枝初时略被毛，毛渐脱落，叶硬纸质，近圆形，基部浅心形，先端分裂达叶长的1/3～1/2，裂片先端圆钝或近急尖，两面无毛或下面薄被微柔毛。总状花序侧生或顶生，少花，有时2～4个生于枝顶而成复总状花序，被褐色绢毛；萼佛焰状；花瓣桃红色，倒披针形；花丝与花瓣等长；子房具长柄，被黄褐色绢毛，柱头稍大，斜盾形。荚果带状，扁平，略呈弯镰状；种子近圆形，扁平，种皮深褐色。花期9—11月，果期2—3月。

(5) 观赏应用：花期长，生长快，为良好的观赏及蜜源植物，在热带、亚热带地区广泛栽培。世界亚热带地区广泛栽培于庭园供观赏及作行道树。

(四) 雪松

(1) 拉丁学名：*Cedrus deodara* G. Don.

(2) 科属：松科雪松属。

(3) 分布：分布于阿富汗至印度，海拔1300～3300米地带。北京、旅顺、大连、青岛、徐州、上海、南京、杭州、南平、庐山、武汉、长沙、昆明等地已广泛栽培作庭园树。

(4) 观赏特性：乔木，高达50米，胸径达3米；树皮深灰色，裂成不规则的鳞状块片；枝平展、微斜展或微下垂，基部宿存芽鳞向外反曲，小枝常下垂，一年生长枝淡灰黄色，密生短绒毛，微有白粉，二、三年生枝呈灰色、淡褐灰色或深灰色。叶在长枝上辐射伸展，短枝上叶成簇生状，针形，坚硬，淡绿色或深绿色，叶之腹面两侧各有2～3条气孔线，背面4～6条，幼时气孔线有白粉。雄球花长卵圆形或椭圆状卵圆形，雌球花卵圆形。球果成熟前淡绿色，微有白粉，熟时红褐色，卵圆形或宽椭圆形；中部种鳞扇状倒三角形，鳞背密生短绒毛；苞鳞短小；种子近三角状，种翅宽大。雄球花常于第一年秋末抽出，次年早春较雌球花约早一周开放，球果第二年10月成熟。

（5）观赏应用：雪松终年常绿，树形美观，亦为普遍栽培的庭园树。雪松是世界著名的庭园观赏树种之一。它具有较强的防尘、减噪与杀菌能力，也适宜作工矿企业绿化树种。雪松树体高大，树形优美，最适宜孤植于草坪中央、建筑前庭中心、广场中心或主要建筑物的两旁及园门的入口等处。其主干下部的大枝自近地面处平展，长年不枯，能形成繁茂雄伟的树冠。此外，列植于园路的两旁，形成甬道，亦极为壮观。

（五）乐昌含笑

（1）拉丁学名：*Michelia chapensis* Dandy.

（2）科属：木兰科含笑属。

（3）分布：产于江西南部、湖南西部及南部、广东西部及北部、广西东北部及东南部。生于海拔 500～1500 米的山地林间。越南也有分布。

（4）观赏特性：常绿乔木，高 15～30 米，胸径可达 1 米，树皮灰色至深褐色；小枝无毛或嫩时节上被灰色微柔毛。叶薄革质，倒卵形，狭倒卵形或长圆状倒卵形，上面深绿色，有光泽，网脉稀疏；无托叶痕。花梗具 2～5 苞片脱落痕；花被片淡黄色，6 片，芳香，2 轮。聚合果；蓇葖长圆体形或卵圆形，种子红色，卵形或长圆状卵圆形。花期 3—4 月，果期 8—9 月。

（5）观赏应用：树干通直，树冠圆锥状塔形，四季深绿，花期长，花白色，既多又芳香。在城镇庭园中单植、列植或群植均有良好的景观效果。常作为木本花卉、风景树及行道树应用。

（六）荷花玉兰

（1）拉丁学名：*Magnolia grandiflora* L.

（2）科属：木兰科木兰属。

（3）分布：原产于北美洲东南部。我国长江流域以南各城市均有栽培。兰州及北京的公园也有栽培。本种广泛栽培，有超过 150 个栽培品系。

（4）观赏特性：常绿乔木，在原产地高达 30 米；树皮淡褐色或灰色，薄鳞片状开裂；小枝粗壮，具横隔的髓心；小枝、芽、叶下面及叶柄均密被褐色或灰褐色短绒毛（幼树的叶下面无毛）。叶厚革质，椭圆形，长圆状椭圆形或倒卵状椭圆形，先端钝或短钝尖，基部楔形，叶面深绿色，有光泽；无托叶痕，具深沟。花白色，有芳香；花被片 9～12，厚肉质，倒卵形，花丝扁平，紫色。聚合果圆柱状，长圆形或卵圆形；蓇葖背裂，背面圆，顶端外侧具长喙；种子近卵圆形或卵形，外种皮红色。花期 5—6 月，果期 9—10 月。

（5）观赏应用：花大，白色，状如荷花，芳香，为美丽的庭园绿化观赏树种，适生于湿润肥沃土壤，对二氧化硫、氯气、氟化氢等有毒气体抗性较强，也耐烟尘。

二、灌木植物

灌木植物通常在乔木的下层，相对来讲，树体较为矮小，一般在 6 米以下，没有明显主干或者主干很短，树体有许多相近的丛生侧枝。按照叶片的生长习性，灌木又可分为常绿灌木和落叶灌木。常绿灌木常见的有栀子花、海桐（*Pittosporum tobira*）、杜鹃、山茶（*Camellia japonica* L.）、黄杨（*Buxus sinica* M. Cheng）等，落叶灌木常见的有木芙蓉（*Hibiscus mutabilis* Linn.）、紫荆（*Cercis chinensis* Bunge.）、蜡梅（*Chimonanthus praecox* Link.）等。观赏灌木种类较多，代表性灌木介绍如下。

（一）木芙蓉

（1）拉丁学名：*Hibiscus mutabilis* Linn.

（2）科属：锦葵科木槿属。

（3）分布：我国辽宁、河北、山东、陕西、安徽、江苏、浙江、江西、福建、台湾、广东、广西、湖南、湖北、四川、贵州和云南等省区均有栽培，系我国湖南原产。日本和东南亚各国也有栽培。

（4）观赏特性：落叶灌木或小乔木，高2～5米；小枝、叶柄、花梗和花萼均密被星状毛与直毛相混的细毛。叶宽卵形至圆卵形或心形，常5～7裂，裂片三角形，先端渐尖，具钝圆锯齿，上面疏被星状细毛和点，下面密被星状细绒毛；叶柄长；托叶披针形，常早落。花单生于枝端叶腋间，近端具节；小苞片8，线形，密被星状绵毛，基部合生；萼钟形，裂片5，卵形，渐尖头；花初开时白色或淡红色，后变深红色，花瓣近圆形，外面被毛，基部具髯毛。花有单瓣或重瓣之分。蒴果扁球形，被淡黄色刚毛和绵毛；种子肾形，背面被长柔毛。花期8—10月。

（5）观赏应用：木芙蓉是成都市的市花。木芙蓉喜欢温暖、湿润的环境，不耐寒，怕干旱，耐水湿。因为木芙蓉花大色丽，成为我国久经栽培的园林观赏植物；其花叶可供药用，有清肺、凉血、散热和解毒的功效。木芙蓉花还可食用。比如木芙蓉花鸡蛋汤，清晨摘含苞待放的木芙蓉花后，与鸡蛋做成汤，十分清新美味。

（二）迎春花

（1）拉丁学名：*Jasminum nudiflorum* Lindl.

（2）科属：木樨科素馨属。

（3）分布：产于甘肃、陕西、四川、云南西北部，西藏东南部。生山坡灌丛中，海拔800～2000米。我国及世界各地普遍栽培。该种植物首先发现栽种于我国长江流域一带的庭园中。

（4）观赏特性：落叶灌木，直立或匍匐，高0.3～5米，枝条下垂。枝稍扭曲，光滑无毛，小枝四棱形，棱上多少具狭翼。叶对生，三出复叶，小枝基部常具单叶；叶轴具狭翼，无毛；叶片和小叶片幼时两面稍被毛，老时仅叶缘具睫毛；小叶片卵形、长卵形或椭圆形、狭椭圆形，稀倒卵形，先端锐尖或钝，具短尖头，基部楔形，叶缘反卷；顶生小叶片较大，无柄或基部延伸成短柄，侧生小叶片无柄；单叶为卵形或椭圆形，有时近圆形。花单生于去年生小枝的叶腋，稀生于小枝顶端；苞片小叶状，披针形、卵形或椭圆形，花萼绿色，花冠黄色。花期6月。

（5）观赏应用：迎春枝条披垂，冬末至早春先花后叶，花色金黄，叶丛翠绿。在园林绿化中宜配植在湖边、溪畔、桥头、墙隅，或在草坪、林缘、坡地、房屋周围也可栽植，可供早春观花。迎春的绿化效果突出，体现速度快，在各地都有广泛使用。

（三）栀子

（1）拉丁学名：*Gardenia jasminoides* Ellis.

（2）科属：茜草科栀子属。

（3）分布：我国大部分地区均有栽培，生于海拔10～1500米的旷野、丘陵、山谷、山坡、溪边的灌丛或树林中。国外分布于日本、朝鲜、越南、老挝、柬埔寨、印度、尼泊尔、巴基斯

坦、太平洋岛屿和美洲北部，野生或栽培。

(4) 观赏特性：灌木，高 0.3～3 米；嫩枝常被短毛，枝圆柱形，灰色。叶对生，革质，稀为纸质，少为 3 枚轮生，叶形多样，通常为长圆状披针形、倒卵状长圆形、倒卵形或椭圆形，顶端渐尖、骤然长渐尖或短尖而钝，基部楔形或短尖，两面常无毛，上面亮绿，下面色较暗；托叶膜质。花芳香，通常单朵生于枝顶，花冠白色或乳黄色，高脚碟状，冠管狭圆筒形；花丝极短，花药线形，花柱粗厚，柱头纺锤形，伸出，黄色，平滑。果卵形、近球形、椭圆形或长圆形，黄色或橙红色，有翅状纵棱，顶部宿存萼片；种子多数。花期 3—7 月，果期 5 月至翌年 2 月。本种分布较为广泛，可生长在不同的环境下，使得栀子的习性、叶片的形状及大小、果实的形状及大小等都发生了一些变异。栀子的变异主要可分为两种类型：一类通常称为"山栀子"，果实呈卵形或近球形，比较小；另一类通常称为"水栀子"，果实呈椭圆形或长圆形，比较大。也有学者提出，山栀子适为药用，水栀子适为染料用。

(5) 观赏应用：栀子抗有害气体能力很强，萌芽力也强，耐修剪，是典型的酸性花卉。栀子以种子、扦插的方式繁殖。栀子可作盆景，因花大美丽、芳香，也广泛栽植于庭园供观赏。干燥成熟的果实是常用中药，具有清热利尿、泻火除烦、凉血解毒、散瘀等功效。叶、花、根也是可以作药用的。还可从成熟的果实提取栀子黄色素，在民间作染料应用，在化妆品生产等工业中用作天然着色剂原料，也是一种品质优良的天然食品色素，没有人工合成色素的副作用，且具有一定的医疗效果。栀子的黄色素着色力强，颜色鲜艳，具有耐光、耐热、耐酸碱性、无异味等特点，可广泛应用于糕点、糖果、饮料等食品的着色上。栀子花还可提制芳香浸膏，用于多种花香型化妆品和香皂香精的调和剂。

(四) 海桐

(1) 拉丁学名：*Pittosporum tobira* Ait.

(2) 科属：海桐花科海桐花属。

(3) 分布：分布于长江以南滨海各省，其他地区亦广为栽培供观赏。国外亦见于日本和朝鲜。

(4) 观赏特性：常绿灌木或小乔木，高达 6 米，嫩枝被褐色柔毛，有皮孔。叶聚生于枝顶，二年生，革质，嫩时上下两面有柔毛，以后变秃净，倒卵形或倒卵状披针形。伞形花序或伞房状花序顶生或近顶生，密被黄褐色柔毛；苞片披针形，均被褐毛。花白色，有芳香，后变黄色；萼片卵形，被柔毛；花瓣倒披针形，离生。蒴果圆球形，有棱或呈三角形；种子多数，多角形，红色。花期 3—5 月，果熟期 9—10 月。

(5) 观赏应用：株形圆整，四季常青，花味芳香，种子红艳，为著名的观叶、观果树种。海桐抗二氧化硫等有害气体的能力强，又为环保树种。海桐适于盆栽布置展厅、会场、主席台等处；也宜地植于花坛四周、花径两侧、建筑物基础或作园林中的绿篱、绿带；尤宜于工矿区种植。同属的光叶海桐花，种子橙黄色，叶光亮，亦供观赏用。

三、藤蔓植物

藤蔓植物是指茎部细长，不能直立，只能依附在其他物体（如树、墙等）或匍匐于地面上生长的一类植物，最典型的有葡萄、爬山虎、炮仗花（*Pyrostegia venusta* Miers.）等。按照叶片的生长习性，又有落叶藤蔓和常绿藤蔓植物之分。常见的藤蔓植物有常春藤、爬山虎、葡萄、凌霄（*Campsis grandiflora* Schum.）、紫藤等。下面介绍藤蔓植物中常见的落叶藤蔓植物紫藤和光叶子花。

（一）紫藤

（1）拉丁学名：*Wisteria sinensis* Sweet.

（2）科属：豆科紫藤属。

（3）分布：产于河北以南黄河、长江流域及陕西、河南、广西、贵州、云南等地。

（4）观赏特性：落叶藤本。茎左旋，枝较粗壮，嫩枝被白色柔毛，后秃净；冬芽卵形。奇数羽状复叶；托叶线形，早落；小叶 3～6 对，纸质，卵状椭圆形至卵状披针形，上部小叶较大，基部 1 对最小，先端渐尖至尾尖，基部钝圆或楔形，或歪斜，嫩叶两面被平伏毛，后秃净；小托叶刺毛状，宿存。总状花序发自去年短枝的腋芽或顶芽，花序轴被白色柔毛；苞片披针形，早落；花芳香；花冠紫色，旗瓣圆形。荚果倒披针形，有种子 1～3 粒；种子褐色，具光泽，圆形，扁平。花期 4 月中旬至 5 月上旬，果期 5—8 月。

（5）观赏应用：在我国，紫藤自古即栽培用作庭园棚架植物，长叶之前就开花，紫穗点缀稀疏的嫩叶，十分优美，春季时紫花烂漫，别有情趣，适栽于湖畔、池边、假山、石坊等处，具独特风格。紫藤还常作盆景观赏。

（二）光叶子花

（1）拉丁学名：*Bougainvillea glabra* Choisy.

（2）科属：紫茉莉科叶子花属。

（3）分布：原产巴西。我国南方栽植于庭院、公园，北方栽培于温室，是美丽的观赏植物。

（4）观赏特性：藤状灌木。茎粗壮，枝下垂，无毛或疏生柔毛；刺腋生。叶片纸质，卵形或卵状披针形，顶端急尖或渐尖，基部圆形或宽楔形，上面无毛，下面被微柔毛。花顶生于枝端的 3 个苞片内，花梗与苞片中脉贴生，每个苞片上生一朵花；苞片叶状，紫色或洋红色，长圆形或椭圆形，纸质。花期在冬春间（广州、海南、昆明），北方温室栽培 3—7 月开花。

（5）观赏应用：光叶子花苞片大，色彩鲜艳，且持续时间长，宜庭园种植或盆栽观赏。还可作盆景、绿篱及修剪造型，观赏价值很高。在巴西，妇女常用来插在头上作装饰，别具一格。欧美常用作切花。我国南方栽植于庭院、公园，北方栽培于温室，是美丽的观赏植物。

（三）木香花

（1）拉丁学名：*Rosa banksiae* Ait.

（2）科属：蔷薇科蔷薇属。

（3）分布：产于四川、云南。生溪边、路旁或山坡灌丛中，海拔 500～1300 米。全国各地均有栽培。

（4）观赏特性：攀缘小灌木，高可达 6 米；小枝圆柱形，无毛，有短小皮刺；老枝上的皮刺较大，坚硬，经栽培后有时枝条无刺。小叶 3～5，稀 7，连叶柄长 4～6 厘米；小叶片椭圆状卵形或长圆披针形，先端急尖或稍钝，基部近圆形或宽楔形，边缘有紧贴细锯齿；小叶柄和叶轴有稀疏柔毛和散生小皮刺；托叶线状披针形，早落。花小型，多朵成伞形花序；萼片卵形，内面被白色柔毛；花瓣重瓣至半重瓣，白色，倒卵形，先端圆，基部楔形；心皮多数，花柱离生，密被柔毛，比雄蕊短很多。花期 4—5 月。

（5）观赏应用：著名的观赏植物，常栽培供攀缘棚架之用。性不耐寒，在华北、东北只能

作盆栽，冬季移入室内防冻。

四、匍匐植物

匍匐植物是茎平卧在地上生长的植物，往往在节处长有不定根，如铺地柏、迎春等。

（一）铺地柏

（1）拉丁学名：*Sabina procumbens* Iwata. et Kusaka.

（2）科属：柏科圆柏属。

（3）分布：原产于日本。我国旅顺、大连、青岛、庐山、昆明及华东地区各大城市引种栽培作观赏树。

（4）观赏特性：匍匐灌木，高约75厘米；枝条是沿着地面扩展的，枝条褐色，小枝非常密集，枝梢及小枝向上斜展。铺地柏的刺形叶三叶交叉轮生，条状披针形，叶先端渐尖成角质锐尖头，球果近球形，被白粉，成熟时黑色，有2～3粒种子，有棱脊。

（5）观赏应用：铺地柏是阳性树，对土质要求不严。一般用扦插的方式繁殖。铺地柏可作盆景，可配植于草坪、花坛、山石、林下，增加绿化层次，丰富观赏美感。

五、竹类植物

竹类植物的性状和生长习性与树木不同，种类极多，作用特殊，有刚竹（*Phyllostachys sulphurea*）、紫竹（*Phyllostachys nigra* Munro）、毛竹（*Phyllostachys heterocycla* cv. Pubescens）、凤尾竹、佛肚竹等。代表植物介绍如下。

（一）凤尾竹

（1）拉丁学名：*Bambusa multiplex* Raeusch. cv. Fernleaf R. A. Young.

（2）科属：禾本科簕竹属。

（3）分布：原产于我国，华东、华南、西南以至我国台湾地区和香港地区均有栽培。

（4）观赏特性：

本栽培品种与观音竹（*B. multiplex var. rivierorum* R. Maire）相似，但植株较高大，高3～6米，竿中空，小枝稍下弯，具9～13叶。

凤尾竹是丛生竹，为孝顺竹的一种变异。凤尾竹与观音竹比较相似，但是凤尾竹植株要高大一些，高度一般在3～6米之间。两者之间的显著区别在于竹竿，凤尾竹的竹竿中空，而观音竹的竹竿是实心的。

（5）观赏应用：凤尾竹多种植作绿篱或供观赏用。

（二）佛肚竹

（1）拉丁学名：*Bambusa ventricosa* McClure.

（2）科属：禾本科簕竹属。

（3）分布：产于广东，现我国南方各地以及亚洲的马来西亚和美洲均有引种栽培。

（4）观赏特性：佛肚竹正常竿高8～10米，直径3～5厘米，尾梢略下弯，下部稍呈“之”字形曲折。节间圆柱形，长30～35厘米，幼时无白蜡粉，光滑无毛，下部略微肿胀；竿下部各节于箨环之上下方各环生一圈灰白色绢毛，基部第一、二节上还生有短气根；分枝常自竿基部第三、四节开始，各节具 1～3 枝，其枝上的小枝有时短缩为软刺，竿中上部各节多枝簇生，其中有 3 枝较为粗长。佛肚竹叶片上表面无毛，下表面密生短柔毛，先端渐尖具钻状尖头，基部近圆形或宽楔形。叶片线状披针形至披针形。

（5）观赏应用：佛肚竹常作盆栽，施以人工截顶培植，形成畸形植株以供观赏；在地上种植时则形成高大竹丛，偶尔在正常竿中也长出少数畸形竿。

六、棕榈植物

棕榈植物是指具有观赏价值，广泛用于城市园林绿化或风景区的棕榈科植物。这类植物的叶色秀丽，茎干十分挺拔，是富有热带风光的观赏植物。棕榈植物常见的有椰子（*Cocos nucifera* L.）、棕榈（*Trachycarpus fortunei* H. Wendl.）、丝葵（*Washingtonia filifera* Wendl.）、芭蕉（*Musa basjoo* Sieb. et Zucc.）等。

（一）丝葵

（1）拉丁学名：*Washingtonia filifera* H. Wendl.

（2）科属：棕榈科丝葵属。

（3）分布：原产于美国西南部的加利福尼亚和亚利桑那及墨西哥的下加利福尼亚。我国福建、台湾、广东和云南一些园林单位有引种栽培。

（4）观赏特性：乔木状，高达 18～21 米，树干基部通常不膨大，向上为圆柱状，顶端稍细，被覆许多下垂的枯叶；若去掉枯叶，树干呈灰色，可见明显的纵向裂缝和不太明显的环状叶痕，叶基密集，不规则；叶大型，约分裂至中部而成 50～80 个裂片，在老树的叶柄下半部一边缘具小刺，其余部分无刺或具极小的几个小刺；叶轴三棱形。花序大型，弓状下垂，长于叶（长 3.6 米），花萼管状钟形；花冠 2 倍长于花萼。果实卵球形，亮黑色，顶端具刚毛状的宿存花柱。种子卵形。花期 7 月。

（5）观赏应用：丝葵原产于美国，树冠优美，叶很大，就像一把大扇子，生长迅速，四季常青，是热带、亚热带地区重要的绿化树种。丝葵较为常见的是栽植于庭园观赏，也可用作行道树。

（二）加纳利海枣

（1）拉丁学名：*Phoenix canariensis*.

（2）科属：棕榈科刺葵属。

（3）分布：原产于非洲加纳利群岛，我国早在 19 世纪就有零星引种，近些年在南方地区广泛栽培。

（4）观赏特性：加纳利海枣单干粗壮，直立雄伟，树形优美舒展，富有热带风情。一般在 5—7 月开花，肉穗花序。果期在 8—9 月，果实卵状球形，成熟时橙黄色。种子椭圆形。加纳利海枣成熟的植株株高 10～15 米，茎秆粗壮，具波状叶痕，羽状复叶，长可达 6 米，每叶有 100 多对小叶，小叶狭条形，长 100 厘米左右，宽 2～3 厘米，近基部的小叶呈针刺状，基部由黄褐色网状纤维包裹。加纳利海枣穗状花序腋生，长可至 1 米以上；花比较小，黄褐色；浆果，卵状球形至长椭圆形，熟时黄色至淡红色。

（5）观赏应用：加纳利海枣植株高大雄伟，形态优美，耐寒耐旱，可孤植作景观树，或列植为行道树，也可三五株群植造景，是街道绿化与庭园造景的常用树种，深受人们喜爱。加纳

利海枣的幼株可盆栽或桶栽观赏，用于布置节日花坛，效果很好。

第三节　常见的观赏花卉资源

本节包含六大类观赏花卉，分别是露地花卉、室内花卉、岩石植物、观赏草类、专类花卉、草坪与地被植物，每一大类选取一些代表植物进行介绍。

一、露地花卉

露地花卉是指在自然条件下，完成全部生长过程的花卉，不需要保护地，如温床、温室这一类的保护。根据其生活史可将露地花卉分为一年生花卉、二年生花卉和多年生花卉三类。这三类又分为一二年生花卉、宿根花卉、球根花卉、水生花卉和木本花卉五种花卉。下面选取一些代表植物进行介绍。

（一）一串红

（1）拉丁学名：*Salvia splendens* Ker-Gawler.

（2）科属：唇形科鼠尾草属。

（3）分布：原产于巴西，我国各地庭园中广泛栽培，作观赏用。

（4）观赏特性：一串红是一种常见的亚灌木状草本植物，高可达 90 厘米。由于它的花颜色是红色的，且形态看起来是一串一串的，因此被称为一串红。一串红的小坚果是椭圆形的，暗褐色，光滑。花期通常是 3—10 月。

一串红茎钝四棱形，具浅槽，无毛。叶卵圆形或三角状卵圆形，先端渐尖，基部截形或圆形，边缘具锯齿，叶片的上面是绿色的，下面颜色较淡，两面没有毛，下面具有腺点。

一串红是轮伞花序，有 2～6 朵花，组成顶生总状花序，花序长达 20 厘米或以上；苞片卵圆形，红色，在花开前包裹着花蕾，先端尾状渐尖；花萼钟形，红色，花冠红色，花期 3—10 月。

一串红的其他园艺品种根据花的颜色命名。比如花冠是白色的，即为一串白，花冠是紫色的，就是一串紫。一般来讲，白花、紫花品种的观赏价值不如红花品种。

（5）观赏应用：一串红常用红花品种，秋高气爽之际，花朵繁密，色彩艳丽。常用作花丛花坛的主体材料。也可栽植在带状花坛或自然式纯植在林缘。一串红还有较高的药用价值，有清热、凉血、消肿的功效。

（二）金盏菊

（1）拉丁学名：*Calendula officinalis* L.

（2）科属：菊科金盏菊属。

（3）分布：原产于欧洲，在我国偶有栽培。

（4）观赏特性：金盏菊株高在 30～60 cm 之间，是常见的一年生草本植物，全株被白色茸毛。花期是每年的 12—6 月，盛花期通常在 3—6 月。金盏菊的果实是瘦果，果熟期 5—7 月。

金盏菊的叶片是单叶互生的，椭圆形或椭圆状倒卵形，叶片全缘，基生叶有柄，上部叶基抱茎。金盏菊的头状花序单生茎顶，舌状花一轮或多轮平展，金黄或橘黄色，筒状花，黄色或褐色。金盏菊的花有单瓣也有重瓣，重瓣实际上是舌状花多层，还有卷瓣和绿心、深紫色花心等栽培品种。

（5）观赏应用：金盏菊可作切花、花坛、花带布置，草坪的镶边或盆栽观赏应用。金盏菊还具有药用价值，花、叶可消炎、抗菌。

（三）美人蕉

（1）拉丁学名：*Canna indica* L.

（2）科属：美人蕉科美人蕉属。

（3）分布：我国南北各地常有栽培。原产于印度。

（4）观赏特性：美人蕉植株全株绿色无毛，被蜡质白粉。美人蕉是球根花卉，具块状根茎。地上枝丛生。花果期一般在3—12月。

美人蕉高可达1.5米，叶片卵状长圆形，长10～30厘米，宽达10厘米。

美人蕉为总状花序，花稀疏排列；花红色，单生。蒴果绿色，长卵形，有软刺，长1.2～1.8厘米。

除了黄花美人蕉，还有双色鸳鸯美人蕉等品种，即开花时，有红色和黄色两种花色在同一植株上。

（5）观赏应用：美人蕉花大色艳、色彩丰富，株形好，栽培很容易。而且现在培育出许多优良品种，观赏价值很高，可盆栽，也可地栽，可用来装饰花坛。美人蕉除了有观赏价值，根茎还有药用价值，可清热利湿，舒筋活络。美人蕉的茎叶纤维可做人造棉、织麻袋、搓绳，美人蕉的叶片提取芳香油后的残渣还可以拿来做造纸的原料。

（四）唐菖蒲

（1）拉丁学名：*Gladiolus gandavensis* Vaniot Houtt.

（2）科属：鸢尾科唐菖蒲属。

（3）分布：全国各地广为栽培，贵州和云南的一些地方常逸为半野生。

（4）观赏特性：多年生草本。球茎扁圆球形，外包有棕色或黄棕色的膜质包被。叶基生或在花茎基部互生，剑形，灰绿色。花茎直立，不分枝，花茎下部生有数枚互生的叶；顶生穗状花序，每朵花下有苞片2，膜质，黄绿色，卵形或宽披针形，中脉明显；无花梗；花在苞内单生，两侧对称，有红、黄、白或粉红等色，花药条形，红紫色或深紫色，花丝白色，着生在花被管上。蒴果椭圆形或倒卵形，成熟时室背开裂；种子扁而有翅。花期7—9月，果期8—10月。

（5）观赏应用：唐菖蒲可作为切花、花坛或盆栽使用。又因其对氟化氢非常敏感，还可用作监测污染的指示植物。人们对唐菖蒲的观赏，不仅在于其形其韵，而且更重视其内涵。唐菖蒲色系十分丰富：红色系雍容华贵，粉色系娇娆剔透，白色系娟娟高雅，紫色系烂漫妩媚，黄色系高贵优雅，橙色系婉丽资艳，堇色系质若娟秀，蓝色系端庄明朗，烟色系古香古色，复色系犹如彩蝶翩翩。

（五）蜀葵

（1）拉丁学名：*Althaea rosea* Cavan.

（2）科属：锦葵科蜀葵属。

（3）分布：原产于我国西南地区，全国各地广泛栽培，供园林观赏用。世界各国均有栽

培，供观赏用。

（4）观赏特性：二年生直立草本，高达 2 米，茎枝密被刺毛。叶近圆心形，掌状 5～7 浅裂或波状棱角，裂片三角形或圆形，上面疏被星状柔毛，粗糙，下面被星状长硬毛或绒毛；叶柄被星状长硬毛；托叶卵形。花腋生，单生或近簇生，排列成总状花序式，具叶状苞片；花大，有红、紫、白、粉红、黄和黑紫等色，单瓣或重瓣，花瓣倒卵状三角形；雄蕊柱无毛，花药黄色；花柱分枝多数，微被细毛。果盘状。花期 2—8 月。

（5）观赏应用：红色的蜀葵十分漂亮，颜色鲜艳，给人清新的感觉，很受人喜欢，红蜀葵特别适合种植在院落、路侧，而且还可以组成繁花似锦的绿篱、花墙，美化园林环境，给绿篱、花墙的主人带来一种温馨的感觉。

蜀葵园艺品种较多，有千叶、五心、重台、剪绒、锯口等名贵品种，国外也培育出不少优良品种。宜于种植在建筑物旁、假山旁或点缀花坛、草坪，成列或成丛种植。

蜀葵矮生品种可作盆花栽培，陈列于门前，不宜久置室内；也可剪取作切花，供瓶插或作花篮、花束等用。

二、室内花卉

室内花卉是从众多的花卉中选择出来的，具有很高的观赏价值，比较耐荫，喜欢温暖，对栽培基质水分变化不过分敏感，适宜在室内环境中较长期摆放的一些花卉。室内花卉有些是木本花卉，有些是草本花卉。常见的室内花卉有仙客来、君子兰、凤梨类、龙血树、滴水观音等。

（一）仙客来

（1）拉丁学名：*Cyclamen persicum* Mill.

（2）科属：报春花科仙客来属。

（3）分布：原产希腊、叙利亚、黎巴嫩等地，现已广为栽培。花有白色、红色、紫色和重瓣等许多园艺品种，我国各地多栽培于温室中。

（4）观赏特性：目前被广泛栽培。仙客来是多年生球根草本花卉，是重要的年宵花。块茎扁球形，直径通常 4～5 厘米，表皮木栓质，棕褐色，顶部稍扁平。花期在当年的 11 月到第二年的 3 月。

仙客来的叶和花莛同时自块茎顶部抽出；叶柄长 5～18 厘米；叶片心状卵圆形，叶片的先端稍微锐尖，边缘有细圆齿，质地有些厚，叶片的表面是深绿色的，一般会有浅色的斑纹。

仙客来的花葶高 15～20 厘米，花冠白色或玫瑰红色，喉部深紫色。现园艺品种较多，花有白色、红色、紫色和重瓣。

（5）观赏应用：仙客来对空气中的有毒气体二氧化硫有较强的抵抗能力。仙客来因其株型美观、别致，花盛色艳，还有具香味的品种，深受人们的青睐，可作盆栽观赏，切花观赏。仙客来还可用无土栽培的方法进行盆栽，清洁迷人，更适合家庭装饰。但要注意的是，仙客来植株有一定的毒性，尤其是根茎部。

（二）君子兰

（1）拉丁学名：*Clivia miniata* Regel.

（2）科属：石蒜科君子兰属。

（3）分布：原产非洲南部。

（4）观赏特性：君子兰的伞形花序有花 10～20 朵，有时更多；花直立向上，花被宽漏斗形，鲜红色，内面略带黄色；君子兰的外轮花被裂片顶端有微凸头，内轮顶端微凹，略长于雄蕊；花柱长，稍伸出于花被外。浆果紫红色，宽卵形。君子兰的茎基部宿存的叶基呈鳞茎状。君子兰的基生叶质厚，深绿色，具有光泽，是带状的形态。

（5）观赏应用：君子兰名字中虽然带了一个“兰”字，但并不是兰科花卉，而是石蒜科多年生草本植物。我国温室常盆栽供观赏。君子兰株形端庄优美，叶片苍翠挺拔，花大色艳，果实红亮，它的叶、花和果都很美，有“一季观花、三季观果、四季观叶”之称。

（三）四季秋海棠

（1）拉丁学名：*Begonia semperflorens* Link et Otto.

（2）科属：秋海棠科秋海棠属。

（3）分布：原产印度东北部。

（4）观赏特性：肉质草本，高 15～30 厘米；根纤维状；茎直立，肉质，无毛，基部多分枝，多叶。叶卵形或宽卵形，边缘有锯齿，两面光亮，绿色，但主脉通常微红。花淡红或带白色，数朵聚生于腋生的总花梗上，雄花较大，有花被片 4，雌花稍小，有花被片 5，蒴果绿色，有红色的翅。

（5）观赏应用：四季秋海棠株姿秀美，叶色油绿光洁，花朵玲珑娇艳，广为大众喜爱，盆栽观赏已历千年。寒凉季节摆放几案，室内一派春意盎然，春夏放在阳台檐下，更现活泼生机。四季秋海棠均作室内盆栽，温室及普通房间均可生长。其花朵美丽娇嫩，适于庭、廊、案几、阳台、会议室台桌、餐厅等处摆设点缀。四季秋海棠在国际上应用十分广泛，除盆栽观赏外，又是花坛、吊盆、栽植槽、窗箱和室内布置的材料。

（四）长寿花

（1）拉丁学名：*Narcissus jonquilla* L.

（2）科属：石蒜科水仙属。

（3）分布：原产欧洲南部。

（4）观赏特性：鳞茎球形，直径 2.5～3.5 厘米。叶 2～4 枚，狭线形，横断面呈半圆形，钝头，深绿色。花茎细长；伞形花序有花 2～6 朵，花平展和稍下垂；佛焰苞状总苞长 3～4 厘米；花梗长短不一，有的长达 4 厘米以上；花被管纤细，圆筒状，花被裂片倒卵形，黄色，芳香；副花冠短小，长不及花被的一半。花期春季。

（5）观赏应用：长寿花有很高的观赏价值，不开花时还可以赏叶，是非常理想的室内盆栽花卉。植株小巧玲珑，株型紧凑，叶片翠绿，花朵密集。花期正逢圣诞、元旦和春节，布置窗台、书桌、案头，十分相宜。用于公共场所的花坛、橱窗和大厅等，其整体观赏效果极佳。由于名中带有“长寿”，故节日赠送亲朋好友长寿花一盆，大吉大利，也非常合适，讨人喜欢。

三、岩石植物

岩石植物指的是直接生长于岩石表面，或生长于覆盖岩石表面的薄层土壤上，或生长于岩石之间的植物，如石菖蒲、崖姜（*Pseudodrynaria coronans* Ching）、虎耳草（*Axifraga stolonifera* Curt.）、苔藓植物、蕨类植物等。

（一）虎耳草

（1）拉丁学名：*Saxifraga stolonifera* Curt.

（2）科属：虎耳草科虎耳草属。

（3）分布：产于河北（小五台山）、陕西、甘肃东南部、江苏、安徽、浙江、江西、福建、台湾、河南、湖北、湖南、广东、广西、四川东部、贵州、云南东部和西南部。生于海拔 400～4500 米的林下、灌丛、草甸和阴湿岩隙。

（4）观赏特性：多年生草本植物，因叶片的形状类似老虎的耳朵，故此得名。虎耳草高度在 8～45 厘米之间。花果期 4—11 月。全草可入药。

虎耳草的茎被长腺毛，基生叶有长柄，叶片近心形、肾形至扁圆形。虎耳草的花序是聚伞花序圆锥状，单个花呈现两侧对称；花瓣是白色的，中上部具紫红色斑点，基部具黄色斑点，花瓣 5 枚，其中 3 枚比较短，卵形。

（5）观赏应用：虎耳草株型矮小，枝叶疏密有致，叶片鲜艳美丽，是观赏价值较高的室内观叶植物之一。常以小型釉陶盆或紫砂陶盆种植，也可作吊盆种植，适于布置室内较明亮的居室、书房、客厅、会议室等，可较长期在室内栽培欣赏。

（二）海金沙

（1）拉丁学名：*Lygodium japonicum* Sw.

（2）科属：海金沙科海金沙属。

（3）分布：产于江苏、浙江、安徽南部、福建、台湾、广东、香港地区、广西、湖南、贵州、四川、云南、陕西南部。

（4）观赏特性：植株高攀达 1～4 米。叶轴上面有两条狭边，羽片多数，相距 9～11 厘米，对生于叶轴上的短距两侧，平展。距长 3 毫米。轴端有一丛黄色柔毛覆盖腋芽。不育羽片尖三角形，长宽几相等，同羽轴一样多少被短灰毛，两侧并有狭边，二回羽状；主脉明显，侧脉纤细，从主脉斜上，1～2 回二叉分歧，直达锯齿。叶纸质，干后绿褐色。两面沿中肋及脉上略有短毛。能育羽片卵状三角形，二回羽状。孢子囊穗长 2～4 毫米，往往长远超过小羽片的中央不育部分，排列稀疏，暗褐色，无毛。

（5）观赏应用：叶形优美，攀缘性强，常作绿篱、小品选型或点缀石景；也可用作吊盆悬挂观赏。

四、观赏草类

观赏草类指的是那些叶色、茎秆、花序或株形美丽有特色和有观赏价值的草或叶片像草一样的草本植物的统称。大部分观赏草是禾本科植物，还有莎草科、香蒲科、灯芯草科、玉簪属等植物，常见的观赏草类有芦竹（*Arundo donax*）、蒲苇（*Cortaderia selloana*）、芒（*Miscanthus sinensis*）、玉带草（*Phalaris arundinacea var*. Picta）、山麦冬（*Liriope spicata* Lour.）等植物。

（一）蒲苇

（1）拉丁学名：*Cortaderia selloana*.

（2）科属：禾本科蒲苇属。

（3）分布：上海、南京、北京等公园有引种，栽培观赏。原分布于美洲。

（4）观赏特性：多年生草本，雌雄异株。蒲苇秆高大粗壮，丛生，高在2～3米之间，花期9—10月。

蒲苇的叶片质硬，狭窄，簇生于秆基，长达1～3米，边缘锯齿状，粗糙。蒲苇的圆锥花序大型稠密，长50～100厘米，银白色至粉红色；雌花序较宽大，雄花序较狭窄；小穗含2～3朵小花，雌小穗具丝状柔毛，雄小穗无毛。

（5）观赏应用：蒲苇花穗长而美丽，也可做干花，观赏应用方面可孤植、片植或用作绿篱，也可以作盆栽观赏，景观效果独特。

（二）芒

（1）拉丁学名：*Miscanthus sinensis* Anderss.

（2）科属：禾本科芒属。

（3）分布：产于江苏、浙江、江西、湖南、福建、台湾、广东、海南、广西、四川、贵州、云南等省区；遍布于海拔1800米以下的山地、丘陵和荒坡原野。

（4）观赏特性：多年生苇状草本。秆高1～2米，无毛或在花序以下疏生柔毛。叶鞘无毛，长于其节间；叶舌膜质，顶端及其后面具纤毛；叶片线形，下面疏生柔毛及被白粉，边缘粗糙。圆锥花序直立，主轴无毛，延伸至花序的中部以下，节与分枝腋间具柔毛；分枝较粗硬，直立，不再分枝或基部分枝具第二次分枝，小枝节间三棱形，边缘微粗糙；小穗披针形，黄色有光泽，基盘具等长于小穗的白色或淡黄色的丝状毛；第一颖顶具3～4脉，边脉上部粗糙，顶端渐尖，背部无毛；第二颖常具1脉，粗糙，上部内折之边缘具纤毛；第一外稃长圆形，膜质，边缘具纤毛；第二外稃明显短于第一外稃，先端2裂，裂片间具1芒，芒长9～10毫米，棕色，芒柱稍扭曲；第二内稃长约为其外稃的1/2；雄蕊3枚，花药长2～2.5毫米，稃褐色，先雌蕊而成熟；柱头羽状，紫褐色，从小穗中部之两侧伸出。颖果长圆形，暗紫色。花果期7—12月。

（5）观赏应用：园林中用作观赏草。

五、专类花卉

（一）兰科花卉

专类花卉包括兰科花卉、多肉植物、蕨类植物、食虫植物等。兰科花卉约有700属2万种，分布很广泛，主要产于热带地区。兰科花卉按照生态习性又可分为三类。第一类是地生兰，指的是根生于土中，通常有块茎或根茎，部分有假鳞茎。第二类是附生兰，这一类兰花附着于树干、树枝、枯木或岩石表面生长，通常具有假鳞茎，贮存水分与养料。原产于热带，少数产于亚热带。常见栽培的有指甲兰属、蜘蛛兰属、石斛属、万代兰属、火焰兰属等。第三类是腐生兰，它不含叶绿素，营腐生生活，长有块茎或粗短的根茎，叶退化成为鳞片状。无园艺品种栽培。

兰科花卉还有按照东西方地域差别进行分类，分为中国兰和洋兰。中国兰又称国兰，是指兰科兰属的少数地生兰，如春兰（*Cymbidium goeringii* Dragon Word）、蕙兰（*Cymbidium faberi* Rolfe.）、建兰（*Cymbidium ensifolium* Sw.）、墨兰（*Cymbidium sinense* Willd.）、寒兰（*Cymbidium kanran* Makino.）等，主要原产于亚洲的亚热带，尤其是中国亚热带雨林地区。

一般花较少，但有香味。中国兰的花和叶都有观赏价值，主要作盆栽观赏。中国兰是中国传统十大名花之一。而洋兰是对中国兰以外的兰花的称谓，主要是热带兰，常见栽培的有卡特兰属、蝴蝶兰属、兜兰属、石斛兰属、万代兰属等。洋兰一般花大、色艳，但大多数没有香味。洋兰主要是观赏其独特的花形、艳丽的色彩，可以盆栽观赏，也是优良的切花材料。

1. 春兰

(1) 拉丁学名：*Cymbidium goeringii* Dragon Word.

(2) 科属：兰科兰属。

(3) 分布：产于陕西南部、甘肃南部、江苏、安徽、浙江、江西、福建、台湾、河南南部、湖北、湖南、广东、广西、四川、贵州、云南。生于多石山坡、林缘、林中透光处，海拔300～2200米。

(4) 观赏特性：多年生常绿草本，属于地生兰。春兰叶片条形，花单生，也有两朵的，但很少，在2—3月开花，花浅黄绿色，有香气。

(5) 观赏应用：春兰的品种较多，观赏价值很高，而且具有一定的药用价值。

2. 蝴蝶兰

(1) 拉丁学名：*Phalaenopsis aphrodite* Rchb. F.

(2) 科属：兰科蝴蝶兰属。

(3) 分布：产于台湾，生于低海拔的热带和亚热带的丛林树干上。

(4) 观赏特性：蝴蝶兰是多年生草木植物，属于附生兰。蝴蝶兰的叶片比较大，是丛生的，肥厚多肉，绿色。蝴蝶兰的总状花序长达1米，花茎一个或者多个，呈拱形。蝴蝶兰的花比较大，花一朵一朵地开放，可连续观赏60天左右。蝴蝶兰的花形为蝶状，当全部开放时，犹如一群列队而出、翩翩飞舞的蝴蝶。

(5) 观赏应用：现园艺栽培品种很多，花色多样，常作室内盆栽观赏。

（二）多肉植物

多肉植物又称为多浆植物，是指植物的茎、叶具有发达的贮水组织，呈现肥厚多浆的变态状的植物，包括仙人掌科、景天科、百合科、番杏科、大戟科、菊科、凤梨科、龙舌兰科、葡萄科、鸭跖草科、酢浆草科、葫芦科、牻牛儿苗科、马齿苋科、萝藦科等15个科的植物。多肉植物种类较多，园艺栽培品种更是丰富，形态奇特，花色艳丽，且具有很强的抗旱能力。多肉植物的繁殖方法有多种，常见的有嫁接、扦插、播种等。

1. 芦荟

(1) 拉丁学名：*Aloe vera* N. L. Burman *var*. Berg.

(2) 科属：百合科芦荟属。

(3) 分布：我国南方各省区和温室常见栽培，也有由栽培变为野生的。

(4) 观赏特性：芦荟是多年生常绿草本植物，叶簇生，大而肥厚，呈莲座状或生于茎顶。

(5) 观赏应用：芦荟又称为“懒人植物”，容易养活，而且芦荟是集食用、药用、观赏于一身的植物，备受人们喜爱。芦荟的种类很多，有500多个品种。

2. 金琥

(1) 拉丁学名：*Echinocactus grusonii* Hildm.

(2) 科属：仙人掌科金琥属。

(3) 分布：原产于墨西哥沙漠地区，现我国南方、北方均有引种栽培。

(4) 观赏特性：金琥是多年生草本多浆植物。金琥的茎圆球形，肉质。植株球体高可达1.3米，植株生长缓慢，球体上有棱沟宽且深，排列非常整齐。

(5) 观赏应用：金琥寿命很长，栽培容易，成年大金琥花繁球壮，观赏价值很高，是城市家庭绿化十分理想的观赏植物。

(三) 蕨类植物

蕨类植物也称为羊齿植物，是高等植物中不开花的一个类群。蕨类植物具有独立的配子体和孢子体，孢子体有根、茎、叶之分，其形态特征因种而异，千变万化。蕨类植物种类很多，包括不同的科、属、种共约12000种。我国蕨类植物大约有2400种，其中半数以上为中国特有的种和特有的属，主要分布于西南和长江以南各地。蕨类植物是林下草本层的重要组成成分，对于森林中树木的生长和发育有一定的影响。蕨类植物可作为宾馆、办公楼、家庭的室内绿化植物，也可以作为插花的重要材料，另外可布置在阴生植物园和专类园中供观赏。蕨类植物还是土壤和气候的指示剂，有的蕨类植物可作为药材，有的可以食用。常见的观赏蕨类有肾蕨、鸟巢蕨（*Asplenium nidus*）、鹿角蕨（*Platycerium wallichii* Hook.）、翠云草（*Selaginella uncinata*）、凤尾蕨（*Pteris cretica var*. Nervosa）等。

1. 肾蕨

(1) 拉丁学名：*Nephrolepis auriculata* Trimen.

(2) 科属：肾蕨科肾蕨属。

(3) 分布：产于浙江、福建、台湾、湖南南部、广东、海南、广西、贵州、云南和西藏。生于溪边林下，海拔30～1500米。广布于全世界热带和亚热带地区。

(4) 观赏特性：肾蕨是世界各地普遍栽培的观赏蕨类。肾蕨是多年生常绿草本观叶植物，附生或土生，株高40～60厘米。根状茎直立，从根状茎的主轴向四面延伸出长匍匐茎，并从匍匐茎的短枝上长出圆形的块茎，被鳞片，块茎富含淀粉，可食用，亦可供药用。肾蕨喜欢温暖潮润和半阴环境，要求疏松、肥沃、有机质含量高的培养土，忌阳光直射。肾蕨叶丛生，叶片线状披针形或狭披针形，先端短尖，一回羽状，约45～120对，每小叶互生，披针形，几乎无柄，以关节着生于叶轴，叶缘有疏浅的钝锯齿。肾蕨的孢子囊群呈1行位于主脉两侧，肾形，少有圆肾形或近圆形，生于每组侧脉的上侧小脉顶端，位于从叶边至主脉的1/3处；囊群盖肾形，褐棕色，边缘色较淡，无毛。

(5) 观赏应用：肾蕨盆栽可点缀书桌、茶几、窗台和阳台，也可吊盆悬挂于客厅和书房。在园林中可作阴性地被植物或布置在墙角、假山和水池边。其叶片可作切花、插瓶的陪衬材料。欧美地区将肾蕨加工成干叶并染色，成为新型的室内装饰材料。若以石斛为主材，配上肾蕨、棕竹、蓬莱松，简洁明快，充满时代气息。如用非洲菊为主花，壁插，配以肾蕨、棕竹，有较强的视觉装饰效果。

2. 鸟巢蕨

(1) 拉丁学名：*Neottopteris nidus* J. Sm.

(2) 科属：铁角蕨科巢蕨属。

(3) 分布：产于台湾、广东、海南、广西、贵州、云南、西藏。成大丛附生于雨林中的树干上或岩石上，海拔100～1900米。

(4) 观赏特性：植株高1～1.2米。根状茎直立，粗短，木质。叶簇生；浅禾秆色，木质；叶片阔披针形，渐尖头或尖头，向下逐渐变狭而长下延，叶边全缘并有软骨质的狭边，干后反

卷。主脉下面几全部隆起为半圆形，上面下部有阔纵沟，向上部稍隆起，表面平滑不皱缩，暗禾秆色；小脉两面均稍隆起，斜展，分叉或单一，平行。孢子囊群线形，生于小脉的上侧，自小脉基部外行约达 1/2，彼此接近，叶片下部通常不育；囊群盖线形，浅棕色，厚膜质，全缘，宿存。

（5）观赏应用：鸟巢蕨为较大型的阴生观叶植物，悬吊于室内别具热带情调，或植于热带园林树木下或假山岩石上。盆栽的小型植株用于布置明亮的客厅、会议室及书房、卧室。

（四）食虫植物

食虫植物指的是具有捕食昆虫能力的植物。食虫植物一般有引诱、捕捉和消化、吸收昆虫营养的能力。有的甚至可捕食一些蛙类、小鸟等小动物，所以也被称为食肉植物。食虫植物是一个稀有的种群，目前已经知道的食虫植物全世界共 10 科 21 属 600 多种，常见作观赏的食虫植物有猪笼草（*Nepenthes mirabilis* Druce.）、捕蝇草（*Dionaea muscipula*）、瓶子草（*Sarracenia*）等。猪笼草喜欢温暖、湿润和半阴的环境，不耐寒，怕强光。猪笼草的叶笼特别诱人，是目前食虫植物中最受人喜欢的种类，常用于盆栽或吊盆观赏，悬挂起来观赏，十分优雅别致。

1. 猪笼草

（1）拉丁学名：*Nepenthes mirabilis* Druce.

（2）科属：猪笼草科猪笼草属。

（3）分布：产于广东西部、南部。生于海拔 50～400 米的沼地、路边、山腰和山顶等灌丛中、草地上或林下。

（4）观赏特性：猪笼草是多年生直立或攀缘草本植物，高 0.5～2 米，茎木质化或半木质化，常攀缘于树木或者平卧地面而生，观赏用常作吊盆状。叶为长椭圆形，顶端有卷须，在卷须的末端会形成一个瓶状或漏斗状的捕虫器，并带有顶盖。花为总状花序或圆锥花序，雌雄异株，花小而平淡，花期 4—11 月，果为蒴果，果期 8—12 月。

（5）观赏应用：猪笼草的株型奇特，捕虫笼造型优雅别致，家庭中常作吊盆观赏。猪笼草的捕虫笼会分泌蜜汁引诱昆虫，并且能从昆虫中汲取营养，可以将其摆放在蚊虫易进的窗户、走廊等处。

六、草坪与地被植物

草坪与地被植物都是地面的覆盖植物，实际上草坪植物是地被植物中的一个类型。但由于草坪草的形态特征、生长习性、繁殖和养护要点与其他地被植物存在较大差异，已经形成一个独立的体系，而且在生产和学术上，习惯将二者区别看待。常见的草坪和地被植物有草地早熟禾（*Poa pratensis* L.）、高羊茅（*Festuca elata*）、黑麦草（*Lolium perenne* L.）、结缕草（*Zoysia japonica* Steud.）、狗牙根（*Cynodon dactylon* Pers.）等。

（一）草地早熟禾

（1）拉丁学名：*Poa pratensis* L.

（2）科属：禾本科早熟禾属。

（3）分布：产于黑龙江、吉林、辽宁、内蒙古、河北、山西、河南、山东、陕西、甘肃、青海、新疆、西藏、四川、云南、贵州、湖北、安徽、江苏、江西。生于湿润草甸、沙地、草坡，从低海拔到高海拔山地均有。

（4）观赏特性：草地早熟禾是多年生草本植物，匍匐根状茎高 6～30 厘米。草地早熟禾的秆直立或倾斜，丛生，质软，全体平滑无毛，多分蘖。草地早熟禾的叶片 V 形偏扁平。圆锥花序宽卵形，长 3～7 厘米，开展；小穗卵形，含 3～5 朵小花，花期 4—5 月，果期 6—7 月。

（5）观赏应用：草地早熟禾在南方冬季也能生长，保持绿色。通过播种繁殖。草地早熟禾属质量中等以上的草坪，常常与多年生黑麦草和紫羊茅混播。

（二）狗牙根

（1）拉丁学名：*Cynodon dactylon* Pers.

（2）科属：禾本科狗牙根属。

（3）分布：广布于我国黄河以南各省，近年北京附近已有栽培；多生长于村庄附近、道旁、河岸、山坡，全世界温暖地区均有栽培。

（4）观赏特性：低矮草本，具根茎。秆细而坚韧，下部匍匐地面蔓延甚长，节上常生不定根，直立部分高 10～30 厘米，秆壁厚。叶鞘微具脊，无毛或有疏柔毛，鞘口常具柔毛；叶舌仅为一轮纤毛；叶片线形，通常两面无毛。穗状花序 3～5 枚；小穗灰绿色或带紫色，仅含 1 小花；外稃舟形，背部明显成脊，脊上被柔毛；内稃与外稃近等长。花药淡紫色；子房无毛，柱头紫红色。颖果长圆柱形。花果期 5—10 月。

（5）观赏应用：狗牙根的根茎蔓延力很强，广铺地面，是良好的固堤保土植物，常用以铺建草坪或球场。改良后的草坪型狗牙根可形成茁壮的、高密度的草坪，侵占性强，叶片质地细腻，草坪的颜色从浅绿色到深绿色，根系分布广而深，可用于高尔夫球道、发球台及公园绿地、别墅区草坪的建植。

第四节　中国十大传统名花

新中国成立以来，我国曾举办过两次群众性的全国名花评选活动。梅花、牡丹、菊花、兰花、月季、杜鹃、茶花、荷花、桂花、水仙这 10 种传统名花当之无愧地戴上了这顶桂冠。它们中的每一张面孔都让我们感觉亲切而熟悉。

一、梅花

（1）拉丁学名：*Armeniaca mume* Sieb.

（2）科属：蔷薇科李属。

（3）分布：我国各地均有栽培，但以长江流域以南各省最多，江苏北部和河南南部也有少数品种，某些品种已在华北引种成功。

（4）观赏特性及应用：梅花作为中国十大名花之首，素有花中之魁的美誉。梅花与兰花、竹子、菊花一起列为“四君子”，与松、竹并称为“岁寒三友”。在中国传统文化中，梅以它的高洁、坚强、谦虚的品格，给人以立志奋发的激励。在严寒中，梅开百花之先，独天下而春。梅花傲风雪、斗严寒的精神，象征着中华民族坚贞不屈的伟大风骨。

梅花原产我国西南及长江以南地区，可以露地栽培，北方多作室内盆栽。梅花为蔷薇科李属落叶乔木，树干紫褐或灰褐色，小枝绿色，梅花的叶卵形至阔卵形。梅核果近球形，果期为 6—7 月。梅花在园林中多用于庭院绿化或盆栽观赏。梅花有单瓣和重瓣，早春叶前可开花，

单瓣花瓣5片，花色主要有大红、桃红、粉色、白色等，清雅芳香。

二、牡丹

（1）拉丁学名：*Paeonia suffruticosa* Andr.

（2）科属：毛茛科芍药属。

（3）分布：我国大部分地区均有牡丹种植。牡丹大体分为野生种、半野生种及园艺栽培种等几种类型。

（4）观赏特性及应用：牡丹雍容华贵，被人们誉为“花中之王”，它是中华民族兴旺发达、美好幸福的象征。

牡丹以山东菏泽、河南洛阳为栽培中心，园艺品种约有500个。牡丹为芍药科落叶灌木，株高1～2米，叶互生，二回三出羽状复叶，花单生于当年生枝顶，花形美丽，花色丰富，有红、粉、黄、白、绿、紫等。花期4—5月，果熟期为9月，可播种、分株、嫁接繁殖。牡丹可以人工催花，如需要春节开花，立秋后起苗装盆，放入冷室，11月下旬，将小苗移入18℃～25℃的温室内进行养护管理，适量施肥浇水，50～60天后便能开花。牡丹花枝可供切花，根皮入药，有活血、镇痛的效果。

三、菊花

（1）拉丁学名：*Dendranthema morifolium* Tzvel.

（2）科属：菊科菊属。

（3）分布：菊花遍布于我国各地，尤以北京、南京、上海、杭州、青岛、天津、开封、武汉、成都、长沙、湘潭、西安、沈阳、广州、南阳、中山等地为盛。8世纪前后，作为观赏的菊花由中国传至日本被推崇为日本国徽的图样。17世纪末叶，荷兰商人将中国菊花引入欧洲，18世纪传入法国，19世纪中期引入北美。此后中国菊花遍布全球。

（4）观赏特性及应用：菊花是我国传统名花，花中四君子（梅、兰、竹、菊）之一，也是世界四大切花（菊花、月季、康乃馨、唐菖蒲）之一。大多数菊花的花期在秋冬季，独立冰霜、坚贞不屈，格外受到人们的青睐。

菊花为多年生宿根草本植物。按植株形态可分为3种类型，一是独本栽菊，花头大、植株健壮；二是切花菊，世界各国广为栽培；三是地被菊，植株低矮，花朵小，抗性强。菊花的花期10—12月。生产中多采用扦插法，有些菊花可用青蒿作砧木，进行芽接育苗，例如悬崖菊、什锦菊等。菊花为短日照植物，每日8～10小时日照，70天左右就能开花。菊花的花可入药，有清热、明目、降血压之效。

菊花茎直立多分枝，叶卵形或广披针形，边缘深裂。头状花序单生或数个聚生于茎顶。菊花园艺品种非常多，常见栽培的有玫红、紫红、墨红、黄、白、绿等花色，也有一花两色或多色等品种。头状花序多变化，形色各异。

四、兰花

（1）拉丁学名：*Cymbidium* spp.

（2）科属：兰科兰属。

（3）分布：我国地域辽阔，生态环境复杂，植被类型多样，因此兰花资源非常丰富，全国都有分布，但从数量分布上从南到北依次递减。兰花在我国分布种类最多的是云南、四川和台湾。

(4) 观赏特性及应用：中国人历来把兰花看作高洁典雅的象征，并与“梅、竹、菊”并列，合称“四君子”。兰花素有“花中君子”“王者之香”的美誉。兰花是多年生草本植物。中国兰又名地生兰，按其形态可分为春兰、蕙兰、建兰、墨兰、寒兰等。我国云南、四川、广东、福建，中原及华北山区均有野生。兰花喜温暖、湿润、半阴环境，适宜在疏松的腐殖质土壤中生长，分株繁殖，要求适量施肥和及时浇水。一般来说，“五一”之后需将苗盆移至通风凉爽的荫棚下，进行养护管理，立秋后再搬入室内，这样有利于花芽形成，适时开花。兰花可以装点书房和客厅，还能净化空气。兰花的花枝可做切花。

五、月季

(1) 拉丁学名：*Rosa chinensis* Jacq.

(2) 科属：蔷薇科蔷薇属。

(3) 分布：我国各地普遍栽培，园艺品种很多。

(4) 观赏特性及应用：月季被称为花中皇后，又称“月月红”。我国是月季的原产地之一。月季花姿秀美，花色多样，四时常开，深受人们的喜爱。

月季顾名思义，它是月月有花、四季盛开。月季按花朵大小、形态性状可分为：现代月季、丰花月季、藤本月季和微型月季四类。现代月季由中国小花月季与欧洲大花蔷薇杂交而成，以5—9月开花最盛。藤本月季枝条呈藤蔓状，花朵较大。丰花月季花朵中等而密集，花期为5—10月。微型月季株型低矮，花朵亦小，终年开花，适宜室内盆栽。月季可以扦插、嫁接繁殖，也可以芽接。月季在园林中多用于庭院绿化，亦可种植在专类园中。月季花可提取香精，用于食品及化妆品香料；花入药有活血、散瘀之效。

月季是常绿、半常绿低矮灌木，高1～2米；四季开花，花一般为红色、粉色、白色、黄色，也有混色、银边等。可作为观赏植物，也可作为药用植物，各地普遍栽培。园艺品种很多。根、叶均可入药。

月季为直立灌木，小枝粗壮，圆柱形，近无毛，有短粗的钩状皮刺。小叶3～5片，叶片宽卵形至卵状长圆形，先端长渐尖或渐尖，基部近圆形或宽楔形，边缘有锐锯齿，两面近无毛，上面暗绿色，常带光泽，下面颜色较浅，顶生叶片有柄，侧生叶片近无柄，总叶柄较长，有散生皮刺和腺毛。

月季花多数是几朵集生，很少单生，花瓣为重瓣至半重瓣，现在栽培的园艺品种花色非常丰富。月季不但是我国传统名花，而且是世界著名花卉，世界各国广为栽培。

六、杜鹃

(1) 拉丁学名：*Rhododendron simsii* Planch.

(2) 科属：杜鹃科杜鹃属。

(3) 分布：产于江苏、安徽、浙江、江西、福建、台湾、湖北、湖南、广东、广西、四川、贵州和云南。生于海拔500～2500米的山地疏灌丛或松林下，为我国中南及西南典型的酸性土壤指示植物。

(4) 观赏特性及应用：杜鹃花因花色艳丽，有“繁花似锦”的美誉，是世界著名的花卉植物，具有较高的观赏价值，在世界各地的公园中均有栽培。

据不完全统计，全世界杜鹃属植物约有800种，而原产我国的就有650种之多。近年来，

我国引进大量西洋杜鹃。西洋杜鹃株型低矮，花朵密集，花色丰富，适宜室内盆栽，花期正值我国春节之际，受到花卉爱好者的青睐。

杜鹃为常绿或半常绿灌木，高 2～5 米。叶革质，常集生于枝端，卵形、椭圆状卵形或倒卵形，先端短渐尖，边缘微反卷，具细齿，上面深绿色，下面淡白色，上下面都有伏毛。杜鹃花 2～6 朵簇生于枝顶；花冠阔漏斗形，玫瑰色、鲜红色或暗红色，裂片 5，倒卵形，上部裂片具深红色斑点；花期 4—5 月，果期 6—8 月。

杜鹃花的园艺品种非常多，花色丰富，常分为五大品系，即春鹃品系、夏鹃品系、西鹃品系、东鹃品系、高山杜鹃品系。

杜鹃喜温暖、半阴环境，宜于酸性腐殖土中生长。以扦插、高枝压条或嫁接繁殖。室内盆栽，花后要控制浇水，盆土“间干间湿”即可，土壤过干或过湿容易造成大量落叶。杜鹃常作盆景，可在林缘、溪边、池畔及岩石旁成丛成片栽植，也可于疏林下散植作观赏。杜鹃花、根、叶均可入药，尤其是我国东北、华北野生的“映山红”，药效十分显著。

七、荷花

（1）拉丁学名：*Nelumbo nucifera*.

（2）科属：睡莲科莲属。

（3）分布：产于我国南北方各省，自生或栽培在池塘或水田内。

（4）观赏特性及应用：荷花出淤泥而不染，以它的实用性走进了人们的生活，同时也凭借它艳丽的色彩、幽雅的风姿深入人们的精神世界，被称为“水中芙蓉”。

荷花又名莲花、水芙蓉，是多年生水生植物，栽培历史悠久。荷花在我国各地多有栽培，有的可观花，有的可生产莲藕，有的专门生产莲子。荷花是布置水景园的重要水生花卉，它与睡莲、水葱、蒲草配植，使水景园格外秀丽壮观。荷花花期 7—8 月，果熟期 9 月。播种、植藕繁殖。莲藕、莲子可食用，莲蓬、莲子心可入药，有清热、安神之效。

荷花的叶盾形，分为“浮叶”和“立叶”两种。荷花的花单生于花梗顶端，高托在水面之上，美丽、芳香；有单瓣、复瓣、重瓣及重台等花型；花色有白、粉、深红、淡紫、黄或间色等变化。

八、茶花

（1）拉丁学名：*Camellia japonica* L.

（2）科属：山茶科山茶属。

（3）分布：四川、台湾、山东、江西等地有野生种，全国各地广泛栽培，品种繁多，花大多数为红色或淡红色，亦有白色，多为重瓣。

（4）观赏特性及应用：茶花树冠多姿，叶色翠绿，花大艳丽，枝叶繁茂，四季常青，开花于冬末春初万花凋谢之时。古往今来，很多诗人写下了赞美茶花的诗句。茶花被称为“花中娇客”。

茶花为常绿灌木或乔木，成年期植株可高达 9 米。茶花叶互生、椭圆形、革质，有光泽。叶片的先端钝尖或骤短尖。茶花是单花顶生或腋生，花无梗。冬春之际，茶花开红、粉、白花，花朵宛如牡丹，有单瓣、重瓣。茶花在南方地区多用于庭院绿化，北方均室内盆栽。茶花喜温暖、湿润气候，夏季要求荫蔽环境，宜于酸性土壤中生长。茶花以播种、扦插、嫁接等方式繁殖。茶花可以人工控制花期，一般情况下，在 25℃温度条件下，40 天左右就能开花。

九、桂花

（1）拉丁学名：*Osmanthus fragrans* Lour.

（2）科属：木樨科木樨属。

（3）分布：原产于我国西南部，现各地广泛栽培。

（4）观赏特性及应用：桂花是集绿化、美化、香化于一体的观赏与实用兼备的优良园林树种，桂花清可绝尘，浓能远溢，堪称一绝。尤其是仲秋时节，丛桂怒放，夜静轮圆之际，把酒赏桂，陈香扑鼻，令人神清气爽。桂花在国庆节前后开花，“金风送爽，丹桂飘香”是吉祥如意的象征。

桂花为常绿小乔木，南方地区多用于庭院绿化；北方均室内盆栽。桂花品种较多，常见栽培的有4种：金桂（花金黄色）、银桂（花黄白色）、丹桂（花橙红色）和四季桂（花乳白色）。桂花可用嫁接和高枝压条育苗。春季进行枝接或靠接，秋季进行芽接，砧木可选用桂花实生苗或女贞。桂花经济价值很高，花可以提取香料，也可熏制花茶。

桂花叶片革质，椭圆形、长椭圆形或椭圆状披针形，全缘或通常上半部具细锯齿。聚伞花序簇生于叶腋，每腋内有花多朵；花很香；花冠黄白色、淡黄色、黄色或橘红色，果椭圆形，呈紫黑色。花期9—10月上旬，果期第二年3月。

十、水仙

（1）拉丁学名：*Narcissus tazetta* L. *var*. *chinensis* Roem.

（2）科属：石蒜科水仙属。

（3）分布：原产于亚洲东部的海滨温暖地区，我国浙江、福建沿海岛屿自生，但目前各省区所见者全系栽培，供观赏。

（4）观赏特性及应用：水仙别名“金盏银台”，花如其名，绿裙、青带，亭亭玉立于清波之上。素洁的花朵超凡脱俗，高雅清香，格外动人，宛若凌波仙子踏水而来。

漳州水仙最负盛名，它鳞茎大、形态美、花朵多、馥郁芳香，深受国人喜爱，同时畅销国际市场。水仙是冬季观赏花卉，可以用水泡养，亦能盆栽。可用鳞茎繁殖，常见栽培品种有“金盏银台”（单瓣花）和“玉玲珑”（重瓣花）。水仙茎叶清秀、花香宜人，可用于装点书房、客厅，格外生机盎然。

水仙是多年生球根花卉，叶扁平带状，每株5～11个叶片，伞状花序，花瓣多为6片。

将水仙放在造型瓷器或一些浅的容器中观赏，更加显得水仙花天生丽质，芬芳清新，素洁幽雅。人们自古以来就将水仙与兰花、菊花、菖蒲并列为花中“四雅”，又将其与梅花、茶花、迎春花并列为雪中“四友”。

第四章　药用植物及应用

第一节　药用植物资源概况

狭义的药用植物是具有治疗、预防疾病和对人体有保健功能的植物统称。我国是世界上药用植物种类最多，应用历史最久的国家。我国古代的药物学典籍《本草学》曾言“诸药以草为本”，这说明自古以来药用植物都是药物重要的主体。药用植物也是许多重要西药的原料药。目前就世界范围而言，植物来源（包括细菌和各种真菌）的药用植物已超过人类全部使用药物的50%以上。因此，药用植物在现代药物中亦有十分重要的地位。

药用植物资源属于自然资源的一部分。人类在漫长的生活实践和生产实践中利用自然资源，发现并总结利用植物防病治病的知识，并逐渐形成体系，著成多部草本学著作。据考证，早在7000多年前的新石器时代，人类便开始在利用自然资源的同时，有目的地栽培植物，并在生物资源的保护和利用方面也开始逐步积累经验和教训。如在《荀子·王制》中就记载有：“草木荣华滋养之时，则斧斤不入山林，不夭其生，不绝其长。”我国古代劳动人民在长期的生活和生产实践中，发现了许多能消除或减轻疾病痛苦或有毒的植物，逐步形成了对药物的感性和理性认识。早在3000年前的《诗经》和《尔雅》中，就分别记载过200和300多种植物，其中有不少为药用植物。古代具有代表性的药物（本草）著作主要有：公元1—2世纪的《神农本草经》，收载药物365种，其中有药用植物237种，该书总结了我国汉朝以前的医药经验，是我国现存的第一部记载药物的专著，为后人用药及编写本草著作奠定了基础。最著名的古代本草著作为明朝李时珍的《本草纲目》，记载药物1892种，其中收录低等、高等植物1100余种，出版后被翻译为多种文字。该书全面总结了16世纪以前我国人民认、采、种、制、用药的经验，不仅大大促进了我国医药事业的发展，同时也促进了日本和欧洲各国药用植物学的发展，至今仍不失其参考价值。清代赵学敏的《本草纲目拾遗》（公元1765年）收载药物921种，记载了716种《本草纲目》中未有的种；吴其浚的《植物名实图考长编》（公元1148年）共收载植物2552种，该书内容丰富，记述翔实，插图精美，为后代研究和鉴定药用植物提供了宝贵的资料。

除了丰富的文化遗产，近年来我国组织了多次大规模的资源调查，在药用植物和其他经济植物的研究方面有了很大的进步，药用植物资源的基础研究取得了一系列重要成果。先后组织编写了《中国药典》《中国药用植物图鉴》《中国药用植物志》《中华本草》等举世瞩目的重要专著。此外，还出版了不少药用植物类群、资源学专著和地区性药用植物志，如《中国药用真菌》《中国药用地衣》《中国药用孢子植物》《浙江药用植物志》《东北药用植物志》《新疆药用植物志》《中国民族药志》等。在此基础上，20世纪80年代，中国药材公司主持全国重要资源普查，出版了《中国中药资源》和《中国中药资源志要》等系列专著。这次普查从1983年开始，历时5年，获得了11146种药用植物。由表4－1可见，药用低等植物（藻类、菌类、地衣）有459种，药用高等植物（苔藓、蕨类、种子植物）有10687种。其中药用种子植物有10188种（表4－2）。由调查中看出，药用裸子植物80%的种类集中于针叶树种，最主要的为松科，有 8 属，47 种。其次为柏科，有 6 属，20 种。被子植物各科含有的药用种类最多的达 778 种（菊科），最少的仅含有 1 种。其中含有 100 种以上的有 30 科（表 4—3）。

表 4—1　药用植物分类统计结果

类别	科数	属数	种数
藻类	42	56	115
菌类	40	117	292
地衣类	9	15	52
苔藓类	21	33	43
蕨类	49	116	456
种子植物类	222	1972	10188

表 4—2　药用种子植物分类统计结果

类别		科数	属数	种数
裸子植物亚门		10	27	124
被子植物亚门	双子叶植物	179	1597	8632
	单子叶植物	33	348	1432

表 4—3　药用被子植物大科种类统计结果

科名	中国属数/种数	药用属数/种数	产地	科名	中国属数/种数	药用属数/种数	产地
菊科	227/2323	155/778	全国	荨麻科	23/253	18/115	全国
豆科	163/1252	107/484	全国	苦苣苔科	43/252	32/114	秦淮以南
唇形科	99/808	75/477	全国	樟科	20/1400	13/114	长江以南
毛茛科	41/737	34/424	全国	五加科	23/172	18/112	全国
蔷薇科	48/835	39/361	全国	龙胆科	19/358	15/109	全国
伞形科	95/340	55/239	全国	桔梗科	15/134	13/109	全国
玄参科	60/634	45/233	全国	石竹科	31/372	21/106	全国
茜草科	75/477	50/214	全国	忍冬科	12/259	9/106	全国
大戟科	66/364	39/159	全国	芸香科	28/154	19/100	全国
虎耳草科	24/427	24/157	全国	百合科	67/401	46/358	全国
罂粟科	19/284	15/136	全国	兰科	165/1040	76/287	全国
杜鹃花科	20/792	12/127	全国	禾本科	228/1202	85/172	全国
蓼科	14/228	8/121	全国	莎草科	33//668	16/110	全国
报春花科	12/534	7/121	全国	天南星科	35/197	22/106	全国
小檗科	11/280	10/119	全国	姜科	19/143	15/103	西南至东部

这次普查基本摸清了我国不同区域的 30 多个省、自治区、直辖市及所属市、县的药用植物资源。按药用植物种类数量统计，6 大行政区的排列顺序是：中南区（14426 种）、西南区

(14107 种)、华东区 (11112 种)、西北区 (8392 种)、华北区 (4987 种)、东北区 (3467 种)。药用植物种类数量达 2000 种以上的省（区）有云南 (8392 种)、华北区 (4035 种)、四川 (3962 种)、贵州 (3927 种)、湖北 (3354 种)、陕西 (2730 种)、广东 (2500 种)、安徽 (2167 种)、湖南 (2027 种)、福建 (2024 种)、新疆 (2014 种)。2000 种以下的省（市）有河南 (1963 种)、浙江 (1883 种)、江西 (1576 种)、青海 (1461 种)、西藏 (1460 种)、河北 (1442 种)、吉林 (1412 种)、江苏 (1384 种)、山东 (1299 种)、甘肃 (1270 种)、辽宁 (1237 种)、内蒙古 (1070 种)、山西 (953 种)、宁夏 (917 种)、北京 (901 种)、上海 (829 种)、黑龙江 (818 种)、天津 (621 种)、海南 (497 种)。

一切生物有机体都不能脱离环境而生存，作为生物界重要组成部分的药用植物也不例外。药用植物与环境之间存在着极其复杂的生态关系。一方面，药用植物必须从环境中取得其生存和繁衍活动所需要的物质和能量；另一方面，药用植物与其他植物一样需要适应其生存的环境条件，从而在形态结构、生理功能等方面发生一系列与其生存环境相适应的变化，并产生和积累特定的化学成分，这便是药材“地道性”的来源。

我国从北到南横跨 8 个气候带，从东到西又分为湿润、半湿润、干旱等不同区域，加之海拔跨度大，地形条件多样，因此各地水热条件、植物生长周期各不相同。相应的，药用植物在生长过程中，为适应各地不同的自然环境，内在质量也发生了变化。某些药材在一定的区域内质量好、疗效高、产量大，就称这一区域生产的此药材为“地道药材”。

我国各地的地道药材简要介绍如下：

(1) 东北地区（辽宁、吉林、黑龙江）：人参、细辛、北五味子、防风、木通、黄柏、龙胆、平贝母、紫草、关白附、刺五加、柴胡等。

(2) 西北地区（陕西、甘肃、宁夏、青海、新疆）：

①陕西：西茵陈、款冬花、杜仲、天麻、秦艽、厚朴、山茱萸、五味子、北苍术、柴胡、黄芪、远志、猪苓、酸枣仁、紫草、大黄、吴茱萸等。

②甘肃：当归、大黄、黄芪、甘草、西党参、冬虫夏草、羌活、秦艽、猪苓、西五味子、款冬花、纹党参、麻黄等。

③宁夏：枸杞、柴胡、肉苁蓉、锁阳、秦艽、款冬花、甘肃、地骨皮等。

④青海：冬虫夏草、大黄、贝母、秦艽、羌活、锁阳、肉苁蓉。

⑤新疆：紫草、阿魏、甘草、伊贝母、锁阳、肉苁蓉、雪莲花、麻黄、红花、罗布麻、秦艽、杏仁、桃仁等。

(3) 华北地区（河北、山西、内蒙古）：

①河北：知母、酸枣仁、连翘、祁白芷、黄芩、北山楂、北板蓝根、北苍术、槐米、赤芍、金银花、麻黄、灵芝、马兜铃等。

②山西：潞党参、黄芪、远志、猪苓、黄芩、北苍术、小茴香、连翘、甘遂、紫草、知母、防风、酸枣仁等。

③内蒙古：甘草、黄芪、肉苁蓉、锁阳、赤芍、知母、苦杏仁、小茴香、远志、车前子、马勃、蒲公英、百合、银柴胡、茜草、益母草等。

(4) 华东地区（山东、江西、江苏、浙江、安徽、福建、台湾）：

①山东：北沙参、蔓荆子、北山楂、酸枣仁、东香附、牡丹皮、薏苡仁、半夏、金银花、大枣、柏子仁等。

②江西：枳壳、枳实、茵陈、灵芝、薄荷、荆芥、蔓荆子、栀子、三菱等。

③江苏：苏薄荷、苏桔梗、苏枳壳、明党参、太子参、南沙参、茅苍术、苏条参、延胡索、泽兰、芡实、链子等。

④浙江：浙贝母、浙玄参、杭菊花、杭白芍、杭茱萸、延胡索、杭冬麦、湿郁金、杭荆芥、白术、莪术、姜黄、乌梅、玉竹、栀子、南沙参、乌药、射干、马兜铃、辛夷、榧子、防己、钩镰、泽泻、厚朴等。

⑤安徽：滁菊、亳白芍、牡丹皮、亳白芷、宣木瓜、安茯苓、白头翁、南沙参、马兜铃、石斛、榧子、白术、白薇、山茱萸、厚朴、辛夷、桔梗等。

⑥福建：建泽泻、建枳壳、枳实、乌梅、黄栀子、佛手、姜黄、莲子、海藻、青皮、粉防己、郁金、桂圆肉、麦冬等。

⑦台湾：槟榔、胡椒、大风子、高良姜、樟脑、姜黄、木瓜、通草等。

(5) 中南地区（河南、湖北、湖南、广东、海南、广西）：

①河南：四大怀药（地黄、牛膝、山药、菊花），怀红花、金银花、禹白芷、北山楂、天花粉、辛夷、瓜蒌、千金子、半夏、天南星、射干、茜草、甘遂、东香附、北板蓝根、杜仲、芫花、知母、潞党参、柏子仁等。

②湖北：厚朴、黄连、北柴胡、半夏、皱木瓜、茯苓、杜仲、独活、续断、牡丹皮、黄精、天冬、桔梗、麦冬、射干、槐米、香附子、半夏等。

③湖南：杜仲、玉竹、湘莲米、吴茱萸、薏苡仁、枳壳、枳实、薄荷、女贞子、栀子、钩藤、厚朴、白及、紫草、干姜、蔓荆子、金银花、白术等。

④广东：阳春砂仁、广莪术、郁金、广巴戟、广防己、广藿香、德庆首乌、广豆根、高良姜、鸦胆子、广东金钱草、白花蛇舌草、化橘红、佛手、广陈皮、广花粉、沉香等。

⑤海南：槟榔、胡椒、益智仁、砂仁等。

⑥广西：三七、广豆根、八角茴香、桂圆肉、广防己、广巴戟、肉桂皮、千年健、何首乌、鸡血藤、高良姜、鸦胆子等。

(6) 西南地区（云南、贵州、四川、西藏）：

①云南：三七、云木香、草果、云茯苓、云黄连、云当归、鸡血藤、诃子、重楼、儿茶、草豆蔻、石斛、天麻、千年健、马钱子、苏木、半夏等。

②贵州：杜仲、天麻、吴茱萸、金银花、天冬、银耳、黄精、白及、天南星、桔梗、茯苓、厚朴、黄柏、钩藤、何首乌、五倍子等。

③四川：川芎、贝母、川乌、附子、牛膝、川楝子、川木桶、木香、黄柏、枳壳、枳实、明党、黄连、郁金、白芷、陈皮、花椒、泽泻、木瓜、巴豆、丹参、银耳、白芍、杜仲、厚朴、麦冬、使君子、干姜、黄栀子、南板蓝根、冬虫夏草等。

④西藏：贝母、冬虫夏草、藏红花、大黄、羌活、胡黄连、秦艽、雪莲、木香、党参等。

除了中国，世界上其他国家和地区的人民也依托自己的医药应用经验，积累了丰富的药用植物资源。例如南亚地区、北非一中东地区、欧洲一大洋洲地区等。

(1) 南亚地区。

南亚地区包括印度、巴基斯坦、尼泊尔、锡金等国家。这一区域的传统医学主要为印度传统医学。印度传统医学拥有完整的理论系统。这一区域使用的草药约有 2500 种，大部分为亚热带和热带植物，代表性药用植物种类见表 4—4。

表 4—4 南亚地区部分代表药用植物

中文名	拉丁学名	药用部位	主要功效
大蒜	*Allium sativum* L.	鳞茎	抗菌，降压，降血糖
蓖麻	*Ricinus communis* L.	种子	泻下，消肿，止痛
丁香	*Eugenia caryophyllata* Thunb.	花蕾	抗菌，驱虫，助消化
肉豆蔻	*Myristica fragrans* Houtt.	种仁	抗炎，止泻
姜黄	*Curcuma longa* L.	根茎	活血，通经，止痛
檀香	*Santalum album* L.	心材	散寒，止痛，治疗心胸闷痛
姜	*Zingiber officinale* Rosc.	根茎	镇吐，抗菌，消炎
穿心莲	*Andrographis paniculata* Nee.	全株	免疫促进剂，杀菌，消炎，治腹泻痢疾
积雪草	*Centella asiatica* Urban.	地上部分	扩张末梢血管，镇静、利尿、抗风湿
荜茇	*Piper longum* L.	果穗	镇静，镇痛，解热，降血脂
菖蒲	*Acorus calamus* L.	根茎	治疗消化系统、神经系统疾病
石榴	*Punica granatum* L.	树皮和果壳	去绦虫，收敛，利尿

这一区域在植物性药物的应用方面有着悠久的历史，对药用植物资源的开发利用和研究也非常重视。目前，巴基斯坦从 345 种药用植物中筛选出抗癌活性成分，并开展了避孕药的筛选和研究工作。

（2）北非一中东地区。

北非一中东地区的埃及、希腊以阿拉伯传统医学为主，有比较丰富的医药实践经验，阿拉伯医学体系对亚、欧、北美的医学发展有着重要影响。这一地区气候干燥、土壤贫瘠，约有草药 1000 种，大部分为荒漠草原或旱生药用植物，代表性药用植物种类见表 4—5。伊朗、土耳其、沙特等中东地区的国家以伊斯兰医学体系为主，有草药约 1000 种。

表 4—5 北非一中东地区部分代表药用植物

中文名	拉丁学名	药用部位	主要功效
骆驼蓬	*Peganum harmala* L.	根	兴奋，壮阳（种子），治眼疾，催乳
罂粟	*Papaver somniferum* L.	汁液	止痛，镇静，麻醉
葫芦巴	*Trigonella foenum-graecum* L.	种子	妇科疾病，糖尿病
香茅	*Cymbopogon citratu* Stapf.	全草	活血止痛，感冒发热
白柳	*Salix alba* L.	树皮	消炎，镇痛，解热
巧茶	*Catha edulis* Forssk.	藤、叶	兴奋，滋补，增进食欲
阿米芹	*Ammi visnaga* Lam.	种子	解痉，止喘，治心绞痛
散沫花	*Lawsonia inermis* L.	叶、树皮	治咽喉痛，痢疾，肝脏疾病
短叶布枯	*Agathosma betulina* Pillans.	叶	兴奋，利尿，治消化系统疾病

续表4—5

中文名	拉丁学名	药用部位	主要功效
尖叶番泻	*Cassia angustifola* Vahl.	叶	通便，健胃，消食
瓜儿豆	*Cyamopsis tetragonoloba* Taub.	豆荚、种子	稳定血糖，降脂

（3）西非—南非地区。

西非—南非地区以非洲传统医学为主，有丰富的民间医学实践，代表性国家有扎伊尔、坦桑尼亚、南非等。地处热带沙漠、草原、赤道雨林、温带草原地区，植物种类丰富，面积广阔，四周环海，气候多样，有草药约1000种，多为热带植物，代表性种类见表4—6。

表4—6　西非—南非地区部分代表药用植物

中文名	拉丁学名	药用部位	主要功效
没药	*Commiphora myrrha* Engl.	树胶	抗菌，消炎，收敛
金合欢	*Acacia farnesiana* Willd.	树胶	赋形剂
丁香	*Eugenia caryophyllata* Thunb.	花蕾	抗菌，驱虫，助消化
油橄榄	*Olea europaea* L.	叶、油	促进循环，利尿，降血糖
香荚兰	*Vanilla Planifolia* Andr.	全株	消热解毒
依兰	*Cananga odorata* Hook. f. et Thoms	花	镇静，解毒，抗菌
蓖麻	*Ricinus communis* L.	种子	泻下
白粉藤	*Cissus repens* Lam.	种子	治创伤
库拉索芦荟	*Aloe vera* L.	叶	润肤，助消化，致泻

（4）拉丁美洲地区。

拉丁美洲地区以拉美传统医学为主，民间医药有着悠久的历史和独特的优势。整个拉丁美洲应用的药用植物有约5000种，仅墨西哥就有约2500种。代表性国家有巴西、墨西哥、秘鲁、智利等，这里为热带，自然条件优越，气候潮湿，雨量充足，是植物资源最丰富的地区。代表性药用植物种类见表4—7。

表4—7　拉丁美洲地区部分代表药用植物

中文名	拉丁学名	药用部位	主要功效
金鸡纳	*Cinchona ledgeriana* Moens ex Trim.	树皮	解热，抗疟
吐根	*Cephaelis ipecacuanha* A. Richard.	根、根茎	催吐，治阿米巴痢疾
南美防己	*Chondrodendron tomentosum* Ruiz et Pavon.	根、根茎	解箭毒，缓泻，利尿，调经
古柯	*Erythroxylum coca* Lam.	叶	增强体力，止痛，镇吐
卡皮木	*Banisteriopsis caapi* Moton	树皮	致幻，致泻，催吐
洋茴香	*Pimpinella anisum* L.	种子	利尿，祛风，助消化
钟花树	*Tabebuia* spp.	内皮	消炎，治感染性疾病，抗癌

续表4—7

中文名	拉丁学名	药用部位	主要功效
旱金莲	*Tropaeolum majus* L.	花、叶、种子	抗菌，祛痰，治创伤
竹芋	*Maranta arundinacea* L.	根、茎	解箭毒，助消化，治便秘
过江藤	*Phyla nodiflora* Greene.	叶	药茶，助消化，提精神
巴西可可	*Theobroma cacao* L.	种子	神经系统兴奋剂
凤梨	*Ananas comosus* Merr.	果实、叶	助消化，镇静，利尿
球茎牵牛	*Ipomoea purga* Hayne.	根	泻下，致呕
巴西人参	*Pfaffia paniculata* Kunze.	根	免疫调节，解毒，抗癌
皂树	*Quillaja saponaria* Molina.	内皮	祛痰清肺，止咳
波尔多树	*Peumus boldo* Molina.	叶	滋补，治胆结石、肝病

（5）欧美和大洋洲地区。

欧美和大洋洲地区以欧洲传统医学为主，习惯上以应用现代医学为多，民间传统医学方式应用很少。北美洲和中美洲分布着丰富的药用植物资源，北美约有药用植物 1000 种。澳大利亚原住民有较好的民间医学基础，有药用植物约 1500 种，大部分为温带和寒温带植物。代表性药用植物种类见表 4—8。

表 4—8　欧美和大洋洲地区部分代表药用植物

中文名	拉丁学名	药用部位	主要功效
母菊	*Chamomilla recutita* L.	头状花序	镇痛，消炎
药蜀葵	*Althaea officinalis* L.	根、叶	治胃溃疡、肠道疾病
颠茄	*Atropa belladonna* L.	根、叶	解痉，扩瞳，治消化性溃疡
山金车	*Arnica montana* L.	花、根、茎	消炎，治扭伤、肌肉疼痛
黑莓	*Rubus fruticosus* L.	叶	止血（叶），治咽喉痛（浆果），消肿
水飞蓟	*Silybum marianum* Gaertn.	头状花序	保肝（头状花序），治肝炎、肝硬化（种子）
黑接骨木	*Sambucus nigra* L.	花序、果	治流感、感冒、胸部疾病
锐齿山楂	*Crataegus oxyacantha* L.	花、枝、果	治心绞痛、动脉硬化，降血压
欧百里香	*Thymus serphyllum* L.	地上部分	治呼吸系统疾病
三色堇	*Viola tricolor* L.	地上部分	解痉，解热，消炎
薰衣草	*Lavandula angustifolia* Mill.	花序	抗菌，消毒，镇静，祛风
贯叶连翘	*Hypericum perforatum* L.	地上部分	治抑郁症，抗焦虑
缬草	*Valeriana officinalis* L.	根、茎	催眠，镇静
金盏菊	*Calendula officinalis* L.	头状花序	消炎，解痉，收敛
啤酒花	*Humulus lupulus* L.	雌花序	镇静，催眠，解痉
蓍草	*Achillea millefolium* L.	地上部分	解痉，收敛，杀菌解热
异株荨麻	*Urtica dioica* L.	根	治前列腺增生

续表4—8

中文名	拉丁学名	药用部位	主要功效
迷迭香	*Rosmarinus officinalis* L.	叶	滋补，兴奋，止痛，消炎
欧椴	*Tilia cordata* Mill.	花、苞片	解痉，发汗，止痛
笃斯越橘	*Vaccinium uliginosum* L.	浆果	改善视力
月见草	*Oenothera odorata* Jacp.	种子油	降血脂
银杏	*Ginkgo biloba* L.	叶	改善循环功能，增强记忆，预防中风
旱芹	*Apium graveolens* L.	茎	祛风止痛，降血压
熊果	*Arctostaphylos uvaursi* Spreng.	叶	治尿道炎、膀胱炎
香荚兰	*Vanilla fragrans* Ames.	全株	清热解毒
海南蒲桃	*Syzygium cumini* Skeels.	果实	降血糖，收敛利尿
沉香	*Aquilaria sinensis* Spreng.	木材	止痛，利尿，治咳嗽、水肿
蓝桉	*Eucalyptus globulus* Labill.	叶	抗菌，止咳，祛痰，消炎

目前，西方草药市场一直保持着旺盛发展的趋势。西方草药主要是应用植物药，西方草药市场主要是指西欧和北美草药市场，欧洲和北美是目前世界上应用和研究植物药的活跃地区。特别是20世纪以来，欧美国家在应用现代科学技术研究和开发植物药方面取得了长足发展。美国对药用植物开发利用的重点是寻找抗癌、抗艾滋病新药，对新药的使用以纯有效成分为主。他们对4716属中20525种植物进行筛选获得6700个粗制剂，他们筛选的植物数量是世界其他国家在抗肿瘤方面筛选植物数量的总和。同时美国国会1994年通过了关于营养补充剂健康及教育案，将药用植物及其提取物作为营养补充剂进行保护。以俄罗斯为主的独联体，对药用植物资源开发利用也较重视。他们比较重视东方传统医药学的经验，使用的植物性药剂比重较大。目前，对强壮药人参、刺五加、红景天、北五味子等进行了较为深入的研究。

第二节　中草药植物

一、中草药的采集、保存与加工炮制

（一）采集时间

中草药大部分是生药，而且绝大多数是植物性生药。植物性生药的有效成分和采集的时间关系很密切。由于入药的部位不同，因此采集的时间也不一样，必须以某种植物含有有效成分最多的季节作为采集季节。中草药的采集情况大致如下。

（1）树皮类药物的采集：一般在4—5月。此时树皮浆液较多，容易剥离，效力充足。

（2）果实类药物的采集：通常在果实完全成熟时采集。

（3）根及根茎类药物的采集：一般在秋季植物的地上部分已经枯萎，或早春植物开始生长前采集，此时有效成分多贮藏于根，效力最佳。

（4）花类药物的采集：一般在花朵盛开时采摘。个别花类须在含苞未放时采摘，如合欢

花、槐花等。

(5) 叶类药物的采集：一般在花将要开放时采集，因为这时植物已完全长叶，叶子比较健壮。

(6) 全草类药物的采集：通常在开花时采集。

(二) 采集后的处理

中草药一般除鲜用者外均需加以干燥，贮存备用。这是保证生药质量的重要方法之一。药物的储存有以下几个方面需要注意。

(1) 甜味易虫蛀的药材，在天热时要经常检查晾晒，并要进行灭虫工作。可用敌百虫酒洒在地上或用生石灰铺在地上以防止虫蛀和潮湿。

(2) 有油性易生霉的药材，可放在阴凉干燥处保存，注意通风。

(3) 种子类药物要注意防鼠，如莱菔子、苏子、桃仁、杏仁等。

(三) 加工炮制

中草药大多数属于生药，其中有的生药必须经过特定的炮制后，才能符合治疗的要求，充分发挥其治疗作用。有的因其有毒性，不能直接服用，有的易于变质，不能长时间贮存，有的则因气味恶劣，不利于口服，有的药物生熟不同，其功效也不同，因此必须炮制。炮制的方法主要如下：

(1) 消除或降低药物的毒性和副作用。例如川乌、草乌生用有剧毒，必须经过炮制。巴豆峻泻猛烈，必须去油等。

(2) 改变药物的性能，加强药物的疗效。例如地黄蒸熟则补血，生用则凉血止血。蒲黄炒炭能止血，生用则破血。

(3) 便于制剂和贮存。例如切片、碾碎前的烘、泡、煅、炒；贮存前的烘焙，使药物充分干燥，或用盐渍防止药物腐烂变质。

(4) 去掉杂质或非药用部分，使药物清洁纯净，如一般植物的根茎应当洗去泥土，拣去杂质，昆布、海藻应当漂去腥味。

炮制的方法可分为水制、火制、水火共制三类。常用的主要炮制方法如下：

1. 水制法

水制法是使药物清洁柔软，便于加工切片；降低药物的毒性；除掉不良气味。一般有洗、漂、浸、水飞等方法。

(1) 洗：洗去药物中的泥土和杂质。

(2) 漂：用水浸泡药物，常换水，漂去药物的咸味、腥味。例如昆布、海藻、肉苁蓉都必须用水漂后，方能使用。

(3) 浸：把药物放在清水或沸水中浸泡。例如杏仁，应用沸水泡后，去其皮尖；槟榔、枳壳等质地较硬，应用清水浸开后切片。

(4) 水飞：把药物与水同研，可使粉末细净，而且不致飞扬散失。例如朱砂、滑石等均用水飞。

2. 火制法

火制法是把药材直接或间接放置在火上，以达到干燥、松脆、焦黄或炭化的目的。主要包括煅、炮、煨、炒、炙、焙、烘等方法。

（1）煅：是把药材直接放在火内烧红或放在耐火的器皿中火煅。适用于金、石、贝壳类药物，如磁石、牡蛎等。

（2）炮：把药物放于高热的铁锅内急炒至焦黄爆裂为度。如干姜等。

（3）煨：把药物裹上面糊或湿纸，埋在适当的火灰里，或放在微火中烘烤，使面糊或纸焦黑为度，冷后剥除。本方法利用面糊或纸吸收药物的一部分油脂，降低药物的刺激性。如肉豆蔻、甘遂等皆是。

（4）炒：把药物放在锅内拌炒。由于使用的目的不同，有炒黄、炒焦、炒炭的差别。一般来说，炒黄、炒焦的火候较弱，能使药物增加焦香之味，增强健脾的作用，或用以改善药物的偏性。炒炭的火候较强，大多为增加收敛之力。但炒炭必须保存其药性。

（5）炙：炙和炒的区别不大。唯炙是在药材中另加辅助的物质，如蜂蜜、姜汁等，而不像炒那样只是单独入锅加热。如炙黄芪、炙甘草、炙枇杷叶等都是用蜂蜜拌和后，炒至蜂蜜焦黄为度。

（6）焙、烘：焙、烘均为用微火加热使药物干燥的方法。焙的火力较烘为强，能使药物表面微黄松脆，如虻虫、水蛭等。烘的火力比焙弱，仅能达到干燥的目的，如金银花、菊花等。

3. 水火合制

水火合制主要为蒸、煮、淬三法。

（1）蒸：把药物隔水用微火加热蒸之，如熟地黄等。

（2）煮：将药物放在药汁或清水中煎煮，如芫花用醋煮后可以降低毒性。

（3）淬：把药物煅红后，迅速投入水中或醋中，如此反复数次，叫作淬。淬法多用于矿物类药物，如自然铜、代赭石等。

以上各种方法为常用的炮制方法，此外尚有酒、盐水、醋、米泔水等调合同制，或用浸泡，或用炙炒，或用蒸煮，必须根据治疗需要适当加以选择。

中草药是中医所使用的独特药物，也是中药区别于其他医学的重要标志。中草药是中医防病治病的主要载体，由于中草药应用理论的独特性，以及应用形式的多样性，产生了不同的分类方法，包括按植物学分类；按药理作用或中医功效分类；按化学成分分类；按药用部位分类；按自然属性和亲缘关系分类，如动物类、植物类、矿物类等。

医学上常常按照药物性能和药理作用分类。按照药物性能可将中草药分为解表药、清热药、祛风湿药、理气药、补虚药等，这一分类方式是传统中医惯用的。按照药理作用可将中草药分为镇静药、镇痛药、强心药、抗癌药等，这一分类方式是现代医学惯用的。

二、药物的性能

我国劳动人民在长期的医疗实践中，总结出中草药性能的共同规律，其主要内容是“四气”和“五味”。

（1）四气：中草药的四气是寒、热、温、凉，四者是与疾病的寒热相对而言之。能治疗热证的药物，大多为寒性或凉性药物。反之，能治疗寒证的药物大多属于热性药物。温和热，寒和凉，只是程度的不同，温逊于热，凉逊于寒。寒凉药物多具有清热、泻火、解毒、益阴的功效，常用语为热证、阳证；温热药多具有温阳、散寒、回阳救逆的作用，常用于寒证、阴证。还有一种性质比较平和的药物，其中也有微寒或微温的差别，不过比较平和，此种药物称为平性，但仍属于四气之内。

（2）五味：中草药的五味，是指酸、苦、甘、辛、咸，还有一种淡味，实际为六味。因淡味不显著，通常把淡味归于甘味中，故仍称之为五味。五味的作用是酸味能收、能涩，多用于

治疗虚汗、久泻、久嗽诸证；苦味能泻、能清，多用于治疗热证、实证、气逆、便秘等证；甘味能补、能和、能缓，常用于治疗虚证，缓解拘挛疼痛等证；辛味能散、能行，多用于治疗表证及气血郁滞之证；咸味能软坚，常用于便秘、痞块等；淡味能渗下利水，水湿内停、小便不利之证每多用之。以上是就药物的单一性味而说，然而有些药物性味达两种以上，有兼味的药物其作用也比较复杂，往往兼有几种作用。每种药物都有气和味，必须综合运用，如同是寒性药，若味不同，其作用也就不同。因此我们在实际运用中，要掌握每一种药物的特点，才能提高疗效。

三、中草药的应用与禁忌

（一）应用

（1）用药时要注意剂量：性味淡薄、体重质坚的药物，剂量宜重；性味猛烈、质地疏松的药物，剂量宜轻。应根据病情适当应用，切不可病重用轻剂或轻病用重剂。

（2）用药因人而异：人体的强弱不同，况又有老、少、男、女之别，用药时须考虑这些特点，方能无误。例如妇女月经期不宜过分用寒凉、破血及泻下之品；年老体弱之人，不应用峻猛之药，等等。

（3）用药要因时而异：在炎热季节，用热药要注意，因人肌表疏松，发汗之剂不宜过用；在寒凉季节，肌表固密，用发汗之药其量宜大。

（二）禁忌

药物有其固有的特性，在配伍时有些药物同时使用会降低或丧失原有的功效；还有少数药物并用时，相互作用会产生毒性反应；有的药物有饮食禁忌或妊娠禁忌。

（1）妊娠用药禁忌：妊娠期间应当注意药物的禁忌。因为有的药物有破血堕胎之弊，根据药物对胎儿的损害程度不同，一般分为禁用、慎用两类。毒性较强、药性猛烈的药物多禁用，如巴豆、甘遂、麝香等。凡通经祛瘀、行气破滞之品多慎用，如桃仁、红花、附子、干姜等。

（2）配伍禁忌：药物的配伍，有时会使药物同药物之间互相牵制，使其功效降低或丧失；亦有少数药物同时用，会产生毒性或剧烈作用。因此，有些药物不能同用于一个处方中。根据前人的经验，可总结为十八反、十九畏。

十八反：甘草反甘遂、大戟、芫花、海藻，乌头反贝母、半夏、瓜蒌、白蔹、白及，藜芦反人参、丹参、玄参、苦参、细辛、芍药。

十九畏：硫黄畏朴硝，水银畏砒霜，狼毒畏密陀僧，巴豆畏牵牛，丁香畏郁金，牙硝畏三棱，川乌、草乌畏犀角，人参畏五灵脂，官桂畏石脂。

（3）服药禁忌：是指在服药期间，对某些食物的禁忌，即所谓的“忌口”，如荆芥忌鱼，茯苓忌醋，黄连、乌梅忌猪肉等。在服药期间，凡属生冷、黏腻、腥臭等不易消化的食物，均应避免食用。

第三节　常见中草药植物

一、解表植物

凡能发散表邪、解除表证的药物都叫作解表药。解表药多具有辛味，辛能发散，所以这类药物具有发汗、解表、透疹的作用。解表药可分为辛温解表和辛凉解表两类。辛温解表药适用于身痛无汗的风寒表证，常用于辛温解表的中草药有麻黄、桂枝、防风、荆芥、紫苏叶、细辛、白芷、辛夷、苍耳子、生姜、葱白、牡荆叶和鹅不食草等；辛凉解表药适用于风热表证，常用于辛凉解表的中草药有薄荷、柴胡、升麻、葛根、桑叶、菊花、野菊花、牛蒡子等。由于解表药具有发汗作用，因此应用时须注意以下几点：

（1）身体状况，对于体虚或气血不足者，宜配合补养药以扶正祛邪。

（2）中病即止，不可过量或过久使用，以免大汗亡阳。

（3）季节性，温暖季节容易出汗，用量宜小；寒冷季节不易出汗，用量可适当增大。

本类药物大多含有挥发油，不宜久煎，以免气味挥发，耗损药力。

（一）辛温解表植物

1. 麻黄

图 4－1　草麻黄

【植物来源】麻黄科植物草麻黄（*Ephedra sinica* Stapf）、中麻黄（*Ephedra intermedia* Schrenk et C. A. Mey.）或木贼麻黄（*Ephedra equisetina* Bge.）。以干燥草质茎入药。

【产地】产于吉林、辽宁、内蒙古、河北、山西、陕西等省区，生长于干燥高地、山岗、干枯河床或山田中，现多栽培。

【采收加工】秋季采割绿色草质茎，晒干。

【性味归经】味辛、微苦，性温。归肺、膀胱经。

【功效主治】辛、微苦，温。发汗散寒，宣肺平喘，利水消肿。用于风寒感冒，胸闷喘咳，风水浮肿。

【化学成分】含有麻黄碱、伪麻黄碱、甲基麻黄碱、甲基伪麻黄碱、去甲基伪麻黄碱、左旋－α－松油醇，β－松油醇等。

【药理】麻黄碱能松弛支气管平滑肌，作用较和缓而持久，并有兴奋心脏、收缩血管、升高血压及兴奋中枢等作用；伪麻黄碱有显著的利尿作用，并能缓解支气管平滑肌痉挛；挥发油具有解热、降温和发汗作用，并对流感病毒有抑制作用。

【栽培】宜选择排水良好的缓坡地，施肥后翻耕，细耙整平后做畦或开挖浅沟。播前要深翻整地。用种子繁殖，采收成熟饱满的种子，播前用 30℃的温水浸种 4 h，播种可采用条播或穴播，播后盖 2 cm 厚的河沙。出苗后不需间苗，应注意经常松土和除草。苗期应适当浇水，苗高 6 cm 以后不宜多浇水。每年早春返青前施厩肥或堆肥，结合中耕松土，及时除草。

2. 防风

【植物来源】为伞形科植物防风（*Saposhnikovia divaricata* Schischk.）的干燥根。切片生用或炒用。

【产地】主要产于东北各省和内蒙古东部。野生于丘陵地带的山坡草丛中。

【采收加工】春、秋二季采挖未抽花茎植株的根，除去须根和泥沙，晒干。

【性味归经】辛、甘，微温。入膀胱、肝、脾经。

图 4－2　防风

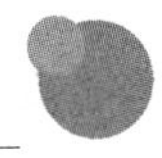

【功效主治】祛风解表，胜湿止痛，止痉。用于感冒头痛、风湿痹痛、风疹瘙痒、破伤风。

【化学成分】含挥发油、石防风素、多糖类及有机酸等。

【药理】有明显的解热作用；煎剂可降低热板测定的痛阈；对巴豆油引起的炎症有一定的抑制作用。

【栽培】喜阳光充足、凉爽的气候条件，适宜在排水良好、疏松干燥的砂壤土中生长。耐寒、耐旱，忌高温及土壤过湿或雨涝。应选择地势干燥向阳、排水良好、土层深厚的地块种植。主要用种子繁殖，春播于 3 月下旬至 4 月中旬。播前将种子用清水浸泡 1 天后捞出，待种子开始萌动时播种。除留种植株外，抽薹时应及时摘除。主要病虫害有白粉病和黄凤蝶，宜采取综合防治方法。

3. 细辛

图 4－3　汉城细辛

【植物来源】为马兜铃科植物北细辛（*Asarum heterotropoides* Fr. Schmidt var. Mandshuricum Kitag.）、汉城细辛（*Asarum sieboldii* Miq. var. Seoulense Nakai）或华细辛（*Asarum sieboldii* Miq.）的干燥根和根茎。切断生用或蜜炙用。

【产地】北细辛主要产于东北各省；生于潮湿环境，即排水良好、腐殖质较厚、湿润肥沃的土壤。吉林、辽宁有大量栽培。华细辛主产于陕西中南部、四川东部、湖南西部山区。生于海拔 1200～2100 m 林下阴湿地。汉城细辛分布于吉林、辽宁，有人工栽培。

【采收加工】夏季果熟期或初秋采挖，除净地上部分和泥沙，阴干。

【性味归经】辛、温。入心、肺、肾经。

【功效主治】祛风散寒，止痛通窍，温肺化饮。用于风寒感冒、头痛牙痛、鼻塞流涕、风湿痹痛、痰饮喘咳。

【化学成分】含蒎烯、甲基丁香酚、细辛酮等挥发油。

【药理】挥发油对正常小鼠的体温有降低作用，有明显的镇痛作用，挥发油灌服或注射均有明显的抗炎作用。

【栽培】细辛喜冷耐寒，忌强光和干旱。人工栽培必须遮阴。土壤以疏松、肥沃、富含有机质为好。以种子繁殖为主，也可分根繁殖。种子繁殖：夏播，6 月上中旬采果实，及时播种，切勿干燥贮藏；或短期沙藏，于 7 月播种；条播或穴播；播后 2～3 年可移栽。分根繁殖：出苗后在畦面上盖稻草，从 6 月初开始搭棚遮阴，透光度以 50%～60%为宜。在松土、除草的同时，进行整畦、培土。生长期根外追肥 2～3 次，上冻前施有机肥，盖上枯落叶或防寒土。病虫害防治应以预防为主，综合防治为原则。

4. 白芷

【植物来源】为伞形科植物白芷（*Angelica duhurica* Benth. Et Hook. f）或杭白芷（*Angelica dahurica* Benth et. Hook. F. var. Formosana Shan et Yuan）的干燥根。切片入药。

【产地】主产于四川、东北各省、浙江、江西、河北等地。

【采收加工】夏、秋二季采挖，洗净，除去头尾和细根，置沸水中煮后除去外皮，或去皮后再煮，晒干。

【性味归经】性温，味辛。归胃、大肠、肺经。

【功效主治】养血调经，敛阴止汗，柔肝止痛，平抑肝阳。用于血虚萎黄，月经不调，自汗盗汗，胁痛腹痛，四肢挛急疼痛，头痛眩晕。

【化学成分】含有挥发油、欧前胡内酯、氧化前胡素、白当归脑、珊瑚菜素花椒毒酚、香柑内酯、补骨脂素、谷甾醇、棕榈酸等。

【药理】抗炎、抑菌，解热镇痛，降血压，抗癌。

【栽培】宜选择土层深厚、土质疏松肥沃、排水性好的夹沙土或冲积土种植。用种子繁殖。大田种植以条播较好。春播在 4 月初，秋播在 7—9 月，生产上一般用秋播。应结合除草剂进行定苗，进行水肥管理，去除全部花薹。主要病虫害有根腐病、黄凤蝶和红蜘蛛等。应以合理的生物措施和化学方法进行综合防治。

图 4—4　白芷

（二）辛凉解表植物

1. 薄荷

【植物来源】为唇形科植物薄荷（*Mentha haplocalyx* Briq.）的干燥地上部分。切段生用。

【产地】全国大部分地区有栽培。主产于江苏、湖南、江西等省。野生于水边湿地。

【采收加工】夏、秋二季茎叶茂盛或花开至三轮时，选晴天，分次采割，晒干或阴干。

【性味归经】辛、凉，入肺、肝经。

【功效主治】疏散风热，清利头目，利咽透疹，疏肝行气。用于风热感冒，风温初起，头痛目赤，喉痹口疮，风疹麻疹，胸闷胁痛。

图 4—5　薄荷

【化学成分】含薄荷酮、薄荷醇、桉树脑、柠檬烯、蒎烯、大黄素、大黄酚、大黄素甲醚、桂皮酸和熊果酸等。

【药理】薄荷油有明显的利胆、解痉作用和较弱的抗炎镇痛作用；内服能兴奋中枢神经，使皮肤血管扩张，促进汗腺分泌，增加散热，有发汗解热作用；薄荷醇能促进呼吸道器官分泌，使黏液稀释而表现祛痰作用。

【栽培】薄荷对环境的适应性较强，喜温暖、湿润气候，根茎具有较强的耐寒力。薄荷对土壤要求不严，但以疏松、肥沃、湿润的夹沙土或油沙土较好。薄荷对于日照有较强的要求，特别是孕蕾开花期。可用种子、根茎、秧苗、地上匍匐茎扦插等方法繁殖，一般以根茎繁殖为主。移栽秧苗是个别品种常用的方法。在生产上，一般采用根茎繁殖法。生长期中除进行中耕除草、疏通沟道、防止雨后积水、及时灌溉外，最重要的是追肥。在田间密度较稀疏时，于 5 月份选晴天摘去顶芽，可以促进多分枝，提高产量。锈病是薄荷的主要病害。发现病株时应拔除烧毁，加强田间管理，通风透光，注意排水，喷洒波尔多液，防止蔓延。

图 4—6　北柴胡

2. 柴胡

【植物来源】为伞形科植物北柴胡（*Bupleurum chinense* DC.）或狭叶柴胡（*Bupleurum scorzonerifolium* Willd.）的干燥根。前者习称北柴胡，后者习称南柴胡。

【产地】柴胡分布于除广东、广西、海南外的大部分地区。生长于较干燥的山坡。狭叶柴胡分布于东北、西北以及江苏、安徽、广西。生长于海拔 100～2300 m 的山坡、草原。

【采收加工】春、秋二季采挖，除去茎叶，干燥。

【性味归经】辛、苦，微寒。入肝、胆、肺经。

【功效主治】解表退热，疏肝解郁，升举阳气。用于感冒发热，寒热往来，胸胁胀痛，月经不调，子宫脱垂，脱肛。

【化学成分】含挥发油、有机酸、植物甾醇等。

【药理】煎剂有解热、镇静、镇痛、利胆和抗肝损伤作用；对疟原虫、结核分枝杆菌、流感病毒有抑制作用。

【栽培】喜温暖、湿润环境，耐寒，耐旱，忌高温和涝洼积水。用种子繁殖。种子播种前浸种 2 h 或用多菌灵 1000 倍溶液浸种 10～15 min 处理。直播多采用条播，春播 4 月中上旬进行，冬播 11—12 月上旬进行。忌大水浇灌。幼苗高约 10 cm 时进行间苗、补苗；并注意控茎、促根，注意中耕除草和根部培土。主要病虫害有斑枯病、根腐病、胡萝卜微管蚜等，合理的农业措施，如合理清园、加强栽培管理及防止连作、合理轮作等，可有效防治柴胡病虫害。

3. 菊花

【植物来源】为菊科植物菊（*Chrysanthemum morifolium* Ramat.）的干燥头状花序。

【产地】分布于华东、华南、中南及西南各省区。主产于浙江、安徽、河南、河北、四川等省。栽培于气候温暖，阳光充足，排水良好的砂质土壤。

【采收加工】9—11 月花盛开时，分批采收，阴干或焙干，或熏、蒸后晒干。

【性味归经】甘、苦，微寒。入肺、肝经。

【功效主治】疏散风热，平肝明目，清热解毒。用于风热感冒，头痛眩晕，眼目昏花，疮痈肿毒。

【化学成分】含挥发油、黄酮类、绿原酸、微量元素等。

【药理】有抗菌、消炎、解热和降血压的作用；对葡萄糖球菌、链球菌、痢疾杆菌、铜绿假单胞菌、流感病毒等均有抑制作用。

【栽培】喜温暖，耐寒冷，宿根越冬，根状茎在地下不断长出分蘖芽。喜光，稍耐旱，怕涝，对土壤要求不严，宜选择地势干燥，土壤疏松肥沃，排水良好，向阳避风的地块种植。一般采用分株繁殖和扦插繁殖，以扦插繁殖为主。扦插繁殖在 4—5 月或 6—8 月，扦插后 40 天左右移栽到大田，中耕不宜过深，一般中耕 2～3 次。需打顶 2～3 次，追肥 3 次。主要病虫害有斑枯病、枯萎病和菊天牛等，可采用以生物防治为主的综合防治方法。

二、清热植物

凡以清解理热为主要作用的药物，称为清热药。清热药属性寒凉，具有清热泻火、解毒、凉血、燥湿、解暑等功效，主要用于高热、热痢、湿热黄疸、热毒疮肿、热性出血及暑热等里热病证。根据清热药的主要性能可将其分为以下 5 类。

（1）清热泻火药：能清气分热，有清热泻火的作用。适用于急性热病，例如高热、汗出、口渴贪饮、尿液短赤、舌苔黄燥、脉相洪数等。常用的清热泻火中草药有知母、栀子、夏枯草、淡竹叶、芦根、鸭跖草、肿节风、蛇附子（三叶青）等。

（2）清热凉血药：入血分，能清血分热，主要用于血分实热证，温热病邪入营血，血热妄行，症见斑疹和各种出血，以及舌绛、狂躁，甚至神昏等。常用的清热凉血中草药有生地黄、牡丹皮、白头翁、玄参、紫草、木槿花、虎头焦（金线莲）等。

（3）清热燥湿药：苦能燥湿，寒能胜热，有清热燥湿的作用，主治湿热证，如肠胃湿热所致的泄泻、痢疾，肝胆湿热所致的黄疸，下焦湿热所致的尿淋漓不尽等。常用的清热燥湿中草药有黄连、黄芩、黄柏、龙胆、苦参、三颗针、秦皮、十大功劳、两面针等。

（4）清热解毒药：有清热解毒作用，常用于瘟疫、毒痢、疮黄肿毒等热毒病症。常用的清热解毒中草药有金银花、连翘、紫花地丁、蒲公英、板蓝根、大青叶、射干、山豆根、黄药子、穿心莲、地锦草、土茯苓、千里光、马齿苋、鱼腥草、败酱草、半枝莲、白花蛇舌草、七叶一枝花、漏芦、狗肝菜、青果（橄榄）、鬼针草等。

（5）清热解暑药：有清热解毒作用，用于暑热、暑湿病等。常用的清热解暑中草药有香薷、绿豆、荷叶、青蒿、白扁豆、积雪草、爵床、刘寄奴（奇蒿）等。

使用清热药应注意以下三点：①清热药性多寒凉，易伤脾胃，影响运化，脾胃虚弱患者应辅以健胃的药物；②热病易伤津液，清热药也伤津液，对阴虚患者应辅以养阴药；③清热药性寒凉，多服、久服能伤阳气，故阳气不足、脾胃虚寒、食少、泄泻者慎用。

（一）清热泻火植物

1. 知母

【植物来源】为百合科知母属植物（*Anemarrhena asphodeloides* Bunge.）的干燥根茎。

图 4—7 知母

【产地】分布于黑龙江、吉林、辽宁、河北、内蒙古、山西、陕西、甘肃、河南。主产于河北、山西、内蒙古等省区。

【采收加工】春、秋二季采挖，除去须根和泥沙，晒干，习称“毛知母”。或除去外皮，晒干。

【性味归经】甘、苦、寒。入肺、胃、肾经。

【功效主治】清热泻火，滋阴润燥。用于外感热病，高热烦渴，肺热燥咳，内热消渴，骨蒸潮热，肠燥便秘。

【化学成分】含知母皂苷、菝葜皂苷元、宝藿苷、芒果苷等。

【药理】①能显著抑制小鼠耳郭肿胀和醋酸致腹腔毛细血管通透性增高。②对葡萄球菌、伤寒杆菌、痢疾杆菌、副伤寒杆菌、枯草杆菌、霍乱弧菌有较强的抑制作用。

【栽培】性耐寒，喜温暖，耐干旱。宜选择向阳、排水良好、土质疏松的腐殖土或砂壤土栽培。使用种子繁殖，也可分根繁殖。高温多雨季节要注意排除积水。知母的抗病害能力较强，一般不需用农药进行特殊防治。主要虫害有蛴螬，危害幼苗及根茎，可用常规方法防治。

2. 栀子

【植物来源】为茜草科植物（*Gardenia jasminoides* Ellis.）的干燥成熟果实。

【产地】分布于我国南部地区。主产于江西、湖南、湖北等省。生长于温暖地区的山坡杂

图 4—8　栀子

林中。

【采收加工】9—11 月果实成熟呈红黄色时采收，除去果梗和杂质，蒸至上气或置沸水中略烫，取出，干燥。

【性味归经】苦、寒。入心、肺、三焦经。

【功效主治】泻火除烦，清利湿热，凉血解毒。外用消肿止痛。用于热病心烦，湿热黄疸，淋证涩痛，血热吐衄，目赤肿痛，火毒疮疡。外治扭挫伤痛。

【化学成分】含栀子素（黄酮类）、果酸、鞣酸、藏红花酸、栀子苷、栀子次苷等。

【药理】①增加胆汁分泌，有利胆作用，并能抑制血中胆红素升高。②抑制体温中枢而有解热、降压、镇静、止血作用。③对金黄色葡萄球菌、脑膜炎双球菌、卡他球菌等有抑制作用，对多种皮肤真菌有抑制作用。

【栽培】性喜温暖湿润气候，好阳光但又不能经受强烈阳光照射，适宜生长在疏松、肥沃、排水良好、轻黏性酸性土壤中，抗有害气体能力强，萌芽力强，耐修剪，是典型的酸性花卉。可用种子繁殖，也可扦插繁殖。以种子繁殖，播种期分春播和秋播，以春播为好。以扦插繁殖，扦插期为秋季 9 月下旬至 10 月下旬，春季 2 月中下旬。幼苗期需经常除草、浇水，保持苗床湿润，施肥以淡人粪尿为佳。定植后，在初春与夏季各除草、松土、施肥 1 次，并适当壅土。主要病害有褐斑病、炭疽病、煤污病、根腐病、黄化病等，在室内，病害全年都可能发生，严重时植株落叶、落果或枯死。在病害发生初期或发生期施用多菌灵、退菌特等可有效防治病害。

3. 夏枯草

图 4—9　夏枯草

【植物来源】为唇形科夏枯草属植物（*Prunella vulgaris* L.）。以果穗入药。

【产地】分布于全国大部分地区。主产于江苏、安徽、浙江、河南等省。生长于路旁、草地、林缘湿润处。

【采收加工】夏季果穗呈棕红色时采收，除去杂质，晒干。

【性味归经】苦、辛、寒。入肝、胆经。

【功效主治】清肝泻火，明目，散结消肿。用于目赤肿痛，目珠夜痛，头痛眩晕，瘰疬瘿瘤，乳痈乳癖，乳房胀痛。

【化学成分】含三萜、甾体、黄酮、香豆素、挥发油及糖类化合物。

【药理】①对炎症反应有显著抑制作用，抗炎作用与肾上腺皮质激素合成、分泌加强有关。②抑制炎症反应性非特异性免疫及特异性免疫反应。③对大肠埃希菌、金黄色葡萄球菌、枯草杆菌、青霉和黑曲霉均有抑菌作用。

【栽培】夏枯草喜温暖湿润的环境，能耐寒，适应性强，忌水积、水涝。宜选择阳光充足、土质疏松、排水效果良好的砂壤土栽培。可种子繁殖，也可分株繁殖，以种子繁殖为主。夏枯草种子细小，温度在 25℃～30℃，有足够湿度时，播后 15 天左右出苗。播种时间一般分早春和早秋两季，最佳季节为每年的立秋到白露，也就是农历 8 月上旬至 9 月上中旬，足墒种植，15 天左右出苗，年内定根越冬，翌年长势旺盛，成熟早，产量高。播种方式一般分为条播和撒播两种。苗出齐后长至 6～8 片叶时，按行距 5～7 寸、株距 4～6 寸进行间苗，除草一次，等苗长至 10 片叶时追施一次人畜粪水或每亩追施尿素。夏枯草适应性强，整个生长过程中很少有病虫害。苗期主要病害有立枯病等，主要虫害有蚜虫等。

（二）清热凉血植物

图 4－10　地黄

1. 地黄

【植物来源】来源于玄参科植物地黄（*Rehmannia glutinosa* Libosch.）。新鲜或干燥块根，切片生用。新鲜者，习称鲜地黄；慢慢焙至八成干者，习称生地黄。

【产地】分布于辽宁、河北、内蒙古、陕西、甘肃、山东、河南、江苏、安徽、湖北等地。主产于河南、陕西。生于山坡、路旁或人工栽培。

【采收加工】秋季采挖，除去芦头、须根及泥沙，缓缓烘焙至八成干。

【性味归经】甘、寒。入心、肝、肾经。

【功效主治】清热凉血，养阴生津。用于热入营血，温毒发斑，衄血吐血，热病伤阴，舌绛烦渴，津伤便秘，阴虚发热，骨蒸劳热，内热消渴。

【化学成分】含梓醇、二氢梓醇、甘露醇、豆甾醇、十七烷酸、阿魏酸、胡萝卜苷等。

【药理】可拮抗阿司匹林诱导的小鼠凝血时间延长，具有止血作用；能使阴虚小鼠的脾脏淋巴细胞碱性磷酸酶明显增强；能明显降低家兔正常血糖。

【栽培】喜温暖、阳光充足环境，喜干燥，忌积水，耐寒。喜肥，忌连作。实生苗生长较快，第二年即可做种栽。主要用块根进行无性繁殖。采用温炕育苗、苗茎栽培或种茎直栽。春栽地黄在日均温稳定为 13℃时栽种；夏栽地黄在小麦收割后及时栽种。其栽培方法和苗茎栽培相同。合理密植，确保苗全；合理施肥，适时排灌；中耕除草，及时滴灌；及时摘蕾，去“串皮根”及打底叶。主要病虫害有斑枯病、线虫病、蛱蝶和红蜘蛛等。

注：取生地黄，按照酒炖法炖至酒吸收尽，取出，晾晒至外皮黏液稍干时，切厚片或块，干燥，即得熟地黄。熟地黄与生地黄功效不同。熟地黄为补血药，补血滋阴，益精填髓，用于血虚微黄，心悸怔忡，月经不调，崩漏下血，肾虚阴虚，腰膝酸软，骨蒸潮热，遗精盗汗，内热消渴，耳鸣眩晕，须发早白。

2. 牡丹皮

【植物来源】为毛茛科植物牡丹（*Paeonia suffruticasa* Andr.）的干燥根皮。切片生用或炒用。

【产地】大量栽培于山东、安徽、陕西、甘肃、四川、贵州、湖北、湖南。生于向阳山坡及土壤肥沃处。

【采收加工】秋季采挖根部，除去细根和泥沙，剥取根皮，晒干或刮去粗皮，除去木心，晒干。前者习称“连丹皮”，后者习称“刮丹皮”。

【性味归经】苦、辛，微寒。入心、肝、肾经。

【功效主治】清热凉血，活血化瘀。用于热入营血，温毒发斑，衄血吐血，夜热早凉，无汗骨蒸，经闭通经，跌扑伤痛，臃肿疮毒。

【化学成分】含丹皮酚、白桦脂酸、齐墩果酸、没食子酸等。

【药理】镇静、镇痛、抗惊、解热、抗过敏；抗心律失常、抗血栓形成；对痢疾杆菌、枯草芽孢杆菌、金黄色葡萄球菌、大肠埃希菌有抑制作用。

【栽培】喜夏季凉爽、冬季温暖的气候。要求阳光充足、雨量适中的环境，耐旱性强，忌水涝。怕炎热、严寒，宜在向阳而肥沃平坦的地块栽培。宜选择向阳干燥、土层深厚、排水良好的砂质土壤。一般采用种子繁殖，再育苗移栽，也可直播，株行距与育苗移栽时的行距相同。每年春天都要在现蕾后摘去花蕾，夏季去除土芽，秋季修剪定干。病虫害主要有灰霉病和叶霉病，防治方法是选用无病枝芽和根苗，栽植前用50%多菌灵300倍液浸泡15 min；发病初期喷50%灰霉特600倍液或50%代森锌500倍液防治。

图4－11　牡丹

图4－12　牡丹皮

3. 地骨皮

【植物来源】为茄科植物枸杞（*Lycium chinense* Mill.）的干燥根皮。切断生用。

【产地】全国大部分地区均产。生于山坡、田埂或丘陵地带，有栽培。

【采收加工】初春或秋后采挖根部，洗净，剥取根皮，晒干。

【性味归经】甘、寒。入肺、肾、肝经。

【功效主治】凉血除蒸，清肺降火。用于阴虚潮热，骨蒸盗汗，内热消渴，肺热咳嗽，咯血衄血。

【化学成分】含甜菜碱、β－谷甾醇等。

【药理】地骨皮水煎剂有降低血糖、解热作用，对动物有显著的兴奋作用，对葡萄球菌有抑制作用。

【栽培】适应性强，耐寒、喜肥、抗旱，对土壤要求不严，耐盐碱、怕滞水。根部萌蘖性和地上部发枝能力强。利用种子繁殖能在短期内栽培出大量苗木。无性繁殖以扦插育苗较普遍，也可用根蘖、压条和嫁接繁殖。3月下旬至4月上旬定植。5、6、7月上旬各进行一次中耕除草，相应追肥一次，进行灌水，然后冬灌。第一年定干剪顶，第二、三年培养基层，第四年放顶成型。成年树的修剪可在春、夏、秋三季进行。

图4－13　枸杞

图4－14　地骨皮

（三）清热燥湿植物

1. 黄连

图 4—15　黄连

【植物来源】为毛茛科植物黄连（*Coptis chinensis* Franch.）、三角叶黄连（*Coptis deltoidea* C. Y. Cheng et Hsiao）或云连（*Coptis teeta* Wall.）的干燥根茎。

【产地】黄连主产于四川、湖北、湖南、甘肃、贵州等省。三角叶黄连主产于四川西部峨眉、洪雅一带。二者均为栽培。云连主产于云南西北部，原系野生，现有人工栽培。

【采收加工】秋季采挖，干燥，除去残留须根。

【性味归经】苦、寒。入心、肝、胆、脾、胃、大肠经。

【功效主治】清热燥湿，泻火解毒。用于湿热痞满，呕吐吞酸，泻痢黄疸，高热神昏，心火亢盛，心烦不寐，血热吐衄，目赤牙痛，消渴，痈肿疔疮；外治湿疹湿疮，耳道流脓。

【化学成分】含小檗碱（5%～8%）、黄连碱、甲基黄连碱、药根碱等。

【药理】对痢疾杆菌、伤寒杆菌、大肠埃希菌、铜绿假单胞菌、肺炎双球菌等有抑制作用。对流感病毒、钩端螺旋体、阿米巴原虫及皮肤真菌亦有抑制作用。能增强白细胞的吞噬能力，并有利胆、扩张末梢血管、降压以及解热作用。

【栽培】黄连喜高寒冷凉环境，忌强光直射和高温干燥。多分布在海拔 1200～1800 m 的高山区，栽培时宜选择海拔 1400～1700 m 的地区。黄连对水分要求高，不耐干旱，因根茎浅、叶面积大，需水分较多，但不能积水，须土层肥厚、排水良好。黄连为喜阴植物，忌强烈的直射光照射，喜弱光，苗期最怕强光，因此，栽培黄连必须搭棚，透光 50%左右。种子有胚后熟休眠特性。黄连用种子繁殖和扦插繁殖。种子用沙藏法处理。调节郁闭度。留种技术：黄连移栽后 2 年就可开花结实，但移栽后 3～4 年生的植株所产种子质量为好，数量也多。主要病害有白粉病，应降低荫蔽度，增加光照，并可用石硫合剂防治。

图 4—16　黄芩

2. 黄芩

【植物来源】为唇形科植物黄芩（*Scutellaria baicalensis* Georgi）的干燥根。

【产地】分布于辽宁、吉林、河北、河南、山东、山西、内蒙古、陕西、甘肃。主产于河北、内蒙古、辽宁、吉林等省区。生于向阳山坡、草原。有人工栽培。

【采收加工】春、秋二季采挖，除去须根和泥沙，晒后除去粗皮，晒干。

【性味归经】苦、寒。入肺、胆、脾、大肠、小肠经。

【功效主治】清热、燥湿、泻火、解毒，止血安胎。用于湿温暑湿，胸闷呕吐，湿热痞满，泻痢黄疸，肺热咳嗽，高热烦渴，血热吐衄，痈肿疮毒，胎动不安。

【化学成分】含黄芩素、黄芩苷、汉黄芩素、汉黄芩苷、千层纸素等。

【药理】对组织内生致热原的产生具有一定的解热作用；对金黄色葡萄球菌、肺炎链球菌、

痢疾杆菌、大肠埃希菌、流感病毒及多种皮肤真菌等均有抑制作用。

【栽培】适合在气候温暖而略寒冷的地带生长。以排水良好、阳光充足、土层深厚肥沃的砂质土壤种植为宜。种植前施基肥，深耕细作，作平畦。以种子繁殖为主。春播于4月中旬，秋播于8月中旬。种子选择2年生健壮植株，采收饱满成熟的优良种子。一般采用条播。分2～3次间苗、补苗。6—7月幼苗适当培土，幼苗生长发育旺盛时期，根据苗情酌情追肥，并及时浇水。冬天地上部分干枯后割除，清除枯枝落叶，顺苗所在行施一薄层土杂肥越冬。

3. 黄柏

【植物来源】为芸香科植物黄皮树（*Phellodendron chinense* Schneid.）的干燥树皮。

图4—17　黄皮树

【产地】分布于湖北、四川、云南。生于山上沟边的杂木林中。

【采收加工】剥取树皮后，除去粗皮，晒干。

【性味归经】苦、寒。入肾、膀胱经。

【功效主治】清热燥湿，泻火除蒸，解毒疗疮。用于湿热泻痢，黄疸尿赤，带下阴痒，热淋涩痛，脚气痿证，骨蒸劳热，盗汗遗精，疮疡肿毒，湿疹湿疮。

【化学成分】含小檗碱、小蘖胺、药根碱、木兰花碱、掌叶防己碱等。

【药理】具有抑制细胞免疫反应的作用；血凝试验表明，黄柏水提物对肾盂肾炎、大肠埃希菌的黏附特性有抑制作用。

【栽培】黄皮树为较喜阴的树种，要求生长在避风而稍有荫蔽的山间河谷及溪流附近，喜混生在杂木林中，在强烈日照及空旷环境下则生长不良。生态幅度较广，高低山地均可生长，在海拔1200～1500 m的山区，气候湿润的地方生长快。砍伐后的黄皮树桩，萌生力较弱，多数死亡。黄皮树喜潮湿，喜肥，怕涝，耐寒。宜选土层深厚，疏松肥沃，富含腐殖质的微酸性或中性土壤栽培。黄皮树幼苗忌高温、干旱，种子具有休眠特性，一般低温层积2～3个月可以打破其休眠。可以采用种子繁殖、分根繁殖、扦插繁殖、萌芽更新育苗等方法获取新植株。一般采用种子繁殖。分为春播或秋播。春播一般在3月上、中旬，秋播在11—12月进行，播种前种子需经沙藏冷冻处理。出苗后进行间苗，松土除草，结合追施人畜粪尿。可在5—6月喷洒波美度0.2～0.3的石硫合剂或25%粉锈宁700倍液。

（四）清热解毒植物

1. 金银花

【植物来源】为忍冬科植物忍冬（*Lonicera japonica* Thumb.）的干燥花蕾。又称“双花”“二花”“忍冬花”。

图4—18　金银花

【产地】分布于吉林、辽宁、河北、山西、陕西、甘肃、河南、湖北、湖南、江西、山东、江苏、安徽、浙江、福建、台湾、广东、广西、贵州、四川、云南。主产于山东、河南。生于山坡灌丛、沟边或疏林中。有人工栽培。

【采收加工】夏初花开前采收，干燥。

【性味归经】甘、寒。入肺、胃、心经。

【功效主治】清热解毒，疏散风热。用于风热感冒，痈肿疔疮，喉痹丹毒，热毒血痢。

【化学成分】其主要活性成分为绿原酸及异绿原酸、木犀草素等。

【药理】对金黄色葡萄球菌、链球菌、大肠埃希菌、痢疾杆菌、肺炎链球菌、铜绿假单胞菌、脑膜炎双球菌、结核分枝杆菌等有抑制作用。金银花 1∶20 水煎剂对流感病毒、疱疹病毒有效。

【栽培】喜湿润、通风、透光的环境。适应性较强，对土壤要求不严，以砂质壤土为好，耐盐碱。种子繁殖是采收成熟后的果实，搓去果皮、果肉，晾干备用。秋播是采后即播，次年3—4 月便可出苗。常用扦插繁殖，用生根粉或植物激素 IAA 浸泡插口后扦插。移栽后要松土除草，每年春季和秋后封冻前要进行松土、培土并施肥。修剪整形要根据品种、植株年龄、枝条类型具体确定。主要病虫害有褐斑病、蚜虫、天牛等，在栽培中以农业防治为主。

图 4—19　连翘

2. 连翘

【植物来源】为木樨科植物连翘（*Forsythia suspensa* Vahl.）的干燥果实。

【产地】分布于辽宁、河北、山西、宁夏、陕西、甘肃、山东、江苏、江西、湖北、四川、云南等省区。主产于山西、陕西、河南等省。生于山野荒地、低山灌木丛或林缘。

【采收加工】秋季果实初熟尚带绿色时采收，除去杂质，蒸熟，晒干，习称“青翘”；果实熟透时采收，晒干，除去杂质，习称“老翘”。

【性味归经】苦、微寒。入心、肺、小肠经。

【功效主治】清热解毒，消肿散结，疏散风热。用于痈疽瘰疬，乳痈丹毒，风热感冒，温病初期，热入营血，高热烦渴，神昏发狂，热淋涩痛。

【化学成分】含连翘酚、连翘酯苷、齐墩果酸、熊果酸、槲皮素、芸香苷（芦丁）等。

【药理】对多种革兰氏阴性及阳性细菌有抑制作用。煎剂灌胃可使静脉注射枯草浸液引起的家兔体温升高显著下降。

【栽培】喜光，耐半阴，耐寒，耐旱，耐贫瘠，怕涝。可用播种、扦插、压条和分株法繁殖，以扦插繁殖为主。一般在春季 2—3 月，剪取一年生充实枝条，插条应具有 2～3 个芽，长 10 cm 左右，插入沙土，保持湿润，经 12 天后即萌发生根。秋季移栽，一年即可开花，移栽在秋冬落叶期间进行。冬季应将过密的枝条疏剪掉。花后应追肥 2～3 次，促进花芽分化，第二年开花。

3. 板蓝根

【植物来源】为十字花科植物菘蓝（*Isatis indigotica* Fort.）的干燥根。

【产地】主产于河北、陕西、江苏等省，为人工栽培。

【采收加工】秋季采挖，除去泥沙，晒干。

【性味归经】苦、寒。入心、胃经。

【功效主治】清热解毒，凉血利咽。用于瘟疫时

图 4—20　菘蓝

毒，发热咽痛，温毒发斑，烂喉丹痧，丹毒痈肿。

【化学成分】含靛蓝、靛红、靛苷、葡萄糖芸香素、棕榈及氨基酸等。

【药理】对金黄色葡萄球菌、表皮葡萄球菌、枯草杆菌、大肠埃希菌、伤寒杆菌、肺炎双球菌、流感杆菌、脑膜炎双球菌均有抑制作用，并具有抗大肠埃希菌内毒素的作用。对流感病毒、甲型流感病毒、乙型脑炎病毒和肝炎病毒等均有抑制作用。板蓝根多糖对特异性、非特异性免疫及体液免疫、细胞免疫均起一定促进作用。

【栽培】适应性很强，喜温暖，耐寒，能在田间越冬，对土壤要求不严，一般土壤都能种植，但以疏松的砂质壤土生长较好。怕积水，可以连作。种子繁殖。播种期分春播和夏播两种。春播在清明与谷雨之间进行；夏播在芒种至夏至进行。春播商品品质较优。播种前用30℃温水浸种3～4 h，捞出种子，稍晾即用适量干细土拌匀，以便播种。种子成熟后，分批采收。合理灌溉排水，防止烂根。

图 4－21　穿心莲

4. 穿心莲

【植物来源】为爵床科植物穿心莲（*Andrographis paniculata* Nees.）的干燥地上部分。民间俗称“一见喜”。

【产地】原产于热带地区，我国江西、福建、湖南、两广、四川有栽培。生于湿热的平原、丘陵地区。

【采收加工】秋初茎叶茂盛时采割，晒干。

【性味归经】苦、寒。入肺、心、肠、膀胱经。

【功效主治】清热解毒，凉血消肿，燥湿。用于感冒发热，咽喉肿痛，口舌生疮，顿咳劳嗽，泄泻痢疾，热淋涩痛，痈肿疮疡，蛇虫咬伤。

【化学成分】含穿心莲内酯、脱氧穿心莲内酯、脱水穿心莲内酯、新穿心莲内酯等。

【药理】对大肠埃希菌、金黄色葡萄球菌、铜绿假单胞菌、甲型链球菌、乙型链球菌有抑制作用。有明显的抗炎作用。可拮抗埃博拉病毒和呼吸道合胞病毒。

【栽培】选择肥沃、平坦、排灌方便且土壤疏松、光照充足的土地种植。用种子播种，育苗移栽，也可直播和扦插繁殖。播前种子用细沙或砂纸摩擦，磨去种皮蜡质，撒播。育苗移栽的苗床要注意控制温度并及时炼苗。当苗高6 cm左右，有3～4对真叶时，于阴天或傍晚移栽。北方要特别注意6—8月的田间管理，需多施氮肥，经常浇水，松土除草，防治病虫害。

5. 半枝莲

【植物来源】为唇形科植物半枝莲（*Scutellaria barbata* D. Don.）的全草。

【产地】分布于河北、河南、山东、山西、安徽、江苏、江西、浙江、福建、台湾、湖北、陕西、云南、贵州和四川等地。生于溪滩边、田埂及林区路旁。

【采收加工】夏、秋二季茎叶茂盛时采挖，洗净，晒干。

图 4－22　半枝莲

【性味归经】辛、苦、寒。入肝、肺、肾经。

【功效主治】清热解毒，化瘀利尿。用于疔疮肿毒，咽喉肿痛，跌扑伤痛，水肿黄疸，蛇虫咬伤。

【化学成分】生物碱、黄酮苷。

【药理】对金黄色葡萄球菌、福氏杆菌均有抑制作用。

【栽培】喜温暖湿润气候，宜选疏松肥沃、排水良好的壤土或砂质壤土栽培。以种子繁殖为主，也可用分株繁殖。种子繁殖：多采用直播，北方春季 3—4 月播种，南方以秋季 10 月上旬播种为好。条播或穴播。中耕除草、追肥，匀苗，补苗。主要害虫为蚜虫。防治方法为发生虫害时喷洒 40%的氧化乐果乳油 1000 倍液。

（五）清热解暑植物

1. 香薷

图 4—23　石香薷

【植物来源】为唇形科石荠苎属植物石香薷（*Mosla chinensis* Maxim.）或江香薷（*Mosla chinensis* Jiangxiangru.）的干燥地上部分。

【产地】主产于江西、河北、河南、安徽等省。

【采收加工】夏季茎叶茂盛、花盛时择晴天采割，除去杂质，阴干。

【性味归经】辛，微温。入肺、胃经。

【功效主治】发汗解表，化湿和中，利水消肿。用于暑湿感冒，恶寒发热，头痛发热，腹痛吐泻，小便不利。

【化学成分】含黄酮、香豆素、木脂素、萜类和挥发油（百里香酚、香荆芥酚）等。

【药理】①对沙门氏杆菌、志贺氏杆菌、大肠埃希菌及金黄色葡萄球菌等有较强的抗菌活性。②具有镇痛作用，对中枢神经系统具有抑制作用。⑦能增强机体的特异性和非特异性免疫功能。

【栽培】香薷适应性很强，对土壤要求不严，但碱土、沙土不宜栽培，宜选择质地疏松，避风向阳，排水良好的砂壤土种植，丘陵坡地质地疏松的红壤亦可种植。一般采用种子播种。播种时间以 3 月下旬至 4 月上中旬为宜，夏播可在 6 月份进行。出苗后，须及时间苗，间密留稀，间弱留强。整个生长期中耕除草 4～5 次。主要病害是根腐病和锈病。根腐病防治方法：采用“预防为主，综合防治”措施。首先加强栽培管理，冬季做好清园工作，铲除杂草，集中烧毁或深埋处理病叶杂草，以减少菌源。雨季做好清沟排水，防止积水；发现病株及时拔除，以防蔓延。药剂防治可用 50%多菌灵 500 倍液喷洒防治，每隔 7～10 天喷 1 次，连续喷2～3 次；或用 50%退菌特可湿性粉剂 1000 倍液灌根。锈病防治方法：用 50%萎锈灵可湿性粉剂 1000 倍液喷雾。主要虫害是小地老虎。可在幼虫低龄阶段用 50%辛硫磷乳油 1000 倍液、90%晶体敌百虫 800 倍液进行喷雾。

2. 荷叶

【植物来源】为睡莲科莲属植物莲花（*Nelumbo nucifera* Gaertn.）的叶片。

【产地】我国南北各省区均有栽培。生于水田或池塘中。

【采收加工】夏、秋二季采收，晒至七八成干时，除去叶柄，折成半圆形或折扇形，干燥。

图 4—24　莲

【性味归经】苦、平。入肝、脾、胃经。

【功效主治】清暑化湿，升阳止血。用于暑热烦渴，暑湿泄泻，脾虚泄泻，血热吐衄，便血崩漏。荷叶炭收涩化瘀止血，用于多种出血症和产后血晕。

【化学成分】含荷叶碱、莲碱、去甲基荷叶碱、槲皮素、异槲皮素、柠檬酸和草酸等。

【药理】①荷叶黄酮对小鼠高胆固醇具有明显抑制作用。②水煎剂能降低全血黏度、血细胞比容，从而改善血液浓稠状态。③对大肠埃希菌和金黄色葡萄球菌具有显著的抑制作用。

【栽培】莲是水生植物，一般选择池塘种植，种植时要求水流缓慢、水位稳定。莲对水质要求不高，只要不是严重污染的水域即可，水深在1～1.5米即可，池塘的底部要求土层深厚。采用种子繁殖或莲鞭扦插繁殖。主要病害为黑斑病、腐烂病等。黑斑病可用多菌灵或百菌清防治，腐烂病可用多菌灵防治。主要虫害为蚜虫，蚜虫的繁殖能力很强，需要定期使用敌敌畏乳油喷雾喷杀。

3. 积雪草

【植物来源】为伞形科积雪草属植物积雪草（*Centella asiatica* Urban.）的干燥全草。

【产地】分布于江苏、安徽、浙江、江西、两湖、福建、台湾、两广、陕西、四川、云南等省区。生于路旁、田边、山坡等阴湿处。

【采收加工】夏、秋二季采收，除去泥沙，晒干。

【性味归经】苦、辛、寒。入肝、脾、肾经。

【功效主治】清热利湿，解毒消肿。用于湿热黄疸，中暑腹泻，石淋血淋，痈肿疮毒，跌扑损伤。

【化学成分】积雪草总苷、三萜类、黄酮类、多炔烯类、挥发油类、甾醇类、木脂素类、香豆素、三萜皂苷类和三萜酸类等。

【药理】①能抑制利血平诱导的大鼠眼睑下垂和体温下降，抑制小鼠单胺氧化酶的活性而具有抗抑郁作用。②显著缩短小鼠强迫游泳不动时间，改善强迫游泳所导致小鼠脑内氨基酸含量的失调，具有抗抑郁活性。③拮抗肿瘤、艾滋病毒逆转录酶的作用，可作为生化调节剂应用于肿瘤化疗。

【栽培】积雪草喜温暖潮湿，栽培处以半日照或遮阴处为佳，忌阳光直射，对土壤要求不高，以松软排水良好的栽培土为佳。繁殖以分株法或扦插法为主，多在每年3—5月进行，栽培容易，保持栽培土湿润，约1～2周即可发根，亦可采用播种法进行育苗。积雪草肥料的需求量较多，生长旺盛阶段每隔2～3周追肥一次。病虫害极少，生长适应能力强。

三、泻下植物

凡能攻积、逐水，引起腹泻，或润肠通便的药物，都称为泻下药。泻下药用于里实证，其主要功效有以下三个方面：①清除肠道内的宿物、燥粪以及其他有害物质，使其随粪便排出。②清热泻火，使实热壅滞通过泻下而得到缓解或消除。③逐水退肿，使水邪从粪便排出，以达到祛除停饮、消退水肿的目的。根据强度和应用范围不同，泻下药一般可分为攻下药、润下药、峻下逐水药三类。

（1）攻下药：具有强烈的泻下作用，适用于宿食停积，粪便燥结所引起的里实证。又有清热泻火作用，故尤以实热壅滞，燥粪坚积者为宜。常辅以行气药，以加强泻下的力量，并消除腹满征候。常用的攻下药有大黄、番泻叶、巴豆等。

（2）润下药：多为植物种子或果仁，富含油脂，具有润燥滑肠的作用，故能缓下通便。适

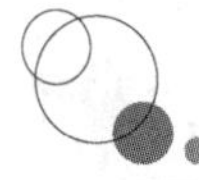

用于津枯、产后血亏、病后津液未复及亡血的肠燥津枯便秘等。常用的润下药有芦荟、火麻仁、郁李仁等。

(3) 峻下逐水药：本类药物作用猛烈，能引起剧烈腹泻，而使大量水分从粪便排出，其中的药物还兼有利尿作用。适用于水肿、胸腔积液及痰饮结聚、喘满壅实等。常用的峻下逐水药有牵牛子、千金子、大戟、甘遂、芫花、商路、苦地胆等。

使用泻下药应注意以下几点：

(1) 泻下药的使用，以表邪已解，里实已成为原则，若表证未解，当先解表，然后攻里；若表邪未解而里实已成，则应表里双解，以防表邪入里。

(2) 攻下药、峻下逐水药攻逐力较猛，易伤正气，凡虚证及孕者不宜使用，如必要时可适当配伍补益药，攻补兼施。此外，这类药物多具有毒性，须注意剂量，防止中毒。

(3) 泻下药的作用与剂量有关，量小则力缓，药效量大则力峻。药效与配伍有关，如大黄配厚朴、枳实则力峻；大黄配甘草则力缓。又如大黄是寒下药，如与附子、干姜配合，又可用于寒实闭结之证。因此，应根据病情掌握用药的剂量与配伍。

(一) 攻下药植物

1. 大黄

【植物来源】为蓼科植物药用大黄（*Rheum officinale* Baill.）、掌叶大黄（*Rheum palmatum* L.）或唐古特大黄（*Rheum tanguticum* Maxim. Ex Balf.）的干燥根和根茎。

图 4-25 掌叶大黄

【产地】药用大黄，主产于湖北、四川、云南、贵州等地，生长于山地。掌叶大黄，主产于青海、甘肃、四川、陕西等地，生于山地林缘半阴湿处。唐古特大黄，主产于青海、甘肃、四川、西藏等地。

【采收加工】秋末茎叶枯萎或次春发芽前采挖，除去细根，刮去外皮，切瓣或段，绳穿成串干燥或直接干燥。

【性味归经】苦、寒。入脾、胃、大肠、肝、心包经。

【功效主治】泻下攻积，清热泻火，凉血解毒，逐瘀通经，利湿退黄。用于实热便秘，血热吐衄，目赤咽肿，痈肿疔疮，肠痈腹痛，瘀血闭经，产后瘀阻，跌打损伤，湿热痢疾，黄疸尿赤，淋证水肿，外治烧烫伤。

【化学成分】含大黄素、大黄酚、蒽醌衍生物、芦荟大黄素、大黄酸、大黄素甲醚、葡萄糖没食子鞣苷、儿茶鞣质、游离没食子酸等。

【药理】蒽醌衍生物具有广谱抗菌作用。大黄素能刺激大肠，使其推进性蠕动增加而便于排便，但不妨碍小肠对营养物质的吸收。大黄酸可显著抑制巨噬细胞脂类炎症介质活化过程。

【栽培】大黄适生于夏季凉爽、海拔 2000～4000 m 的高寒冷凉地区，尤喜土壤湿润、排水良好的地块。一般采收后播种，秋播在 8 月末至 9 月初，春播在 4 月初至 6 月初。也可选择母株肥大、带芽和大型根的根茎纵切 3～5 块进行根芽繁殖，出苗后中耕除草 1～2 次。种植两年的大黄，应及时摘去从根茎部抽出的花茎。每年追肥 2～3 次。病虫害主要有轮纹病、廖金花虫等，以农业防治为主。

2. 番泻叶

【植物来源】为豆科植物狭叶番泻（*Cassia angustifolia* Vahl.）或尖叶番泻（*Cassia angustifolia* Delile.）的干燥小叶。

【产地】狭叶番泻主产于红海以东至印度一带。尖叶番泻主产于埃及尼罗河上游，我国广东、海南和云南西双版纳等地亦有栽培。

【采收加工】①狭叶番泻：在开花前摘取叶，阴干。②尖叶番泻：在果实成熟时，剪下枝条，摘取叶片，晒干。

图 4－26　狭叶番泻

【性味归经】甘、苦、寒。入大肠经。

【功效主治】泻热行滞，通便利水。用于热结积滞，便秘腹痛，水肿胀满。

【化学成分】含番泻苷、芦荟大黄素、双蒽酮苷、大黄酸葡萄糖苷。

【药理】①蒽醌衍生物有泻下作用。②对大肠埃希菌、痢疾杆菌、变形杆菌、甲型链球菌和白念珠菌均有明显的抑制作用。

【栽培】原产于干热地带。从播种至开花结实只需 3～5 个月。适宜生长的平均气温在低于 10℃的日数应有 180～200 d，此期间积温不少于 4000℃。栽培土壤要求是疏松、排水良好的砂质土或冲积土，土壤以微酸性或中性为宜。以种子繁殖，一般采用大田直播。宜于 2—3 月旱季或于 10—11 月雨季末少雨时播种。主要病害为立枯病、叶斑病等，主要虫害为粉蝶幼虫。立枯病防治在发病前或初期喷 1∶1∶150 波尔多液或 50％多菌灵 1000 倍液防治。叶斑病防治，可喷 1∶1∶100 波尔多液或 50％多菌灵 1000～1500 倍液。

3. 巴豆

图 4－27　巴豆

【植物来源】为大戟科巴豆属植物巴豆（*Croton tiglium* L.）的干燥成熟果实。

【产地】主产于四川、云南、福建、广西、湖北等地。多人工栽培，或野生于山谷、溪旁及密林中。

【采收加工】秋季果实成熟时采收，堆置 2～3 天，摊开，干燥。

【性味归经】辛、热，有大毒。入胃、大肠经。

【功效主治】泼下冷积，逐水消肿，豁痰利咽，外用蚀疮。用于寒积便秘，乳食停滞，腹水鼓胀，二便不通，喉风喉痛。外治痈肿脓成不溃，疥癣恶疮。

【化学成分】含巴豆油、毒性蛋白、巴豆树脂、生物碱、巴豆苷等。

【药理】①巴豆霜小鼠灌胃增强胃肠推进运动，促进肠套叠的还纳。②巴豆油对皮肤黏膜有强烈的刺激作用，可使局部发疱。③巴豆油对小鼠耳有明显致炎作用。④巴豆油至肠内遇碱性肠液，析出巴豆酸，刺激肠道分泌加强和蠕动加快，达到泻下目的。

【栽培】巴豆喜温暖湿润气候，不耐寒，怕霜冻。宜在气温 17℃～19℃、年雨量 1000mm、全年日照 1000 h、无霜期 300 d 以上的地区栽培，当温度低于 3℃时幼苗叶全部枯死。以阳光充足、土层深厚肥沃、排水良好的砂质壤土栽培为宜。用种子繁殖，直播或育苗移栽。直播一般在 8—9 月采收伏子留种。高湿地区随采随播，低温地区在翌年 2 月播种。生长期要经常浇水，保持土壤湿润，并注意除草，春、夏季各追肥1次。主要虫害为尺蠖，可用90%晶体敌百虫800倍液喷杀。

（二）润下药植物

1. 芦荟

图4—28 库拉索芦荟

【植物来源】为百合科植物库拉索芦荟（*Aloe barbadensis* Miller.）、好望角芦荟（*Aloe ferox* Miller.）或其他同属近缘植物叶的汁液浓缩干燥物。前者习称“老芦荟”，后者习称“新芦荟”。

【产地】我国广东、江西、福建、四川、台湾等地多有栽培。云南南部有野生。喜生于湿热地区，广泛栽培于温室中。

【采收加工】芦荟种植2～3年后即可收获。在芦荟叶片生长旺盛期，将中、下部生长完全，长20～30 cm以上的叶片，分批割下。

【性味归经】苦、寒。入胃、大肠、肝经。

【功效主治】清热，通便，消炎，镇痛，杀虫。用于便秘，水火烫伤，疔疮肿毒。

【化学成分】大黄素苷、芦荟泻素蒽酮等。

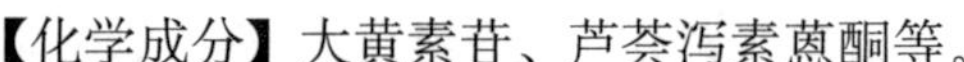

【药理】①能刺激胃肠蠕动。②可显著降低肉鸡血清中葡萄糖的含量，对血清中尿素氮含量无影响。③对红色表皮癣菌、奴卡菌、毛癣菌有抑制作用。

【栽培】栽培土壤以肥沃疏松、排水良好的砂质壤土为佳，将土适当施以厩肥或堆肥，耕细耙平，一般亩施腐熟有机肥1500～2000 kg，然后作宽0.8～1 m、长视地形而定的畦。过湿过黏的土壤不宜栽种。主要采用分株繁殖法。于每年春季（3—4月），或秋、冬季（9—11月），将芦荟每株周围分蘖出来的小苗，连根挖取，并切断与母株连接的地下茎，即可定植。芦荟很少发生病虫害，一旦叶部或茎部出现黑斑病，可通过加强通风透气、排除田间积水、控制土壤温度、消除低温潮湿的危害、及时除草来防治。由于地区差异，一般的病虫害有红蜘蛛、蚜虫、棉铃虫、介壳虫，虫量不多时，用水冲洗即可，虫情面积较大时，可喷洒40%氧化乐果乳油1200倍液，具有良好的防治效果。

2. 火麻仁

图4—29 大麻

【植物来源】为桑科植物大麻（*Cannabis sativa* L.）的干燥成熟果实。

【产地】主产于东北、华北、西南等地。

【采收加工】秋季果实成熟时采收，除去杂质，晒干。

【性味归经】甘、平。入脾、胃、大肠经。

【功效主治】润肠通便，滋养益津。用于肠燥便秘，血虚便秘。

【化学成分】含脂肪油、蛋白质、挥发油、菜油甾醇、大麻酚、大麻酰胺等。

【药理】①能刺激肠黏膜，使其分泌增多，蠕动加快，减少大肠吸收水分，故有泻下作用。②能显著促进大鼠胆汁分泌，作用持续1小时。

【栽培】大麻具有喜光、耐大气干旱，但不耐土壤干旱、不耐涝的特性。宜选用储水、保

肥性好、土质疏松、有机质含量大、地下水位较低、排水浇灌便利的土地栽培。不宜连作。主要采用种子播种繁殖。田间管理是大麻种植的关键。出苗后应及时进行间苗和补苗。大麻病虫害较多，如白星病、立枯病、菌核病、霜霉病、根线虫病、白纹羽病、白绢病、麻跳甲、麻天牛，等等。菌核病用65%代森锌可湿性粉剂600倍液喷洒。霜霉病用多菌灵防治。白星病防治方法：摘下病叶烧掉，注意排水，发病初期喷波尔多液2～3次。

图4—30　郁李

3. 郁李仁

【植物来源】为蔷薇科植物欧李（*Cerasus humilis* Sok.）、郁李（*Cerasus japonica* Lois.）或长柄扁桃（*Amygdalus pedunculata* Pall.）的干燥成熟种子。

【产地】欧李分布于我国大部分地区，生于海拔400～1800 m的山坡或沙丘边上。郁李分布于华北、华东、中南，生于海拔100～200 m的向阳山坡、路旁或小灌木丛中。长柄扁桃分布于内蒙古等地，生长于干旱及半干旱的荒漠地区。

【采收加工】夏、秋二季采收成熟果实，除去果肉和核壳，取出种子，干燥。

【性味归经】辛、苦、甘、平。入脾、大肠、小肠经。

【功效主治】润肠通便，利水消肿。用于治疗肠燥便秘，水肿。

【化学成分】含郁李仁苷、苦杏仁苷、蛋白质、脂肪油等。

【药理】①郁李仁苷对实验动物有强烈的泻下作用。②有抗炎和镇痛作用。

【栽培】郁李喜光，生长适应性很强，耐寒，根系发达，耐旱。不择土壤，能在微碱土生长，耐瘠薄。根萌芽力强，能自然繁殖。郁李可用分株、播种、压条、扦插、根插、嫁接等方法进行繁殖，生产中以分株繁殖为主。主要病害有缩叶病、白粉病、褐斑病、叶穿孔病和枯枝病等。主要虫害有蚜虫、黄刺蛾、大蓑蛾和梨小食心虫等。

（三）峻下逐水药植物

1. 牵牛子（二丑）

【植物来源】为旋花科植物裂叶牵牛（*Pharbitis nil* Choisy.）或圆叶牵牛（*Pharbitis purpurea* Voisgt.）的干燥成熟种子。黑色种子称黑丑，白色种子称白丑，统称二丑。

【产地】主产于辽宁，全国各地均有栽培或野生。生于山坡、灌木林或住宅旁。

【采收加工】秋末果实成熟、果壳未开裂时采割植株，晒干，打下种子，除去杂质。

【性味归经】苦、寒，有毒。入肺、肾、大肠经。

【功效主治】泻下攻积，逐水杀虫。用于水肿，粪便秘结，虫积腹痛。

【化学成分】含牵牛子苷、大黄素甲醚、大黄酣、β—胡萝卜苷、β—谷甾醇等。

【药理】①在肠内遇胆汁及肠液分解出牵牛子素，刺激肠黏膜，增进肠蠕动而泻下。②能加速菊糖在肾脏中的排出而利尿。③对离体兔肠及大鼠子宫有兴奋作用。

【栽培】牵牛适应性较强，对气候、土壤要求不严，但以温和的气候和中等肥沃的砂质壤土为宜。过于低湿或干燥瘦瘠之地，生长均不良。种植以种子繁殖，于4—5月播种。播种前翻土作畦（如在篱边、墙边、田埂等地种植，则不需作畦），畦宽约1.3 m，按株距23～33 cm、行距30～50 cm开穴，每穴播种子4～5粒。播后覆细土一层，以种子不露出为宜。种子发芽后，幼苗长出真叶2～3片时，便须间苗、补苗，亦可进行移植。以每穴保留2～3株即

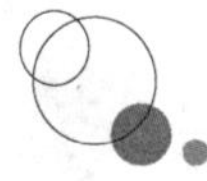

可。田间管理：在藤蔓尚短时，可以进行松土除草1～2次。至藤蔓较长时，须设立支柱，或间种玉米、高粱等作物使其攀缘其上，以代支柱。施肥时，在前期施以人粪尿、硫酸铵等氮肥为宜，后期多施草木灰、骨粉等磷钾肥为宜。

图4－31 裂叶牵牛

图4－32 圆叶牵牛

2. 千金子

【植物来源】为大戟科植物续随子（*Euphorbia lathylris* L.）的干燥成熟种子。

图4－33 千金子

【产地】主产于河北、河南、浙江等地，多人工栽培。

【采收加工】全年均可采收，除去杂质，阴干。

【性味归经】辛、温，有毒。入肝、肾、大肠经。

【功效主治】峻下逐水，破血散瘀。用于粪便秘结，水肿，血淤经闭。

【化学成分】含黄酮苷、大戟双香豆素、白瑞香素、脂肪油、大戟甲烯醇等。

【药理】①对人宫颈癌细胞、白血病细胞、肝癌细胞等有较显著的抑制作用。②有泻下作用。

【栽培】千金子对土质要求不严，砂壤土、黄土、白善土、麦田土均可，但以砂壤腐殖土最佳。主要用种子繁殖，分秋播和春播两种。秋播在10月份前后，春播必须尽早，以春分节前后为好。多采用直播，按行距40 cm左右，开2 cm深的小沟，将种子播入后轻踩一遍，如干旱可浇水，如地表湿润可不浇水。苗出齐后应注意中耕除草，干旱天气要浇水，阴雨天气要及时排水。果期停止浇水。千金子适应性强，整个生长过程中很少有病虫害。

3. 甘遂

【植物来源】为大戟科植物甘遂（*Euphorbia kansui* T. N. Liou ex S. B. Ho）的干燥块根。

图4－34 甘遂

【产地】主产于陕西、河南、山西等地。生长于山沟荒地。

【采收加工】春季开花前或秋末茎叶枯萎后采挖，除去外皮，晒干。

【性味归经】苦、寒，有毒。入肺、肾、大肠经。

【功效主治】泻下逐饮，消肿散结。用于胸腔积液，痈肿疮毒。

【化学成分】含甘遂萜酯A、甘遂大戟萜酯A、13－十一酰基－3－（2，4－甲基丁酚基）巨大戟萜酯，3－（癸－2，4－烯酚基）巨大戟萜酯等。

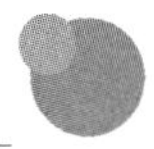

【药理】①二萜类化合物的衍生物有显著的体内抗病毒活性。②甘遂生用泻下作用较强，毒性亦大。经醋制后其毒性及泻下作用均相应减小。③有利尿及镇痛作用。

【栽培】甘遂喜凉爽气候，耐寒。对土壤要求不严，以土层深厚、疏松肥沃、排水良好、富含腐殖质的砂质壤土或黏质壤土栽培为宜。甘遂的繁殖方法有种子繁殖和分根繁殖。种子繁殖在 7 月中、下旬播种。甘遂生长期间要中耕除草，生长前期中耕要浅，生长后期逐步加深。甘遂当年不施肥，第二年解冻后追肥。主要病害有叶斑病、白粉病等。叶斑病发病初期可喷 1∶1∶150 倍波尔多液或克菌丹防治。

白粉病防治方法：①入冬前，将地上茎叶集中烧毁或深埋，减少病源。②在易感病季节，给田间植株喷施 1∶0.3∶0.4∶100 的波尔多液预防。③一旦发现该病在田间出现，可立即撤除遮阴物，喷施 0.3～0.5 波美度石硫合剂防治。甘遂虫害极少，偶有发现叶蜂幼虫在苗期咬食其嫩茎叶，叶蜂幼虫可用除虫菊醋类杀虫剂防治。

四、止咳化痰植物

凡能消除痰涎，制止或减轻咳嗽和气喘的药物，称为止咳化痰平喘药。此类药物味多辛、苦，入肺经。辛能散能通，故具有宣通肺气之功，肺气宣通，则咳止而痰化。许多医家认为痰是津液停聚而成，指出治痰之要在于调气。故有“治咳嗽者，治痰为先，治痰者，下气为上”和“善治痰者，不治痰而治气，气顺则一身之津亦随气而顺矣”的说法。苦能泻能降，故具有降泻肺气之效，肺气肃降，则喘息自平，所以调气又为治喘的一个重要方法。临床上，咳嗽每多挟痰，而痰多亦可导致咳嗽，因此在治疗上往往配合应用。如应用化痰药时常与止咳药同用，止咳药也常与化痰药同用。引起咳嗽的原因很多，临证时，必须辨明引起发病的原因，根据不同的病情，适当地配合其他药物。如外感风寒引起的咳嗽，就应配合辛温解表药；如外感风热引起的咳嗽，就应配合辛凉解表药；如因虚劳引起的咳嗽，就应配合补阳药，才可收到较好的效果。

由于咳、喘症状不同，治疗原则也不同，如喘急宜平，气逆咳宜降，燥咳宜润，热咳宜清。因此，根据化痰止咳平喘药的不同性味功效，可将其分为如下三类。

（1）温化寒痰药：药性温燥，具有温肺祛寒，燥湿化痰作用。适用于寒痰、湿痰所致的呛咳气喘，鼻液稀薄等，应用时常与燥湿健脾药物配伍。因其性燥烈，故阴虚燥咳、热痰壅肺等情况慎用。常用的温化寒痰的中草药有半夏、天南星、旋复花、白前等。

（2）清化热痰药：药性偏于寒凉，以清化热痰为主要作用。适用于热痰郁肺所引起的咳嗽气喘，鼻液黏稠等，并根据病情做适当的配伍。常用的清化热痰中草药有贝母、瓜蒌、天花粉、桔梗、前胡、筋骨草、胖大海、罗汉果等。

（3）止咳平喘药：以止咳、平喘为主要作用。由于咳喘有寒热虚实等的不同，应用时须选用适当配伍药物。常用的止咳平喘中草药有杏仁、紫菀、款冬花、百部、马兜铃、葶苈子、紫苏子、枇杷叶、白果、洋金花等。

（一）温化寒痰药

1. 半夏

【植物来源】为天南星科植物半夏（*Pinellia ternata* Breit.）的干燥块茎。

【产地】分布于辽宁、河北、山西、陕西、甘肃、河南、安徽、贵州等省。生于荒地、田间、山坡、林下。

图 4—35 半夏

【采收加工】夏、秋二季采挖，洗净。原药为生半夏；如用凉水浸泡至口尝无麻辣感为度，晒干加白矾共煮透，取出切片晾干者为清半夏；如与生姜、矾共煮透，晾干切片入药者为姜半夏；以浸泡至口尝无麻辣感的半夏，与甘草煎汤泡石灰块的水混合液同浸泡至无白心者称法半夏。

【性味归经】辛、温，有毒。入脾、肺、胃经。

【功效主治】燥湿化痰，降逆止呕，消痞散结。用于湿痰寒证，咳喘痰多，痰饮眩悸，风痰眩晕，痰厥头痛，呕吐反胃，胸脘痞闷。外用消肿止痛。

【化学成分】含有半夏淀粉、生物碱、β—谷甾醇、葡萄糖苷、胡萝卜苷等。

【药理】生半夏、法半夏均有不同程度的止咳作用；生物碱具有止呕作用，其机制与中枢神经抑制有关。

【栽培】半夏喜温和湿润的气候和荫蔽环境，忌旱怕涝，耐阴惧晒。在芒种、夏至期间常见“倒苗”现象，故有“半夏”之称。光照与株芽发育和块茎增重密切相关，以半阴条件最好，形成的株芽多，块茎增重最多。半夏在 8℃～10℃开始生长，20℃～25℃生长最适。故半夏春季生长旺盛，盛夏炎热倒苗，秋季凉爽时又萌发生长。因半夏根系浅，对水分要求较高，地上部分耐干旱能力差，缺水或空气干燥，均易造成地上部枯萎。选好土地是关键。黏重、盐碱、涝洼地皆不宜栽种。多采用无性繁殖、块茎繁殖。要加强水肥管理，进行合理遮阴。

2. 天南星

图 4—36 异叶天南星

【植物来源】为天南星科植物天南星（*Arisaema erubescens* Schott.）、异叶天南星（*Arisaema heterophyllum* Blume.）或东北天南星（*Arisaema amurense* Maxim.）的干燥块茎。

【产地】天南星分布于河北、河南、广西、陕西、湖北、四川、贵州、云南、山西等地。异叶天南星分布于黑龙江、吉林、辽宁、浙江、江苏、江西、湖北、四川、陕西等地。东北天南星分布于黑龙江、吉林、辽宁、河北、江西、湖北、四川等地。

【采收加工】秋、冬二季茎叶枯萎时采挖，除去须根及外皮，干燥。

【性味归经】苦、辛，有毒。入肺、肝、脾经。

【功效主治】燥湿祛痰，祛风解痉，消肿散结。用于湿痰咳嗽，口眼涡斜，破伤风，生用外治痈肿。

【化学成分】含生物碱、甾醇、氨基酸及苷类等。

【药理】①煎剂家兔灌胃能显著增加呼吸道黏液分泌。②对士的宁引起的小鼠惊厥有明显抑制作用，且可明显降低惊厥的死亡率。③抑菌谱广，对革兰氏阳性菌和阴性菌都有明显的抑制作用，其抑菌活性成分主要为皂苷。

【栽培】天南星喜湿润、疏松、肥沃的土壤和环境，喜水肥，其块茎不耐冻。人工栽培宜与高秆作物间作，或选择有荫蔽的林下、山谷较阴湿的环境；土壤以疏松肥沃、排水良好的黄沙土为好。凡低洼、排水不良的地块不宜种植。采用块茎繁殖为主，亦可用种子繁殖。块茎繁

殖于9—10月收获天南星块茎后，选择生长健壮、完整无损、无病虫害的中、小块茎，晾干后置地窖内贮藏作种。种子繁殖于8月上旬种子成熟时，采集种子进行秋播。天南星喜湿，栽后需经常保持土壤湿润，要勤浇水，雨季要注意排水，防止田间积水，水分过多，易使苗叶发黄，影响生长。天南星病毒病为全株性病害。发病时，天南星叶片上产生黄色不规则的斑驳，使叶片变为花叶症状，同时发生叶片变形，皱缩、卷曲，使植株生长不良，后期叶片枯死。防治方法：①选择抗病品种栽种，如在田间选择无病单株留种。②增施磷、钾肥，增强植株抗病力。③及时喷药消灭害虫。主要的虫害是红天蛾幼虫、红蜘蛛、蛴螬等。防治方法：①在幼虫低龄时，喷90%敌百虫800倍液杀灭；②忌连作，也忌与同科药材如半夏、魔芋等间作。红蜘蛛、蛴螬等害虫按常规方法防治。

3. 旋覆花

【植物来源】为菊科植物旋覆花（*Inula japonica* Thunb.）或欧亚旋覆花（*Inula britanica* L.）的干燥头状花序。

【产地】旋覆花分布于我国北部、东北部、中部、东部各省。生长于海拔150～2400米的山坡路旁、湿润草地、河岸和田埂上。欧亚旋覆花分布于新疆北部至南部、黑龙江（黑河、克山等）、内蒙古东部和南部；在河北北部、华北、东北的一些地区也可见到。

图4—37　旋覆花

【采收加工】夏、秋二季花开放时采收，除去杂质，阴干或晒干。

【性味归经】辛、苦、咸，微温。归肺、脾、胃、大肠经。

【功效主治】旋覆花主要用于治疗风寒咳嗽，痰饮蓄结。胸膈痞满，喘咳痰多，呕吐噫气，心下痞硬等病症。

【化学成分】含旋覆花次内酯、天人菊内酯、槲皮素、槲皮黄苷。

【药理】①对组胺引起的豚鼠支气管痉挛有缓解作用，其煎剂腹腔给药有止咳作用。②对金黄色葡萄球菌、乙型溶血性链球菌、炭疽杆菌、白喉杆菌、肺炎球菌、白色葡萄球菌等有抑制作用。③有显著的镇咳与抗炎作用。

【栽培】旋覆花喜温暖、湿润气候，以排水良好、肥沃的砂质壤土或富含腐殖质的土壤栽培为宜，黏重土及过于干燥土壤不宜栽培，忌连作，适应性强，耐热、耐寒，不耐旱，生长快、自繁能力强、耐瘠薄。繁殖方式主要有种子繁殖、分株繁殖。旋覆花人工栽培生长2～3年后，会有部分老根枯萎或感病，应换地栽种。病害有根腐病，多雨季节须注意松土排水，发病后可用50%多菌灵可湿性粉剂1000倍液或用石灰5 kg加水100 kg浇穴。

（二）清热化痰药

1. 川贝母

【植物来源】为百合科植物川贝母（*Fritillaria cirrhosa* D. Don.）、暗紫贝母（*Fritillaria unibracteata* P. K. Hsiao & K. C. Hsia.）、甘肃贝母（*Fritillaria przewalskii* Maxim. ex Batal.）、梭砂贝母（*Fritillaria delavayi* Franch.）、太白贝母（*Fritillaria taipaiensis* P. Y. Li.）和瓦布贝母（*Fritillaria unibracteata* Hsiaoet K. C. Hsia var. *wabuensis* Z. D. Liu, S. Wang et S. C. Chen.）的干燥鳞茎。

图 4－38　**暗紫贝母**

【产地】川贝母主产于四川西部、西藏南部至东部和云南西北部。暗紫贝母主产于阿坝藏族羌族自治州，本种是商品贝母的主要来源。甘肃贝母主产于甘肃南部、青海东部和南部以及四川西部。

【采收加工】夏、秋二季或积雪融化后采挖，晒干或低温干燥。

【性味归经】苦、甘，微寒。入心、肺经。

【功效主治】止咳化痰，清热散结。用于咳嗽，疮痈肿毒。

【化学成分】含川贝碱、炉贝碱、青贝碱等。

【药理】①川贝母醇提物对豚鼠离体气管平滑肌有明显松弛作用。②生物碱类具有明显镇咳作用。③总皂苷具依附显著的祛痰作用。

【栽培】川贝母喜冷凉气候条件，具有耐寒、喜湿、怕高湿、喜荫蔽的特性。海拔低、气温高的地区不能生存。一般采用种子繁殖，可秋播，也可春播。春播种子需经后熟处理。

图 4－39　**桔梗**

2. 桔梗

【植物来源】为桔梗科植物桔梗（*Platycodon grandiflorus* A. DC.）的干燥根。

【产地】主产于东北、华北地区，全国大部分地区有野生，部分地区有栽培。野生于荒山、草原、林边。

【采收加工】一般播后 2 年收获，河北、山东等省也可一年收获。在 10 月中下旬，当地上茎叶枯萎时收获，去掉残茎叶和泥土，用碗片或竹刀刮去外皮，晒干。

【性味归经】苦、辛、平。入肺经。

【功效主治】宣肺祛痰，利咽排脓。用于咳嗽痰多，咽喉肿痛，肺痈。

【化学成分】含桔梗皂苷、菊糖、甾醇、脂肪油、脂肪酸、维生素和氨基酸等。

【药理】①有促进支气管黏膜分泌及类固醇、胆酸分泌的作用。②有一定的消炎抗菌作用。⑤野生桔梗与栽培品对小鼠均有止咳作用，两者无显著差异。

【栽培】以种子繁殖为主，分直播与育苗。直播根条植，无分枝，质量好。直播以春播为主，也可冬播。冬播于 11 月初进行，在畦上按 20～25 厘米行距开 1 厘米深浅沟，撒种盖土，稍作镇压。每亩用种量为 1～1.5 千克。上冻前浇一次防冻水，次年春出苗。春播种子要处理，将种子置于 50℃温水中。搅动至凉后，浸泡 8 小时，再用湿布包上，放在 25℃～30℃的地方，用湿麻袋盖好，进行催芽。每天晚上用温水冲滤一次，约 4～5 天后，种子萌动即可播种。约 10～15 天出苗。育苗宜选避风向阳地块，施足基肥，耕耙整平，做宽 1.3 米的床，按行距 10 厘米开 1 厘米深沟条播或撒播，覆土 1～1.5 厘米。播后要保持土壤湿润，半个月左右出苗。苗高 3 厘米时可间苗。苗高 5～7 厘米时，以株距 5 厘米定苗。后期管理中要注意排水，适时松土除草。秋后或次年春，定植于大田，按行距 25～30 厘米、株距 7 厘米左右栽植即可。直播地苗高 5 厘米时，适时松土除草，同时去除过密的苗。苗高 7 厘米时，按株距 7～10 厘米定苗。苗高 20 厘米时，每亩追施过磷酸钙 20 千克，硫酸铵 15 千克，行间沟施并覆土浇水。6—

7月开花时，再追施人畜粪水一次。雨季进行培土、排水，防止倒伏与烂根。

3. 罗汉果

【植物来源】为葫芦科植物罗汉果（*Siraitia grosvenorii* C. Jeffrey ex A. M. Lu et Z. Y. Zhang）的干燥果实。

【产地】分布于湖南、江西、广东、广西、贵州等地。广西大量栽培。主产于广西永福、临桂。生于山区海拔较低的林中、灌木丛及沟边。

【采收加工】秋季果实由嫩绿色变为深绿色时采收，晾干后，低温干燥。

【性味归经】甘、凉。入肺、大肠经。

图4—40　罗汉果

【功效主治】清热润肺，利咽开音，润滑通便。用于肺热燥咳，咽痛失音，肠燥便秘。

【化学成分】罗汉果苷、果糖、氨基酸、黄酮等。

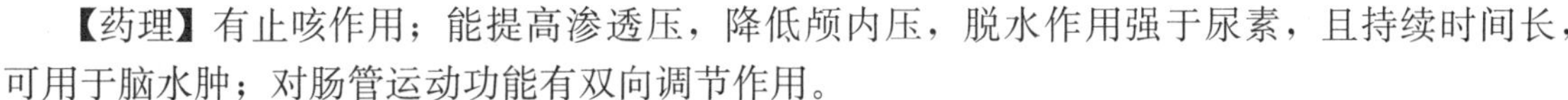

【药理】有止咳作用；能提高渗透压，降低颅内压，脱水作用强于尿素，且持续时间长，可用于脑水肿；对肠管运动功能有双向调节作用。

【栽培】忌熟地。幼苗期耐阴，忌强光。新开辟果园宜选一定海拔的山岗或山坡，肥沃、土层厚的黄红壤，通风排水良好。繁殖方法多用无毒组培苗，最佳种植时期为清明前后。挖穴，每穴1株。传统的种薯繁殖目前少用。春季清园丌蔸。主蔓上棚1 m左右摘心。雌雄异株，生产上需要进行人工授粉。

（三）止咳平喘药

1. 杏仁

图4—41　山杏

【植物来源】为蔷薇科植物山杏（*Prunus armeniaca* L. var *ansu* Maxim.）、西伯利亚杏（*Prunus sibirica* L.）、东北杏（*Prunus mandshurica* Koehne.）或杏（*Prunus armeniaca* L.）的干燥成熟种子。

【产地】原产于中亚、西亚、地中海地区，引种于暖温带地区。在中国除广东、海南等热带地区外的全国各地，多系人工栽培。主要分布于河北、辽宁、东北、华北和甘肃等地。山杏生于海拔700～2000 m的干燥向阳丘陵、草原。东北杏生于海拔400～1000 m的开阔向阳山坡灌木林或杂木林下。野杏主产于中国北部地区，栽培或野生，尤其在河北、山西等地普遍野生，山东、江苏等地也产。

【采收加工】夏季果实成熟时采收。除去果肉及核壳，取出种子，晒干。

【性味归经】苦，微温，有小毒。入肺、大肠经。

【功效主治】止咳平喘，润肠通便。用于咳嗽气喘，肠燥便秘。

【化学成分】含苦杏仁苷、蛋白质、氨基酸、微量元素等。

【药理】①苦杏仁苷水解后产生的微量氢氰酸等，有镇咳平喘作用。②大量服用后会严重中毒，其机制主要是氢氰酸与细胞线粒体内的细胞色素氧化酶三价铁起反应，从而抑制细胞活性，使组织细胞呼吸受阻，导致死亡。

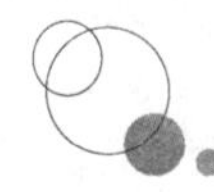

【栽培】杏适应性强，耐旱，耐寒，耐瘠薄，抗盐碱。夏可栽种于平地或坡地。对土壤要求不严。用种子或嫁接繁殖。种子繁殖：采摘成熟果实，搓去果肉，大粒每 50 kg 出种子 5～10 kg，小粒每 50 kg 出种子 7.5～15 kg，种子纯度为 98%，发芽率为 86%，以 1∶3 湿沙混合进行冬季沙藏。春播于 3 月下旬，秋播于 11 月下旬（放于通风处阴干后即可播种）。嫁接繁殖：砧木用杏播种的实生苗或山杏苗，枝接于 3 月下旬，芽接于 7 月上旬至 8 月下旬进行。田间管理：幼苗出现 3～4 片叶时进行疏苗，2～3 星期后进行第 2 次间苗，并及时灌水，防止风吹伤根，遇天气干旱酌情灌水，7—8 月雨季注意排涝。苗高达 45 cm 时，可在芽接前 1 个月摘去嫩尖。冬季 11 月至翌年 3 月进行修剪，分 3 种树形，即自然圆头形、疏散分层形、自然开心形。4—6 月追灌肥水，在幼芽萌发前与幼果生长期间各追速效肥 1 次，每株成年树可施 0.25 kg，然后灌水。病害有杏疔叶斑。发芽前喷 5 度石硫合剂，展叶时喷 0.3 度石硫合剂。虫害有杏象鼻虫，另有袋蛾、天牛等。

2. 紫菀

【植物来源】为菊科植物紫菀（*Aster tataricus* L. f.）的干燥根及根茎。生用或蜜炙用。

【产地】产于黑龙江、吉林、辽宁、内蒙古东部及南部、山西、河北、河南西部、陕西及甘肃南部（临洮、成县）等地。

【采收加工】春、秋二季采挖，除去有节的根茎（习称“母根”）和泥沙，编成辫状晒干，或直接晒干。

图 4—42　紫菀

【性味归经】辛、苦、温。入肺经。

【功效主治】化痰止咳，润肺下气。用于咳嗽，喘急痰多。

【化学成分】含有紫菀酮、木栓酮、豆甾醇、槲皮素、大黄素、大黄酚、咖啡酸等。

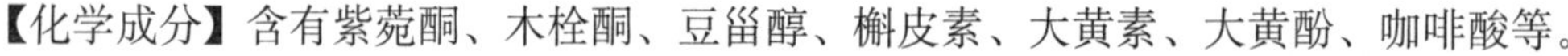
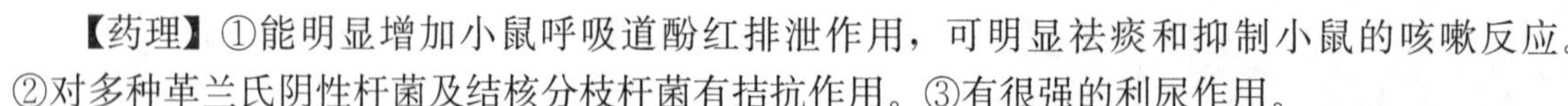
【药理】①能明显增加小鼠呼吸道酚红排泄作用，可明显祛痰和抑制小鼠的咳嗽反应。②对多种革兰氏阴性杆菌及结核分枝杆菌有拮抗作用。③有很强的利尿作用。

【栽培】紫菀耐涝、怕干旱，耐寒性较强。宜选择地势平坦、土层深厚、疏松肥沃、排水良好的地块栽植。主要病害有根腐病、黑斑病等。根腐病发病初期用 50%的多菌灵可湿性粉剂 1000 倍液或 50%的甲基硫菌灵可湿性粉剂 1000 倍液喷雾防治。黑斑病发病初期用 65%的代森锌可湿性粉剂 500 倍液或 50%的甲基硫菌灵可湿性粉剂 1000 倍液喷雾防治，每隔 7 天 1 次，连喷 3 次。主要虫害为银纹夜蛾幼虫。防治方法：用 90%的敌百虫晶体 1000 倍液喷雾杀除。

3. 款冬花

【植物来源】为菊科植物款冬花（*Tussilago farfara* L.）的干燥花蕾。生用或蜜炙用。

【产地】分布于中国东北、华北、华东、西北和湖北、湖南、江西、贵州、云南、西藏。常生于山谷湿地或林下。

图 4—43　款冬花

【采收加工】在 12 月花尚未出土时挖取花蕾，不宜用手摸或水洗，以免变色，放通风处阴干，待半干时筛去泥土，去净花梗，再晾至全干备用。不宜日晒及用手翻动，并防止雨雪冰冻，否则会变色

发黑。

【性味归经】辛、微苦、温。入肺经。

【功效主治】润肺下气，止咳化痰。用于咳嗽气喘。

【化学成分】含款冬花酮、新款冬花内酯、金丝桃苷、芸香苷、咖啡酸、丁二酸等。

【药理】①煎液对氨水引起的小鼠咳嗽有明显抑制作用，并能明显增加小鼠气管酚红排泌量。②能显著抑制二甲苯致小鼠耳肿胀和角叉菜胶所致小鼠足跖肿胀。

【栽培】栽培宜选择半阴半阳、湿润、腐殖质丰富的微酸性砂质壤土，以既能浇水又便于排水的地块最为合适。用根状茎繁殖。可春、秋两季栽种，春栽于 4 月中旬，秋栽于 11 月下旬进行。秋栽宜早不宜迟，早栽种早生根，翌年早返青。栽种时选择粗壮多花、颜色较白，且没有病虫害的根状茎做种秧。中耕除草。款冬花既怕旱又怕涝。春季干旱，应连续浇水 2～3 次保证全苗。雨季到来之前应做好排水准备，防止涝淹。主要病害为褐斑病、枯叶病。褐斑病防治方法：收获后清园，消灭病残株；发病前或发病初期用 1∶1∶120 波尔多液或 65%可湿性代森锌 500 倍液喷雾，7～10 天 1 次，连续数次。枯叶病防治方法：剪除枯叶，其他同褐斑病。主要虫害为蚜虫。防治方法：冬季清园，将枯株和落叶深埋或烧毁，发生期喷 50%杀螟松 1000～2000 倍液，每 7～10 天 1 次，连续数次。

五、祛湿植物

凡能祛除湿邪，治疗水湿证的药物称为祛湿药。湿是一种阴寒、重浊、黏腻的邪气，有内湿、外湿之分，湿邪又可与风、寒、暑、热等外邪共同致病，并有寒化、热化的转机。湿邪致病的临床表现不同，因而可将祛湿药分为祛风湿药、利湿药和化湿药。

（1）祛风湿药：能祛风胜湿，治疗风湿痹证。这类药物大多数味辛性温，具有祛风除湿、散寒止痛、通气血、补肝肾、壮筋骨之效。其性多燥烈，凡阳虚、血虚的患者应慎用。常用祛风湿中草药有羌活、独活、威灵仙、木瓜、桑寄生、秦艽、五加皮、防己、徐长卿、马钱子、豨莶草、路路通、丝瓜络、海桐皮、雷公藤、络石藤、老鹳草、九龙藤（龙须藤）等。

（2）利湿药：凡能利尿、渗除水湿的药物，称为利湿药。这类药多为味淡性平，以利湿为主，作用比较缓和，有利尿通淋、消水肿、除水饮、止水泻等功效，还能引导湿热下行。因此常用于尿赤涩、淋浊、水肿、水泻、黄疸和风湿性关节疼痛等。但忌用于阴虚津少，尿不利之症。常用利湿中草药有茯苓、猪苓、泽泻、车前子、通草、瞿麦、茵陈、薏苡仁、金钱草、海金沙、地肤子、石韦、扁蓄、萆薢、灯芯草、虎杖、地耳草、垂盆草、猫须草等。

（3）化湿药：气味芳香，能运化水湿，辟秽除浊。这类药物多辛温香燥，芳香可助脾运，燥可祛湿。多用于湿浊内阻、脾为湿困、运化失调等所致的脘腹胀满或呕吐食少、粪稀泄泻、精神短少、四肢无力、舌苔白腻等。阴虚血燥及气虚者慎用。常用化湿中草药有草藿香、苍术、佩兰、豆蔻、草果等。

（一）祛风湿药

1. 羌活

【植物来源】为伞形科植物羌活（*Notopterygium incisum* Ting ex H. T. Chang）或宽叶羌活（*Notopterygiumfranchetii* H. de Boiss）的干燥根茎和根。

【产地】羌活分布于陕西、甘肃、青海、四川、西藏等省。主产于四川。生于海拔 1600～5000 m 的林缘、灌木丛下。宽叶羌活分布于山西、内蒙古、陕西、甘肃、青海、湖北、四川、云南，生于海拔1700～4800 m的林缘、灌木丛下。

图4—44 羌活

【采收加工】春、秋二季采挖，除去须根及泥沙，晒干。

【性味归经】辛、苦、温。入膀胱、肾经。

【功效主治】解表散寒，祛湿止痛。用于外感风寒，风湿痹痛。

【化学成分】含羌活酚、羌活醇、花椒毒酚、紫花前胡、β—谷甾醇、蒎烯和柠檬烯等。

【药理】①对热痛刺激所致的小鼠甩尾反应潜伏期有延长作用。②对流感病毒导致的小鼠死亡有很好的保护作用，能明显延长小鼠的平均存活时间，高剂量组能直接杀灭小鼠肺内的流感病毒，降低血凝滴度。③对金黄色葡萄球菌有显著抑制作用。

【栽培】喜凉爽湿润气候，耐寒，稍耐荫。适宜在土层深厚、疏松、排水良好、富含腐殖质的砂壤土栽培，不宜在低湿地区栽种。用种子或根茎繁殖。种子繁殖：秋季采收成熟种子，晒干，于春季解冻后进行直播，按行距33厘米，穴距23～27厘米开穴，穴深5～7厘米，每穴播种子10多粒，盖堆肥或腐殖质土1～2厘米，浇水。每公顷用种子15千克左右。根茎繁殖：秋季或春季收时进行，选具有芽的根茎，切成小段，每段有1～2芽。条栽，按行距33厘米开沟，沟深15～17厘米，宽15厘米，把根茎横放沟内，每隔8～10厘米放1段，盖土杂肥或细土14～16厘米，浇水。整地施肥：羌活种植要选地势高、排水好的田块，精耕细作。每亩施土杂肥3000千克，尿素20千克，磷钾肥50千克，然后等待播种或移栽根茎。中耕除草：羌活齐苗后，应注意中耕除草，干旱天气浇水保墒，阴雨天气及时排水。病虫防治：羌活的病害较少，若发现可按常规方法防治。害虫主要是黄凤蝶幼虫咬食叶片，防治时用菊酯类农药杀灭。地下害虫用辛硫磷杀灭。

2. 秦艽

图4—45 秦艽

【植物来源】为龙胆科植物秦艽（*Gentiana macrophylla* Pall.）、麻花秦艽（*Gentiana straminea* Maxim.）、粗茎秦艽（*Gentiana crassicaulis* Duthie ex Burk.）或小秦艽（*Gentiana dahurica* Fisch.）的干燥根。

【产地】秦艽产于甘肃、陕西、山西、东北及内蒙古等地。小秦艽主产于河北、内蒙古及陕西等地。粗茎秦艽主产于四川、云南、西藏等省区，麻花秦艽主产于甘肃、青海、四川、西藏等省区，生于海拔400～3700 m的山谷中或坡上。

【采收加工】春、秋二季采挖，除去泥沙。秦艽和麻花秦艽晒软，堆置“发汗”至表面呈红黄色或灰黄色时，摊开晒干，或不经“发汗”，直接晒干。小秦艽趁新鲜时搓去黑皮，晒干。

【性味归经】苦、辛、平。入肝、胆、胃经。

【功效主治】祛风湿，清湿热，止痹痛，退虚热。用于风湿痹痛，中风不遂，筋脉拘挛，骨节酸痛，湿热黄疸，骨蒸潮热，小儿疳热。

【化学成分】含龙胆苦苷、秦艽酰胺、红百金花酸、红百金花内酯和齐墩果酸等。

【药理】能明显减轻豚鼠因胺喷雾引起的哮喘及抽搐；能降低毛细血管注射蛋清所致的通透性改变；具有镇痛、镇静和解热作用。

【栽培】喜湿润凉爽气候，适于土层深厚、肥沃的黄砂质土壤中栽培。用种子繁殖，可条播、穴播。穴播苗高 10～15 cm 时间苗，每穴留 1 株。条播苗高 6～10 cm 时间苗，苗高15 cm 时按株距 10 cm 定苗。第一年在中耕除草时结合培土、施肥。

图 4－46 细柱五加

3. 五加皮

【植物来源】为五加科植物细柱五加的干燥根皮。

【产地】分布于山西、山东及长江以南各省区。生于灌木丛林、山坡路旁。

【采收加工】夏、秋二季采挖根部，洗净，剥取根皮，晒干。

【性味归经】辛、苦、温。入肝、肾经。

【功效主治】祛风湿，强筋骨，补肝肾。用于风寒湿痹，腰肢痿软，水肿。

【化学成分】含 4－甲基水杨醛、苯丙烯酸糖苷、丁香苷、硬脂酸、α－芝麻酸、β－谷甾醇、鞣质、棕榈酸、亚麻酸、黄嘌呤、次黄嘌呤、维生素 A 和维生素 B_2 等。

【药理】①灌胃给药能显著延长小鼠持续游泳时间。有抗关节炎和镇痛作用。②具有拮抗丝裂霉素 C 诱发的体细胞和生殖细胞遗传损伤的作用。

【栽培】细柱五加喜温和湿润气候，耐荫蔽、耐寒。宜选向阳较潮湿的山坡、丘陵、溪边，土层深厚肥沃，排水良好，稍带酸性的冲积土或砂质壤土栽培。不宜在砾质土、黏质土或沙土上种植。用种子和扦插繁殖。种子繁殖：春、秋季均可播种，但以秋播种子萌发率高。秋播在 10 月或 11 月，春播在 3 月下旬至 4 月上旬。条播，行距 33 cm 开沟，将种子均匀撒入，覆土约 1 cm 稍加镇压，浇水，保持湿润，5 月上旬出苗。培育 1～2 年移栽。扦插繁殖：在 6—8 月剪取枝条（南方多在春、秋季扦插），截成 10～15 cm 长，插入砂土中，保持适当温度 15～20 d 可生根成活，于秋季或第 2 年春季定植。移栽按行株距各 60 cm 开穴，每穴栽苗 1 株，填细土压紧、浇水。每年中耕除草、追肥 2～3 次，第 1 次在成活返青后，第 2 次在 6 月下旬，均施人畜粪水；第 3 次在冬季落叶后，开沟施入堆肥或厩肥，施后盖土。主要病虫害为蚜虫。蚜虫 5—7 月发生，为害嫩梢及叶片，可用 40％乐果乳油 800～1500 倍液防治。

（二）利湿药

1. 茯苓

图 4－47 茯苓

【植物来源】为多孔菌科茯苓（*Poria cocos* Wolf.）的干燥菌核。寄生于松树根。其傍附松根而生者，称茯苓；抱附松根而生者，谓之茯神；内部色白者，称白茯苓；内部色淡红者，称赤茯苓；外皮称茯苓皮，均可供药用。

【产地】主产于云南、安徽、江苏等地。

【采收加工】多于 7—9 月采挖，挖出后除去泥沙，堆置“发汗”后，摊开晾至表面干燥，再“发汗”，水大部分散失后，阴干，称为“茯苓个”。将鲜茯苓按不同部位切制，阴干，分别称为“茯苓块”和“茯苓片”。茯苓皮是 7—9 月份在加工“茯苓块”和“茯苓片”时，收集削下的外皮，阴干。

【性味归经】甘、淡、平。入脾、心、肺、肾经。

【功效主治】渗湿利水，健脾安神。用于脾虚泄泻，痰湿水肿，躁动不安。

【化学成分】含茯苓多糖、茯苓酸、茯苓素、松苓酸、组氨酸、胆碱和葡萄糖等。

【药理】茯苓素具有改善心肌运动和促进机体水盐代谢的功能；茯苓多糖能抑制小白鼠S180实体瘤的生长，延长艾氏腹水癌小鼠生存时间，使腹水量减少。

【栽培】茯苓是一种营腐生生活的真菌，茯苓菌丝体生长最适温度为26℃～30℃。一般要求土壤含水量45%～55%。茯苓菌丝最适pH值为4.5～6。要求向阳，茯苓属于好氧性真菌。茯苓可用椴木、树蔸及松针栽培，目前仍以椴木栽培为主。一般在清明前后至夏至期间均可种植，长江以南地区可栽培两季，清明前后栽培，也称春季栽培。处暑、白露前后栽培，即为秋季栽培。长江以北地区芒种后栽培一季茯苓，称为夏季栽培。应根据当地具体情况确定栽培时间。

2. 猪苓

图4—48　猪苓

【植物来源】为多孔菌科真菌猪苓（*Polyporus umbellatus* Fries.）的干燥菌核。

【产地】全国大部分地区有分布。主产于陕西、河南、河北、四川、云南、甘肃、青海、辽宁、吉林等地。寄生于桦、柞、槭树及柳树等的树根上。

【采收加工】全年都可以采收，以夏秋季采收为好。收获时去老留幼，去杂刷洗，在日光下自然晾晒。

【性味归经】甘、淡、平。入肾、膀胱经。

【功效主治】渗湿利水。用于泄泻水肿，小便不利。

【化学成分】含有猪苓多糖、麦角甾醇、生物素和蛋白质等。

【药理】猪苓多糖具有提高小鼠免疫器官重量的作用；能促进钠、氯、钾等电解质的排出；对金黄色葡萄球菌、大肠埃希菌有抑制作用。

【栽培】猪苓在平均低温升高到9.5℃时开始萌发，12℃左右时新苓能够生长膨大，14℃左右新苓萌发多，个体生长快，18℃～22℃生长最快，超过28℃时生长受到抑制。相对湿度一般在30%～50%时适宜猪苓生长，最适pH值为4.2～6.6，含颗粒状结构、疏松的腐殖土最适宜猪苓生长，且猪苓个体肥大。猪苓与蜜环菌共生生活。目前采用固定菌床栽培与活动菌材伴栽猪苓。在春夏季4—6月或秋季8—10月进行栽培。

3. 泽泻

【植物来源】为泽泻科植物（*Alisma orientale* Juzep.）的干燥块茎。

【产地】产于黑龙江、吉林、辽宁、内蒙古、河北、山西、陕西、新疆、云南等省区。

【采收加工】泽泻移栽后于当年12月下旬，地上茎叶枯黄时即可采收。块茎运回后，除去须根，立即进行暴晒或烘焙干燥，然后放入撞笼撞掉残留的须根和粗皮，使块茎光滑，呈淡黄白色即可。

【性味归经】甘、淡、寒。入肾、膀胱经。

图4—49　泽泻

【功效主治】利水渗湿，清热泻火。用于水肿，小便不利，泄泻，淋浊。

【化学成分】含泽泻萜醇、泽泻二萜醇、泽泻醇。

【药理】对金黄色葡萄球菌、肺炎双球菌和结核分枝杆菌等均有抑制作用，水提物和醇提物对肥胖小鼠均有降血脂的作用。

【栽培】宜选择阳光充足、土层深厚、土壤肥沃而稍带黏性、水源充足、排灌方便的水稻田作为育苗地或移栽地。移栽地要施足基肥，深耕。分芽繁殖或块茎繁殖，留主薹结子，种子呈黄褐色即可采收。育苗和移栽田一般在 6 月末 7 月初播种。苗高 6cm 时可间苗、补苗、除草追肥，35 天后即可移栽。带泥移栽，做到浅插、插直。及时追肥，施肥量逐渐增加，施肥前放水，及时打薹摘芽。

（三）化湿药

1. 藿香

【植物来源】为唇形花科植物广藿香（*Pogostemon cablin* Benth.）的干燥地上部分。

图 4—50　藿香

【产地】全国各地广泛分布，主产于四川、江苏、浙江、湖南、广东等地。

【采收加工】枝叶茂盛时采割，日晒夜焖，反复至干。

【性味归经】辛，微温。入脾、胃、肺经。

【功效主治】化湿和中，祛暑解表，行气化滞。用于夏伤暑湿，脾受湿困。

【化学成分】含广藿香醇、甲基胡椒酚、胡薄荷酮、山楂酸、齐墩果酸。

【药理】可使硫酸铜所致的家鸽干呕次数减少；对胃肠神经有镇静作用，并能扩张微血管，有发汗作用，能促进胃液分泌以助消化；对同心性毛藓菌、钩端螺旋体有抑制作用。

【栽培】喜温暖湿润气候，稍耐寒，怕干旱。一般土壤均可栽培，但以排水良好的砂质壤土为好。种子繁殖，春、秋季均可播种。春播在 3 月份，秋播在 9—10 月份。秋季播种生长期长，产量较高。通常采用点播，为经济利用土地，亦可采用育苗移栽，也可直播。生长期间应及时松土除草。追肥以氮肥为主。病害主要有褐斑病，可及时摘除病叶烧毁，实行轮作，发病前及发病初期喷 1∶1∶100 波尔多液。

图 4—51　佩兰

2. 佩兰

【植物来源】为菊科植物佩兰（*Eupatorium fortunei* Turcz.）的干燥地上部分。

【产地】主产于江苏、浙江、安徽、山东等地。

【采收加工】7 月或 9 月上旬，当植株生长旺盛，尚未开花时，选晴天中午，割下地上部分或摘收茎叶，晒干切断生用。

【性味归经】辛、平。入脾、胃、肺经。

【功效主治】化湿开胃，发表解暑。主要用于外感暑湿，湿浊内阻。

【化学成分】含挥发油，如石竹烯、β—红没药烯、γ—榄香烯、β—荜澄茄烯、α—石竹烯、γ—杜松烯等。

【药理】可使硫酸铜所致的家鸽干呕次数减少；对胃肠神经有镇静作用，并能扩张微血管，有发汗作用，能促进胃液分泌以助消化；对同心性毛藓菌、钩端螺旋体有抑制作用。

【栽培】佩兰喜温暖湿润气候，耐寒、怕旱、怕涝。气温低于19℃时生长缓慢，高温高湿季节则生长迅速。对土壤要求不严，以疏松肥沃、排水良好的砂质壤土栽培为宜。用根茎繁殖。11月至翌年3月，挖掘根茎，选取白色、无病虫害、肥大、节密均匀的粗壮新鲜根茎留种。按行距30 cm开条沟，沟深3～6 cm，栽种两排，首尾相隔3 cm，覆土，稍镇压，约经15 d出苗。幼苗高9 cm时，选阴天进行间苗，并结合松土除草，追施人粪尿。封行前及第1次收割后再进行1次中耕除草，重施人粪尿。封行前及第1次收割后再进行1次中耕除草，重施人畜粪肥或硫酸铵，增施过磷酸钙等。雨季应及时排除积水，经常保持土壤湿润。病害有根腐病，用5%石灰水浇注根部，虫害有红蜘蛛、菜青虫、叶跳虫等。

3. 苍术

【植物来源】为菊科植物茅苍术（*Atractylodes lancea* DC.）和北苍术（*Atractylodes chinensis* Koidz.）的干燥根茎。

图4—52 茅苍术

【产地】主产于江苏、安徽、浙江、河北、内蒙古等地。

【采收加工】秋末挖出根茎，去掉须根，晒干即可入药。

【性味归经】辛、苦、温。入脾、胃、肝经。

【功效主治】燥湿健脾，祛风散寒，明目。主要用于治疗湿阻脾胃、风寒湿痹、夜盲。

【化学成分】含挥发油，其中含苍术醇、苍术酮、苍术素、α—桉叶油醇、β—芹子烯、茅术醇，以及苍术烯内酯、β—谷甾醇、香草酸和胡萝卜苷等。

【药理】对金黄色葡萄球菌、枯草杆菌黑色变种芽孢均有较强的杀菌作用。

【栽培】耐寒，适应性强，对土壤要求不严。宜选择排水良好、疏松的砂质或半砂质土壤，施足底肥。3月中旬至4月下旬播种，按行距20厘米开沟，沟深1～1.5厘米。遇干旱时要及时浇水，保持土壤湿润。雨季要注意排水防涝，以免造成烂根死苗，降低产量和品质。在7—8月现蕾期，对非留种的苍术植株割去花蕾，以利根茎生长。出苗后要及时除草，也可在苗后10厘米左右时喷苍术专用除草剂。苍术出现病虫害的概率很小，甚至没有。

六、理气植物

凡能疏通气机，调理气分疾病的药物，称为理气药。其中理气作用特别强的，习称“破气”药。本类药物大部分辛温芳香，具有行气消胀、解郁、止痛、降气等作用，主要用于脾胃气滞所表现的脘腹胀满、疼痛不安、嗳气、食欲缺乏、大便异常，以及肺气壅滞所致的咳喘等。此外，有些理气药还分别兼有健胃、祛痰、散结等功效。应用本类药物时，应针对病情，并根据药物的特长做适宜的选择和配伍。如湿邪困脾而兼见脾胃气滞证，应根据病情的偏寒或偏热，将理气药同燥湿、温中或清热药配伍使用。食积为脾胃气滞中最常见者，常将理气药同消食药或泻下药同用；而脾胃虚弱、运化无力所致的气滞，则应与健脾、助消化的药物配伍，方能标本兼顾。至于痰饮或淤血而兼有气滞者，则应分别与祛痰药或活血祛瘀药配伍。

理气药多辛温香燥，易耗气伤阴，气虚、阴虚的患者慎用，必要时可配伍补气、养阴药。

常用的理期中草药有陈皮、青皮、香附、木香、厚朴、砂仁、乌药、枳实、丁香、槟榔等。

图 4－53　橘

1. 陈皮

【植物来源】为芸香科植物橘（*Cituus reticulata* Blanco.）及其栽培变种的干燥成熟果皮。

【产地】主产于长江以南各省区。

【采收加工】在果实面红只占 1/4 时即可采摘。如采摘时间过迟，会影响果树翌年的结实。采摘后将瓤取出可做罐头等食用，经络晒干或用无烟火烘干即为橘络。果皮晒干或用无烟火烘干即为陈皮。果核晾干或烘干即为橘核。

【性味归经】辛、苦、温。入脾、肺经。

【功效主治】理气健脾，燥湿化痰。主要用于治疗食欲减少，脘腹胀满，泄泻，痰湿咳嗽。

【化学成分】含挥发油 2%～4%，主要为 D－柠檬烯、β－松油烯、β－月桂烯、间－伞花烯和 β－蒎烯，以及橙皮苷、川皮酮、肌醇、维生素 B_1、维生素 C 等。

【药理】煎剂用于家兔气管灌流，可使支气管扩张。水提液对离体唾液淀粉酶活性有明显的促进作用。提取物具有抗氧化作用。可使家兔主动脉平滑肌收缩。

【栽培】橘树适宜种植于肥沃砂质壤土。太黏重和砂粒、石头多的地段不宜种植。除陡坡地外，其他坡地都可栽种。宜选通风透光、蓄水和排水良好的地方栽培。种子播种，也可扦插。橘园及四周要经常除去杂草，以免徒耗养分，滋生病虫害。危害橘树的害虫较多，有蚜虫、介壳虫、春叶虫、潜叶蛾、天牛等。发生时以石灰硫黄合剂，6%的可湿性六六六、松脂合剂等，针对不同虫类喷射杀灭。病害有溃疡病、黑斑病、疮痂病等，发生时用波尔多液连续喷射数次，即可防治。

2. 厚朴

【植物来源】为木兰科植物厚朴（*Magnolia officinalis* Rehd. et Wils.）或凹叶厚朴（*Magnolia officinalis* Rehd. et Wils. var. Biloba Rehd. Et Wils.）的干燥皮、根皮及枝皮。

图 4－54　厚朴

【产地】分布于陕西、甘肃、浙江、江西、两湖、广西、四川、贵州、云南等省区。主产于四川、湖北、浙江、江西等地。多人工栽培。

【采收加工】4—6 月份剥取根皮和枝皮直接阴干。干皮置沸水中微煮后，堆置阴湿处，“发汗”至内表面变成紫褐色或棕褐色时，蒸软，取出，卷成筒状，干燥。

【性味归经】苦、辛、温。入脾、胃、肺、大肠经。

【功效主治】燥湿消痰，下气除满。用于湿阻中焦，脘痞吐泻，食积气滞，腹胀便秘，痰饮喘咳。

【化学成分】厚朴树皮含木脂素类化合物，如厚朴酚，还有生物碱和多种挥发油。

【药理】挥发油具有祛风健胃作用，其煎液对家兔、豚鼠、小鼠离体肠管活动低浓度兴奋、高浓度抑制；煎剂对金黄色葡萄球菌、溶血性链球菌、伤寒杆菌、副伤寒杆菌、枯草杆菌、痢

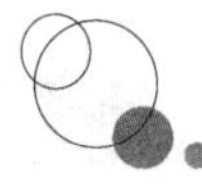

疾杆菌、霍乱弧菌、大肠埃希菌、铜绿假单胞杆菌等有抑制作用；厚朴提取物注射用有轻度肌肉松弛作用。

【栽培】喜温凉、湿润、酸性的肥沃砂壤土。幼苗期喜半阴半阳，成苗期喜光照充足。宜选择土层深厚、疏松肥沃的砂壤土。用种子繁殖，育苗地选低山半阴半阳、肥沃的砂质壤土或轻壤黏土，做1～1.6 m宽的苗床，施足基肥，撒播或条播，覆细土约3 cm轻压，再盖薄层稻草，苗出土后揭去盖草并除草。注意及时浇水和排水，苗高60 cm左右起苗定植。栽前将主根剪短，按行株距2.3～3 m，挖直径60 cm、深50 cm的穴，栽时使根部伸直，盖土后压紧并经常浇水。前5年可在林内间套作豆类、菜类、药材等矮秆植物，经常除草松土。每年春天在植株旁边开穴施农家肥、草木灰、人粪尿或混合施硫酸铵、过磷酸钙，并在树根部培土。

3. 砂仁

图4－55　阳春砂

【植物来源】为姜科植物阳春砂（*Amomum villosum* Lour.）、绿壳砂（*Amomum villosum* Lour. var. Xanthioides T. L. Wu et Senjen 或 *Amomum longiligulare* T. L. Wu）的干燥成熟果实。

【产地】阳春砂分布于福建、两广和云南等地，现多有栽培。生于山沟林下阴湿处。绿壳砂分布于广西、云南。生于海拔600～800 m的山沟林下阴湿处。海南砂生于海南，广东有栽培，生于山谷密林中。

【采收加工】夏、秋二季果实成熟时采收，晒干或低温干燥。

【性味归经】辛、温。入胃、肾、脾经。

【功效主治】化湿开胃，温脾止泻，理气安胎。用于湿浊中阻，脘痞不饥，脾胃虚寒，呕吐泄泻，妊娠恶阻，胎动不安。

【化学成分】含挥发油，成分有乙酸龙脑酯、樟烯、樟脑、龙脑、柠檬烯等。

【药理】挥发油对离体回肠的正常运动和痉挛状态都具有明显的抑制作用，乙酸龙脑酯具有较显著的镇痛抗炎作用，其水浸液具有一定的镇痛作用。

【栽培】喜热带、亚热带季雨林温暖湿润气候，不耐寒，能耐短暂低温，－3℃受冻死亡。生产区年平均气温19℃～22℃，降水量1000 mm以上，空气相对湿度在90%以上。怕干旱，忌水涝。需适当荫蔽，喜漫射光，对土壤要求不严。用种子繁殖和分株繁殖。采果后9—10月初，种子新鲜时及早播种。如当年不能播种，可将种子暂用湿沙贮存。种植后第1～2年为幼龄期，每年除草3～4次，开花结果后每年除草2次。根据不同时期的荫蔽要求，进行遮阴、修剪枝条等工作。在盛花期进行人工辅助授粉。需预防落果。

七、理血植物

凡能调理和治疗血分病症的药物，称为理血药。血分疾病一般分为血虚、出血、血热和血瘀四种。血虚宜补血药，出血宜止血，血热宜凉血，血瘀宜活血。故理血药有补血、活血祛瘀、清热凉血和止血四类。清热凉血药已在清热药中叙述，补血药将在补益药中叙述，这里只介绍活血祛瘀和止血药用植物。

（1）活血祛瘀药：具有活血祛瘀、疏通血脉的作用，适用于淤血疼痛、痈肿初起、跌打损

伤、产后血瘀腹痛、肿块及胞衣不下等病症。由于气与血关系密切，气滞则血凝，血凝则气滞，故使用本类药物时，常与行气药同用，可增强活血功效。常用的活血祛瘀中草药有川芎、丹参、益母草、三七、桃仁、红花、西红花、牛膝、王不留行、赤芍药、乳香、没药、延胡索、三棱、莪术、郁金、马鞭草、鸡血藤等。

（2）止血药：具有制止内外出血的作用，适用于各种血症，如咯血、便血、衄血、尿血、子宫出血及创伤出血等。治疗出血，必须根据出血的原因和不同的症状，选择适当药物进行配伍，增强疗效。常用的止血中草药有白及、仙鹤草、棕榈、蒲黄、紫株叶、大蓟、小蓟、侧柏叶、地榆、槐花、白茅根、苎麻根、羊蹄、墨旱莲、茜草等。

使用理血药应注意：①活血祛瘀药兼有催产下胎作用，对孕者要忌用或慎用；②在使用止血药时，除大出血应急救止血外，还须注意有无淤血，若淤血未尽（如出血暗紫），应酌情加活血祛瘀药，以免留瘀之弊；③出血过多，加用补气药以固脱。

（一）活血祛瘀药

1. 川芎

【植物来源】为伞形科植物川芎（*Ligusticum chuanxiong* Hort.）的干燥根茎。

【产地】主产于四川，以都江堰、崇庆产量大，质量优。此外，江西、湖北、陕西、云南等地都已引种成功。

【采收加工】夏季当茎上的节盘显著突出，并略带紫色时采挖，除去泥沙，晒后烘干，再去须根。

图 4－56　川芎

【性味归经】辛、温，入肝、胆、心包经。

【功效主治】活血行气，祛风止痛。用于胸痹心痛，胸肋刺痛，跌扑肿痛，头风头痛，月经不调，经闭痛经，症瘕疼痛，风湿痹痛，头痛。

【化学成分】含挥发油，以及藁本内酯二聚体、阿魏酸和川芎三萜等。

【药理】对缺氧缺糖诱导的内皮细胞损伤有抑制作用；能抑制血小板活化，改善微血循环，降低血管阻力；挥发油中的内酯类化合物具有平滑肌解痉作用。

【栽培】川芎喜温和的气候，平坝地区宜选择土层深厚、疏松肥沃、排水良好、中性或微酸性砂质壤土种植。用无性繁殖，材料是地上茎的茎节，经培育处理后，8月上中旬移栽。进行田间除草、培土等管理。病虫害主要有斑枯病和茎节蛾等，在栽培过程中采用农业措施为主的综合防治措施可有效控制病虫害。

图 4－57　丹参

2. 丹参

【植物来源】为唇形科植物丹参（*Salvia miltiorrhiza* Bge.）的干燥根及根茎。

【产地】分布于全国大部分地区；主产于安徽、江苏、山东、河北、四川等地，现大量栽培。生于山坡、草地、林下溪旁。

【采收加工】春、秋二季采挖，除去泥沙、干燥。

【性味归经】苦、微寒。入心、肝经。

【功效主治】活血祛瘀，通经止痛，清心除烦，凉血消痈。用于胸痹心痛，脘腹胁痛，热痹疼痛，热病心烦，月经不调，痛经闭经，症瘕积聚，疮疡肿痛。

【化学成分】含多种结晶型色素，包括丹参酮Ⅰ、Ⅱ、Ⅲ及结晶型酚类和维生素等。

【药理】有镇静安神作用，对葡萄球菌、霍乱弧菌、结核分枝杆菌、大肠埃希菌、伤寒杆菌、痢疾杆菌、皮肤真菌有抑制作用，有降压作用。

【栽培】喜阳光充足、空气湿润的环境。耐寒、耐旱，适宜土壤为砂质壤土，土壤 pH 值近似于 7 均可。有性繁殖时，宜选择土层深厚、疏松、肥沃、排水良好的地块种植，3 月下旬条播。无性繁殖时，采用分根繁殖或扦插繁殖。

3. 三七

【植物来源】为五加科植物三七（*Panax notoginseng* F. H. Chen.）的干燥茎和根茎，又名田七。

图 4—58 三七

【产地】主产于云南、广西等地，多为人工栽培。

【采收加工】秋季花开前采挖，洗净，分开主、支根及根茎，干燥。支根习称“筋条”，根茎习称“剪口”。

【性味归经】甘、微苦、温。入肝、胃经。

【功效主治】散瘀止血，消肿止痛。用于咯血吐血，衄血崩漏，二便出血，外伤出血，跌打损伤，瘀血肿痛，胸腹刺痛。

【化学成分】含三萜类皂苷（如三七皂苷 A、B 等）、黄酮苷及生物碱。

【药理】能缩短凝血时间，并使血小板增加而止血；对动物实验性关节炎有预防和治疗作用。

【栽培】喜冬暖夏凉、气候温暖和湿润环境，怕严寒、酷热，须阴棚栽培，生长期要求 70%左右的透光度。选择具有一定坡度的缓坡地，坡向以朝东南坡较好，中性偏酸的砂质壤土，未种过三七的地块作为种植用地，种子宜随采随播，播种时间在 12 月至翌年 1 月。种苗移栽要求在 12 月至翌年 1 月休眠芽未萌动前现挖现移栽。播种后，三七地的含水量保持在 25%左右为宜，其抗旱浇水必须坚持到雨季来临。追肥应掌握“少量多施”的原则。注意调节透光率，一年生、两年生三七透光率一般在 10%左右为宜，三年生三七则要求较强的透光率，以 15%左右为宜。病虫害主要有根腐病、立枯病、黑斑病、锈病和短须螨等，相应的采用化学或农业方法进行防治。

（二）止血药

1. 白及

【植物来源】为兰科植物白及（*Bletilla striata* Reichb. f）的干燥块茎。

图 4—59 白及

【产地】主产于华东、华南及陕西、四川、云南等地。

【采收加工】9—10 月地上茎枯萎时，挖取块茎，去泥洗净，在清水中浸泡 1 小时后，放沸水中煮 5～10 分钟，取出烘至全干。去净粗皮及须根，筛去杂质。

【性味归经】苦、甘、涩，微寒。入肺、胃、肝经。

【功效主治】收敛止血，消肿生肌。用于治疗肺胃出

血，外伤出血，痈肿疮毒。

【化学成分】含联卡葡萄糖苷类、菲并螺甾内酯类及甾体、三萜和花色素苷类。

【药理】能增强血小板第Ⅲ因子活性，缩短凝血酶生成时间，抑制纤维蛋白酶的活性，还能使血细胞凝聚，形成人工血栓而止血。对盐酸灌胃引起的大鼠胃黏膜损伤有保护作用。

【栽培】白及喜温暖、阴凉和较阴湿的环境，不耐寒。要求肥沃、疏松而排水良好的砂质壤土或腐殖质壤土。要求栽培在阴坡或较阴湿的地块。白及用种子播种较难，分块茎繁殖较易。白及的田间管理、除草要求很严格。白及的病害主要为烂根病，南方多在春夏多雨季节发生。防治方法：注意排涝防水，深挖排水沟。主要虫害为地老虎、金针虫，可人工捕杀、诱杀或拌毒土，用地虫绝施入床土或用益富源催芽生根液稀释 800 倍液浇灌。

2. 棕榈

图 4—60　棕榈

【植物来源】为棕榈科植物棕榈（*Trachycarpus fortunei* H. Wendl.）的干燥叶柄。

【产地】分布于长江以南各省区。

【采收加工】采棕时，割取旧叶柄下延部分和鞘片，除去纤维状棕毛，晒干。

【性味归经】苦、涩、平。入肝、肺、大肠经。

【功效主治】收敛止血。用于吐血衄血，尿血便血，崩漏。

【化学成分】含对羟基苯甲酸、原儿茶酸、原儿茶醛、没食子酸等。

【药理】陈棕榈皮炭的煎剂和混悬剂具有明显的止血作用，且陈棕榈皮（除水煎剂外）能明显缩短凝血时间，棕板的止血效果远不及棕皮。

【栽培】棕榈喜温暖湿润气候，喜光。耐寒性极强，稍耐阴。适生于排水良好、湿润肥沃的中性、石灰性或微酸性土壤，耐轻盐碱，也耐一定的干旱与水湿。采用种子播种或嫁接法繁殖。播种采种宜选 10～15 年生、健壮无病虫害、棕皮产量高、质量好的母树，采后阴干，置于温暖处贮存。如春播最好将种子拌湿沙贮藏。苗圃地应选地势较平坦，水源充足，环境阴凉，土质肥厚，排水良好的山脚或山沟两边坡地。嫁接法繁殖，在棕榈衰老后，于近地面 7～10 厘米处截断树茎，再在离树梢 0.5 米处截断，用为接穗，嫁接在树桩上，约 1 个月后即愈合，并开始旺盛生长。病虫害防治：虫害有金龟子、蛎蚧等，可用 0.5%或 0.25%的六六六粉剂防治；幼苗有叶斑病时，可用波尔多液喷雾或拔除病株。

3. 槐花

【植物来源】为豆科植物槐（*Sophora japonica* L.）的干燥花及花蕾。

【产地】全国各地有种植。主产于河北、河南、山东等地。

【采收加工】夏季花开放或花蕾形成时采收，及时干燥，除去枝、梗及杂质。前者习称“槐花”或“槐蕊”，后者习称“槐米”。

【性味归经】苦、微寒。入肝、大肠经。

图 4—61　槐

【功效主治】凉血止血，清肝泻火。用于便血痔血，血痢崩漏，吐血衄血，肝热目赤，头痛眩晕。

【化学成分】含芦丁、槲皮素、槐花米甲素、槐花米乙素、槐花米丙素、山奈酚。

【药理】有降低血压、增强毛细血管抵抗力和减少毛细血管脆性等作用。水浸剂对毛藓菌、小芽孢藓菌、羊毛状小芽孢藓菌、星状诺卡菌等皮肤真菌有不同程度的抑制作用，芦丁对水疱性口炎病毒有抑制作用，能降低毛细血管的异常通透性和脆性。

【栽培】槐树为温带树种，喜光，稍耐阴。对土壤要求不严，适生于湿润、深厚、肥沃、排水良好的砂质壤土，在石灰性及轻度盐碱土（含盐量在0.15%左右）上也能正常生长，在干旱、瘠薄、多风的地方也可生长。在低洼积水处生长不良，甚至死亡。采用播种繁殖。10月开始至冬季均可采种。播种后注意保持土壤湿润，幼苗期注意防止种蝇危害。主要病害为腐烂病，可用1：（10～12）碱水、5%苛性钠水溶液、70%托布津200倍液交替防治。主要虫害有蚜虫、槐尺蠖、红蜘蛛。蚜虫可用40%乐果或50%马拉松2000倍液、10%蚜虱净可湿性粉剂3000～4000倍液交替防治。槐尺蠖可用50%杀螟松乳油1000～2000倍液、80%敌敌畏乳油1000～1500倍液、松毛虫杆菌500～1000倍液、50%辛硫磷乳油2000～4000倍液交替防治。红蜘蛛可用杀虫脒700倍液、三硫磷1500倍液、2%阿维菌素乳油2000倍液、20%哒螨灵可湿性粉剂1000～2000倍液交替防治。

八、补益植物

凡能补益机体气血阴阳不足，治疗各种虚症的药物，称为补益药。虚症一般分为气虚、血虚、阴虚和阳虚四种，故补益药也分为补气、补血、滋阴、助阳四类。但在生命活动中，气、血、阴、阳是密切联系的。一般阳虚多兼气虚，而气虚也常导致阳虚，阴虚多兼血虚，而血虚也常导致阴虚。所以在应用补气药时，常与补阳药配伍，使用补血药时常与滋阴药并用。同时，临床上又往往数证兼见，如气血两亏、阴阳俱虚等。因此，补气药、补血药、滋阴药、助阳药常常相互配伍应用。此外，脾胃为后天之本，肺主一身之气，故补气应以补脾、胃、肺为主。肾既主一身之阳，又主一身之阴，使用助阳药、滋阴药时应以补肾阳及滋肾阴为主。

补虚药虽能扶正，但应用不当会产生留邪的副作用，所以当实邪未尽时，不宜早用。若病邪未解，正气已虚，则以祛邪为主，酌加补虚药以扶正，增强抵抗力，达到既祛邪又扶正的目的。

（1）补气药：多味甘，性平或偏温，主入脾、胃、肺经，具有补肺气、益脾气的功效，适用于脾肺气虚证。因脾为后天之本、生化之源，故脾气虚则见精神倦怠、食欲缺乏、脘腹胀满、泄泻等；肺主一身之气，肺气虚则气短气少，动则气喘、自汗无力等。以上诸症多用补气药。气为血帅，气旺可以生血，故补气药又常用于血虚病症。常用补气中草药有人参、党参、太子参、黄芪、山药、白术、甘草、大枣、绞股蓝、盘龙草等。

（2）补血药：多味甘，性平或偏温，多入心、甘、脾经，有补血的功效，适用于体瘦、口色淡白、精神萎靡、心悸脉弱等血虚之症。因心主血、肝藏血、脾统血，故血虚证与心、肝、脾密切相关，治疗时以补心、肝药为主，配以健脾药物。如血虚兼气虚者配用补气药，血虚兼阴虚者配以滋阴药。常用补血中草药有当归、白芍药、熟地黄、何首乌、龙眼肉等。

（3）助阳药：味甘或咸，性温或热，多入肝、肾经，有补阳助肾、强筋壮骨作用，适于形寒肢冷、腰胯无力、阳痿滑精、肾虚泄泻等。因“肾为先天之本”，故助阳药主要用于温补肾阳。对肾阳衰微不能温养脾阳所致的泄泻，也用补肾阳药治疗。助阳药多属温燥，阴虚发热及实热证等均不宜用。常用助阳中草药有巴戟天、肉苁蓉、淫羊藿、益智、补骨脂、杜仲、续断、菟丝子、骨碎补、锁阳、葫芦巴、仙茅等。

(4) 滋阴药：多味甘，性凉，主入肺、胃、肝、肾经。具有滋肾阳、补肺阴、养胃阳、益肝阴等功效，适用于舌光无苔、口舌干燥、虚热口渴、肺燥咳嗽等阴虚证。滋阴药多甘凉滋腻，凡阳虚阴盛、脾虚泄泻者不宜用。常用滋阴中草药有沙参、天冬、麦冬、百合、石斛、女贞子、枸杞子、黄精、玉竹、山茱萸等。

(一) 补气药

1. 人参

图 4－62　人参

【植物来源】为五加科植物人参（*Panax ginseng* C. A. Mey.）的干燥根和根茎，野生者称山参，栽培者称园参。

【产地】主产于吉林抚松、敦化、桦甸、珲春，黑龙江尚志、五常、海林，辽宁桓仁、新宾、本溪、宽甸等地。生于山地的针阔叶混交林或杂木林下。

【采收加工】多于秋季采挖，洗净晒干或烘干。栽培的俗称“园参”；播种在山林，野生状态下自然生长的称“林下参”，习称“籽海”；纯在山林下生长的称“山参”。

【性味归经】甘、微苦、微温。入脾、肺、心、肾经。

【功效主治】大补元气，复脉固脱，补脾益肺，生津养血，安神益智。用于体虚欲脱，肢冷脉微，脾虚食少，肺虚喘咳，津伤口渴，内热消渴，气血亏虚，久病虚羸，惊悸失眠，阳痿宫冷。

【化学成分】含人参皂苷、脂肪油、有机酸、甾醇、挥发油、氨基酸、肽和糖类等。

【药理】对大脑皮质兴奋和抑制过程均有加强作用，尤其加强兴奋功效更为显著；能兴奋垂体一肾上腺系统，从而加强机体对有害因素的抵抗力，提高动物对低温和高温的耐受力；能调节胆固醇代谢，抑制高胆固醇血症的发生；有强心作用；有促进蛋白质、核糖、核酸合成的作用；能刺激造血器官，使造血功能旺盛；能增强机体免疫力，促进免疫球蛋白及白细胞的生成，增强网状内皮系统功效；人参还有提高视力及增强视觉暗适应的作用。

【栽培】人参喜微酸性土壤，怕干旱，忌水涝。忌强光，须搭阴棚栽培。宜选择气候冷凉、空气湿润、降水充足，土壤通透性好、富含有机质和营养元素的壤土或砂质壤土。栽参方式有林地栽培、育林栽培和农田栽培。其中农田栽培须土壤肥沃，前茬以大豆、玉米或麦茬为好。栽培前一年要进行休闲晾地。种子需要经低温发芽处理。播种方法有撒播、条播和点播。移栽一般在 4 月中下旬进行。遮阴棚分全棚、单透棚和双透棚。单透棚是一种透光而不透雨的阴棚，产区已大面积推广应用。阴棚的规格有斜棚、脊棚、拱棚和平棚等。人参病害比较严重，主要有立枯病、黑斑病、锈腐病等，虫害主要是地下害虫。合理的农业措施、相应的化学方法可有效防治病虫害。

2. 党参

【植物来源】为桔梗科植物党参（*Codonopsis pilosula* Nannf.）、素花党参（*Codonopsis pilosula* Nannf. var. *modesta* L. T. Shen.）或川党参（*Codonopsis tangshen* Oliv.）的干燥根。

【产地】党参分布于辽宁、吉林、黑龙江、内蒙古、河北、河南、山东、山西、陕西、甘肃、宁夏、青海、四川。其中甘肃、山西有大量栽培。素花党参分布于甘肃、青海和四川等地，生长于海拔1500～3200 m的山地林下、林边及灌木丛中。

【采收加工】秋季采挖，洗净，晒干。

【性味归经】甘、平。入脾、肺经。

【功效主治】健脾益肺，补血生津。用于脾肺气虚，食少倦怠，咳嗽虚喘，气血不足，面色萎黄，心悸气短，津伤口渴，内热消渴。

【化学成分】含多糖、单糖、党参苷、苍术内酯类、烯醇类，以及白芷内酯、补骨脂素、棕榈酸、阿魏酸、烟酸、香草酸、氨基酸、琥珀酸和无机元素等。

图4—63　党参

【药理】对离体蟾蜍心脏有抑制作用，高浓度可使其停搏；能使麻醉犬与家兔血压显著下降，主要与扩张周围血管有关；小鼠腹腔注射具有明显的抑制中枢神经作用，可对抗电、戊四氮、士的宁引起的惊厥，增强异戊巴比妥钠的催眠作用，亦可协同乙醚的麻醉作用；能使红细胞增加，白细胞减少；能明显增强小鼠腹腔巨噬细胞的吞噬能力。

【栽培】喜凉爽的气候，宜在海拔1300～1600 m的高山地区生长。对光照要求严格，幼苗喜阴，成苗后需全光照。要求土层疏松、深厚肥沃、排水良好及湿润带砂质的腐殖质壤土。忌连作，前茬以马铃薯为好。用种子繁殖，常采用育苗后移栽。种子在白露前后播种，可提前5～6天催芽，待种子裂口后播种。间苗，及时拔草，追肥。当蔓茎长约3 m，蔓高30 cm时搭架。可适当疏枝。病虫害主要有根腐病以及蚜虫、蛴螬、地老虎等，可相应地采取农业措施和化学方法防治。

3. 黄芪

【植物来源】为豆科植物膜荚黄芪（*Astragalus membranaceus* Bge.）或蒙古黄芪（*Astragalus membranaceus* Bge. var. Mongholicus Hsiao）的干燥根。生用或蜜炙用。

【产地】膜荚黄芪分布于东北、华北、西北及山东、四川等省区。生于林缘、灌木丛、草地及疏林下。蒙古黄芪分布于东北、华北、西北，主产于山西、黑龙江、内蒙古等地。生于向阳草地和山坡。多人工栽培。

【采收加工】春、秋二季采挖，除去须根和根头，晒干。

【性味归经】甘、微温。入脾、肺经。

图4—64　膜荚黄芪

【功效主治】补气升阳，益卫止汗，利水消肿，托毒生肌。用于脾气虚证，肺气虚证，中气下陷，久泻脱肛，便血崩漏，表虚自汗，气虚水肿，内热消渴，血虚萎黄，半身不遂，痹痛麻木，痈疽不敛。

【化学成分】含黄芪多糖，胶黄芪苷Ⅰ、Ⅱ，β—谷甾醇，以及氨基酸、蛋白质、胡萝卜素、胆碱、甜菜碱、烟酰胺、叶酸、亚油酸等。其中，黄芪多糖是黄芪发挥作用的主要成分。

【药理】黄芪多糖可显著增强非特异性免疫功能和体液免疫功能；提高患者白细胞诱生干

扰素的能力，对免疫抑制剂造成的免疫功能低下有明显的保护作用，是具有双向作用的免疫调节剂；长期服用具有抗疲劳作用，耐低温、高温作用和延缓衰老作用；有扩张血管和冠状动脉的作用；对于中枢神经系统，可维持数小时的镇静作用，有利于大脑对信息的贮存；有抗菌、抗病毒、抗肿瘤作用。

【栽培】喜凉爽气候，耐寒，怕热；耐旱性强，忌水涝。以土层深厚、富含腐殖质、透水力强的中性和微碱性的砂质壤土为宜。选好地块后于秋末冬初整地深耕。用种子繁殖，在春、秋均可播种。种子播种前须进行处理。穴播或条播均可。主要病虫害有白粉病、根腐病、种子小蜂、豆荚螟、蚜虫等，以农业防治措施为主，如加强栽培管理，特别是水的管理，防止连作及合理轮作等可有效防治病虫害，必要时要使用化学防治。

（二）补血药

1. 当归

【植物来源】为伞形科植物当归（*Angelica sinensis* Diels.）的干燥根。切片生用或酒炒用。

【产地】主产于甘肃、云南、陕西、四川、贵州等地。其中甘肃岷县产量最大，习称“前山当归”或“岷归”，品质最佳。

【采收加工】秋末采挖，除去须根和泥沙，待水分稍蒸发后，捆成小把，上棚，用烟火慢慢熏干。

【性味归经】甘、辛、温。入肝、脾、心经。

【功效主治】补血活血，调经止痛，润肠通便。用于血虚萎黄，心悸眩晕，月经不调，经闭痛经，虚寒腹痛，风湿痹痛，跌扑损伤，痈疽疮疡，风寒痹痛，肠燥便秘。

【化学成分】含挥发油、糖类、维生素、微量元素和有机酸等。

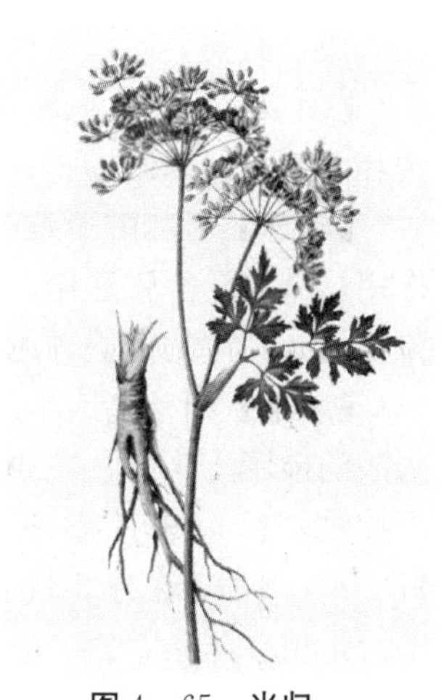

图 4－65　当归

【药理】松弛气管平滑肌，对肠平滑肌痉挛有较强的抑制作用；可激活造血微循环系统中的巨噬细胞、淋巴细胞等，刺激骨髓造血，使外周血白细胞升高；能明显抑制血小板聚集，抑制羟色胺、血栓素样物质的释放；对急性毛细血管通透性增高、组织水肿、慢性炎性损伤具有抑制作用；能扩张外周血管，降低血管阻力，增加循环血液量等，抑制黑色素的形成，对治疗黄褐斑、雀斑等色素性皮肤病效果良好。

【栽培】当归喜气候凉爽、湿润环境，对环境条件有着特殊的要求。当归属低温长日照植物，在生长发育过程中，由营养生长转向生殖生长时，需通过 0℃左右的低温阶段和 12 h 以上的长日照阶段。当归幼苗期喜阴忌阳光直射，荫蔽度以 80%～90%为宜。水分充足是丰产的主要条件。雨水太少会使抽薹率增加，雨水太多则易积水，降低温度，影响生长且易发生根腐病。在土层深厚、肥沃疏松、排水良好、含丰富腐殖质的砂质壤土和半阴半阳生荒地种植当归为好，但忌连作。用种子繁殖，直播或育苗移栽。移栽幼苗如生长过大，易提早抽薹，根木质化，失去药用价值；移栽幼苗过小，也会直接影响根的产量。因此，应选择适宜的播种量，培育中等幼苗，降低抽薹率。重要的还应选择中等成熟度的种子。不使用提早抽薹植株所结种子。田间管理在 5 月苗高 5～7 cm 时除草，要求早除浅除，6 月苗高 13～17 cm 时第二次除草，除深除净，并培土，除第 2、3 次草时，结合拔除抽薹植株，增施饼肥、硝酸铵或尿素等。

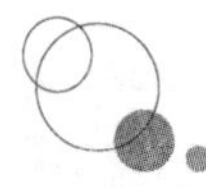

2. 何首乌

图 4－66　何首乌

【植物来源】为蓼科植物何首乌（*Polygonum multiflorum* Thunb.）的干燥块茎。

【产地】分布于河北、河南、山东及长江以南各省区。主产于河南、湖北、广西等省区。生于山坡、石缝、林下。

【采收加工】秋、冬二季叶枯萎时采挖，削去两端，洗净，个大的切成块，干燥。生用或制用。晒干未经炮制的为生何首乌，加黑豆汁反复蒸晒而成为制何首乌。

【性味归经】甘、苦、涩，微温。入肝、心、肾经。

【功效主治】制何首乌，补肝肾，益精血，乌须发，强筋骨，化浊降脂。用于血虚微黄，眩晕耳鸣，须发早白，腰膝酸软，肢体麻木，崩漏带下，高脂血症。生何首乌，解毒消痈，润肠通便，截疟，用于疮痈瘰疬，风疹瘙痒，久疟体虚，肠燥便秘。

【化学成分】含蒽醌类化合物，以大黄素、大黄酚为主，其次为大黄酸、大黄素甲醚和大黄苷，以及二苯乙烯苷、卵磷脂和微量元素。

【药理】对醋酸所致的小鼠腹腔毛细血管通透性亢进及蛋清所致的大鼠足肿胀有明显抑制作用。有血管舒张作用。对 CCl_4、醋酸泼尼松和硫代乙酰胺引起的小鼠肝损伤后的肝脏脂肪蓄积均有一定的保护作用。

【栽培】何首乌为半阳性植物，喜温暖潮湿气候，忌干燥和积水，以选择排水良好、疏松、肥沃的砂壤土为好。主要通过种子、扦插和压条繁殖。种子繁殖：果实于秋季成熟，采收后晾干贮藏，春季 3 月播种、育苗。扦插繁殖：6—8 月间剪取较坚实、健壮的枝条，长 10～17 cm，斜插于苗床，气温 24℃～28℃，土壤保持湿润，经 15 天左右生根，再经一星期左右即可定植。压条繁殖：6—8 月植株生长旺盛时，选健壮、老株枝条，进行波状压条。生长期间及时除草、松土，每年春夏季追施人粪尿或尿素等。秋季追施腐熟的堆肥。夏季发生叶斑病，可用波尔多液（1∶1∶100）防治，蚜虫发生时可用乐果防治。

（三）助阳药

1. 杜仲

图 4－67　杜仲

【植物来源】为杜仲科植物杜仲（*Eucommia ulmoides* Oliv.）的干燥树皮。切丝生用，或酒炒、盐炒用。

【产地】主产于湖北、四川、贵州、云南等省。生于山地林中或人工栽培。

【采收加工】4—6 月剥取树皮，刮去粗皮堆置"发汗"至内皮呈紫褐色，晒干。夏、秋二季枝叶茂盛时采收，晒干或低温烘干。

【性味归经】甘、温。入肝、肾经。

【功效主治】补肝肾，强筋骨，安胎。用于肝肾不足，腰膝酸痛，筋骨无力，头目眩晕，妊娠漏血，胎动不安。

【化学成分】含木质素、苯丙素、环烯醚萜、杜仲胶、多糖、杜仲抗真菌蛋白、黄酮、氨基酸、脂肪酸、维生素及微量元素等。

【药理】有促进胆汁分泌的作用，能增进胆汁和胃液分泌；能刺激副交感神经，加快尿酸转移和排出，利尿作用明显；对大鼠、兔的离体子宫有抑制作用，并对抗垂体的收缩子宫作用；具有一定的抗菌和抗病毒作用。

【栽培】杜仲喜温暖湿润气候，耐寒性较强。自然分布区年平均温度 13℃～17℃，年降水量 500～1500 mm。以阳光充足，土层深厚肥沃、富含腐殖质的砂质壤土、黏质壤土栽培为宜。用种子、扦插、压条、分蘖、嫁接繁殖。以种子繁殖为主。杜仲种子寿命较短，一般不超过 1 年，干燥后失去发芽能力。种子以新鲜、饱满、黄褐色、有光泽为好。若采用春播，则在采种后按种子与湿沙的比例为 1∶6 将种子进行层积处理。或于播种前，用 20℃温水浸种 2～3 天，每天换水 1～2 次，待种子膨胀后取出，稍晒干后播种，可提高发芽率。扦插繁殖适宜在春夏之交（5—7 月）进行。压条繁殖通常于春季树液流动开始旺盛时进行，选取强壮枝条进行压条。嫁接繁殖用两年生苗作砧木，选优良母本树上的一年生枝作嫁穗，选择早春时节切接于砧木上。幼苗忌烈日，要适当遮阴，旱季要及时喷灌防旱，雨季要注意防涝。苗木定植后，要进行整形修剪。病害主要为根腐病。发病初期用 50%托布津 400～800 倍液、退菌特 500 倍液、25%多菌灵 800 倍液灌根。已经死亡的幼苗或幼树要立即挖除烧掉，并在发病处充分杀菌消毒。

2. 菟丝子

【植物来源】为旋花科植物菟丝了（*Cuscuta chinensis* Lam.）或南方菟丝子（Cuscuta australis R. Br.）的干燥成熟种子。

【产地】菟丝子分布于全国各地。生于田边、荒地及灌木丛中，多寄生于豆科、菊科、藜科等植物。南方菟丝子分布于辽宁、华中、华南、西南、陕西、宁夏及新疆。生于田野及路边，寄生于豆科、菊科蒿属、马鞭草科牡荆属等植物。

图 4—68　菟丝子

【采收加工】秋季果实成熟时采收植株，晒干，打下种子，除去杂质。

【性味归经】甘、辛、平。入肝、肾、脾经。

【功效主治】补肾益精，养肝明目，安胎。外用可消风祛斑。用于肝肾不足，腰膝酸软，阳痿遗精，遗尿尿频，胎动不安，目昏耳鸣，脾肾虚泻。

【化学成分】含 β—谷甾醇、芝麻素、棕榈酸、山柰酚、槲皮素、金丝桃苷、咖啡酸，以及多糖、氨基酸和微量元素等。

【药理】可阻止 CCl_4 所致大鼠肝损伤。对小鼠胸腺指数及脾 T、B 淋巴细胞增殖和腹腔巨噬细胞吞噬功效具有明显的抑制作用。能明显提高应激大鼠卵巢内分泌功效，降低血清雌二醇，孕酮水平，增加垂体、卵巢和子宫重量。

【栽培】菟丝子喜高温湿润气候，对土壤要求不严，适应性较强。以种子繁殖。人工栽培时常与豆科植物混种。菟丝子是一年生攀缘性的草本寄生性种子植物，园林植物受其寄生危害时，轻则影响植物生长和观赏效果，重则致植物死亡。

3. 锁阳

【植物来源】为锁阳科植物锁阳（*Cynomorium songaricum* Rupr.）的干燥肉质茎。

【产地】主要分布于甘肃、内蒙古、青海、新疆等地。生于温暖和阳光充足的环境，土壤

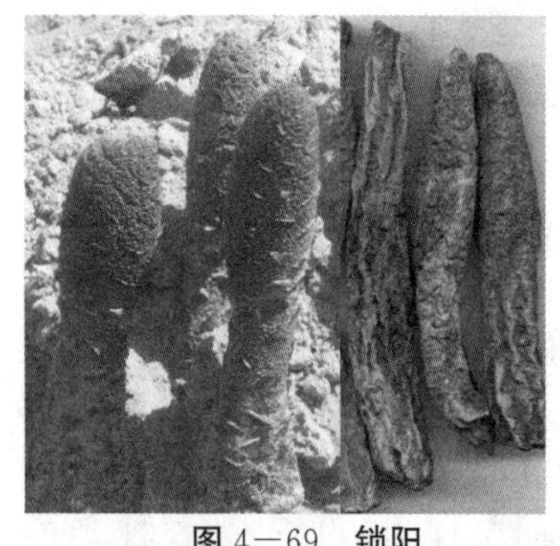
图 4—69　锁阳

以肥沃、疏松的砂质壤土为宜。

【采收加工】夏、秋二季果实成熟时采割植株，打下种子，除去杂质，晒干。

【性味归经】甘、温。入肾、肝、大肠经。

【功效主治】甘、辛、温。补肾健脑，通经通乳，利尿。用于耳鸣健忘，经闭乳少，热淋石淋。

【化学成分】含熊果酸、异槲皮苷、根皮苷、姜油酮葡糖苷、β—谷甾醇、琥珀酸、没食子酸、原儿茶酸和邻羟基肉桂酸，以及多糖、氨基酸和鞣质等。

【药理】可增强小鼠血清和线粒体内超氧化物歧化酶的活性，促进小鼠清除超氧阴离子自由基，降低血清中丙二醛含量，降低细胞损伤程度。对正常小鼠的体液免疫有明显的促进作用。能延长小鼠常压耐缺氧和硫酸异丙肾上腺素所致缺氧小鼠的存活时间。有促进动物性成熟及性行为的作用，但未经炮制的锁阳可使睾丸显著萎缩，血浆睾酮浓度显著降低。

【栽培】由于锁阳寄主单一，种子与宿主根部直接接触机会较少，种子萌发难、生长周期长等因素造成人工栽培锁阳至今未形成规模。

（四）滋阴药

1. 百合

【植物来源】为百合科植物百合（*Lilium brownii* F. E. Brown var. Viridulum Baker）、细叶百合（*Lilium pumilum* DC.）或卷丹（*Lilium lancifolium* Thunb.）的干燥肉质鳞叶。生用或蜜炙用。

图 4—70　百合

【产地】百合、卷丹几乎遍布全国，部分地区有栽培。生于林缘路旁、山坡草地。细叶百合分布于黑龙江、吉林、辽宁、河北、河南、山东、山西、内蒙古、陕西、宁夏、甘肃、青海等省区，生于向阳山坡，或有栽培。

【采收加工】秋季采挖，洗净，剥取鳞叶，置沸水中略烫，干燥。

【性味归经】甘、寒。入心、肺经。

【功效主治】养阴润肺，清心安神。用于阴虚燥咳，劳嗽咯血，虚烦惊悸，失眠多梦，精神恍惚。

【化学成分】含皂苷、β—谷甾醇、胡萝卜素苷、多糖、磷脂酰胆碱、双磷脂酰甘油、磷脂酸、秋水仙碱、氨基酸（天冬氨酸、谷氨酸、赖氨酸）、多种元素（钙、磷和铁）等。

【药理】对氨水所致的小鼠咳嗽有抑制作用，蜜炙后上述止咳作用增强，且能增加气管分泌而起到祛痰作用；可延长正常小鼠常压耐缺氧和硫酸异丙肾上腺素所致缺氧小鼠的存活时间；可以明显延长动物负荷游泳时间，可使肾上腺皮质激素所致的“阴虚”小鼠及烟熏所致的“肺气虚”小鼠负荷游泳时间延长。

【栽培】百合喜冷凉的气候，生长适宜温度范围 15℃～25℃。能耐干旱，较耐寒，地下鳞茎在土中越冬能忍受－10℃的低温，怕水涝，生长期土壤湿度不能过高，否则易引起鳞茎腐烂。在土层深厚、肥沃疏松的砂质壤土中，鳞茎色泽洁白、肉质较厚。在半阴半阳、微酸性土质的地块生长良好。偏碱性及过黏、低洼易积水之地不宜栽培。根系粗壮发达，耐肥。肉质根

称“下盘根”，吸收水肥能力强，隔年不枯死，纤维状根称“上盘根”，每年与茎干同时枯死。地上茎的叶腋间生“株芽”，入土部分茎节上可长出“籽球”，即小鳞茎。忌连作。选地前以豆类或禾谷类作物为好。生产上主要用鳞片进行无性繁殖，也用籽球和珠芽进行繁殖，很少使用有性繁殖。除留种地外，在花蕾转色未开时，要及时摘除花蕾。及时消灭传染病害的蚜虫。

2. 石斛

【植物来源】为兰科植物金钗石斛（*Dendrobium nobile* Lindl.）、鼓槌石斛（*Dendrobium chrysotoxum* Lindl.）或流苏石斛（*Dendrobium fimbriatum* Hook.）的栽培品及其同属植物近似种的新鲜或干燥茎。生用或熟用。

图 4－71 金钗石斛

【产地】金钗石斛分布于西南、华南地区，贵州有大量栽培。

【采收加工】全年均可采收，鲜用者除去根和泥沙，干用者采收后，除去杂质，用开水略烫或烘软，再边搓边烘晒，至叶鞘搓净，干燥。

【性味归经】甘、微寒。入胃、肾经。

【功效主治】益胃生津，滋阴清热。用于热病津伤，口干烦渴，胃阴不足，食少干呕，病后虚热，目暗不明，筋骨痿软。

【化学成分】含石斛碱、石斛氨碱、石斛醚碱以及多糖、氨基酸和微量元素等。

【药理】浸膏对豚鼠离体肠管有兴奋作用，可使其收缩幅度增大；能显著提高 SOD 水平，从而起到降低过氧化脂质含量的作用；合剂能显著降低高血糖模型动物的血糖水平，并使血糖降至正常水平。

【栽培】喜温暖湿润气候和半阴半阳的环境，不耐寒，忌霜冻。用无性繁殖或试管苗快速繁殖。无性繁殖有分株、扦插育苗和腋芽繁殖。目前以分株繁殖为主。可采取贴石栽植和贴树栽植法。选地应建网棚，适时调整郁闭度。

图 4－72 山茱萸

3. 山茱萸

【植物来源】为山茱萸科植物山茱萸（*Cornus officinalis* Sieb. Et Zucc.）的干燥成熟果肉。生用或熟用。

【产地】主产于浙江淳安、昌化，河南南阳、嵩县、济源、巩义，安徽歙县、石埭等地亦产。

【采收加工】秋末冬初果皮变红时采收果实，用文火烘或置沸水中略烫后，及时除去果核、干燥。

【性味归经】酸、涩、微温。入肝、肾经。

【功效主治】补益肝肾，收涩固脱。用于眩晕耳鸣，腰膝酸痛，阳痿遗精，遗尿尿频，崩漏带下，大汗虚脱，内热消渴。

【化学成分】含山茱萸苷、马钱子苷、棕榈酸、异丁醇、葡萄糖、果糖和蔗糖等。

【药理】对肾上腺素性糖尿病大鼠有明显的降血糖作用；对金黄色葡萄球菌、伤寒杆菌、痢疾杆菌和紫色毛藓菌等有抑制作用。

【栽培】山茱萸喜温暖、湿润、凉爽气候，喜阳光，较耐寒，适应性较强，对土壤要求不严。宜在背风向阳的山坡、沟边生长。实生苗 5～7 年开花，10～20 年进入盛果期。常用种子繁殖，也可用嫁接、压条、扦插繁殖。种子繁殖：秋季果熟期，采收个大、色红的果实作种，剥取果肉，清洗出种子，与细沙分层贮藏越冬催芽，3—4 月春播，可以采用育苗移栽法或直播法。嫁接繁殖：嫁接繁殖可以达到早果丰产的目的。嫁接用的砧木采用本砧，接穗采自已开花结果的优良母株上树冠外围的 1～2 年生壮枝，于 7—9 月采用“T”字形盾芽嵌接法或于 2—3 月采用切接法。一般实生苗从播种到结果需 8 年以上，嫁接苗只需 2～3 年。山茱萸栽培过程中采用拉枝、环剥、摘心、生长抑制剂促花及整形修剪等技术可以丰产。病虫害防治：病害有灰色膏药病，成年植株易发生，由介壳虫传染，发病初期喷 1∶1∶100 波尔多液保护；炭疽病，于 6 月上旬发病，危害果实，防治方法参见灰色膏药病；白粉病，危害植株，发病初期喷 50%托布津 1000 倍液；虫害有蛀果蛾危害果实，喷 2.5%溴氰菊酯 5000 倍液防治。

第四节　农药植物

农药植物资源是指植物体内含有驱拒、干扰或毒杀害虫，抑制病菌和杂草等物质的一类植物。农药植物在我国分布广泛，品种繁多。例如南方的鱼藤、新疆的毒藜、中部及西南部的苦苷。

农药植物的有效成分多为生物碱、苷类、挥发油、鞣质、树脂、鱼藤酮、蜕皮激素等。

生物碱是生物体内一类含氮的有机化合物的总称。通常呈碱性，游离的生物碱难溶于水，易溶于酒精、乙醚，遇稀酸成盐类。在植物体内多以植物碱盐的形式存在，能溶于水。常见的生物碱包括箭毒、马钱碱及吗啡等剧毒物质，近年研究较多的是具有强神经毒性的二萜类生物碱，它们是毛茛科乌头属和飞燕草属植物的剧毒成分，如乌头碱、牛扁碱以及美洲剧毒植物中的里安那碱等。

苷类主要是皂苷、氰苷和芥子苷。皂苷是碳氢化合物的一种，呈中性或碱性，易与水形成胶体溶液，遇酸易水解，具吸湿性。能产生较多的泡沫，具湿润性及微弱乳化性，掺入药剂中，可提高药效。通常在植物的茎、叶、果实中含量较多。氰苷存在于一些禾本科植物、豆科植物、块根作物和水果核（仁）中。芥子苷（葡萄糖异硫氰酸盐，glucosindates）是存在于十字花科植物中的一类硫苷，它是一种阻抑机体生长发育和致甲状腺肿的毒素。

挥发油是由多种化合物组成的混合物。易溶于酒精、乙醚，难溶于水。易挥发，可采用蒸馏法制取。对害虫有熏蒸、触杀作用。通常植物的叶、果皮、花及种子中含量较多，如槐树、柑橘等。

鞣质又称单宁，是一种结构复杂，具有收敛性的非结晶物质，其主要化学成分为多元酚的衍生物和含糖物质，能对害虫体内的蛋白质起破坏作用。依据其能否被酸、碱、酶水解，分为水解鞣质和缩合鞣质两类。水解鞣质分子中具有酯键和苷键，因其能被酸、碱、酥（鞣酥或葡萄糖等）水解而失去鞣质的特性。水解产物为糖类和多元酚酸类。缩合鞣质不含酯键，分子中多为 C—C 键的缩合物，不能被水解，但在用酸碱处理或加热条件下，或与酶、空气接触时，易缩合成高分子不溶于水的鞣红而失去鞣性。

树脂具有溶解害虫体表蜡质，促进药液进入虫体的作用。树脂与稀酸混合易变质失效。

鱼藤酮类化合物是异黄酮类的一种，显微黄色，具有杀虫和毒鱼的作用，易分解，在空气中易氧化，残留时间短，对环境无污染，存在于多种植物的根部。其他一些具有四环结构的化合物，如灰叶素、灰叶酚等通常称为鱼藤酮类化合物。鱼藤酮对菜粉蝶幼虫、小菜蛾和蚜虫等昆虫具有强烈的触杀作用和胃毒作用，对日本甲虫有拒食作用，对某些鳞翅目害虫有生长发育

抑制作用，对一些害虫还有熏杀作用。此外，鱼藤酮还有杀菌作用。

蜕皮激素具有甾体结构，能促进细胞生长，刺激昆虫真皮细胞分裂产生新的表皮并使之蜕皮。蜕皮激素广泛存在于蕨类植物、裸子植物和被子植物中，代表化合物为β—蜕皮甾酮。甾体类蜕皮激素一般由27个碳原子组成骨架，具有较大的水溶性。

植物农药按使用目标分为：①杀虫剂类植物农药，指含有对害虫有毒杀作用物质的种类；②杀菌剂类植物农药，指含有对植物病菌有杀灭作用物质的种类；③除草剂类植物农药，指含有对杂草有抑制或杀灭作用物质的种类。(2) 按杀虫、杀菌或除草方式分为：①寄生性植物农药，也称微生物农药，指利用寄生植物的寄生作用杀灭病虫害和病菌；②毒杀性植物农药，指利用植物的次生代谢产物杀灭虫害和植物病菌；③激素性生物农药；④驱拒性植物农药。(3) 按利用的化学成分分为酚类、萜类、生物碱类、炔类、蛋白质毒素、生氰酸苷及各种信息素或激素类等植物次生代谢化合物。

一、杀虫植物

天然植物中具有丰富的杀虫活性物质，如烟碱、喜树碱、百部碱、藜芦碱、苦参碱、雷公藤碱、小檗碱、木防己碱、苦豆子碱等生物碱类，印楝素、川楝素、茶皂素、苦皮藤素、闹羊花素等萜类，等等。

图4—73　楝

1. 川楝

楝科楝属植物楝（*Melia toosendan* Sicb. ct Zucc.），产于甘肃、湖北、四川、贵州和云南等省，其他省区亦广泛栽培；生于土壤湿润、肥沃的杂木林和疏林内。

【成分】含川楝素、多种四环三萜化合物、苦楝子酮、苦楝子醇、21—O—乙酰川楝子三醇、21—O—甲基川楝子五醇等。

【功能】果、皮和叶有驱虫和杀虫作用，能抑制昆虫的食欲和生长。低浓度川楝素对整条猪蛔虫及其节段有明显的兴奋作用，表现为自发活动增强，间歇地出现异常的剧烈收缩，运动的规律破坏，持续10～24小时。川楝素还能使虫体三磷酸腺苷的分解代谢加快，造成能量的供不应求，导致收缩性痉挛而疲劳，最后使虫体不能附着肠壁而被驱出体外。

2. 苦参

豆科槐属植物苦参（*Sophora flavescens* A.），常生长于河边草地、沙荒地、碱性砂质草地。主产于山西、河南、河北等地，全国各地皆有分布。

【成分】根中主要含生物碱类和黄酮类化合物。生物碱类主要有苦参碱、司巴丁、N—甲基司巴丁、白金司巴丁、槐定碱、异苦参碱、氧化苦参碱、槐醇碱（又名羟基苦参碱）、槐果碱（又名槐根碱）、苦参烯碱、臭豆碱、氧化槐果碱。黄酮类主要有异去氢淫羊藿素、降脱水淫羊藿素、苦醇、异黄腐醇、降苦参酮、苦参酮、

图4—74　苦参

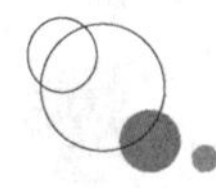

异苦参酮、苦参醇、苦参素、次苦参素、次苦参醇、新苦参醇、降苦参醇、槐属二氢黄酮、芒柄花黄素、黄腐醇、苦参啶、苦参丁醇、高丽槐素和红车轴草根苷，另含有多种氨基酸成分、挥发油类成分、糖类成分、有机酸类成分、内酯类成分。

【功能】根的提取液可以防治稻飞虱、金龟子、蝼蛄、地老虎、菜青虫，效果良好。地上部分的水浸液对大豆蚜虫的杀虫率达 81.4%。根的 5 倍水溶液对小麦秆锈病的杀菌效果达 100%。主要成分苦参碱能对害虫中枢神经产生麻痹和毒性作用，采用胃杀和触杀双管齐下的方法消灭害虫，通过双重作用使虫体神经麻痹，体内蛋白质凝固，堵死虫体气孔，打破其生理代谢平衡，窒息而死。

图 4—75 苦皮藤

3. 苦皮藤

卫矛科南蛇藤属植物苦皮藤（*Celastrus angulatus* Maxim），生于山地的次生林或山坡上，广泛分布于湖北、陕西、河南、四川、江西、湖南、江苏、安徽、山东、甘肃、云南、贵州、广西、广东等地。

【成分】含有生物碱、萜类、强心苷及黄酮类化合物。包括 β—二氢沉香呋喃多元醇酯化合物、间苯二酚、麝香草酚、儿茶素等。

【功能】对害虫的作用方式有很多种，直接作用于害虫的有通过麻醉作用、拒食作用和毒杀作用使害虫缓慢死亡，其麻醉成分苦皮藤素可能作用于神经—肌肉接头处，与谷氨酸受体结合，抑制了兴奋性接点电位，因而兴奋传导被阻断，试虫出现肌肉松弛，虫体瘫软；其杀虫机理可能与苏云金杆菌 δ—内毒素对试虫的作用机理相似，即作用于试虫中肠肠壁细胞膜上的特异受体蛋白。苦皮藤制剂的杀虫方式还包括浸泡植物根系，使之在植物体内传导，表现为内吸防虫作用；还有抑菌作用和杀卵作用。苦皮藤的根皮粉、叶子粉和茎皮粉用于防治蔬菜害虫。

二、杀菌植物

1. 白芷

伞形花科当归属植物白芷（*Angelica dahurica* Benth. et Hook. f. ex Franch. et Sav.），多生于湿草甸、灌木丛间、林缘溪流边、山坡草地；一般多见于砂质土或石砾质土壤。产于东北和河北、山西、内蒙古，我国各省区均有栽培。

图 4—76 白芷

【成分】根部含多种以呋喃香豆素为主的香豆素类化合物，如氧化前胡素、欧前胡素、异欧前胡素、比克白芷素、比克白芷醚、脱水比克白芷素、辛比克白芷醚、水合氧化前胡素、珊瑚菜素、花椒毒酚、东莨菪素、水合比克白芷素、花椒毒素、异氧化前胡素、别欧前胡素、异紫花前胡内酯等。此外，还含有胡萝卜苷、生物碱等。

【功能】对大肠杆菌、宋氏痢疾杆菌、弗氏痢疾杆菌、变形杆菌、伤寒杆菌、副伤寒杆菌、绿脓杆菌、霍乱弧菌、革兰氏阳性菌及人型结核分枝杆菌等有不同程度的抑制作用。白芷的有效成分能破坏菌体的细胞结构，对许多霉菌具有高效杀抑作用，且性能稳定、低毒，优于其他防霉剂。用作农药可防治蚜虫、稻飞虱、潜叶蝇等。

2. 黄花蒿

菊科蒿属植物黄花蒿（*Artemisia annua* L.），喜光，多生于荒地、河岸、路旁、村边等处。我国南北各省均有分布。

图 4—77　黄花蒿

【成分】黄花蒿含多种倍半萜内酯，如黄花蒿酸、黄花蒿甲酯、黄花蒿醇、棕榈酸、香豆素、3，5—二羟基—6，7，3'，4'—四甲氧基黄酮醇、3，5，3—三羟基—6，7，4'—三甲氧基黄酮醇、5—羟基—3，6，7，3'，4'—五甲氧基黄酮、二十八烷醇、二十九烷、二十五烷、二十三烷酮、9—香树脂醇乙酸酯、β—谷甾醇、豆甾醇、二肽化合物、烯炔化合物等。全株含挥发油 0.3%～0.5%，主要成分为青蒿素、青蒿内酯、樟脑、α—蒎烯、p—蒎烯、1，8—桉叶素、蒿酮、青蒿酸、青蒿醇等。

【功能】青蒿素是黄花蒿精油中抗疟疾的有效成分，能明显抑制恶性疟原虫无性体的生长裂殖，对鼠疟原虫主要作用于膜系结构，干扰表膜、线粒体的功能，从而起到杀灭疟原虫的作用。黄花蒿精油还具有明显的抗真菌作用。对石膏样毛发癣菌、絮状表皮癣菌、断发毛癣菌等有明显作用。研究证实，适当浓度的青蒿提取物，可以调节水稻、小麦等作物的生长，提高种子活力和多种酶的活性，也对多种病原微生物有抑制作用。青蒿素等萜类化合物可以作为一种植保素来抵抗病虫害。此外，黄花蒿粗提取物对白蚁、赤拟谷盗、棉蚜及棉红蜘蛛都有较好的拒食性。此外，倍半萜内酯化合物，在低浓度时能对许多杂草产生植物毒性，但黄花蒿本身并不受伤害。

图 4—78　蛇床

3. 蛇床子

伞形科蛇床属植物蛇床（*Cnidium monnieri* L.），多分布于海拔较低的河谷、田边、湿地、草地、丘陵及山区。喜生于开阔向阳、湿润、排水良好的砂质土壤中。伴生植物主要为农作物和常见杂草。我国南北各省均有分布。

【成分】主要成分为二甲基乙烯酮、α—蒎烯、莰烯、β—蒎烯、柠檬烯、十一烷、异龙脑、龙脑、α—香柠檬烯、α—金合欢烯、橙花叔醇、异橙花叔醇、香芹醇丙酸酯、苯乙酸丁酯、乙酸龙脑酯、顺—香芹醇、反—香芹醇、反—β—金合欢烯、β—金合欢烯、β—甜没药烯、邻苯二甲酸二异丁酯、棕榈酸、黄原毒（花椒毒素）、佛手柑内酯、蛇床子素、亚油酸、油酸、硬脂酸、异虎耳草素、花生酸、花生酸乙酯等。

【功能】蛇床子素对须发癣菌具有较强的抑制作用，花椒毒酚具有明显的抗霉菌作用；蛇床子素、佛手柑内酯、异虎耳草素、花椒毒酚、花椒毒素对黄曲霉素 B1 诱导的抑制作用具有较高的活性。

三、除草植物

农业科学家发现，一些植物能够抑制生命力极强的杂草的生长。例如，荞麦可以显著抑制匐枝冰草、看麦娘和一年生水苏的生长。小麦可以强烈抑制田堇菜的生长。甜菜能抑制麦仙翁种子的萌发。燕麦能够抑制滨藜和狗尾巴草。大麻对许多杂草都有抑制作用。用臭椿叶煎汁喷浇在寄生于苜蓿的菟丝子上，可以使菟丝子大量死亡。目前已发现 30 多个科的植物含有近百种除草活性化合物，这些植物被称为除草植物。植物除草剂多来自植物分泌的化感物质，目前已被鉴定的化感物质大多数是莽草酸和乙酸途径的产物，包括酚类、肉桂酸、苯甲酸、单宁、类黄酮、类萜、生物碱、类固醇、甾类化合物和醌。

图 4—79　臭椿

1. 臭椿

苦木科臭椿属植物臭椿（*Ailanthus altissima* Swingle），喜光，不耐阴，喜生于向阳山坡或灌丛中，村庄房前屋后多栽培。我国除黑龙江、吉林、新疆、青海、宁夏、甘肃和海南外，各地均有分布。向北直到辽宁南部，共跨 22 个省区，以黄河流域为分布中心。

【成分】含有铁屎米酮生物碱、乙烯基卡波啉型生物碱、具有卡波啉结构的吲哚生物碱、脱氧臭椿苦酮、乙酰臭椿苦内酯、臭椿苦内酯、臭椿双内酯、臭椿内酯、达玛烷型三萜类化合物、甾体化合物、脂肪酸、酯类、烯类等化合物。

【功能】臭椿提取物中存在的化感物质对播娘蒿、刺槐、反枝苋、藜、荠菜、萝卜、水芹、马齿苋等种子的萌发、幼苗生长有明显的抑制作用。

2. 胡桃

胡桃科胡桃属植物胡桃（*Juglans regia*），又名核桃，喜肥沃湿润的砂质壤土，生于海拔 400～1800 米的山坡和丘陵地带，我国平原及丘陵地区常见栽培，常见于山区河谷两旁土层深厚的地方。产于华北、西北、西南、华中、华南和华东。

图 4—80　胡桃

【成分】含有 3，5—二羟基—1，4—萘醌、2，4—二羰基六氢—1，3—二氮杂卓、没食子酸、没食子酸甲酯、鞣花酸、3，3′—二甲氧基鞣花酸（7）、3，3′—二甲氧基鞣花酸—4—O—β—D—吡喃木糖苷、3，4—二甲氧基鞣花酸—3—O—L—吡喃鼠李糖苷、1—O—（香草酸）—6—（3，5—二—O—甲基—没食子酰基）—D—吡喃葡萄糖苷、1—O—（3，5—二—O—甲基—没食子酰基）—6—（3，5—二—O—甲基—没食子酰基）—D—吡喃葡萄糖苷、齐墩果酸、熊果酸、软脂酸—1—单甘油酯等。

【功能】胡桃的根皮、树皮、青果皮、叶中都含有胡桃醌，它能明显抑制植物幼苗生长。胡桃醌是现已证明唯一由高等植物产生的萘醌类克生物质。此外，胡桃醌还具有抗肿瘤、抗菌等作用。

3. 猪毛蒿

菊科蒿属植物猪毛蒿（*Artemisia scoparia* Waldst. et Kit），遍及全国，东部、南部省区分布在中、低海拔地区的山坡、旷野、路旁等，西北省区分布在中、低海拔至 2800 米的地区。西南省区最高分布到 4000 米地区，在半干旱或半湿润地区的山坡、林缘、路旁、草原、荒漠边缘地区都有，局部地区构成植物群落的优势种。

图 4—81　猪毛蒿

【成分】含有月桂烯、柠檬烯、罗勒烯、萜品烯等精油类化合物。

【功能】猪毛蒿精油对香附子（*Cyperus rotundus* L.）、小子虉草（*Phalaris minor*）和野燕麦（*Avena fatua* Linn.）具有较强的除草活性，其中对香附子的活性最强。猪毛蒿精油处理后香附子脂质过氧化，细胞膜破裂，内溶物外渗，细胞结构严重损伤。

第五节　有毒植物

植物的有毒成分指存在于植物体内的能引起人和动物在临床上表现出中毒症状和病理变化的某一种化合物或多种化合物。

我国有毒植物种类和资源较丰富，其地理分布与我国植被区域有密切关系。有毒植物多集中分布于亚热带常绿阔叶林和热带雨林区，特别是西南的云南、四川和华南的广西、广东以及福建等省区。其他一些地区，如青藏高原、西沙群岛等地也有重要的有毒植物分布。华东、华中和华北是我国经济文化发达地区，自然植被已受到严重破坏，有毒植物种类分布较少。

我国有毒植物约 1300 种，分布于 140 科。毛茛科、杜鹃花科、大戟科、茄科、百合科、豆科等科的有毒种最多，约 330 种，在我国广泛分布。毛茛科有毒植物主要集中在乌头属、银莲花属、翠雀属、毛茛属。杜鹃花科主要集中在杜鹃花属，大戟科主要集中在大戟属，豆科等分布则较分散。其他有毒植物较多的科有：天南星科、萝藦科、菊科、罂粟科、芸香科、夹竹桃科、伞形科、防已科、马钱科、瑞香科、木兰科、荨麻科、漆树科等。马桑科、商陆科虽属小科，但多数种有毒，在有毒植物中占有重要地位。在我国常引起中毒的一些有毒植物种有：苍耳、乌头、莽草、油桐子、马桑、昆明山海桑、藜芦、百部、天南星、大戟、养踯躅、鸦胆子、曼陀罗、狼毒、钩吻、夹竹桃、乌桕、杏仁等。

植物的有毒物质可分为三类：①植物天然产生的有毒物质；②病害及霉败植物中的有毒物质，如黑斑病甘薯中的甘薯酮；③植物从环境中富集的有毒元素，如重金属富集植物。其中，植物天然产生的有毒物质种类很多，包括非蛋白质氨基酸、肽类、苷类、生物碱、酚类及其衍生物、无机化合物和简单有机化合物等。

一、含苷类植物

苷是糖和非糖分子缩合生成的化合物，其分子中非糖部分称为苷配基。植物中很多化学成分均能与糖结合生成苷，以苷的形式存在。苷类有醇苷、氰苷、含硫苷、蒽苷、香豆精苷、黄酮苷、皂苷等多种类别，主要的有毒苷类化合物有氰苷、芥子油苷、甾苷、多萜苷类。氰苷是最常见的有毒苷类，大约存在于 80 科 250 属的 1000 种植物中，在豆科、蔷薇科、藜科、大戟科、虎耳草科、桃金娘科、亚麻科、禾本科、忍冬科、紫葳科、水麦冬科等科中含量较高。芥子油苷主要存在于十字花科植物中，此科 1500 种植物中约有 300 种含有芥子油苷，白花菜科、大戟科植物中也有存在。强心苷是有强心作用的甾体苷类，约分布于 12 科 130 种植物中，广泛存在于夹竹桃科、萝藦科、百合科、毛茛科、玄参科中，对动物有强烈的毒性。皂苷存在于 70 多种植物中，商陆科、桃金娘科、五加科、薯蓣科等均含有有毒皂苷成分。

1. 红花夹竹桃

夹竹桃科夹竹桃属植物红花夹竹桃（*Nerium indicum* Mill.），灌木，花为红色或白色。全国各省区有栽培，尤以南方为多，常在公园、风景区、道路旁或河旁、湖旁周围栽培；长江以北栽培者须在温室越冬。

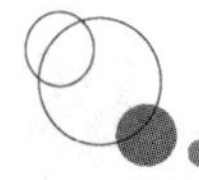

图 4－82　红花夹竹桃

【成分】富含多种强心苷，主要存在于叶、茎皮和根中。目前已分离出 20 多种，包括洋地黄毒苷元、夹竹桃苷元、乌沙苷元、欧夹竹桃苷元、奈利苷元等。

【毒性】①直接刺激心肌，使其收缩力增强，引起心室额外收缩或心室纤维性颤动，房室传导阻滞。②兴奋延髓中枢，使迷走神经作用亢进，从而使心搏减慢、心肌紧张力递增，导致窦性心律不齐，形成不完全的心传导阻滞，心搏骤停。③刺激肠、胃、子宫平滑肌收缩，引起恶心、呕吐、腹痛及流产等。④增强血管收缩，使小毛细血管充血以致出血，尤其是内脏，常呈殷红色。

2. 箭毒木

图 4－83　箭毒木

桑科见血封喉属植物箭毒木（*Antiaris toxicaria* Lesch.），又名见血封喉，产于广东（雷州半岛）、海南、广西、云南南部。多生于海拔 1500 米以下的雨林中。

【成分】树液含 α－见血封喉苷、β－见血封喉苷、马来毒箭木苷、19－去氧－α－见血封喉苷、19－去氧－β－见血封喉苷、铃兰毒原苷、洋地黄毒苷元－α－鼠李糖苷、铃兰毒苷。种子含有加拿大麻苷、加拿大麻醇苷、毒毛旋花子阿洛糖苷、杠柳阿洛糖苷、萝藦苷元－α－L－鼠李糖苷、铃兰毒苷，见血封喉鼠李糖苷、毒毛旋花子爪哇糖苷、见血封喉去氧阿洛糖苷、见血封喉阿洛糖苷、见血封喉爪哇糖苷、毒花毛苷元、萝藦苷元、见血封喉苷元。

【毒性】树液有剧毒。常用它与士的宁碱混合作为箭毒药用。树液由伤口进入体内引起中毒，主要症状有肌肉松弛、心跳减缓，最后心跳停止而死亡。动物中毒症状与人相似，中毒后 20 分钟至 2 小时内死亡。

二、含生物碱类植物

生物碱是植物有毒成分中最大的一类。许多生物碱是有毒的，如乌头碱、藜芦碱、马钱子碱、毒芹碱等。这些有毒生物碱在夹竹桃科、小檗科、豆科、罂粟科、茄科、百合科、防己科、马钱科等科植物中广泛分布。

1. 乌头

毛茛科乌头属植物乌头（*Aconitum carmichaelii* Debx）在我国分布于云南东部、四川、湖北、贵州、湖南、广西北部、广东北部、江西、浙江、江苏、安徽、陕西南部、河南南部、山东东部、辽宁南部。在四川西部、陕西南部及湖北西部一带分布于海拔 850～2150 米，在湖南及江西分布于 700～900 米，在沿海诸省分布于 100～500 米；生于山地草坡或灌丛中。

图 4－84　乌头

【成分】含有乌头碱、苯甲酰中乌头原碱、中乌头原碱、乌头原碱、下乌头碱等生物碱类化合物。

【毒性】全草有毒，尤以根最毒。人中毒后主要症状有流涎、恶心、呕吐、腹泻、头昏、全身发麻、脉搏减少、呼吸困难、手足抽搐、神志不清、大小便失禁、血压及体温下降、心慌气闷、心律快而不规则且有频繁期外收缩。小鼠腹腔注射 20 g/kg 块根的乙醇物，30 分钟后出现共济失调，半数死亡。

图 4－85　曼陀罗

2. 曼陀罗

茄科曼陀罗属植物曼陀罗（*Datura stramonium* Linn.）广布于世界各大洲，我国各省区都有分布。常生于住宅旁、路边或草地上。

【成分】主要含东莨菪碱、莨菪碱，其次有阿托品、阿朴阿托品、降阿托品、曼陀罗素、曼陀罗碱等。总生物碱含量在开花末期最高，到种子成熟时迅速下降。

【毒性】全草有毒，以果实特别是种子毒性最大，嫩叶次之。干叶毒性小于鲜叶。一般在食后半小时，最快 20 分钟出现症状，最迟不超过 3 小时。临床表现为副交感神经系统的抑制和中枢神经系统的兴奋，有口干、吞咽困难、声音嘶哑，皮肤干燥、燥红、发热，心跳增快、呼吸加深、血压升高，头痛、头晕、烦躁不安、幻听幻视、神志模糊、哭笑无常，肌肉抽搐、共济失调或出现阵发性抽搐及痉挛。此外，尚有体温升高、便秘、散瞳及膝反射亢进。以上症状多在 24 小时内消失或基本消失，严重者在 12～24 小时后进入昏睡、痉挛、发绀，最后昏迷死亡。

三、含毒肽（蛋白）植物

蛋白质和肽都是由氨基酸乙酰胺键连接的化合物，分子量较小的物质称为肽或多肽，一般指 50 个以下氨基酸组成的化合物，而将 50 个以上氨基酸组成的大分子化合物称蛋白质，但二者间并无严格的界限，而有许多共同的特征和性质。蛋白质和肽是植物重要的功能组织，具有催化、贮藏等功能。一般以种子和根部含量较多。植物蛋白质大多是无毒的，但也有少数有毒甚至有剧毒，如毒伞蕈毒素、槲寄生毒素、蓖麻毒素、巴豆毒素、麻疯树毒素、胡拉毒素、刺槐毒素、相思子毒素、洋刀豆血球凝集素、大豆凝血素、莱都毒素、野豆凝血素等。

1. 相思子

豆科相思子属植物相思子（*Abrus precatorius* L.）产于台湾、广东、广西、云南等省。生于山地疏林中。广布于热带地区。

【成分】种子中主要有毒成分是相思子毒素。其他成分有相思子凝血素、相思子酸、甾体化合物相思子辛和相思子定等。种子、叶和根均含有多种吲哚或哌啶类生物碱，如相思子碱等。

图 4－86　相思子

【毒性】种子剧毒，叶和根次之。种子外壳较硬，误食无破损的种子不易中毒，而一粒果仁即可使人致死。各种动物对相思子的毒性有不同的敏感性，如 60 g 种子可使马致死，而同样的剂量对牛、羊和猪不会引起死亡。小鼠腹腔注射种子的乙醇提取物（相当于种子 20 g/kg），2～5 分钟后出现共济失调、翻正反射消失，大部分死亡。试验表明，动物可以通过逐步增加食用量而获得免疫能力。相思子中毒症状包括：在数小时至一日内出现食欲缺乏、恶心、呕吐、肠绞痛、腹泻、便血、无尿、瞳孔散大、惊厥、呼吸困难和心力衰竭，严重的呕吐和腹泻可导致脱水、酸中毒和休克，甚至出现黄疸、血尿等溶血现象，一般因呼吸衰竭而死亡。

2. 蓖麻

大戟科蓖麻属植物蓖麻（*Ricinus communis* L.）原产地可能在非洲东北部的肯尼亚或索马里。现广布于全世界热带地区或栽培于热带至温暖带各国。我国作油脂作物栽培的为一年生草本。华南和西南地区，海拔 20～500 米（云南海拔 2300 米）的村旁疏林或河流两岸冲积地常有逸为野生的，呈多年生灌木。

图 4－87　蓖麻

【成分】主要有毒成分为种仁所含的蓖麻毒素，是已知最毒的植物蛋白素，对各种哺乳动物都有毒，但敏感性不同。兔与马较敏感，山羊与鸡较不敏感，对人的毒性很强。

【毒性】全株有毒，种子毒性最大。儿童吃 3～4 粒，成人吃 20 粒即可中毒死亡。一般轻度中毒者半天后表现衰弱无力，重者有恶心、腹痛、吐泻、体温升高、呼吸加快、四肢抽搐、痉挛、昏迷死亡。

四、含酚类植物

酚类衍生物包括简单酚类、鞣质、醌类、黄酮、异黄酮、香豆素、木脂素等多种类型的化合物，是植物中常见的成分，已知衍生物约有 2000 种，在植物中广泛分布的常见简单酚类、黄酮、异黄酮等毒性很小，有杀菌、杀虫作用，有重要的生态意义。酚类化合物具有广泛的生理活性，一般毒性较小，往往是重要的药用植物成分。但少数植物的叶中含有一些特殊结构的酚类化合物，毒性较强，如香豆素类化合物、木脂素类化合物及一些萜酚衍生物等。

图 4－88　野漆

1. 野漆

漆树科漆属植物野漆（*Toxicodendron succedaneum* O. Kuntze）在华北至长江以南各省区均产。生于海拔 150～2500 米的林中。

【成分】主要含漆酚，其次有黄酮及酚类物质硫黄菊素、漆黄素、诃里拉京、野漆树苷、扁柏双黄酮、野漆树二氢黄酮、野漆树双黄酮甲及野漆树双黄酮乙等。

【毒性】野漆树的汁液有毒，对生漆过敏者皮肤接触即可引起红肿、痒痛，误食引起强烈刺激，如口腔炎、溃疡、呕吐、腹泻，严重者可发生中毒性肾病。

2. 九里香

芸香科九里香属植物九里香（*Murraya exotica* L.）产于台湾、福建、广东、海南、广西五省区南部。常见于离海岸不远的平地、缓坡、小丘的灌木丛中。喜生于砂质土、向阳地方。南部地区多用作围篱材料，或作花圃及宾馆的点缀品，亦作盆景材料。

图 4－89　九里香

【成分】茎、叶、花和果实中含有多种香豆素化合物，如九里香辛、长九里香醇、长九里香醇醛、长九里香素及脱水新九里香素。叶和果还含有黄酮化合物。叶含有 3′，4′，5，5′，7，8－

六甲氧基黄酮、3′，4′，5，5′，7，8－七甲氧基黄酮、4′，羟－3，5，6，7，3′，5′－六甲氧基黄酮。花含萜类化合物α－松油醇、羟基香茅醛、异丁香油酚、杜松烯等。

【毒性】有小毒。茎叶煎剂有局部麻醉作用。小鼠腹腔注射 10～20 g/kg 枝的水提物，出现呼吸困难、攀爬力减弱、后肢无力，最后抽搐死亡。

第五章　食用植物及应用

食用植物资源是指那些可以被人类食用（具有维持和延续生命、调节改善生理机能及增进健康功能）的一切植物的总称。

第一节　植物食品添加剂

一、色素植物

（一）概念

在食品中加入食用色素可使食品保持原有的天然色泽或增加某种鲜艳的颜色，给人以美的享受，诱发人们的食欲。天然植物色素作为食品的着色剂具有悠久的历史，如艾青做的青饺，红曲米酿造的酒等。

（二）天然植物色素的特点

（1）天然植物色素来自植物组织，对人体的安全性高。

（2）很多植物色素中含有大量人体必需的营养素，有的天然植物色素本身就是一种维生素（如核黄素）或者是具有维生素活性的物质（如 β—胡萝卜素），因此兼有营养的功效。

（3）有的天然植物色素具有一定的药理功效，如叶绿素铜钠能治疗肝炎、胃炎、肾炎等病症。

（4）天然植物色素的着色色调比较自然，能更好地模仿天然物质的颜色。

（5）大部分天然植物色素的耐热、耐光、耐盐、耐金属、耐微生物性能较差，随着 pH 值的变化，稳定性也不相同，有的色调会发生变化。

（6）天然植物色素的染着性较差，不易染色均匀。

从对人体安全方面考虑，使用天然植物色素比较理想，对于前面提到的天然色素的缺陷，可通过研究逐步加以改善。

（三）食用色素的分类

1. 吡咯色素

该类色素是以 4 个吡咯环构成的卟吩为结构基础的天然色素。常用的如叶绿素。铜叶绿素钠分子中铜的结合很牢固，在动物试验中，动物组织中未见显著积累，也无破坏维生素的证据，是理想的食品着色剂。

2. 多烯色素

（1）胡萝卜素类，如 β—胡萝卜素、α—胡萝卜素、γ—胡萝卜素等。

（2）叶黄素类。

叶黄素：广泛存在于野生植物的绿叶中。

玉米黄素：存在于辣椒、山桃、蘑菇中。

紫杉紫素：大量存在于植物紫杉中。

胭脂树橙色素：大量存在于胭脂树的果实与树干中，是β—胡萝卜素的廉价代用品。

藏花酸：存在于栀子属及藏红花属植物的花丝中。

3. 酚类色素

（1）花青素类：花青素是一大类主要的水溶性植物色素，野果、野花的五颜六色都与之有关。天然花青素的来源丰富，提取容易，是良好的食用色素材料，已经食用的有下列几种来源的花青素制剂。

紫葡萄色素：存在于紫葡萄的皮中，常在葡萄酒厂下脚料葡萄皮中提取。

朱瑾色素：存在于木槿属的植物，如朱瑾及玫瑰茄等的花瓣和萼苞中，在室温下即可用水抽提。

蔓越橘色素：存在于灌木蔓越橘的浆果果皮中。

紫苏色素：存在于紫苏叶中。

（2）花黄素类。

高粱色素：由高粱的外种皮和种皮中提取。

可可色素：由可可豆的外种皮中提取。

红花素：由菊科植物红花的花中提取。

菊花黄素：由菊科大金菊的花中提取。

4. 酮、醌类色素

酮、醌类色素是一类数目很大的色素，颜色范围较广，从黄、红到黑色都有，如姜黄素、白花丹素等。

（四）我国主要色素植物资源

（1）茜草。又名鸡蛋根、入骨丹、女儿红、红丝线。草质攀缘藤本，根紫红色或橙红色。生于原野、山地的林边灌丛中，路边、沟旁及草丛中。

作用：茜草是一种历史悠久的植物染料，茜草性寒，能凉血止血，且能化瘀。早在商周的时候就已经是主要的红色染料。丝绸经茜草染色后可以得到非常漂亮的红色。在出土的大量的丝织品文物中，茜草染色占了相当大的比重。

（2）菘蓝。又名大蓝、板蓝根等。二年生草本植物，茎直立，绿色，顶部多分枝，植株光滑无毛，带白粉霜。全国各地均有栽培。

作用：有清热解毒、凉血消斑、利咽止痛的功效。叶含的靛蓝苏（$C_{16}H_{10}N_2O_2$）为天然靛蓝中的主要色素。

（3）紫草。又名硬紫草、大紫草、紫丹、地血，是紫草科紫草属多年生草本植物。

作用：根含紫草红（$C_{16}H_{16}O_5$）色素为玫瑰红色，水、油溶解性均好，耐热、酸、光，染色力强，扩散性好，色泽鲜艳，无特殊气味和异味，是优良的天然植物色素。

二、芳香植物

（一）概念

芳香植物是具有香气和可供提取芳香油的栽培植物和野生植物的总称。芳香植物给人心旷神怡的感觉，具有药用价值，且具有深刻的寓意，越来越多地应用于我们的生活，常常被制作成精油等。

（二）芳香植物分类

芳香植物提炼出的芳香油是香料工业和食品工业的重要原料和配料，在医药、烟草，以及油漆、油墨、皮革、塑料、纸张等日用工业中，亦有广泛用途。主要的芳香植物有如下5类。

（1）香草植物：香蜂草、薰衣草。

（2）香花植物：依兰香、矢车菊、桂花、梅花、水仙花、文殊兰、栀子花、玫瑰、瑞香等。

（3）香树植物：山苍子、肉桂、月桂、桂花、欧洲香杨、檀香树、小叶细辛、白千层、樟树。

（4）香果植物：香荚兰、佛手、青花椒、胡椒。

（5）芳香蔬菜：罗勒、芝麻、芫荽、回芹、球茎茴香。

（三）我国主要的芳香植物资源

（1）桂花

桂花是我国木樨属众多树木的习称，代表物种木樨，又名岩桂，系木樨科常绿灌木或小乔木。

桂花功效：淡黄白色，芳香，可提取芳香油，制桂花浸膏，可用于食品、化妆品，可制糕点、糖果，并可酿酒。桂花味辛，可入药。以花、果实及根入药。秋季采花，春季采果，四季采根，分别晒干。花：辛，温；果：辛，甘，温；根：甘，微涩，平。功能主治：花：散寒破结，化痰止咳。用于牙痛，咳喘痰多，经闭腹痛。果：暖胃，平肝，散寒。用于虚寒胃痛。根：祛风湿，散寒。用于风湿筋骨疼痛，腰痛，肾虚，牙痛。

（2）檀香。

檀香为檀香科植物的心材。檀香树为常绿小乔木，高6～9米，具寄生根。

檀香树干的边材白色，无气味，心材黄褐色，有强烈香气，是贵重的药材和名贵的香料，并且是雕刻工艺的良材。

檀香树之所以被称为“黄金之树”，是因为它几乎全身是宝，而且每个部分的经济价值都很高。檀香树的心材是名贵的中药材。檀香树的根部、主干碎材可以提炼精油，檀香精油被称为“液体黄金”。檀香树的幼枝和生长过程中修剪下来的部分枝条是高档制香厂争相收购的原材料。

三、甜味植物

（一）概念

甜味剂是指具有甜味的物质，即能赋予食品甜味的添加剂。食品甜味的作用是满足人们的

嗜好要求，改进食品的可口性及其他工艺性质。

（二）分类

甜味植物按其甜味剂的化学结构主要分为糖苷类、多肽类和糖醇类。

1. 糖苷类

我国糖苷类甜味植物资源丰富，民间也早已应用，它们作为天然甜味剂是安全可靠的，应当充分加以利用，以筛选出优质价廉的品种。属于这类甜味植物的有甜叶菊、掌叶悬钩子、假秦艽、罗汉果、甘草等。

2. 多肽类

多肽类甜味剂也称为甜味蛋白，如马槟榔种仁含有的马槟榔甜蛋白，非洲防已科植物奇遇果果实含有的甜味蛋白（甜度为蔗糖的1500倍，有持久性，对热不稳定），非洲竹芋科植物西非竹芋果实含有的甜味蛋白（甜度为蔗糖的1600倍，对热不稳定）。

索马甜是成分为蛋白质的一种重要的天然甜味剂，是从尼日利亚盛产的一种竹芋植物的成熟果实中提取的。其甜度极高，是迄今为止地球上发现的最甜的物质，被收入吉尼斯世界纪录。索马甜含有17种氨基酸，含量最高的为甘氨酸（23%），最低的为蛋氨酸（1%），人食用后会转化为人体必需的氨基酸，有望成为极为理想的甜味剂。索马甜无毒、安全，广泛应用于食品中，也应用于烟草、牙膏等行业。

3. 糖醇类

糖醇类甜味剂与蔗糖相似，系低热量的甜味剂。如野甘草中所含的木糖醇，国外已大量用于糖尿病及肥胖病人的饮食中。木糖醇是多元糖醇的一种。多元糖醇也是功能性甜味剂，其主要的生理功能同低聚糖有部分相同，此外还有保湿功能。木糖醇存在于多种水果和蔬菜中。其甜度与蔗糖相同。许多国家陆续将其作为营养学甜味剂列入添加剂标准。我国目前已有含木糖醇的口香糖、奶糖、糕点、饮料和营养液上市。山梨醇广泛存在于植物中，在食品中有广泛的用途。还有麦芽糖醇，甜度接近蔗糖，摄入人体后能与蔗糖同样代谢，单热能低，血糖值不上升，不增加胆固醇，是良好的食品甜味剂。

（三）我国主要甜味植物资源

（1）甘草（豆科）：*Glycyrrhiza uralensis* Fisch.

别名：甜草根、红甘草、甜根子。

形态：多年生草本。根粗壮，呈圆柱形，味甜。

成分：甘草根及根状茎所含的甜味称为甘草甜素，含量为6%～14%。甘草甜素即甘草酸，是一种三萜皂苷。此外，甘草中还含有甘露醇、葡萄糖、蔗糖、苹果酸、微量挥发油及淀粉等。

（2）罗汉果（葫芦科）：*Momordica grosvenori* Swingle.

别名：光果木鳖。

形态：多年生攀缘藤本，嫩茎被白色和红色柔毛。

成分：罗汉果中含1%的罗汉果甜素。该物质为三萜类糖苷，是一种无色粉末状物质。

（3）水槟榔（白花菜科）：*Capparis masaikai* Lévl.

别名：屈头鸡、马槟榔。

形态：攀缘灌木，果实卵形或近球形，褐色，不开裂，先端具1喙，果皮皱缩，有不规则棱及粗短棘状突起。

成分：水槟榔种子含有一种能引起持久甜味的蛋白质（马槟榔蛋白质），其引起甜味感觉的最低浓度为 0.1%，脱脂干种仁含甜蛋白量为 13%。

四、香料植物

（一）香料植物的概念

香料是一种能被嗅出香气或者尝出香味的物质，是配制香精的原料。通常用于食物调理或饮料调配的香料植物，统称为食用香料植物。由于它们能够使植物具有香、辛、辣等特性，故简称香辛料。

（二）香料植物的分类

（1）烹制香草：在食品工业中，烹制香草是指具有特殊芳香的软茎植物，分为以下几组。

第一组：含有桉叶油素和桉叶醇的，如月桂、迷迭香。

第二组：含有丁香酚的，如众香子、西印度月桂。

第三组：含有百里香酚和香荆芥酚的，如百里香。

第四组：含有甲基黑胡椒酚的，如甜罗勒、茵陈蒿。

第五组：含有侧柏酮的，如鼠尾草。

第六组：含有薄荷醇和香芹酮的，如椒样薄荷、留兰香。

（2）香辛料：香辛料是指在食品调味中使用的干燥的芳香植物品种，其精油含量较高，并具有明显的芳香气味。常用的烹饪香辛料约有 26 种，根据它们的芳香特征和植物学特点，分为以下几组。

第一组：具有辛辣味道的，如辣椒、姜、胡椒、芥菜籽等。

第二组：具有芳香味道的，如肉豆蔻、小豆蔻、胡卢巴等。

第三组：具有伞形花序的辛香料，如茴芹、葛缕子、芹菜、芫荽、小茴香等。

第四组：含有丁香酚的辛香料，如丁香花蕾、众香子等。

第五组：能使食品着色的辛香料，如姜黄、辣椒、藏红花等。

（三）我国主要香料植物资源

（1）薄荷（唇形科）：*Mentha arvensis* L.

别名：银丹草、野仁丹草、南薄荷、鱼香草。

形态：多年生草本，直立或基部外倾，具有爬生根状茎。叶对生，花小，淡紫色，唇形，花后结暗紫或棕色的小粒果。鲜叶含油 1%～1.46%，主要成分是 1－薄荷脑、异薄荷酮、胡薄荷酮、乙酸薄荷酯。

薄荷是我国常用中药之一。它是辛凉性发汗解热药，可治流行性感冒、头疼、目赤、身热、咽喉或牙床肿痛等症。外用可治神经痛、皮肤瘙痒、皮疹和湿疹等。平常以薄荷代茶，可清心明目。

（2）藿香（唇形科）：*Agastache rugosa* O. Ktze.

别名：排香草、野苏子。

形态：多年生草本，高 0.5～1.5 m。茎直立，上部生短细毛。

全草含挥发油约0.35%，主要成分为胡椒酚甲醚、藿香酚、去氢藿香酚、山楂酸、刺槐素等。

藿香的食用部位一般为嫩茎叶，其嫩茎叶为野味之佳品，可凉拌、炒食、炸食，也可做粥。藿香亦可作为烹饪佐料或材料。因其具有健脾益气的功效，是一种既是食品又是药品的烹饪原料，故某些比较生僻的菜肴和民间小吃中利用其独特的口味，增加营养价值。

(3) 茉莉（木樨科）：*Jasminum sambac* Aiton.

别名：茉莉花。

形态：聚伞花序顶生或腋生，花白色，芳香。茉莉的花极香，为著名的花茶原料及重要的香精原料。花、叶药用可治目赤肿痛，并有止咳化痰功效。

茉莉鲜花含芳香油0.20%～0.3%。茉莉花香含乙酸乙酯等37种成分。

(4) 玫瑰（蔷薇科）：*Rosa rugose* Thunb.

别名：玫瑰花、刺玫。

形态：直立灌木。

玫瑰作为经济作物时，其花朵主要用于食品及提炼香精玫瑰油，玫瑰油应用于化妆品、食品、精细化工等行业。

成分：玫瑰花含有挥发油，挥发油的主要成分是丁香酚、沉香醇甲酸酯。其果油中含有维生素C、E、F。果实中含有蛋白质、果胶、鞣质、维生素C及16种无机成分。

第二节　常见食品植物

一、淀粉植物

（一）淀粉植物概述

淀粉植物是指那些在植物体的某些器官（果实、种子、根等）中储藏有大量淀粉的植物，是一类重要的资源植物，在人类膳食平衡中提供40%的能量。常见淀粉植物中的淀粉按其来源可分为谷类淀粉、薯类淀粉、豆类淀粉及其他类淀粉。

(1) 谷类淀粉：大米淀粉（糯米淀粉、粳米淀粉、籼米淀粉）、玉米淀粉（白玉米淀粉、黄玉米淀粉、黄玉米湿淀粉）、高粱淀粉、小麦淀粉（小麦淀粉、小麦湿淀粉、大麦淀粉、黑麦淀粉）。在食品中可作为增稠剂、胶体生成剂、保潮剂、乳化剂、黏合剂；在纺织中可作为浆料；在造纸中可作为上胶料和涂料等。当原淀粉的部分特性不能满足生产要求时，可以利用变性淀粉。

(2) 薯类淀粉：木薯淀粉、甘薯淀粉、马铃薯淀粉、豆薯淀粉、竹芋淀粉、山药淀粉、蕉芋淀粉。在食品中可作为添加剂、填充剂、黏胶剂等。

(3) 豆类淀粉：绿豆淀粉、蚕豆淀粉、豌豆淀粉、豇豆淀粉、混合豆淀粉。在食品中可制作粉丝、粉条等。

(4) 其他类淀粉：菱粉、藕粉、荸荠淀粉、橡子淀粉、百合淀粉、慈姑淀粉、西米淀粉。

目前，我国较大规模种植的淀粉资源植物主要以玉米、薯类、小麦等粮食作物为主。

表 5—1　我国主要淀粉植物及其淀粉含量

品种	含量/%	品种	含量/%
糙米	73	马铃薯	16
玉米	70	小麦	66
大麦	40	高粱	60
蚕豆	49	荞麦	72
甘薯（鲜）	19	豌豆	58
魔芋	35	山药	45
芭蕉芋	18	南瓜	50
板栗	60	银杏（干）	67

（二）常见淀粉植物

1. 马铃薯

马铃薯（*Solanum tuberosum*），又称土豆、洋芋、山药蛋、地蛋等，是仅次于水稻、小麦、玉米的第四大经济作物。马铃薯相比水稻、小麦、玉米等三大主粮的优势在于种植周期短、耐寒、耐旱、耐瘠薄，适应性广、产量高，且营养价值高。2015 年，我国农业农村部启动马铃薯主粮化战略，推进把马铃薯加工成馒头、面条、米粉等主食产品和面包、饼干等休闲食品。2016 年，农业农村部正式发布《关于推进马铃薯产业开发的指导意见》，将马铃薯作为主粮产品进行产业化开发。目前，马铃薯主食化研究有马铃薯米粉、粉皮、面包等；由马铃薯制备的淀粉（变性淀粉）应用于糖果、面食、肉制品、乳制品和其他行业中，比如马铃薯淀粉复合膜可作为新型食品包装材料。

2. 芭蕉芋

芭蕉芋又名蕉芋、蕉藕等，是一种多年生草本植物，根茎富含淀粉，具有适应性强、耐贫瘠等优点，在我国西南地区广泛种植。研究表明，芭蕉芋淀粉具有颗粒大、糊化温度低、支链淀粉含量高的特点。此外，芭蕉芋淀粉中蛋白质和脂肪含量低，有利于深加工利用。近年来，粮食和能源紧缺，各地对芭蕉芋种植扶植力度增大，对芭蕉芋的研究利用也逐渐增多并深化。如芭蕉芋保健面条的研制，利用芭蕉芋淀粉生产低聚异麦芽糖，改良芭蕉芋淀粉等。

3. 魔芋

魔芋（*Amorphophallus konjac*）为天南星科魔芋属多年生草本植物的块茎。魔芋干物质的主要成分是魔芋葡甘聚糖（KGM），又称魔芋多糖，是一种优质的膳食纤维，因其具有增稠、凝胶、保湿和成膜等多种性能，在食品、医药和生物等领域有着广泛的应用，如可作为制作微胶囊的壁材。将 KGM 降解为魔芋低聚糖（KOGM）具有新的特性，如溶解性显著提高、黏度下降，以及具有调节肠道菌群、降血脂和抗氧化能力等生理作用。

4. 银杏

银杏又称白果、公孙树，干种子含淀粉 67.70%、单糖 6.0%、蛋白质 13.10%、脂肪 1.9%。研究表明，银杏淀粉的透明度、溶解度、膨胀度比玉米淀粉高，比马铃薯淀粉低；凝沉性、冻融稳定性比玉米淀粉强，而热稳定性、抗老化能力较弱，可以通过食品加工中使用食盐、柠檬酸等添加剂增强其抗老化能力。银杏可用于开发多种食品，如复合面包、酿酒、膨化食品等。

二、蛋白质植物

（一）蛋白质植物概述

能够提供蛋白质资源的植物称为蛋白质植物，其具有经济性、营养性、功能性等特点，对建立健康的饮食结构起着重要作用。在世界范围的蛋白质资源供给中，植物蛋白占蛋白质总量的70%，动物蛋白占30%。而在植物蛋白资源中，谷类种子与油料种子之和就占总量的50%以上。根据植物蛋白的种类，可将蛋白质植物分为五类。

（1）谷类植物：主要是小麦和玉米。谷类植物中蛋白含量较低，不宜精制和提取，所以产量不大。赖氨酸为其限制性氨基酸。

（2）豆类植物：豆类植物常被称为蛋白质作物，因为它们的种子中含有丰富的蛋白质。其中，大豆中含有较多的赖氨酸，适合添加到谷类食品中弥补谷物中赖氨酸的不足。

（3）油料植物：油料种子是制取植物蛋白的重要原料，如花生、向日葵、油菜籽等。这些油料不但含有丰富的油脂，而且含有大量的蛋白质，是生产植物蛋白很好的资源。

（4）藻类：藻类能分解有机物，净化水并提供丰富的蛋白质副产品，因此，藻类作为一种待开发的新蛋白质资源格外引人注目。藻类含有较多的蛋白质，一般可消化蛋白占45%～70%，其氨基酸组成与一般植物蛋白相似，但含硫氨基酸含量较低。

（5）叶蛋白植物：叶蛋白是将植物的鲜叶切碎、压榨，从其绿色的汁液中分离出的蛋白质，目前科学界对这一重要的蛋白质资源兴趣浓厚，许多国家和地区的研究所和商业公司都开展了大规模的研究工作，叶蛋白对未来人类食品及动物饲料将会产生一定的影响。

（二）常见蛋白质植物

1. 苜蓿

苜蓿是苜蓿属（*Medicago*）植物的通称，俗称金花菜，是一种多年生开花植物。其中最著名的是作为牧草的紫花苜蓿（*Medicago sativa*）。苜蓿种类繁多，多是野生的草本植物。苜蓿含有大量的粗蛋白质、丰富的碳水化合物和B族维生素，维生素C、E及铁等多种微量营养素。紫花苜蓿叶蛋白除用于饲料、食品、医药外，还可用于化妆品、洗涤用品等日用化工用品和植物生长营养调节剂等方面，也可将苜蓿叶蛋白作为原料进一步分离制得叶绿素、叶绿素铜钠、胡萝卜素、纯蛋白质、维生素E等多种物质。例如苜蓿冰结构蛋白的提取及对冷冻面团的影响，苜蓿草粉对黄河鲤鱼生长性能及着色的影响，紫花苜蓿浓缩叶蛋白替代鱼粉对星斑川鲽幼鱼生长、组成及血液生化指标的影响的研究。

2. 桑树

桑树被国家卫生部门认定为药食同源植物资源，作为桑树的主要产物，桑叶约占桑树地上部分总产量的64%。植物叶蛋白提取物中的粗蛋白质量分数高达60%，而桑树叶蛋白提取物中粗蛋白的质量分数可达50%左右，且氨基酸种类丰富，其中必需氨基酸占34.7%，因此桑叶粗蛋白粉具有作为蛋白质食品以及饲料添加剂的应用潜力。目前，桑叶除了作为传统蚕桑生产中家蚕的饲料，正在逐步拓展其食品与饲料用途，这不仅有利于提升蚕桑产业的总体效益，对我国食品相关产业及牧畜饲料产业的蛋白原料拓展均具有重要意义。为了开拓桑叶粗蛋白的食用性，可利用桑叶制备食用级优质植物蛋白粉，制作桑叶蛋白饮品及桑叶面条等。

3. 大豆

大豆（*Glycine max* Merrill.），温带物种，属豆科、蝶形花亚科、大豆属，古代称“菽”。我国大豆品种丰富，迄今资源库中已保有30000多个大豆品种。大豆富含优质蛋白，其含量受栽培条件与大豆品种的影响，为27%～56%，高于芝麻、花生和油菜的蛋白含量。大豆蛋白由球蛋白和白蛋白组成，易溶球蛋白占59%～80%，难溶球蛋白占3%～7%，白蛋白占8%～25%，其中的人体必需氨基酸含量与肉类相近，是理想的肉类替代品。目前，国内大豆消费形式主要有加工、食用、饲料、种子等，其中加工消费包括蛋白加工、油脂加工以及其他工业消费。大豆分离蛋白可用于香肠、乳粉等产品；改性大豆分离蛋白在黑胡椒油树脂复凝聚微胶囊制备中具有较好的乳化性；以乙酰基高直链淀粉和大豆蛋白为原料，经模压成型制成乙酰基高直链淀粉/大豆蛋白塑料可作为新型可降解材料；大豆分离蛋白膜具有较好的阻湿性，可用于微波食品。

4. 螺旋藻

螺旋藻（*Spirulina*）是一类低等生物，原核生物，由单细胞或多细胞组成的丝状体，体长200～500 μm，宽5～10 μm，圆柱形，呈疏松或紧密的有规则的螺旋形弯曲，形如钟表发条，故而得名。螺旋藻具有减轻癌症放疗、化疗的毒副反应，提高免疫能力，降低血脂等功效。螺旋藻具有极高的营养价值和良好的生理特性，是一种优秀的蛋白质资源，已经被广泛地应用于开发保健食品、食品添加剂，如黑芝麻螺旋藻复合营养饮料稳定性的研究，钝顶螺旋藻蛋白提取物的延缓衰老功效研究，螺旋藻粉在水产饲料中的应用研究进展。

三、油脂植物

（一）油脂植物概述

油脂植物通常是指果实、种子、花粉、孢子、茎、叶、根等器官含有较多油脂的一类植物。目前乃至将来，人类食用油脂的主要来源仍为植物。自然界广泛存在油脂植物，而且有一大部分处于野生状态。据统计，高等植物中约有7%的种类的某一器官（多为种子）中油脂含量在10%以上，这就为发掘新油脂资源特别是功能性油脂资源提供了广阔的前景。

（1）高γ—亚麻酸植物油脂。自然界富含γ—亚麻酸的生物资源不多见，典型的资源是月见草油，其在医药、食品中得到了广泛应用。

（2）高α—亚麻酸植物油脂。富含α—亚麻酸的植物资源较γ—亚麻酸资源多，主要有紫苏油、亚麻籽油、沙棘籽油、亚麻芥油和野鼠尾草籽油，前三种油脂在我国的研究和应用较为普遍。

（3）高亚油酸植物油脂。亚油酸在植物油脂中的分布最为广泛，在植物油脂中，亚油酸的比例超过了总脂肪酸的40%，甚至有多种植物油脂的亚油酸含量高达60%。

（4）其他功能性植物油脂。芒果籽油、西瓜籽油、黄瓜籽油、南瓜籽油、杏仁油、枸杞籽油、杨树皮油等，都有特定的活性脂质组成和相应用途，如大豆胚芽油中的亚油酸和α—亚麻酸含量分别为50%～60%和20%～30%。

（二）常见油脂植物

1. 月见草

月见草（*Oenothera biennis* L.）为柳叶菜科月见草属1～2年生或多年生草本植物，在我

国主产于东北三省。月见草全身是宝，其中种子可榨油食用和药用，其主要成分由亚油酸、油酸、棕榈酸、亚麻酸等多种脂肪酸和维生素组成。月见草油含有抗氧化物质的成分，对于清除或抑制自由基的产生，阻断自由基反应蔓延，减轻对机体的损伤，延缓衰老，具有十分重要的作用。关于月见草的研究主要集中在保健食品的开发方面，如制备月见草油一姜黄素微胶囊，制备月见草油 β—环糊精包合物，月见草油微乳的制备，以月见草油为油相、以甘露醇为冻干保护剂制备的微乳冻干粉等。研究还表明，月见草油对皮肤的综合作用较其他植物油好，为其在化妆品中的应用奠定了基础。

2. 紫苏

紫苏（*Perilla frutescens*），古名荏，又名引子、苏子、白苏、苏麻、香苏、苏草及桂芒等，唇形科紫苏属 1 年生草本植物。紫苏是我国传统的药用植物，也是我国卫健委首批公布的 60 种药食兼用型植物之一。紫苏油脂中含有 5 种主要脂肪酸，分别为棕榈酸、硬脂酸、油酸、亚油酸和 α—亚麻酸。其中，α—亚麻酸含量最高，具有抗氧化性。随着现代科学的发展，对紫苏功能的深入认识与开发，紫苏籽油、紫苏叶精油及酚酸类提取物已广泛用于保健品和化妆品行业，其经济价值备受国内外广泛关注。紫苏籽油相关研究包括制备紫苏籽油微囊粉，紫苏籽油的抑菌效果，将富含 α—亚麻酸的苏籽加入酸奶中研制出一款集营养与保健等多重功效的苏籽酸奶，还可用于高档美容护肤品中。

3. 油茶

油茶属于山茶科山茶属植物，狭义上指普通油茶，是我国独有的极具营养、健康及经济、社会价值的特色木本油料资源。茶籽油从油茶树成熟种子中提取得到，不饱和脂肪酸含量高达 90%以上，还含有茶多酚、茶皂素等多种活性成分，具有保湿、防辐射、抗衰老、护发等功效，素有“东方橄榄油”之称。实践证明，茶油可以有效治疗婴幼儿尿疹、湿疹；孕妇在孕期食用茶油，可减少产后妊娠纹、增加母乳；茶油还具有抗紫外线、防止晒斑等功效。茶籽壳一般可用于生产糠醛、木糖醇和活性炭；茶籽粕更多用于提取茶皂素、茶籽蛋白、茶籽多糖、茶籽淀粉；以壳聚糖为主要成膜材料，添加适量的茶籽油制成壳聚糖包裹茶籽油复合膜。

4. 松子

松子，又名松子仁、海松子、罗松子等，有红松、马尾松、云南松等品种。我国松树资源十分丰富，产地主要集中在辽宁、吉林、河北、山东等省。松子有很高的营养价值，松子脂肪含量高达 70%，其中含有各种类型的不饱和脂肪酸，包括亚麻酸、亚油酸和油酸，以及特有的成分皮诺敛酸等。其具有减肥、降脂、增强免疫、抗炎、抗氧化、增强胰岛素敏感性、抗肿瘤转移等多种生理功效，在食品、医药等领域被广泛应用。

四、饮品植物

饮品是指以水为基础原料，采用不同的配方和制造方法生产出供人们直接饮用的液体食品。饮品植物是指某些器官（果实、种子、根等）能用于饮品制作的植物。目前已发现约 100 种植物可作为饮品的原料，除茶叶、咖啡等少数外，绝大多数仍处于有待开发利用的状态。饮品植物大致可分为两类，即叶类饮品植物和果类饮品植物。

（一）叶类饮品植物

1. 茶

茶（*Camllia sinensis*）自人类发现野生茶可作为药用以后，经过数千年人类生活实践，由药用逐渐演变为饮用，现已成为世界性的保健饮品，种植区域从原产地中国发展到世界五大洲，53个国家和地区，盛行于中国、德国、意大利、加拿大等国家。

目前，茶饮料的目标消费者主要是年轻一代，由于该群体特殊的消费特性，促使茶饮料生产向自然加工、低糖健康、品味新体验、包装多样性靠近，如玫瑰茄果蔬调味茶饮料的研制，紫背天葵茶饮料的研制，沙棘叶白茶复合饮料的研制，天麻金银花复合茶饮料的研制等。

2. 甜叶菊

甜叶菊（*Stevia rebaudiana*）别名甜菊、糖草，是菊科甜叶菊属多年生草本植物，原产巴拉圭，当地作为饮品饮用已有上百年历史，其叶片与茶叶按照一定比例制成的“茶”叫作“甜茶”。研究发现，甜叶菊中含有丰富的有机酸类、糖苷类、蛋白质、氨基酸等，且以高甜度、低热量著称，具有降血压、降血糖、抗氧化、抑菌、提高免疫力等功效。

在制作饮料方面，由于甜叶菊具有的高甜度、低能量的特点，深受人们喜爱，尤其是在美国、日本和欧洲地区。有研究表明，利用甜叶菊制成茶饮料，不仅提高了活性物质的溶解性，还有利于人体消化吸收，是一款高功能、低热量的保健饮品。此外，使用甜叶菊代替蔗糖，可减少饮料在贮藏过程中茶多酚、氨基酸、咖啡碱、儿茶素的损失，能在一定程度上提高饮料的稳定性，延长其货架期，增加产品的商业价值。

3. 苦丁茶

苦丁茶（*Cratoxy prunifolium*）为冬青科植物枸骨和大叶冬青的叶，俗称茶丁、富丁茶、皋卢茶，主要产于广西大新县，加工方法类似于炒青绿茶。苦丁茶滋味先苦后甜，有消暑解热的作用，对感冒、消化不良、肠胃炎有一定疗效。在产地，苦丁茶常作为珍贵饮料出售或馈赠亲友。

有研究表明，苦丁茶作为珍贵茶饮料，含有苦丁皂苷、黄酮类、咖啡碱、蛋白质、氨基酸、维生素C、多酚类等200多种有效成分，具有很高的药用价值，如抗衰老、降脂减肥、增强人体免疫力等，具有很大的开发利用价值，如金银花苦丁茶饮料的研制、苦丁茶饮料加工技术的研究。

4. 苦荞

苦荞（*Fagopyrum tataricum*）即苦荞麦，蓼科双子叶植物，学名鞑靼荞麦，别名荞叶七、万年荞，是自然界中少有的药食两用小宗杂粮作物，具有防治冠心病、抗菌、抗病毒、抗癌、降血糖、降高血压、防止内出血、免疫调节、延缓衰老等多种功能。

由于苦荞中含有活性肽，因此常用于饮料研究，如活性肽荞茶饮料配方研究、茉莉花苦荞茶饮料加工工艺研究、发芽苦荞绿茶复合饮料的工艺研究、紫薯苦荞复合醋饮料的研制及其风味物质分析、乳酸菌发酵对苦荞芽苗饮料品质和营养成分的影响。

（二）果类饮品植物

一般可食用的水果都可以经压榨、消毒和包装而成为果汁饮料。

1. 罗汉果

罗汉果（*Mcmordica grosvenori*）主要产于广西、贵州等地，其含有丰富的配糖体$C_6H_{12}O_{34}$，甜度比蔗糖高150倍。罗汉果具有润肺、止咳祛痰、清热解渴等作用。罗汉果已用于开发各种保健型饮品，如沙棘叶罗汉果复合饮料，白花蛇舌草罗汉果饮料，以罗汉果和生姜为原料加工罗汉果生姜饮料，天麻菊花罗汉果复合饮料，以罗汉果和武夷肉桂茶为主要原料并添加辅料制备具有保健功能的罗汉果复配武夷肉桂凉茶饮料，罗汉果花野菊花菠萝汁复合饮料等，都是低糖且具有一定保健作用的饮品。

2. 酸角

酸角（*Tamarind fruit*）又名罗望子、酸梅，双子叶被子植物，豆科，在我国广东、广西、云南、四川、海南、福建等省较为常见。酸角的花、叶、果实部分可食，其果实含有丰富的糖类、氨基酸、维生素、有机酸以及各种矿物质，具有清热、化积食、降血糖的功效，还可辅助治疗肥胖症，抑制尿石形成。酸角在食品行业的应用十分广泛，如制备酸角饮料，利用云南甜酸角和普洱茶制备普洱茶酸角果糕，研制金银花酸角糕。

3. 沙棘

沙棘（*Sea-buckthorn*），别名酸棘、黑刺、醋柳、沙枣，为胡颓子科沙棘属，主要分布在我国的华北、西北、东北以及西南地区。早在公元 8 世纪，沙棘就已经被用于治疗疾病，具有健脾养胃、活血散瘀、止咳祛痰的功效。沙棘中含有丰富的有机酸、维生素、蛋白质、氨基酸、脂肪酸，其主要生物活性物质包括黄酮类化合物、三萜、甾体类化合物、酚类等。在饮品方面的应用主要有沙棘果醋饮料，以发酵乳清和沙棘汁为原料生产沙棘汁乳清饮料，清型芦笋沙棘胡萝卜混合果蔬汁饮料，黑加仑沙棘复合果醋等。

五、维生素植物

维生素植物是指那些在植物体的某些器官（果实、种子、根等）中储藏有维生素的植物。

（一）维生素的分类

维生素根据其性质可以分为脂溶性和水溶性两种类型。能溶于油脂中的维生素称为脂溶性维生素，包括维生素 A、维生素 C、维生素 E、维生素 K 4 种。与此对应，能溶于水的维生素称为水溶性维生素，包括维生素 B 族和维生素 C 9 种。它们的性质不同，决定其摄入方式不同。其中，维生素 B 族包括 B_1、B_2、B_6、B_{12}、烟酸、泛酸、叶酸、生物素。

脂溶性维生素与油一起摄入效果最佳，特别是维生素 A 中的胡萝卜素，并且可以在体内储存。如果当天没有完全利用的话，将蓄积起来，以备后用。但是大量摄取也有可能出现中毒的情况。水溶性维生素在烹调时容易随水流失，所以快速处理非常重要。另外，还有一部分维生素会从尿液中排泄掉，因此一般来说，摄入量要多于需要量，故有必要每日每餐都适量摄入维生素。

就性质而言，不耐酸的是维生素 A，不耐碱的是维生素 B_1、维生素 B_2、维生素 C 等，容易氧化的是维生素 A、维生素 B_1、维生素 C、维生素 E，对光不稳定的是维生素 A、维生素 B_2、维生素 B_6，维生素 C、维生素 E 等，就热的稳定性来讲，除烟酸外均不稳定。

（二）我国常见的维生素植物资源

（1）富含维生素 A 的食品。胡萝卜、茼蒿、南瓜等黄绿色蔬菜。

（2）富含维生素 B 的植物。B_1：大豆、大米胚芽、糙米及干荞麦；B_2：蘑菇、黄绿色蔬菜；B_6：腰果、芝麻、豆类；B_{12}：干紫菜、萝卜。

（3）富含维生素 C 的植物。橘子、橙子、甜柿子、广柑、柠檬、草莓等水果，还有卷心菜、白菜、花菜、青菜等黄绿色蔬菜。

（4）富含维生素 D 的植物。木耳等。

（5）富含维生素 E 的植物。葵花籽、棉麻籽、米糠油、杏仁、花生、腰果等坚果类，南瓜等植物中都富含维生素 E。

(6) 富含维生素K的植物。维生素K富含于荷兰芹、芜菁等黄绿色蔬菜，以及紫菜、大豆中。

(7) 富含叶酸的植物。菠菜、花菜、卷心菜等黄绿色蔬菜，以及大豆、豇豆、蚕豆等。

第三节 功能性植物资源

一、功能性食品概述

目前功能性食品在国际上没有统一的定义，不同国家与组织对功能性食品的解释存在一些差异。1962年，日本最早提出功能性食品的概念，欧洲开始大规模研究功能性食品是从1996年开始的。虽然概念各有各的说法，但是都有一个共同点，即功能性食品中含有对机体组织有益的活性营养成分，能有效减少人体患疾病的风险。中国功能食品的发展历史悠久，早在几千年前的医药文献中，就记载了与现代功能食品相类似的论述，如“医食同源”“食疗”“食补”等。功能性食品是向食品中添加或补充某些人体缺乏的营养成分，达到调节生理节律、营养保健的目的，适宜特定人群食用，且对人体不产生任何急性、亚急性或慢性危害。功能性食品具备的特征：无毒、无害，符合应有的营养要求；功能明确，并经科学验证是正确的，其特定功能并不能取代人体正常的膳食摄入和对各类必需营养素的需要；通常是针对需要调整身体某方面机体功能的特定人群研制生产的，其保健功能不能替代药品。功能性食品具备的条件：①具有食品的形态，是一种食品，能被消费者接受；②具有明确的生理调节功能；③含有已被阐明化学结构的功能因子，在人体内的生化生理机制明确；④具有明确的功能因子含量；⑤食用后人体表现出具体功能的有效性；⑥安全性高。

(一) 功能性食品分类

第一代产品，是有针对性地将营养素添加到食品中去。其添加的营养素的功能并没有经过验证，缺乏功能性评价和科学性。目前，我国已不允许该类产品再以保健食品的形式面市。例如益智奶、高钙奶、螺旋藻、蜂产品等各类强化食品和滋补食品。第二代产品，要求产品经过人体及动物试验，证实其具有相对应的生理功能。目前我国市场上出售的各类保健食品大多属于此类。第三代产品，不仅需要经过试验证明其产品功效，而且需要查清功效成分的结构、含量、作用机理、在食品中的稳定性等情况。目前我国市场上第三代产品不多见，一般是由国外企业生产，在国内分包装上市，尚缺乏自主的系统研究。

(二) 功能性食品前景

当前我国的功能性食品厂家越来越多，从实际调查可知，大致有4000家，其中中小企业占据了2/3的比重。产品的类型主要有口服液、胶囊、片剂、饮料、冲剂和粉剂等，功能性食品的功能主要为抗疲劳、免疫调节、血脂调节等。功能性食品的原料使用最多的为Ca、Fe、Zn、Se等。在功能性食品的原料中，维生素C、D、E等的应用最多。功能性食品原料中，大豆异黄酮、银杏提取物、原花青素是应用最多的植物提取物。另外，功能性食品中西洋参、当归、虫草、枸杞、阿胶是中药材应用最多的。从调查结果可知，当前我国功能性食品的消费群体越来越多，其中以老年人居多。此外，部分少年儿童、中青年也在使用不同的功能性食品。2017年1月5日，《国家发展改革委　工业和信息化部关于促进食品工业健康发展的指导意

见》(发改产业〔2017〕19号)提出，"开展食品健康功效评价，加快发展婴幼儿配方食品、老年食品和满足特定人群需求的功能性食品，支持发展养生保健食品，研究开发功能性蛋白、功能性膳食纤维、功能性糖原、功能性油脂、益生菌类、生物活性肽等保健和健康食品，并开展应用示范"。

功能性食品的研制与开发是食品科学发展的前沿，目前国内外的研究与开发主要集中在功能性生物活性及评价系统、寻找新的功能素材、新技术工艺及功能和安全性评价体系等方面。

(1) 生物活性及评价体系。功能性食品有别于普通食品和药品，因为其含有调节生理机能的生物活性物质，这些物质能够通过激活酶的活性或其他途径调节人体机能。因此，确定评价这些功能素材的方法和指标不仅是功能性食品发展的关键，也是今后市场监督的前提。近年来，国外十分注重从生理学、遗传学、分子生物学及细胞学等不同角度研究功能性食品及功能因子的特定生物学功能。

(2) 安全性评价。随着消费者健康、安全和环保意识的增强，健康安全的消费理念已经将功能性食品推进市场消费的主流。功能性食品及食品功能因子的安全性评价，包括毒理学(如亚慢性毒性试验、致突变试验、过敏反应试验等)、耐受性试验等，是开发该类产品时应特别注意的问题。

(3) 寻找新的功能因子。在功能性食品研究初期，主要是关注维生素、微量元素等营养物质的保健作用，近年来则开始注重研究天然非营养素动植物成分的作用，努力寻找新的功能性食品基材。在我国，中草药动植物功能素材是传统功能性食品开发的主要配料。

现代生物技术在功能素材的制备中获得了广泛的应用。通过基因工程技术，用转基因生物生产功能性素材；细胞工程技术、酶工程技术等在功能素材的制备中都得到了不同程度的应用。这些生物技术的应用为功能性素材的高效、高质量生产奠定了坚实的基础，是未来功能性食品研制与开发的重要方向。

二、功能食品的安全性和功能评价

对功能食品的安全性评价需要从两个方面考虑：一是功能性成分的直接毒理和微生物安全效应；二是不适当地摄入某种功能性成分，可能会对食用者的安全产生不利的影响。比如，适量摄入 omega232 脂肪酸对于人体有益，但如果将之分离出来，再集中添加到某种食品中，造成过量摄入，会影响人体凝血功能，从而产生副作用。又如，在我国有微量元素硒缺乏地带(膳食中低于 9～11μg/d)，那里的人们会得以骨节肿大为特征的心肌病——"喀山病"；但在我国也有微量元素硒过剩地带，那里的人们会患以掉头发、指甲脆等为特征的硒中毒病。有研究认为，每天摄入 600 μg 以上的硒可能会导致硒中毒症的发生。功能食品具有特殊的健康和营养价值，在某些疾病预防和健康促进方面具有重要作用；并且由于某种类及其活性组分的多种多样，使得安全性评价变得异常复杂，包括食用历史、加工工艺、消费总量、毒理学评价与人类实验、营养学和生物利用率评价等。在进行安全性评价的过程中，尤其需要注意的是不同功能食品及其活性组分在针对不同个体对象的时候，安全性也要因人而异。例如，有些功能性食品对于某些人是安全有益的，而对另外一些人可能就是危险有毒的。此外，由于各种活性组分彼此存在交互作用，无形中增加了安全性评价和使用的复杂性与困难性。

功能食品存在的前提是其功能性，而功能性评价是对其所宣称的功能性进行验证的依据所在。一般来讲，它可以借助体外和体内试验来进行，从最开始的细胞试验，到接下来的动物试验以及最适合的人群干预试验，逐步获得用以支持功能性食品所宣称的相关功能性的可靠证据。但是，这里需要明确的是，功能性食品和药物的功能评价不同，它的针对对象是健康和亚健康人群，功能性评价结果多具有不明显性。因此，这就需要评价者找到既敏感又可靠的生物标志物。于是，生物标志物在评价中得到了广泛应用，不仅用于疾病的生物学评价，还用于健康促进效果的评价。

功能性食品评价既包括对普通食品应做的评价，即卫生学评价和稳定性评价，又包括功能学评价，即功能食品区别于普通食品（含绿色食品）的根本内容，也是各国政府实施行政管理的核心问题。功能性食品在进行功能学评价之前，先要进行毒理学评价。

（一）毒理学评价

毒理学评价是对功能性食品进行功能学评价的前提。功能性食品或其功效成分，首先必须保证食用安全性。原则上必须完成卫健委《食品安全性毒理学评价程序和方法》中规定的第一、二阶段的毒理学试验，必要时需进行更深入的毒理学试验。但以普通食品原料或药食两用（我国卫健委公布的既是食品又是药品的原料资源）原料作为资源的功能性食品，可以不做毒理学试验。

1. 毒理学评价的四个阶段

第一阶段：急性毒性试验，包括经口急性（LD_{50}）和联合急性毒性。

第二阶段：遗传毒性试验、传统致畸试验和短期喂养试验。遗传毒性试验的组合必须考虑原核细胞和真核细胞、生殖细胞与体细胞、体内和体外试验相结合的原则。具体试验项目包括：

（1）细菌致突变试验：鼠伤寒沙门氏菌/哺乳动物微粒体酶试验（Ames 试验）为首选项目，必要时可另选其他试验。

（2）小鼠骨髓微核率：骨髓细胞染色体畸变分析。

（3）小鼠精子畸形分析和睾丸染色体畸变分析。

（4）其他备选遗传毒性试验：V79/HGPRT 基因突变试验、显性致死试验、果蝇伴性隐性致死试验、程序外 DNA 修复合成（UDS）试验。

（5）传统致畸试验。

（6）短期喂养试验：30 d 喂养试验。如受试物需进行第三、四阶段毒性试验者，可不进行本试验。

第三阶段：亚慢性毒性试验（90 d 喂养试验）、繁殖试验和代谢试验。

第四阶段：慢性毒性试验和致癌试验。

凡属我国创新的物质，一般要求进行四个阶段的试验。特别是对其中化学结构提示有慢性毒性、遗传毒性、致癌性的，或产量大、使用范围广的，必须进行四个阶段的试验。

凡属与已知物质（指经过安全性评价并允许使用）化学结构基本相同的衍生物或类似物，根据第一、二、三阶段的毒性试验结果，判断是否需进行第四阶段的试验。

凡属已知的化学物质且 WHO 已公布 ADI 值的，同时又有资料表明，我国产品的质量和国外产品一致，可先进行第一、二阶段试验。若试验结果与国外产品的结果一致，一般不要求进行进一步的试验，否则应进行第三阶段的试验。

对于功能性食品的功效成分，凡毒理学资料比较完整，且 WHO 已公布或不需规定 ADI 值的，要求进行急性毒性试验和一项致突变试验，首选 Ames 试验或小鼠骨髓微核试验。

凡有一个国际组织或国家批准使用，但 WHO 未公布 ADI 值或资料不完整的，在进行第

一、二阶段试验后作初步评价，决定是否需进行进一步的试验。

对于高纯度的添加剂和由天然植物制取的单一成分，凡属新品种的需先进行第一、二、三阶段的试验。凡属国外已批准使用的，则进行第一、二阶段试验。

对于食品新资源，原则上应进行第一、二、三阶段试验，以及必要的流行病学调查，必要时进行第四阶段试验。若根据有关文献和成分分析，未发现有或虽有但含量很少不至于对健康造成危害的物质，以及经较多人群长期食用而未发现有危害的天然物、植物，可以先进行第一、二阶段试验，初步评价后决定是否需进一步试验。

2. 毒理学评价的主要内容

（1）急性毒性试验。测定 LD_{50}，了解受试物的毒性强度、性质和可能的靶器官，为进一步进行毒性试验的剂量和毒性判定指标的选择提供依据。

（2）遗传毒性试验。对受试物的遗传毒性以及是否具有潜在致癌作用进行筛选。

（3）致畸试验。了解受试物对胎仔是否具有致畸作用。

（4）短期喂养试验。对只需进行第一、二阶段毒性试验的受试物，在急性毒性试验的基础上，通过 30 d 喂养试验，进一步了解其毒性作用，并可初步估计最大无作用剂量。

（5）亚慢性毒性试验（90 d 喂养试验）与繁殖试验。观察受试物以不同剂量经较长期喂养后，对动物的毒性作用性质和靶器官，并初步确定最大无作用剂量，了解受试物对动物繁殖及对仔代的致畸作用，为慢性毒性和致癌试验的剂量选择提供依据。

（6）代谢试验。了解受试物在体内的吸收、分布和排泄速度以及蓄积性，寻找可能的靶器官。为选择慢性毒性试验的合适动物种系提供依据，了解有无毒性代谢产物的形成。

（7）慢性毒性试验（包括致癌试验）。了解经长期接触受试物后出现的毒性作用，尤其是进行性或不可逆的毒性作用，以及致癌作用。最后确定最大无作用剂量，为判断受试物能否应用于食品的最终评价提供依据。

3. 毒理学评价的结果判定

（1）急性毒性试验。如 LD_{50} 剂量小于人可能摄入量的 10 倍，则放弃该受试物用于食品，不再继续其他毒理学试验。如 LD_{50} 剂量大于人可能摄入量的 10 倍，可进入下一阶段毒理学试验。凡 LD_{50} 剂量在人的可能摄入量的 10 倍左右时，应进行重复试验，或用另一种方法进行验证。

（2）遗传毒性试验。根据受试物的化学结构、物化性质以及对遗传物质作用终点的不同，兼顾体外和体内试验，以及体细胞和生殖细胞的原则，在上述第二阶段毒理试验（1）（2）（3）中所列的遗传毒性试验中选择 4 项试验，根据以下原则对结果进行判断：

①三项试验均为阳性。如果其中三项试验均为阳性，则表明该受试物很可能具有遗传毒性作用和致癌作用，一般应放弃将该受试物应用在食品中，不需进行其他项目的毒理学试验。

②两项试验均为阳性。如果其中两项试验均为阳性，且短期喂养试验显示该受试物具有显著的毒性作用，一般应放弃将该受试物用于食品。如短期喂养试验显示有可疑的毒性作用，则经初步评价后，根据受试物的重要性和可能的摄入量等，综合权衡利弊再做出决定。

③一项试验为阳性。如果其中一项试验为阳性，则再选择第二阶段毒性试验（4）中的两项遗传毒性试验；如再选的两项试验均为阳性，则无论短期喂养试验和传统的致畸试验是否显示有毒性与致畸作用，均应放弃将该受试物用于食品；如有一项为阳性，而在短期喂养试验和传统致畸试验中未见有明显毒性与致畸作用，则可进入第三阶段毒性试验。

④四项试验均为阴性。如果其中四项试验均为阴性，则可进入第三阶段毒性试验。

（3）短期喂养试验。在只要求进行两阶段毒性试验时，若短期喂养未发现有明显毒性作用，综合其他各项试验即可做出初步评价。若试验中发现有明显毒性作用，尤其是有剂量一反应关系时，则考虑进行进一步的毒性试验。

（4）90 d喂养试验、繁殖试验、传统致畸试验。根据这三项试验中采取的最敏感指标所得的最大无作用剂量进行评价，如果最大无作用剂量小于或等于人的可能摄入量的100倍者，则表示毒性较强，应放弃将该受试物用于食品。最大无作用剂量大于100倍而小于300倍者，应进行慢性毒性试验。大于或等于300倍者，则不必进行慢性毒性试验，可进行安全性评价。

（5）慢性毒性（包括致癌）试验。根据慢性毒性试验所得的最大无作用剂量进行评价，如果最大无作用剂量小于或等于人的可能摄入量的50倍者，表示毒性很强，应放弃将该受试物用于食品。最大无作用剂量大于50倍而小于100倍者，经安全性评价后，决定该受试物可否用于食品。最大无作用剂量大于或等于100倍者，则可考虑允许用于食品。

4. 毒理学评价的影响因素

（1）特殊和敏感群体的可能摄入量和人体资料。除一般群体的摄入量外，还应考虑特殊和敏感群体，如儿童、孕妇及高摄入量群体。由于存在着动物与人之间的种属差异，在将动物试验结果推论到人身上时，应尽可能收集群体接触受试物后反应的资料，如职业性接触和意外事故接触等。志愿受试者体内的代谢资料，对于动物试验结果推论到人身上，具有重要意义。在确保安全的条件下，可以考虑按照有关规定进行必要的人体试验。

（2）动物毒性试验和体外试验资料。本程序所列的各项动物毒性试验和体外试验系统，虽然仍有待完善，却是目前水平下所能得到的最重要资料，也是进行评价的主要依据。在试验得到阳性结果，而且结果的判定涉及受试物能否应用于食品时，需要考虑结果的重复性和剂量一反应关系。

（3）结果的推论。由动物毒性试验结果推论到人身上时，鉴于动物、人的种属和个体之间的生物特性差异，一般采用安全系数的方法，以确保对人的安全性。安全系数通常为100倍，但可根据受试物的理化性质、毒性大小、代谢特点、接触的群体范围、食品中的使用量及使用范围等因素，综合考虑增大或减小安全系数。

（4）代谢试验的资料。代谢研究是对化学物质进行毒理学评价的一个重要方面，因为不同的化学物质、剂量大小、在代谢方面的差别，往往对毒性作用影响很大。在毒性试验中，原则上应尽量使用与人具有相同代谢途径和模式的动物种系进行试验。研究受试物在实验动物和人体内吸收、分布、排泄和生物转化方面的差别，对于将动物试验结果比较正确地推论到人身上，具有重要意义。

（5）综合评价。在进行最后评价时，必须在受试物可能对人体健康造成的危害与其可能的有益作用之间进行权衡。评价的依据不仅包括科学试验资料，而且与当时的科学水平、技术条件以及社会因素有关。因此，随着时间的推移，很可能结论也不同。随着情况的不断改变、科学技术的进步和研究工作的不断进展，对已通过评价的化学物质需进行重新评价，做出新的结论。

对于已在食品中应用了相当长时间的物质，对接触群体进行流行病学调查，具有重要意义，但往往难以获得剂量一反应关系方面的可靠资料；对于新的受试物质，则只能依靠动物试验和其他试验研究资料。然而，即使有了完整和详尽的动物试验资料及一部分人类接触者的流行病学研究资料，由于人类的种族和个体差异，也很难做出能保证个人都安全的评价。所谓绝对的安全，实际上是不存在的。

根据上述材料进行最终评价时，应全面权衡和考虑实际可能，从确保发挥该受试物的最大效益以及对人体健康和环境造成最小危害的前提下做出结论。

（二）功能学评价

功能学评价是对功能性食品的功能进行动物或人体试验加以评价确认。功能性食品所宣称的生理功效必须是明确而肯定的，且经得起科学方法的验证，同时具有重现性。

1. 功能学评价的基本要求

（1）对受试样品的要求。

①提供受试样品的原料组成或尽可能提供受试样品的物理、化学性质（包括化学结构、纯度、稳定性等）等有关资料。

②受试样品必须是规格化的定型产品，即符合既定的配方、生产工艺及质量标准。

③提供受试样品的安全性毒理学评价的资料以及卫生学检验报告，受试样品必须是已经过食品安全性毒理学评价确认为安全的物质。

④应提供功效成分或特征成分、营养成分的名称及含量。

⑤如需提高受试样品违禁药物检测报告时，应提交与功能学评价同一批次样品的违禁药物检测报告。

（2）对试验动物的要求。

①根据各种试验的具体要求，合理选择试验动物。常用大鼠和小鼠品系不限，推荐使用近交系动物。

②动物的性别、年龄可根据试验需要进行选择。实验动物的数量要求为小鼠每组至少 10 只（单一性别），大鼠每组至少 8 只（单一性别）。动物的年龄可根据具体试验需要而定，但一般多选择成年动物。

③试验动物应达到二级试验动物要求。

（3）受试样品的剂量及时间要求。

①各种试验至少应设 3 个剂量组，另设阴性对照组，必要时可设阳性对照组或空白对照组。剂量选择应合理，尽可能找出最低有效剂量。在 3 个剂量组中，其中一个剂量应相当于人推荐摄入量的 5 倍（大鼠）或 10 倍（小鼠），且最高剂量不得超过人体推荐摄入量的 30 倍（特殊情况除外），受试样品的功能实验剂量必须在毒理学评价确定的安全剂量范围之内。

②给予受试样品的时间应根据具体试验而定，一般为 30 d。当给予受试样品的时间已达 30 d 而试验结果仍为阴性时，则可终止试验。

（4）受试样品处理的要求。

①受试样品推荐量较大，超过试验动物的灌胃量、掺入饲料的承受量等情况时，可适当减少受试样品的非功效成分的含量。

②对于含乙醇的受试样品，原则上应使用其定型的产品进行功能试验，其三个剂量组的乙醇含量与定型产品相同。如受试样品的推荐量较大，超过动物最大灌胃量时，允许将其进行浓缩，但最终的浓缩液体应恢复原乙醇含量，如乙醇含量超过 15%，允许将其含量降至 15%。调整受试样品乙醇含量应使用原产品的酒基。

③液体受试样品需要浓缩时，应尽量选择不破坏其功效成分的方法。一般可选择 60℃～70℃减压进行浓缩。浓缩的倍数依具体试验要求而定。

④对于以冲泡形式食用的受试样品，可使用该受试样品的水提取物进行功能试验，提取的

方式应与产品推荐饮用的方式相同。如产品无特殊推荐饮用方式，则采用下述方法提取：常压，温度80℃～90℃，时间30～60 min，水量为受试样品体积的10倍以上，提取2次，将其合并浓缩至所需浓度。

（5）给予受试样品方式的要求。

必须经口给予受试样品的，首选灌胃。如无法灌胃的，则加入饮水或掺入饲料中。

（6）合理设置对照组的要求。

以载体和功效成分（或原料）组成的受试样品，当载体本身可能具有相同功能时，应将该载体作为对照。

2. 功能学评价试验的设计原则和结果判定

（1）试验设计的原则及方法。

试验设计的意义在于能用比较经济的人力、物力和时间得到较为可靠的结果，准确地控制误差和估计误差的大小，还可使多种试验因素包括在很少的试验中，达到高效的目的。通常按对照、重复和随机的原则，采用单因素、多因素、序贯等方法进行试验设计，先进行动物试验，再进行人体试食试验，利用统计学方法进行分析。

动物试验是功能评价的重要工作，常用的试验动物有大鼠、小鼠、豚鼠、金地鼠、狗、家兔、猕猴等。大多数受试物（功能性食品或功能因子）可以混入饲料中让动物自动摄取，有些受试物（特别是微量的功能成分）可采用注射或灌胃的办法给予。

要求选择一组能够全面反映本项功能性作用的试验，如：增强免疫功能性食品的免疫功能试验，细胞免疫、体液免疫和单核－巨噬细胞功能三个方面至少各选择1种试验，在确保安全的前提下，尽可能进行人体试食试验。

（2）结果判定。

受试动物或人在使用该项功能性食品后，功能性检测指标与对照组有明显区别，而其他一般性健康指标（非功能性检测指标）没有不利于受试生物健康的变化，证明该功能性食品具有该项功能，而且具有安全食用性。

以增强免疫功能性食品为例，在一组试验中，受试样品对免疫系统某方面的试验具有增强作用，而对其他试验无抑制作用，可以判定该受试样品具有该方面的免疫调节效应；对任何一项免疫试验具有抑制作用，可判定该受试样品具有免疫抑制效应。在细胞免疫功能、体液免疫功能、单核－巨噬细胞功能及NK细胞功能检测中，如有两个以上（含两个）功能检测结果为阳性，即可判定该受试样品具有免疫调节作用。

3. 功能学评价的影响因素

（1）人的可能摄入量。除考虑一般群体的摄入量外，还应考虑特殊的和敏感的群体，如儿童、孕妇及高摄入量群体。

（2）人体试食试验的必要性。由于存在动物与人之间的种属差异，在将动物试验结果外推到人时，应尽可能收集群体服用受试样品后的效应资料。如果通过体外或体内动物试验，未观察到或不易观察到食品的功能效应，或观察到不同效应，而有关资料提示对人有保健功能作用时，在保证安全的前提下，应按照有关规定进行必要的人体试食试验。

（3）功能食品保健功能检测及评价承担机构。功能食品保健功能的检测及评价应由卫健委认定的保健食品功能学检验机构承担。进行未列入《保健食品功能学评价程序和检验方法》的功能食品保健功能学评价时，应由负责试验单位组织专家组（至少5人）予以评价。

4. 主要功能性食品的评价原则及结果判定

（1）增强免疫力的功能性食品。

①试验项目（动物试验）。

a. 脏器/体重比值：胸腺/体重比值，脾脏/体重比值。

b. 细胞免疫功能测定：小鼠脾淋巴细胞转化试验，迟发型变态反应。

c. 体液免疫功能测定：抗体生成细胞检测，血清溶血素测定。

d. 单核一巨噬细胞功能测定：小鼠碳廓清试验，小鼠腹腔巨噬细胞吞噬鸡红细胞试验。

e. NK 细胞活性测定。

②试验原则。要求选择一组能够全面反映免疫系统各方面功能的试验，其中细胞免疫、体液免疫和单核一巨噬细胞功能三个方面至少各选择 1 种试验，在确保安全的前提下，尽可能进行人体试食试验。

③结果判定。在一组试验中，受试样品对免疫系统某方面的试验具有增强作用，而对其他试验无抑制作用，可以判定该受试样品具有该方面的免疫调节效应；对任何一项免疫试验具有抑制作用，可判定该受试样品具有免疫抑制效应。

在细胞免疫功能、体液免疫功能、单核一巨噬细胞功能及 NK 细胞功能检测中，如有两个以上（含两个）功能检测结果为阳性，即可判定该受试样品具有免疫调节作用。

（2）减肥功能性食品。

①减肥原则。

减除体内多余的脂肪，而不单纯以体重减轻为标准，要观察脂肪减少的程度。每日营养素的摄入量，应基本保证机体正常生命活动的需要。不要过分节食以增加减肥速度，因为急剧减少饮食量所降低的体重除脂肪外，大部分是水分和肌肉，实际上脂肪的消耗速度是缓慢的。

对健康无损害，无不良反应（如厌食、胃肠功能紊乱、体力下降、头晕、腹泻、脱发等）。

②试验项目。

a. 营养性动物肥胖模型法。

（ⅰ）体重。

（ⅱ）体内脂肪重量（全身或腹腔内、生殖器及肾周围）。

（ⅲ）脂肪细胞数目及大小测定。

（ⅳ）血脂测定（血清甘油三酯及总胆固醇）。

b. 人体试食试验。

（ⅰ）体重。

（ⅱ）体内脂肪百分率测定或皮脂厚度测定。

（ⅲ）血脂测定（血清甘油三酯及总胆固醇）。

③试验原则。

在进行减肥试验时，除以上试验项目必测外，还应进行机体营养状况的检测（如血红蛋白、白蛋白、球蛋白等），运动耐力的测试以及不良反应的观察（如厌食、胃肠功能紊乱、腹泻等）。人体试食试验为必做项目。动物试验与人体试验相结合，综合进行评价，并需增加兴奋剂检测。

④结果判定。

在动物试验的 4 个指标中，有 2 个以上指标为阳性（含 2 个，且其中 1 个指标应是体内脂肪重量），并且无不良影响，即可初步判定该受试样品具有减肥作用。

在人体试验中，体内脂肪量显著减少，且对机体健康无损害，可判定该受试样品具有减肥作用。

（3）辅助降脂的功能性食品。

①试验项目。

a. 大鼠脂代谢紊乱模型。

（ⅰ）血清胆固醇（TC）含量测定。

（ⅱ）血清甘油三酯（TG）含量测定。

（ⅲ）血清高密度脂蛋白胆固醇（HDL－C）含量测定。

（ⅳ）血清低密度脂蛋白胆固醇（LDL－C）含量测定。

（ⅴ）动脉硬化指数 TC－HDL－C/HDL－C 和 LDL－C/HDL－C 测定。

（ⅵ）卵磷脂胆固醇酰基转移酶（LCAT）活性测定。

b. 人体试食试验。

（ⅰ）血清胆固醇（TC）含量测定。

（ⅱ）血清甘油三酯（TG）含量测定。

（ⅲ）血清高密度脂蛋白胆固醇（HDL－C）含量测定。

（ⅳ）血清低密度脂蛋白胆固醇（LDL－C）含量测定。

（ⅴ）动脉硬化指数 TC－HDL－C/HDL－C 和 LDL－C/HDL－C 测定。

（ⅵ）卵磷脂胆固醇酰基转移酶（LCAT）活性测定。

②试验原则。

动物试验与人体试食试验相结合综合进行评价。人体试食试验应加测一般性健康指标，如血常规、肝功能和肾功能等。

③结果判定。

大鼠脂代谢紊乱模型法：结果为阳性时，可初步判定该受试样品具有调节血脂作用。

人体试食试验法：结果为阳性时，可判定该受试样品对高脂血症人具有调节血脂作用。

血清胆固醇（TC）含量和血清甘油三酯（TG）含量中任意一项并且有两个剂量以上同时阳性，只能判定对该指标阳性。

（4）辅助降糖的功能性食品。

①试验项目。

a. 动物试验。

（ⅰ）高血糖模型动物的空腹血糖值，糖耐量试验。

（ⅱ）选用正常动物进行降糖试验，以排除受试样品对胰岛素分泌的刺激作用。

b. 人体试食试验。

（ⅰ）糖耐量试验。

（ⅱ）空腹血糖值。

（ⅲ）胰岛素测定。

（ⅳ）尿糖测定。

②试验原则。

常用四氧嘧啶（40～80 mg/kg，ip）制造高血糖模型动物，进行动物试验。

人体试食试验为必做项目，原则上应在动物试验有效的前提下进行。如动物试验无效，而大量有关资料显示对人有效，则可在确保安全的前提下进行人体试验。最终结果判定以人体试验为准。

人体试食试验应加测一般健康指标，如血常规、肝功能、肾功能和症状改善情况。人体试食试验选用2型糖尿病患者，试验期间常规治疗不停药，但其分布应与对照组大致相同。

③结果判定。

动物试验中两项指标（空腹血糖值和糖耐量试验）有一项指标阳性，人体试食试验的糖耐量试验和空腹血糖值两项指标中一项阳性，且胰岛素含量不升高，即可判定该受试样品具有调节血糖作用。

人体空腹血糖下降2 mmol/L或30%为显效，下降1 mmol/L或10%以上为有效。动物与人体试验结果不一致时，以人体试验结果为准。

（5）延缓衰老的功能性食品。

①试验项目。

a. 动物试验。

（ⅰ）生存试验：小鼠生存试验，大鼠生存试验，果蝇生存试验。

（ⅱ）过氧化脂质含量测定：血或组织中过氧化脂质降解产物丙二醛（MDA）含量测定，组织中脂褐质含量测定。

（ⅲ）抗氧化酶活力测定：血或组织中超氧化物歧化酶（SOD）活力测定，血或组织中谷胱甘肽过氧化物酶（GSH－P_X）活力测定。

b. 人体试食试验。

（ⅰ）血中过氧化脂质降解产物丙二醛（MDA）含量测定。

（ⅱ）血中超氧化物歧化酶（SOD）活力测定。

（ⅲ）血中谷胱甘肽过氧化物酶（GSH－P_X）活力测定。

②试验原则。

衰老机制比较复杂，迄今尚无一种公认的衰老机制学说，因而无单一、简便、实用的衰老指标可供应用，应采用尽可能多的试验方法，以保证试验结果的可信性。

动物试验，除上述生存试验、过氧化脂质含量测定、抗氧化酶活力测定三个方面各选一项必做外，还可选择一些指标，如脑、肝组织单胺氧化酶（MAO－B）活力测定等加以辅助。

生存试验是最直观、最可靠的试验方法，果蝇具有生存期短、繁殖快、饲养简便等优点，通常多选果蝇做生存试验，但果蝇种系分类地位与人类较远，故必须辅助过氧化脂质含量测定及抗氧化酶活力测定，才能判断是否具有延缓衰老作用。

生化指标测定应选用老龄鼠，除设老龄对照外，最好同时增设少龄对照组，以比较受试样品抗氧化的程度。必要时，可将动物试验与人体试食试验相结合综合评价。

③结果判定。

若大鼠或小鼠生存试验为阳性，即可判定该受试样品具有较强的延缓衰老的作用。

若果蝇生存试验、过氧化脂质和抗氧化酶三项指标均为阳性，即可判定该受试样品具有延缓衰老的作用。

若过氧化脂质和抗氧化酶两项指标均为阳性，即可判定该受试样品具有抗氧化作用，并提示可能具有延缓衰老作用。

（6）缓解体力疲劳的功能性食品。

①试验项目（动物试验）。

（ⅰ）负重游泳试验。

（ⅱ）爬杆试验。

（ⅲ）血乳酸。
（ⅳ）血清尿素氮。
（ⅴ）肝/肌糖原测定。
②试验原则。
运动试验与生化指标检测相结合。在进行游泳或爬杆试验前，动物应进行初筛。生化试验在运动前、运动停止当时和停止 30 min 后测定。除以上生化指标外，还可检测血糖、乳酸脱氢酶、血红蛋白以及磷酸肌酸等指标，并需增加兴奋剂检测。
③结果判定。
若 1 项以上（含 1 项）运动试验和 2 项以上（含 2 项）生化指标为阳性，即可判断该受试样品具有抗疲劳作用。
(7) 改善胃肠道功能的功能性食品。
改善胃肠道功能的功能性食品又可分为以下四种情况：
第一，促进消化吸收方面。
①试验项目。
a. 动物试验：动物体重及食物利用率，胃肠运动试验，消化酶的测定，小肠吸收试验。
b. 人体试食试验。
（ⅰ）主要针对改善儿童食欲不佳的，选择以下观察指标：食欲、食量、体重、血红蛋白。
（ⅱ）主要针对消化吸收不良的，选择以下观察指标：食欲、食量、胃胀腹胀感，大便性状、次数，胃肠运动及小肠吸收等。
②结果判定。
a. 动物试验：胃肠运动、消化酶的检测以及小肠吸收试验中至少有一项指标为阳性。
b. 人体试食试验必做项目。
（ⅰ）针对改善儿童食欲的，应重点观察食欲、食量的改善情况，体重、血红蛋白作为辅助指标。
（ⅱ）针对消化吸收不良的，除食欲、食量、胃胀腹胀、大便性状等消化不良的症状体征有明显改善外，在胃肠运动及小肠吸收试验中至少有一项试验结果为阳性。
符合以上要求的，可以判定受试样品具有促进消化吸收的作用。
第二，调节肠道菌群方面。
①试验项目。
a. 动物试验：双歧杆菌、乳杆菌、肠球菌、肠杆菌、产气荚膜梭菌。
b. 人体试食试验：双歧杆菌、乳杆菌、肠球菌、肠杆菌、拟杆菌、产气荚膜梭菌。
②结果判定。
a. 动物试验。
（ⅰ）双歧杆菌或乳杆菌明显增加，梭菌减少或无明显变化，肠球菌、肠杆菌无明显变化。
（ⅱ）双歧杆菌或乳杆菌明显增加，梭菌减少或无明显变化，肠球菌或肠杆菌明显增加，但增加的幅度低于双歧杆菌、乳杆菌增加的幅度。
符合以上两项要求之一的，可以判定受试物具有改善动物肠道菌群的作用。
b. 人体试食试验必做项目。
（ⅰ）双歧杆菌或乳杆菌明显增加，梭菌减少或无明显变化，肠球菌、肠杆菌、拟杆菌无明显变化。

（ⅱ）双歧杆菌或乳杆菌明显增加，梭菌减少或无明显变化，肠球菌或肠杆菌、拟杆菌明显增加，但增加的幅度低于双歧杆菌、乳杆菌增加的幅度。

符合以上两项要求之一的，可以判定受试样品具有改善肠道菌群的作用。

第三，通便功能方面。

①试验项目。

a. 动物试验：小肠运动试验，排便时间，粪便重量或粒数，水分，性状。

b. 人体试食试验。

②结果判定。

粪便重量或粒数明显增加，加上肠运动试验或排便时间一项结果阳性，可判定受试样品具有润肠通便的作用。

第四，对胃黏膜损伤有辅助保护功能方面。

①试验项目。

a. 动物试验：胃黏膜损伤状况的观察（黏膜损伤的面积、溃疡面积和体积）。

b. 人体试食试验：胃黏膜损伤的症状、体征、X线钡餐或胃镜检查。

②结果判定。

动物试验结果有明显保护作用，人体试食试验胃部症状、体征有明显改善，胃黏膜损伤有好转，可判定受试样品具有保护胃黏膜的作用，人体试食试验为必做项目。

(8) 辅助改善记忆力的功能性食品。

①试验项目。

a. 动物试验。

（ⅰ）跳台试验。

（ⅱ）避暗试验。

（ⅲ）穿梭箱试验。

（ⅳ）水迷宫试验。

b. 人体试食试验。

（ⅰ）韦氏记忆量表。

（ⅱ）临床记忆量表。

②试验原则。

a. 应通过训练前、训练后及重测验前等3种不同的给予受试样品的方法，观察其对记忆全过程（记忆获得、记忆巩固、记忆再现）的影响。

b. 应采用一组（2个以上）行为学试验方法，以保证试验结果的可靠性。

c. 人体试食试验为必做项目，并应在动物试验有效的前提下进行。试验对象可以是婴幼儿、儿童、智障者、成人或老年人。

d. 除上述试验项目外，还可选用嗅觉厌恶试验、味觉厌恶试验、操作式条件反射试验、连续强化程序试验、比率程序试验、间隔程序试验。

③结果判定。

动物试验2项或2项以上的指标为阳性，且2次或2次以上的重复测试结果一致，可以认为该受试样品具有改善该类动物记忆的作用。

若人体试食试验结果为阳性，则可认为该受试样品具有改善人体记忆的作用。

(9) 辅助降血压的功能性食品。

①试验项目。

a. 动物试验：测血压。

b. 人体试食试验：测血压和观察临床症状。

②试验原则。

a. 动物试验和人体试食试验所有项目必测，人体可加测一般性健康指标。

b. 动物试验可用高血压模型和正常动物，人体试食试验可在治疗基础上进行。

③结果判定。

动物试验血压明显下降，人体试食试验血压明显下降、症状改善，可判定该受试样品具有调节血压的作用。人体试验为必做项目。

有效：舒张压下降 1.3～2.5 kPa（10～19 mmHg）、收缩压下降 4 kPa（30 mmHg）以上。

显效：舒张压恢复正常或下降 2.7 kPa（20 mmHg）以上。

（10）改善睡眠的功能性食品。

①试验项目。

动物试验：睡眠时间、睡眠发生率、自主活动。

②结果判定。三项指标中两项指标为阳性，可判定该受试样品具有改善睡眠的作用。

三、我国主要功能食品植物资源（上）

（一）苦荞麦

苦荞麦又称鞑靼荞麦，为蓼科双子叶植物苦荞麦的种子，因具有降糖降脂、下气消积的作用而被誉为“净肠草”。苦荞麦不仅含有淀粉、蛋白质、脂肪以及多种维生素和矿物质等营养成分，而且富含芦丁、槲皮素等黄酮类活性成分，具有很高的营养与保健价值。其中主要活性成分有黄酮、多糖、植物固醇等。

（1）抗氧化：苦荞麦黄酮可通过直接与含氧自由基结合、螯合可催化自由基链式反应的金属离子、保护体内抗氧化物质、提高抗氧化酶活性等途径产生抗氧化作用。

（2）抗肿瘤：苦荞麦黄酮可通过清除氧自由基、抑制致癌物在体内的活化、提高机体免疫力等途径发挥抗肿瘤作用。

（3）降血糖：研究显示，苦荞麦黄酮具有明显的降血糖作用，它不仅能有效抑制淀粉酶和α—葡萄苷酶的活性，而且可以提高胰岛素敏感性，减轻胰岛素抵抗，保护胰岛β细胞，预防和控制糖尿病及其并发症，是天然的植物胰岛素。

（4）降血脂：苦荞麦黄酮通过减少脂肪的吸收、增强维生素C的作用、激活过氧化物体增殖剂激活型受体α和γ的活性，改善脂质代谢等途径，达到降血脂的目的。

（5）降血压：苦荞麦黄酮可通过扩张外周血管、抑制血管紧张素转换酶的活性产生降血压作用。

（二）羊肚菌

羊肚菌属子囊菌亚门，盘菌纲，盘菌目，羊肚菌科，因其表面有蜂窝状的可孕头部，外观极似羊肚而得名，俗称羊肚菜、羊肚蘑。作为人们喜爱的美味佳肴，羊肚菌营养丰富、成分齐全，蛋白质含量高于牛、羊、猪等肉类，仅次于大豆；还含有丰富的氨基酸、脂肪酸、多糖、

维生素和大量的矿物质元素。现代医学研究表明，羊肚菌有降血脂、调节机体免疫力、抗疲劳、保肝、抗病毒、抑制肿瘤、减轻放化疗引起的毒副作用等功效。

(1) 保肝功效：羊肚菌细胞内的多糖能明显降低血清中的谷丙转氨酶、谷草转氨酶活性，降低肝脏中 MDA 的含量和肝脏指数；提高 SOD 活性，并能显著减轻 CCl_4 引起的肝小叶内的灶性坏死，证明羊肚菌细胞内的多糖对小鼠肝脏的损伤有明显的保护作用。

(2) 加强小肠推进和促进排空功效：羊肚菌提取液以 6 g/kg 的给药剂量可以非常显著地促进正常小鼠的胃排空，对新斯的明负荷小鼠引起的胃排空亢进有显著的拮抗作用，对肾上腺素负荷小鼠引起的胃排空抑制没有明显影响。

(3) 抗肿瘤功效：宋淑敏等采用 EF－11 营养液经超过滤处理后的高分子多糖液饲喂小鼠，证明其对肉瘤的抑制率为 31.7%，说明羊肚菌多糖能明显地抑制肉瘤活性。

(4) 保肾功效：羊肚菌菌丝水－乙醇提取液在 250 mg/kg 剂量时，能显著降低小鼠血清尿素和肌酐含量，提高小鼠 SOD、CAT 和 GPX 的活性，说明其对小鼠肾毒性具有预防性保护的作用。

(三) 山药

山药（*Dioscorea opposita*），别名薯蓣，为薯蓣科、薯蓣属的一种草质藤本植物，其药用部位为干燥根茎，是典型的药食两用植物。作为我国传统的保健食品之一，山药含有极丰富的营养保健物质，我国西南、淮河流域和黄河流域均有分布，其中河南沁阳一带所产品种最佳，称为“怀山药”，被誉为“怀参”。中国古代医书曾多次提及山药，并对其有很高的评价。山药对人类健康起着很大的作用，包括调节免疫、降血糖、延缓衰老和调理胃肠等功能。

(1) 调节免疫：山药多糖是目前公认的山药主要活性成分，可刺激或调节免疫系统的功能，对体液免疫、细胞免疫和非特异性免疫功能都有增强作用。例如，山药可促进 T 细胞的增生和淋巴细胞的转化，增强腹腔巨噬细胞的吞噬功能等。

(2) 降血糖：张忠泉研究了山药多糖的降血糖原理，发现山药多糖对四氧嘧啶模型鼠的降糖作用显著，同时能升高 C 肽含量，表明山药多糖可以改善糖尿病。山药皂苷属于薯蓣皂苷中的一类，由糖原和异戊二烯多聚体连接而成，在降血糖方面有促进作用。

(3) 延缓衰老：刘伟萍通过实验发现山药水提物能改善四氯化碳（CCl_4）所致急性肝损伤小鼠的肝功能状况，这可能与酚羟基所具有的抗脂质过氧化作用有关。因此，为进一步研究具体哪些物质在急性肝损伤中起作用提供了新思路。

(4) 调理胃肠：研究表明，山药不但具有很高的营养价值，而且能够刺激胃肠内容物排空，补脾、养胃效果显著。

(四) 银耳

银耳（*Tilia tremella*），又称白木耳、雪耳、银耳子等，主要分布于亚热带，亦分布于热带、温带和寒带。银耳不仅味道鲜美，还含有丰富的蛋白质、碳水化合物、维生素、微量元素等营养成分，是一种经济价值很高的食用菌。银耳还含有多种矿物质，如钙、磷、铁、钾、钠、镁、硫等。此外，银耳还含有海藻糖、多缩戊糖、甘露醇等银耳多糖。银耳的多种营养成分和功能有助于当前市场对功能饮料的需求。在饮料中配以枸杞、冰糖，具有清凉、保健的功能，符合消费者的饮食习惯。

银耳富含活性多糖，具有调节免疫力、抗肿瘤、抗氧化、降血糖、改善肠道菌群等药理作用，显示出较高的开发利用价值。然而，国内外关于银耳的研究集中在其活性成分、药理作用及其机制上，对其在食品中的应用基础研究较少。有研究者将银耳多糖和糯米结合，开发出具有营养保健和药用功能的银耳粗多糖糯米保健醋，该保健醋不仅营养全面，而且老少皆宜，市场前景巨大。

四、我国主要功能食品植物资源（下）

（一）芦荟

芦荟别名龙角、油葱、象胆等，是一种具有悠久历史的神奇植物，集药用、食用、美容、保健和观赏价值于一体，颇具开发前景。芦荟有抗菌、消炎、镇痛、防腐和抗肿瘤等作用。其中有效物质芦荟多糖具有免疫功能，芦荟大黄素可显著抑制宫颈癌 HeLa 细胞及抑制胃癌 BGC－823 细胞增殖，芦荟凝胶对成纤维细胞紫外辐射损伤有保护作用。芦荟因特殊的营养功能已成为“美食王国”的新亮点，我国开发生产了许多芦荟食品、保健品和菜肴，如芦荟罐头、芦荟醋、芦荟饮料、芦荟口服液等。

芦荟中的有效成分如表 5－2 所示。

表 5－2　芦荟中的有效成分

化学成分	药效	库拉索芦荟	木剑芦荟
芦荟大黄苷	苦味健胃，缓泄	+	+
乳酸镁	抗溃疡	－	+
芦荟大黄素	健胃，缓泄	+	+
芦荟苦素	抗菌，解毒	+	+
一种活性糖	抗菌，抗病毒	－	+
芦荟宁	健胃	－	+
芦荟毒素	抗肿瘤	+	+
芦荟甘露聚糖	抗霉菌，抗肿瘤	+	+
多聚糖	降血糖	－	+
后莫那特芦荟素	苦味健胃，缓泄	+	+
氨基酸、有机酸	阻断黑色素形成	+	+
酶类	抗炎	+	+
皂素类	抗菌，利尿	+	+
芳香成分	镇静	+	+
矿物营养成分	阻断黑色素形成	+	+
黏多糖类（糖蛋白）	抗溃疡，抗肿瘤	+	+

（二）黄芪

黄芪是豆科植物蒙古黄芪或膜荚黄芪的干燥根。黄芪是常用中草药，医学上常用黄芪注射液治疗失眠，疗效显著。关于黄芪的化学成分，目前有许多报道，从黄芪中可以分离出黄芪多

糖、黄芪皂苷、黄酮、多种氨基酸、微量元素、胡萝卜素、叶酸等，这些活性成分均与其药效有关。近代药理研究证明，黄芪多糖和黄芪皂苷是黄芪的主要成分，药理作用广泛。

(1) 黄芪多糖：黄芪多糖能提高人体免疫力，增强细胞生理代谢，提高巨噬细胞活性，是理想的免疫增强剂。它能促进 T 细胞、B 细胞、NK 细胞等免疫细胞的功能，对艾滋病等多种免疫缺陷症均有良好的防治作用。还能够抑制 EAS、双向调节血糖、延缓细胞衰老，有益于延年益寿。注射黄芪多糖是目前较理想的安全有效的抗肿瘤用药，黄芪多糖有抗白血病免疫功能，黄芪多糖能治疗哮喘，黄芪多糖对树突状细胞形态和功能有影响，黄芪多糖对治疗神经系统疾病有作用，黄芪多糖能影响鱼类免疫功能。

(2) 黄芪皂苷：黄芪皂苷对于哺乳动物免疫调节、抗肿瘤有显著作用。特定剂量的黄芪皂苷可以显著提高斑点叉尾鮰机体的非特异性免疫力，黄芪皂苷可以作为一种安全高效的免疫增强剂应用于斑点叉尾鮰健康养殖及病虫害防治。

(3) 黄芪总黄酮：黄芪总黄酮是黄芪的主要活性成分，黄芪总黄酮对自然衰老的鼠脑组织炎症反应具有明显保护作用，对 RAW 264.7 细胞因子和介质分泌水平有影响，对特发性肺纤维化 miRNA−21、LET−7D 有干预作用。

（三）黑木耳

黑木耳属于担子菌门伞菌纲木耳目木耳科木耳属，是世界上最重要的四大栽培食用菌之一。黑木耳中含有蛋白质、膳食纤维、多糖、氨基酸、黄酮、多酚以及铁、锌、钙等 48 种常量和微量元素，是一种营养丰富的药食同源食用菌。黑木耳具有抗氧化、抑菌活性及预防心血管疾病等多种功效。黑木耳多糖在体内外都有明显的抗肿瘤作用，这可能与其能促进肿瘤细胞凋亡有关，并具有降血糖功能。黑木耳可制成黑木耳多糖速食羹，黑木耳复合饮料感官与稳定性较好，口感细腻，可制作黑木耳粉，可以降低代谢综合征患者空腹血糖、低密度脂蛋白胆固醇及餐后甘油三酯，可作为代谢综合征的主食选用，复合黑木耳粉具有良好的降血脂功能。

（四）大蒜

大蒜为百合科植物的鳞茎，又名蒜、葫、葫蒜等，原产于亚洲西部或欧洲，全国各地广泛栽培，药食兼用，味辛，性温，入肝、脾、胃、肺、小肠、大肠经。具有止泻止痢，理气消食，杀虫消疾，消痈解毒的作用。其主要功能成分如下。

(1) 大蒜素：大蒜素在放射治疗中对正常细胞具有辐射保护效应，对肿瘤细胞具有辐射增敏效应；大蒜素在农业上用作杀虫杀菌剂，也作为饲料添加剂；大蒜素具有较强的抗菌消炎作用；大蒜素可以降低心脑血管疾病；提高细胞免疫、体液免疫和非特异性免疫功能。

(2) 大蒜多糖：大蒜多糖可以促进肠道中优杆菌属和乳酸菌属生长，调节急性酒精性肝损伤伴有的肠道菌群失调；大蒜多糖可抑制呼吸道合胞病毒；大蒜多糖能使肌体外周血淋巴细胞增值；大蒜多糖对慢性酒精中毒小鼠学习的记忆能力有影响。

(3) 大蒜辣素：大蒜辣素对急性心肌缺血大鼠的心肌有保护作用；大蒜辣素可降低高糖环境下肝癌细胞的耐药性。

(4) 大蒜油：大蒜油具有降血脂功能；大蒜油在小鼠体内具有抗流感病毒的作用；大蒜油具有抗真菌、抗病毒，防治心血管疾病和肝病等作用。

第六章　环境保护植物及应用

第一节　环境保护植物资源概述

植物维系着生态平衡，能使万物充满生机，是整个地球上生物循环必不可少的一个组成环节。据科学家测定，一棵正常生长50年的树，对人类的贡献价值为16.9万美元。其中产生氧气的价值是3.12万美元，吸收有毒气体、防止大气污染的价值是6.5万美元，防止土地侵蚀、增加肥力的价值是0.312万美元，涵养水源、调节气候的价值是3.75万美元，为鸟类等动物提供栖息繁衍场所的价值是3.25万美元，还不包括木材本身的价值。因此，植物在环境保护中起着十分重要的作用。

自古以来，植物作为“生态平衡的维持者”，一直在默默地改善和美化着人类生活的环境。植物能净化污水，减弱或消除噪声，耐旱固沙，耐盐碱、耐涝，能监测二氧化硫、氟、氯、氨等的污染，能吸收氟化氢、二氧化硫、氯、二氧化氮、氨、臭氧、汞蒸汽、铅蒸汽以及过氧乙酰硝酸酯、乙烯、苯、醛、酮等气体，从而降低大气中有害气体的浓度。例如，氟化氢通过40米宽的刺槐（*Robinia pseudoacacia*）林带比通过同距离的空旷地带后的浓度可降低近50%；二氧化硫通过一条高15米、宽15米的法国梧桐（*Platanus acerifolia*）林带，浓度可降低25%～75%。绿化植物不但能够阻隔放射性物质及其辐射，而且能够过滤和吸收放射性物质。例如一些地区树林背风面叶片上的放射性物质颗粒浓度只有迎风面的1/4。树林背风面的农作物中放射性物质的总放射性强度一般为迎风面的1/20～1/5。又如每立方厘米空气中含有1毫居里的放射性碘－131时，在中等风速的情况下，1千克叶片在1小时内可吸滞1居里的放射性碘，其中2/3吸附在叶片表面，1/3进入叶片组织。不同的植物净化放射性污染物的能力也不相同，如常绿阔叶林的净化能力要比针叶林高得多。

绿色植物还能够依靠光合作用维持生长，吸收二氧化碳，释放出人类维持生命所需要的氧，并在这一过程中维持空气中二氧化碳和氧气的平衡。据测算，每公顷植物一年释放的氧：农作物为3～10吨，落叶林为16吨，针叶林为30吨，常绿阔叶林为20～25吨。一株树龄百年的山毛榉，其叶片总面积约为1600平方米，进行光合作用时，每小时可吸收二氧化碳约2352克，释放氧1712克。据测算，大约150平方米的叶面积，可以满足一个人日常的需氧量。植物能吸收空气中的灰尘，还能降低风速，从而使空气中较大的污染物颗粒、尘埃降落，起到净化空气的作用。植物的根能与土壤紧密结合，能有效阻挡风大情况下空气中的飞尘，同时也防止了暴雨天气土壤的流失。据调查，林区空气中有较多的负氧离子，被吸入人体后，可以调节大脑皮层的兴奋和抑制过程，提高机体免疫力，并对慢性气管炎、失眠等有疗效。还有许多植物能分泌杀菌素杀死周围的病菌，如桉树分泌的杀菌素能杀死结核菌、肺炎病菌等。一棵松树一天一夜能分泌2千克杀菌素，可杀死白喉、痢疾等病菌。

图 6－1　桉树

图 6－2　松树

随着生产力的发展和工业现代化，排放到环境中的污染物日益增加，大大超过了生态系统自然净化的能力，造成了环境污染。减少环境污染的措施很多，其中一条就是利用植物的净化能力，还有就是根据不同植物对不同污染物的敏感性不同来监测预报环境污染。

那么，什么是环境保护植物资源呢？环境保护植物资源是对抗污染植物资源和环境监测植物资源的总称，对生态环境的保护能起到积极作用。其中，抗污染植物是指对环境污染有较强的抵抗力，能起到吸附和过滤对环境有害物质作用的植物；而环境监测植物是指对污染具有指标性，可以根据其受害症状来判断环境污染程度和污染范围的植物。

第二节　环境保护植物资源的作用

环境保护植物资源是人类的保护伞。地球上现在森林平均覆盖率为 32.3%，森林涵养了甘美的水质、纯净的空气、充沛的雨量，也养育了生灵，促进了水循环，提高了地球的自净能力，成为人类珍贵的保护伞。当代生态学家频频告诫人类，假如把地球上的森林砍光，我们的环境将如何呢？结论是陆地动植物将会减少 90%，淡水的 70%将由陆地流向海洋，生活用薪炭减少 70%，生物释氧量减少 67%，地球将升温，南北极冰盖将逐年融化，海平面升高，低海拔国家将遭到灭顶之灾。原来森林区的风速将提高 60%～80%，太阳对陆地的热辐射失去缓冲机制，气温升高后加速江、河、湖、沼的淡水蒸发，土地龟裂，庄稼和草地干枯，生灵死亡。1986 年，大自然对人类作了一次规模巨大的示警，非洲 32 个国家经历了连续三年的大干旱，庄稼枯死，大批热带动物渴死，饿殍遍野，联合国称之为“非洲近代史上最大的人类灾难”。后来经过专家踏勘，原来这些非洲国家出售森林以救穷，国际木材财团为发财而大砍其森林。大范围砍伐森林的结果是引起大范围生态失衡，情况最糟的是毛里塔尼亚，丧失森林的结果是全国 98%的土地沙漠化了。森林也是人类健康的保护神，经过仪器检测，在松、柏、樟三种树的森林圈内，每立方米空气的含菌量为 916 个，而一般街市人口密集处，每立方米空气的含菌量在 20000 个以上。松树散逸到空气中的臭氧能杀灭肺结核病菌，故俄罗斯的很多肺结核疗养院都建在松树林中。1 亩垂柳一昼夜能释放 2 千克杀菌素，其能抑制伤寒、白喉、痢疾等病菌的繁殖，同时还能吸收空气中的二氧化硫。桂树能向空气中挥发桂皮醛，其对葡萄球菌、痢疾杆菌、炭疽杆菌、沙门氏肠炎菌有强烈的抑制作用。因此，森林圈内往往多长寿之乡。

从宏观上看，地球上全年产生二氧化碳 2000 亿吨，如果不被吸收，将严重毒化地球，幸运的是，森林在光合作用中吸收了 1400 亿吨，草本植物吸收了 600 亿吨，使地球上的氧气与

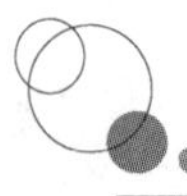

二氧化碳交流运行基本持平。森林是维持地球大环境平衡的柱石，是调节地球生态循环系统最重要的下垫面，被称为“绿色固体水库”，因为一亩林木可以蓄积涵养 20 立方米天然落水或地下水，一公顷林木一个夏天可蒸发 70 吨水，使空气保持相对湿润。20 世纪 50 年代的大兴安岭在夏天晴夜里时有“细雨”，其实是密集的树叶蒸发出来的水分。5 万亩集中的森林区，可以稳定四周 20 万亩水稻的需水量，森林至少在水体运行上能维持人类生活在自然生态循环体系中。森林是人类的摇篮，原始人经过森林生活的训练然后才走向平原。森林是地球上关键性的生物资源，是人类生产力的依托，也是人类物质文明可持续发展的基础，是保护地球永远健康美丽的绿色英雄。环境是生物赖以生存的基础，植物是环境的重要组成部分。

图 6－3　刺槐

图 6－4　蓖麻

植物不仅能美化环境，而且还具有净化环境和监测环境污染的作用。植物是自然界生态平衡的维系者，在净化空气、防治污染、减弱噪声、消除尘埃、净化水源、保持水土、防风固沙、改良土壤等方面具有重要的价值。环保植物对各种污染物有吸收、积累和代谢的作用。硫是植物生长必需的元素，当空气中的二氧化硫浓度大于 0.0001‰时，植物就能不断地吸收二氧化硫，并在体内形成亚硫酸和亚硫酸盐，亚硫酸根离子很快又被氧化为硫酸根离子，硫酸根离子毒性很小，植物就不会受到危害，但当超过这个范围时植物就会受到危害。据测算，1 公顷的柳杉每年可吸收二氧化硫 720 千克，松林每天可以从 1 立方米空气中吸收 20 毫克二氧化硫。另外，垂柳、夹竹桃、梧桐、山楂、芹菜和菊花等都有较强的吸收二氧化硫的能力。刺槐、泡桐、美人蕉、向日葵、蓖麻等具有吸收氟的能力，而银杏、柳杉、樟树和冬青对臭氧有一定的净化作用。在减弱噪声方面，珊瑚树、雪松、圆柏、龙柏、水杉、云杉、鹅掌楸、栎、海桐、桂花、臭椿、女贞等植物起着重要作用。树木的叶、枝、干是决定树木降噪效用的主要因素。声波到达树叶的初始角度和树叶的密度决定了树叶对声音的反射、透射和吸收情况。大而厚、带有绒毛的浓密树叶和细枝对降低高频噪声有较大作用。树干对低频噪声反射很少，但成片树林可使高频噪声因散射而明显衰减。

不同的树种、组合配植方式和地面的覆盖情况也对降噪有一定影响。声音经过疏松土壤和草坪的传播，会有超过平方反比定律的附加衰减。从遮隔和减弱城市噪声的需要考虑，配植树木应选用常绿灌木与常绿乔木树种的组合，并要求有足够宽度的林带，以便形成较为浓密的“绿墙”。沿城市干道散植的行道树一般没有降噪效用。此外，绿色植物还是氧的制造者和二氧化碳的吸收者，对二氧化碳和氧气的平衡有一定作用。例如一棵山毛榉通过光合作用吸收的二氧化碳为 2352 g/h，释放的氧气为 1712 g/h。现代工业的发展，特别是化石燃料（煤和石油）的燃烧产生大量的温室气体二氧化碳，致使碳一氧循环不平衡，地球南北半球极端气候频繁出

现。例如2010年末和2011年初北半球极度寒冷、冰雪成灾，南半球酷暑难耐、洪涝频频，这些都与植物大面积破坏、碳一氧循环不平衡、环境污染严重有一定的关系，因此大力发展和种植绿色植物势在必行。再有，风沙和灰尘中含有大量细菌，植物可以阻挡风沙、减少灰尘，从而减少空气中的细菌。

植物群落通过枝叶摆动、叶表面的气孔、绒毛阻挡来吸收噪声，还可以通过降低风速、利用植物叶表面的绒毛和分泌物阻滞、过滤和吸附粉尘、飘尘。工厂排放出的灰尘除碳颗粒外，还有汞、镉、铅等金属粉尘。由于植物不但有粗糙的褶皱，还能分泌油脂，所以对烟尘有阻滞、过滤和吸附的作用。如1公顷樟树林一年可吸附粉尘达68000千克之多，1公顷松林每年可滞留灰尘36000千克，绿化片林比无树空旷地空气粉尘减少50%。因此，在工厂四周植树绿化能减少灰尘污染、净化空气，且有益于人的健康。通过水生和沼泽植物可消除水体富营养化，杀灭水体中的细菌，净化水源；通过覆盖在地表的植物群落可涵养水源和保持水土，如从芦苇塘中流出的水中悬浮物减少30%，氯化物减少9%，有机氮减少60%，磷酸盐减少20%，氨减少66%，水的总硬度减小33%；水体流过30～40 m宽的林带，能使氨含量降低到原来的1/1.5～1/2，能使细菌数量比未经过林带的减少1/2，且生活污水含有大量的氮、磷等物质，是植物生长所必需的营养；工业污水含有大量金属离子，由于水生植物具有发达的根系，有利于吸收这些物质，达到净化的目的。植物吸收这些污染物后，尤其是金属离子和农药，便富集、固定在植物体内或土壤中。但吸收这些物质的植物最好是用作建筑、造纸等工业用料，不能作为动物饲料或人的食物，否则会通过食物链的富集作用危及动物和人的健康。

发达的植物根系还具有保水固土的作用，根系分泌的多种有机酸能促进根际微生物活动，改良土壤。一条疏透结构的防风林带，其防风范围在迎风面可达林带高度的35倍，在背风面可达林带高度的25倍，风速可降低4%～5%，密集林带可降低风速达75%～80%。根系固沙紧土，改良土壤结构，可大大削弱风的携沙能力，逐渐把流沙变为固定沙丘。植被的凋落物为土壤带来有机质，可以增肥贫瘠的土壤，增加更多植物生存的可能性。植被能截留有限的降水，增加土壤水分，对于形成固沙植被起着推动作用。

在环境保护中，植物除上述作用外，还有指示和监测作用。其中，监测作用就是利用某些植物对环境中有毒气体的敏感程度，当某些有毒气体在低浓度时，它就能出现受害症状，反映出有毒气体的大概浓度。指示作用是指利用某些植物指示环境污染，主要包括大气污染指示植物、土壤污染指示植物和水体污染指示植物。大气污染指示植物用于检测空气污染，如芥菜、矢车菊、非洲菊、散沫花、天竺葵、彩叶草、木槿、云杉、黄桦等可以作为二氧化硫污染指示植物，其受污染危害的症状是：轻度污染时叶片略微失去膨压，有暗绿色斑点，重污染则叶片褪绿、干枯，直至出现坏死斑点。油菜、萱草、麦瓶草、秋水仙、马兰、水仙、仙客来、风信子、唐菖蒲等可作为氟化氢污染指示植物，当空气中存在氟化氢污染时，唐菖蒲的叶片边缘和尖端会出现淡黄色片状伤斑。鸡冠花、女贞、云南松等可作为氯污染指示植物，污染症状大多为脉间点块状伤斑，与正常组织之间界限模糊，或有过渡带，严重时全叶失绿漂白甚至脱落。烟草、扶桑（朱槿）、蚕豆、菊花、樱花、春榆等可作为光化学烟雾污染指示植物，光化学烟雾含有各种氧化能力极强的物质，可使叶片背面变成银白色、棕色、古铜色或玻璃状，叶片正面出现一道横贯全叶的坏死带，严重时整片叶子变色，很少发生点状或块状伤斑。铁芒萁、石松、映山红、牙疙疸等可作为酸性土壤指示植物。蜈蚣草、铁线蕨、象牙乌毛蕨、南天竺、甘草等可作为钙质土壤指示植物。海蓬子、罗布麻、盐吸、盐爪爪等可作为盐碱土壤指示植物。盐角草、盐节木、盐穗木等可作为盐渍化土壤指示植物。

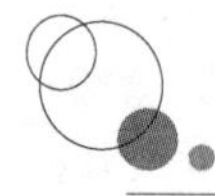

图 6—5　矢车菊　　图 6—6　天竺葵　　图 6—7　木槿
图 6—8　风信子　　图 6—9　石松　　图 6—10　浮萍

根据水体中藻类植物的种类分布情况可以很好地监测水体污染情况。在种群特征监测中，绿藻和蓝藻耐污染能力最强，硅藻耐污染能力最弱，当水体中蓝藻类含量多时，代表水体已经发生污染，而当硅藻为优势种群，占到水体面积一半以上时，代表水体是干净的。水生维管束植物凤眼莲、浮萍、金鱼藻、芦苇、小球藻、栅藻、螺旋藻等可作为水体富营养化、重金属超标的指示植物，棉秆皮、棉铃壳对重金属离子 Cu、Cd、Zn 有明显的吸附作用，谷子谷壳黄原酸酯对重金属离子 Hg、Pb、Cd、Cu、Co、Cr、Bi 等有良好的捕集效果，松木对 Cu^{2+} 有脱除作用等。

第三节　环境保护植物资源的分类

植物资源类型多样，以其在自然界存在的不同形式可分为植被资源、物种资源、种质资源；以其在植物界所处的系统位置可分为微生物、藻类、地衣、真菌、蕨类、种子植物资源；以其利用的状况可分为栽培植物资源植物与野生植物资源；以其性质与用途区分，则有一些不同的分类体系。1983 年，中国学者吴征镒、周俊、裴盛基提出一个新的分类体系，首先区分为栽培植物与野生植物资源两大类，其下再区分为 5 大类 26 小类。为了便于叙述，将植物资源按植物系统区分为微生物、藻类、地衣、真菌、蕨类和种子植物。在种子植物中按用途分为 8 大类 23 小类，其中有一类被称为保护和改造环境植物资源，包括花卉植物，防风固沙、固氮植物，再根据不同的分类标准，环境保护植物可以分为不同的类型。

按照环境保护植物的作用不同分类，可以分为防治环境污染的植物和监测环境污染的植物两大类。防治环境污染的植物又可以分为：①防治有害气体污染植物，如海桐、蚊母、夹竹桃、山茶、女贞、胡颓子、广玉兰等防治二氧化硫污染植物；棕榈、夹竹桃、小叶黄杨、山茶、木槿、海桐、构树等防治氯气污染植物；大叶黄杨、蚊母、海桐、棕榈、构树、夹竹桃、山茶等防治氟化氢污染植物；构树、桑、无花果、泡桐、石榴等防治二氧化氮污染植物；樟树、臭椿、女贞、小叶女贞、泡桐等防治其他有害气体植物。②防治空气中的灰尘污染植物，如刺楸、榆树、朴树、重阳木、刺槐、臭椿、构树、悬铃木、泡桐、梧桐、女贞。③防治细菌污染植物，如黑胡桃、柠檬桉、悬铃木、紫薇、桧柏、茉莉、复叶槭、柏木、白皮松、柳杉、稠李、枳壳、雪松。④防治水源污染植物，如凤眼莲、浮萍、金鱼藻、芦苇、空心苋、爵床、香蒲。⑤防治放射性物质污染植物，如栎、尖木。⑥防治噪声污染植物，如雪松、桧柏、龙柏、水杉、悬铃木、梧桐、垂柳、云杉、薄壳、山核桃、鹅掌楸、柏木、臭椿、樟树、榕树、柳杉、栎树这些乔木，珊瑚树、椤木、海桐、桂花、女贞等小乔木及灌木。

监测环境污染的植物又可以分为：①监测水质污染的植物，如凤眼莲、浮萍、金鱼藻、芦苇、小球藻、栅藻、螺旋藻。②监测大气污染的植物，如雪松、马尾松、玫瑰、苹果、合欢、核桃、杜仲、枫杨等对二氧化硫敏感的植物；葡萄、榆树、杜鹃、樱桃、李、杏等对氟化氢敏感的植物；木棉、落叶松、女贞、油松等对氯气敏感的植物；池柏、复叶槭等对氮氧化物敏感的植物；丁香、牡丹、女贞、皂荚、垂柳等对臭氧敏感的植物。

如果按照环境保护植物的形态不同，可以分为苏铁、柳杉、侧柏、青冈栎、广玉兰、白玉兰、樟树、蚊母、枇杷、冬青、枸骨等常绿乔木类环保植物；银杏、垂柳、核桃、板栗、桑树、构树、鹅掌楸、玉兰、悬铃木、桃、合欢、槐树、刺槐、臭椿、乌桕、紫薇、石榴、白蜡树、柿树等落叶乔木类环保植物；含笑、海桐、紫穗槐、枸橘、黄杨、大叶黄杨、木槿、胡颓子、小叶女贞、夹竹桃、栀子、常春藤、金银花、龟背竹、吊兰、文竹等灌木及藤蔓类环保植物；含羞草、蜀葵、仙客来、薄荷、一串红、大丽花、狗牙根、结缕草、唐菖蒲、兰花、仙人掌等草花类环保植物四大类。

图 6—11 胡颓子

图 6—12 榆树

图 6—13 木棉

图 6—14 乌桕

图 6—15 含笑

图 6—16 蜀葵

图 6—17 常春藤

图 6—18 大丽花

图 6—19 龟背竹

当然，还有其他分类，比如以科学研究方向进行划分，植物资源被分为 17 类，其中有一类被称为观赏、绿化、抗污染、水土保持、固氮植物资源。又如以植物资源的具体用途作为植物分类的基本单位，将其分为 2 个型、6 个类、25 个相，其中一个类被称为株体效益植物资源类，它包含指示植物资源相、环保植物资源相、绿化观赏植物资源相、防风固沙植物资源相、水土保持植物资源相等 5 个相。

第四节　环境保护植物的开发与利用

现在随着工业、农业、交通业的现代化和城市人口的过度密集，环境中的污染物日益增多，带来了严重的环境污染，大大超过了生态系统自然净化的能力，使人们尤其是城市人口的生活环境质量急剧恶化。环境污染不仅直接危害人类的健康和安全，同时也威胁着其他生物的生存。环境保护是我国的一项基本国策，利用生物治理环境污染是当前研究环保问题的一个重大课题，无论是大气、土壤还是水体环境，都涉及污染物及其治理问题，而利用生物治理污染物具有巨大潜力，它是保障“可持续发展”的一项最有力的技术措施。减少环境污染的方法之一是充分利用植物对环境的净化作用。绿色植物除了通过光合作用保证大气中的氧气和二氧化碳的平衡，还对各种污染物有吸收、积累和代谢的作用。

进入 21 世纪以来，我国城镇绿化建设出现了蓬勃发展的大好局面，园林化城市、花园式单位、花园式工厂、花园式居住区等越来越多。道路绿地将城镇内外的公共绿地、居住区绿地、专用绿地、风景游览绿地等各类绿地串连起来，形成一个完整的绿地网络系统。在树种选择和布置手法上也愈加丰富多彩，配置上利用乔木、灌木、花卉、地被植物及藤蔓植物等的复层绿化，形成多层次植物造景。这在很大程度上改善了城镇的局部小气候，降低了车辆和人流的噪声，起到了净化空气和美化城市的作用。在世界范围内，人们已经开始重视植物在环境保护方面的重要作用，并逐步取得了一定的成绩。环保植物资源的筛选与应用，成为近年来较为热门的课题。但是对于环保植物的开发利用，我们不能盲目进行，一方面要遵循开发与保护并重的原则，做到合理开发是应用环保植物资源的首要前提；保护生态，实现资源的持续利用；深入了解植物资源，遵循植物发展规律，合理利用；积极进行引种驯化和繁殖，不断丰富环保植物资源，以保持或扩大其原有规模。另一方面要遵循生态、景观、经济相协调的原则。环保植物资源的应用应纳入生态文明建设中，既要起到环境保护的作用，又要发挥绿化和美化环境的功能，同时在应用中注重与经济发展相协调，切实做到环保植物资源的综合开发利用。只有严格遵循这两项原则，我们才能够真正减少环境污染。

植物资源农药的研究利用的途径有两条，一是直接开发利用，二是间接开发利用。直接开发利用是指将具有杀虫杀菌作用的植物本身或其提取物加工成农药商品。这类植物一般为生物收获量大，有效成分含量高，活性强且难以人工合成的植物。间接开发利用包括全人工合成利用、修饰合成利用和生物合成。全人工合成是借助有机合成技术，以从植物体中分离到的杀虫杀菌活性成分为模板，对其进行全人工仿生合成，合成物的结构要与原化合物完全相同，但允许异构体的比例有差异。这一方法适合于在植物体内含量甚微，但生物活性较高，且结构相对简单的化合物。修饰合成适用于在植物中含量高，但活性低或毒性高且难以人工合成或合成成本太高的活性成分，其在经简单修饰后，可大幅度提高活性或降低毒性，这种方法和模拟合成是完全不同的两个概念。生物合成是利用生物技术进行合成，定向生产活性物质，经提取后加工成制剂使用。

环保植物是园林设计的首选，是园林建设中生态效益的体现，在园林应用中既要起到环境保护的作用，又要发挥绿化和美化环境的功能，同时，在应用中注重与经济发展相协调，切实做到环保植物资源的综合开发利用。在具体应用过程中，要注意进行树种的科学性选择和配置，对高、中、低抗性树种有机搭配，实现吸尘、消音、吸收有害气体和分泌杀菌素的有机结合，实现园林生态化的发展；要注意遵循环境特点，积极开展推广应用，尤其是合理应用和开发环境监测植物资源，可以提高环境质量和城市绿化水平，从而达到净化空气和美化环境的效果。此外，积极进行引种驯化，不断丰富环保植物资源，可保证资源可持续发展，从而达到提高城市环境绿化品位和质量的目的，使得我国的园林设计水平和生态效益更符合国际标准。

（1）公园绿地中的应用。公园绿地是指供群众开展游览、休息、娱乐、游戏、体育、科普观赏等活动，以及以美化城市为主要功能的园林绿地。公园应该有良好的卫生环境，四周应安排卫生防护林带，起到防风沙、隔噪声的作用。园林绿化设计中，除树木外，应该尽可能地铺草皮和种植地被植物，以免尘土飞扬。由于公园中游人密度较大，在选择树种时，既要丰富多彩，也要选种容易生长、管理粗放、病虫害少、能适应公园环境的乡土树种。

（2）街道绿地中的应用。街道绿地主要包括交通道路、人行道、分车带、花园林荫路、广场和公共建筑前的绿化地段等多种形式。树种的选择对于生态园林的绿化面貌起着很大作用。对于生态园林的街道绿化，应该选择树冠冠幅大、树叶密，耐瘠薄土壤、耐修剪，病虫害少或容易防治，根深、落果少、没有飞毛，寿命长的树种。

（3）居住区绿地中的应用。居住区绿地是人们休息、游憩的重要场所，为创造舒适、优美、卫生的绿化环境，绿化树种应选择具有较强的抵抗病虫害能力的植物和杀菌性的植物。杀菌性的植物有很多，如紫薇、茉莉、柠檬等，它们在5分钟内就可以杀死白喉菌和痢疾杆菌等原生菌。蔷薇、紫罗兰、玫瑰、桂花等植物散发的香味对结核分枝杆菌、肺炎球菌、葡萄球菌的生长繁殖具有明显的抑制作用。有些植物的杀菌素还对人体器官有影响，与人体的健康状况密切相关。例如，高血压患者吸入橡树分泌出的杀菌素后，动脉血压指标和血液的脉搏容量都有所降低。丁香开花时散发的香味中，含有丁香酚等化学物质，杀菌功能比碳酸强5倍以上，有预防传染病的良好作用。为此，当今世界上许多国家设立了森林和园艺疗法医院，可有效地治疗人们所患的某些疾病。在这些医院里仅凭借环境，通过栽培果树、花卉、蔬菜等园艺活动，就能使人们在绿色的环境中治疗疾病。植物配置在统一基调的基础上，树种力求丰富，功能多样，避免种类单调，配置形式雷同。在居住区的入口处和重点地方，应种植体形优美、季节变化强的植物，如银杏、栾树、七叶树等；在居住区绿地中以草坪为基调，适当点缀些生长速度慢，树冠遮幅小，观赏价值高的低矮灌木，如海桐、龙柏等常绿灌木。

（4）工厂绿地中的应用。工厂绿地规划应该从实际出发，选用植物不宜过多和复杂。要根据工厂企业的特点、环境条件、植物的生态要求等各方面的因素，本着对工人身体健康有利、对生产有利的原则，进行树种选择。在有污染的工厂和车间附近，要选择那些对有害物质既有抗性又有吸收作用的树种。在工厂卫生、保健机构附近，应该选择种一些能释放杀菌素的树种。在精密仪器厂、印刷厂或车间附近，不应选择种植有飞絮和产生大量花粉的树木。

（5）防护绿地中的应用。防护绿地是指为了改善城市生态环境，满足城市对卫生、隔离、安全的要求而设置的绿地，是以防治风沙、防护路基、保持水土、保护水源以及城市公用设施防护为目的而营造的防护林。它的主要功能是对自然灾害和城市危害起到一定的防护和减弱作用，在选择园林植物时，应兼顾景观和生态两方面的作用。树种的选择以抗污染、防风、防火树种为主。在植物配置时，应该根据环境保护的实际需要，配置适宜的树木。例如，在粉尘较多的道路两旁，应该多配置龙柏、臭椿、构树等易于吸带粉尘的树木。天香木瓜属落叶乔木的枝叶含有广谱抗菌的齐墩果酸，能抑制空气中的痢疾杆菌、大肠杆菌和金色葡萄球菌，从而起到净化空气的作用，是适用于防护绿地的良好树种。

（6）水面绿化中的应用。许多水生植物和沼生植物能够吸收水中的有机物，杀死水中的细菌，吸收污水中的重金属等。例如，芦苇能吸收酚及其他 20 多种化合物，水葱具有很强的吸收有机物的能力，凤眼莲能从污水中吸收银、金、汞、铅等重金属。

（7）室内绿化中的应用。用于室内绿化的植物不仅具有观赏美化的作用，而且能改善室内环境、净化空气、调节温度。例如，仙人掌具有很强的消炎灭菌作用，是减少电磁辐射的最佳植物；室内摆放常春藤，对清除甲醛、苯和氨气最有效。对净化室内空气有一定功效的植物还有大花蕙兰、蝴蝶兰、凤梨、红掌等植物，适宜作室内摆放。需要注意的是，有些具有观赏价值却不利于人体健康的植物不适合在室内摆放。例如，百合的香味会令人神经过度兴奋，不适合神经衰弱者；郁金香、夜来香会释放出生物碱，吸入过多会使人头晕、胸闷，尤其是有高血压、心脏病的患者不能摆放此类植物；水仙由于香气过浓，吸入过多会使人感觉头昏，也不适合室内摆放；万年青、一品红、黄杜鹃等植物具有毒性，也不可在室内摆放。

第五节　常见的环境保护植物资源

当今人们对城市环境质量的要求越来越高，园林绿化对改善城市生态环境和美化市容起着关键性的作用。园林植物作为园林绿地的主体，决定着园林绿化的质量和水平，能够有效地改善园林生态环境，在树种选择和布置手法上愈加丰富多彩。配置上注意乔木、灌木、花卉、地被植物及藤蔓植物等的复层绿化，形成多层次植物景观。环保植物是具有抗污染和环境监测功能的植物，对生态环境的保护能起到积极作用。环保植物对构建城市生态园林的作用主要有：吸收有害气体、吸收放射性物质、吸滞粉尘、降低噪声、杀灭细菌、净化水源、净化土壤、检测污染等。在园林设计中应用环保型的植物，可以净化空气和美化城市，是园林长远规划的需要。在园林植物配置过程中要充分发挥环保植物的生态作用，从而提高园林绿化水平和促进生态环境的发展，使有限的绿地发挥最大的生态效益。

1. 苦木科的臭椿（*Ailanthus altissima* Swingle）

【形态特征】落叶乔木，高可达 20 余米，树皮平滑而有直纹；嫩枝有髓，幼时被黄色或黄褐色柔毛，后脱落。叶为奇数羽状复叶，小叶对生或近对生，纸质，卵状披针形先端长渐尖，基部偏斜，截形或稍圆，两侧各具 1 或 2 个粗锯齿，齿背有腺体 1 个，叶面深绿色，背面灰绿色，揉碎后具臭味。圆锥花序，花淡绿色，花梗长 1～2.5 毫米；萼片 5，覆瓦状排列，裂片长 0.5～1 毫米；花瓣 5，长 2～2.5 毫米，基部两侧被硬粗毛；雄蕊 10，花丝基部密被硬粗毛，雄花中的花丝长于花瓣，雌花中的花丝短于花瓣；花药长圆形；心皮 5，花柱黏合，柱头 5 裂。翅果长椭圆形；种子位于翅的中间，扁圆形。花期 4—5 月，果期 8—10 月。

【环保功能】臭椿是我国北方地区黄土丘陵、石质山区主要的造林先锋树种。臭椿生长迅速，适应性强，容易繁殖，病虫害少，材质优良，用途广泛，同时耐干旱、瘠薄。臭椿是水土保持和盐碱地的土壤改良树种，它的适应性强，萌蘖力强，根系发达，属深根性树种，是水土保持的良好树种。同时耐盐碱，也是盐碱地绿化的好树种。臭椿是工矿区绿化的良好树种，它具有较强的抗烟能力，对二氧化硫、氯气、氟化氢、二氧化氮的抗性极强，而二氧化硫、氯气、氟化氢、二氧化氮是工矿区的主要排放物。在二氧化硫或氯气污染最严重的地段，大多数植物受害不能生长，而臭椿能够存活。在每立方米空气中一次最高含氟量为7.33毫克时，其他很多植物都不能成活的情况下，臭椿虽然叶子掉落，但还具有重新萌发的能力。臭椿吸滞粉尘的能力很强，每平方米叶片能吸滞粉尘5.9克。

图6—20　臭椿

图6—21　臭椿的花

【开发应用】臭椿可作为植树造林先锋、土壤改造树种，大气污染严重地区净化空气、保护环境等方面的优良绿化树种。臭椿树质良好，纹理美观，可作家具及建筑用材；种子含油约35%，可作工业用油；树皮、根皮、果实均可药用，有消热利湿、收敛止痢等功效。

图6—22　臭椿的果实

2. 桑科的构树（*Broussonetia papyrifera* Vent.）

【形态特征】落叶乔木，高可达20余米。叶螺旋状排列，广卵形至长椭圆状卵形，先端渐尖，基部心形，两侧常不相等，边缘具粗锯齿，不分裂或3～5裂，小树之叶常有明显分裂，表面粗糙，疏生糙毛，背面密被绒毛，基生叶脉三出，侧脉6～7对；叶柄长2.5～8厘米，密被糙毛；托叶大，卵形，狭渐尖，长1.5～2厘米，宽0.8～1厘米。花雌雄异株；雄花序为柔荑花序，粗壮，长3～8厘米，苞片披针形，被毛，花被4裂，裂片三角状卵形，被毛，雄蕊4，花药近球形，退化雌蕊小；雌花序球形头状，苞片棍棒状，顶端被毛，花被管状，顶端与花柱紧贴，子房卵圆形，柱头线形，被毛。聚花果直径1.5～3厘米，成熟时橙红色，肉质；瘦果具有等长的柄，表面有小瘤，龙骨双层，外果皮壳质。花期4—5月，果期6—7月。

【环保功能】构树对二氧化硫、氯气和氟化氢等有毒气体具有很强或较强的抵抗力。在排放二氧化硫、二硫化碳和硫化氢混合气体污染区的20米范围内能够正常生长；离氯气污染源30～60米处生长发育尚好。此外，构树对乙炔、苯和粉尘等都具有较强的抗性。

图 6—23　构树

图 6—24　构树的花

图 6—25　构树的果实

【开发应用】由于构树具有一定的经济价值，抗污染能力又强，萌株力强，繁殖容易，可作为大气污染严重地区的先锋绿化树种。木材轻软，可作箱板，树皮纤维细而柔软，可制复写纸、蜡纸、绝缘纸，并可制人造棉。种子可榨油，树皮、茎、叶均含鞣质，可提制栲胶，果实和树体中的白汁可供药用。

3. 黄杨科的黄杨（小叶黄杨）(*Buxus sinica* Cheng.)

【形态特征】黄杨是灌木或小乔木，高 1～6 米；枝圆柱形，有纵棱，灰白色；小枝四棱形，全面被短柔毛或外方相对两侧面无毛，节间长 0.5～2 厘米。叶革质，阔椭圆形、阔倒卵形、卵状椭圆形或长圆形，大多数长 1.5～3.5 厘米，宽 0.8～2 厘米，先端圆或钝，常有小凹口，不尖锐，基部圆、急尖或楔形，叶面光亮，中脉凸出，下半段常有微细毛，侧脉明显，叶背中脉平坦或稍凸出，中脉上常密被白色短线状钟乳体，全无侧脉，叶柄长 1～2 毫米，上面被毛。花序腋生，头状，花密集，花序轴长 3～4 毫米，被毛，苞片阔卵形，长 2～2.5 毫米，背部多少有毛；雄花约 10 朵，无花梗，外萼片卵状椭圆形，内萼片近圆形，长 2.5～3 毫米，无毛，雄蕊连花药长 4 毫米，不育雌蕊有棒状柄，末端膨大，高 2 毫米左右（高度约为萼片长度的 2/3 或和萼片几等长）；雌花萼片长 3 毫米，子房较花柱稍长，无毛，花柱粗扁，柱头倒心形，下延达花柱中部。蒴果近球形，长 6～10 毫米，宿存花柱长 2～3 毫米。花期 3 月，果期 5—6 月。

图 6—26　黄杨

【环保功能】黄杨对有害气体的抗性强。在二氧化硫和氯气污染较严重的地区附近进行栽培试验，表现出很强的抗性，在经常受到高浓度氟化氢侵袭的地区，只出现轻微的受害症状。

图 6—27　黄杨的花

图 6—28　黄杨的果实

【开发应用】黄杨可作为大气污染地区的绿化树种或绿篱，也可作为隔声林中的灌木层，在工厂绿化中是不可多得的防污树种。木材致密，可做木梳及美术用具。

4. 美人蕉科的美人蕉（*Canna indica* L.）

【形态特征】多年生草本，全体无毛，高 1 米左右，叶在下部较为长大，卵状长椭圆形，先端尖，长 10～30 厘米。花大而美丽，红色或黄色，6—7 月开花，花期长。

图 6—29　美人蕉

【环保功能】美人蕉能吸收二氧化硫、氯化氢和二氧化碳等有害物质，有净化空气、保护环境的作用，对有害气体的抗性较强。在二氧化硫排放源旁长期栽培，生长基本正常，并能开花结实。在距氯气源 8 米处生长良好。在距氟排放源约 150 米处生长良好，很少有受害症状；在距氟化物污染源 50 米处试栽，叶片虽常受害，但仍能开花，1 千克干叶的吸氟量为 0.108 克。在氟污染区，叶片的含氟量可比非污染区高出 4～20 倍。人工熏气试验表明，它是草本花卉中抗性较强的种类，叶片虽易受害，但在受害后又重新长出新叶，很快恢复生长。由于它的叶片易受害，反应敏感，所以被人们称为监视有害气体污染环境的活的监测器。因此美人蕉是绿化、美化、净化环境的理想花卉。

【开发应用】美人蕉是一种良好的美化环境、净化空气的植物，可以在中、轻度污染区种植。

图 6—30　美人蕉的花

图 6—31　美人蕉的果实

5. 山茶科的山茶（*Camellia japonica* L.）

【形态特征】山茶是灌木或小乔木植物，高约 9 米，嫩枝无毛。叶革质，椭圆形，长 5～10 厘米，宽 2.5～5 厘米，先端略尖，或急短尖而有钝尖头，基部阔楔形，上面深绿色，干后发亮，无毛，下面浅绿色，无毛，侧脉 7～8 对，在上下两面均能见，边缘有相隔 2～3.5 厘米的细锯齿。叶柄长 8～15 毫米，无毛。花顶生，红色，无柄；苞片及萼片约 10 片，组成长 2.5～3 厘米的杯状苞被，半圆形至圆形，长 4～20 毫米，外面有绢毛，脱落；花瓣 6～7 片，外侧 2 片近圆形，几离生，长 2 厘米，外面有毛，内侧 5 片基部连生约 8 毫米，倒卵圆形，长 3～4.5 厘米，无毛；雄蕊 3 轮，长约 2.5～3 厘米，外轮花丝基部连生，花丝管长 1.5 厘米，无毛；内轮雄蕊离生，稍短，子房无毛，花柱长 2.5 厘米，先端 3 裂。蒴果圆球形，直径 2.5～3 厘米，2～3 室，每室有种子 1～2 个。花期 1—4 月。

图 6—32　山茶

图 6—33　山茶的花

【环保功能】山茶对有害气体的抗性很强。人工熏气试验表明山茶对二氧化硫、氯气、硫化氢有很强的抗性。1 千克干叶吸氯量达 3.53 克。在氟污染条件下，它能吸收大量的氟化物。

【开发应用】山茶可在大气污染地区栽培，作为绿化树种。其种子含油，可食用或工业用。

图 6—34 山茶的果实

6. 金缕梅科的蚊母（*Distylium racemosum* Sieb. et Zucc.）

图 6—35 蚊母

【形态特征】蚊母为常绿灌木或中乔木，嫩枝有鳞垢，老枝秃净，干后暗褐色；芽体裸露，无鳞状苞片，被鳞垢。叶革质，椭圆形或倒卵状椭圆形，长 3～7 厘米，宽 1.5～3.5 厘米，先端钝或略尖，基部阔楔形，上面深绿色，发亮，下面初时有鳞垢，以后变秃净，侧脉 5～6 对，在上面不明显，在下面稍突起，网脉在上下两面均不明显，边缘无锯齿；叶柄长 5～10 毫米，略有鳞垢。托叶细小，早落。总状花序长约 2 厘米，花序轴无毛，总苞 2～3 片，卵形，有鳞垢；苞片披针形，长 3 毫米，花雌雄同在一个花序上，雌花位于花序的顶端；萼筒短，萼齿大小不相等，被鳞垢；雄蕊 5～6 个，花丝长约 2 毫米，花药长约 3.5 毫米，红色；子房有星状绒毛，花柱长 6～7 毫米。蒴果卵圆形，长 1～1.3 厘米，先端尖，外面有褐色星状绒毛，上半部两片裂开，每片 2 浅裂，不具宿存萼筒，果梗短，长不及 2 毫米。种子卵圆形，长 4～5 毫米，深褐色、发亮，种脐白色。海南尖峰岭保护区的植株，高达 16 米，叶厚革质，第一对侧脉强劲，有点像三出脉。

图 6—36 蚊母的花

图 6—37 蚊母的果实

【环保功能】蚊母对二氧化硫及氯有很强的抵抗力，1 千克干叶可吸硫 3.2 克，吸氟 302 毫克，吸氯 1.1 克。抗有毒气体能力强。在离二氧化硫、氯气源 100 米处悬铃木等难以存活的地方栽培，仍表现良好且能正常生长，受害也不明显。对烟尘等多种有毒气体抗性很强，能适应城市环境。

【开发应用】蚊母抗性强，可作为长江以南各省区的抗污绿化树种。树皮含鞣质，为提制栲胶的原料。木材坚硬，可制家具、车辆、木船用。

7. 木樨科的女贞（*Ligustrum lucidum* Ait.）

【形态特征】女贞叶片常绿，革质，卵形、长卵形或椭圆形至宽椭圆形，长 6～17 厘米，宽 3～8 厘米，先端锐尖至渐尖或钝，基部圆形或近圆形，有时宽楔形或渐狭，叶缘平坦，上面光亮，两面无毛，中脉在上面凹入，下面凸起，侧脉 4～9 对，两面稍凸起或有时不明显；叶柄长 1～3 厘米，上面具沟，无毛。圆锥花序顶生，长 8～20 厘米，宽 8～25 厘米；花序梗长 0～3 厘米；花序轴及分枝轴无毛，紫色或黄棕色，果实具棱；花序基部苞片常与叶同形，小苞片披针形或线形，长 0.5～6 厘米，宽 0.2～1.5 厘米，凋落；花无梗或近无梗，长不超过 1 毫米；花萼无毛，长 1.5～2 毫米，齿不明显或近截形；花冠长 4～5 毫米，花冠管长 1.5～3 毫米，裂片长 2～2.5 毫米，反折：花丝长 1.5～3 毫米，花药长圆形，长 1～1.5 毫米；花柱长 1.5～2 毫米，柱头棒状。果肾形或近肾形，长 7～10 毫米，径 4～6 毫米，深蓝黑色，成熟时呈红黑色，被白粉；果梗长 0～5 毫米。花期 5—7 月，果期 7 月至翌年 5 月。

【环保功能】女贞对有害气体的抗性较强。在距氟污染源 100 米以外能正常生长。叶片受气体危害后，有很强的恢复能力，在较短时间内能萌发大量新叶。1 千克干叶可吸氟 48.3 毫克，吸硫 3.8 克。此外，它还具有吸收铅蒸气的能力。它吸滞粉尘的能力也很强，每平方米叶片能吸滞粉尘 6.3 克。枝叶茂密，有一定的隔声能力。

图 6—38　**女贞的花**

图 6—39　**女贞的果实**

【开发应用】女贞可作为大气污染地区的绿化树种、行道树、绿篱，或配置在防尘、隔声林中的小乔木层中。果实可作药用，即中药材女贞子。

8. 夹竹桃科的夹竹桃（*Nerium indicum* Mill.）

【形态特征】常绿直立大灌木，高达 5 米，枝条灰绿色；嫩枝条具棱，被微毛，老时毛脱落。叶 3～4 枚轮生，下枝为对生，窄披针形，顶端急尖，基部楔形，叶缘反卷，长 11～15 厘米，宽 2～2.5 厘米，叶面深绿，无毛，叶背浅绿色，有多数洼点，幼时被疏微毛，老时毛渐脱落；中脉在叶面陷入，在叶背凸起，侧脉两面扁平，纤细，密生而平行，每边达 120 条，直达叶缘；叶柄扁平，基部稍宽，长 5～8 毫米，幼时被微毛，老时毛脱落；叶柄内具腺体。聚伞花序顶生，着花数朵；总花梗长约 3 厘米，被微毛；花梗长 7～10 毫米；苞片披针形，长 7 毫米，宽 1.5 毫米；花芳香；花萼 5 深裂，红色，披针形，长 3～4 毫米，宽 1.5～2 毫米，外面无毛，内面基部具腺体；花冠深红色或粉红色，栽培演变有白色或黄色，花冠为单瓣呈 5 裂时，其花冠为漏斗

图 6—40　**夹竹桃**

状，长和直径约3厘米，其花冠呈圆筒形，上部扩大呈钟形，长1.6～2厘米，花冠筒内面被长柔毛，花冠喉部具5片宽鳞片状副花冠，每片顶端撕裂，并伸出花冠喉部之外，花冠裂片倒卵形，顶端圆形，长1.5厘米，宽1厘米；花冠为重瓣呈15～18枚时，裂片组成三轮，内轮为漏斗状，外面二轮为辐状，分裂至基部或每2～3片基部连合，裂片长2～3.5厘米，宽1～2厘米，每花冠裂片基部具长圆形而顶端撕裂的鳞片；雄蕊着生在花冠筒中部以上，花丝短，被长柔毛，花药箭头状，内藏，与柱头连生，基部具耳，顶端渐尖，药隔延长呈丝状，被柔毛；无花盘；心皮2，离生，被柔毛，花柱丝状，长7～8毫米，柱头近球圆形，顶端凸尖；每心皮有胚珠多颗。蓇葖2，离生，平行或并连，长圆形，两端较窄，长10～23厘米，直径6～10毫米，绿色，无毛，具细纵条纹；种子长圆形，基部较窄，顶端钝、褐色，种皮被锈色短柔毛，顶端具黄褐色绢质种毛；种毛长约1厘米。花期几乎全年，夏秋为最盛；果期一般在冬春季，栽培很少结果。

【环保功能】夹竹桃有抗烟雾、抗灰尘、抗毒物和净化空气、保护环境的能力。对有毒气体的抗性很强。在二氧化硫日平均浓度超过国家标准2.62倍的条件下长势中等；在氯气排气管口50米以外的盆栽植株生长正常，无受害症状。在二氧化氮严重污染处能良好生长。经过污染处理后，其叶片含硫量比未经污染的高7倍以上；其叶片含氯量比非污染区的高出4倍。夹竹桃的叶片对人体有毒。夹竹桃对烟尘、粉尘的抵抗和吸滞能力强。因为其即使全株落满了灰尘，仍能旺盛生长，所以被人们称为“环保卫士”。

图6－41 **夹竹桃的花**

图6－42 **夹竹桃的果实**

【开发应用】夹竹桃性喜温暖不耐寒，可作为我国亚热带各省区一些工厂的抗污绿化树种。叶和树皮供药用。植株有毒，牲畜多食之会中毒致死。花朵鲜艳美丽且花期长，是庭园中极为常见的观赏植物。

9. 海桐花科的海桐（*Pittosporum tobira* Ait.）

【形态特征】海桐为常绿灌木或小乔木，高可达6米，嫩枝被褐色柔毛，有皮孔。叶聚生于枝顶，二年生，革质，嫩时上下两面有柔毛，以后变秃净，倒卵形或倒卵状披针形，长4～9厘米，宽1.5～4厘米，上面深绿色，发亮，干后暗晦无光，先端圆形或钝，常微凹入或为微心形，基部窄楔形，侧脉6～8对，在靠近边缘处相结合，有时因侧脉间的支脉较明显而呈多脉状，网脉稍明显，网眼细小，全缘，干后反卷，叶柄长达2厘米。叶革质，倒卵形，先端圆，簇生于枝顶呈假轮生状，经长期栽培，雄蕊常表现退化而不育，结实率亦低。叶光洁浓密，萌芽力强，耐修剪，易造型，广泛用于灌木球、绿篱及造型树等。伞形花序顶生或近顶生，密被黄褐色柔毛，花梗长1～2厘米；苞片披针形，长4～5毫米；小苞片长2～3毫米，均被褐毛。花白色，有芳香，后变黄色；萼片卵形，长3～4毫米，被柔毛；花瓣倒披针形，长1～1.2厘米，离生；雄蕊2型，退化雄蕊的花丝长2～3毫米，花药近于不育；正常雄蕊的

花丝长5～6毫米，花药长圆形，长2毫米，黄色；子房长卵形，密被柔毛，侧膜胎座3个，胚珠多数，2列着生于胎座中段。花期3—5月，果熟期9—10月。海桐的蒴果圆球形，有棱或呈三角形，直径12毫米，多少有毛，子房柄长1～2毫米，3片裂开，果片木质，厚1.5毫米，内侧黄褐色，有光泽，具横隔；种子多数，长4毫米，多角形，红色，种柄长约2毫米，有黏液。

图6—43 海桐

【环保功能】海桐抗有害气体能力很强。在氟化氢、二氧化硫、臭氧和氯气污染地区栽培试验，表现抗性都很强。1千克干叶可吸硫1.7克，且生长良好，无受害症状。在严重氟污染地区，1千克干叶可吸氟600毫克以上（叶严重受害）。它吸收粉尘的能力也很强，每平方米叶片能吸滞粉尘1.8克。此外，由于它枝叶茂密，匀称成球，隔声能力较强。

图6—44 海桐的花

图6—45 海桐的果实

【开发应用】海桐可作为大气污染严重地区的绿化树种，或作为绿篱、庭园树木配置在防尘、隔声林中。

10. 樟科的樟树（*Cinnamomum bodinieri* Levl.）

【形态特征】樟树为常绿大乔木，高达10～55米，胸径30～80厘米；树皮灰褐色。枝条圆柱形，紫褐色，无毛，嫩时多少具棱角。芽小，卵圆形，芽鳞疏被绢毛。叶互生，卵圆形或椭圆状卵圆形，长8～17厘米，宽3～10厘米，先端短渐尖，基部锐尖，宽楔形至圆形，坚纸质，上面光亮，幼时有极细的微柔毛，老时变无毛，下面苍白，被极密绢状微柔毛，中脉在上面平坦、下面凸起，侧脉每边4～6条，最基部的一对近对生，其余的均为互生、斜生，两面近明显，侧脉脉腋在下面有明显的腺窝，上面相应处明显呈泡状隆起，横脉及细脉网状，两面不明显，叶柄长2～3厘米，腹凹背凸，略被微柔毛。圆锥花序在幼枝上腋生或侧生，同时亦有近侧生，有时基部具苞叶，长10～15厘米，多分枝，分枝两歧状，具棱角，总梗圆柱形，长4～6厘米，与各级序轴均无毛。花绿白色，长约2.5毫米，花梗丝状，长2～4毫米，被绢状微柔毛。花被筒倒锥形，外面近无毛，花被裂片6，卵圆形，长约1.2毫米，外面近无毛，

内面被白色绢毛，反折，很快脱落。能育雄蕊 9，第一、二轮雄蕊长约 1 毫米，花药近圆形，花丝无腺体，第三轮雄蕊稍长，花丝近基部有一对肾形大腺体。退化雄蕊 3，位于最内轮，心形，近无柄，长约 0.5 毫米。子房卵珠形，长约 1.2 毫米，无毛，花柱长 1 毫米，柱头头状。果球形，直径 7～8 毫米，绿色，无毛；果托浅杯状，顶端宽 6 毫米。花期 5—6 月，果期 7—8 月。

图 6—46　樟树

【环保功能】樟树对有害气体的抗性较强。在离二氧化硫污染源 300～400 米处有轻度伤害；对氯气、臭氧有较强的抗性。

图 6—47　樟树的花

图 6—48　樟树的果实

【开发应用】樟树可作为大气污染较轻地区的行道树和造林绿化树种。其木材及根、枝、叶是提取樟脑和樟脑油的原料；种子含油量约 40%，供工业用；根、果、枝、叶可入药，有祛风散寒、强心镇痉、杀虫等功效。

11. 松科的松树（*Pinus*）

图 6—49　松树

【形态特征】松树为常绿或落叶乔木，稀为灌木状；枝仅有长枝，或兼有长枝与生长缓慢的短枝，短枝通常明显，稀极度退化而不明显。叶条形或针形，基部不下延生长；条形叶扁平，稀呈四棱形，在长枝上螺旋状散生，在短枝上呈簇生状；针形叶 2～5 针（稀 1 针或多至 81 针）成一束，着生于极度退化的短枝顶端，基部包有叶鞘。花单性，雌雄同株；雄球花腋生或单生枝顶，或多数集生于短枝顶端，具多数螺旋状着生的雄蕊，每雄蕊具 2 花药，花粉有气囊或无气囊，或具退化气囊；雌球花由多数螺旋状着生的珠鳞与苞鳞组成，花期时珠鳞小于苞鳞，稀珠鳞较苞鳞为大，每珠鳞的腹（上）面具两枚倒生胚珠，背（下）面的苞鳞与珠鳞分离（仅基部合生），花后珠鳞增大发育成种鳞。球果直立或下垂，当年或次年稀第三年成熟，熟时张开，稀不张开；种鳞背腹面扁平，木质或革质，宿存或熟后脱落；苞鳞与种鳞离生（仅基部合生），

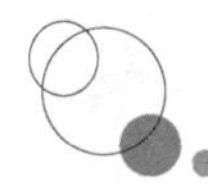

较长而露出或不露出，或短小而位于种鳞的基部；种鳞的腹面基部有2粒种子，种子通常上端具一膜质翅，稀无翅或二几无翅；胚具2～16枚子叶，发芽时出土或不出土。

【环保功能】松树能美化环境，净化空气，分泌杀菌素杀死周围的病菌，并调节区域内的小气候，生于山顶或山坡的松树还有涵养水源防止冲刷等作用。一棵松树一昼夜能分泌2千克杀菌素，可杀死白喉、痢疾等病菌。

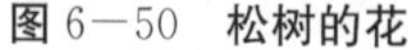

图6—50　松树的花

图6—51　松树的果实

【开发应用】松树是一种良好的美化环境、净化空气的植物，可以在大气污染区种植；也可以在山顶或山坡种植以涵养水源防止冲刷；具有耐寒、抗旱、耐瘠薄及抗风等特性，可作三北地区防护林及固沙造林的主要树种；木材材质较强，纹理直，可供建筑、家具等用材；树干可割树脂，提取松香及松节油；树皮可提取栲胶；树形及树干均较美观，可作庭园观赏和绿化树种。

12. 桃金娘科的桉树（*Eucalyptus robusta* Smith）

【形态特征】桉树为密荫大乔木，高约20米；树皮宿存，深褐色，厚2厘米，稍软松，有不规则斜裂沟；嫩枝有棱。幼态叶对生，叶片厚革质，卵形，长11厘米，宽达7厘米，有柄；成熟叶卵状披针形，厚革质，不等侧，长8～17厘米，宽3～7厘米，侧脉多而明显，以80°开角缓斜走向边缘，两面均有腺点，边脉离边缘1～1.5毫米；叶柄长1.5～2.5厘米。伞形花序粗大，有花4～8朵，总梗压扁，长2.5厘米以内；花梗短、长不过4毫米，有时较长，粗而扁平；花蕾长1.4～2厘米，宽7～10毫米；蒴管半球形或倒圆锥形，长7～9毫米，宽6～8毫米；帽状体约与萼管同长，先端收缩成喙；雄蕊长1～1.2厘米，花药椭圆形，纵裂。蒴果卵状壶形，长1～1.5厘米，上半部略收缩，蒴口稍扩大，果瓣3～4，深藏于萼管内。花期4—9月。

图6—52　桉树

【环保功能】桉树人工林是一个巨大的碳库，据研究，每公顷桉树每年可吸收9吨二氧化碳，同时释放氧气。在退化地上种植桉树，可使土壤结构得到改善，土壤生物量增多，并使造林地区的小气候得到改善，生态环境优化。雷州半岛过去是赤地千里，环境恶化，森林覆盖率只有8%，1954年开始大量营造桉树人工林，现有桉树林近300万亩，森林覆盖率达到24%，生态环境明显改善。

图 6—53　桉树的花

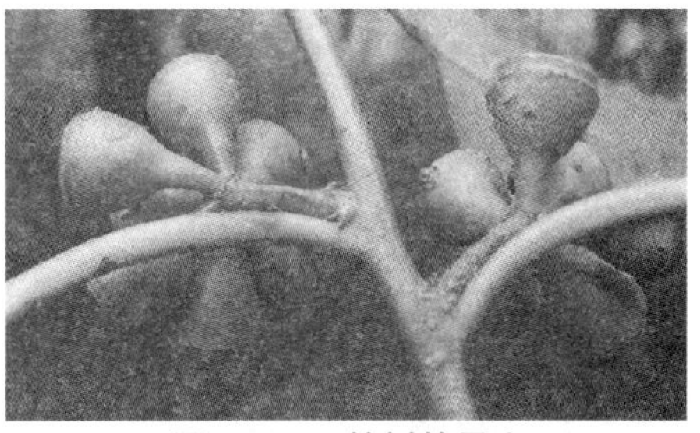
图 6—54　桉树的果实

【开发应用】桉树树姿优美，四季常青，生长异常迅速，抗旱能力强，宜作行道树、防风固沙林和园林绿化树种；树叶含芳香油，有杀菌驱蚊作用，可提炼香油，还是疗养区、住宅区、医院和公共绿地的良好绿化树种。桉树的纤维平均长度 0.75～1.30 毫米，它的色泽、密度和抽出物的比率都适于制纸浆；还有许多大型的造纸厂用桉树生产牛皮纸和打印纸。桉树木材中的纤维素，可先制成溶解木浆，再加工成人造丝。蓝桉、直杆桉树种优良，利用其枝叶提取桉叶油，质地最佳。桉树的叶子还有疏风解热、抑菌消炎、防腐止痒的功用，可预防流行性感冒、流行性脑脊髓膜炎、上呼吸道感染、咽喉炎、支气管炎、肺炎、肾炎、痢疾、丝虫病；外用可治疗烧烫伤、蜂窝组织炎、乳腺炎、疖肿、丹毒、水田皮炎、皮肤湿痒、脚癣等。

13. 杉科的柳杉（*Cryptomeria fortunei* Hooibrenk ex Otto et Dietr）

【形态特征】柳杉为乔木，高达 40 米，胸径可达 2 米多；树皮红棕色，纤维状，裂成长条片脱落；大枝近轮生，平展或斜展；小枝细长，常下垂，绿色，枝条中部的叶较长，常向两端逐渐变短。叶钻形略向内弯曲，先端内曲，四边有气孔线，长 1～1.5 厘米，果枝的叶通常较短，有时长不及 1 厘米，幼树及萌芽枝的叶长达 2.4 厘米。雄球花单生叶腋，长椭圆形，长约 7 毫米，集生于小枝上部，呈短穗状花序；雌球花顶生于短枝上。球果圆球形或扁球形，直径 1～2 厘米；种鳞 20 左右，上部有 4～5（很少 6～7）个短三角形裂齿，齿长 2～4 毫米，基部宽 1～2 毫米，鳞背中部或中下部有一个三角状分离的苞鳞尖头，尖头长 3～5 毫米，基部宽 3～14 毫米，能育的种鳞有 2 粒种子；种子褐色，近椭圆形，扁平，长 4～6.5 毫米，宽 2～3.5 毫米，边缘有窄翅。花期 4 月，球果 10 月成熟。

图 6—55　柳杉

【环保功能】柳杉有良好的美化环境、净化空气的作用，一公顷柳杉林每月可以吸收二氧化硫 60 千克。

图 6—56　柳杉的花

图 6—57　柳杉的果实

【开发应用】柳杉树姿秀丽，纤枝略垂，树形圆整高大，树姿雄伟，最适于列植、对植，或于风景区内大面积群植成林，是良好的绿化和环保树种；材质轻软，纹理直，结构细，加工略差于杉木，可供建筑、桥梁、造船、造纸等用；枝叶和木材加工时的废料，可蒸馏芳香油；树皮入药，可治癣疮；也可提制栲胶；可作绿化观赏树种。

14. 梧桐科的梧桐（*Firmiana platanifolia* Marsili）

【形态特征】梧桐为落叶乔木，高达 16 米；树皮青绿色，平滑。叶心形，掌状 3～5 裂，直径 15～30 厘米，裂片三角形，顶端渐尖，基部心形，两面均无毛或略被短柔毛，基生脉 7 条，叶柄与叶片等长。圆锥花序顶生，长 20～50 厘米，下部分枝长达 12 厘米，花淡黄绿色；萼 5 深裂几至基部，萼片条形，向外卷曲，长 7～9 毫米，外面被淡黄色短柔毛，内面仅在基部被柔毛；花梗与花几等长；雄花的雌雄蕊柄与萼等长，下半部较粗，无毛，花药 15 个，不规则地聚集在雌雄蕊柄的顶端，退化子房梨形且甚小；雌花的子房圆球形，被毛。蓇葖果膜质，有柄，成熟前开裂成叶状，长 6～11 厘米，宽 1.5～2.5 厘米，外面被短茸毛或几无毛，每蓇葖果有种子 2～4 个；种子圆球形，表面有皱纹，直径约 7 毫米。花期 6 月。

图 6－58　梧桐

【环保功能】梧桐能吸收有害气体。据分析，生长在化肥厂硫酸车间附近的植株，其叶片含硫量约为非污染区的 2.4 倍。在氟污染地区，1 千克干叶可吸氟 1000 毫克以上（叶片明显受害），在距二氧化硫污染源 200 米处，泡桐和悬铃木叶片受害症状较严重时，梧桐却很少受害或基本正常，生长也良好。在磷肥厂距氟污染源 50 米处试栽，抗性表现较强。多次高浓度二氧化硫人工熏气试验表明，梧桐的抗性较强。此外，梧桐还具有隔音、吸滞粉尘的作用，适用于城镇、工矿区道路和房屋四周绿化。

图 6－59　梧桐的花

【开发应用】净化空气是梧桐树的重要作用之一，梧桐树在进行光合作用时，会把空气中的二氧化碳和二氧化硫等有害气体吸收和利用，能将它们转化成氧气，释放到空气中。平时把它栽种在路边，还能净化汽车排放的尾气，减少尾气对环境的危害。美化环境也是梧桐树的重要作用，这种植物高大粗壮，它枝叶繁茂，树干挺直，树皮光滑，耐修剪性特别强，平时可以栽种在道边，作为绿化树种，也可以栽种在景区；它的木材轻而柔软，可以制成木匣，也可以制成各种乐器，而且用它制成的乐器在市场上售价特别高；种子可以用来榨油；树皮、根、茎、叶、花以及果实与种子都可以入药，有理气止痛和清热解毒的功效；梧桐树的根入药以后能祛风除湿，在临床上可用于类风湿骨痛或关节炎等常见疾病的治疗。

15. 菊科的菊花（*Dendranthema morifolium* Tzvelev）

图 6—60　菊花

【形态特征】菊花为多年生草本，高 60～150 厘米。茎直立，分枝或不分枝，被柔毛。叶互生，有短柄，叶片卵形至披针形，长 5～15 厘米，羽状浅裂或半裂，基部楔形，下面被白色短柔毛，边缘有粗大锯齿或深裂，基部楔形，有柄。头状花序单生或数个集生于茎枝顶端，直径 2.5～20 厘米，大小不一，单个或数个集生于茎枝顶端；因品种不同，差别很大。总苞片多层，外层绿色，条形，边缘膜质，外面被柔毛；舌状花白色、红色、紫色或黄色等。培育的品种极多，头状花序多变化，形色各异，形状因品种而有单瓣、平瓣、匙瓣等多种类型，当中为管状花，常全部特化成各式舌状花；花期 9—11 月。雄蕊、雌蕊和果实多不发育。

【环保功能】菊花对多种有害气体具有较强的抗性，有吸收硫、汞、氟化氢等毒物的作用，能将氮氧化物转化为植物细胞蛋白质。适宜在工矿区栽植。盆栽菊花在室内观赏，对家用电器、塑料制品、装饰材料散发的有害气体有吸收和抵抗作用，减轻对人体的侵害。

图 6—61　普通菊花

图 6—62　培育的菊花

【开发应用】菊花可在大气污染严重的地区种植；在室内栽种可以吸收和抵抗家用电器、塑料制品、装饰材料等散发的有害气体，有利于人体健康；菊花做饮料，可以消暑、降热、祛风；菊花入药，具有清头晕、利血脉、养肝明目的功效，对头疼、高血压、高血脂均有明显疗效。

16. 银杏科的银杏（*Ginkgo biloba* L.）

图 6—63　银杏

【形态特征】银杏为乔木，高达 40 米，胸径可达 4 米；幼树树皮浅纵裂，大树树皮呈灰褐色，深纵裂，粗糙；幼年及壮年树冠圆锥形，老则广卵形；枝近轮生，斜上伸展（雌株的大枝常较雄株开展）；一年生的长枝淡褐黄色，二年生以上变为灰色，并有细纵裂纹；短枝密被叶痕，黑灰色，短枝上亦可长出长枝；冬芽黄褐色，常为卵圆形，先端钝尖。叶扇形，有长柄，淡绿色，无毛，有多数叉状并列细脉，顶端宽 5～8 厘米，在短枝上常具波状缺刻，在长枝上常 2 裂，基部宽楔形，柄长 3～10（多为 5～8）厘米，幼树及萌生枝上的叶常较大而深裂（叶片长达 13 厘米，宽15厘米)，有时裂片再分裂，叶在一年生长枝上螺旋状散生，在短枝上3～8叶呈簇生状，秋季落叶前变为黄色。球花雌雄异株，单性，生于短枝顶端的鳞片状叶的腋内，呈簇生状；雄球花葇荑花序状，下垂，雄蕊排列疏松，具短梗，花药常2个，长椭圆形，药室纵裂，药隔不发；雌球花具长梗，梗端常分两叉，稀3～5叉或不分叉，每叉顶生一盘状珠座，胚珠着生其上，通常仅一个叉端的胚珠发育成种子，风媒传粉。种子具长梗，下垂，常为椭圆形、长倒卵形、卵圆形或近圆球形，长2.5～3.5厘米，径为2厘米，外种皮肉质，熟时黄色或橙黄色，外被白粉，有臭味；中种皮白色，骨质，具2～3条纵脊；内种皮膜质，淡红褐色；胚乳肉质，味甘略苦；子叶2枚，稀3枚，发芽时不出土，初生叶2～5片，宽条形，长约5毫米，宽约2毫米，先端微凹，自第4或第5片起之后生叶扇形，先端具一深裂及不规则的波状缺刻，叶柄长0.9～2.5厘米；有主根。花期3—4月，种子9—10月成熟。

【环保功能】银杏树有涵养水源、防风固沙、保持水土等功效；可以抗病虫害，被公认为无公害的树种，是观赏绿化最理想树种；可以调节气温，具有冬暖夏凉的特殊功能；也可以净化空气，具有抗烟尘、抗污染等功能，减少空气中悬浮物含量，还能吸收室内90%的苯、86%的甲醛和过氧化氮以及尼古丁等有害气体。

图6—64 银杏的花

图6—65 银杏的果实

【开发应用】银杏树可在大气污染严重的区域种植；其树形优美，春夏季叶色嫩绿，秋季变成黄色，颇为美观，可作庭园树及行道树；边材淡黄色，心材淡黄褐色，结构细，质轻软，富弹性，易加工，有光泽，不易开裂，不反挠，为优良木材，供建筑、家具、室内装饰、雕刻、绘图版等用；种子供食用（多食易中毒）及药用；叶可作药用和制杀虫剂，亦可作肥料。

17. 菊科的向日葵（*Helianthus annuus* L.）

【形态特征】向日葵为一年生高大草本。茎直立，高1～3米，粗壮，被白色粗硬毛，不分枝或有时上部分枝。叶互生，心状卵圆形或卵圆形，顶端急尖或渐尖，边缘有粗锯齿，两面被短糙毛，有长柄。头状花序极大，径为10～30厘米，单生于茎端或枝端，常下倾。总苞片多层，叶质，覆瓦状排列，卵形至卵状披针形，顶端尾状渐尖，被长硬毛或纤毛。花托平或稍凸，有半膜质托片。舌状花多数，黄色、舌片开展，长圆状卵形或长圆形，不结实。管状花极多数，棕色或紫色，有披针形裂片，结果实。瘦果倒卵形或卵状长圆形，稍扁压，长10～15毫米，有细肋，常被白色短柔毛，上端有2个膜片状早落的冠毛。花期7—9月，果期8—10月。

图6—66 向日葵

【环保功能】向日葵对改善大气污染有特别好的效果，对空气中的二氧化碳有较强的吸收

能力，对氯气、二氧化硫等有毒、有害气体具有指示作用，当空气中有这类气体存在时，向日葵的花朵会发生萎缩。将向日葵种植在水岸边，其众多的根系伸入水中，可吸收和清洁水中有害的放射性物质，有“抗核垃圾的神奇植物”的美称。

图6－67　向日葵花朵

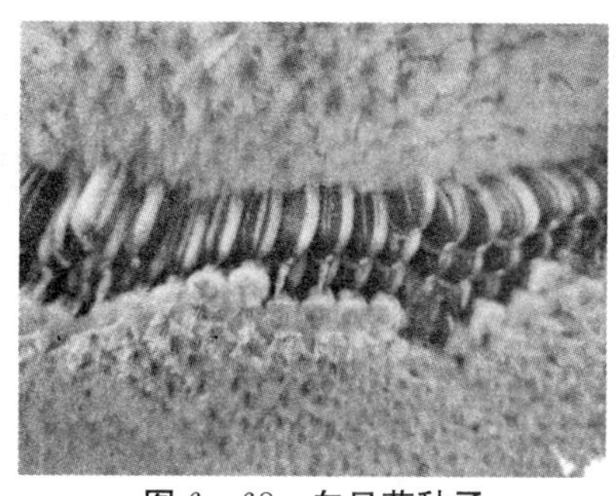

图6－68　向日葵种子

【开发应用】可以在重金属污染区、大气污染区和水岸边种植向日葵；葵花籽营养丰富、味道可口，是十分受人们欢迎的悠闲零食。脱壳的葵花籽仁可以供烹饪或用于制作蛋糕、冰激凌、月饼等甜食；向日葵种子、花盘、茎髓、叶、花、根等均可入药。向日葵种子性味甘平，可以驱虫止痢，同时种子中含有丰富的亚油酸，具有一定的降脂作用。种子油还可作软膏的基础药。花盘可以清热化痰，凉血止血，对头痛、头晕等有效。茎髓为利尿消炎剂。叶与花瓣可清热解毒，还可作健胃剂。向日葵根用水煎服，可治疗尿频、尿急、尿痛等疾病；油用向日葵可用于榨油。

18. 铁线蕨科的铁线蕨（*Adiantum capillus-veneris* L.）

【形态特征】铁线蕨植株高15～40厘米。根状茎细长横走，密被棕色披针形鳞片。叶远生或近生；柄长5～20厘米，粗约1毫米，纤细，栗黑色，有光泽，基部被与根状茎上同样的鳞片，向上光滑，叶片卵状三角形，长10～25厘米，宽8～16厘米，尖头，基部楔形，中部以下多为二回羽状，中部以上为一回奇数羽状；羽片3～5对，互生，斜向上，有柄（长可达1.5厘米），基部一对较大，长4.5～9厘米，宽2.5～4厘米，长圆状卵形，圆钝头，一回（少二回）奇数羽状，侧生末回小羽片2～4对，互生，斜向上，相距6～15毫米，大小几相等或基部一对略大，呈对称或不对称的斜扇形或近斜方形，长1.2～2厘米，宽1～1.5厘米，上缘圆形，具2～4浅裂或深裂成条状的裂片，不育裂片先端钝圆形，具阔三角形的小锯齿或具啮蚀状的小齿，能育裂片先端截形、直或略下陷，全缘或两侧具有啮蚀状的小齿，两侧全缘，基部渐狭成偏斜的阔楔形，具纤细栗黑色的短柄（长1～2毫米），顶生小羽片扇形，基部为狭楔形，往往大于其下的侧生小羽片，柄可达1厘米；第二对羽片距基部第一对羽片2.5～5厘米，向上各对均与基部一对羽片同形而渐变小。叶脉多回二歧分叉，直达边缘，两面均明显。叶干后薄草质，草绿色或褐绿色，两面均无毛；叶轴、各回羽轴和小羽柄均与叶柄同色，往往略向左右曲折。孢子囊群每羽片3～10枚，横生于能育的末回小羽片的上缘；囊群盖长形、长肾形或圆肾形，上缘平直，淡黄绿色，老时棕色，膜质，全缘，宿存。孢子周壁具粗颗粒状纹饰。

图 6－69　铁线蕨

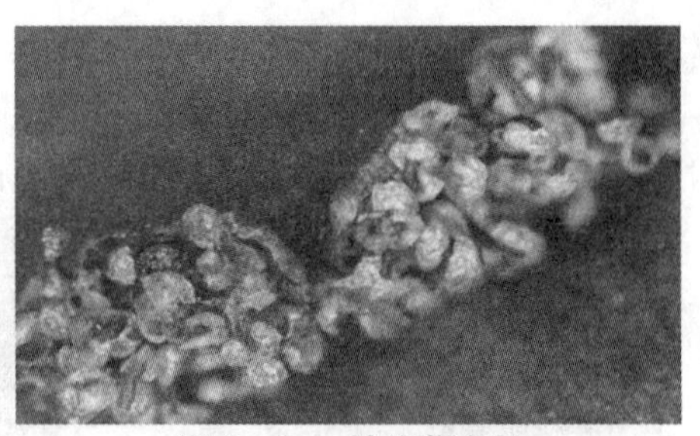
图 6－70　铁线蕨孢子

【环保功能】铁线蕨可以净化室内空气，吸收对人体有害的气体，还可使人心情放松，有助于提高睡眠质量。铁线蕨每小时能吸收大约 20 微克的甲醛，所以成天与油漆、涂料打交道的人，或者身边有喜欢吸烟的人，应该在工作场所放置几盆蕨类植物。另外，铁线蕨还可以抑制电脑显示器和打印机中释放出来的二甲苯和甲苯。铁线蕨还是钙质土壤指示物。

【开发应用】铁线蕨作为钙质土壤指示物；在室内栽培，既可以净化空气，又可供观赏；铁线蕨全株入药，有清热利湿、消肿解毒、止咳平喘、利尿通淋的作用。铁线蕨还可用于淋巴结结核、乳腺炎、痢疾、蛇咬伤、肺热咳嗽、吐血、妇女血崩、产后瘀血、尿路感染及结石、上呼吸道感染等的治疗。

19. 雨久花科的凤眼莲（*Eichhornia crassipes* Solms）

【形态特征】凤眼莲为浮水草本，高 30～60 厘米。须根发达，棕黑色，长达 30 厘米。茎极短，具长匍匐枝，匍匐枝淡绿色或带紫色，与母株分离后长成新植物。叶在基部丛生，莲座状排列，一般 5～10 片；叶片圆形、宽卵形或宽菱形，长 4.5～14.5 厘米，宽 5～14 厘米，顶端钝圆或微尖，基部宽楔形或在幼时为浅心形，全缘，具弧形脉，表面深绿色，光亮，质地厚实，两边微向上卷，顶部略向下翻卷；叶柄长短不等，中部膨大成囊状或纺锤形，内有许多多边形柱状细胞组成的气室，维管束散布其间，黄绿色至绿色，光滑；叶柄基部有鞘状苞片，长 8～11 厘米，黄绿色，薄而半透明；花葶从叶柄基部的鞘状苞片腋内伸出，长 34～46 厘米，多棱；穗状花序长 17～20 厘米，通常具 9～12 朵花；花被裂片 6 枚，花瓣状，卵形、长圆形或倒卵形，蓝紫色，花冠略两侧对称，直径 4～6 厘米，上方 1 枚裂片较大，长约 3.5 厘米，宽约 2.4 厘米，四周淡紫红色，中间蓝色，在蓝色的中央有 1 黄色圆斑，其余各片长约 3 厘米，宽 1.5～1.8 厘米，下方 1 枚裂片较狭，宽 1.2～1.5 厘米，花被片基部合生成筒，外面近基部有腺毛；雄蕊 6 枚，贴生于花被筒上，3 长 3 短，长的从花被筒喉部伸出，长 1.6～2 厘米，短的生于近喉部，长 3～5 毫米；花丝上有腺毛，长约 0.5 毫米，3（2～4）细胞，顶端膨大；花药箭形，基着，蓝灰色，2 室，纵裂；花粉粒长卵圆形，黄色；子房上位，长梨形，长 6 毫米，3 室，中轴胎座，胚珠多数；花柱 1，长约 2 厘米，伸出花被筒的部分有腺毛；柱头上密生腺毛。蒴果卵形。花期 7—10 月，果期 8—11 月。

图 6—71　凤眼莲

图 6—72　凤眼莲的花

【环保功能】凤眼莲是一种可监测环境污染的良好植物，对 As（砷）敏感，当水中含 As（砷）0.06 ppm 时，经 2 小时叶片即出现伤害症状，可用来监测水中是否有 As（砷）存在；凤眼莲还可用来净化水体中的 Zn（锌）、As（砷）、Hg（汞）、Cd（镉）、Pb（铅）等有毒物质。它的自然含 Zn（锌）量较高，达 115 ppm 左右，利用含 10 ppm 硫酸锌废水栽培，38 天后其体内含 Zn 量高达 280 ppm。

【开发应用】凤眼莲可在污染的水域种植，用于净化和监测水源；也常用作园林水景中的造景材料，供观赏；还可药用，其全草能清热解暑，利尿消肿，祛风湿；还可用于中暑烦渴，水肿，小便不利，外敷热疮。

20. 禾本科的芦苇（*Phragmites australis* Trin. ex Steud.）

图 6—73　芦苇

【形态特征】芦苇多年生，根状茎十分发达。秆直立，高 1～3 米，直径 1～4 厘米，具 20 多节，基部和上部的节间较短，最长节间位于下部第 4～6 节，长 20～25 厘米，节下被蜡粉。叶舌边缘密生一圈长约 1 毫米的短纤毛，两侧缘毛长 3～5 毫米，易脱落；叶片披针状线形，长 30 厘米，宽 2 厘米，无毛，顶端长渐尖成丝形。圆锥花序大型，长 20～40 厘米，宽约 10 厘米，分枝多数，长 5～20 厘米，着生稠密下垂的小穗；小穗柄长 2～4 毫米，无毛；小穗长约 12 毫米，含 4 花；颖具 3 脉，第一颖长 4 毫米，第二颖长约 7 毫米；第一不孕外稃雄性，长约 12 毫米，第二外稃长 11 毫米，具 3 脉，顶端长渐尖，基盘延长，两侧密生等长于外稃的丝状柔毛，与无毛的小穗轴相连接处具明显关节，成熟后易自关节上脱落；内稃长约 3 毫米，两脊粗糙；雄蕊 3，花药长 1.5～2 毫米，黄色；颖果长约 1.5 毫米。芦苇为高多倍体和非整倍体的植物。

【环保功能】芦苇根茎四布，有固堤之效；能吸收水中的磷，可以抑制蓝藻的生长；大面积的芦苇不仅可调节气候，涵养水源，其所形成的良好湿地生态环境，也为鸟类提供了栖息、觅食、繁殖的家园；它的叶、茎、根状茎都具有通气组织，有净化污水的作用。

【开发应用】芦苇可以在江河湖沼、池塘沟渠沿岸和低湿地种植；由于芦苇秆中纤维素含量较高，也可以用来造纸和做人造纤维；还可以药用，能清热，生津，除烦，止呕，解鱼蟹毒，清热解表。芦苇也可用于治疗热病烦渴、胃热呕吐、噎膈、反胃、肺痿、肺痈、表热证，以及解河豚毒。

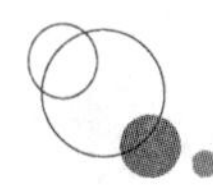

图 6－74 芦苇

图 6－75 芦苇的花序

21. 胡颓子科的胡颓子（*Elaeagnus pungens* Thunb.）

【形态特征】胡颓子为常绿直立灌木，高 3～4 米，具刺，刺顶生或腋生，长 20～40 毫米，有时较短，深褐色；幼枝微扁棱形，密被锈色鳞片，老枝鳞片脱落，黑色，具光泽。叶革质，椭圆形或阔椭圆形，稀矩圆形，长 5～10 厘米，宽 1.8～5 厘米，两端钝形或基部圆形，边缘微反卷或皱波状，上面幼时具银白色和少数褐色鳞片，成熟后脱落，具光泽，干燥后褐绿色或褐色，下面密被银白色和少数褐色鳞片，侧脉 7～9 对，与中脉开展成 50°～60°的角，近边缘分叉而互相连接，上面显著凸起，下面不甚明显，网状脉在上面明显，下面不清晰；叶柄深褐色，长 5～8 毫米。花白色或淡白色，下垂，密被鳞片，1～3 花生于叶腋锈色短小枝上；花梗长 3～5 毫米；萼筒圆筒形或漏斗状圆筒形，长 5～7 毫米，在子房上骤收缩，裂片三角形或矩圆状三角形，长 3 毫米，顶端渐尖，内面疏生白色星状短柔毛；雄蕊的花丝极短，花药矩圆形，长 1.5 毫米；花柱直立，无毛，上端微弯曲，超过雄蕊。果实椭圆形，长 12～14 毫米，幼时被褐色鳞片，成熟时红色，果核内面具白色丝状棉毛；果梗长 4～6 毫米。花期 9—12 月，果期次年 4—6 月。

图 6－76 胡颓子的花

图 6－77 胡颓子的果实

【环保功能】人工熏气试验表明，胡颓子对二氧化硫、氯气和氟化氢的抗性都比较强。

【开发应用】胡颓子可作为大气污染地区的绿化树木。

22. 木兰科的广玉兰（*Magnolia grandiflora* L.）

【形态特征】广玉兰为常绿乔木，在原产地高达 30 米；树皮淡褐色或灰色，薄鳞片状开裂；小枝粗壮，具横隔的髓心；小枝、芽、叶下面、叶柄均密被褐色或灰褐色短绒毛（幼树的叶下面无毛）。叶厚革质，椭圆形、长圆状椭圆形或倒卵状椭圆形，长 10～20 厘米，宽 4～7 厘米，先端钝或短钝尖，基部楔形，叶面深绿色，有光泽；侧脉每边 8～10 条；叶柄长 1.5～

4厘米，无托叶痕，具深沟。花白色，有芳香，直径15～20厘米；花被片9～12，厚肉质，倒卵形，长6～10厘米，宽5～7厘米；雄蕊长约2厘米，花丝扁平，紫色，花药内向，药隔伸出成短尖；雌蕊群椭圆体形，密被长绒毛；心皮卵形，长1～1.5厘米，花柱呈卷曲状。聚合果圆柱状长圆形或卵圆形，长7～10厘米，径4～5厘米，密被褐色或淡灰黄色绒毛；蓇葖背裂，背面圆，顶端外侧具长喙；种子近卵圆形或卵形，长约14毫米，径约6毫米，外种皮红色，除去外种皮的种子，顶端延长成短颈。花期5—6月，果期9—10月。

图6—78　**广玉兰**

图6—79　**广玉兰的花**

【环保功能】广玉兰有一定的抗有毒气体的能力，据江苏调查，在二氧化硫、二氧化氮等气体对悬铃木等许多树种产生不同程度危害的情况下，广玉兰不受害或轻微受害。人工熏气试验表明，其对二氧化硫和氯气都具有较强的抗性。广玉兰有吸硫的能力。据杭州试验，以二氧化硫进行人工熏气后，1千克干叶可吸硫4.4克。广玉兰有吸收汞蒸气的能力，据上海在有汞蒸气散放的工厂附近测定其叶片的含汞量为6.8微克/克（干重）。广玉兰吸滞粉尘能力强，据在南京某水泥厂测定，距污染源200～250米处，每平方米叶片滞尘量为7.1克。

【开发应用】广玉兰可作为工矿污染区的优良绿化树种。

23. 锦葵科的木槿（*Hibiscus syriacus* Linn.）

【形态特征】木槿是落叶灌木，高3～4米，小枝密被黄色星状绒毛。叶菱形至三角状卵形，长3～10厘米，宽2～4厘米，具深浅不同的3裂或不裂，有明显三主脉，先端钝，基部楔形，边缘具不整齐齿缺，下面沿叶脉微被毛或近无毛；叶柄长5～25毫米，上面被星状柔毛；托叶线形，长约6毫米，疏被柔毛。花单生于枝端叶腋间，花梗长4～14毫米，被星状短绒毛；小苞片6～8，线形，长6～15毫米，宽1～2毫米，密被星状疏绒毛；花萼钟形，长14～20毫米，密被星状短绒毛，裂片5，三角形；花钟形，色彩有纯白、淡粉红、淡紫、紫红等，花形呈钟状，有单瓣、复瓣、重瓣几种，直径5～6厘米，花瓣倒卵形，长3.5～4.5厘米，外面疏被纤毛和星状长柔毛；雄蕊柱长约3厘米；花柱枝无毛。蒴果卵圆形，直径约12毫米，密被黄色星状绒毛；种子肾形，成熟种子黑褐色，背部被黄白色长柔毛。花期7—10月。

【环保功能】木槿对有害气体的抗性较强。在一些工业区中表现出对二氧化硫、氯气有较强的抗性，对硝酸雾有较强的抗性。叶片受害后，由于萌发新叶的能力很强，短期内便能迅速恢复生长。木槿吸滞灰尘、粉尘的能力很强，据在南京一个水泥厂测定，离污染源200～250米处每平方米叶片可滞尘8.13克；有吸收有害气体的能力，经二氧化硫人工熏气后，1千克干叶可吸硫2.7克。在污染地区栽植73天后，1千克干叶可吸硫10克以上。

图 6－80　木槿

图 6－81　木槿的花

【开发应用】木槿可作为大气污染地区的绿化树种或绿篱，也可作为隔声林中的灌木层。

24. 桑科的无花果（*Ficus carica* Linn.）

【形态特征】无花果为落叶灌木，高 3～10 米，多分枝；树皮灰褐色，皮孔明显；小枝直立，粗壮。叶互生，厚纸质，广卵圆形，长宽近相等，10～20 厘米，通常 3～5 裂，小裂片卵形，边缘具不规则钝齿，表面粗糙，背面密生细小钟乳体及灰色短柔毛，基部浅心形，基生侧脉 3～5 条，侧脉 5～7 对；叶柄长 2～5 厘米，粗壮；托叶卵状披针形，长约 1 厘米，红色。雌雄异株，雄花和瘿花同生于一榕果内壁，雄花生内壁口部，花被片 4～5，雄蕊 3，有时 1 或 5，瘿花花柱侧生，短；雌花花被与雄花同，子房卵圆形，光滑，花柱侧生，柱头 2 裂，线形。榕果单生叶腋，大而梨形，直径 3～5 厘米，顶部下陷，成熟时紫红色或黄色，基生苞片 3，卵形；瘦果透镜状。花果期 5—7 月。

图 6－82　无花果

图 6－83　无花果的果实

【环保功能】无花果对二氧化硫、三氧化硫、氯化氢、硫化氢、二氧化氮、硝酸雾、苯等都有较强的抗性，有吸收有害气体的能力。以二氧化硫进行人工熏气试验后，1 千克干叶可吸硫 1.4 克。无花果抗氟、吸氟能力比一般花木高。

【开发应用】无花果可作为大气污染严重地区的绿化树种。

25. 玄参科的毛泡桐（*Paulownia tomentosa* Steud.）

【形态特征】毛泡桐为乔木，高达 20 米，树冠宽大伞形，树皮褐灰色；小枝有明显皮孔，幼时常具黏质短腺毛。叶片心脏形，长达 40 厘米，顶端锐尖头，全缘或波状浅裂，上面毛稀疏，下面毛密或较疏，老叶下面的灰褐色树枝状毛常具柄和 3～12 条细长丝状分枝，新枝上的叶较大，其毛常不分枝，有时具黏质腺毛；叶柄常有黏质短腺毛。花序枝的侧枝不发达，长约中央主枝之半或稍短，故花序为金字塔形或狭圆锥形，长一般在 50 厘米以下，少有更长，小聚伞花序的总花梗长 1～2 厘米，几与花梗等长，具花 3～5 朵；萼浅钟形，长约 1.5 厘米，外面绒毛不脱落，分裂至中部或裂过中部，萼齿卵状长圆形，在花中锐头或稍钝头至果中钝头；花冠紫色，漏斗状钟形，长 5～7.5 厘米，在离管基部约 5 毫米处弓曲，向上突然膨大，外面

有腺毛，内面几无毛，檐部 2 唇形，直径约 5 厘米；雄蕊长达 2.5 厘米；子房卵圆形，有腺毛，花柱短于雄蕊。蒴果卵圆形，幼时密生黏质腺毛，长 3～4.5 厘米，宿萼不反卷，果皮厚约 1 毫米；种子连翅长 2.5～4 毫米。花期 4—5 月，果期 8—9 月。该种在被毛疏密、花枝及花冠大小、萼齿尖钝等方面常因生境和海拔高低而有变异，生长在海拔较高处，有花枝变小、萼齿在花期较钝、花冠稍短缩的趋势。

图 6－84　毛泡桐

图 6－85　毛泡桐的花

【环保功能】毛泡桐抗有害气体能力较强。在大型硫酸厂离二氧化硫污染源 200 米处生长良好，稍有受害表现，抗性较悬铃木为强；在氟化氢污染源附近悬铃木严重受害，而间种的毛泡桐受害很轻；在离氯气污染源 80 米处生长正常（40 米处受到明显危害）。它对硫化氢、硝酸雾的抗性强；对二氧化氮的抗性较强。吸收氟化氢气体的能力较强，在氟污染地区 1 千克干叶能吸收氟化物 95 毫克而尚无受害症状。据杭州试验，以二氧化硫进行人工熏气后，1 千克干叶可吸硫 6.8 克。吸滞粉尘的能力很强，在南京某水泥厂中距污染源 320 米处测定，每平方米叶片能吸滞粉尘 3.5 克。

【开发应用】毛泡桐可作为大气污染较重地区的绿化树种。

26. 石榴科的石榴（*Punica granatum* L.）

【形态特征】石榴是落叶灌木或小乔木，在热带是常绿树种。树冠丛状自然圆头形。树根黄褐色。生长强健，根际易生根蘖。树高可达 5～7 m，一般 3～4 m，但矮生石榴仅高约 1 m 或更矮。树干呈灰褐色，上有瘤状突起，干多向左方扭转。树冠内分枝多，嫩枝有棱，多呈方形。小枝柔韧，不易折断。一次枝在生长旺盛的小枝上交错对生，具小刺。刺的长短与品种和生长情况有关。旺树多刺，老树少刺。芽色随季节而变化，有紫、绿、橙三色。叶对生或簇生，呈长披针形至长圆形，或椭圆状披针形，长 2～8 cm，宽 1～2 cm，顶端尖，表面有光泽，背面中脉凸起；有短叶柄。花两性，依子房发达与否，有钟状花和筒状花之别，前者子房发达善于受精结果，后者常凋落不实；一般 1 朵至数朵花着生在当年新梢顶端及顶端以下的叶腋间；萼片硬，肉质，管状，5～7 裂，与子房连生，宿存；花瓣倒卵形，与萼片同数而互生，覆瓦状排列。花有单瓣、重瓣之分。重瓣品种多不孕，花瓣多达数十枚；花多红色，也有白色以及黄、粉红、玛瑙等色。雄蕊多数，花丝无毛。雌蕊具花柱 1 个，长度超过雄蕊，心皮 4～8，子房下位。成熟后变成大型而多室、多子的浆果，每室内有多数籽粒；外种皮肉质，呈鲜红、淡红或白色，多汁，甜而带酸，即为可食用的部分；内种皮为角质，也有退化变软的，即软籽石榴。果石榴花期 5—6 月，果期 9—10 月。花石榴花期 5—10 月。

【环保功能】石榴对有害气体有一定抗性。在工厂距二氧化硫污染源 30 米处生长良好，无受害表现，抗性与刺槐相似。石榴对二氧化硫、氯气、氟化氢、二氧化氮、二硫化碳等抗性都比较强。工厂绿化栽培试验表明，它对二氧化硫、氯气的抗性都比较强，有一定的吸毒能力。

在一个钢铁厂附近，每1千克干叶能吸硫7.5克以上（仅5%叶片受害）。吸氟能力比一般花木高。在有铅蒸气的环境中，1千克干叶能吸收铅0.02克而无明显症状。石榴有阻滞灰尘的能力，在距污染源200～250米处每平方米叶片可滞尘3.66克。

图6－86　**石榴**

图6－87　**石榴的花**

【开发应用】石榴可作为大气污染严重地区的绿化树种或绿篱。

27. 棕榈科的棕榈（*Trachycarpus fortunei* H. Wendl.）

【形态特征】棕榈呈乔木状，高3～10米或更高，树干圆柱形，被不易脱落的老叶柄基部和密集的网状纤维，除非人工剥除，否则不能自行脱落，裸露树干直径10～15厘米甚至更粗。叶片呈3/4圆形或者近圆形，深裂成30～50片具皱折的线状剑形，宽2.5～4厘米，长60～70厘米，裂片先端具短2裂或2齿，硬挺甚至顶端下垂；叶柄长75～80厘米甚至更长，两侧具细圆齿，顶端有明显的戟突。花序粗壮，多次分枝，从叶腋抽出，通常是雌雄异株。雄花序长约40厘米，具有2～3个分枝花序，下部的分枝花序长15～17厘米，一般只二回分枝；雄花无梗，每2～3朵密集着生于小穗轴上，也有单生的；黄绿色，卵球形，钝三棱；花萼3片，卵状急尖，几分离，花冠约2倍长于花萼，花瓣阔卵形，雄蕊6枚，花药卵状箭头形；雌花序长80～90厘米，花序梗长约40厘米，其上有3个佛焰苞包着，具4～5个圆锥状的分枝花序，下部的分枝花序长约35厘米，2～3回分枝；雌花淡绿色，通常2～3朵聚生；花无梗，球形，着生于短瘤突上，萼片阔卵形，3裂，基部合生，花瓣卵状近圆形，长于萼片1/3，退化雄蕊6枚，心皮被银色毛。果实阔肾形，有脐，宽11～12毫米，高7～9毫米，成熟时由黄色变为淡蓝色，有白粉，柱头残留在侧面附近。种子胚乳均匀，角质，胚侧生。花期4月，果期12月。

图6－88　**棕榈**

图6－89　**棕榈的果实**

【环保功能】人工熏气试验表明，棕榈耐烟尘，对二氧化硫和氯气的抗性均强，有吸收有害气体的能力。在经二氧化硫污染后，1千克干叶的含硫量为5克以上。经氯气污染后叶片的含氯量为未污染的2.33倍。在严重氟污染地区，1千克干叶可吸氟1000毫克以上（严重受害）。棕榈吸收汞的能力也非常强，在有汞蒸气散放的工厂附近测定，1千克干叶的含汞量为

84 毫克，表明其具有吸收汞蒸气等有害气体的能力。

【开发应用】棕榈挥发油具有显著的杀菌消毒的功能，同时棕榈还具有一定的抗火能力。它能吸收多种有害气体，可作为大气污染地区的绿植。

28. 百合科的吊兰（*Chlorophytum comosum* Baker）

【形态特征】吊兰根壮茎短，根稍肥厚。叶剑形，长 10～30 厘米，宽 1～2 厘米，向两端稍变狭。吊兰为宿根草本，叶基生，条形至条状披针形，狭长，柔韧似兰。吊兰的最大特点在于成熟的植株会不时长出走茎，走茎长 30～60 厘米，先端均会长出小植株，花葶比叶长，有时长可达 50 厘米，常变为匍匐枝而在近顶部具叶簇或幼小植株。花白色，常 2～4 朵簇生，排成疏散的总状花序或圆锥花序；花梗长 7～12 毫米，关节位于中部至上部；花被片长 7～10 毫米，3 脉；雄蕊稍短于花被片；花药矩圆形，长 1～1.5 毫米，明显短于花丝，开裂后常卷曲。蒴果三棱状扁球形，长约 5 毫米，宽约 8 毫米，每室具种子 3～5 颗。花期 5 月，果期 8 月。

图 6－90　吊兰

图 6－91　吊兰的花

【环保功能】吊兰能在新陈代谢过程中把致癌的甲醛转化为糖或氨基酸等天然物质，同时，能分解复印机、打印机排放的苯，吸收尼古丁、一氧化碳。一盆吊兰 24 小时内便会神奇地将室内空气中的一氧化碳、二氧化碳和其他有毒气体吸收干净，并输送到根部，分解成为无害物质后作为养料吸收。尤其是黄心吊兰，白天释放的氧气超过夜晚释放二氧化碳的 25%。即使在晚上开灯后，它仍能将二氧化碳吸收回去。因此，吊兰具有“室内空气净化器”的美称。吊兰吸收甲醛的能力很强。15 平方米的居室，种植两盆吊兰，就可以保持空气清新，不受甲醛之害。

【开发应用】吊兰可作为“室内空气净化器”。

第七章　组织培养技术

第一节　植物组织培养简介

一、概念

植物组织培养是指在无菌条件下，将离体的植物器官（根尖、茎尖、叶、花、未成熟的果实、种子等）、组织（形成层、花药组织、胚乳、皮层等）、细胞（体细胞、生殖细胞等）、胚胎（如成熟和未成熟的胚）、原生质体培养在配制的培养基上，在人工控制的条件下（营养、激素、温度、光照、温度）进行培养，使其生长、分化并再生为完整植株的过程。因为培养材料是在脱离植物母体条件下在试管或其他容器中进行培养，所以又称为离体培养或试管培养。广义的植物组织培养是指对植物的植株、器官、组织、细胞以及原生质体进行的培养。狭义的植物组织培养是指对植物的各种组织及培养产生的愈伤组织所进行的培养。

二、类型

（一）根据培养对象分类

（1）植株培养：指对完整植株形态的幼苗或较大的植株进行的离体培养。

（2）胚胎培养：对植物的胚（包括成熟胚和幼胚）、胚珠、子房和胚乳的离体培养。

（3）器官培养：指以植物的根、茎、叶、花、果等器官为外植体的离体无菌培养，如根的根尖和切段，茎的茎尖、茎节和切段，叶的叶原基、叶片、叶柄、叶鞘和子叶，花器的花瓣、雄蕊（花药、花丝）、胚珠、子房、果实等的离体无菌培养。培养名称以培养材料为名。

（4）组织培养：指以分离出的植物各部位的组织或已诱导的愈伤组织为外植体的离体无菌培养，组织材料主要有分生组织、形成层、木质部、韧皮部、表皮、皮层、胚乳组织、薄壁组织、髓部等。这是狭义的植物组织培养。

（5）细胞培养：指以单个游离细胞或较小的细胞团为接种体的离体无菌培养。

（6）原生质体培养：指以物理或化学方法除去细胞壁的原生质体为外植体的离体无菌培养。

（二）按培养基物理状态分类

（1）液体培养：指将微生物直接接种于液体培养基中，并不断振荡或搅拌，使微生物均匀地在液体培养基中生长繁殖的一种培养方法。

（2）固体培养：使用固体培养基进行的一种培养方法。固体培养基又分为用天然的固体状物质制成的培养基和在液体中添加凝固剂而制成的培养基。

（三）按培养过程分类

（1）初代培养：从母体植株上分离下来的外植体进行最初几代的培养。主要目的是建立一

个无菌的培养体系，再进一步建立无性繁殖体系。

(2) 继代培养：初代培养后，将培养体转移到新鲜培养基中的培养阶段，主要目的是使培养物得到大量繁殖。

(3) 生根培养：指诱导组培苗生根，进而形成完整植株的阶段。

三、优越性

植物组织培养是一种无性繁殖，与传统的无性繁殖方法相比具有以下几方面优点。

1. 培育无毒苗

利用扦插、嫁接、分株及埋条等无性繁殖的苗木，有可能携带一种甚至多种病毒或类似病毒，对苗木的生长、产品的质量和产量都有不良影响，而在植物组织培养中，利用脱毒技术，生产的无毒苗表现为植株生长快、抗逆性强、结果早、产量高、品质好等优势。

2. 可获得新的突变体

在培养中控制或添加诱变因素，常常可获得突变体、多倍体等新品种。例如，低温条件下可诱变和筛选出抗寒植株；在盐分含量较高的培养基上可筛选出耐盐新品种。目前这种试管苗筛选植物突变体的方法在生产及育种中被广泛应用。

3. 培养条件可以人为控制，环境条件可控

组培采用的植物材料完全是在人为提供的培养基和小气候环境条件下进行生长，摆脱了大自然中四季、昼夜的变化以及灾害性气候的不利影响，且条件均一，对植物生长极为有利，便于稳定地进行周期培养生产。

4. 效益高，生长周期短，繁殖率高，可重复性强

用试管快繁技术繁殖可节约繁殖材料。繁殖时，只取原材料上一小块组织或器官就能在短期内生产出大量市场所需的优质苗木，每年可以繁殖出几万甚至几百万的小植株，既不损伤原材料，又可获得较高的经济效益。

植物组织培养是由于人为控制培养条件，根据不同植物不同部位的不同要求而提供不同的培养条件，因此生长较快。另外，植株也比较小，往往 20～30 天为一个周期。因此，虽然组培需要一定设备及能源消耗，但由于植物材料能按几何级数繁殖生产，故总体来说成本低廉，且能及时提供规格一致的优质种苗或脱病毒种苗。

5. 管理方便，可连续生产，利于工厂化生产和自动化控制

植物组织培养是在一定的场所和环境下，人为提供一定的温度、光照、湿度、营养、激素等条件，极利于高度集约化和高密度工厂化生产，也利于自动化控制生产。它是未来农业工厂化育苗的发展方向。它与盆栽、田间栽培等相比省去了耕地除草、浇水施肥、防治病虫等一系列繁杂劳动，可以大大节省人力、物力及田间种植所需要的土地。

四、任务

任务：植物组织培养实验室的构建。

(一) 实验室的设计原则和总体要求

1. 设计原则

(1) 防止污染，控制住污染，就等于组织培养成功一半。

(2) 按照工艺流程科学设计，经济、实用和高效。

（3）结构和布局合理，工作方便，节能安全。

（4）规划设计与工作目的、规模及当地条件等相适应。

2. 总体要求

（1）选址要求避开污染源，水电供应充足，交通便利。

（2）保证环境清洁。

（3）组培室建造时，应选用产生灰尘少的建筑材料；墙壁和天花板、地面的交界处做成弧形，便于清洁；管道安装确保不造成污染；设置昆虫、鸟类、鼠类等动物进入的设施。

（4）接种室、培养室的装修材料经得起消毒、清洁。

（5）电源专门设计，应有备用电源。

（6）组培室必须满足3个基本需要：实验准备（培养基配置、器皿洗涤培养基和培养皿灭菌）、无菌操作和控制培养。

（7）组培室各分室的比例大小要合理。

（8）明确组培室的采光、控温方式，应与气候条件相适应。

（二）实验室的基本组成

1. 准备室

设计要求：20平方米左右，明亮、通风，宜大不宜小。

基本功能：器皿洗涤、培养基的配制、试管苗的出瓶以及器皿和培养基的灭菌等工作。

主要设备：水池、操作台、高腰灭菌锅、干燥灭菌锅（如烘箱）、电炉、药品柜、防尘橱、冰箱、天平、蒸馏水器、酸度计、封口膜及常用的培养基配置用玻璃仪器。

2. 无菌接种室

功能：无菌操作场所，外植体的消毒、无菌材料的继代、原生质体的分离和培养物的转移。

要求：干爽清净，清洁明亮，宜小不宜大。

设备：无菌操作室安装有紫外灯和空调，工作台和搁架，还有超净工作台和整套灭菌接种仪器、药品等。

3. 培养室

功能：将接种的材料进行培养生长的场所。

要求：培养室的大小可根据生产规模和培养架的大小、数目及其他附属设备而定。宜小不宜大，10～20 m^2，便于控制条件，能够控制光照和温度，保持整洁，防止微生物污染。

摆放培养架，以立体培养为主，能够通风、降湿、散热。

培养室外应设有缓冲间或走廊，拥有单独的控电盘。

主要设备：培养架（控温、控光、控湿）、培养箱、紫外光源等。用于细胞培养和原生质体培养的培养室还应有旋转式培养架、旋转式摇床等。

4. 缓冲间

功能：进入无菌室前的缓冲场地，减少人体从外界带入的尘埃等污染物。人员在此换上工作服、拖鞋、口罩，才能进入无菌室和培养室。

要求：2～3 m^2，在培养室外或无菌操作室外，应保持清洁无菌；备有鞋架和衣帽钩挂。

设备：1～2盏紫外灯，对工作服、拖鞋、口罩等进行灭菌。

（三）实验室主要仪器设备和器皿用具

1. 常规设备

（1）天平。

植物组织培养实验室需要不同精度的天平。

感量 0.001 g 的天平（分析天平）和感量 0.0001 g 的天平（电子天平）用于称量微量元素和一些较高精确度的实验用品。

感量 0.01 g 和 0.1 g 的天平，用于大量元素母液配制和一些用量较大的药品的称量。

（2）冰箱。

各种维生素和激素类药品以及培养基母液均需低温保存，某些试验还需植物材料进行低温处理，普通冰箱即可。

（3）酸度计。

用于测定培养基及其他溶液的 pH，一般要求可测定 pH 范围 1～14 之间，精度 0.01 即可。

（4）离心机。

用于细胞、原生质体等活细胞的分离，亦用于培养细胞的细胞器、核酸以及蛋白质的分离提取。根据分离物质不同配置不同类型的离心机。

细胞、原生质体等活细胞的分离用低速离心机；核酸、蛋白质的分离用高速冷冻离心机；规模化生产次生产物，还需选择大型离心分离系统。

（5）加热器。

用于培养基的配制。研究性实验室一般选用带磁力搅拌功能的加热器，规模化大型实验室用大功率加热和电动搅拌系统。

（6）其他。

纯水器、分装设备。

2. 灭菌设备

（1）高压灭菌锅。

用于培养基、玻璃器皿及其他可高温灭菌用品的灭菌，根据规模大小有手提式、立式、卧式等不同规格。

（2）干热消毒柜。

用于金属工具如镊子、剪刀、解剖刀，以及玻璃器皿的灭菌。一般选用 200℃左右的普通或远红外消毒柜。

（3）过滤灭菌器。

用于一些酶制剂、激素以及某些维生素等不能高压灭菌试剂的灭菌，主要有真空抽滤式和注射器式。

（4）紫外灯。

方便经济地控制无菌环境的装置，缓冲间、接种室和培养室必备。

3. 无菌操作设备

（1）接种箱。

使用较早的最简单的无菌装置，主体为玻璃箱罩、入口有袖罩，内装紫外灯和日光灯，使用时对无菌室要求较高。

(2) 超净工作台。

其操作台面是半开放区，具方便、操作舒适的优点，通过过滤的空气连续不断吹出，大于 0.3 μm 直径的微生物很难在工作台的操作空间停留，保持了较好的无菌环境。由于过滤器吸附微生物，使用一段时间后过滤网易堵塞，因此应定期更换。

4. 培养设备

(1) 培养架。

培养架是目前植物组织培养实验室植株繁殖培养的通用设施。其成本低、设计灵活，能充分利用培养空间。一般有 4～5 层，层间间隔 30 cm，光照强度可根据培养植物特性来确定，一般每架上配备 2～4 盏日光灯。

(2) 培养箱。

普通培养箱，可用于植物原生质体和酶制剂的保温以及组培中的暗培养；光照培养箱用于小型试验研究和材料保存，有调温、定时和光照装置。

(3) 摇床。

进行液体培养时，为改善通气状况，可用振荡培养箱或摇床。

(4) 生物反应器。

进行植物细胞生产次生产物的实验室，还需生物反应器。

5. 其他设备

其他设备包括时间程序控制器、温度控制系统或空调、实体显微镜、倒置式生物显微镜及配套的摄影、录像和图像处理设备、电泳仪、萃取和层析设备、紫外分光光度计、高效液相色谱仪、气相色谱仪、酶联免疫测定系统。

6. 器皿用具

培养容器指盛有培养基并提供培养物生长空间的无菌装置，培养用具指培养物接种封口所用的各种金属或塑料制品，为实验室必备。

(1) 培养容器。

包括各种规格的培养皿、三角瓶、试管、罐头瓶。

玻璃容器：一般用无色并不产生颜色折射的硼硅酸盐玻璃材质。

塑料容器：材质轻、不易破碎、制作方便，使用广泛。一般为聚丙烯、聚碳酸酯材料的培养容器。

(2) 金属用具。

镊子：植物组织解剖用小的尖头镊子，分株转移繁殖转接用枪型镊子，16～22 cm 长。

剪刀：不锈钢医用弯头剪，做取材和切段转移繁殖，14～22 cm 长。

解剖刀：进行组织切段，多用短柄可换刀片的医用不锈钢解剖刀。

其他用具：接种铲、接种针在花药培养、花粉培养中有用。

各种封口膜、盖、塑料盘及其他实验用具还可能用到塑料用具。

7. 玻璃器皿的清洗

(1) 洗涤液：种类很多，配制方法也不一样，可根据要求选择经济有效的洗涤液。

(2) 各种器具的洗涤。

①新器皿：新购置的玻璃器皿一般都有游离的碱性物质，使用前要在 1%的盐酸溶液中浸泡 24 h 再清洗，先用自来水冲洗，最后用蒸馏水洗 2～3 次彻底清洁后，烘干备用。

②用过器皿：用过后的玻璃器皿如烧杯、试管和培养瓶等要先除去其残渣，清水冲洗后将

器皿放入洗衣粉溶液中浸泡一段时间，然后涮去器皿内的污物，如洗涤效果不好，可增加洗衣粉水浓度或适当加热，器皿内外都要刷到，再用水冲洗干净，最后用蒸馏水冲洗一遍，干燥后备用。

③污染的器皿要及时清洗。污染轻的器皿可用 0.1% $KMnO_4$ 溶液或 70%～75%的酒精浸泡后再清洗。污染重的器皿灭菌后再清洗。

洗涤干净的标准：透明铮亮，内外壁水膜均一，不挂水珠，无油污和有机物残留。

（3）玻璃器皿洗涤时的注意事项：

①使用过的玻璃器皿如果来不及及时清洗，最好用清水冲洗后暂时浸泡在水中。

②如果使用过的培养器皿在管壁或瓶壁上粘有琼脂，最好用热水洗涤或将它们置于高压灭菌锅中稍加热，这样容易清洗干净。

③采用洗液（将 20 克重铬酸钾加入 40 mL 水中，加热溶化，冷却后再加入浓硫酸 360 mL，边加边搅拌）时要十分小心，防止洗液溅到衣服和皮肤上，而且所用器皿一定要干燥；当多次使用的洗液颜色变绿时，需要重新配制。

第二节　植物组织培养历史

植物组织培养的研究历史可以追溯到 19 世纪中叶。其发展和发育的理论基础是植物细胞的全能性，也就是说，植物的每个有核细胞都有其母体的所有基因，并且具有潜力在体外分化和发育成完整的植株。该研究领域的发展历史可分为三个阶段：探索、奠基和迅速发展。

一、探索阶段

植物组织培养的理论基础源于德国植物学家施莱登和动物学家施旺，他们于 1838 年至 1839 年提出了细胞学说。这个理论的基本内容是，所有生物都是由细胞组成的，细胞是生物的基本功能单位，细胞只能来自细胞分裂。

第一篇关于植物组织培养的论文是德国植物生理学家 G. Habeilandt 于 1902 年发表的。根据细胞学说的理论，他提出高等植物的器官和组织可以被连续分割成单个细胞，这是一个具有潜在全能性的功能单元，即植物细胞具有全能性。为了证实这一观点，他将野芝麻（*Lamium barbatum*）、鸭跖草（*Commelina communis*）、凤眼兰（*Eichornia crassipes*）、虎眼万年青（*Ornithogalum* ssp.）等植物叶片的栅栏组织、表皮细胞、表皮毛等添加到 Knop 培养液中，进行离体培养。尽管在栅栏组织中观察到细胞生长、细胞壁增厚和淀粉形成，但并未观察到细胞分裂。他在论文中写道：虽然经常观察到细胞的明显生长，但从未观察到细胞分裂。这位先锋失败的主要原因有两个：实验材料高度分化，培养基过于简单。

德国学者科特和美国学者罗宾斯在 1922 年发表了植物组织体外生长的最佳研究结果。他们在含有无机盐、葡萄糖或果糖、各种氨基酸和琼脂的培养基上对豌豆（*Pisum sativum*）、玉米（*Zea mays*）、棉花（*Gossypium hirsutum*）1.45～3.75 厘米的茎尖和芽尖离体培养，形成缺绿的叶和根，发现体外培养的组织只能进行有限的生长，没有发现培养的细胞具有形态发生能力。

E. Hanning 于 1904 年报道了植物胚胎体外培养的第一个成功例子。他在无机盐和蔗糖溶液中培养萝卜（*Raphanus sativus*）和辣根菜（*Cochlearia officinalis*）的胚胎。结果表明，体外胚胎能够充分发育成熟，提前萌发成苗。1922 年，Knudson 通过胚胎培养获得了大量兰花幼苗，克服了兰花种子萌发的困难。1925 年，莱巴赫成功培育了亚麻（*Linumuitsimsum*）种间杂交幼苗胚胎，这证明了胚胎培养在植物远缘杂交中有可能性。

在此后30年间，由于影响植物组织和细胞增殖及形态发生能力的因素尚不清楚，植物组织培养的探索并无太大进展。

二、奠基阶段

1926年，植物生理学家F. W. Went首次发现了一种能促进子叶叶鞘生长的物质。1930年，他证实这种物质是一种生长素——吲哚乙酸（indole－3－acetic acid，IAA）。1933年，中国学者李继侗和沈同首次发表了利用天然提取物进行植物组织培养的研究文章。他们成功地用银杏胚乳提取物做成的培养基培养了银杏胚胎。1934年，美国植物生理学家P. R. White利用无机盐、酵母提取物（yeast extract，YE）和蔗糖组成的培养基进行番茄根离体培养，并建立了第一个能够活跃生长和持续增殖的无性繁殖系。由此，非胚胎器官的培养第一次获得了成功。在同一年，法国学者R. J. Gaultre已经使山毛柳和欧洲黑杨形成层培养物在Knop溶液、葡萄糖、YE和水解复合蛋白的固体培养基中连续增殖了几个月。1937年，White发现了B族维生素和IAA对植物根系体外生长的影响，并成功地用三种B族维生素（B_6、B_1、B_5）替代YE，建立了第一种完全由已知化合物组成的培养基。1941年，Van Overbeek等人向培养基中添加椰子汁，使曼陀罗心形胚在体外发育成熟，并推测CM含有可以促进细胞分裂和生长的生理活性物质。

虽然在上述研究中，都能观察到细胞的生长分裂，但是还没有观察到培养物具有形态发生能力。

1948年，美国学者F. Skoog和中国学者崔辉在烟草茎段培养中发现腺嘌呤可以促进愈伤组织的生长，减轻生长素对培养基中芽形成的抑制作用，诱导茎段形成芽，并认识到两者的比例是控制芽形成的重要因素。1956年，米勒首次从鲱鱼精子中分离出细胞分裂素——激动素（kinetin，KT，其活性是腺嘌呤的3万倍）。1957年，植物激素控制器官形成的概念被提出，通过改变细胞分裂素和生长素的比例来控制植物器官的分化。1953年，W. H. Muir利用往复式振动器的振荡，在液体培养基中培养万寿菊和烟草愈伤组织，获得了单细胞悬液，可利用其来传代和增殖，植物组织离体培养方法有了突破。1958年，英国学者F. C. Steward和J. Reinert几乎同时在胡萝卜素韧皮部单细胞悬浮培养（single cell suspension culture）中发现，体细胞在形态上可转变为与合子胚（zygotic embryo）相似的结构，其发育过程也与合子胚相似。由于它是从体细胞分化而来，因而称为体细胞胚（somatic embryo）或胚状体（em－bryoid）。在这个实验中，他们分别从胡萝卜根愈伤组织的单细胞悬浮培养液中成功地诱导出胚状体，并使其长成完整的植株，这一实验充分证实了Haberlandt的细胞全能性理论的科学性。

三、迅速发展阶段

从植物全能性理论的提出到它的确认，植物组织培养在过去的60年里得到了很大的发展。

1958年，维克森和西蒙发现外源细胞分裂素的应用可以打破顶端优势，促进休眠的侧芽开始生长，从而形成一个微型多分枝多芽的小灌木状结构。1960年，G. Morel提出了一种利用茎尖在体外快速无性繁殖兰花的方法。这种方法具有极高的繁殖系数，可以去除植物病毒。利用这项技术，“兰花产业”已经在国际上相继建立起来。在“兰花产业”的高效益刺激下，植物离体快速繁殖技术和脱毒技术迅速发展，实现了试管苗的产业化，取得了巨大的经济效益和社会效益。Murash Hinge开发了这种方法，并制定了一系列标准程序，广泛用于蕨类植物、

花卉和果树的快速无性繁殖。1962 年，Murash Hinge 和 Skoog 一起在烟草培养中筛选出了 MS 培养基，至今仍被广泛应用于植物组织培养中。

1960 年，英国学者 E. C. Cocking 使用真菌纤维素酶分离番茄根部和烟草叶片，获得原生质体，并开始了植物原生质体培养的研究。1971 年，日本学者 Nggata 和 Takebe 将烟草叶肉原生质体培养成再生植株，这是原生质体培育成植株的第一次成功尝试。1985 年，藤村从谷类作物水稻的原生质体培养中获得了第一株再生植株。1986 年，斯潘根伯格从白菜型油菜的原生质体中获得了再生植株。

1972 年，P. S. Carison 用硝酸钠进行烟草中间原生质体的融合实验，获得了第一株细胞间杂种。1974 年，Kao 使用聚乙二醇融合大豆和烟草家族之间的原生质体，并成功获得了 3 个细胞核。同年，Bonne 和 Eriksson 成功摄取了叶绿体，PEG 被用于诱导含有叶绿体的海藻和不含叶绿体的胡萝卜原生质体融合。迄今为止，PEG 被认为是一种理想的细胞融合剂。它广泛用于具有远遗传关系的中间细胞的融合。1976 年，Melchers 进行了马铃薯和番茄的融合实验，获得了第一个属间杂交植物——马铃薯番茄。1981 年，Zimmerman 通过改变电场诱导原生质体融合，这是一种新的原生质体融合技术。1982 年，有报道称从烟草花蕾中直接分离出花粉，在体外成功培养出新植株，建立了一个新的实验体系。目前已在多个物种中进行了花药培养。

如今，植物组织离体培养已经发展出了较完善的程序和方法，国内研究植物组织离体培养的学者也越来越多。

第三节　应用及展望

植物组织的培养研究，经过多年的发展，不仅丰富了生命科学的基础理论，还在实际应用中表现出巨大的经济价值。

一、应用

植物组织的研究成果主要应用于植物组织快繁技术、脱毒技术、培育新品种、次生代谢物生产、植物种质资源的离体保存、人工种子。

（一）植物组织快繁技术

植物组织快繁技术是在植物组织培养中应用最广泛的一项技术，也是能产生较大经济效益的一种技术。快繁技术的特点是产量大、周期生产、繁殖速度快、幼苗长势整齐等，利用这项技术一个植株一年可以繁殖到上万个植株。

（二）脱毒技术

很多植株都带有病毒，尤其无性繁殖的农作物，如马铃薯、草莓、甘薯等，病毒在体内积累便会影响农作物的生长，导致减产。但是感病植株并不是每个部位都带有病毒，利用组织培养的方法培养植株的无毒部位，经过充分的消毒处理，可培育出脱毒幼苗。目前，植物组织培养脱毒技术已在许多果树、蔬菜、花卉等作物上取得成功。

（三）培育新品种

应用植物组织培养的理论和技术可以培养出新的品种，加快育种速度。

1. 培育远源杂交种

远源杂交常难以成功，因受精后障碍导致远源杂交的物种不育。而胚的早期离体培养可以使杂交植物的胚正常发育，产生远缘杂交后代，繁育新物种，如苹果与梨的杂交种。通过原生质体的融合，可以克服杂交不亲和性，从而获得杂交种，培育新物种。目前已有 40 多个种间、属间甚至科间杂交新物种产生，但大部分尚无实际的应用价值。

2. 离体选择突变体

离体培养的细胞，由于处于分裂状态，容易受到环境影响而产生变异，再从中筛选出对人类有益的品种进行培育。一些抗病虫性、抗旱、抗寒、耐盐等变异的植株可通过这种方法筛选出来，有些已经用于实际生产。

3. 单倍体育种

所有基因均有表现型、基因型可快速纯合等优点，因此单倍体育种已成为一种新手段，用于培育大面积种植的作物新品种，如 1974 年中国育成的 1 号烟草品种。

（四）次生代谢物生产

植物组织培养还可以用于一些人类需要的天然有机化合物的大量生产，如蛋白质、脂肪、糖类、药物等。目前，已经从 200 多种植物的培养组织或细胞中获得了超过 500 种有效化合物，其中包括一些重要的药物。利用组织培养进行大规模的次生代谢物生产，可以产生巨大的经济效益和社会效益。

（五）植物种质资源的离体保存

农业生产的基础是种质资源，而自然灾害、人类活动和生物间竞争等对物种资源造成了相当大的影响，大量植物物种正在消失。常规的种质资源保护方法不仅耗费人力、物力和土地，还受相当多不确定因素的影响。1975 年，Henshaw 和 Morel 创造性地提出了植物种质资源离体保存。已经有相当多的植物通过抑制生长或超低温储存的方法离体培养，这种方法不仅能够长期保存培养材料，还能够节约人力、物力和土地。

（六）人工种子

1978 年，美国生物学家 Murashige 提出了人工种子的概念，人工种子是指植物离体培养中产生的不定芽或胚状体。其意义在于：人工种子结构完整，体积小，便于储存和运输，可直接播种和机械化操作；胚状体数量多、繁殖快，不受季节和环境限制，利于工厂化生产；利于繁殖生育周期长、自交不亲和、珍稀物种，也可以大量繁殖无病毒植株；加入抗生素、农药等，可提高人工种子的质量；体细胞胚的产生来自无性繁殖，可以固定杂种优势。

虽然人工种子已经发展几十年，但仍有许多问题有待解决。

二、展望

植物组织培养领域的研究已经有上百年的历史，其研究成果被广泛应用于作物生产、新物种的培育、种质资源的保存等多方面。植物组织培养发展速度很快，但仍有许多没有被攻克的

地方需要研究者继续进行大量的研究，同时现有的培育方案也有待完善。

随着植物组织培养不断地发展，离体培养必将应用于更多、更广的方面。

第四节　植物组织培养的基本原理

一粒种子经播种后发芽生长，到最终开花结实，这是植物生长发育过程中最为普遍的现象。但是，要使植物从一小片叶或一小段茎变成一株植物，就要复杂得多，只有通过人工培养才能实现，这一过程与植物细胞的全能性相关。

一、植物细胞的全能性

植物细胞的全能性（cell totipotency）是指植物体的每一个细胞都携带有一套完整的基因组，并具有发育成为完整植株的潜在能力，植物细胞的这种特性称作植物细胞的全能性。

（一）植物细胞全能性的提出

植物细胞的全能性的概念是 1902 年由德国著名植物学家 Haberlandt 首先提出来的。Haberlandt 认为，植物的体细胞含有本物种的全部遗传信息，具有发育成完整植株的潜能，因此，每个植物细胞都与胚胎一样，经过离体培养都能再生出完整的植株。他写道："我相信，人们可能成功地培养体细胞或人工胚。"他还提出一个大胆的设想：从一个体细胞可以得到人工培养的胚。

植物细胞的全能性是指生活着的每个细胞中都含有产生一个完整机体的全套基因，在适宜的条件下能够形成一个新个体的潜在能力。植物体的所有细胞都来源于一个受精卵的分裂。当受精卵均等分裂时，染色体进行复制。这样分裂形成的 2 个子细胞里均含有与受精卵相同的遗传物质。

对于植物而言，经过不断的细胞分裂所形成的千千万万个子细胞，尽管它们在分化过程中会形成根、茎、叶等不同器官，但它们具有相同的基因组成，都携带着保持本物种遗传特性所需要的全套遗传物质，即在遗传上具有全能性。因此，只要培养条件适宜，离体培养的细胞就有发育成一株植物的潜在能力。为了验证自己的设想，Haberlandt 对一些单子叶植物的叶肉细胞进行了培养。遗憾的是，他在培养中连细胞分裂的现象都没有观察到。

1934 年，美国科学家 White 发现，当番茄的根长到 2 cm 时，切取 0.5～1.5 cm 根尖用无菌液体培养基进行培养，发现根段会迅速生长，10 d 以后再从后者切取根段进行培养，发现还可生长。如此不断切取培养，发现可以无限制地繁殖，即从一个根段可以获得许多完全相同的离体根，建立了世界上第一个植物的无性繁殖系，并发现 B 族维生素对培养的离体根生长具有重要作用。他认为，植物体的每个细胞都含有这种植物所具有的全套基因，在适宜的条件下，它们都能发育成一株完整的植株。至此，White 也提出细胞全能性学说，并于 1943 年发表了专著《植物组织培养手册》，使植物组织培养开始成为一门新兴的学科。

（二）植物细胞全能性的验证

虽然当时的科学家隐隐约约认识到植物体细胞具有全能性，但由于实验技术的限制，真正用科学实验方法证明植物组织和体细胞具有全能性是在 20 世纪 50 年代。

1952—1953 年，美国科学家 F. C. Steward 用胡萝卜根的细胞悬浮培养，发现单个细胞能像受精卵发育成胚一样，发育成完整植株。这证实了植物细胞全能性学说。但该试验存在一个巨大缺陷，即它没有采用单个体细胞。

1952 年，Morel 和 Martin 首次报道茎尖分生组织的离体培养，获得无病毒大丽花植株。

1954 年，Muir 将烟草的愈伤组织放在固体培养基上，其上放一张滤纸，再在滤纸片上放一个烟草的体细胞，经过培养获得完整的烟草植物体，单细胞培养成功。

1956 年，Miller 等发现了激动素，控制器官分化的激素模式变为激动素/生长素的比例关系，大大促进了组培发展。

1958 年，Steward 等用打孔器从胡萝卜肉质根中取出一块组织放在加有各种植物激素的培养基上以诱导产生愈伤组织，以后又将愈伤组织转入液体培养基内，并把培养瓶放在缓慢旋转的转床上进行旋转培育，使得培养瓶内的细胞分裂增殖并游离出大量的单个细胞。由这些单个细胞再进一步分裂增殖，形成一种类似于自然种子中胚的结构，被称为胚状体或类胚体。将胚状体种在试管内琼脂培养基上，胚状体进一步发育长成胡萝卜植株，移植后可开花、结果，地下部分长出肉质根。这一重大突破有力地论证了 Haberlandt 提出的细胞全能性的设想。该实验首次获得植株再生成功，使细胞全能性理论得到证实，是植物组培的第一次突破。

1960 年，Cocking 酶解法分离原生质体获得成功。1964 年，Cuba 等利用毛叶曼陀罗的花药培育出单倍体植株。1969 年，Nitch 将烟草的单个单倍体孢子培养成了完整的单倍体植株。1971 年，Takeba 和 Nagata 首次培养烟草原生质体获得植株。1972 年，Carlson 得到烟草种间体细胞杂种。至此，植物细胞全能性学说在植物界已得到广泛的证明，已将上千种植物的根、茎、叶、花、果实培养成植株。目前可以从植物体任何一种活的器官、组织、细胞经过人工离体培养获得完整植株，并产生许多植物体。

（三）植物细胞全能性与植物组织培养

植物之所以能够进行组织培养是因为植物细胞具有全能性。每个细胞都包含了这个物种所特有的全套遗传物质，具有发育成为完整个体所必需的全部基因，即离体细胞在一定的条件下具有发育成完整植株的潜在能力。

对于植物细胞来说，不仅受精卵具有全能性，体细胞也具有全能性。植物细胞表达全能性的大小顺序为受精卵＞生殖细胞＞体细胞。

植物体所有的活细胞都是由细胞分裂产生的，每个细胞都包含着整套遗传基因。在自然状态下，分化了的雌、雄配子经过受精作用形成受精卵，受精卵经过一系列的分裂形成具有分化能力的细胞团，并再次发生分化，形成各种组织、器官，最后发育成具有完整形态、结构、机能的植株。完整植株每个活细胞虽然都保持着潜在的全能性，但受到所在环境的束缚而相对稳定，只表现出一定的形态及生理功能。但其遗传全能性的潜力并没有丧失，一旦它们脱离原来所在的器官或组织，不再受到原植株的控制，在一定的营养、生长调节物质和外界条件的作用下，就可能恢复其全能性，细胞开始分裂增殖、产生愈伤组织，继而分化出器官，并再生形成完整植株。

（四）植物细胞全能性的应用

由于植物组织培养具有较大的优越性，目前它在农业、林业及园艺上被广为应用，主要表现在以下几个方面。

1. 增加遗传变异性，改良农作物

（1）单倍体育种。通过花药离体培养，小孢子获得单倍体植株，染色体加倍后获得正常的

二倍体植株。这是一条育种新途径。单倍体育种既能够缩短育种年限，节约人力和物力，也能够较快地获得优良品种。目前已有 40 多种植物进行了单倍体育种，且我国在小麦、水稻、烟草、辣椒、柏树、橡胶等植物的单倍体育种工作上处于领先地位。

(2) 胚胎培养。胚胎培养（embryoculture）是植物组织培养的一个主要领域。植物胚胎培养是指对植物的胚（种胚）及胚器官（如子房、胚珠）进行人工离体无菌培养，使其发育成幼苗的技术。胚胎培养可以克服杂种胚的败育，获得稀有杂种；获得单倍体和多倍体植株；打破种子休眠，促进胚萌发；快速繁殖良种，缩短育种周期；克服种子生活力低下和自然不育性，提高种子发芽率；提高后代抗性，改良品质；种子活力的快速测定；种质资源的搜集和保存；研究胚胎发育的过程和控制机制。目前该方法在亚麻、玉米、棉花、黄麻的培养中有较多运用。

(3) 突变体的选择和应用。利用单细胞培养的方法诱导单细胞突变，筛选需要的突变体培养成植株，经有性繁殖使遗传性状稳定下来，是从细胞水平来改造植物的一种途径。除细胞外，花药、原生质体、愈伤组织都可诱发突变。自 20 世纪 70 年代以来，世界各国在这方面已有了不少成功的例子，如已选育出抗除草剂的白三叶草细胞株、抗 1%～2% NaCl 的野生烟草细胞株、抗花叶病毒的甘蔗无性系等。

2. 植物脱毒和快速繁殖

植物脱毒和离体快速繁殖是目前植物组织培养应用最多、最有效的一个方面。很多农作物如马铃薯、甘薯、大蒜等都带有病毒，但感病植株并非每个部位都带有病毒，White 早在 1943 年就发现植物生长点附近的病毒浓度很低甚至无病毒。如果利用组织培养方法，取一定大小的茎尖进行培养再生可获得脱病毒苗，再用脱毒苗进行繁殖，则种植的作物就不会或极少发生病毒。此法已在马铃薯、草莓等多种植物上获得成功，并产生了明显的经济效益。

由于运用组织培养法繁殖植物的明显特点是快速，每年可以数百万倍的速度繁殖，因此，对一些繁殖系数低、不能用种子繁殖的名、优、特植物品种的繁殖，意义尤为重大。目前，观赏植物、园艺作物、经济林木、无性繁殖等作物的部分或大部分都用离体快繁提供苗木，试管苗已出现在国际市场上并形成产业化。许多蔬菜、花卉、果树、林木都可通过组织培养进行大规模的无性繁殖。国外，对兰花、月季、草莓、柑橘、苹果、石竹、铁线莲、杜鹃、桉树等进行的快速繁殖已达到商品化。我国近年来已获成功的有无籽西瓜、菊花、月季、猕猴桃、山楂、甘蔗、雪松、栎树等。

3. 有用化合物的工业化生产

组织培养除了在农业上有所应用外，在有用化合物即色素、香精油、橡胶、药物等的工业化生产方面也得到了世界各国的重视。这些化合物大多数是高等植物的次生代谢产物。有些化合物还不能大规模人工合成，而仅依靠植物产生这些化合物来源有限。因此，利用植物组织培养的方法培养植物的某些器官，并筛选出具有产量高、生长速度快等特点的细胞株系，用来进行工业化生产。在次生代谢产物和组织培养的研究方面，开展工作最多的是德国和日本。通过组织培养可以生产的化合物有吲哚生物碱、辅酶 Q10、强心苷、小檗碱等，现已选出高产的细胞株系，大规模的生产已初见成效。在我国，人参为名贵药材，但因野生资源短缺，多采用人工栽培的方法，但人参生长极为缓慢，6 年才有 10 g 左右干重的人参根，而采用植物组织培养方法的人参生长速度可比天然人参提高百倍。

4. 植物种质资源的保存、挽救濒于灭绝的植物

长期以来，人们想了很多方法来保存植物，如储存果实，储存种子，储存块根、块茎、种

球、鳞茎，或采用常温、低温、变温、低氧、充惰性气体等，这些方法在一定程度上得到了好或比较好的效果，但仍存在许多问题。主要问题是付出的代价高，占的空间大，保存时间短，而且易受环境条件的限制。而利用植物组织培养结合超低温保存技术，可以给植物种质保存带来一次大的飞跃。实践证明，通过组织培养的方法可以使一部分濒危的植物种类得到延续和保存，如果再结合超低温保存技术，就可以使这些植物得到较为永久性的保存，从而达到植物种质资源的保存、挽救濒于灭绝的植物的目的。

二、植物细胞的分化与脱分化

植物细胞全能性只是细胞的一种潜在能力，不一定都能进行全能性的表达，只有在一定条件下才能表达出其全能性。在多数情况下，一个成熟细胞要表现它的全能性，要经历脱分化和再分化两个阶段。首先成熟细胞脱分化恢复到分生状态，形成愈伤组织，然后进入再分化阶段，由愈伤组织分化形成完整植株。也有的植物在培养过程中由分生组织直接分生芽，而不需经历愈伤组织的中间形式。

细胞分化：在生物个体发育过程中，细胞在形态、结构和生理功能上出现稳定性差异的过程。

脱分化：脱分化又叫去分化，是指在一定条件下，已分化成熟细胞或静止细胞脱离原状态而恢复到分生状态的过程。经脱分化后，细胞分裂产生无分化的细胞团或愈伤组织，但有的细胞不需经细胞分裂而只是本身恢复分生状态。愈伤组织是一团无定形、高度液泡化、具有分生能力而无特定功能的薄壁组织。恢复分生能力的植物细胞体内的溶酶体将失去功能的细胞质组分降解，并合成新细胞组分，同时细胞内酶的种类与活性发生改变，细胞的性质和状态发生了扭转，转入分生状态恢复原有分裂能力。

三、植物的形态建成

在植物体的发育过程中，由于不同细胞逐渐向不同方向分化，从而形成了具有各种特殊构造和机能的细胞、组织和器官，这个过程称为形态建成（morphogenesis）。

植物细胞的分化既有时间上的分化，又有空间上的分化。在个体的细胞数目大量增加的同时，分化程度越来越复杂，细胞间的差异也越来越大，而且同一个体的细胞由于所处位置不同而在细胞间出现功能分工，根与茎、花与叶、内与外等不同空间的细胞表现出明显的差别。因此，胚胎发育不仅需要将分裂产生的细胞分化成具有不同功能的特异的细胞类型，同时，要将一些细胞组成功能和形态不同的组织和器官，最后形成一个具有表型特征的个体，这一过程称为形态建成。在形态建成的过程中，细胞间的位置关系要发生改变，同功能细胞组成组织，其关系密切，与不同功能的组织细胞进行协调工作，共同维持个体生命。植物组织培养中植物形态建成的过程是通过多细胞团再分化实现的。

再分化是指在一定的条件下，经脱分化细胞分裂产生的细胞团、愈伤组织或该细胞本身再次开始新的分化发育进程，转变成为具有一定结构、执行一定生理功能的组织、器官或胚状体等，并进一步形成完整植株的过程。

愈伤组织中的细胞常以无规则方式发生分裂，此时虽然也发生了细胞分化，形成了薄壁细胞、分生组织细胞、导管和管胞等不同类型的细胞，但并无器官发生，只有在适当的培养条件下，愈伤组织才可发生再分化形成完整植株。培养物形态发生或植株再生途径有器官发生和体细胞胚胎发生两种，即经脱分化细胞分裂产生的细胞团、愈伤组织或该细胞本身的再分化有器

官发生和体细胞胚胎发生两种不同的发育途径。

（1）器官发生：器官发生是指在自然生长或离体培养条件下形成根、芽、茎、枝条、花等器官的过程，分为直接器官发生和间接器官发生两种。直接器官发生是指直接从腋芽、茎尖、茎段、原球茎、鳞茎、叶柄、叶片等外植体上进行的器官发生。间接器官发生则先经历一个脱分化形成愈伤组织，然后诱导再分化才能进行器官发生。器官原基一般起始于一个细胞或一小团分化的细胞，经分裂后形成拟分生组织，然后进一步分化形成芽和根等器官原基。多数植物是先形成芽，芽伸长后在其基部长出根，形成完整小植株。

（2）体细胞胚胎发生：体细胞胚胎发生是指在离体培养条件下，由一个非合子细胞（性细胞或体细胞）经过胚胎发生和胚胎发育过程形成的具有双极性的类似胚的结构（即体细胞胚或称胚状体），并进一步发育成完整植株的过程，也可分为直接体细胞胚胎发生和间接体细胞胚胎发生。直接体细胞胚胎发生就是从外植体某些部位直接诱导分化出体细胞胚胎。间接体细胞胚胎发生是指在固体培养中外植体先脱分化形成愈伤组织或在细胞悬浮培养中先产生胚性细胞团等，再从其中的某些细胞分化出体细胞胚胎。体细胞胚胎具有双极性，即茎端和根端，其发育过程与受精卵发育成胚的过程极其相似，在适宜的条件下可先后经过原胚、球形胚、心形胚、鱼雷形胚和子叶胚 5 个时期，然后发育成再生植株。在脱分化和再分化过程中，细胞的全能性得以表达。当然，不同植物、不同组织器官、不同细胞间全能性的表达难易程度会有所不同，这主要取决于细胞所处的发育状态和生理状态。组织培养的主要工作就是设计和筛选适当的培养基，探讨和建立适宜的培养条件，促使植物细胞、组织完成脱分化和再分化。

提问：

（1）试着描述植物组织培养的基本原理。

（2）植物细胞表现出全能性的必要条件。

（3）为什么已经分化了的植物细胞仍具有全能性？

第五节　植物组织培养实验室的布局及设备

一、实验室布局

（一）引言

在一个植物组织培养室中，它的面积大小和设备级别取决于两个方面：第一个方面是所要进行培养试验的性质，第二个方面是实验申请的经费多少。但是，对于一个标准的植物组织培养室来说，它必须拥有准备室、接种室、驯化室和其他部分，同时在基本仪器设备上必须拥有灭菌设备、接种设备、培养设备、检测设备、驯化设备和其他设备。在培养室内应该有一套光源设备和观察设备，还有湿度和温度的调控，同时还必须存在观察台，方便对培养物进行观察。

（二）培养基准备室

在培养基准备室中，应该有清洗区、防尘橱、鼓风干燥箱这三个重要的区域，在清洗区应该备有各种大小型号和形状的刷子、冷水和热水水槽、塑料桶、毛巾。鼓风干燥箱，用于干燥清洗干净的器皿；防尘橱，主要是存储干燥后的干净的玻璃器皿或者其他器皿。在培养基准备室中，除了可以进行器皿的清洗，还可以进行培养基的制备，清洗器皿对于植物组织培养是一个很重要的步骤，需要格外小心，但是也要小心清洁区对培养基制备区的干扰，两个地方可以有一定距离地隔开，如果空间限制，那么就要把两者的时间错开，不要同时进行，避免肥皂水进入培养基，从而污染培养基。

培养基配置工作设备：工作台（为了方便实验人员操作，高度能让人站着操作即可）、低温冰箱/普通冰箱（一些母液，大量、微量等相关材料的储存场所）、大塑料瓶（无菌水）、天平（称量药品）、电热磁力搅拌器、恒温水浴箱、高压灭菌锅（灭菌）、酸度计/精度 pH 试纸（调 pH 值）。上述所有设备合理安排，避免取用产生麻烦，同时天平一定要远离培养基的制备区域，避免药品感染，产生实验因素影响。

（三）无菌接种室

从植物组织的产生到兴起，再到现在基本成熟，这短短的几十年里，大多数的实验室都采用自己各种类型的超净工作台进行严格的无菌操作。对于组织培养来说，严格的灭菌和无菌操作是非常重要的，它可以直接影响实验结果，所以超净工作台的配置和安放，以及无菌操作都很重要。大多数的超净工作台都有一个小型的电动机，它能带动风扇，使流动空气穿过粗过滤器，滤掉大的尘埃，再穿过高效过滤器（精细过滤器）滤掉大于 0.3 μm 的尘埃颗粒，这样就能够排除掉真菌和细菌对植物组织培养的污染。再由此吹出空气，空气流速度为 24～30 m/min，气流的速度能够阻止在工作区工作的实验人员对培养实验相关材料的污染，以及污染物都能够被气流吹走，只要超净工作台进入工作状态，那么气流就一直开着，保持工作台的完全无菌的环境，但是气流不会对酒精灯和操作人员的操作产生影响。

同时，超净工作台的安放也是一个很重要的因素，不能放在灰尘较多的环境，否则容易损坏超净工作台，影响试验进度。

（四）培养室

培养室是决定植物组织能否脱分化和再分化的重要因素，其中的温度和湿度以及光照条件的调节占有重要比例，也是主要设施，都是可以调节的，温度一般使用空调进行调节，一般保持在 23℃～27℃，如果温度要求更高或者更低，可以使用荧光灯培养箱。在培养室中，采用的光源一般是散射光，但是存在一些实验需求强光照或者黑暗条件，那么这里就需要光源的开闭或者安装定时自动开关。暗培养需要特殊的设备，如在木橱里进行暗条件培养。目前专业的组培室用全光谱冷光灯或 LED 组培专用灯。

在培养室的湿度这一条件上，一般设置的相对湿度在 50%左右，当湿度条件小于这个范围时，要及时调控，避免培养基干裂。湿度高于 50%这个范围很多的话，培养瓶的棉塞容易发潮，导致空气中的细菌进入培养基，增大污染机会。为了节省空间或进行大量培养，就有了培养架的出现，培养室中通常会设有多数的培养架，在每层培养架上安装有灯光，还有平板玻璃或者铁丝网，灯光能够透射，每层同时也存在隔热层，以免影响不同的培养架层上的培养基。同时，由于灯光进行照射会产生热气聚集在培养架各层中，影响实验进行，那么就需要在每个架子的顶端安装一个小风扇，风通过架子两端的塑料管，塑料管上两侧具有一定距离的小孔，空气便能够沿着塑料管的内部均匀流动，从而带走每层的热气，避免影响实验进行。锥形瓶、培养瓶或者培养皿都可以放在培养架上，也可以放在大小合适的盘子上，再放在培养架上，如果用的培养器皿是试管，需要放在试管架上，再放在培养架上。对于实验标注，每个试

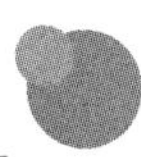

验品都要贴上标签，并标注实验外植体、培养基、培养时间，方便实验观察和数据的整理。除了固体培养基，还有液体和半固体培养基的存在，植物组织培养一般采用固体培养基，但也有液体培养。液体培养时，为了避免培养基里面的药物沉淀，会采用悬浮培养，这会用到摇床，这也需要培养室进行一个设备的安装。为了避免实验室的电受到环境因素的影响而断掉，导致实验出现误差，最好有一台发电机。

（五）驯化室

针对不同植物及其不同生理期对光质、光强有不同要求，对光源类型选择、光源数量、光源布局、光强度等，需达到适合植物生长的光要求，高效率地实现实验目标。使用反光膜，光能利用率可提高15%～20%。对传统组培架节能散热改造，使用植物生长LED灯，电耗降低40%～50%。小型无土栽培设施，可用于组培炼苗，提高瓶苗移栽存活率至90%以上。充分考虑组培种苗规模化生产的流程，改变传统组培实验室的布局，并辅以仪器设备的合理配置来组建驯化室，从而有效地提高仪器设备的利用率，降低生产成本。现代组培实验室中驯化室大多设计为采用天然太阳光照作为主要能源，这样不但可以节省能源，而且组培苗接受太阳光生长良好，驯化易成活，在阴雨天可用灯光作补充。试管苗培养时要选用一定的光暗周期来进行组织培养，最常用的周期是16小时的光照，8小时的黑暗。研究表明，对短日照敏感的品种的器官组织，在短日照下易分化，而在长日照下产生愈伤组织，有时需要暗培养，尤其是一些植物的愈伤组织在暗下比在光下更好，如红花、乌桕树的愈伤组织。

（六）其他部分

如果有些条件达不到要求，空间的准备就需要更多，如温度达不到气候条件要求，一些培养植物就需要温室的存在，这样就能够供植物组织培养取材之用，同时温室的存在为植物提供了良好的生长环境。通过循环系统使室内空气循环流通，温差均衡，消除培养架积热，以及上层与下层常见的温差问题。平衡植物生长微环境，植物材料生长条件良好，也可以为组织培养的实验材料外植体提供来源，是培养幼苗的良好场所。

二、基本仪器设备

（一）灭菌设备

灭菌设备通常有超净工作台、高压蒸汽灭菌锅、烘箱等。超净工作台由鼓风机、过滤器、操作台、紫外线和照明灯以及一些支撑部件组成，分为水平式和垂直式两种模式，一般进行植物组织培养采用水平式，但是在进行植物的遗传转化操作和农杆菌、大肠杆菌接种时采用垂直式，可避免细菌在空气中传播。随着最近几年相关企业快速发展，高压蒸汽锅有了手动、半自动、全自动等多种模式，同时也分为小型、中型、大型三种，适合用什么类型的高压蒸汽灭菌锅主要看操作人员和实验材料的要求，它主要是用于培养基、蒸馏水、各种用器的灭菌和消毒，也可以对染菌的培养基进行灭菌，避免直接倒掉对环境产生污染。一般的实验室主要用中型的立式全自动灭菌锅和小型便携式灭菌锅，大型的灭菌锅主要在大型的化工厂植物组织培养上使用。在植物的组织培养中，会有许多玻璃器皿存在，同时玻璃洗净后，必须进行烘干，采用干热灭菌的方式，在150℃下，烘干1～3 h。不使用的玻璃器皿也会用烘箱在80℃下进行烘干，然后保存。

（二）接种设备

接种设备分为器皿和器械两部分，器皿又分为玻璃器皿和塑料器皿，其中玻璃器皿常常和培养基一起进行灭菌，培养基也可以先行灭菌，或者单独进行容器灭菌。通常采用高压蒸汽灭菌法，或者也可以采用烘箱中 160℃～180℃干热灭菌 3 小时。干热灭菌很方便，但是也存在缺陷。热空气循环不良和穿透慢，灭菌时间长，所以灭菌时，烘箱内的玻璃器皿不要放得太满，同时在干热灭菌时，不要灭菌时间到就取出器皿，需要等待烘箱冷却再取出玻璃器皿，这个操作既可以避免外部冷空气吸入烘箱，对器皿造成微生物污染，也可以避免烘箱中器皿受冷炸裂的危险。塑料器皿也可以采用干热灭菌的方法进行高温消毒。

器械，如刀片、解剖刀、镊子、解剖针等，用牛皮纸包装好后用高压蒸汽灭菌法进行灭菌，再放入 65℃的烘箱中进行烘干。在使用过程中通常采用 95％酒精进行消毒，再置于酒精灯外焰上进行灼烧，放置于酒精灯旁冷却再使用。在使用这些器皿时，不但每次操作开始都必须进行消毒、灼烧、冷却的操作，同时操作期间也要重复进行这样的操作，直到实验结束。现代专业组培室多用接种器械灭菌器和容器口灭菌器，用于浸泡镊子、刀、剪等，或用于架放灼烧过的刀、镊子。

（三）培养设备

培养设备是为培养物提供进行脱分化、再分化、完整植株生长的一系列过程的适宜的光照度、温度、湿度、空气等相关条件的设备。通常包含：①培养架，采用木材和铁三角架组成，培养室中通常会设有多数的培养架，在每层培养架上安装有灯光，还有平板玻璃或者铁丝网，灯光能够透射培养瓶，每层同时也存在隔热层，以免影响不同的培养架层上的培养基。隔热层常常采用铁丝网或者玻璃板，铁丝网光照透性不如玻璃板，但是它的热量扩散性能好，玻璃板则光照透性好，但是散热性不好，容易出现局部高温的现象。培养架的长度根据日光灯长度来确定，培养架最好有 4～5 层，每层 40 cm 高，宽度大概 40 cm。②空调，可以调节培养室内的温度。③加湿器和去湿器，调节培养室内的湿度，满足培养物的需求。④定时器，控制光照时间，适宜的光照时间能够满足培养物的良好生长需要。⑤摇床和旋转床，有些培养物需要进行液体或者半固体的培养基的方式进行培养，采用摇床或者旋转床能够改善里面的液体分子的分布情况，营养物质的均匀分布，以及空气的供应，通常可以采用水平复式的摇床，以及适宜的振荡速度。⑥恒温湿光培养箱，植物进行驯化时使用，带有自动调节温度、湿度和光照等部件。

（四）检测设备

在植物的组织培养中，常常会观察培养物的形态以及方便记录实验数据，确定培养物所在的组织培养阶段，普遍会采用显微镜、显微摄影以及组织切片等工具对培养物的状态进行观察和记录，常用的检测仪器有：①普通光学显微镜，常用于植物组织切片的观察，确定植物发育进程，不定芽和不定胚的分化过程以及其他器官，如根、茎、叶的分化。②体视显微镜，植物组织培养中发生的形态分化的实体观察常常会用到，在组织培养中形成新植物的过程可以采用体视显微镜进行观察，同时对早期不定芽、不定胚的识别，植物茎尖切片等可以采用，它一般放大倍数为 5～80 之间。③倒置显微镜，细胞和原生质体的观察、细胞分裂与细胞团的发育以及形成过程通常会用到。④电子显微镜，在细胞脱分化和再分化的过程中，细胞器的变化过程

以及脱毒苗中存在病毒苗的观察。⑤荧光显微镜，用于花粉的发芽和原生质体活力的测定。记录数据可以采用拍照的方式，这样可以比手工记录更精确，获得的数据也会更加全面，实验数据更科学。组织切片设备包括切片机、染色器、烘片器等。

（五）驯化设备

驯化设备如下：①光照，针对不同植物及其不同生理期对光质、光强有不同要求，可以做出个性化设计，包括光源类型选择、光源数量、光源布局、光强度等，达到适合植物生长的光要求。驯化室大多设计为采用天然太阳光照作为主要能源，这样不但可以节省能源，而且组培苗接受太阳光生长良好，驯化易成活，在阴雨天可用灯光作补充。②组培架，常常采用凝水组培架解决瓶苗凝水问题，凝水下降 80%～100%，避免材料玻璃化；空间有效使用面积扩大 40%～75%，节省电能 30%～50%；采用专用网片支撑，室内空气流动通畅，温度均衡，材料生长发育好。③反光膜，使用反光膜，光能利用率提高 15%～20%。对传统组培架节能散热改造，使用专用植物生长 LED 灯，电耗降低 40%～50%。④循环系统，使室内空气循环流通，温差均衡，消除培养架积热，以及上层与下层常见的温差问题。平衡植物生长微环境，植物材料生长条件良好。⑤无土栽培设施，实验室采用小型无土栽培设施进行组培炼苗，提高瓶苗移栽存活率至 90%以上。

（六）其他设备

1. 药品储存和配置仪器设备

冰箱，配置培养基母液的储存、植物材料和植物切片材料的保存。天平，普通天平和精准天平，普通天平称大量元素，称量微量元素采用精准天平。酸度计，在植物的组织培养中，培养基的配置步骤中，存在调节 pH 这一步，培养基的 pH 调节是很重要的，它是培养物培养的关键所在，但是在用 pH 试纸进行调节时，不够精确，常常会采用酸度计进行培养基的 pH 值调节。在使用酸度计之前，仪器需要进行校正，使用后也需要用缓冲溶液进行冲洗，然后保存。

2. 离心设备

原生质体的观察中会涉及原生质体的分离，需要离心机。溶解微量元素也需要离心机。进行分子实验的时候，则需要高速冷冻离心机。

3. 蒸馏水制备

设备分为蒸馏型和离子交换型。电炉、水浴锅、药品柜、试管架等设备也是植物组织培养的必要设备。

第六节　植物组织培养的基本技术

一、培养基的成分与配制技术

培养基的种类、成分直接影响到培养材料的生长发育，是植物组织培养成功与否的关键之一。适于各种植物组织培养的培养基数目无法统计，常用的培养基也有几十种，在组织培养中，应根据培养植物的种类和部位，选择适宜的培养基。

(一)培养基的种类和选择

(1)高盐成分培养基包括MS、LS、BL、BM、ER等培养基。其中MS培养基应用最广泛,其钾盐、铵盐及硝酸盐含量均较高,微量元素种类齐全,其养分数量及比例均比较适合,广泛用于植物的器官、花药、细胞及原生质的培养。IS、BM、ER培养基由MS培养基演变而来。

(2)硝酸钾含量较高的培养基包括Bs、N6、SH、LH、GS等培养基。

①Bs培养基除含有较高的钾盐外,还含有较低的铵态氮和较高的盐酸硫铵素,较适合南洋杉、葡萄及豆科与十字花科植物等的培养。

②N6培养基系我国朱至清等学者创造,获得国家发明二等奖,适用于单子叶植物花药培养,柑橘花药培养也适合,在楸树、针叶树等的组织培养中使用效果也较好。

③SH培养基是矿盐浓度较高的一种培养基,其中铵与磷酸是由磷酸二氢铵提供的,这种培养基适合于某些单子叶及双子叶植物的培养。

(3)中等无机盐含量的培养基。

①H培养基。此培养基大量元素约为MS培养基的一半,仅磷酸二氢钾及氯化钙稍低,微量元素种类减少,而含量较MS为高,维生素种类比MS多,适于花药培养。

②尼奇培养基。此培养基与H培养基成分基本相同,仅生物素比H培养基高10倍,也适合于花药培养。

③米勒培养基。此培养基和Blaydes培养基成分完全相同。适合于大豆愈伤组织和花药等培养用。

(4)低无机盐培养基大多情况下用于生根培养。有以下几种:①改良怀特培养基;②WS培养基;③克诺普液:在花卉培养上用得较多;④贝尔什劳特液;⑤HB培养基:此培养基在花卉脱毒培养和木本植物的茎尖培养中效果很好,其成分是大量元素比1/2克诺普液稍多,微量元素用贝尔什劳特液,每升培养基中加0.5毫升。

(二)培养基的成分

植物需要若干矿物质元素、气体元素及某些生理活性物质等来维持自己的生命。这些必需元素有四个方面的生理作用:一是作为结构物质参与机体的建造,如碳、氢、氧、氮等;二是构成特殊的生理活性物质,在代谢中起调节作用,如维生素B族;三是维持离子浓度的平衡、电荷平衡、胶体平衡等;四是影响器官的形态发生和建成,如钾、铁等。

(1)无机营养物。有13种是植物必需的元素:氮、磷、钾、钙、镁、硫、铁、硼、锰、铜、锌、钼、氯。前6种属大量元素,后7种属微量元素。培养基的各种盐类中均含有上述这些元素。碘虽不是植物生长的必需元素,但几乎所有的组织培养基中都含有碘元素,有些培养基还加入钴、镍、钛、铍,甚至铝等元素。

无机氮可以以两种形式供应,即硝酸态氮(如硝酸铵)和铵态氮(如硫酸铵)。有些培养基以硝态氮为主,有一些以铵态氮为主。MS培养基和B3培养基含有硝态氮,又含有铵态氮。

铁是一种用量较多的营养元素,往往以无机铁的形式供应,如硫酸亚铁。但是易于沉淀,致使利用率下降,故目前常用整合铁,即硫酸亚铁和乙二铵四乙酸钠结合成螯合铁,成为有机态被吸收利用。

(2)有机物质。主要有两类:一类是作为有机营养物质,为植物细胞提供碳、氢、氧和氮

等必要元素，如糖类（蔗糖、葡萄糖和果糖）、氨基酸及其酰胺类（如甘氨酸、天门冬酰胺、谷氨酰胺）；另一类是一些生理活性物质，在植物代谢中起一定作用，如硫胺素（B）、吡哆醇（B)、烟酸、生物素、肌醇、单核苷酸及其碱基（如腺嘌呤等）。

（3）植物生长调节物质。植物生长调节物质是培养基中的关键物质，用量极小，但在植物组织培养中起着重要和明显的调节作用。植物生长调节物质主要包括生长素、细胞分裂素与赤霉素。

①生长素有吲哚乙酸（IAA)、吲哚丁酸（IBA)、萘乙酸（NAA)、2，4—二氯苯氧乙酸（2，4—D）等。

②细胞分裂素有动力精（即激动素 KT)、6—苄基腺嘌呤（BA)、玉米素（ZT)，以及异戊烯腺嘌呤（2ip）等。

在植物组织培养中使用的生长调节物质还有赤霉素（GAs)、脱落酸（ABA）及乙烯利等。三十烷醇也可在植物组织培养中应用。

（4）其他附加物。这些物质不是植物细胞生长所必需的，但对细胞生长有益。如琼脂是固体培养基的必要成分，活性炭可以降低组织培养物的有害代谢物浓度，对细胞生长有利。液体培养基中加入 Ficoli 和 Agarose，可改善培养细胞的供氧状况。椰乳、酵母抽提物、荸荠汁、西瓜水、苹果汁、生梨汁等，可供给细胞生长一些必要的微量营养成分、生理活性物质和生长激素物质等。

（三）培养基的配制

1. 母液的配置

经常使用的培养基，可先将各种药品配成 10 倍或 100 倍的母液，放入冰箱内保存，用时再按比例稀释。一般配成大量元素、微量元素、铁盐、维生素、氨基酸等母液，其中维生素、氨基酸类可以分别配制，也可以混在一起。现以配制 MS 培养基为例加以说明（表 7—1)。配制母液一般用重蒸馏水或蒸馏水。

表 7—1　MS 培养基母液配置（毫克）

母液编号	种类	化合物名称　分子式	规定量	扩大倍数	称取量	母液体积（毫升）	1 L 培养基吸取量（毫升）
母液 1	大量元素	硝酸钾　KNO_3	1900	10	19000	1000	100
		硝酸铵　NH_4NO_3	1650	10	16500		
		硫酸镁　$MgSO_4 \cdot 7H_2O$	370	10	3700		
		磷酸二氢钾　KH_2PO_4	170	10	1700		
		氯化钙　$CaCl_2$	440	10	4400		
母液 2	微量元素	硫酸锰　$MnSO_4 \cdot 4H_2O$	22.3	100	2230	1000	10
		硫酸锌　$ZnSO_4 \cdot 7H_2O$	8.6	100	860		
		硼酸　H_3BO_3	6.2	100	620		
		碘化钾　KI	0.83	100	83		
		钼酸钠　$Na_2Mo_4 \cdot 2H_2O$	0.25	100	25		
		硫酸铜　$CuSO_4 \cdot 5H_2O$	0.025	100	2.5		
		氯化钴　$CoCl_4 \cdot 6H_2O$	0.025	100	2.5		

续表7－1

母液编号	种类	化合物名称　分子式	规定量	扩大倍数	称取量	母液体积（毫升）	1 L 培养基吸取量（毫升）
母液 3	铁盐	乙二胺四乙酸二钠 Na_2-EDTA	37300	—	—	1000	5
		硫酸亚铁　$FeSO_4 \cdot 7H_2O$	27800				
母液 4	维生素	甘氨酸	2.0	50	100	500	10
		维生素 B_1	0.4	50	20		
		维生素 B_6	0.5	50	25		
		烟酸	0.5	50	25		
		肌醇	100	50	5000		

母液 1 为大量元素母液，配成 10 倍液。用感量 0.01 克天平称取，分别溶解后顺次混合，Ca^{2+} 和 PO_4^{3-} 一起混合易发生沉淀。但定容至 1000 毫升后，沉淀即会消失。

母液 2 为微量元素母液，配成 100 倍液。用感量 0.01 克的天平称取，分别溶解，混合后加水定容至 1000 毫升。

母液 3 为铁盐母液，用感量 0.01 克的天平称取，分别溶解后混合加水定容至 1000 毫升。

母液 4 为维生素、氨基酸母液，可配成 100 倍液。用感量 0.001 克的天平称取，分别溶解，混合后加水定容至 500 毫升。

为了配制不同培养基时使用方便，也可将母液 4 中的几种有机成分分别配制。一般配制浓度为甘氨酸 1 或 2 毫克/毫升，维生素 B_1 0.5 或 1 毫克/毫升，维生素 B_6 0.5 或 1 毫克/毫升，烟酸 0.5 或 1 毫克/毫升，肌醇 20 毫克/毫升。

2. 植物生长调节物质的配制

植物生长调节物质配制的一般浓度为 0.1～0.5 毫克/毫升。

①IAA。先用少量 95％的酒精溶解后加水至一定浓度。

②NAA。用少量 95％的酒精或热水溶解，再定容至一定体积。

③IBA。用 50％的酒精溶解后定容，高浓度时加水过多会发生沉淀。

④2，4－D。用 1N NaOH 溶解后，加水定容。

⑤KT 和 BA。先溶于少量 1 摩尔/升盐酸中，再加水定容。

⑥ZT。先用少量 95％的酒精溶解，再加水定容。

⑦三十烷醇。取 0.1 克溶于二氯甲烷中，再加入 10 毫升吐温－80，搅拌至混溶后加蒸馏水至 100 毫升，继续高速搅拌至乳白色，即成 0.1％乳液，贮于冰箱中备用。若贮存时间过长，会发生乳析现象，应先猛烈振荡再使用。

配制好的母液应分别贴上标签，注明母液号、配制倍数、日期及配制 1 升培养基时应取的量。母液最好在 2℃～4℃的冰箱中贮存，特别是激素与有机类物质要求较严。贮存时间不宜过长，无机盐母液最好 1 个月内用完。如发现有霉菌和沉淀产生，就不能再使用。

培养基配制时将培养基的各种成分溶解到蒸馏水或无离子水中，加入生长调节物质，或者依次按需要量吸取预先配制好的各种母液，并混合在一起。先加所需体积 2/8 的水，使琼脂在其中溶化，然后将蔗糖加入其中，最后再将混合液倒入，加蒸馏水定容至所需体积。随即用氢氧化钠或盐酸将 pH 调至所需的数值，然后分装到培养瓶中。分装的方法有虹吸式分注法、滴管法及用烧杯通过漏斗直接进行分注等。分装时要掌握好分注数量，一般以占试管、三角瓶等

容器的1/4左右为宜，并要注意不要将培养基沾到管壁上，以免引起污染，分装后立即塞上瓶口并对试验的各个处理进行标记或编号。

分装后的培养基，在121℃下高压（约每平方厘米1.1千克）消毒15～20分钟，并尽快地转移培养瓶使其冷却。将培养基贮藏于10℃下，若需成为斜面的培养基，灭菌后应将培养管斜放。

应当注意的是，某些生长调节物质如吲哚乙酸（IAA）、玉米素（ZT）、脱落酸（ABA）等以及某些维生素遇热是不稳定的，不能和其他营养培养基一起高压消毒，而要进行过滤消毒。过滤消毒的溶液就在琼脂培养基温度下降到大约40℃时加入已高压灭菌的培养基中。液体培养基的配制方法，除不加琼脂外，与固体培养基相同。

3. 调整pH

培养基的pH因培养材料的来源而异。大多数植物要求pH 5.6～5.8的条件下进行组织培养。但植物不同，其最适pH也不一样。

二、灭菌技术

（一）环境的清洁消毒

首先，进入组培室的所有人员应换上干净卫生的拖鞋，拖鞋放在组培室缓冲间的鞋架上，鞋架及所用拖鞋每星期要用消毒液消毒及清洗至少一次。其次，组培室各房间，包括门、窗、墙壁、走道等每个角落，必须随时保持干净，每天下班前要认真打扫卫生，每隔两天还要用洗衣粉拖地消毒一次。

组培室除了要随时保持干净，还必须定期消毒，清洗室、实验室、药品存放室、称量室、检测室及过道，每天用臭氧灭菌机杀菌1～2小时。接种室及培养室用紫外线杀菌，接种室在每次开机使用前应打开紫外线灯进行消毒。整个组培室每星期用40%甲醛（福尔马林）加少量高锰酸钾密闭熏蒸一次，熏蒸消毒后要间隔1天以上再进入室内操作，否则对人体会有一定的危害。接种室桌面、乳胶手套、墙面等可用75%酒精反复涂擦做表面灭菌，也可用1%的苯酚进行表面灭菌。接种和培养室在阴雨季节要定期抽湿，以降低空气湿度，防止空气中微生物大量繁殖，引发环境污染造成组培苗污染。

（二）用具灭菌

玻璃器及耐热用具等可用干热灭菌。先将需灭菌的物品洗净并干燥，妥善包扎，置入烘箱内，烘箱内的物品不宜过多，以免影响热对流与穿透。将烘箱加热到160℃～180℃，通常采用170℃，持续90分钟进行灭菌。切断电源后待烘箱充分冷却，方可打开烘箱。如果认为此法耗能耗时，也可用高压灭菌取代，高压锅内温度控制在121℃～126℃，压力在0.11 MPa灭菌20～30分钟。

用于无菌操作的器械可采用灼烧灭菌，也可采用高压灭菌。灼烧灭菌即在准备做无菌操作时，把解剖刀、镊子、剪刀等浸入75%酒精中，用之前取出，在酒精灯上灼烧，然后放在灭过菌的支架上，晾凉后即用。高压灭菌即在使用前，将操作器械用牛皮纸包好放在高压锅内，温度控制在121℃～126℃，压力0.11 MPa灭菌20～30分钟。

试验室用的布（线）、手套、帽子、袖套、工作服、口罩等布制品，洗净晾干，用牛皮纸包好，再装入牛皮纸口袋中，经高压灭菌20～30分钟后取出，放置无菌室备用。

（三）外植体的表面灭菌

采用的外植体适当切割到一定大小，置于自来水中冲洗几分钟，接着用洗衣粉水（100 mL 水加 1～2 匙洗衣粉）浸洗约 5 分钟，再用自来水冲净洗衣粉水，最后在超净台或接种箱内进行表面灭菌。操作如下：将一干净烧杯或广口瓶，外表面用 75%酒精棉球擦拭做表面灭菌，或经干热、湿热灭菌，加一根经同样处理的玻璃棒，置于已开机 15 分钟以上的超净台上或已灭好菌的接种箱内，同时备好消毒溶液、无菌水、待用培养基等，操作人员换上洁净的工作服，戴好帽子、口罩，用肥皂水洗手至肘部，用洁净毛巾擦，必要时戴乳胶手套，用 75%酒精棉球擦手后坐至超净台前，台上或墙上要有时钟，材料置入上述消毒过的烧杯或广口瓶内，看好时间倒入消毒液，加吐温－80 或吐温－20 数滴，用玻璃棒不时搅动，使材料与消毒液接触充分，驱除气泡，达到消毒彻底的目的。快到预浸时间前 1 分钟，把消毒液倒入另一准备好的大烧杯中，材料勿倒出。立即倒入无菌水轻摇荡洗，无菌水荡洗每次约 3 分钟，每次用的消毒溶液和材料种类不同，荡洗的次数亦不同，一般在 5～8 次之间，荡洗结束，这些材料就可用于接种。

外植体表面灭菌的灭菌剂有多种（表 7－2），可任选一种。最常用的是次氯酸钠，浓度为 0.3%～6%，一般灭菌 15～30 秒。在兰花组织培养中，用单一消毒剂难以达到满意效果，常需要使用两种或两种以上灭菌剂处理外植体。多数人提倡在倒入正式灭菌液之前，用 75%酒精做短暂灭菌，时间 10～30 秒。在材料多时不易掌握，因 75%酒精也会杀伤植物细胞，处理时应预先备好无菌水，酒精处理后立即倒入无菌水。

表 7—2　常用表面灭菌剂使用浓度及效果比较

灭菌剂	使用浓度（%）	持续时间（分钟）	去除难易	效果
次氯酸钙	9～10	5～30	易	很好
次氯酸钠	2	5～30	易	很好
过氧化氢（双氧水）	10～12	5～15	最易	好
溴水	1～2	2～10	易	很好
硝酸银	1	5～30	较难	好
氯化汞（升汞）	0.1～1	2～15	较难	最好

此外，在灭菌溶液中加入表面活性剂吐温－80 或吐温－20 可以提高灭菌效果，其主要作用是使药剂更易于展布和浸润到材料表面，但它对植物材料的伤害性也较大，应掌握好吐温的用量和处理时间，通常每 100 mL 灭菌液加 1～15 滴。注意让灭菌液充分浸没材料，否则污染会增加。

（四）培养基的灭菌

（1）高压灭菌锅中放足量的水。

（2）打开电源开关，增压前排尽高压锅内的空气。

（3）待压力升至 0.1～0.2 MPa，温度 121℃时，维持 20 分钟左右。

（4）灭菌时间到后，关闭电源，待高压锅压力表指针恢复到 0 后，开启高压锅。

（5）将培养基和用具拿出冷却。

(6) 高压锅在工作过程中应有人看守。

三、培养条件及其调控技术

接种后的外植体应放在培养室培养。培养室的条件要根据植物对环境条件的不同需求进行调控。其中最主要的条件是光照、温度、湿度、氧气和培养基的 pH 值。

(一) 光照

植物组织培养是在含糖的培养基上，因此光照的主要作用是在形态建成的诱导方面。光对组织培养的影响主要表现在光照时间、光照强度和光质这 3 个方面。

(1) 光照时间。大多数植物选择用一定的光暗周期来进行组织培养。每天 14～16 小时光照，8～10 小时黑暗，即可以满足大多数植物的生长发育。研究表明，对短日照敏感的品种的器官组织，在短日照下易分化，而在长日照下产生愈伤组织；有时需要暗培养，尤其是一些植物的愈伤组织在暗培养下比在光下更好。如红花、乌饭树的愈伤组织。

(2) 光照强度。光照强度对培养细胞的增殖和器官的分化有重要影响，尤其对外植体细胞的最初分裂有明显的影响。一般情况下，光照强度较强，幼苗生长得粗壮；而光照强度较弱，幼苗容易徒长。对绝大多数植物来说，1000～5000lx 的光照强度即能满足一般组织培养的需要。

(3) 光质。光质通常指不同波长的光波。光质对愈伤组织诱导、培养组织的增殖以及器官的分化都有明显的影响。一般来说，红光可引起细胞干物质的重量增加和利于根的形成，蓝光可引起细胞中的质体转化为叶绿体，对促进腋芽、不定芽发生的数量有明显的作用。如百合珠芽在红光下培养 8 周后，分化出愈伤组织。但在蓝光下培养，几周后才出现愈伤组织。而唐菖蒲子球块接种 15 天后，在蓝光下培养首先出现芽，形成的幼苗生长旺盛，而在白光下幼苗纤细。倪德祥等对香石竹的研究表明，白光条件下生长量最高，红、黄、绿、蓝光对生长有抑制作用，单色光对叶绿素合成有抑制作用，叶绿素的合成需要在复合光条件下完成。

(二) 温度

在植物组织培养中，不同植物繁殖的最适温度不同，一般在 23℃～28℃之间。通常低于 15℃时，培养的外植体组织生长缓慢或出现停滞，但高于 35℃对生长也不利。植物组培过程所需温度与其原产地有关。一般来说，原产于热带或亚热带的植物，培养时需要较高的温度，即 28℃±2℃；生长在高海拔和较低温度环境的植物，则培养的环境温度可适当低些，因为在较高温度条件下组培苗生长缓慢。

(三) 湿度

植物组织培养中的湿度影响主要有两个方面：一是培养容器内的湿度条件，二是培养室的湿度条件。培养容器内的湿度主要受培养基的影响，相对湿度可达 100%，而培养室的湿度变化随季节而有很大变动，它可以影响培养基的水分蒸发，一般要求 70%～80%的相对湿度。培养室的湿度过高过低都不利于培养物的生长，过低会造成培养基失水，从而改变各种成分的浓度，使渗透压升高，影响培养物的生长和分化；过高又会造成杂菌滋生，导致大量污染。

（四）通气状况

培养容器中的气体成分会影响到培养物的生长和分化。氧是植物组织培养所必需的，在接种时应避免把整个外植体全部埋入培养基中，以免造成缺氧。在静止的液体培养基中宜架上滤纸桥，由滤纸的浸润提供水分和营养。另外，培养基经高压灭菌，瓶中可能有乙烯产生，而且在培养过程中，培养物本身也会释放乙烯和高浓度的二氧化碳。高浓度的乙烯对正常的形态建成是不利的，会阻碍培养物的生长，甚至会对培养物产生毒害。

（五）培养基的 pH 值

外植体的培养增殖都要求一定的 pH 值。一般培养基的 pH 值在 5.6～6.0 之间。如果 pH 值不适，则直接影响外植体对营养物质的吸收，进而影响外植体的脱分化、增殖和器官形成。不过 pH 值对不同植物的影响会有差异，有的宜偏酸，有的宜偏碱，在实际工作中，依不同植物而进行调整。

四、继代培养技术

继代培养是继初代培养之后的连续数代的扩繁殖培养过程。这一阶段是快繁技术最重要的环节，无菌培养物通过反复继代培养而不断增殖。

（一）试管苗的增殖培养

初次培养所获得的芽、茎段、胚状体、原球茎能在短期内加倍增殖，这部分能增殖的培养材料成为中间繁殖体。这个增殖过程称为继代培养。增殖培养基对于一种植物来说，每次几乎相同。此阶段，培养基中的细胞分裂素与生长素含量的比值增大，有利于茎芽的产生。

继代培养中扩繁的方法包括：切割茎段、分离芽丛、分离胚状体、分离原球茎等。

（1）切割茎段常用于有伸长的茎梢、茎节较明显的培养物。这种方法简便易行，能保持母种特性。培养基常用 MS 基本培养基。

（2）分离芽丛适于由愈伤组织生出的芽丛。培养基常用分化培养基。若芽丛的芽较小，可先切成芽丛小块放入 MS 培养基中，待到稍大时再分离开来继续培养。

（3）分离原球茎。将原球茎切割成小块，也可以给予针刺等损伤或在液体培养基中振荡培养，来加快其增殖进程。

（4）胚状体增殖。增殖使用的培养基对于一种植物来说每次几乎完全相同，由于培养物在接近最良好的环境条件、营养供应和激素调控下，排除了其他生物的竞争，因此能够按几何级数增殖。一般情况下，在 4～6 周内增殖 3～4 倍是很容易做到的。如果在继代转接的过程中能够有效地防止菌类污染，又能及时转接继代，一年内就能获得几十万甚至几百万株小苗。这个阶段就是快速繁殖的阶段。

（二）影响继代培养的因素

1. 植物材料

不同种类的植物，同种植物的不同品种，同一植物的不同器官或不同部位，继代组织能力也各不相同。一般是草本＞木本，被子植物＞裸子植物，年幼材料＞年老材料，刚分离组织＞已继代的组织，胚＞营养组织，芽＞胚状体＞愈伤组织。在以腋芽或不定芽增殖继代的植物

中，在培养许多代之后仍然保持着旺盛的增殖能力，一般较少出现再生能力丧失。

2. 培养基

在规模化生产中，培养的植物品种一般比较多，而且来源也比较复杂，品种间的差异表现非常明显。在培养基的配制和使用上，一定要多样化，否则会造成一些品种因为生长调节剂过高或过低而严重影响繁殖和生长。另外，在同一品种上，适当调整培养基中生长调节剂的浓度也是非常重要的，其目的主要是保证种苗的质量，同时又可以维持一定的繁殖基数。一些植物经长期继代培养，在开始继代培养中需要加入生长调节剂，经过几次继代后，加入少量或不加生长调节剂也可以生长。如在胡萝卜薄壁组织初代培养中加入 10～6 mol/L IAA 才能达到最大生长量，但在继代培养 10 代以后，不加 IAA 的培养基上也可达到同样的生长量。在兰科植物原球茎继代培养中情况也相同。

3. 培养条件

培养温度应大致与该植物原产地生长所需的最适温度相似。喜欢冷凉的植物，以 20℃左右较好，热带作物需在 30℃左右的条件下才能获得较好的生长。如香石竹在 18℃～25℃随温度降低生长速度减慢，但苗的质量显著提高，玻璃化现象减少；高于 25℃时，引起苗徒长细弱，玻璃化或半玻璃化苗明显增加。另外，在桉树继代培养中发现，如果总在 23℃～25℃条件下培养，芽就会逐渐死亡，但如果每次继代培养时，先在 15℃下培养 3 天，再转至 25℃下培养，就会生长良好。

4. 继代周期

对一些生长速度快或者繁殖系数高的种类，如满天星、非洲紫罗兰等，继代时间比较短，一般不超过 15 天。对生长速度比较慢的种类，如非洲菊、红掌等，继代时间就要长一些，30～40 天继代 1 次。继代时间也不是一成不变的，要根据培养目的、环境条件及所使用的培养基配方进行考虑。在前期扩繁阶段，为了加快繁殖速度，当苗刚分化时就切割继代，而无须待苗长到很大时才进行继代。后期在保持一定繁殖基数的前提下，进行定量生产时，为了有更多的大苗可以用来生根，可以间隔较长的时间继代，达到既可以维持一定的繁殖量，又可以提高组培苗质量的目的。

5. 继代次数

继代次数对繁殖率的影响因培养材料而异。有些植物如葡萄、黑穗醋栗、月季和倒挂金钟等，长期继代可保持原来的再生能力和增殖率。有些植物则随继代次数而增加变异频率，如继代 5 次的香蕉不定芽变异频率为 2.14%，继代 10 次后为 4.2%，因此香蕉组培苗继代培养不能超过 1 年。还有一些植物长期继代培养，会逐渐衰退，丧失形态发生能力。具体表现为生长不良，再生能力和增殖率下降等。在快速繁殖中，初代培养只是一个必经的过程，而继代培养则是经常性不停地进行的过程。但在达到相当数量之后，则应考虑使其中一部分转入生根阶段。

五、试管苗驯化移栽技术

（一）炼苗

将培养材料连同培养容器从培养室取出，不开口置于自然光下进行光照适应性锻炼，大多为 10～20 天。

再将培养瓶瓶口轻轻打开 1/3～1/2，使培养材料开口适应外界大气环境 2～3 天，注意保湿且光照强度不能过大，不同植物材料根据其喜光性给予适当的光照。

（二）移栽

移栽基质的配制：用珍珠岩、蛭石、草炭土或腐殖土比例为1∶1∶0.5，也可用沙子、草炭土或腐殖土为1∶1。这些介质在使用前应高压灭菌或用0.3%～0.5%高锰酸钾溶液灭菌。从瓶中小心取出试管苗，在20℃左右的温水中浸泡约10分钟，换水2次。

将黏附于试管苗根部的培养基用清水洗净，动作要轻，避免造成伤根。清洗一定要干净，否则残留的培养基会导致霉菌污染。如果根过长，可以用锋利的剪刀剪掉一段，蘸生长素（50 mg/L IBA或NAA）后移入苗盘。

迅速移栽在育苗盘中，栽植的时候用镊子在基质中插一小孔，然后将小苗插入，注意幼苗较嫩，防止弄伤，栽后把苗周围基质压实，栽前基质要浇透水。栽后轻浇薄水，再将苗移入干净、排水良好的温室或塑料保温棚中，保证空气湿度达90%以上，大约需要20天。

第七节　植物器官培养

一、外植体

（一）外植体的选择

外植体是指植物组织培养中的各种接种材料。从理论上讲，植物细胞都具有全能性，能够再生新植株，任何器官、任何组织、单个细胞和原生质体都可以作为外植体。但实际上，不同品种、不同器官之间的分化能力有巨大差异，培养的难易程度不同。为保证植物组织培养获得成功，选择合适的外植体是非常重要的。外植体在选择的时候要参考以下几个原则：

（1）适当时期再生能力强。根据细胞全能性，植物的任何体细胞都有可能再生出完整的植物。然而，分化体细胞的再生过程必须经历去分化和再分化。因为不同体细胞的分化程度不同，去分化程度将根据分化程度而变化。如形成层和薄壁细胞比厚壁细胞更容易去分化。一般来说，分化越多的细胞越难去分化。因此，在选择外植体时，应选择未分化或分化程度较低的组织作为外植体。在选材的季节上，尽量选在生长旺盛时期。

（2）遗传稳定性好。无论是繁殖，还是遗传转化，植物组织培养的基本要求是保持原物种的优良性状。因此，在选择外植体时，应选取变异较少的材料作为外植体。同时，在进行组织培养的过程中，也应减少组织的变异现象。

（3）外植体来源丰富。为了建立一个高效而稳定的植物组织离体培养体系，往往都需要反复进行实验，并要求实验结果具有可重复性。因此，在选择外植体时就要求外植体丰富并容易得到。

（4）外植体灭菌容易。在选择外植体时，应尽量选择带污染程度轻的组织，减少培养中的杂菌污染。

（5）适当的大小。以植物种类、器官和目的来确定培养材料的大小。材料太大，不彻底消毒，污染率高；材料太小，多形成愈伤组织，甚至难于成活。

植物组织培养中常用的外植体有：①茎尖。茎尖是植物组织培养中最常用的材料之一。因为茎尖不仅生长速度快，繁殖率高，不容易产生遗传变异，而且茎尖培养是获得无病毒苗的有效途径。②节间部。大部分果树和花卉等植物，新梢的节间部是组织培养的较好材料。新梢的节间部不仅灭菌容易，而且脱分化和再分化能力较强，因此是常用的组织培养材料。③叶和叶柄。叶片和叶柄取材容易，新出的叶片杂菌较少，实验操作方便，是植物组织培养中常用的材料。尤其是近年在植物的遗传转化中，以叶片为试材的报道很多。④鳞片。水仙、百合、葱、蒜、风信子等鳞茎类常以鳞片为材料。⑤其他。种子、根、块茎、块根、花球、花粉等也可以作为植物组织培养的材料。

不同种类的植物以及同种植物不同的器官对诱导条件的反应是不一致的。选取材料时要对所培养植物各部位的诱导及分化能力进行比较，从中筛选出合适的、最易表达全能性的部位作为外植体。

（二）外植体消毒

植物组织培养用的外植体大部分取自田间，表面上附着大量的污染物，因此在材料接种培养前必须消毒处理。消毒一方面要求把材料表面上的各种微生物杀灭，另一方面又不能损伤或只轻微损伤组织材料而不影响其生长。因此，外植体的消毒处理是植物组织培养工作中的重要一环。

有几种消毒剂可以用来消毒植物组织，其中次氯酸钠溶液在大多数情况下非常有效。次氯酸钠是一种较好的灭菌剂，它可以释放出活性氧离子，从而杀死细菌。次氯酸钠在作为灭菌剂时，常用浓度是有效离子为1%，浸泡时间为5～30 min。灭菌时间可根据预备试验来确定。次氯酸钠的灭菌力很强，不易残留，对环境无害。但对植物材料也有一定的破坏作用。因此，次氯酸钠的处理时间不宜过长。漂白粉的有效成分是次氯酸钙，使用浓度一般为5%～10%，灭菌效果很好，对环境无害，是一种常用的灭菌剂。氯化汞又称升汞，灭菌原理是Hg^{2+}可以与带负电荷的蛋白质结合，使蛋白质变性，从而杀死菌体，常用浓度为0.1%～0.2%，浸泡时间为2～15 min。氯化汞的灭菌效果极佳，它的缺点是易在植物材料上残留，灭菌后应多次冲洗。氯化汞对环境危害大，对人畜的毒性极强，应尽量避免使用，使用后做好回收工作。必须注意的是，表面消毒剂对植物组织也是有毒的。因此，消毒剂的浓度和时间应该正确选择（表7—3）。

表7—3　表面消毒剂的消毒效果

消毒剂	使用浓度	消毒时间（min）	消毒效果
次氯酸钙	5%～10%	5～30	很好
次氯酸钠	2%	5～30	很好
过氧化氢	10%～12%	5～15	好
溴水	1%～2%	2～10	很好
硝酸银	1%	5～30	好
氯化汞	0.1%～1%	2～10	满意
抗生素	4～50 mg/L	30～60	特别好

植物组织灭菌的一般过程如下：①材料处理，取回材料后用流水冲洗20 min，除去杂质。②灭菌剂配制。开启超净工作台，用70%酒精彻底消毒。将次氯酸钠或氧化汞等灭菌剂从冰箱内取出，在超净工作台内配制成所需浓度。烧杯等器具和无菌水均预先经过高压灭菌。③外

植体灭菌。把经过处理的外植体放入70%酒精中，进行表面消毒。取出后立即放入次氯酸钠(或其他灭菌剂）中灭菌。根据不同灭菌时间进行灭菌，之后放入无菌水中冲洗3～5次。然后，将外植体放到无菌培养皿中待接种时使用。

不同材料消毒的方法不同。①茎尖、茎段及叶片等。消毒前先对植物组织进行修整，去掉不需要的部分，然后用自来水充分冲洗。对于一些表面不光滑或长有绒毛的材料，可用洗涤剂清洗，必要时用毛刷充分刷洗，硬质材料可用刀刮。消毒时先用70%乙醇浸泡10～30s，以无菌水冲洗2～4次，然后按材料的老、嫩和枝条的坚实程度，分别采用2%的次氯酸钠浸泡10～20 min。②果实及种子。先用自来水冲洗10～30 min，再用70%乙醇迅速漂洗一下。果实用2%次氯酸钠浸大约10 min，然后用无菌水冲洗几次。种子则先用10%次氯酸钠浸泡20～30 min。对于种皮太硬的种子，也可预先去掉种皮，再用4%次氯酸钠浸泡大约10 min。③根及地下部器官。由于这类材料生长于土壤中，表面带菌量大，消毒较为困难。可先用自来水冲洗、软毛刷刷洗，用刀切去损伤及污染严重部位，再用70%乙醇漂洗几次后，置于2%次氯酸钠中浸20min左右，最后用无菌水冲洗几次。在具体操作时，要根据材料的大小、老嫩、质地等差异进行改变，再选择适宜的消毒剂种类、浓度和消毒时间，切不可照搬。消毒的最佳效果应以最大限度地杀死材料上的微生物，而又对材料的损伤最小为好。

（三）形态发生

形态发生前先要形成愈伤组织。愈伤组织在脱分化过程中形成，脱分化也称为去分化，是指在体外培养条件下生长的细胞、组织或器官通过细胞分裂或不分裂逐渐失去其原始结构和功能，并恢复分生组织状态，形成没有组织结构的细胞簇或愈伤组织或具有未分化细胞特征的细胞的过程。大多数离体培养物的细胞脱分化需经过细胞分裂形成细胞团或愈伤组织。其实，细胞脱分化并非离体培养所特有，在自然情况下，植物任何正在生长的部位如果受到虫伤、病伤、机械伤等，局部的细胞因受到创伤刺激，则内源生长素进行调控而启动脱分化，恢复分生能力，形成愈伤组织，对受伤组织起保护作用。愈伤组织的细胞结构没有明显极性，形成过程可分为诱导期、分裂期和分化期。诱导期是愈伤组织形成的起点，是指细胞准备进行分裂的时期。当外植体已分化的活细胞在外源激素和其他刺激因素的作用下，细胞的大小虽变化不大，但其内部却发生了生理生化变化。分裂期时，外植体的外层细胞出现了分裂，中间细胞常不分裂，因此形成一个小芯。由于外层细胞迅速分裂使得这些细胞的体积缩小并逐渐恢复到分生组织状态，细胞进行脱分化。处于分裂期的愈伤组织的共同特征是：细胞分裂快，结构疏松，缺少有组织的结构，颜色浅而透明。分化期，停止分裂的细胞发生生理代谢变化而形成由不同形态和功能的细胞组成的愈伤组织，在细胞分裂末期，细胞内开始发生一系列形态和生理变化，导致细胞在形态和生理功能上的分化，出现形态和功能各异的细胞。其中分裂期和分化期，往往可以在同一组织块上出现。

愈伤组织分生细胞团可进行再分化，即进行形态建成，可再产生完整的植株。形态发生方式有体细胞胚状方式和不定芽方式发生两种。胚状体指愈伤组织培养物诱导分化的胚芽、胚根、胚轴的胚状结构。不定芽方式指愈伤组织培养物，通过形成不定芽再生成植株器官发生方式。其又可分为三种方式：①先形成芽，后在芽基部长根而形成小植株；②先形成根，再从根基部形成芽而形成小植株，这种较难诱导芽的形成，特别是对单子叶植物；③在愈伤组织不同部位分别形成芽和根，然后根、芽的维管束接通形成完整植株；④仅形成芽或根，如茶树的花粉愈伤组织诱导器官分化时，往往只形成根，而芽的发生则十分困难。愈伤组织也可以通过体

细胞胚胎发生的方式再生植株。

（四）诱导生根与再生植株移栽

经过外植体选择，愈伤组织形成，产生不定芽或者丛生芽，但是没有诱导出根，诱导生根要将组织重新移到生根培养基中进行生根培养。生根所需要的激素最常用的是 NAA 和 IBA。浓度一般在 0.1～10 mg/L。如果一些植物组织在生根培养基中不能生根，那么可以尝试把它下端放在高浓度生长素溶液中浸泡一些时间，之后再放入生根培养基中。

离体培养中的诱导生根时期是移栽前期，因此在这个时期要做好移栽前准备。在生根培养基中适当减少蔗糖浓度和增强光照强度，以便使植株通过光合作用制作有机物提供自身营养。较强的光照也可以促进根的生长，使植株更加坚韧，容易存活。

通过培养产生的再生植株要进行移栽驯化。移栽是离体快繁全过程中的最后一个环节，看似简单，实则充满风险，若盲目为之，轻则大量死苗，重则前功尽弃。因此我们首先需要对试管苗的特点有所了解。试管苗生长在恒温、高湿、弱光、无菌和有完全营养供应的特殊环境，并且生长细弱，茎、叶表面角质层不发达。叶虽呈绿色，但叶绿体的光合作用较差。气孔数目少，活性差。吸收功能弱，虽有叶绿素，但异养生活，这样的试管苗若未经充分锻炼，一旦被移出试管投入一个变温、低湿、强光、有菌和缺少完全营养供应的条件下，必定因环境巨变很快失水萎蔫，最后死亡。因此，为了确保移栽成功，在移栽之前必须先要培育壮苗和开瓶炼苗。

移栽时，首先应洗去小植株根部附着的培养基，避免微生物的繁殖污染，造成小苗死亡。然后将小植株栽入人工配制的混合培养保湿又透气的基质中，如蛭石、珍珠岩、粗沙、泥炭等按比例混合，以利小植株生长。在移栽前要对基质进行消毒，防止被杂菌污染。移栽的试管小植株，其湿度的控制十分重要。因试管苗在很高的湿度（90%～100%）环境中生长。所以，应采用加覆塑料薄膜、经常喷雾的方法，提高小植株周围的空气湿度，减少叶面蒸腾并且要避免太阳直射。在塑料膜上打些小孔，以利于气体交换。在移栽时要防止菌类滋生，可以适当喷一些杀菌剂来保护植株正常生长。移栽后要注意控制温度、湿度、光照和洁净度等环境条件，满足试管苗生长的最适要求，促使小苗尽早定植成活。

二、植物营养器官培养

植物营养器官培养在植物快速繁殖中占有重要的地位。大多数植物可以通过茎芽、茎段来诱导产生不定芽，从而获得再生植株。

（一）植物根段培养

植物根段培养是植物根段作为外植体进行离体培养。离体根培养多见于草本植物。

根据无菌处理后的根切段可以通过两种方式进行培养。

（1）直接增殖。将无菌根切段接种在适合根生长的培养基中，此培养基无机离子含量较低。并且要在 25℃～27℃黑暗条件下培养，使根段增殖，形成主根和侧根。根切段在培养基中的培养方式有三种：①固体培养。将根段平放在固体培养基上。②液体培养。将根段放入液体培养基中，置摇床上连续振荡，保证根段获得充足的氧气。③固－液双层培养。将根段的形态学下方（根尖方）朝上，浸没在液体培养基中，根段形态学上方插入固体培养基。

（2）间接增殖。①愈伤组织诱导，将无菌根切段接种在适宜愈伤组织诱导的培养基中，诱导愈伤组织形成。②植株再生，由愈伤组织诱导芽或根或根、芽同时产生，再进一步诱导无根芽形成根或无芽根形成芽，成为完整植株。

不同植物离体根的继代繁殖能力是不同的，如番茄、烟草、马铃薯、黑麦（*Secale cereale*）、小麦等的离体根，可进行继代培养，并能无限生长；萝卜、向日葵（*Helianthus annus*）、豌豆、荞麦（*Fagopyrum esculentum*）等能较长时间培养，但不能无限，因为久了就会失去生长能力；一些木本植物的根则很难进行离体生长。

根的形成过程是以不定根方式进行的。不定根的形成可分为两个阶段，即根原基的形成和根原基的伸长及生长。根原基的启动和形成大约 48 h，其中进行三次细胞分裂，两次细胞横分裂及一次细胞纵分裂，然后是细胞快速伸长阶段，生长素可以促进细胞横分裂。因此，根原基的形成与生长素有关，根原基的伸长和生长则可在无外源激素下实现。根段在培养过程中受到很多因素的影响，如培养基、生长调节剂、培养方式、光照时间和温度、生长环境。

（二）植物茎段培养

植物茎段培养是指植物的带有一个以上定芽（normal bud）或不定芽的外植体（包括块茎、球茎、鳞茎在内的幼茎切段）进行离体培养的技术。茎段培养首先是进行植物快速繁殖，其次是研究茎细胞的分裂潜力和全能性，以及诱导细胞变异和突变体的获得等。由于茎段培养是以芽生芽的方法进行增殖，因此具有容易成功、变异小、性状均一、繁殖速度快等优点，成为植物组织培养中应用最普遍的方法，广泛应用于蕨类、木本植物、草本植物等。

将带芽茎段经灭菌处理后，经过适当培养可以得到：单苗（芽）、丛生苗（芽）（单生芽和丛生芽的增殖方式适宜植物的离体快速繁殖）、完整植物和愈伤组织。不同植物及茎段细胞对培养环境的反应是不一样的。茎段能否进行芽增殖受到多种因素的影响，但主要影响因素是生长素和细胞分裂素的比值。生长素水平增高，外植体有形成愈伤组织的倾向；分裂素水平增高，增进芽发育，易形成丛生芽。但植物体内自身的激素含量具有一定差异，因此，不同植物茎段培养进行芽增殖或诱导愈伤组织时，添加的激素浓度和种类也不相同。

（三）植物叶培养

植物叶培养是指以植物叶器官为外植体进行离体培养。叶器官包括叶原基、叶柄、叶鞘、叶片、叶肉、子叶。离体叶培养的特殊用途是研究叶形态发生过程以及进行光合作用、叶绿素形成、遗传转化等。叶器官离体培养在很多植物中都取得了成功。

将叶器官灭菌和切割后，在适宜条件下进行培养，可以得到不定芽或胚状体、愈伤组织、成熟叶（由叶原基发育成）。叶器官的许多部位都可以以不定芽或愈伤组织方式进行再生植株。许多植物可以从叶柄或叶脉切口处形成愈伤组织，进一步分化形成植株。影响叶离体培养的主要因素是激素种类和浓度。因此，在培养的时候要尽可能选择最佳种类和浓度。

三、植物繁殖器官培养

植物繁殖器官的离体培养研究不仅可以用于植物的离体快速繁殖，而且可以改变植株的染色体倍性、诱导三倍体植株等，因此植物繁殖器官的离体培养在植物育种繁殖等方面起着重要作用。

（一）植物花器官培养

植物花器官培养是指植物的整朵花或花的组成部分（包括花托、花柄、花瓣、花丝、子

房、花药、胚珠等）进行离体培养的技术。植物花器官培养的特殊用途是进行花性别决定、果实和种子发育、花形态发生等方面的研究。如枸杞花药离体培养单倍体植株。将未开放的花蕾或花柄、花瓣、花托等组织经过灭菌处理和适当切割后，在适宜环境下进行培养，便可以得到成熟的果实、不定芽或愈伤组织。如近几年的一些研究利用甘蓝未受精的子房进行离体培养，诱导愈伤组织形成生长成小植株。多肉植物白银寿的花蕾进行离体培养。蝴蝶兰的花梗腋芽可直接萌发形成丛生芽。

（二）植物幼果培养

植物幼果培养是指植物不同发育时期的幼小果实进行离体培养。幼果培养的特殊用途是进行果实发育、种子形成和发育等方面的研究。

不同发育时期的幼果在适宜培养条件下可能形成成熟果实或愈伤组织。如草莓、葡萄等幼果都可在适宜条件下培养成熟。培养成熟的果实中，种子基本具有生活力，但形成种子的百分率比自然状态下低。

第八节　植物脱毒苗的培养技术

一、植物脱病毒的意义

植物病毒因其具有寄生性和致病性，会使植物（特别是无性繁殖植物）的正常生长遭到破坏，降低质量，减少产量，甚至导致植物死亡。如马铃薯的退化病、非洲可可树的肿枝病、油菜花叶病、小麦黄花叶病。除此之外，水稻、柑橘、大麦、草莓、苹果、葡萄和各种花卉等多种植物也受到病毒的危害。而且病毒一旦感染就具有以下几个特点：

（1）一旦染毒，终身带毒。

（2）难以用药剂控制。

（3）通过嫁接或虫媒传播，随着无性繁殖系数增大而传播加快。

（4）严重危害作物产量与产品质量。尤其是一些潜隐性病毒危害更大。如苹果锈果病、花叶病、香蕉束顶病、草莓斑驳病、马铃薯卷叶病、枣疯病等。

如何克服病毒对植物侵染造成的产量降低和品质下降，是我们一直在探索的问题。病毒造成的病害和细菌、真菌造成的病害不同，细菌、真菌可以通过化学杀菌素和杀菌剂进行防治，但由于病毒的增殖是在寄主的体内进行，与寄主的正常生理代谢密切相关，所以无法以同样的方式进行防治。现虽有人从事病毒抑制剂的研究，但都未取得特别好的效果。

1936 年，Kunkel 根据病毒在一定温度条件下受热不稳定，并逐渐失去活性这一特点，首次利用热处理的方法获得桃黄萎病无病毒植株。随着细胞生物学和植物组织培养技术的发展，使人们从组织和细胞水平去除病毒成为可能。1952 年，Morel 首先证明了已经感染病毒的植株可以通过茎尖组织培养的方式发育成无病毒的植株。从此之后，植物组织脱毒技术就被广泛应用于蔬菜、树木、花卉生产上，成为防治植物病毒的最有效途径。这在植物病理学上具有十分重要的意义。它改变了以前消极的处理方式——砍伐、拔除，使植物脱毒后能够继续利用，具有很大的经济价值和实用价值。同时该过程减少了化学药物防治，减少了化学药剂对环境的危害和污染，这对于保护自然环境具有重大意义。

根据植物和病毒的特性，植物脱毒苗主要通过以下途径获得：

（1）群体中未受病毒侵染的植株无性繁殖获得。

（2）种子繁殖获得，但后代往往会发生变异。

（3）组培脱毒培育无病毒苗，能相对保持物种遗传稳定性。

脱毒的方法有：茎尖培养法、热处理法和其他脱毒方法。

二、茎尖脱病毒培养

（一）茎尖脱毒培养的原理

当前所栽培植物的无性系都包含一种甚至几种病毒侵害，为了获得栽培植物更高的产量和更优的品质，人们就希望通过某种方式获得无病毒的植物材料。茎尖就是一个不错的选择。茎尖是植物顶端的原生分生组织，具有分裂旺盛的特点，有强大的生命力。

染病植株体内分布的病毒不均匀，越靠近茎尖的感染程度越低，生长点（约 0.1～1.0 mm 区域）几乎不含或含病毒很少。原因是茎尖组织无维管束，病毒只能通过胞间连丝传递，病毒繁殖的速度不及植物细胞不断分离和生长的速度，这使茎尖分生区的细胞几乎不含病毒，因此可利用茎尖培养脱毒。现已经有很多种类的植物通过茎尖进行培养获得了无病毒的植株，如无病毒种薯的利用。

（二）茎尖培养脱毒方法和步骤

茎尖脱毒培养的程序一般分为：无菌培养的建立，外植体的增殖，诱导生根。具体步骤如下。

1. 材料选择、消毒

所选的外植体作为营养繁殖体，是实验能否成功的材料基础。选择供试母株上生长发育正常，杂菌污染少，刚生长不久的茎尖。木本植物可在取材前茎尖的生长期进行杀菌处理，以保证材料不带或少带菌。在植株上直接取或在室内培养一段时间的植株上取顶芽或侧芽（3～5 mm），然后消毒。剪取顶芽梢段 3～5 cm，剥去大叶片，用自来水冲洗干净，在 75%酒精中浸泡 30 秒左右，用 1%～3%的次氯酸钠或 5%～7%的漂白粉消毒 10～20 分钟。最后用无菌水冲洗材料 4～5 次。注意掌握好灭菌的时间，以避免损伤过度。

2. 微茎尖的剥取

茎尖培养的存活率和茎叶分化的生长能力与接种时微茎尖的大小呈正相关。因此在剥离微茎尖时，为保证完全去除病毒，切得越小越好，但太小不易存活。一般取 1 mm 及更小的茎尖组织进行培养。解剖镜下剥取。注意勿损伤生长点。

3. 接种

用无锈的解剖工具进行解剖，随剥随接，尽快接种，减少茎尖在空气中暴露的时间或者配制一定浓度的维生素 C 溶液，将切下的茎尖浸入保存，有时可在培养基中加入抗氧化剂，以抑制外植体氧化或变质。

4. 诱导产生芽

将外植体接入培养基培养一段时间。培养基的成分和配比非常重要，因为不同植物，甚至同种植物不同品种的生长调节剂的要求都可能不完全相同。为了达到较高的增殖率，培养基的选择非常重要，必须对培养基进行调试试验，特别是对不同生长调节剂的组合和浓度的试验。除培养基外，光照强度、温度、继代培养的间隔时间等对茎尖培养芽的产生和生长也有明显

影响。

5. 生根培养

诱导生根的方法是将 2～3 cm 的无根苗转入生根培养基继续培养 1～2 个月即可生根。

三、其他脱病毒的方法

（一）热处理脱毒

热处理法的原理是当植物组织处于高于正常温度的环境（30℃～45℃）时，不能生成或生成病毒很少，而破坏却日趋严重，以致病毒含量不断降低，这样持续一段时间，病毒自行消灭，但寄主植物的组织很少或不会受到伤害，从而达到脱毒的目的。

1. 温汤（浸渍）处理

适用于离体材料（如接穗）和休眠器官的处理。在 50℃温水中浸渍 10 min 至数小时，或在 35℃中处理 30～40 小时，使病毒失活。

2. 热风（热空气）处理

恒温处理：将生长的盆栽植物移入温热疗室内，一般在 35℃～40℃，对生长活跃的茎尖效果最好，热处理时间因植物而异，短则几分钟，长则数月，处理时空气相对湿度保持在 85%～95%。

变温处理：如马铃薯每天 40℃处理 4 h 与 16℃～20℃处理 20 h 交替处理块茎，可清除芽眼中马铃薯叶片的病毒，而且保持芽眼的活力。

此方法虽简便易行，但容易使材料受伤，不能脱除所有病毒，如马铃薯种植能消除卷叶病毒。

热处理需与其他方法配合使用，热处理时间因植物不同而异。

（二）愈伤组织培养脱毒

原理：将感染病毒的组织离体培养获得愈伤组织，再诱导愈伤组织分化成苗，从而获得无病毒植株的方法，即愈伤组织培养脱毒法。愈伤组织分化植株，40%单细胞含有病毒，病毒的复制赶不上细胞的增殖速度。有些细胞经过突变获得了抗病毒性。

缺陷：后代变异的概率大，有的愈伤组织不能分化成苗。

（三）茎尖离体微型嫁接

原理：木本植物的茎尖难以生根成植株，将实生苗砧木在人工培养基上培养，再从成年无病树枝上切取 0.4～1 mm 茎尖，在砧木上进行微体嫁接，以获得无病毒植株。果树上应用居多。

主要脱毒程序是：无菌砧木培养—茎尖准备嫁接—嫁接苗培养—移植。

（四）珠心培养脱毒

原理：柑橘类种子为多胚种子，除具有合子胚外，还具有珠心胚，因为珠心细胞与维管束无联系，所以由其产生的植株不易带病毒。

（五）化学疗法脱毒

许多化学药品（包括嘌呤、嘧啶类似物、氨基酸、抗生素等）对离体组织和原生质体具有脱毒效果。常用的药品有：8—氮鸟嘌呤、2—硫尿嘧啶、杀稻瘟抗生素、放线菌素 D、庆大霉素。例如，将 100 微克 2—硫尿嘧啶加入培养基可除去烟草愈伤组织中的 PVY（马铃薯病毒）。

（六）花药或花粉培养脱毒

将花药或花粉粒去分化诱导愈伤组织的形成，再分化诱导分化成芽根，从而形成完整植株。由于经过愈伤组织形成阶段，加之形成雄配子的小孢子母细胞在植物体内属于高度活跃不断分化的细胞，因此其病毒含量很低或几乎没有。

缺陷：采用花药培养，获得的是纯合体，一定程度上改变了植物的遗传背景。因此，该法一般适用于自交亲和作物或自交不亲和作物优良无病毒育种原始材料的创造上。

（七）种子繁殖、单株系统选择

植物病毒在大多数植物种类中并不能通过有性繁殖世代传播，因此对无性繁殖作物采用种子繁殖，也能避免病毒的危害。方法是通过人工或机械选择无病毒的种子进行种植。除此之外，还可以采用单株系统选育达到减轻病毒或脱去病毒的目的。方法是通过种植选择生长正常，外观健壮，无病毒危害症状的，保持原品种优势特征的植株，收获种子来年使用。此法多用于技术条件差、设备缺乏的地区，或者组织培养难以成功的作物上。

（八）冷冻处理

有些病毒对于低温的抵抗能力较弱，可以采用低温处理使病毒钝化，经过一段时间处理，使病毒的含量逐渐降低，从而获得无病毒植株。

四、脱毒苗的鉴定

（一）直接检查方法（非潜隐性病毒的鉴定）

直接观察待测植株生长状态是否异常，茎叶上有无特定病毒引起的可见症状，可分为 3 种类型。

（1）叶片变色。主要是由于叶绿素的形成受到病毒的干扰而引起的，叶片表现花叶或黄花。

（2）枯斑和组织坏死。

（3）畸形。果实、枝、叶变形或植株矮化。

以上各症状可单独发生，也可混合发生。

（二）指示植物法

概念：利用病毒在其他植物上产生枯斑作为鉴别病毒种类的方法。指示植物专门用于产生局部病斑的寄主植物。应根据不同的病毒选择合适的指示植物，并且一年四季都可栽培。

特点：条件简单，操作方便，经济而有效，但它只能鉴定靠汁液传染的病毒，只能测出病毒的相对感染力。

种类：

（1）草本指示植物鉴定方法：汁液涂抹法、小叶嫁接法。

（2）木本指示植物鉴定方法：直接在指示植物上嫁接待检植物的芽片，双重芽接法，双重

切接法。

1. 草本指示植物鉴定方法

(1) 汁液涂抹法。

①采取汁液。在被鉴定植物上取 1～3 g 幼叶，在研钵中加入 10 mL 水及少量 0.1 mol/L 磷酸缓冲液，pH 7.0，研碎后用双层纱布过滤，再在汁液中加入少量的 500～600 目的金刚砂（摩擦剂）。

②接种。用棉球蘸取汁液在指示植物叶面上轻轻涂抹 2～3 次，后用清水冲洗叶面。

③培养。在防蚜虫温室内培养，15℃～25℃，2～6 天观察病症。

(2) 小叶嫁接法：指示植物做砧木，被鉴定植物小叶做接穗，常用劈接法。

2. 木本指示植物鉴定方法

木本多年生果树及草莓等无性繁殖的草本植物，采用汁液接种法比较困难，则通常采用嫁接接种的方法。以指示植物做砧木，被鉴定植物做接穗，可采用劈接、靠接、芽接等方法，其中以劈接法为多。

(1) 指示植物直接嫁接法。预先将指示植物嫁接在实生砧木上，培育一批指示植物嫁接苗。在指示植物基部嫁接待检测植物的芽，成活后在该芽上方留 1～2 个指示植物的芽剪砧，观察重新萌发的指示植物的新梢。

(2) 双重芽接法。将待检测植物的芽嫁接到离地 5 cm 的砧木上。

（三）抗血清鉴定法

植物病毒是由蛋白质和核酸组成的核蛋白，因此是一种较好的抗原，给动物注射后会产生抗体。该抗体可以与相应抗原结合，使抗原不再具有活动能力，这个过程叫作血清反应。由于抗体主要在血清中，故含抗体的血清叫作抗血清。利用此原理鉴定植物病毒的方法叫作抗血清鉴定法。该方法可以准确地判断植物病毒的存在与否，存在部位和数量。其试验方法很多，常用的有试管沉淀实验、凝胶扩散反应、免疫电泳技术、碳凝集实验、荧光抗体技术等。

（四）电子显微镜检测法

利用电子显微镜直接观察病毒是否存在，病毒的形状、大小及结构，根据这些稳定的特征，可以深化人们对病毒的认识，对病毒的分类和鉴定有重要作用。此方法比较先进，需要一定的设备和技术，如负染色技术、超薄切片技术、免疫电子显微镜法。

（五）电泳检测技术

植物病毒的蛋白质和核酸都具有可解离的基团，在溶液中形成带电荷的阳离子或阴离子。

五、脱毒苗的移栽与繁殖

利用茎尖培养脱毒、热处理脱毒及其他途径获得无病毒植株。经检测后淘汰脱毒不彻底的株系得到完全无病毒植株，则经过繁殖扩大，使之在生产上尽快发挥其增产作用。在生产实践中，无病毒植物的利用，包括无病毒苗的快速繁殖，无病毒苗的保存和再利用，无病毒苗的大量栽培等几个主要环节，这几个环节有机地结合起来，形成一整套有规律的无病毒植物利用的良种良繁体系。

（一）脱毒苗的移栽

将洗净的脱毒苗移栽到事先准备好的苗床上，苗床最好用蛭石和珍珠岩混合体系作为基质进行无土栽培。对幼苗做深、中、浅 3 种方式移栽，部分心叶露出地面为深，心叶全部露出地面为中，部分根裸露在外为浅。

（二）脱毒苗的繁殖

当得到无病毒植株时，就应该尽快繁殖扩大，以应用于生产。通常的繁殖方法是将得到的无病毒植株，在无菌条件下切段繁殖，利用腋生芽在离体培养条件下，诱导形成大量无病毒茎生小苗。如马铃薯采用茎尖分生组织培养得到无病毒植株后，采用小植株切段，在无菌条件下利用无任何激素的 1/2 MS 培养基，诱导腋芽萌发和生根，只需大约 2 周即可长成 3 片叶的植株。离体条件下采用切段繁殖获得的大量无病毒苗，应种植在隔虫网室内，用 300 目 0.4～0.5 mm 大小的网纱防止昆虫类介体进入。栽培床的土壤应进行消毒，周围环境也要保持整洁，及时灭菌，保证种植的无病毒苗在远离病毒传染源的条件下生长发育。

扩繁过程如下：无病毒植株繁殖原种—原种—良种—应用于生产。

第八章　观赏植物栽培技术

第一节　观赏植物的分类法

我国地域广阔，南跨热带，北近寒带，地形多变，干湿分明，海拔高低不等，气候参差不一，适于各种植物的生长和繁衍，因而我国植物种质资源丰富多彩，号称“园艺之母”。这些种质资源中有许多植物具有丰富的观赏价值，有必要进行系统的研究以及开发。

一、植物种质资源的收集和保存

植物种质资源的收集和保存目前有许多具体的方法，大体可分为两类：一类是原境保存，为此建立自然保护区、天然公园或就地保护处于危险或受威胁的植物；另一类是异境保存，为此需要建立各种基因库，如种子园、种植园等田间基因库及种子库、花粉库等离体基因库。目前，保存植物种质资源的主要手段是原境保存或在异境建立田间种质基因库及种子库。

二、观赏植物品种分类现状

植物品种分类是植物遗传多样性研究的基础，对植物的育种、栽培和应用均有重要的指导作用，对植物品种的推广、交流和科研也有十分重要的意义。如今，在人为的栽培措施下，如对植物变异的选择和有计划的杂交等，使植物品种变得非常丰富，这在观赏植物上的表现最为突出，又因植物的品种分类与种及种以上的分类有着根本的区别，所以观赏植物的品种分类工作意义重大且非常艰巨。

（一）起源和种源的分类地位

探讨观赏植物品种分类的标准与单位时，中国的梅花、菊花、荷花、桃花，国外的月季、杜鹃、水仙、百合、郁金香等的品种分类中，均将种源和起源作为第一级或唯一分类标准。中国的观赏植物品种分类比较强调以种源作为第一级标准，国外则笼统地以起源作为第一级标准。种源和起源虽一字之差，但二者的含义却有较大差别。种源要从现有栽培品种追溯到原始的植物学“种”的起源，即使是杂种起源，也要找到主要亲本。起源则只要弄清现有品种较早的来源即可。因此，种源可以说是品种分类的高级标准，起源是品种分类的初级标准，如果要将二者统一的话，只能将种源归到起源中去。

观赏植物是指以观赏为主或纯观赏的植物材料，与广义的“花卉”一词具有相同的内涵。观赏植物品种分类，就是要研究这些观赏植物种类及品种的起源和发展历史，掌握主要性状，给以统一的正确名称，并合理地予以归类分型，并构成完整体系。

（二）观赏植物分类

观赏植物的品种分类是栽培、繁殖、应用和育种的重要依据，因此观赏植物的品种分类工作意义重大且任务非常艰巨。观赏植物品种分类经历了传统的园艺分类、品种收集与整理、形态分类和综合分类的历史进程。形态分类，是以比较形态学为主，植物的根、茎、叶、花、果实、种子等器官，都作为描述和分类的依据。综合分类，即利用数量分类、孢粉学、同工酶及分子标记等手段与传统的形态分类相结合，为观赏植物品种提供更科学、更合理的分类系统。

三、形态学分类

形态学分类是指利用那些能够明确显示遗传多态性的形态特征，如株高、花色、花型、花径、叶形、叶色、果色、果形等的相对差异，来对观赏植物品种进行分类。典型的形态特征用肉眼即可识别和观察，广义的形态特征还包括那些借助简单测试即可识别的某些性状，如生殖生理特性、抗病虫性等。它是一种特定的、遗传上稳定的、视觉可见的外部特征，是遗传与环境、结构基因与调控基因综合作用的结果，它直观地反映了植物的演化关系及亲缘关系，是品种鉴别的基础和品种分类的主要依据。形态分类以其简单直观、快捷方便的特点最早为人们所认识和接受，是所有其他分类方法的基础。目前，绝大多数观赏植物品种的分类还都是主要依据形态来进行的。由于观赏植物在品种演化过程中，有大量人工选择的参与，因此，观赏植物的演化轨迹更为复杂。

不同观赏植物的类型，其枝、茎、叶、花、果的观赏特征差异很大，在品种分类时所依据的形态特征也有很大差异。如大花萱草主要依据染色体数目、株型、绿期、花期、花部特征进行分类；荷花主要依据花径、瓣数、花色进行分类；大花君子兰主要依据花色、叶形、叶子亮度进行分类；美人蕉主要依据花冠、瓣化雄蕊、叶片、株高、叶色、花色、花型、花径进行分类；垂丝海棠主要依据枝姿、花径、花型、幼叶色泽、花期、花色等性状进行分类；石榴主要依据花瓣数、果色、籽粒软硬、萼筒形状、新叶颜色等性状进行分类。依据这些不同的性状，这些观赏植物的品种也被分为许多不同的类型，如大花萱草被分为 2 类 4 型 8 品种群；荷花被分为 3 系 6 群 14 类 38 型；红花木被分为 3 类 15 型；大花君子兰被分为 3 类 3 型 2 亚型。

为了在加入世贸组织后，中国的观赏植物分类能够进一步与国际接轨，以向其柏教授为首的园林界同仁在我国观赏植物品种的分类及命名中着力推行 ICNCP 的实施，两次将该法规最新版本翻译成中文，为该法规在中国的全面推行奠定了基础。目前，桂花、美人蕉、石榴、垂丝海棠的品种分类系统已经完全按照 ICNCP 的规定对观赏植物品种进行了分类和命名，并创立了以种系为基础的分类系统，在种系下、品种之上，只设品种群一级，即种系、品种群、品种 3 级分类系统。这种分类系统不但与国际接轨，而且也避免了“系”“型”等容易与植物学分类相混淆的叫法，是目前比较科学的国际公认的观赏植物品种分类体系。陈俊愉院士也接受了这种分类体系，于 2007 年将梅花品种分类系统的 3 系 5 类 18 型修订为 3 个品种群，即真梅品种群、杏梅品种群、樱李梅品种群。同时，为了使形态分类进一步规范化，使形态特征的描述具有可比性，国际植物遗传资源专家编制了多种植物的描述记载标准和方法，为品种形态鉴定研究的规范化、标准化和科学化提供了依据。

四、形态解剖学及孢粉学分类

形态解剖学借助光学显微镜可以观测到肉眼不易分辨的诸如维管束结构、树脂道结构、花药结构、胚结构、染色体大小数量等形态特征。这些解剖学特征被较多地应用于种以上的植物学分类中，在品种分类上应用较少。

染色体数目和染色体长度、着丝点、次缢痕及随体的数目和位置等形态特征的观察研究称为细胞核型分析。自从细胞核型分析应用于植物研究以来，利用染色体形态学证据，有力地促

进了系统与进化植物学研究的深入和发展，尤其是在科间、属间及种间的分类中发挥了重要作用。而染色体显带技术的出现并应用于植物研究后，则在种下等级分类、物种变异和分化及形成等方面，获得了一些令人满意的实验结果。国内外学者运用C一带、N一带、Q一带和银染带技术，先后对重楼、獐耳细辛和银莲花等属的种下类群进行了带型比较研究，取得了理想的结果。

孢粉学分类是指借助高倍的光学显微镜和电子显微镜，观测花粉的大小、萌发孔数量、形态、纹孔、纹饰等。花粉的形态特征主要受基因控制，受外界环境条件的影响很小，具有很强的遗传稳定性，且花粉的形态特征是在长期的进化过程中不断演化、发展而形成的，带有大量有关演化信息，因此在品种分类及品种之间亲缘关系的分析方面具有重要意义。它不仅可以用于种的鉴定，还可用于品种群的划分和品种鉴定。花粉形态的遗传性是基本稳定的，而且分析方法也较简单，因此孢粉学分析已开始应用于桂花、梅花、平阴玫瑰、唐菖蒲、芍药、桃、杏等许多观赏植物的品种分类上。

在孢粉分析时，花粉形状、极轴长、赤道轴长、萌发沟与极轴长的比值以及花粉外壁纹饰如条纹嵴的宽窄、疏密、穿孔频度及孔径大小等都是较主要的性状，亲缘关系越近，性状差异越小。被子植物的演化顺序一般表现为花粉极轴长由小到大、沟长系数由小到大的演化趋势，花粉外壁纹饰演化是由无结构层（光滑）向穿孔（穴状）发展，再由穿孔继续演化成条纹状类型。

目前，孢粉学分类在植物的分类及演化进程研究中虽然已经起到很重要的作用，但是由于研究条件的限制，大多数研究者只利用扫描电镜对花粉的外部形态进行观察，应用透射电镜对花粉外壁结构进行研究的较少，这往往丢失重要的分类信息，使分类结果与其他分类方法得出的结果产生偏差，甚至不同研究者对同一研究主体得出的结论也不尽相同。因此，孢粉学分类的研究目前还主要是作为传统形态分类的验证或补充，而不能仅仅依据花粉形态进行品种分类。

五、数量分类

20世纪50年代，数量分类学的诞生把数学方法和计算机技术引入植物分类研究中，从而使其从定性的描述水平走向了精确定量的分析水平。实践证明，数量分类方法能够把大量生物学性状进行全面综合分析，摆脱了传统分类的主观性。迄今为止，数量分类研究已成功地运用于梅花、桂花、桃花、贴梗海棠、蜡梅、月季、菊花、芍药、兰花、玫瑰、蔷薇、银杏、唐菖蒲、垂丝海棠、百合等多种观赏植物品种的分类研究中。

数量分类方法除了能有效地评价有机体的相似性，进行归类处理，还可用于分析品种间亲缘关系，定量估计有机体或有机体性状的发生趋势及相对进化速率等，因此在现代品种分类学研究中得到了广泛的应用。但与此同时，我们也应该意识到，虽然数量分类能够同时考虑到众多来源很不同的性状指标，可以综合各方面的性状，得出一个总体把握的分类体系，也可能大致判明各种来源不同性状间的一些关系，是我们进行品种分类的一种有益辅助方法。但是由于在数量分类过程中，许多步骤如性状的选取、编码、数据标准化以及采用何种聚类方法等，都是主观确定的，不同方法往往产生不完全相同的结果。

六、同工酶及分子标记分类

同工酶是基因表达的直接产物，其中酶带的多少和迁移率的变化在很大程度上都由结构基因所决定。因此，根据同工酶的表现型可以比较直接地判断基因的存在和表达规律。实验证明：同一个营养系后代其同工酶的酶谱经常保持不变；同一种或品种经过无性繁殖其同工酶的酶谱特征仍基本保持不变；同一品种，在不同树龄及不同的发育阶段，多数同工酶酶谱相对稳定；品种的组培苗仍保持原品种的基本酶谱；同一品种在不同土壤肥力条件下，一些主要酶带仍可保持稳定不变。正是由于同工酶酶谱能在一定程度上保持相对的稳定性，而且与分子标记技术相比，该技术成本较低，易于操作，所以此技术已广泛应用于蜡梅、桂花、菊花、梅花、荷花、兰花、月季等多种观赏植物的品种分类中。

同工酶标记也存在一定的缺点：首先，同工酶多态性偏低。其次，同工酶结果不是很稳定，易受环境、取样部位、发育阶段等影响，植物发育过程中基因遵循一定的顺序表达，这对同工酶分析是不利的。最后，随着年龄增长，形态稳定，酶带也逐渐稳定。

因此，利用同工酶测定对品种进行分类必须选取适宜的采样时期和取材部位，才能更确切地反映品种间的亲缘关系。再者，两个不同的基因位点可能编码为电泳迁移性相同的酶，造成虚假同源性。同时，电泳技术一般限于由结构基因编码的水溶性蛋白，在这些水溶性蛋白中电泳也只能检测到影响电泳迁移率的蛋白，因而同工酶始终低估品种间的实际差异。

分子标记是随分子克隆和重组 DNA 技术的发展而产生的一类遗传标记。分子标记的种类很多，目前常用的分子标记主要有 RAPD、SSR、ISSR、AFLP、SRAP 等几种基于 PCR 的标记。关于分子标记在观赏植物品种分类中的应用，已有很多的相关性综述文章。值得一提的分子标记是 SRAP 标记，它既具有 RAPD 标记技术简单、引物通用、经济的优点，又具有 SSR、ISSR、AFLP 稳定、重复性好的优点，是非常理想的一种新型分子标记技术。目前，此技术在我国还只是在作物上应用较多，在观赏植物上还没有被开发利用，应用前景非常广阔。

观赏植物的品种分类方法很多，这些分类方法的广泛应用大大推动了我国观赏植物品种分类的研究，但任何一种分类方法都有其局限性。科学技术发展到 21 世纪的今天，只依据任何一种分类方法所进行的分类，其科学性往往都很难保证。因此，在进行观赏植物品种分类研究时，科学的方法应该是以传统的形态分类为基础，解剖学、孢粉学、数量分类、分子标记等多种分类方法相结合，相互印证，综合分类，才可能提出较为科学的品种分类系统，得到一个合理的分类体系。

第二节　观赏植物生长发育特性

生长是指观赏植物体积或它的器官从小到大、从少到多、从轻到重的数量增长过程，习惯上将根、茎、叶等营养器官的增长过程称为生长（growth）。

发育（development）是指植物个体生活中新器官的产生和形成的过程，习惯上把花芽的分化、开花等生殖器官的出现称为发育。生长是量的增加，而发育是质的变化。观赏植物一生必须经过由量变到质变，才能完成其生长发育全过程。

观赏植物同其他植物一样，在个体发育中要经历种子萌发、营养生长和生殖生长三个时期，具有明显的顺序性和不可逆性。

顺序性即前一阶段未完成，后一阶段便不能开始；不可逆性即生长点进入花芽分化的质变以后，再也不能返回到质变前的状态。这些特性在一、二年生花卉中表现尤为突出，如秋季播种的二年生花卉，当种子发芽出苗以后，幼苗期需要 10℃约 30 天的低温时期，才能通过春化阶段；春季播种的年生花卉，幼苗期也需要 12℃的低温时期，约 20 天方能通过春化阶段。不

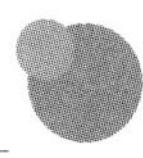

通过春化阶段，就不能完成正常的营养生长，也就不能进入光照阶段。春化阶段结束后，才进入光照阶段，花芽开始分化，形成花蕾。按照植物开始感受低温的时期，植物春化分为种子春化和绿体春化两种类型。

（1）种子春化型植物。植物开花对低温的要求可分为绝对要求（即不经过低温处理，则保持营养状态而不开花）和相对要求（低温处理可促进植物开花，但无低温处理仅延长营养状态，最终也会开花）。

（2）种子绿体春化型植物。绿体春化型植物对低温的要求是绝对要求（即不经过低温处理，则保持营养状态而不开花）。一些二年生花卉和春季开花的宿根观赏植物都为绿体春化，如薰衣草、芍药、鸢尾类以及蒿属植物等。

春化作用的基本特征如下：

（1）植物对春化的感应部位和效应部位都在茎端，而且发生反应的时间与发生效应的时间间隔很大。这一点不同于光周期反应。

（2）春化过程是一个缓慢的量变过程（一般需要 2～8 周），需要细胞具有旺盛的代谢活性。代谢抑制剂实验证明，春化过程的代谢方式具有严格的顺序性和多步骤性。

（3）春化效应可被高温解除，即脱春化作用，如冬小麦一般经 33℃±2℃，5 d 可使春化效应消失。

（4）春化作用产生的效应：随着有丝分裂一直保留在茎端生长点，当其他因素，如生长状态、光周期适合时促进开花。低温产生的这种效应会因减数分裂或其他有性生殖过程而消失，而不能遗传给子代。

多年生花卉在年生长周期中表现出明显的两个阶段，即生长期和休眠期。两个时期所要求的环境条件不一样，即使是同种花卉不同的品种，所要求的环境条件也不尽相同。

有些常绿性多年生花卉，在适宜的环境条件下能够周年生长、开花而无休眠期，如天竺葵、美人蕉等。观赏植物的休眠是对不适宜的环境条件做出的一种适应性反应。如温带气候型的花卉不耐热，遇夏季高温便停止生长而进入休眠状态；热带气候型花卉需要较高的温度和湿度才能正常生长，遇冬季低温就进入休眠状态。

各种花卉从幼苗期进入开花期所需时间的长短不同。

一、二年生花卉的幼苗经 9 个月的生长便进入现蕾、开花期；宿根、球根花卉需 3 年的培育，才能形成花芽进而开花；多年生常绿花卉需经 5 年的养护，才能开花结实。

花芽分化在观赏植物一生中是关键的阶段，花芽的多少和质量高低直接影响观赏效果。

花芽的形成是开花的基础，要了解和掌握各种花卉的花芽分化时期措施，满足花芽分化所需要的环境条件，确保花芽分化的顺利进行和规律，采取有效行动。由于观赏植物的种类和品种以及地区、年份等不同，花芽开始分化的时间及完成分化过程所需时间长短亦不同。主要可分为以下几种类型：

（1）夏季分化类型。于 6—9 月高温季节进行，第二年春季开花，如木本类的牡丹、丁香、梅花、榆叶梅等。球根类花卉中的郁金香、风信子、水仙等，在夏季处于休眠状态下的鳞茎也在此时期进行花芽分化。

（2）冬春分化类型。原产于温暖地区的一些木本花卉，如柑橘类从 12 月至翌年 3 月完成花芽分化发育过程。一些二年生花卉和春季开花的宿根花卉，必须通过一定的低温期才能开花。

（3）当年一次分化类型。在当年枝的新梢上形成花芽。夏秋开花的木本花卉如紫薇、木槿、木芙蓉等，以及夏秋开花的宿根花卉如萱草、菊花、宿根福禄考等，都是当年一次性花芽分化的花卉。因此，当年的栽培、管理直接影响着花芽的分化。

(4) 多次分化类型。一年中只要环境条件适宜，能进行多次发枝，每次发枝均能形成花芽，从而连续不断地开花，如月季、香石竹、倒挂金钟、茉莉、何氏凤仙、四季海棠等。这些花卉通常在花芽分化和开花过程中，其营养生长仍继续进行。

第三节 观赏植物栽培条件

一、温度对观赏植物生长的影响

温度的变化直接影响着植物的光合作用、呼吸作用、蒸腾作用等生理作用。每种植物的生长都有最低、最适、最高温度，称为温度的三基点。一般植物在0℃～35℃的温度范围内随温度上升，生长速度加快，随温度降低，生长速度减缓，但是，当温度超过植物所能忍耐的最低和最高温度极限时，植物的部分器官即受害甚至全株死亡。温度对植物开花的影响首先表现在花芽分化方面。此外，温度对花色也有一定的影响，其原因是花青素和色素的形成与积累受温度的控制，温度适宜时，花色艳丽，反之则暗淡。

(一) 温度影响花芽分化的机理

温度是植物发育的必要条件，也是植物花芽分化的重要因素。而植物经历低温诱导春化现象，才能顺利地完成生殖生长，即开花的过程。在低温下，花原基并不发生，只有将植物转移到有利于生长的较高温度下，花原基才发生，即低温的作用是诱导性的。一种观点认为，在低温的诱导下，植物体内会产生所谓的"春化素"，这种物质的前体在低温条件下为中间产物，而在高温条件下，"春化素"呈钝化状态，当在一定的温度条件下，这种中间产物便转化为稳定的物质。另一种观点认为，春化作用启动了植物体内决定花芽分化的基因，最终导致一系列生理生化变化过程的发生，从而使植物顶端分生组织的特定区域转化为花原基。

(二) 昼夜温差对观赏植物花芽分化的影响

昼夜温差大促进花芽分化。黄冬华等认为昆明铁线莲"蓝焰"的花芽分化初期从4月中旬开始，5月初达到盛花期，比生长在北京的"蓝焰"提前15天，这可能和昆明的气候条件有关。昆明冬季属于暖冬，白天温度比较高，且昼夜温差很大，导致花芽分化速度快、分化时间持续较短。

(三) 昼夜温差变化引起植物生理变化，从而影响植物花芽分化

(四) 光照对观赏植物的影响

(1) 光强影响组织器官的形态建成。光强适宜时，植物栅栏组织发达，叶绿体完整，叶片、花瓣大而厚，发育良好。

(2) 光强抑制细胞及茎、根的伸长，促进其生长健壮；光照充足时，缩短了园林花木节间，增加了花茎木质化程度和根冠比。

(3) 光照影响花蕾开放时间，如酢浆草在强光下开放，日落后闭合；牵牛花凌晨开放，午

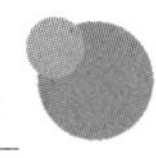

前闭合；紫茉莉傍晚开放，日出闭合；昙花近午夜开放，午夜后闭合。除受光强影响外，也与黎明和傍晚的光谱成分有关。

（4）光照影响叶色、花色，有许多红色花、紫色花的花青素必须在强光下才能产生。很多观叶植物，在强光下可合成较多的胡萝卜素和叶黄素，而且因种类及光强的不同，叶片呈现出黄、橙、红等不同色彩，如红桑、红叶朱蕉、彩叶草、南天竹、红枫等。而金边黄杨、金边吊兰、变叶木等可在叶片不同部位分布不同色素。

二、水分对观赏植物的影响

植物的水分生理是一种复杂的现象。一方面，植物通过根系吸收水分，使地上部分各器官保持一定的膨压，维持正常的生理功能；另一方面，植物又通过蒸腾作用把大量的水分散失掉，这一对相互矛盾的过程只有相互协调统一才能保证植物的正常发育。

（一）对植物形态的影响

植物通过水分供应进行光合作用和干物质积累，其积累量的大小直接反映在株高、茎粗、叶面积和产量形成的动态变化上。在水分胁迫下，随着胁迫程度的加强，枝条节间变短，叶面积减少，叶数量增加缓慢；分生组织细胞分裂减慢或停止；细胞伸长受到抑制；生长速率大大降低。遭受水分胁迫后的植株个体低矮，光合叶面积明显减小，产量降低。

（二）对叶片变化的影响

叶片是光合作用与蒸腾作用的主要场所。叶片的大小、形状、颜色、表面特征和位置等从本质上决定了叶片对入射光的吸收和反射，影响叶温，从而影响到叶片界面阻力；叶片的内部结构影响叶片的扩散阻力及水汽运动的总阻力。叶肉细胞扩张和叶片生长对水分条件十分敏感。植株叶片要保持挺立状态，既要靠纤维素的支持，还要靠组织内较高膨压的支持，植株缺水时所发生的萎蔫现象便是膨压下降的表现。因此，可以把植株叶片的形状、大小和膨压高低作为判断植株水分状况的依据。

三、水分对根冠发育的影响

植物根系是吸水的主要器官，其发育受多方面的影响，但起主要作用的是土壤水分状况和通气状况。土壤水分状况影响根系的垂直分布，当土壤含水量较高时，根系扩散受到土壤的阻力变小，有利于新根发生，根系发达。土壤中通常含有一定的可利用水，因此根系本身不容易发生水分亏缺。而枝叶是水分蒸腾的主要器官，往往因蒸腾失水大于根系吸水，而造成水分亏缺，特别是土壤干旱或供水不足时，根系吸收有限的水分，首先满足自己的需要，给地上部分输送的就很少。因此，土壤水分不足时对地上部分的影响比地下部分的影响更大，根冠比增大；反之，若土壤水分过多，土壤通气条件差，对地下部分的影响比地上部分影响更大，根冠比降低。适度而缓慢的水分亏缺可增加绝对根重，抑制地上部分生长，减少地上部分的干物质积累，单产降低，但有利于密植，从而提高总产。

四、土壤对观赏植物生长的影响

（一）土壤的生态意义

土壤是岩石圈表面的疏松表层，是陆生植物生活的基质。它提供了植物生活必需的营养和水分，是生态系统中物质与能量交换的重要场所。由于植物根系与土壤之间具有极大的接触面，在土壤和植物之间进行频繁的物质交换，彼此强烈影响，因而土壤是植物的一个重要生态因子，通过控制土壤因素就可影响植物的生长和产量。土壤及时满足植物对水、肥、气、热要求的能力，称为土壤肥力。肥沃的土壤同时能满足植物对水、肥、气、热的要求，是植物正常生长发育的基础。

（二）土壤的物理性质及其对植物的影响

1. 土壤质地和结构

土壤是由固体、液体和气体组成的三相系统，其中固体颗粒是组成土壤的物质基础，约占土壤总重量的85%以上。根据固体颗粒的大小，可以把土粒分为以下几级：粗砂（直径2.0～0.2 mm）、细砂（0.2～0.02 mm）、粉砂（0.02～0.002 mm）和黏粒（0.002 mm以下）。这些大小不同的固体颗粒的组合百分比称为土壤质地。土壤质地可分为砂土、壤土和黏土三大类。沙土类土壤以粗砂和细砂为主、粉砂和黏粒比重小，土壤黏性小、孔隙多，通气透水性强，蓄水和保肥性能差，易干旱。黏土类土壤以粉砂和黏粒为主，质地黏重，结构致密，保水保肥能力强，但孔隙小，通气透水性能差，湿时黏、干时硬。壤土类土壤质地比较均匀，其中砂粒、粉砂和黏粒所占比重大致相等，既不松又不黏，通气透水性能好，并具一定的保水保肥能力，是比较理想的农作土壤。

2. 土壤水分

土壤水分能直接被植物根系吸收。土壤水分的适量增加有利于各种营养物质的溶解和移动，有利于磷酸盐的水解和有机态磷的矿化，这些都能改善植物的营养状况。土壤水分还能调节土壤温度，但水分过多或过少都会影响植物的生长。水分过少时，植物会受干旱的威胁及缺少养分；水分过多会使土壤中空气流通不畅并使营养物质流失，从而降低土壤肥力，或使有机质分解不完全而产生一些对植物有害的还原物质。

3. 土壤空气

土壤中的空气成分与大气中是不同的，且不如大气中稳定。土壤空气中的含氧量一般只有10%～12%，在土壤板结或积水、透气性不良的情况下，可降到10%以下，此时会抑制植物根系的呼吸，从而影响植物的生理功能。土壤空气中CO_2含量比大气中高几十至几百倍，排水良好的土壤中在0.1%左右，其中一部分可扩散到近地面的大气中被植物叶片光合作用时吸收，另一部分可直接被根系吸收。但在通气不良的土壤中，CO_2的浓度常可达10%～15%，这不利于植物根系的发育和种子萌发，CO_2的进一步增加会对植物产生毒害作用，破坏根系的呼吸功能，甚至导致植物窒息死亡。土壤通气不良会抑制好气性微生物活动，减缓有机物的分解，使植物可利用的营养物质减少；但若过分通气又会使有机物的分解速率太快，使土壤中腐殖质数量减少，不利于养分的长期供应。

（三）土壤养分含量对观赏植物生长的影响

土壤养分主要包括土壤中各种盐分的含量，比如钾、钙、钠、镁、氮、磷、硝酸盐等含量

的多少会直接影响到植物的生长情况，对于农业来说直接影响到作物的产量。土壤中的盐含量较低或者较高对植物生长都是不利的。比如向土壤中过量施入磷肥时，磷肥中的磷酸根离子与土壤中的钙、镁等阳离子结合形成难溶性磷酸盐，既浪费磷肥，又破坏了土壤的团粒结构，致使土壤板结；向土壤中过量施入钾肥时，钾肥中的钾离子置换性特别强，能将形成土壤团粒结构的多价阳离子置换出来，而一价的钾离子不具有键桥作用，土壤团粒结构的键桥被破坏了，也就破坏了团粒结构，致使土壤板结。

五、大气成分对观赏植物生长的影响

大气成分中对观赏植物生长影响最大的是氧、二氧化碳、水气和氮。氧为一切需氧生物生长所必需，大气含氧量相当稳定（21%），因此植物的地上部分通常不会缺氧，但土壤在过分板结或含水过多时，常因空气中氧不能向根系扩散，而使根部生长不良，甚至坏死。大气中的 CO_2 含量很低，常成为光合作用的限制因子，空气的流通以及人为提高空气中 CO_2 浓度，常能促进植物生长。大气中水汽含量变动很大，水气含量（相对湿度）会通过影响蒸腾作用而改变植株的水分状况，从而影响植物生长。氮（N）主要促进叶片发育，是制造叶绿素的主要成分，能促进枝叶浓绿，生长旺盛。缺乏时生长停止，叶片黄化脱落；但施用过量，容易徒长，妨碍花芽形成和开花。

六、其他环境因子对植物生长的影响

（一）海拔高度

海拔由低到高温度渐低，相对湿度渐高，光照渐强，紫外光线含量增加，这些现象以山地地区更为明显，因而会影响植物的生长与分布。山地的土壤随着海拔的增高，温度渐低，湿度增加，有机质分解渐缓，淋溶和灰化作用加强，因此 pH 值渐低。由于各方面因子的变化，对于植物个体而言，生长在高山上的树木与生长在低海拔区的同种个体相比较，则有植株高度变低、节间变短、叶的排列变密等变化。

（二）坡向方位

不同方位山坡的气候因子有很大差异，例如山南坡光照强，土温、气温高，土壤较干，而山的北坡则正相反。在北方，由于降水量少，所以土壤的水分状况对植物生长影响极大，因而在北坡可以生长乔木，植被繁茂，甚至一些阳性树种亦生于阴坡或半阴坡；而南坡由于水分状况差，仅能生长一些耐旱的灌木和草本植物，但是在雨量充沛的南方则阳坡的植被就非常繁茂了。此外，不同的坡向对植物冻害、旱害等亦有很大影响。

（三）地势变化

地势的陡峭起伏，坡度的缓急等，不但会形成小气候的变化，而且对水土的流失与积聚都有影响，因此可直接或间接地影响树木的生长和分布。在坡面上，水流的速度与坡度及坡长成正比，当流速愈大、径流量愈大时，冲刷掉的土壤量也愈大。山谷的宽、狭与深浅以及走向变化也能影响植物的生长状况。

（四）生物因子和人为因子

在植物生存的环境中，尚存在许多其他生物，如各种低等、高等动物，也包括人类，它们与植物间有着各种或大或小的、直接或间接的错综复杂的相互影响。其中，人类对植物与环境的影响是最大的，既体现在对它们的破坏上，也体现在对它们的建设上。因此，我们应该持有正确的态度，始终从环保与生态的角度去考虑问题，为植物的生存创造良好的条件。

第四节　观赏植物栽培的设施条件

观赏植物栽培设施是指人为建造的适宜或保护不同类型的观赏植物正常生长发育的各种建筑和设备，包括温室、塑料大棚、荫棚、温床、冷床、冷窖、风障、机械化与自动化设备、各种机具和容器等。

一、温室

温室，又称暖房，指有防寒、加温和透光等设施，供冬季培育喜温植物的房间。在不适宜植物生长的季节，能提供生育期和增加产量，多用于低温季节喜温蔬菜、花卉、林木等植物的栽培或育苗等。主要用于非季节性或非地域性的植物栽培、科学研究、加代育种和观赏植物栽培等。

（一）温室栽培的作用

（1）在自然条件不适合植物生长的季节，创造适于植物生长发育的环境栽培观赏植物，实现观赏植物的周年生产；

（2）在不适合植物生长的地区，利用温室条件栽培各种类型的观赏植物，满足人们的需求；

（3）利用温室进行促成栽培、保护越冬以及春播观赏植物的提前播种等；

（4）对观赏植物进行高度集约化栽培，实行高肥密植，以提高单位面积的产量和质量。

（二）温室的发展趋势

①温室大型化；②温室现代化；③观赏植物生产工厂化。

（三）温室的种类

（1）依应用目的而分：①观赏性温室；②生产性温室；③人工气候室（试验研究温室）。

（2）依温度而分：①高温温室：＞15℃；②中温温室：8℃～15℃；③低温温室：3℃～8℃。

（3）依建筑形式而分：①单屋面温室；②双屋面温室；③不等屋面温室；④连栋式温室。

（4）依温室设置的位置而分：①地上式；②地下式；③半地下式。

（5）以加温来源而分：①不加温温室（阳光温室）；②加温温室。

（6）依建筑材料而分：土温室；木结构温室；钢结构温室；钢木混合结构温室；铝合金结构温室；钢铝混合结构温室。

（7）依屋面覆盖材料而分：①玻璃温室；②塑料玻璃温室。

（四）温室设计的基本要求

以栽培观赏植物的生态要求为基本依据，温室设置地点的选择：阳光充足，北面或西北面宜有防风屏障，排水良好，水源便利，交通方便。温室的排列：互不遮阴，宜近不宜远。东西走向：间距＝前排温室高度（冬至当天中午的太阳高度角）；南北走向：不小于温室跨度，不大于 2 倍温室跨度。

（五）温室的内环境调节

温室的内环境调节包括保温、降温、光照调节、湿度调节等。保温增加光的透射率、覆盖地被、使用保温帘心加温土炕、散热管、热风、温泉地热。降温包括遮阴、通风、喷水、涂白、机械降温（湿帘）。光照调节有补光白炽灯、荧光灯、水银灯、钠灯小遮光、中遮阴帘子、遮阴网、涂白、藤本植物等。湿度调节有适当通风、喷水、小土壤湿度喷灌、滴灌、地表灌水、地面吸水等方式。

二、塑料大棚

塑料大棚俗称冷棚，是一种简易实用的保护栽培设施，由于其建造容易、使用方便、投资较少，随着塑料工业的发展，被世界各国普遍采用。其作用是增温、保温，可代替温床、冷床，甚至低温温室。

（1）依棚顶的形状分：①拱圆形塑料大棚；②屋脊形塑料大棚。

（2）依耐久性能分：①固定式；②简易移动式。

（3）依覆盖材料分。

①聚氯乙烯薄膜：透光好，保温性好，扩张力强，易铺盖，易吸尘土。

②聚乙烯薄膜：透光好，附尘少，价格低，但保温、扩张力差。

③醋酸乙烯薄膜：质地强韧，不变质，耐性强，易加工，较理想。

三、荫棚

荫棚是为园林植物生长提供遮阳的栽培设施。其中一种是搭在露地苗床上方的遮阳设施，高度约为 2 m，支柱和横挡均用镀锌铁管搭建而成，支柱固定于地面。这种荫棚也可在温室内使用。使用时，根据植物的不同需要，覆盖不同透光率的遮阳网。还有一种是搭建在温室上方的温室外遮阳设施，对温室内部进行遮阳、降温。

（一）作用

遮阴、降温，减少蒸发，增加湿度，用于半阴性温室观赏植物越夏、夏季软枝扦插、上盆或分株的植物缓苗等。

（二）种类和形式

（1）临时性荫棚：多用于露地繁殖床及切花栽培。

（2）永久性荫棚：用于温室观赏植物栽培。

四、冷床

冷床是用太阳光的热源，在一定范围内有围框及透光敷盖设备下，创设适宜苗木生长温度的一种苗床。其作用如下：①提前播种，提早开花；②促成栽培；③保护越冬：二年生观赏植物、半耐寒性盆花、盆栽灌木等；④温室苗移入露地前的炼苗（冷床）；⑤夏季利用冷床进行扦插。

五、风障

风障，是设在矿井巷道或工作面内，引导风流的设施，也运用于树木栽植中，是中国北方苗木生产简单的保护设施之一。

作用：阻挡寒风，提高局部环境温度与湿度，保护植物安全越冬，提早生长，提前开花。

类型与结构：有披风风障、无披风风障。

六、地窖（冷窖）

地窖是利用土的热惰性而建成的，一般是根据地下水层的深浅在地下挖个圆形或者方形的洞或坑。

作用：冬季防寒越冬。

类型：地下式、半地下式。

时间：挖窖时间在霜降前后至入窖前。

窖顶形式：①人字式；②平顶式。

七、栽培容器及其他用具

容器栽培一定要选择适当的容器。随着科学的发展和市场的需求，容器类型多种多样，各种容器的优缺点不尽相同。素烧泥盆透气性好，价格便宜，但美观和耐久性差；塑料容器透气性差，但美观，价格便宜；陶瓷盆透气性好，美观耐久，但价格较贵；混凝土容器仅适于很少挪动时使用，一般栽大苗木用；木桶为简易容器，透气性好，但耐久性差；铜铁等金属做成的大型容器多用于立体组合装饰。

除花盆、木桶外还有黑罩子和喷雾器等工具，黑罩子是为一些短日照花卉进行促成栽培时所使用。制作时多用木条做框，蒙上两层黑布，必须保证没有微光透入，如遮光不严，可增加黑布的层数。花卉栽培时，还应配备些小型用具，如修枝剪、镊子、芽接刀、花铲、温度计、塑料薄膜、铁锹、平耙、小桶、纸袋、手推车等。

第五节　观赏植物的繁殖

一、植物繁殖方式

观赏植物的繁殖方式可以分为有性繁殖和无性繁殖两大类。有性繁殖即种子繁殖；无性繁殖又称营养器官繁殖，即利用植物营养体的再生能力，用根、茎、叶等营养器官在人工辅助下，培育成独立的新个体的繁殖方式，包括扦插、嫁接及组织培养等方法。

（一）种子繁殖

有性繁殖主要指种子繁殖。种子繁殖的优点是繁殖系数大，有性繁殖长出的苗叫实生苗，实生苗根系发达，适合大面积播种，也是新品种培育的常规手段。观赏植物在生产上可用种子繁殖的种类约占60%以上，活力高的种子出苗整齐，生长旺盛，同时还能提高植株的品质，增加产量，对环境适应性强，并有免疫病毒的能力。

种子繁殖的缺点：后代容易出现变异，稳定性差，从而会失去原有植物的优良性状。

（二）无性繁殖

无性繁殖是以植物的营养器官进行的繁殖。许多花如大丽花、菊花、月季花等栽培品种都是高度杂合体，用无性繁殖才能保持其品种的优良特性。与有性繁殖相比，无性繁殖操作容易，快速而经济，是植物大量繁殖的主要手段。

（三）组织培养

观赏植物离体快速繁殖是植物组织培养应用的一个重要分支。用植物的茎尖、茎段、胚、胚轴、子叶、未授粉子房或胚珠、授粉子房或胚珠、花瓣、花药、叶片及游离细胞和原生质体等外植体进行培养。植物离体快繁技术是目前生物科技领域应用最广泛、经济效益最高的种苗繁育技术之一，也是快速繁殖植物新品种的最重要的方法。

（四）扦插繁殖

扦插，又称插条，是无性繁殖中非常重要的一种方法。顾名思义，扦插就是利用植物各个生长部位作为插穗插在基质中，经过一段时间长出新根、新叶和新芽，形成独立个体。目前用得较多的植物生长部位有茎、叶、芽等。

枝插：以枝条为起始材料的扦插方法即为枝插。这是最常用的一种扦插方法，包括嫩枝扦插和硬枝扦插。嫩枝扦插是利用未形成木质化或木质化程度不高的部分作为插穗进行扦插。嫩枝部分的细胞分化和分生能力旺盛，因而植株成活率较高。木本植物中很多植物都采用这种方法进行无性繁殖。

叶插：一些木本植物的叶片上可以形成不定芽或不定根，可以以叶片为起始材料进行叶插。

1. 扦插苗管理

（1）灌水：发芽前要保持一定的温度和湿度。

（2）抹芽：成活后一般只保留1个新梢，其余及时抹去。

（3）追肥：生长期追肥1～2次，加强叶面喷肥，促进生长。

（4）摘心：充分提高苗木质量，及时抹除弱芽、畸形芽等。

（5）病虫害防治：因扦插环境高温、高湿的特点，容易引发葡萄的白粉病、霜霉病，苗木发出2片叶时可喷布代森锰锌、托布津等杀菌剂进行防治。

扦插最理想的温度为20℃～25℃，需柔和的光照（40%～60%），扦插后宜放置于荫蔽、明亮、通风的环境。为减少水分迅速蒸散，应绝对避免强烈日光直射，可用纱网、遮光网等加以遮光，但遮光过度无法进行光合作用，纵使发根也很难存活。插穗未发根前需保持很高的空气湿度（70%～80%），应经常喷雾保持湿润；但扦插肉质植物类反而要保持半干燥状态，以免插穗腐烂。

2. 插穗的类型

根据插穗枝条成熟度不同，可以把插穗分为硬枝和嫩枝。硬枝扦插是用完全木质化的枝条作为插穗。嫩枝扦插是利用当年生的、未木质化的枝条作插穗进行扦插。通常，嫩枝扦插较硬枝扦插容易生根，尤其是对于难生根的树种，一般嫩枝扦插效果较好，由于嫩枝处于生长发育阶段且未完全木质化，体内所含的抑制物质少；且嫩枝分生组织活性较高，可塑性物质充分积累，生长调节物质比例关系较好；枝条富含各种生长激素，细胞分生组织活跃，因此，嫩枝扦插从生理角度来讲，生根期短，而且成活率高，繁殖系数高，根系发育好。

3. 生长调节剂对扦插生根的影响

生根剂的使用对于绝大多数植物扦插繁殖生根率的提高有显著的促进作用。常见的植物生根剂主要有吲哚乙酸（IAA）、吲哚叮酸（IBA）、萘乙酸（NAA）等。生根剂对生根有促进作用，能加快扦插苗生根速度，提高扦插苗成活率，促进提早生根和增加生根数量。但是浓度使用不当时，不仅不会促进提早生根，还会导致插条死亡。大部分观赏植物都能用扦插来繁殖，采用的具体方法主要是嫩枝扦插、硬枝扦插、根插和叶插。

（五）嫁接

嫁接是将植株上的枝条、芽片等组织接到另一株植株上的枝条、干或根等适当部位上，经过愈合后形成新的植株。接上去的枝条或芽片叫作接穗，被接的植物体叫作砧木或台木。接穗一般选用具 2～4 个芽的苗，嫁接后成为植物体的上部或顶部；砧木嫁接后成为植物体的根系部分。这种繁殖果树的方法就叫作果树嫁接。

1. 嫁接的意义

嫁接既能保持接穗品种的优良性状，又能利用砧木的有利特性。达到早结果、增强抗寒性、抗旱性、抗病虫害的能力，还能经济利用繁殖材料，增加苗木数量。嫁接分为枝接和芽接两犬类：前者以春秋两季进行为宜，尤以春季成活率较高；后者以夏季进行为宜。嫁接对一些不产生种子的果木的繁殖意义重大。

（1）增强植株抗逆境能力。砧木对接穗的生长发育具有十分重要的影响。一般栽培品种自身根系的生理机能较差，对不良条件的抵抗力低，因此不适合生产栽培。但通过选择一些具有良好特性的野生种类果树作为砧木，就能够大大改善。由于砧木根系发达，抗逆性强，嫁接苗明显耐逆境。生产上常常利用砧木的乔化、矮化、抗旱、抗寒、耐涝、耐盐碱和抗病虫等特性，增加接穗品种的适应性和抗逆境能力，有利于扩大植物的栽植范围和种植密度等。

（2）实现早产和丰产。果树嫁接的接穗都是从成年树体上采取的枝条和芽片，已经具有较强的发育能力，其嫁接于砧木上，成活后生长发育的阶段大大缩短，可实现早产。

（3）更新品种。随着生产的发展和人民生活水平的提高，果树新品种不断问世，但很多果园由于在建园初期品种选择和搭配不当，造成果树品种混杂、产量低下、品质差等，因而更新果树新品种是果树生产中面临的一个重要问题。对于已有果园，由于果树的寿命较长，少则十几年，多则上百年才能更新，刨根重栽既浪费土地，影响园貌和产量的恢复，品种更新又较慢，因而进行果树的嫁接换种技术，是提高果品产量和质量的重要手段。

（4）挽救垂危果树。生产中，果树的枝干、根茎等部位极易受到病虫危害，导致果树的地上部与地下部营养疏通受阻，此时果树生长衰弱，甚至造成果树死亡。这时可以采用各种桥接等嫁接方法，将果树重新连接，挽救果树，从而增强树势。

(5) 改善授粉条件。绝大多数果树品种需要不同品种间进行授粉才能正常结实。但在实际生产中，许多果园由于品种单一栽植、授粉品种不当或授粉树数量太少，以致授粉受精不良，造成花而不实的现象。通过嫁接部分授粉品种，可以有效地改善果园的授粉条件，从而为丰产、优产和降低栽培成本奠定基础。

(6) 嫁接育种。嫁接育种是通过将两个具有不同遗传性果树的营养体部分进行嫁接，使愈合在一起的砧木和接穗能相互影响，在嫁接的当代或后代产生既具有接穗性状又具有砧木性状的遗传性，或使一方发生遗传上的变异，进而培育出合乎人们需要的新品种。

2. 果树嫁接的愈合及成活原理

植物的任何营养器官，甚至细胞的一部分，都有恢复、再生、发育成为一个完整的植物有机体的能力，这种现象称为植物的“再生作用”。这是因为植物任何一个营养器官的细胞内，都携带着完整的控制母体生长发育的遗传基因，由此基因指导的形态建成过程，也必然会保持母本的特性。所以，嫁接是利用植物“再生能力”来进行的。嫁接时，使两个伤面的形成层靠近并扎紧在一起，结果因细胞增生，彼此愈合成为维管组织连接在一起的一个整体，即砧木和接穗受伤后形成层产生愈伤组织，双方愈伤组织愈合成为一体，并分化产生疏导组织，使得双方的水分、养分等营养物质相互交流，这样就产生了新的个体。

形成层是介于木质部和韧皮部之间的一层很软的薄壁细胞层。它具有非常强大的生命力，在果树的生长过程中，向内不断形成新的木质部细胞，向外不断形成新的韧皮部细胞。形成层是果树植物一生中最活跃的部分，果树的枝条每年都要不断地加粗更新就是形成层活动的结果。

愈伤组织原指植物体的局部受到创伤刺激后，在伤口表面新生的组织。其原因是植物受到创伤的刺激后，伤面附近的生活组织恢复了分裂机能，加速增生而将伤面愈合。在植物组织培养中，愈伤组织是指植物细胞在组织培养过程中形成的无一定结构的组织团块，在适宜的条件下，愈伤组织可再分化，形成芽、根，再生成植株。它由活的薄壁细胞组成，可起源于植物体任何器官内各种组织的活细胞。

在植物体的创伤部分，愈伤组织可帮助伤口愈合。在嫁接中，可促使砧木与接穗愈合，并由新生的维管组织使砧木和接穗沟通；在扦插中，从伤口愈伤组织可分化出不定根或不定芽，进而形成完整植株。砧木和接穗的愈伤组织主要由形成层细胞形成。

3. 嫁接极性

果树的砧木和接穗由于嫁接时候的方向或切削方法等不同而使其本身形成愈伤组织的特性有所差异的现象就叫作果树嫁接的极性。

(1) 垂直极性。砧木和接穗都有形态学上的顶端和基端。愈伤组织最初都发生在基端部分，这种特性叫作垂直极性。在嫁接时，接芽的形态学基端应该嫁接在砧木的形态学顶端部分，而在根接时，接穗的基端要插入根砧的基端。这种极性关系对砧木和接芽的愈合成活是必要的。若是桥接将接穗接倒了，接芽和砧木也能够愈合并存活，但是接穗不加粗；而芽接将接穗接倒了，接芽也能成活，开始时接芽向下生长，然后新梢长到一定程度后弯过来向上生长，这样从形成层分化出来的导管和筛管呈现扭曲状态。

(2) 横向极性。对于一些枝条断面不一致的果树，其愈伤组织在横断面上发生的顺序也是先后有别的。这种特性叫作横向极性。比如葡萄的枝条有四个面，即背面、腹面、沟面和平面。愈伤组织形成最快的是茎的腹面，因其腹面组织发达，含营养物质较多。

(3) 斜面先端极性。若是将果树的枝条断面削成一个斜面，则在斜面的先端先形成愈伤组织，这种特性叫作斜面的先端极性。

4. 影响果树嫁接成活的因素

影响嫁接成活的主要因素有接穗和砧木的亲和力、温度、湿度、光照，砧木和接穗的质量，嫁接的技术和伤流、单宁等物质的影响等。要想提高果树嫁接的成活率，必须注意以下几个关键因素。

（1）嫁接亲和力。

砧木和接穗的亲和力是决定嫁接成活的主要因素。所谓亲和力，就是接穗和砧木在内部组织结构上，生理和遗传上彼此相同或相近，通常嫁接能正常愈合生产的能力。亲和力高，嫁接成活率高；反之，则成活率低。例如，苹果接于沙果，梨接于杜梨、秋子梨，柿接于黑枣，核桃接于核桃楸等，亲和力都很好。亲和力的强弱与植物亲缘关系的远近有关。一般规律是亲缘越近，亲和力越强。同品种或同种间的嫁接亲和力最强，最容易成活。同属异种间的嫁接亲和力因果树种类而异。同科异属间的亲和力一般比较小。但柑橘类果树不但同属异种间的亲和力强，而且同科异属间的亲和力也较强。因此，以枳为砧、以芦柑为接穗，其嫁接成活率仍然很高。

①砧木和接穗不亲和或亲和力低主要有以下表现。

伤口愈合不良：嫁接后不能愈合或愈合能力差，成活率低；有的虽能愈合，但接芽不萌发；愈合的牢固性差，生长后期易断裂。

生长结果不正常：嫁接后叶片黄化，叶片小而簇生，生长势弱，甚至枯死；有的早期大量形成花芽，果实发育不正常。

“大、小脚”现象：砧木与接穗接口上下生长不协调，有的“大脚”，有的“小脚”，有的呈“环缢”状。

后期不亲和：前期生长良好，而后期出现严重不亲和现象。不同的品种间、不同的砧穗组合都有不同的亲和力表现，在繁育梨苗时要特别注意，如把早生黄金梨嫁接在杜梨上，其成活率还不到70%。

②亲和力与亲缘关系。

植物在发展进化过程中，形成了亲缘的远近关系。近缘植物在形态上是比较相似的，而远缘的就差别很大。比如苹果和山定子、海棠是近缘，橙类和橘类是近缘；而苹果和橙类就是远缘了。人们根据植物亲缘关系的远近把植物分成不同的种、属、科等，不同属、科之间的植物在生理生化等方面有不同的差异。因此，近缘植物的接穗和砧木嫁接时，彼此供应的营养成分适合双方的需求，嫁接容易成活；反之，远缘植物的接穗和砧木差别很大，

嫁接一般难以成活，所以嫁接时接穗和砧木的配置要选择近缘植物。一般种内嫁接易成活，属间较难。

③嫁接亲和力的表现。

果树嫁接亲和力表现有各种形式，一般可以归纳为以下几种。

嫁接亲和性：嫁接亲和性是指砧木和接穗在嫁接后能正常愈合、生长和开花结果的能力。嫁接亲和与否，受砧木、接穗的遗传特性、生理机能、生化反应及内部组织结构等的相似性和相互适应能力的影响，也与气候条件和病毒侵染有关。嫁接亲和力的大小直接影响嫁接成活、嫁接体的长势、抗性和寿命以及产量和品质等。

嫁接不亲和性：是指嫁接后因砧穗组合不适当等原因，表现成活不良或成活后生长发育不正常及出现生理病态等现象。如愈合不良，接芽不萌发；枝叶簇生，早落叶，过早大量形成花芽，结果畸形及患生理病害，输导系统连接不良；砧、穗一方异常生长和增殖；接合部木栓化

死细胞积聚和淀粉分布异常，组织脆弱易断等。其原因有：砧与穗在遗传上不亲和，砧与穗养分、水分输导不协调以及对营养物质的需求和吸收的差异，砧、穗双方在生理上不相适应，代谢过程中产生酚类、树脂、单宁等有毒物质，阻碍亲和性的出现，病毒的感染等。

后期不亲和性：这是指嫁接后虽然可以成活，但是接穗和砧木的新陈代谢不统一，或疏导组织不畅通，致使经过几年至几十年后，接穗逐渐生长不良或枯死。比如，桃嫁接在山杏砧木上，其接口处外表愈合良好，但接口内有空腔，导管未能相互通畅，导致接口处膨大，苗木在接口处易折断，实际上这是一种假愈合现象。后期不亲和现象，多发生在同科不同属或同属不同种之间的嫁接。其表现多种多样，有的当时成活率就很低，有的当时成活率很高，而后期生长衰弱或逐渐死亡，还有的在几十年后才表现出来。

（2）温度。

气温和土壤温度与砧木、接穗的分生组织活动程度密切相关。一般温度在15℃左右时，愈伤组织生长缓慢；在15℃～20℃时，愈伤组织生长加快；在20℃～30℃时，愈伤组织生长较快。其中梨苗嫁接后，在25℃时愈伤组织生长最快；苹果形成愈伤组织的适温为22℃左右；核桃为22℃～27℃；葡萄为24℃～27℃。因此，在春季芽接时，应尽量将接穗嫁接在苗木的向阳处，以提高接口处的温度；而夏季芽接时，应尽量把接穗接在苗木的背阴处，以降低接口处的温度。春季枝接时也应将大的削面朝向阳面，以提高接口处的温度。

（3）湿度。

由于愈合组织是薄壁柔嫩细胞所组成，空气湿度对愈合组织的形成有较大的影响，在愈合组织表面保持饱和湿度，对愈合组织的大量形成有促进作用。用塑料薄膜包扎绑缚可以达到保湿的目的。如果接口包扎不紧，保持湿度不够，或过早除去薄膜，都会影响成活率。接口处保持一定的湿度（相对湿度在95%以上，但不能积水），有利于愈伤组织的产生。因此，必须使接口处于湿润的环境条件下，嫁接后接口必须密闭不能透气，以防止水分蒸发。

检验指标：嫁接后第二天，绑缚的薄膜内没有水珠，说明绑缚不严，需要重新嫁接。

湿度影响嫁接成活主要有两个方面：一是愈伤组织本身生长需要一定的湿度；二是接穗只有在一定的湿度下才能保持其生活力。因此，嫁接前后要灌水，使砧木处于良好的水分环境中。另外，采取蘸蜡密封、缠塑料薄膜等措施保证接穗不失水；接口应绑严实以保持接口湿度，解绑时间不宜过早。嫁接后，愈伤组织在较暗的条件下生长速度较快。因此，在夏季嫁接时，应尽量将接穗接在苗木的背阴处。

（4）砧木和接穗质量。

由于形成愈伤组织需要一定的养分，因此，嫁接成活率与砧木和接穗的营养状况有关。如果砧木生长旺盛，接穗粗壮充实，接芽饱满，砧穗光合产物积累多（特别是碳水化合物），则嫁接成活率高。而砧木管理水平差的，肥多时，嫁接后容易成活。因此，应选择组织充实健壮、芽体饱满的枝条作接穗。夏季嫁接，砧木半木质化、接穗木质化，成活率最高；砧木半木质化，接穗半木质化，成活率也高；而砧木木质化，接穗木质化，成活率就较低；若砧木木质化，接穗半木质化，成活率更低。春季嫁接，砧木木质化，接穗木质化成活率高。

（5）嫁接技术。

嫁接技术是影响接穗成活的重要因素，要求“大、平、准、快、紧”，即接穗和砧木的形成层接触面要大，砧木和接穗削面要平，砧木和接穗双方的形成层要对准，嫁接操作要快，绑缚要紧。切削面不平或粗糙、削面过深或过浅，都会影响愈伤组织的产生和形成。即使稍有愈合，发芽也晚，生长衰弱，接芽易从接合部脱裂。

①大：嫁接时必须尽量扩大砧木和接穗之间形成层的接触面，接触面越大，结合就越紧密，成活率就越高。因此，嫁接时接穗削面要适当长些，接芽削取要适当大些，这些都有利于成活。

②平：接口切削的平滑程度与接穗、砧木愈合的快慢关系紧密。若是削面不平滑，隔膜形成较厚，则不易愈合。即使稍有愈合，发芽也很晚，生长衰弱。所以要求嫁接工具锋利，嫁接技术娴熟。

③准：嫁接愈合主要是靠砧木和接穗双方形成层相互连接，所以两者距离越近，愈合越容易。因此，在嫁接时一定要使两者的形成层对准。否则，形成层错位会导致愈合缓慢、愈合不牢固或无法愈合。

④快：嫁接操作速度要快。无论什么样的嫁接，削面暴露在空气中的时间越长，削面就越容易氧化变色，影响分生组织的分化，因此其成活率也就越低。尤其是柿、核桃、板栗的枝条和芽体中含有较多的单宁物质，在空气中氧化很快、极易变黑、影响其嫁接成活率。

⑤紧：嫁接完后要将接口缠严绑紧。一方面使砧木和接穗形成层紧密连接。防止由于人为碰撞等造成错位；另一方面使接口保湿，有利于愈伤组织的形成。当前生产上常用的塑料条绑缚效果较好。

（六）组织培养

木本植物组织培养的依据为细胞全能性理论，即植物的每个细胞都有发育成为完整植株的潜能。20 世纪 90 年代应用组织培养实现离体快速繁殖的木本观赏植物主要分布在蔷薇科、豆科、木樨科、松科、杉科、大戟科、桑科、牡丹科、紫茉莉科、棕榈科、鼠李科等，约有 100 种，其中蔷薇科包括山楂属、枇杷属、苹果属、梨属、蔷薇属、李属等共约 20 种。

用于离体快繁的外植体材料包括根段、茎段（腋芽）、顶芽（茎尖）、叶片、花药、胚珠、胚（胚轴）、子叶、种子、果实等。因为组织培养是在完全无菌的环境下操作的，所以做好植物起始材料的脱菌工作非常重要。要获得完全无菌的接种材料，一方面可选取植物组织内部无菌的材料，另一方面可通过消毒处理杀死植物材料表面存在的微生物，根据不同材料选用不同的消毒剂及适合的浓度和处理时间，运用不同消毒方法。植物脱菌采用乙醇、升汞、次氯酸钠等灭菌液，灭菌液中有时适量添加吐温，以增加渗透性，提高灭菌效率。灭菌液一方面可对植物进行脱菌，另一方面也会对植物造成一定毒害，因而灭菌过程后需多次用无菌水冲洗。

第六节　观赏植物栽培管理

随着社会的发展和人民生活水平的不断提高，尤其是生态园林城市的建设、绿色通道工程的实施以及人们对生态环境改善的日益重视，园林花卉发挥着重要的作用。因此，栽培管理观赏植物显得尤为重要。

一、苗期管理

（一）间苗

出苗后，幼苗开始生长，逐渐出现拥挤现象，幼苗间相互遮光而且空气不通畅。为了使幼苗健壮生长，要进行间苗和定苗，在间苗和定苗时要做到去弱留强，去小留大，去病苗留壮

苗，同时注意松土除草。

（二）移栽

苗床移栽可减少育苗土地及播种用工的麻烦。同时扩大株间距离，株与株之间有一定的营养面积，达到光照充足，促使幼苗健壮生长。移栽时间应依植物种类和气候条件而定。一般生长快的花卉14天后长出4～6片真叶即可移栽，生长慢的花卉则需要30天以后再移栽。花卉的植株越大则成活率越低，恢复生长亦慢。夏、秋移栽时，为了减少水分的蒸发，可于阴天、雨天或傍晚无风时进行，必要时进行遮阴。

（三）定植

定苗的距离根据花卉品种、株型大小、生产需要以及土肥条件而确定。植株高大，土壤肥沃，距离大，反之则小。留作采种圃的株距要大，成片观赏的株距要小。移栽苗定植前应整好地、施足基肥，然后按一定的株行距定苗。栽植前首先淘汰不同类型品种的花苗和畸形苗，然后选择节间短而粗壮，株型紧凑，根系发达，无病虫害的健壮苗进行定植。定植后立即浇透水，日光强烈时要遮阴数天，直到新叶发出为止。

（四）中耕除草

杂草常与花卉同时生长，不仅同花卉争日光，夺营养，而且多数野草根系发达，其生长势超过花卉，影响通风透光，使花卉生长瘦弱，易遭病虫危害。故生长季节要结合中耕进行除草，结合浇水进行追肥，浇后松土使土壤减少水分蒸发和土壤板结，促使花卉发根抽枝、健壮生长。

二、科学施肥浇水

（一）施肥

木本及宿根花卉在早春萌芽前，施一次无机肥料，以促进早春正常生长。秋季霜冻前宜施一次磷钾肥，促进木本植物的枝条生长充实，提高抗性，1～2年生花卉在幼苗期间需钾肥较多，生长期间需氮肥多，开花结实期间需磷肥多。观花果植物宜多施磷钾肥，观叶植物多施氮肥，在生长期间每隔10～15天施1次稀释饼肥水。施肥时需结合整地、灌溉、中耕除草一并进行。

（二）浇水

畦浇：小面积花卉多用喷壶浇水，特别是多用于苗床。大面积花卉一般多用畦浇，将水引入沟畦，其优点是水量可以掌握，浇水后一定要适时松土。

喷浇：其优点是不占地、省水、省工，又能保墒保肥，地面不板结，灌溉用水以河水、塘水较好，污浊水和碱水不能浇花卉，以免影响其生长。夏季灌溉时间以早晚为好，冬季应在入冬前较适宜。特别是幼苗移栽时为保持其成活，需连续浇水，花农称“紧三水”。从植物一生生长情况来看，在花卉幼苗阶段宜少浇，生长旺盛阶段宜勤浇，开花时勤浇，结籽到成熟时宜少浇，进入休眠期要少浇或不浇水。

三、花卉修剪

（一）修枝

多余枝、枯枝、老枝、密枝、交叉枝、病虫枝、重叠枝和损伤的枝条既影响花卉生长，又大量消耗养分和遮光，并传播病虫害，因此要除去这些枝条。

（二）控制生长

通过修剪引导植株向需要的形状、大小、方位等方面生长，其控制植物生长的方法，就是利用植物的顶端优势这一生理特点进行抹芽、摘心、引导植株侧芽发育生长。

（三）控制花量花期

通过修剪的方法控制花的生长，以及花朵的数量和质量。使花期错开，花期间隔均匀。如大丽花在 5～6 月开花后，剪去上部，仅留茎部。茎部生长后可第二次开花，花朵过多时，可适当摘除。

（四）适度摘心

通过摘心，可使植株分枝，开花多而繁茂，控制其高度、花期，达到植物体型圆满，匀称美观。但并不是任何花卉都要摘心，应根据植物习性和人们的需要摘心。要求推迟开花的植物可摘心，要求提早开花的植物不宜摘心。主干开花优美者，摘心后不仅会推迟开花，而且使花朵变小。花姿减色者如蜀葵、鸡冠花、凤仙花等则不宜摘心。

（五）除蕾抹芽

为使植株花型大而艳丽，对多余的花蕾要除掉，如菊花等，花卉在除蕾时为防意外损伤，可采取多次进行，同时要及时抹掉叶腋间的小枝、腋芽，如菊花、大丽花等要达到一枝条一朵花，花大而形状整齐的目的，从而提高观赏价值。否则花多而小，株型又不整齐，影响美观。

第七节　观赏植物的花期调控

观赏植物是指具有一定的观赏价值，适用于室内外装饰、美化或改善环境并丰富人们生活的植物。观赏植物包括木本与草本的观花、观叶、观果和观株姿的植物种类，是适合于城市园林绿地、风景名胜区、森林公园和室内装饰用的植物。

一般所指的观赏植物的花期主要包括 3 个方面：

（1）每朵花的开放时间。

（2）整个植株上所有花的开放时间。

（3）同一种类不同植株上所有花的开放时间。

通常将每朵花的开放时间定义为单花花期，整个植株上花的开放时间称为整株花期，同一种类不同植株上所有花的开放时间称为群体花期。

花期控制是根据植物特有的开花习性及生长发育规律合理调控实现的，可通过某些特殊的技术措施和改变花卉生长环境条件达到提早或推迟开花的目的。花期控制技术能使原本花期不

遇的杂交亲本实现同期开花，成功解决杂交授粉花期不同的问题；使不同花卉花期提前或推迟成为可能；既可提升观赏植物的商品价值，也对调整产业结构及增加种植者收入有着重要意义。

一、花期调控的基本技术

（一）控制植物生长开始期

植物由生长至开花有一定的速度和时限，采用控制繁殖期、种植期、萌芽期、上盆期、翻盆期等常可控制花期。如四季海棠播种后12～14周开花，万寿菊在扦插后10～12周开花。3月种植的唐菖蒲6月开花，7月种植的10月开花。分批种植，则分批开花。水仙、风信子等花卉在花芽分化后，则随开始水养期的迟早而决定其开花期的迟早。其他花卉上盆、翻盆的迟早，对开花期也有一定的影响。

（二）温度处理

温度是植物成花的必要因素，主要体现在：促进或抑制植物花芽分化与发育，打破或延迟植物休眠，低温诱导成花，超温抑制开花。

1. 增温法

对一些夏季开花的木本花卉，花芽着生在当年生枝上，在高温下形成花芽而开花。通过增温，一方面可促进花芽分化与发育（如茉莉等），在低温来临前（8月下旬）放入温室，给予白天25℃以上、夜温不低于18℃，则可继续生长而开花。另一方面可打破休眠期促进成花（如月季）。冬季休眠期给予15℃～25℃，加强肥水管理，光照充足，则可打破休眠。对一些高温下花芽形成而在冬季休眠的木本花卉如梅花、牡丹等，在完成一定阶段的低温（0℃～4℃）休眠期后，增温可促进花芽发育，给予15℃～25℃可以打破休眠，促使花芽提前发育而开花。

2. 降温法

对于花芽越冬休眠而耐寒的花卉，降温可延长休眠期推迟其开花。在冬末气温尚未转暖时，植株尚处于休眠期，将其放入－1℃～2℃冷库，低温处理时间长短依出库后自然气温的高低及植物花芽发育所需时间长短而定。如欲使大花萱草、芍药9月中下旬至10月上旬开花，可自2月中旬至3月中旬入库，大花萱草于6月下旬出库，芍药于8月下旬至9月初出库，根据需要分期分批出库。对于绝大多数秋植球根花卉，花芽发育阶段要求在低温下完成，即冷藏处理种球可促进其花芽发育，然后在高温下开花。如在2℃～4℃冷藏处理球根花卉，大多数种球可长期贮藏，推迟花期。另外，利用高海拔山地的冷凉环境也可实现观赏植物的花期调控。

3. 光照处理

光照处理包括3个方面：光周期处理、光照强度处理、光质处理。对光周期敏感的观赏植物，采取遮光处理方法，可在长日照季节使短日照花卉提前开花，使长日照花卉延迟开花；采取增光处理方法，在短日照季节使短日照花卉延迟开花，使长日照花卉提前开花。据报道，光照强度对开花具有一定的调控作用，光照越强，开花需时越短；光照弱则发育慢、开花迟。如要一品红延至春节开花，可进行长日照处理，加光光度100 lx即可阻止花芽分化及发育，白天阴天应及时补光。对大多数花卉，在其盛开期降低光照强度可适当延长花期。另外，光质对花期的影响也有报道，蓝光光质可使菊花“白莲”花期提前并提高观赏品质。

4. 植物生长物质处理

植物生长物质包括植物激素和植物生长调节剂。据报道，植物花芽分化是由多种激素综合调节的。常用的有赤霉素、萘乙酸、B9、乙烯利、6－BA 等。利用 GA 处理 20 多种二年生花卉可代替春化作用；赤霉素促进凤梨花芽萌发，乙烯利抑制凤梨花芽萌发；沈慧娟等研究发现，复合生长调节剂（BA、GA、NAA、亚精胺）处理可以促进麝香百合、仙客来、瓜叶菊的花芽分化。若将低温与赤霉素相结合处理香雪兰，可达到提前开花的目的。

第八节　一、二年生观赏植物栽培

一年生观赏植物在 1 年内完成其生活周期，称一年生观赏植物。即从播种到开花、结实、枯死均在 1 年内完成。一年生观赏植物多数种类原产于热带或亚热带，故不耐 0℃以下的低温。通常在春天播种，夏、秋季开花、结实，在冬季到来之前即枯死，故一年生观赏植物又称春播观赏植物，如凤仙花、万寿菊、麦秆菊、鸡冠花、百日草、波斯菊等。

二年生植物是指在两年期内完成其生命周期的任何非木本植物。通常首年会完成发芽、长出根、茎及叶的营养生长阶段，并在寒冷季节进入休眠状态。这段时期的茎非常短、叶紧贴地面，呈矮丛型。在寒冬及春化现象后于翌年进入生殖生长阶段，这段时期植物的茎部会快速地变得长而细，出现抽薹现象。开花、结果并散播种子均在一年内完成，直至死亡。现在已知的二年生植物的数目远少于多年生植物及一年生植物。

一、二年生花卉生产特点

生产中以种子繁殖为主，扦插繁殖也是一种繁殖方式。一年生植物繁殖时间：春季晚霜过后（3 月中下旬）。二年生植物繁殖时间：以播种繁殖为主，又叫秋播植物，耐寒力较强，一般在秋季播种，种子发芽适宜温度低，播种早不易萌发，只要保证出苗后根系和营养体有一定的生长量即可。在冬季特别寒冷的地区，一般在春季播种，作一年生栽培。一些二年生花卉可以在 11 月下旬土壤封冻前露地播种，种子可在休眠状态下越冬，并经冬、春低温完成春化；也可于早春土壤刚化冻 10 cm 时露地播种，利用早春低温完成春化，但不如秋播生长好，如须苞石竹、月见草。

二、宿根观赏植物栽培

宿根观赏植物指个体寿命超过两年，可持续生长，多次开花、结果，且地下根系或地下茎形态正常，不发生变态的一类多年生草本花卉。依其落叶性不同，宿根花卉又有常绿宿根花卉和落叶宿根花卉之分。

常绿宿根花卉有麦冬、红花酢浆草、万年青、君子兰等。落叶宿根花卉有菊花、芍药、桔梗、玉簪、萱草等。落叶宿根花卉耐寒性较强，在不适应的季节里，植株地上部分枯死，而地下的芽及根系仍然存活，待春天温度回升后，又能重新萌芽生长。宿根植物可以采用分蘖、根插等无性繁殖方法加以培育。宿根花卉有不同的开花机制，一般需要满足光周期（日照长短）或春化（低温）条件，或两者都要。

（1）光周期。宿根花卉经常需要光周期以刺激开花。长日照植物开花需 14 小时或更长日照，中日照植物无论日照长短都开花。短日照植物开花则需短日照（一般低于 12 小时）。长日

照植物能在其非自然开花季节通过人工补光刺激开花。一个简单易行的方法是夜间补光，从夜间 10 点到次日凌晨 2 点补充 4 小时光照，照明度 50 至 100 勒克斯的白炽光即可。补光有时会导致徒长，特别是用白炽光时。因此一旦出现花蕾就关掉光源。

（2）春化。成功春化有以下 3 个要素，缺一不可：①准备春化的植株必须充分成熟。②适宜的低温（一般不能高于 5℃）。③适当的低温处理时间（一般至少 6 周）。

植株未成熟的宿根花卉在进行低温处理后效果并不理想，一般低温处理前至少保证 2 个月的营养生长期。春化能明显缩短植株移植后的开花时间和统一花期。宿根花卉生长强健，根系较一、二年生花卉强大，入土较深，抗旱及适应不良环境的能力强，一次栽植后可多年持续开花。

三、球根观赏植物栽培

球根花卉是指地下部分具有肥大的变态根或变态茎，花卉生产中总称为球根，如百合、大丽花、水仙等。

（一）栽后管理

一年生球根栽植时土壤湿度不宜过大，湿润即可。种球发根后发芽展叶，正常浇水，保持土壤湿润。可叶面喷肥，追施较稀浓度的无机肥。二年生球根应根据生长季节灵活掌握肥水原则。原则上休眠期不浇水，夏秋季休眠的只有在土壤过于干燥时才给予少量水分，防止球根干缩即可。生长期则应供足水分。施肥的原则略同于浇水，一般旺盛生长季节应定期施肥。观花类球根植物应多施磷钾肥，观叶类球根植物应保证氮肥供应，但不能过度。喜肥的球根植物应多施肥料。休眠期不施肥。

（二）栽培要点

（1）球根栽植时应分离侧面的小球，将其另外栽植，以免分散养分，造成开花不良。

（2）球根花卉的多数种类吸收根少而脆嫩，折断后不能再生新根，所以球根栽植后在生长期间不能移栽。

（3）球根花卉多数叶片较少，栽培时应注意保护，避免损伤，否则影响光合作用，不利于开花和新球的生长，也影响观赏。

（4）作切花栽培时，在满足切花长度要求的前提下，剪取时应尽量多保留植株的叶片，以滋养新球。

（5）花后及时剪除残花，以减少养分的消耗，有利于新球的充实。以收获种球为目的的，应及时摘除花蕾。对枝叶稀少的球根花卉，应保留花梗，利用花梗的绿色部分合成养分，供新球生长。

（6）开花后正是地下新球膨大充实的时期，要加强肥水管理。

（三）种球采收与贮藏

球根花卉停止生长进入休眠后，大部分种类需要采收并进行贮藏，休眠期过后再进行栽植。

1. 种球采收

虽然有些种类的球根可留在土中生长多年，但作为专业栽培，仍然需要每年采收，原因如下：

（1）冬季休眠的球根在寒冷地区易受冻害，需要在秋季采收贮藏越冬；夏季休眠的球根如果留在土中，会因多雨湿热而腐烂，也需要采收贮藏。

（2）采收后，可将种球分出大小优劣，便于合理繁殖与培养。

（3）新球和子球增殖过多时，如不采收、分离，常因拥挤而生长不良，养分分散，植株不易开花。

（4）发育不够充实的球根，采收后放在干燥通风处可促其后熟。

（5）采收种球后可将土壤翻耕，加施基肥，有利于下一季节的栽培。也可以在球根休眠期栽培其他作物，以充分利用土壤。采收要在生长停止、茎叶枯黄而没脱落时进行。

采收种球要求如下：过早采收，养分还没有充分积累于球根；过迟采收，则茎叶脱落，不易确定球根在土壤中的位置，容易损伤球根，子球容易散失。采收时，土壤要适度湿润，挖出种球后除去附土。唐菖蒲、晚香玉等要翻晒数天让其充分干燥即可，防止过分干燥而使球根表面皱缩；秋植球根在夏季采收后不宜放在烈日下暴晒。

2. 种球的贮藏

（1）贮藏前要除去附在种球上的杂物，剔除病残球根。名贵种球如果上面有不大的病斑，可将其剔除，在伤口上涂抹防腐剂或草木灰。容易感染病害的种球，贮藏时最好混入药剂或用药液浸洗消毒。

（2）球根的贮藏方法因种类不同而异。对于通风要求不高，需保持一定湿度的球根种类，如大丽花、美人蕉等，可采用埋藏或堆藏法，量少时可用盆、箱装，量大时堆放在室内。贮藏时，球根间填充干沙、锯末等。

（3）对要求通风良好、充分干燥的球根，如唐菖蒲、郁金香等，可在室内设架，铺上苇帘、席箔等，上面堆放球根。如为多层架子，层间距应在 30 厘米以上，以利通风。量少时，可放在木盘、浅盘上，也可放入竹篮或网袋中，置于背阴通风处贮藏。球根贮藏所要求的环境条件也因种类不同而异。

（4）春植球根冬季贮藏，室温多保持在 4℃～5℃，不能低于 0℃或高于 10℃，室内不能闷热或潮湿。

（5）贮藏球根时，要注意防止鼠害和病虫危害。多数球根花卉在休眠期进行花芽分化，所以贮藏环境的好坏与以后的开花有很大关系，应引起重视。

四、木本观赏植物栽培

木本观赏植物包括灌木、乔木和藤本植物，在栽培时，主要是挖栽植穴或栽植沟，前者用于各种单株树木，后者则是对绿篱而言。总之，不论裸根苗还是带土球苗，栽植穴都要较根系和土球大和深 30～40 cm。栽植沟深为 20～25 cm，二年生以上的为 40～50 cm。对于沟宽，一年生小苗单行为 25～30 cm，双行为 30～40 cm。每个栽植穴均应挖成穴壁平直、穴底平坦，切忌挖成锅底形。栽植时，应掌握适宜的深度，以保持原来深浅为原则，为防止土壤不实下沉，可比原来深度略深约 2～3 cm，但对于一些不耐水湿的树种，栽植时，应略高于地面，对今后生长更有利。栽植中，应分层填土并捣实。最后，在四周培一个土围子，并浇透水，千万不可壅成馒头状，那样不仅不利于灌溉和接受雨水，而且会相对增加栽植深度。大、中型树木栽植后，要设立支架保护。

（一）灌溉与排水

木本观赏植物只有在苗期、移栽时、定植初期及幼年阶段需要较多的水分，但不及露地草本花卉对水分的需求高，因其根系比草本花卉深，体内含水量又较低，枝叶蒸发水分也没有草本花卉多，一般可分前、中、后 3 个时期掌握灌溉量。

（1）前期苗木幼根分布浅，只能在土表层吸收水分，而土表易干旱，故应少量、勤灌以保持湿润，并可适当放宽间隔期以促进根系向下生长。

（2）中期为速生期，此期苗木地上部分和地下部分迅速生长，生理活动旺盛，气温渐高，苗木蒸腾与土壤蒸发量都很大，水分消耗多，可大水透浇，间隔期可短些。

（3）后期苗木生长逐渐停止，应减少并停止浇水，使苗木组织充实，以备越冬。

总之，灌溉应根据树种、生长情况、季节等不同而异。春旱、秋旱和伏旱严重的地区，要注意春灌、秋灌和伏灌，冬无积雪地区，冬灌要透，施肥后要及时灌水。

（二）中耕除草

木本观赏植物在苗期，要注意中耕除草，到中、后期，即可结合施肥或一年中在旱熟季节进行 1～2 次除草即可。因木本观赏植物下可以考虑间作，以便充分利用地力和减少除草劳力。从观赏角度出发，允许有地被花草生长，这样既增加美观，又减少除草及地表冲刷。

（三）施肥

木本观赏植物的施肥工作，除苗期外，每年只需进行 1～2 次，在生长旺季前及时进行追肥即可。由于木本观赏植物栽培年限长，栽植前施足基肥很重要，不仅在整地时要施大量基肥，在栽植穴内也要施基肥。在生长季节里，主要是掌握生长规律施肥，一定要在速生期前进行，否则不仅对生长不利，而且造成浪费。

施肥方法对于大苗或大树，一般采取环状沟施，即在树冠下挖宽 30～40 cm、深 30 cm，大小与树冠相仿的环状沟进行施肥。还可用穴施，即在树冠投影内按一定距离挖深 40～50 cm 穴施肥，还可挖数条辐射状沟进行沟施。个别的观赏果树还可用根外追肥的方法施肥。

（四）整形修剪

木本观赏植物的整形、修剪较草本花卉要求高一些，其主要方法如下：

（1）整形：悬挂式、棚架式、圆球式、尖塔式、雨伞式等。

（2）修剪：木本观赏植物的修剪可分为苗期和栽植后管理期间的修剪。其修剪的基本方法主要有短剪和疏剪。

（五）越冬防寒

木本观赏植物的越冬防寒，主要有培土法和保温材料包扎法。培土法是最安全的防寒法，用湿土压埋后，一旦土层冻结，不论气温下降多少，土温常保持在－5℃左右，还可避免被冬季寒风抽干。具体做法有拥土压埋和开沟压埋两种。保温材料包扎法针对一些大型乔木观赏树木，因其树体高大，无法压埋、覆盖，所以采用这种方法进行防寒。

五、水生观赏植物栽培

水生观赏植物是指常年生活在水体中、沼泽地、湿地上，具有较高观赏价值的植物，习惯意义上的水生观赏植物以多年生草本植物为主。

（一）水生观赏植物常用的繁殖方法

1. 播种繁殖

水生观赏植物生活在水环境中，种子成熟大都在水中完成，给采收种子带来一定的难度，必须适时观察，待种子成熟时，将果实采回后经过一段时间的后熟处理方可达到预期效果。同时，还可将即成熟的果实套上纱袋，使成熟后的种子落入袋内，不被流水冲走。种子采收后应及时清洗，选出粒形整齐、饱满、无病虫害的种子进行干燥贮存或潮湿及水贮存。

播种时间一般以春播为主。在有温室的条件下，常年都可以播种。种子在播种前一般应做处理，如温水浸种、锉剪伤种皮、砂藏、消毒等。同时，也可行催芽处理。

播种后的管理主要是做好温湿度管理和移植工作。发芽前，苗床或盆必须覆盖塑料薄膜或玻璃以利保温保湿，晴天中午给以一定的缝隙以便通风，适时加水、换水。

水生观赏植物种子大小不一，生长发育快慢也不一，必须经过移植阶段。待幼苗生出浮叶时，便可定植。

2. 无性繁殖

分株繁殖是从植物丛生或产生根茎、匍匐茎、根状茎等部位分割成若干株。分株一般在植株休眠期或结合换盆进行。其缺点是不能一次性获得大量的种苗。但繁殖方法与技术简便，容易推广应用。

分球繁殖是用分生的鳞茎、球茎、块茎分离栽植，即成新的植株。

压枝繁殖是将母植株的枝压埋于土壤或泥中，使其生根后与母株分离成为独立的植株。压枝一般在夏季进行，如千屈菜、芦苇、荻、圆叶泽台草等。

扦插繁殖亦称插条繁殖，即剪取水生观赏植物的茎、叶、根、芽等，插入砂中或泥中灌水，生根后移植，即成为独立的新植株的繁殖方法。扦插的季节一般分春季扦插、夏季扦插、秋季扦插。

（二）栽培管理要点

1. 栽种场地要求

栽种水生植物应遵循水生植物的生物学特性，选择适宜的品种和适应的栽植场地，可在湖、塘、水田、缸、盆（碗）中栽植。要求光照充足，水位控制在 10～150 cm，水底土质肥沃，并有 20 cm 厚的淤泥层，最好能选择在水流畅通的区域栽种。如果是人工造园，修挖湖、塘的观光旅游景点，应对每个品种修筑单一的水下定植池。根据水生植物喜光、怕风的习性，栽种缸、盆（碗）的场地，要求地势平坦，背风向阳。一般要求缸高 65 cm，直径 65～100 cm；栽种容器之间的距离应随种类的生态习性而定，一般株距 20～100 cm，行距 100～200 cm。

2. 栽种后的主要管理工作

（1）除草。水生观赏植物在幼苗期生长较慢，从栽植到植株生长的全过程，必须经常清除杂草。

（2）追肥。一般在植物生长发育的中、后期进行，可用浸泡腐熟后的人粪、鸡粪、饼类肥；一般每年需要两到三次。在施追肥时，应用可分解的纸袋装肥或用泥做成团施入泥中。

（3）水位调节。水生植物在不同的生长时期，所需的水位不同，调节水位，应掌握由浅入

深，再由深到浅的原则。栽种时，保持 5～10 cm 的水位，随着立叶或浮叶的生长，可将水位提高（一般在 30～80 cm）或降低。如荷花、睡莲等在生长地下茎时，要将水位放浅或做成湿地来提高泥温和昼夜温差，以增加种苗的繁殖数量。

（4）防风防冻。水生观赏植物的木质化部与纤维素含量少，抗风能力差，栽植时，应选择有防护林的地方为宜。在北方，冬天要入室或灌深水防冻；在长江中下游一带露地越冬时，可将缸、盆埋于土里或在缸、盆的周围夯土、包草、盖草防冻。

（5）遮阴。水生观赏植物中有些属荫生性，不适应强阳光的照射，栽培时需搭设荫棚，荫棚多采用黑色或绿色的遮阴网。

（6）病虫害防治。水生观赏植物所处的生态环境较为特殊，大都种植在空旷的野外，水源条件充足，空气湿度大，温度高，光照强，特别是在风景区，人员来往多、害虫的天敌少等因素使得水生观赏植物极易感染病虫害。因此，无论是生产基地，还是风景区，一定要加强水生观赏植物的病虫害防治，避免造成重大损失。

六、盆栽观花类观赏植物栽培

（一）盆栽观赏植物栽培管理

1. 调节水分改善开花状态

水是植物体的重要组织成分，与植物的生理活动息息相关，浇水便是家庭养花的主要管理工作之一。在家庭养花中水分的调节主要是盆土内的水分控制和盆周边的环境湿度控制，两者处理的结果均会对植物的开花产生影响。

（1）盆土浇水原则：盆土浇水要掌握以下原则：间干间湿，见干即浇；不干不浇，浇则浇透。间干间湿，是使土壤时干、时湿，既保证花木供水，又使盆土透气，保护根系发育。干的环境下会促进根的生长，而湿的环境则会促进芽更好地生长，时干时湿可以使植株既有较好的根，又有健壮的枝叶。“干”的标准是盆土上层干燥，底土尚有潮气，植株生长正常或叶片与花出现失水现象，则须立即补充水分，以恢复生机。对于一些喜湿润的花卉，如杜鹃、含笑、山茶、栀子、米兰等，见栽培介质表层发白时就应进行浇水，浇至盆底流水即可。要做到盆土不可长时间过干或过湿，保持“润”即可。浇则浇透的原则，是指浇水量要见到盆底有水渗出。盆土上湿下干的半腰水是盆花管理大忌，会以盆土表面的湿润现象掩盖了缺水的实质，而造成根部缺水而死亡，这种现象称为“断水”。断过水的植物，再浇水抢救，也很难复生。

（2）浇水量的控制：草本花卉要多浇，木本花卉则少浇。草本花卉根系浅，吸收水分能力差，而体内需水量多，叶面蒸发快，故浇水应多而勤，夏天除每天浇水外，还应叶面喷水；木本花卉根系入土深，分布面广，吸水力强，浇水量可适当少些，夏天一般隔日浇水一次即可。叶大质软的多浇，叶小的可少浇。叶片愈大，质地愈软，水分愈易蒸发，就应多浇些水。气温高的夏秋季多浇水，天冷的冬春则少浇水。生长旺盛期多浇，休眠期少浇。花卉生长旺盛期需要大量的养分和水分，故应结合施肥多浇水、勤浇水；花卉休眠时，需水量很少，应严格控制浇水。苗大盆小时要多浇水，苗小盆大时要少浇水。阳台上养护要多浇水，庭院中养护要少浇水。

（3）浇水方法：花卉浇水最好用雨水。如用自来水，须存放 1～2 天，让氯气充分挥发后再使用。盆栽花卉浇水，大部分要避免当头淋浇，否则会引起花、叶的腐烂；兰花、竹芋类花卉除适当浇水外，还要求经常喷水，以提高栽培环境的空气湿度。另外，高档盆花，如仙客来、大花蕙兰等不好控制浇水是否浇透时，可采用盆浸法浇水，即找一个比花盆稍大的盆子，装好水，然后将植株连盆一起浸入水中，待几分钟后，盆表面会有水渗出，即表明已经浇透，将花盆拎出即可。

(4) 严重干旱脱水的抢救方法：当植物因长时间干旱脱水，茎叶出现萎蔫，但茎干尚具生命时，应先将植株置于荫蔽处，以减少植物体水分的蒸发，并进行叶面喷水，保持地上部分环境的湿度；根部浇水后，不宜连续补水，以防根系缺氧。可以根据“干干湿湿”的原则，保持土壤透气，促发新根，恢复生机。失水严重的植株，根据地上部分生长状态，进行适当修剪，有利重新萌芽发叶。而当盆土积水，植株发生涝害，枝叶萎蔫失神时，应立即将植株带土移出盆外，放阴凉、通风处，使根部土壤水分尽快散发，3～5 天后恢复生长，再行上盆。连续阴雨，室外盆栽植物可将盆横倒，以避免积水。天气久雨，突然放晴，阳光强烈时，植物会因根系生长受损，枝叶水分蒸腾过强，造成严重失水而死亡，故要注意严格控水、搬移位置、遮阳，以使其恢复生长。

2. 施肥让花更艳丽

肥料是花卉生长需要的养分来源，直接影响花卉的生长发育。对不同植物，在不同生长阶段，适时、适量施用所需的营养元素，才能使花卉生长枝叶繁茂，花繁似锦。

(1) 庭院堆肥：利用庭院荫蔽角落，将日常的蔬菜茎叶、豆壳、瓜果皮、草药渣、蛋壳、家禽羽毛、鱼鳞、鱼内脏与杂草、落叶等堆积沤腐，为防止臭味外溢，可以用泥或塑料薄膜封盖。

(2) 家庭瓶制有机肥：利用可乐瓶、调和油瓶等小口废塑料瓶为容器，注入鱼鳞、鱼内脏、鱼骨、虾壳等动物下脚料，经发酵、腐熟制成优质液态速效肥。也可用腐坏的黄豆浸泡沤制。淘米水含有水溶性维生素及矿物质，其中 B 族维生素的含量特别丰富，发酵后可用来浇灌花木。发酵后的淘米水作为花木的一种有效营养来源，既不伤根，又不会使土壤板结，是一种方便又实惠的环保花肥。

(二) 盆栽观叶类观赏植物栽培

1. 室内观叶植物的养护管理

(1) 光照。摆放位置尽可能满足光照要求。大厅、会议室内要求能接受 2～3 小时的漫射光或反射光照射，光照强度达到 1400 勒克斯以上；办公室、居室、客厅要求接受 1～3 小时漫射光或反射光照射，光强达到 1000 勒克斯以上；走廊、过道光强要达到 900 勒克斯以上。

(2) 浇水。盆栽植物的水分来源全靠人工浇水供给，如果缺水，植物的生理活动会受到影响，甚至茎叶枯死；相反，如果盆中积水，也会影响根系的呼吸和有益微生物的活动，严重的还会导致根系腐烂而死亡，因此适时适量浇水在管理工作中非常重要。植物在室内摆放期间，一般水分不宜过多，间干间湿，一次浇透，切勿浇半腰水。此外，还可用喷壶或小喷雾器叶面洒水，夏季每天两次，冬季每天一次，以增加湿度，并清洗叶面灰尘，利于光合作用。

(3) 施肥。每半月施 5‰复合肥水一次或一个月叶面喷一次 1‰尿素。此外，用淘米水浇花也有施肥作用。为方便起见，每周在盆表面撒几粒复合肥也可。

(4) 病虫害防治。室内不宜用剧毒农药。蚜虫可用 1‰洗衣粉或灭蚊药物喷洒（用量不宜太大）。白粉病可用酒精棉球擦净。若危害严重，要搬到室外对症防治。

(5) 及时养护。如发现叶片有萎蔫、发黄、落叶或暗淡无生机等现象，应及时进行恢复养护。其间不能让阳光直射，以防被太阳灼烧或大量蒸发失水，萎蔫死亡。如没有遮阴处，可人

工搭盖黑色遮光网，透光率为70%～75%，光照强度为1500～3000勒克斯。保养场地必须空气清新，但要防止强风。养护初期不宜动土换盆。因为这时植物各组织和机能处于迟滞状态，一经动土，根系会受损伤。只宜将黄叶、枯叶、病叶等剪去，适量浇水，同时配以薄清肥水，每周1次，1个月后逐步增加，两个月至两个半月后，增加到正常苗木施用浓度。待生机恢复，再视长势换土换盆。盆土以腐叶土与砂壤土各半为宜，底肥以干猪粪为好，配少许骨粉和油渣，因为骨粉和油渣为迟效肥，可在植株更换到室内后，慢慢发挥肥效。盆底一定要空、透，以防再度搬进室内时遇空气不畅，积水烂根。

（6）观叶植物叶片的修剪。随着植物生长，叶子越来越繁茂，及时对植物进行管理和养护对于保持植物的良好状态是非常必要的。观叶植物养护过程中，除对枝条进行修剪外，对叶片也应该及时经常修剪。植物叶片若出现病叶和干叶应及时剪除，干叶可直接扔掉，病叶需马上深埋或烧毁，免得病菌传染；过密的叶片互相遮挡，接受阳光不均匀会影响植物的光合作用，影响植物的通风和透气，并且容易感染病虫害，因此，要及时修剪叶片，使叶片稀疏均匀；对于非病害造成的叶片干边或干尖现象，如果植株叶片较密集，剪掉后不影响植株整体形状和美观，可以进行全叶剪除；如果植株叶片稀疏，应该对叶片进行整形式修剪，仅剪掉干边、干尖部分，其他部分需要保留。具体做法是：按照叶片形状剪除干边和干尖，注意剪边圆滑，剪后的叶片与正常叶片形状相似，长短宽度比例合适；温室中空气湿度过大的植物以及叶片伤口容易病变的植株不适宜用此方法修剪叶片。修剪叶片的优点是保持了原来的株型，既可以达到观叶的目的，又提高了花卉植株的生长情况。

2. 盆栽基质的选择与配置

（1）栽培基质。

室内观叶植物在栽培时要求有类似原产地的生长环境。选择栽培基质时，不仅应考虑其固有的养分含量，而且要考虑它保持和供给植物养分的能力。

栽培基质必须具备以下两个基本条件：①物理性质好，即必须具有疏松、透气与保水排水的性能。基质疏松、透气性好才能有利于根系的生长；保水好，可保证经常有充足的水分供植物生长发育使用；排水好，不会因积水导致根系腐烂；此外，基质疏松，质地轻，便于运输和管理。②化学性质好，即要求有足够的养分，持肥保肥能力强，以供植物不断吸收利用。

（2）室内观叶植物栽培中可选择的基质有以下几种：

①叶土。腐叶土是由阔叶树的落叶长期堆积腐熟而成的基质。在阔叶林中自然堆积的腐叶土也属于这一类土壤。腐叶土含有大量的有机质，土质疏松，透气性能好，保水保肥能力强，质地轻，是优良的盆栽用土。它常与其他土壤混合使用，适于栽培多数常见花卉，也是栽培室内观叶植物的最佳土壤。

②泥炭土。泥炭土又称黑土、草炭，系低温湿地的植物遗体经几千年堆积而成。通常，泥炭土又分为两类，即高位泥炭和低位泥炭。高位泥炭是由泥炭藓、羊胡子草等形成的。主要分布于高寒地区，我国东北及西南高原很多。它含有大量有机质，分解程度较差，氮及灰分含量较低，酸度高，pH值为6～6.5或更低，使用时必须调节其酸碱度。低位泥炭是由生长在低洼处、季节性积水或常年积水的地方，需要无机盐养分较多的植物（如苔草属、芦苇属）和冲积下来的各种植物残枝落叶经多年积累而成。我国许多地方都有分布，其中以西南、华北及东北分布最多，南方高海拔山区亦有分布。它一般分解程度较高，酸度较高位泥炭低，灰分含量较高。泥炭土含有大量的有机质，土质疏松，透水透气性能好，保水保肥能力较强，质地轻且无病害孢子或虫卵，所以也是盆栽观叶植物常用的土壤基质。但是，泥炭土在形成过程中，经过

长期的淋溶，本身的肥力有限，所以在配制使用基质时可根据需要加入足够多的氮、磷、钾和其他微量元素肥料；同时，配制后的泥炭土也可与珍珠岩、蛭石、河沙、园土等混合使用。

③园土。园土是经过农作物耕作过的土壤。它一般含有较高的有机质，保水持肥能力较强，但往往有病害孢子和虫卵残留，使用时必须充分晒干，并将其敲成粒状，必要时施行土壤消毒。园土经常与其他基质混合使用。

④河沙。河沙是河床冲积后留下的。它几乎不含有机养分，但通气排水性能好，且清洁卫生。河沙可以与其他较黏重的土壤调配使用，以改善基质的排水通气性；也可作为播种、扦插繁殖的基质。

⑤树皮。主要是栎树皮、松树皮和其他厚而硬的树皮，其具有良好的物理性能，能够代替蕨根、苔藓、泥炭作为附生性植物的栽培基质。使用时将其破碎成 0.2 厘米的块粒状，按不同直径分筛成数种规格：小颗粒的可以与泥炭等混合，用于一般盆栽观叶植物种植；大规格的用于栽植附生性植物。

⑥椰糠、锯末、稻壳类。椰糠是椰子果实外皮加工过程中产生的粉状物。锯末和稻壳是木材和稻谷在加工时留下的残留物。此类基质物理性能好，表现为质地轻、通气排水性能较好，可与泥炭、园土等混合后作为盆栽基质。但对于一些植物，使用这类基质时要经适当腐熟，以除去对植物生长不利的异物。

⑦珍珠岩。珍珠岩是粉碎的岩浆岩经高温处理、膨胀后形成的具有封闭结构的物质。它是无菌的白色小粒状材料，有特强的保水与排水性能，不含任何肥分，多用于扦插繁殖以及改善土壤的物理性状。

⑧蛭石。蛭石是硅酸盐材料，系经高温处理后形成的一种无菌材料。它疏松透气，保水透水能力强，常用于播种、扦插以及土壤改良等。

（3）基质的配置。

不同的基质，其理化性状也各不相同。单独使用一种基质，其性能难免不够全面，时间久了，其性能还会劣变，因此，在应用时应根据各种植物的特性及不同的需要而加以调配，做到取长补短，发挥不同基质的性能优势，使其更好地适应植物生长。

七、多肉、多浆类观赏植物栽培

温室为多肉观赏植物创造了适宜的生长环境，多肉植物喜欢凉爽的半阴环境，耐旱不耐寒，怕高温潮湿、烈日暴晒，对土壤透气性要求高。

（一）栽培基质

多肉植物喜砂壤土，因为砂壤土排水、透气又保肥。通常在做苗床地栽时，用腐叶土、粗砂以 2∶3 比例混合栽种，上盆可按草炭、珍珠岩、沙子以 1∶1∶1 比例配制基质，并喷洒 800 倍多菌灵消毒。

（二）温度和光照

多肉植物最佳生长温度为 10℃～20℃，低于 5℃或高于 30℃时休眠。多肉植物在冬季须保持棚内 15℃以上，阳光充足的天气，使其尽量吸收阳光，阴天时保持棚内温度，不要打开草帘或棉被；夏天高温天气，须注意不要让阳光直射多肉植物，以免造成晒伤，棚上设置遮阳网，同时保持棚内通风。

（三）水分

多肉植物对水分要求不高，生长旺盛期需要及时补充水分，休眠期要少浇水；夏季高温期，要增加温室空气湿度，并保持通风换气，水分多会造成植株腐烂和诱发病菌滋生。

（四）移栽

（1）移栽时间。移栽要避开高温的夏季和严寒的冬季，早春和晚秋移栽成活率较高。一般移栽时间在 3 月中下旬和 8 月中下旬，长势过密的植株需要分盆。

（2）移栽方法。移栽的植株根系要健康，不带病菌，适当晾晒后再种，促其发根，以增强根系吸收能力，苗床土拌敌磺钠后浇透水，然后把植株栽到苗床土中，立即喷水并适当遮阴，保持一定的空气湿度。

（五）繁殖方法

（1）播种。春、秋季是播种的最佳时间，由于昼夜温差大，多肉植物出苗整齐，幼苗长势也快，发芽适温为 20℃～27℃，播种后保持苗床高湿度，20～30 天即可发芽。播种的多肉植物长势缓慢，收益较晚。

（2）扦插。多肉植物营养器官根、茎、叶肥厚多汁，储存养分多，适宜扦插。根据品种特点选择不同的扦插方式，扦插的器官要健康、汁液饱满、无病虫害，取材后要晾晒一下，待伤口愈合后，稍倾斜埋在基质中，要遮阴，以减少养分消耗，保证温室内空气湿度和温度。

（3）分株。为了不影响多肉植物长势和保持株型美观，取下多肉植物老株旁边发出的侧芽，晾晒 1～2 天，然后插入苗床内，并保持一定的空气湿度，温度保持在 20℃～25℃，3～4 周就能发出新根。

（六）浇水、施肥

（1）浇水。多肉植物在浇水时要间干间湿，不湿不浇，在室温 5℃～30℃下，浇透水，待床土干了再浇。平时要经常松土，这样水分可均匀吸收，同时，要保持温室内空气湿度不超过 60%。在温度低于 5℃或高于 30℃时，多肉植物会进入休眠，此时不宜多浇水。

（2）施肥。在植株生长旺盛期施肥，休眠期和冬季时段生长基本停滞，对肥水需求很低，可不施肥。施肥要少量多次，少施氮肥，多施磷钾肥。植株根部损伤、生长不良、茎叶有伤口者不需施肥。

（七）病虫害防治

（1）病害。

炭疽病：炭疽病是危害多肉植物的重要病害，多发生在严重潮湿的季节，施用氮肥过量也可能引发病害，平时要注意将温室内空气湿度保持在 60%，再喷洒甲霜灵锰锌 1000 倍液防治。

软腐病：其为多肉植物的常见病害，通常由低温或休眠期浇水过多导致软腐，致病菌从根部伤口侵入，导致发生软腐现象后多肉植物腐烂死亡。一般可用农用链霉素 3000 倍液喷洒防治。

（2）虫害。

蚧壳虫：比较常见的虫害，一般发生在春季，吸食茎、叶汁液导致植株生长不良，严重时出现枯萎死亡，可用阿维菌素 800～1000 倍液喷洒防治。

红蜘蛛：栽培环境闷热时诱发，主要吸食植株幼嫩部位汁液，被害部位会出现黄褐色斑痕，可用 40%三氯杀螨醇 1000～1500 倍液防治。

（3）生理性病害。

生理性病害主要是由于栽培环境光照过强或光线太暗，冷害或补水不足等因素造成茎、叶表皮发生灼烧或部分组织坏死，最根本措施是加强管理，创造适宜的栽培环境。

第九章　食用菌种植及加工技术

第一节　食用菌概述

一、食用菌概念

食用菌又称蕈菌或蘑菇，是一类具有肉质或胶质的子实体或菌核，并可以供使食用或药用的大型真菌，通常是指那些肉眼可见，徒手可摘、厘米级的大小、单个子实体重 50 毫克以上的大型真菌。在分类地位上，绝大多数食用菌属于真菌门中的担子菌亚门，极少数属于子囊菌亚门。

目前已发现的食用菌约有 2000 种，专家们估计自然界中食用菌的品种可能达 5000 种。我国是世界上拥有食用菌品种最多的国家之一，优越的地理位置和多样化的生态类型，孕育了大量具有珍稀保护价值和经济价值的野生食用菌类。目前，已有记载的食用菌品种数量为 980 多种，其中具有药用功效的品种有 500 种。至今，我国已人工驯化栽培和利用菌丝体发酵培养的达百种，其中栽培生产的有 70 多种，形成规模化生产的有 30 多种。

二、食用菌的价值

食用菌含有丰富的营养价值，是典型高蛋白、低脂肪的理想膳食材料。在我国传统的饮食中，食用菌常被誉为“山珍”。食用菌的营养价值十分突出，能够提供蛋白质、脂肪、糖类、维生素等多种营养成分。

食用菌是高蛋白、低脂肪、富含维生素、矿物质和膳食纤维的优质美味食物，已被联合国推荐为 21 世纪的理想健康食品。利用真菌生产高质量的食用菌类食品，被称为 21 世纪“白色农业”的发展方向。因此，食用菌将会成为人类未来的重要食品来源，其营养成分见表 9—1。

（1）富含蛋白质和氨基酸。食用菌含有丰富的蛋白质和氨基酸，其含量是一般蔬菜和水果的几倍到几十倍。如鲜蘑菇含蛋白质为 1.5%～3.5%，是大白菜的 3 倍，萝卜的 6 倍，苹果的 17 倍。1 千克干蘑菇所含蛋白质相当于 2 千克瘦肉、3 千克鸡蛋或 12 千克牛奶的蛋白质含量。食用菌中含有组成蛋白质的 18 种氨基酸和人体所必需的 8 种微量元素。谷物食品中含量少的赖氨酸，食用菌中含量也相当丰富。

（2）低脂肪。食用菌脂肪含量较低，仅为干重的 0.6%～3%，是很好的高蛋白质低能值食物。在其很低的脂肪含量中，不饱和脂肪酸占有很高的比例，多在 80%以上。不饱和脂肪酸种类很多，其中的油酸、亚油酸、亚麻酸等可有效地清除人体血液中的垃圾，延缓衰老，还有降血脂、预防高血压、动脉粥样硬化和脑血栓等心脑血管系统疾病的作用。

表 9—1　食用菌的营养成分（每 100 g 干品主要成分，g）

种类	产地	水分	蛋白质	脂肪	碳水化合物	粗纤维	灰分
双孢蘑菇	北京	11.3	38.0	1.5	24.5	7.4	17.3

续表9－1

种类	产地	水分	蛋白质	脂肪	碳水化合物	粗纤维	灰分
口蘑	北京	16.8	35.6	1.4	23.1	6.9	16.2
香菇	北京	18.5	13.0	1.8	54.0	7.8	4.9
金针菇	北京	10.8	16.2	1.8	60.2	7.4	3.6
平菇	北京	10.2	7.8	2.3	69.0	5.6	5.1
羊肚菌	北京	13.6	24.5	2.6	39.7	7.7	11.9
牛肝菌	四川	22.4	24.0	—	48.3	—	5.3
大红菇	四川	15.1	15.7	—	63.3	—	5.9
木耳	北京	10.9	10.6	0.2	65.5	7.0	5.8
银耳	北京	10.4	5.0	0.6	78.3	2.6	3.1

数据来源：中国医学院卫生研究所《食物成分表》，1983年版。横线表示未经测定。

（3）食用菌还含有丰富的维生素，如维生素 B_1、B_2、B_{12}、维生素D、维生素C等。食用菌维生素含量是蔬菜的2～8倍。一般每人每天吃100 g鲜菇可满足维生素的需要。鸡腿菇含有维生素 B_1 和维生素E，对糖尿病、肝硬化都有治疗效果；灰树花含有维生素 B_1 和维生素E，有防治黄褐斑及抗衰老等功效。

（4）食用菌是人类膳食所需矿物质的良好来源。含有丰富的矿物质元素，这些营养元素有钾、磷、硫、钠、钙、镁、铁、锌、铜等。矿物质元素种类数量与其生长环境有密切关系。有些食用菌还含有大量的锗和硒。

三、食用菌产业现状

（一）食用菌产业定位——农业的第三产业

农业的第一产业是种植业，其主产品是大米、面粉、玉米、棉花、油料等，副产品是稻草、麦麸、玉米芯、棉籽壳、油菜秆等；农业的第二产业是养殖业，其主产品是牛奶、牛肉、猪肉、鸡蛋、鸡肉等，副产品是牛粪、猪粪、鸡粪。食用菌产业是农业的第三产业。其主产品是各种美味保健的菇菌产品，副产品是各种农林作物的有机肥料。

种植业以耕地作为载体，生产出植物产品，养殖业则以动物为对象，生产出动物产品，食用菌产业是促进物质循环和能量循环的产业，该产业以植物、动物和菌物为载体构成三维立体农业。这种三维农业的特点是物质循环再利用，对资源合理再配置，经济效益逐步叠加，对环境十分友好。

（二）食用菌生产的特点

1. 食用菌生产原料广

食用菌生产的原料主要是农副产品的下脚料，来源极其广泛。我国每年产生农林牧废弃物30亿吨左右，如果利用5%，至少可生产1000万吨干食用菌，相当于增加耕地2.43～2.56亿亩，可以说，发展食用菌产业是缓解我国粮食安全压力的重要途径。例如，1亩大小的食用菌栽培大棚用于生产平菇，需要消耗掉15～20吨的农业废弃物棉籽壳、玉米芯等。

2. 食用菌产业周期短，见效快

食用菌栽培是典型的“五不”产业，食用菌栽培料主要为种植业和养殖业的副产品，食用菌生产不与人争夺粮食；食用菌种植可以利用边角零星的碎地进行，不与粮食作物生产抢夺大面积的耕地；食用菌生长过程中，只需要满足其生长所需水分、养料等条件就可以进行，不与耕地争夺肥料；食用菌栽培仅在接种、采收时需要较多的劳动力和花费时间，很难存在与种植业和养殖业之间争夺农时；只要满足其生长所需养分，食用菌不再需要其他额外资源。

一般的农作物种植、动物养殖动辄半年甚至几年才能有产出。而常见食用菌的生长周期为3～4个月时间。相比种植业和养殖业，食用菌生产的周期短，并且较短时间内就可以获得效益。

3. 市场潜力大

随着人们生活水平的提高，人们的膳食结构发生变化，人们对食品需求从原来的追求满足温饱的营养型逐渐过渡到追求身体健康的保健型和功能型的变化；对食物的选择由原来以动物蛋白为主逐渐转变到追求植物蛋白、菌物蛋白上的过渡。

我国食用菌消费量在以每年7%以上的速度持续增长。在拥有14亿多人口的中国，假设每个家庭每天消费食用菌类300克，那么中国3亿家庭的年消费量就是3285万吨，其市场潜力巨大。

4. 菌糠用途广

菌糠是利用秸秆、木屑等原料进行食用菌代料栽培，收获后的培养基剩余物，俗称食用菌栽培废料、菌渣或余料，是食用菌菌丝残体及经食用菌酶解，结构发生质变的粗纤维等成分的复合物。

菌糠的主要成分是食用菌的菌丝残体和经食用菌分解后的纤维素、半纤维素和木质素等，含有丰富的氨基酸、菌类多糖和矿物质元素，营养价值相当于糠麸类饲料。用稻草、麦秆、玉米芯等纤维材料为培养基生产食用菌获得的菌糠，原料中50%的粗纤维和20%的木质素被降解，而粗蛋白质含量由原来的2%提高到6%～7%，脂肪含量比种菌前增加1～5倍，且易于粉碎、气味芳香、适口性好。此外，菌糠中还含有丰富的氨基酸、多糖及铁、钙、锌、镁等微量元素。菌糠中还含有一些食用菌生长代谢产物，如微量酚性物、少量生物碱、黄酮及其苷类，并含有肌酸、多肽、皂苷植物甾醇及三萜皂苷等化学物质。其中多肽衍生物可以作为抗体，多糖具有抗血凝、解毒和免疫作用，皂苷的衍生物有抗菌作用，这些物质共同构成了抗病系统，在饲料中添加可提高畜禽的抗病力。此外，菌糠中含有的植物甾醇及其衍生物还有调节畜禽代谢机能及促进其生理功能的作用。

菌糠作饲料：菌糠具有松软、气味芳香、适口性好、营养价值明显提高的优点，被养殖生产中逐渐应用，成为开辟饲料来源的新途径。食用菌生长过程中一系列的生物转化，增加了原料中有效营养成分的含量，提高了营养物质的消化利用率，增强了菌糠的适口性，是值得开发利用的一大饲料资源。

菌糠作肥料：栽培过食用菌的菌糠，是很好的有机肥料，日本人早就将其誉为“超级堆肥”。由于秸秆等农副产品所含难溶性大分子化合物被菌丝体分解变成简单可溶性物质，因而可以有效地提高被农作物吸收利用的养分。据测定，养菇后的废弃培养料有机质含量高达30%，是秸秆直接还田的3倍，含氮量1.5%～1.8%，高于鲜鸡粪。菌糠肥施入土壤后，还可以进一步改善土壤的理化性质，增加土壤有机质含量，促进土壤腐殖质和团粒基团的形成与转化，提高土壤保水性能和土壤肥力，促进农作物抗腐能力和增产。同时，可以减少化肥的过量使用引起的许多负效应，如土质污染、环境污染等。

菌糠作沼气：生产食用菌后的菌糠，由于纤维素及木质素等难溶性物质被降解，沼气细菌可以直接利用。同时，秸秆物质的表面蜡层被脱掉，因而可以充分地利用和分解，大大提高产气率。

菌糠提取食用菌多糖、寡糖、多肽、纤维素酶、歧化酶：从食用菌菌糠中提取 SOD——超氧化物歧化酶、纤维素酶的工艺，包括以下步骤：粗酶液的制备，超声波破壁、分离提纯、色素去除等。本工艺以出完菇的菌糠为原料，可以将食用菌生产的废料变废为宝，提高了食用菌生产的经济效益，也开辟了提取 SOD 的新途径，填补了国内外 SOD 生产原料不足的空白。本工艺的特点是流程简单，设备简单，试剂简单。

再次作为食用菌栽培原料：菌糠可作为食用菌栽培的部分替代料。菌糠可替代木屑、棉籽壳和麦麸作为培养料，栽培秀珍菇、金福菇和鲍鱼菇的生物效率分别达到 64.95%、84.65% 和 70.49%，与木屑、棉籽壳和麦麸作为培养料差异不显著。注意使用时最好挑选那些无霉变的废菌棒，干燥后敲碎、称量，按配方要求加入。

（三）食用菌产业发展趋势

近些年，我国食用菌产业在增加产量的同时，更加注重提高质量、保证安全，食用菌生产开始从数量增长型向质量效益型转变。在产品结构上，发展优势产品，开发珍稀品种；在生产技术上，向机械化、集约化方向发展，提高劳动效率和产品质量；在生产经营上，坚持走精深加工的道路，开发保健食品，提高综合效益；在产品流通上，发展专业批发市场，在大中城市建立配送中心和连锁店，使小包装鲜菇直接进入超市柜台。

四、发展食用菌生产意义

食用菌的生产不仅可以为人们提供营养丰富、味道鲜美的食品原料，同时也具有较高的食药用价值。食用菌生产可以让种植业和养殖业的废物多次利用，促进生态农业的发展。食用菌生产同时还是振兴农村经济的重要途径：①利用了农村闲散劳动力；②农村资源丰富，为发展食用菌提供了便利条件；③现在多采用公司＋农户的形式，有效带动了农村经济的发展。

第二节　食用菌形态及分类

在自然界中，食用菌的种类繁多，千姿百态，大小不一。不同种类的食用菌以及不同的环境中生长的食用菌都有其独特的形态特征。掌握食用菌形态和分类知识，是指导生产、获得栽培成功的前提和保证。

一、食用菌的形态

虽然它们在外表上有很大差异，但实际上它们都是由生活于基质内部的菌丝体和生长在基质表面的子实体组成的，即食用菌是由菌丝体和子实体两部分组成的。菌丝体是营养体（结构），存在于基质内，主要功能是分解基质，吸收、输送及贮藏养分；子实体是繁殖结构，其主要作用是产生孢子，繁殖后代，也是人们食用的主要部分。子实体是从菌丝体上产生的。

菌丝体：是由基质内无数纤细的菌丝交织而成的丝状体或网状体，一般呈白色绒毛状。

菌丝：是由管状细胞组成的丝状物，是由孢子吸水后萌发芽管，芽管的管状细胞不断分枝

伸长发育而形成的。(每一段生活菌丝都具有潜在的分生能力，均可发育成新的菌丝体。生产应用的“菌种”，就是利用菌丝细胞的分生作用进行繁殖的。食用菌的菌丝一般是多细胞的，菌丝被隔膜隔成了多个细胞，每个细胞可以是单核、双核或多核。隔膜是由细胞壁向内作环状生长而形成的。食用菌的菌丝都是有隔菌丝。)

菌丝的形态：多细胞、管状、无色、透明、有横隔。

菌丝的功能：分解、吸收、转化、积累、运输养分和贮藏、繁殖。

菌丝的类型：根据菌丝发育的顺序和细胞中细胞核的数目，食用菌的菌丝可分为初生菌丝、次生菌丝、三次菌丝。

(1) 初生菌丝：开始时，菌丝细胞多核、纤细，后产生隔膜，分成许多个单核细胞，每个细胞只有一个细胞核，又称为单核菌丝或一次菌丝(子囊菌的单核菌丝发达而生活期较长，而担子菌的单核菌丝生活期较短且不发达，两条初生菌丝一般很快配合后发育成双核化的次生菌丝)。单核菌丝无论怎样繁殖，一般都不会形成子实体，只有和另一条可亲和的单核菌丝质配之后变成双核菌丝，才会产生子实体。

(2) 次生菌丝：两条初生菌丝结合，经过质配而形成菌丝。由于在形成次生菌丝时，两个初生菌丝细胞的细胞核并没有发生融合，因此次生菌丝的每个细胞含有两个核，又称为双核菌丝或二次菌丝。它是食用菌菌丝存在的主要形式，食用菌生产上使用的菌种都是双核菌丝，只有双核菌丝才能形成子实体。(它能发出多个分枝，向多极生长，并分泌水解酶，将基质中的大分子碳水化合物水解成小分子化合物供自身生长需要，从而不断生长扩大，直至成熟集结形成子实体，同时也为子实体提供养料。两条初生菌丝制种即是培养次生菌丝体，任何微小的菌丝体片段均能产生新的生长点，由此产生新的菌丝体。生长基质内的菌丝体，如条件适宜，可以永远生长下去，直至基质养料消耗完毕。)

大部分食用菌的双核菌丝顶端细胞上常发生锁状联合，这是双核菌丝细胞分裂的一种特殊形式。担子菌中许多种类的双核菌丝都是靠锁状联合进行细胞分裂，不断增加细胞数目，锁状联合过程如下：①先在双核菌丝顶端细胞的两核之间的细胞壁上产生一个喙状突起。②双核中的一个移入喙状突起，另一个仍留在细胞下部。③两异质核同时进行有丝分裂，成为 4 个子核。④分裂完成后，2 个在细胞的前部；另外 2 个子核，1 个进入喙突中，1 个留在细胞后部。⑤此时，细胞中部和喙基部均生出横隔，将原细胞分成三部分。此后，喙突尖端继续下延与细胞下部接触并融通。同时，喙突中的核进入下部细胞内，使细胞下部也成为双核。⑥经如上变化后，4 个子核分成 2 对，一个双核细胞分裂为两个。⑦此过程结束后，在两细胞分裂处残留一个喙状结构，即锁状联合。这一过程保证了双核菌丝在进行细胞分裂时，每节(每个细胞)都能含有两个异质(遗传型不同)的核，为进行有性生殖、通过核配形成担子打下基础。

双核菌丝是靠锁状联合进行细胞分裂的。锁状联合是双核菌丝的鉴定标准，凡是产生锁状联合的菌丝均可断定为双核。锁状联合也是担子菌亚门的明显特征之一，尤其是香菇、平菇、灵芝、木耳、鬼伞等。

(3) 三次菌丝：由二次菌丝进一步发育形成的已组织化的双核菌丝，也叫三生菌丝或结实性菌丝，如菌索、菌核、菌根中的菌丝以及子实体中的菌丝。

菌丝体无论在基质内伸展，还是在基质表面蔓延，一般都是很疏松的。但是有的子囊菌和担子菌在环境条件不良或在繁殖的时候，菌丝体的菌丝相互紧密地缠结在一起，就形成了菌丝体的变态。常见的菌丝组织体如下。

菌索：由菌丝缠结而形成的形似绳索状的结构。菌丝组织体对不良环境有较强的抵抗力，当环境条件适宜时，菌索可发育成子实体。典型的如蜜环菌、安络小伞等。

菌核：由菌丝体和贮藏的营养物质密集而形成的有一定形状的休眠体，又称菌核。菌核中贮藏着较多的养分，对干燥、高温和低温有较强的抵抗能力。因此，菌核既是真菌的贮藏器官，又是度过不良环境的菌丝组织体。菌核中的菌丝有较强的再生力，当环境条件适宜时，很容易萌发出新的菌丝或者由菌核上直接产生子实体。我们常用的药材如猪苓、雷丸、茯苓等都是。

菌丝束：由大量平行菌丝排列在一起形成的肉眼可见的束状菌丝组织叫作菌丝束，无顶端分生组织，如双孢菇子实体基部常生长着一些白色绳索状的丝状物，即是它的菌丝束。

菌膜：由菌丝紧密交织成一层薄膜，即是菌膜，如香菇的表面形成的褐色被膜。

子座：由菌丝组织即拟薄壁组织和疏丝组织构成的容纳子实体的褥座状结构。一般呈垫状、栓状、棍棒状或头状。它是真菌从营养生长阶段到生殖阶段的一种过渡形式。

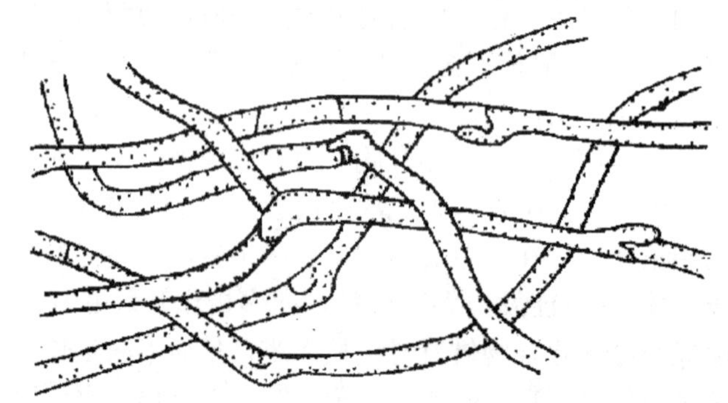

图 9—1 食用菌的菌丝形态

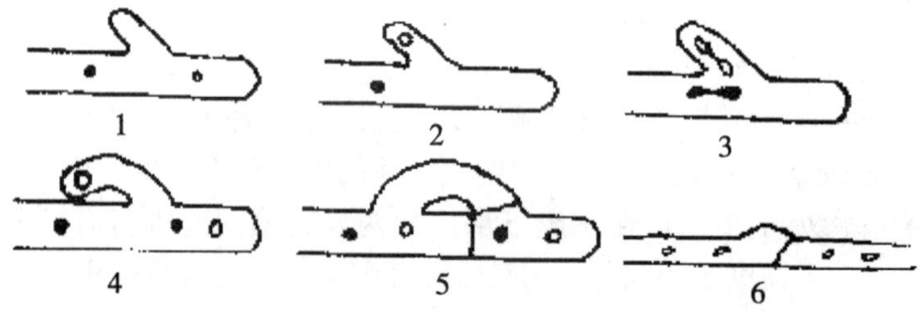

1. 双核细胞形成突起；2. 一核进入突起；3. 双核并裂；
4. 两个子核移向顶端；5. 隔离成两个细胞；6. 双核菌丝

图 9—2 食用菌菌丝锁状联合

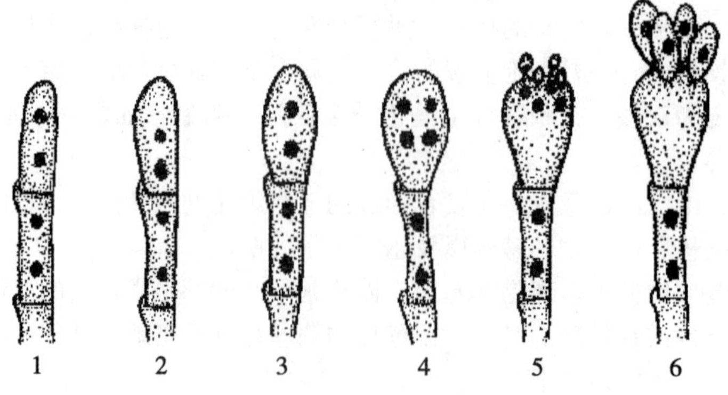

图 9—3 食用菌担孢子形成过程

二、子实体的形态结构

菌丝在基质中吸收养分不断地生长和增殖，在适宜条件下转入生殖生长，形成子实体原基并逐步发育为成熟子实体。

子实体是真菌进行有性生殖的产孢结构，俗称菇、蕈、耳等，其功能是产生孢子，繁殖后代，也是人们食用的主要部分。担子菌的子实体称为担子果，可以产生担孢子。子囊菌的子实体称为子囊果，是产生子囊孢子的部分。子实体是由菌丝构成的，与营养菌丝相比，在形态上具有独特的变化型和特化功能。子实体形态丰富多彩，不同种类各不相同，有伞状（香菇）、贝壳状（平菇）、漏斗状（鸡油菌）、舌状（半舌菌）、头状（猴头菇）、毛刷状（齿菌）、珊瑚状（珊瑚菌）、柱状（羊肚菌）、耳状（木耳）、花瓣状（银耳）等，以伞菌最多，可作商品化栽培的食用菌大多为伞菌。下面以伞菌为例，简单地介绍其子实体的形态和构造。伞菌子实体主要由菌盖、菌褶、菌柄组成，某些种类还具有菌幕的残存物——菌环、菌托。

（一）菌盖

菌盖又称菌帽，是伞菌子实体位于菌柄之上的帽状部分，是主要的繁殖结构，也是我们食用的主要部分。其由表皮、菌肉和产孢组织——菌褶和菌管组成。

形态：因种而异，常见有钟形（草菇）、半球形（香菇）。

颜色：因种而异，有乳白色（双孢蘑菇）、杏黄色（鸡油菌）、灰色（草菇）、红色（大红菇），青头菌为紫绿色。

附属物：鳞片（蛤蟆菌）、丛卷毛（毛头鬼伞）、颗粒状物（晶粒鬼伞）、丝状纤维（四孢蘑菇）。

菌肉：表皮以下是菌肉，多为肉质，少数是革质（裂褶菌）、蜡质（蜡菌），也有胶质或软骨质的。

菌盖边缘形状：常为内卷（乳菇）、反卷、上翘和下弯等。边缘有的全缘，有的撕裂成不规则波状等。

菌盖大小因种而异，小的仅几毫米，大的达几十厘米。通常将菌盖直径小于6 cm的称为小型菇，菌盖直径在 6～10 cm 的称为中型菇，大于 10 cm 的称为大型菇。

（二）菌褶

菌褶是生长在菌盖下的片状物，由子实层、子实下层和菌髓三部分组成。

形状：三角形、披针形等，有的很宽，如宽褶拟口蘑等，有的很窄，如辣乳蘑等。

颜色：白色、黄色、红色。

排列：菌褶一般呈放射状由菌柄顶部发出，可分成 5 类：等长、不等长、分叉、有横脉、网纹（菌褶交织成网状）。

菌褶与菌柄的连接方式：①直生：菌褶内端呈直角状着生于菌柄上，如红菇；②离生：菌褶的内端不与菌柄接触，如双孢蘑菇、草菇等；③弯生或凹生：菌褶内端与菌柄着生处呈一弯曲，如香菇、金针菇等；④延生（或垂直）：菌褶内端沿着菌柄向下延伸，如平菇。

菌管就是管状的子实层，在菌盖下面多呈辐射状排列，如牛肝菌或多孔菌。

（三）菌柄

菌柄是连接菌盖和菌丝体的中间结构，同时还起支撑作用。

形状：圆柱状（金针菇）、棒状、假根状（鸡枞菌）、纺锤状等。

着生位置分为三种：中生（草菇）、偏生（香菇）、侧生（平菇）。

（四）菌环和菌托

菌幕：指包裹在幼小子实体外面或连接在菌盖和菌柄间的那层膜状结构。前者称外菌幕，后者称内菌幕。

菌环：幼小子实体的菌盖和菌柄间的那层膜，随着子实体成熟，残留在菌柄上发育成菌环。

菌托：包裹在幼小子实体外面，随着子实体的生长，残留在菌柄基部，形成菌托。

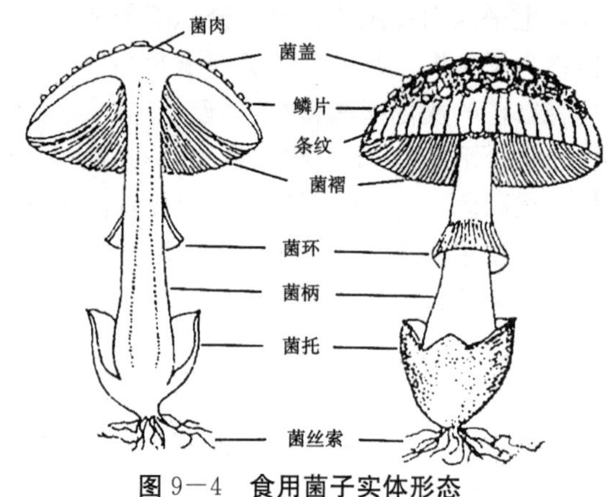

图 9—4　食用菌子实体形态

三、食用菌生长周期

食用菌的生长周期是指食用菌一生所经历的全过程，即从有性孢子萌发开始，经单、双核菌丝形成及双核菌丝的生长发育直到形成子实体，产生新一代有性孢子的整个生活周期。

（一）菌丝营养生长期

孢子萌发期：食用菌的生长是从孢子萌发开始的，孢子在适宜的基质上，先吸水膨胀长出芽管，芽管顶端产生分枝发育成菌丝。在胶质菌中，部分种类的担孢子不能直接萌发菌丝（如银耳、金耳等），常以芽殖方式产生次生担孢子或芽孢子（也叫芽生孢子），在适宜的条件下，次生担孢子或芽孢子形成菌丝。木耳等担孢子在萌发前有时先产生横隔，担孢子被分隔成多个细胞，每个细胞再产生若干个钩状分生孢子后萌发成菌丝。

单核菌丝：子囊菌营养菌丝存在的主要形式，担孢子大单核菌丝存在的时间很短，细长、分枝稀疏，抗逆性差，容易死亡，故分离的单核菌丝不宜长期保存。有些食用菌如草菇、香菇等，单核菌丝生长在遇到不良环境时，菌丝中的某些细胞形成厚垣孢子，条件适宜时又萌发成单核菌丝。双孢蘑菇的担孢子含有 2 个核，菌丝从萌发开始就是双核的，无单核菌丝阶段。

双核菌丝：单核菌丝发育到一定阶段，由可亲和的单核菌丝之间进行质配（核不结合），使细胞双核化，形成双核菌丝。双核菌丝是担子菌类食用菌营养菌丝存在的主要形式。

食用菌的营养生长主要是双核菌丝的生长。固体培养时，双核菌丝通过分枝不断蔓延伸展，逐渐充满基质；液体培养时形成菌丝球，将基质的营养物质转化为自身的养分，并在体内积累为日后的繁殖做物质准备。

（二）菌丝生殖生长期

1. 子实体的分化和发育

双核菌丝在营养及其他条件适宜的环境中能旺盛地生长，体内合成并积累大量营养物质，达到一定的生理状态时，首先分化出各种菌丝束（三级菌丝），菌丝束在条件适宜时形成菌蕾，

菌蕾再逐渐发育为子实体。同时，菌盖下层部分的细胞发生功能性变化，形成子实层着生担孢子。

2. 担孢子的释放与传播

孢子散发的数量是很惊人的，通常为十几亿到几百亿个，如双孢蘑菇为18亿个，平菇为600～855亿个。孢子个体很小，但数量很大，这是菌类适应环境条件的一种特性。有的食用菌是通过动物取食、雨水、昆虫等其他方式传播。

3. 菌丝的有性结合

按初生菌丝的交配反应可将食用菌的有性繁殖分为同宗结合和异宗结合两类。

(1) 同宗结合：同一孢子萌发成的两条初生菌丝进行交配，完成有性生殖过程，称为同宗结合。

(2) 异宗结合：同一孢子萌发的初生菌丝，不能自行交配（不亲和），只有两个不同交配型的担孢子萌发的初生菌丝才能互相交配，完成有性生殖过程。它是担子菌亚门食用菌有性生殖的普遍形式，在已研究的担子菌中占90%。

四、食用菌分类

食用菌的分类是人们认识、研究和利用食用菌的基础。野生食用菌的采集、驯化和鉴定，食用菌的杂交育种以及资源开发和利用都必须有一定的分类学知识。

(一) 食用菌的分类地位

Whittaker（1969年）提出的生物界系统包括植物界、动物界、原核生物界、原生生物界、真菌界和非细胞形态结构。和其他生物一样，也是按照界、门、纲、目、科、属、种的等次依次排列的。种是基本单位。

品种：有共同祖先，有一定经济价值，遗传性状比较一致的人工栽培的食用菌群体。

菌株：指单一菌体的后代，由共同祖先（同一种、同一品种、同一子实体）分离的纯培养物。

(二) 食用菌的分类依据

食用菌的分类主要是以其形态结构、细胞、生理生化、生态学、遗传等特征为依据的，特别是以子实体的形态和孢子的显微结构为主要依据。

(三) 食用菌的种类

全世界目前已发现大约25万种真菌，其中有1万多种大型真菌，可食用的种类大约有2千种，但目前仅有70多种人工栽培成功。有20多种在世界范围内被广泛栽培生产。我国的地理位置和自然条件十分优越，蕴藏着极为丰富的食用菌资源。到目前为止，在我国已经发现720多种食用菌，它们分别隶属于144个属、46个科。

第三节　食用菌菌种制作技术

一、食用菌菌种制作技术

食用菌菌种：生产上所指的菌种是经人工培养后形成的纯菌丝体。

孢子分离培养法是利用食用菌成熟的有性孢子（担孢子或子囊孢子）萌发形成菌丝体而得到菌种的方法。依据分离时挑取孢子的数目不同，孢子分离可分为单孢分离法和多孢分离法两种。

（1）单孢分离法：单孢分离法是指挑取单个担孢子，让其萌发成菌丝体以获得纯菌种的方法。

（2）多孢分离法：多孢分离法是把许多孢子接种在同一培养基上，让它们萌发、自由交配来获得食用菌纯菌种的一种方法。这种方法在操作上比单孢分离法简单得多，生产上常被采用。

组织分离法是利用食用菌的幼嫩组织，在适宜的培养条件下，能由子实体发育阶段回复到菌丝生长阶段，变成没有组织化的菌丝体，来获得食用菌纯种的一种最简单的方法。

用种木分离培养法分离菌种时，先要选好种木，充分晾干，在生长子实体的部位横断锯开，锯成厚1～2 cm的小木片，切去外周皮及中心无菌丝生长的部分，放入接种箱（室）内，用75%酒精擦拭并在酒精灯火焰上轻度灼烧，或用0.1%升汞溶液浸泡1～2分钟，然后用无菌水冲洗数次，再用无菌滤纸或纱布擦干。消毒以后切取种块。接种块必须在该种菌丝分布范围内切取，切取时劈成小片或小棒，然后迅速移入试管斜面培养基上。接好种木的试管置于23℃～25℃的恒温箱内培养。待小块种木上长出菌丝，并伸展至培养基时，可选择生长健壮的菌丝，移接到另一些试管斜面培养基上，置23℃～25℃下培养。菌丝长满斜面即成母种。

二、原种的接种和培养

将母种移接入合适的培养基，进行扩大培养而成的菌种称为原种。

瓶装或袋装的原种培养基灭菌完后，及时送入灭过菌的接种室（箱）内，待瓶中的培养基冷至－30℃以下，就可按无菌操作法在酒精灯火焰旁进行接种了。先将原种瓶的棉塞拔松，再将接种针在火焰上灼烧灭菌，然后拔开母种试管的棉塞，从中挑取蚕豆大小的一块母种菌丝，迅速移入瓶中洞穴口边，并使菌丝贴紧在培养基上，塞好棉塞，在瓶壁上写好菌种名和接种日期。

三、栽培种的接种和培养

把原种接到栽培种的培养基上，进一步培养就成为栽培种。栽培种的培养基可以瓶装也可以袋装。以无菌操作法用接种铲或接种匙，每瓶接入一大块菌种或一小匙麦粒菌种，然后封好瓶（袋）口，适宜温度下培养，待菌丝长满即为栽培种。

四、液体菌种的制作

液体菌种的制作方法是将纯正优良的菌种接入液体培养基（固体培养基不加凝固剂），使菌丝繁殖形成大量小菌球，然后将这种培养基拌入木屑或棉籽壳培养料内，制成菌块，培养其形成子实体，也可用于制原种、栽培种。

第四节　香菇栽培技术

一、概述

香菇又名香蕈、香信、香菰、椎茸，属担子菌纲伞菌目侧耳科香菇属。香菇的人工栽培在

我国已有800多年的历史，长期以来栽培香菇都用“砍花法”，它是一种自然接种的段木栽培法。一直到了20世纪60年代中期才开始培育纯菌种，改用人工接种的段木栽培法。70年代中期出现了代料压块栽培法，后又发展为塑料袋栽培法，产量显著增加。我国目前已是世界上香菇生产的第一大国。

香菇是著名的食药兼用菌，其香味浓郁，营养丰富，含有18种氨基酸，7种为人体所必需，所含麦角甾醇可转变为维生素D，有增强人体抗疾病和预防感冒的功效；香菇多糖有抗肿瘤作用；腺嘌呤和胆碱可预防肝硬化和血管硬化；酪氨酸氧化酶有降低血压的功效；双链核糖核酸可诱导干扰素产生，有抗病毒作用。民间将香菇用于解毒、益胃气和治风破血。香菇是我国传统的出口特产之一，其一级品为花菇。

二、生物学特性

（一）形态特征

香菇菌丝为白色，绒毛状，具横隔和分枝，多锁状联合，成熟后扭结成网状，老化后形成褐色菌膜。子实体中等大至稍大。菌盖直径5～12厘米，扁半球形，边缘内卷，成熟后渐平展，深褐色至深肉桂色，有深色鳞片。菌肉厚，白色。菌褶白色，密，弯生，不等长。菌柄中生至偏生，白色，内实，常弯曲，长3～8厘米，粗0.5～1.5厘米；中部着生菌环，窄，易破碎消失；环以下有纤维状白色鳞片。孢子椭圆形，无色，光滑。

图9－5　香菇子实体

（二）生活条件

1. 营养

香菇是木生菌，以纤维素、半纤维素、木质素、果胶质、淀粉等作为生长发育的碳源，但要经过相应的酶分解为单糖后才能吸收利用。香菇以多种有机氮和无机氮作为氮源，小分子的氨基酸、尿素、铵等可以直接吸收，大分子的蛋白质、蛋白胨就需降解后吸收。香菇菌丝生长还需要多种矿质元素，以磷、钾、镁最为重要。香菇也需要生长素，包括多种维生素、核酸和激素，这些多数能自我满足，只有维生素B_1需补充。

2. 温度

香菇菌丝生长的最适温度为23℃～25℃，低于10℃或高于30℃则有碍其生长。子实体形成的适宜温度为10℃～20℃，并要求有大于10℃的昼夜温差。目前生产中使用的香菇品种有高温型、中温型、低温型三种温度类型，其出菇适温高温型为15℃～25℃，中温型为7℃～20℃，低温型为5℃～15℃。

3. 水分

香菇所需的水分包括两个方面：一是培养基内的含水量；二是空气湿度，其适宜量因代料栽培与段木栽培方式的不同而有所区别。

（1）代料栽培。长菌丝阶段培养料含水量为55％～60％，空气相对湿度为60％～70％；出菇阶段培养料含水量为40％～68％，空气相对湿度为85％～90％。

（2）段木栽培。长菌丝阶段培养料含水量为45％～50％，空气相对湿度为60％～70％；

出菇阶段培养料含水量为50%～60%，空气相对湿度为80%～90%。

4. 空气

香菇是好气性菌类。在香菇生长环境中，若通气不良、二氧化碳积累过多、氧气不足，菌丝生长和子实体发育都会受到明显的抑制，这就加速了菌丝的老化，子实体易产生畸形，也有利于杂菌的滋生。新鲜的空气是保证香菇正常生长发育的必要条件。

5. 光照

香菇菌丝的生长不需要光线，在完全黑暗的条件下菌丝生长良好，强光会抑制菌丝生长。子实体生长阶段需要散射光，光线太弱，出菇少，朵小，柄细长，质量差，但直射光又对香菇子实体有害。

6. pH 值

香菇菌丝生长发育要求微酸性的环境，培养料的 pH 值在 3～7 都能生长，以 5 最适宜，超过 7.5 生长极慢或停止生长。子实体发生、发育的最适 pH 值为 3.5～4.5。在生产中常将栽培料的 pH 值调到 6.5 左右。高温灭菌会使栽培料的 pH 值下降 0.3～0.5，菌丝生长中所产生的有机酸也会使栽培料的酸碱度下降。

三、栽培方法

香菇的栽培方法有段木栽培和代料栽培两种。段木栽培生产的香菇商品质量高，投入产出比也高，可达 1∶(7～10)，但需要大量木材，仅适于在林区发展。代料栽培投入产出比仅为 1∶2，但代料栽培生产周期短，生物学效率高，而且可以利用各种农业废弃物，能够在城乡广泛发展。代料栽培一次性投入量大，成本较高。本章重点介绍代料栽培技术。

(一) 播种期的安排和菌种的选择

目前，我国北方地区香菇生产多采用温室作为出菇场所，受气候条件的影响大，季节性很强。各地香菇播种期应根据当地的气候条件而定。北京地区香菇生产多采用夏播，秋、冬、春出菇，由于秋季出菇始期在 9 月中旬，因此具体播种时间应在 7 月初，6 月初制作生产种。应选用中温型或中温型偏低温菌株。但由于夏播香菇发菌期正好处在气温高、湿度大的季节，杂菌污染难以控制，所以近年来冬播香菇有所发展。一般是在 11 月底、12 月初制作生产种，12 月底、1 月初播种，3 月中旬进棚出菇。多采用中温型或中温偏高温型的菌株。

(二) 栽培料的配制

栽培料是香菇生长发育的基质，也是生活的物质基础，因此栽培料的好坏直接影响香菇生产的成败以及产量和质量的高低。由于各地的有机物质资源不同，香菇生产所采用的栽培料也不尽相同。

1. 几种栽培料的配制（配料以 100 千克计，视生产规模大小增减）

(1) 木屑 78%、麸皮（细米糠）20%、石膏 1%、糖 1%，另加尿素 0.3%。栽培料的含水量为 55%～60%。

(2) 木屑 78%、麸皮 16%、玉米面 2%、糖 1.2%、石膏 2%～2.5%、尿素 0.3%、过磷酸钙 0.5%。栽培料的含水量为 55%～60%。

(3) 木屑 78%、麸皮 18%、石膏 2%、过磷酸钙 0.5%、硫酸镁 0.2%、尿素 0.3%、红糖 1%。栽培料的含水量为 55%～60%。

上述3种栽培料的配制：先将石膏和麸皮干混拌匀，再和木屑干混拌匀，把糖和尿素先溶化于水中，均匀地泼洒在料上，用锨边翻边洒，并用竹扫帚在料面上反复扫匀。

(4) 棉籽皮50%、木屑32%、麸皮15%、石膏1%、过磷酸钙0.5%、尿素0.5%、糖1%。栽培料的含水量为60%左右。

(5) 豆秸46%、木屑32%、麸皮20%、石膏1%、食糖1%。栽培料的含水量为60%。

(6) 木屑36%、棉籽皮26%、玉米芯20%、麸皮15%、石膏1%、过磷酸钙0.5%、尿素0.5%、糖1%。栽培料的含水量为60%。

上述3种栽培料的配制：按量称取各种成分，先将棉籽皮、豆秸、玉米芯等吸水多的料按料水比为1∶(1.4～1.5)的量加水、拌匀，使料吃透水；把石膏、过磷酸钙与麸皮、木屑干混均匀，再与已加水拌匀的棉籽皮、豆秸或玉米芯混拌均匀；把糖、尿素溶于水后拌入料内，同时调好料的水分，用锨和竹扫帚把料翻拌均匀。不能有干的料粒。

2. 配料时应注意的几个问题

木屑指的是阔叶树的木屑，也就是硬杂木木屑。陈旧的木屑比新鲜的木屑更好。配料前应将木屑过筛，筛去粗木屑，防止扎破塑料袋，粗细要适度，过细的木屑影响袋内通气。在木屑栽培料中，应加入10%～30%的棉籽皮，有增产作用；但棉籽皮、玉米芯在栽培料中所占的比例过大时，脱袋出菇时易折断菌柱。栽培料中的麸皮、尿素不宜加得太多，否则易造成菌丝徒长，难于转色出菇。麸皮、米糠要新鲜，不能结块，不能生虫发霉。豆秸粉要呈粗糠状，玉米芯粉呈豆粒大小的颗粒状。

香菇栽培料的含水量应比平菇栽培料的含水量略低些，生产上一般控制在55%～60%。含水量略低些有利于控制杂菌污染，但出过第一潮菇时，要给菌柱及时补水，否则影响出菇。由于原料的干湿程度不同，软硬粗细不同，配料时的料水比例也不相同，一般料水比为1∶(0.9～1.3)，相差的幅度很大。因此生产上每一批料第一次配制时，料拌好后要测定一下含水量，确定适宜的料水比例。

(1) 手测法。将拌好的栽培料，抓一把用力握，指缝不见水，伸开手掌料成团即可。

(2) 烘干法。将拌好的料准确称取500克，薄薄地摊放在搪瓷盘中，放在温度105℃的条件下烘干，烘至干料的重量不再减少为止，称出干料的重量。

配料时，随水加入干料重量0.1%的多菌灵（指有效成分）有利于防止杂菌污染。

（三）香菇袋栽技术

袋栽香菇是香菇代料栽培最有代表性的栽培方法，各地具体操作虽有不同，但道理是一样的。

1. 夏播香菇温室畦内排袋出菇方法

(1) 塑料筒的规格。

香菇袋栽实际上多数采用的是两头开口的塑料筒，有壁厚0.04～0.05厘米的聚丙烯塑料筒和厚度为0.05～0.06厘米的低压聚乙烯塑料筒。聚丙烯筒高压、常压灭菌都可，但冬季气温低时，聚丙烯筒变脆，易破碎；低压聚乙烯筒适于常压灭菌。生产上采用的塑料筒规格是多种多样的，南方用幅宽15厘米、筒长55～57厘米的塑料筒，北方多用幅宽17厘米、筒长35厘米或57厘米的塑料筒。

(2) 装袋灭菌。

先将塑料筒的一头扎起来。扎口方法有两种：一种是将采用侧面打穴接种的塑料筒，先用尼龙绳把塑料筒的一端扎两圈，然后将筒口折过来扎紧，这样可防止筒口漏气；另一种是采用17厘米×35厘米的短塑料筒装料，两头开口接种，也要把塑料筒的一端用力扎起来，但不必折过来再扎了。扎起一头的塑料筒称为塑料袋，装袋前要检查是否漏气。检查方法是将塑料袋吹满气，放在水里，看有没有气泡冒出。漏气的塑料袋绝对不能用。用装袋机装袋最好5人一组，1个人往料斗里加料；2个人轮流将塑料袋套在出料筒上，一手轻轻握住袋口，一手用力顶住袋底部，尽量把袋装紧，越紧越好；另外2个人整理料袋扎口，一定要把袋口扎紧扎严，扎的方法同袋的另一端。手工装袋，要边装料，边抖动塑料袋，并用粗木棒把料压紧压实，装好后把袋口扎严扎紧。装好料的袋称为料袋。在高温季节装袋，要集中人力快装，一般要求从开始装袋到装锅灭菌的时间不能超过6小时，否则料会变酸变臭。料袋装锅时要有一定的空隙或者呈“井”字形排垒在灭菌锅里，这样便于空气流通，灭菌时不易出现死角。采用高压蒸汽灭菌时，料袋必须是聚丙烯塑料袋，加热灭菌随着温度的升高，锅内的冷空气要放净，当压力表指向1.5千克/平方厘米时，维持压力2小时不变，停止加热。自然降温，让压力表指针慢慢回落到0位时，先打开放气阀，再开锅出锅。采用常压蒸汽灭菌锅，开始加热升温时，火要旺要猛，从生火到锅内温度达到100℃的时间最好不超过4小时，否则会把料蒸酸蒸臭。当温度达到100℃后，要用中火维持8～10小时，中间不能降温，最后用旺火猛攻一会儿，再停火焖一夜后出锅。出锅前先把冷却室或接种室进行空间消毒。

出锅用的塑料筐也要喷洒2%的来苏水或75%的酒精消毒。把刚出锅的热料袋运到消过毒的冷却室内或接种室内冷却，待料袋温度降到30℃以下时才能接种。

(3) 香菇料袋的接种。

香菇料袋多采用侧面打穴接种，要几个人同时进行，因此在接种室和塑料接种帐中操作比较方便。具体做法是先将接种室进行空间消毒，然后把刚出锅的料袋运到接种室内一行一行、一层一层地垒排起来，每垒排一层料袋，就往料袋上用手持喷雾器喷洒一次0.2%多霉灵；全部料袋排好后，再把接种用的菌种、胶纸，打孔用的直径1.5～2厘米的圆锥形木棒、75%的酒精棉球、棉纱、接种工具等准备齐全。关好门窗，打开氧原子消毒器，消毒40分钟；关机15分钟后开门，接种人员迅速进入接种室外间，关好外间的门，穿戴好工作服，向空间喷75%的酒精消毒后再进入里间。接种按无菌操作（同菌种部分）进行。侧面打穴接种一般用长55厘米的塑料筒作料袋，接5穴，一侧3穴，另一侧2穴。3人一组，第一个人先将打穴用的木棒的圆锥形尖头放入盛有75%酒精的搪瓷杯中，酒精要浸没木棒尖头2厘米，再将要接种的料袋搬一个到桌面上，一手用75%的酒精棉纱擦抹料袋朝上的侧面消毒，一手用木棒在消毒的料袋侧面打穴3个。1个穴位于料袋中间，其他2个穴分别靠近料袋的两头。第二人打开菌种瓶盖，将瓶口在酒精灯上转动灼烧一圈，长柄镊子也在酒精灯火焰上灼烧灭菌；冷却后，把瓶口内的菌种表层刮去，然后把菌种放入用75%的酒精或2%的来苏水消过毒的塑料筒里；双手用酒精棉球消毒后，直接用手把菌种掰成小枣般大小的菌种块迅速填入穴中，菌种要把接种穴填满，并略高于穴口。注意，第二人的双手要经常用酒精消毒，双手除了拿菌种，不能触摸任何地方。第三人用3.5厘米×3.5厘米的方形胶粘纸把接种后的穴封贴严，并把料袋翻转180°，将接过种的侧面朝下。第一人用酒精棉纱擦抹料袋朝上的侧面，等距离地在料袋上打2个穴，然后把打穴的木棒尖头放入酒精里消毒，再搬第二个料袋。第二人把第一个料袋的2个接种穴填满菌种，第三人用胶粘纸封贴穴口，并把接种完的第一个料袋（这时称为菌袋）搬到旁边接种穴朝侧面排放好。接种完的菌袋即可进培养室培养。用35厘米长的塑料筒作料袋，可用侧面打穴接种，一般打3个穴，一侧2个，一侧1个，也可两头开口接种。

（4）菌袋的培养。

指从接种完到香菇菌丝长满料袋并达到生理成熟这段时间内的管理。菌袋培养期通常称为发菌期，可在室内（温室）、阴棚里发菌，发菌地点要干净、无污染源，要远离猪场、鸡场、垃圾场等杂菌滋生地，要干燥、通风、遮光等。进袋发菌前要消毒杀菌、灭虫，地面撒石灰。夏季播种香菇发菌期正处在高温季节，气温往往高于菌丝生长的适温（24℃～27℃），所以发菌期管理的重点是防止高温烧菌。刚接种完的菌袋，3 个袋一层呈三角形垒成排，接种穴朝侧面排放，每排垒几层要看温度的高低而定，温度高可少垒几层，排与排之间要留有走道，便于通风降温和检查菌袋生长情况。发菌场地的气温最好控制在 28℃以下。开始 7～12 天内不要翻动菌袋，第 13～15 天进行第一次翻袋，这时每个接种穴的菌丝体呈放射状生长，直径在8～10 厘米时生长量增加，呼吸强度加大，要注意通气和降温。在翻袋的同时，用直径 1 毫米的钢针在每个接种点菌丝体生长部位中间，离菌丝生长的前沿 2 厘米左右处扎微孔 3～4 个；或者将封接种穴的胶粘纸揭开半边，向内折拱一个小的孔隙进行通气，同时挑出杂菌污染的袋。这时由于菌丝生长产生的热量多，要加强通风降温，最好把发菌场地的温度控制在 25℃以下。这在夏季播种是很难做到的，但要设法把菌袋温度控制在 32℃以下，超过 32℃菌丝生长弱，35℃时菌丝会停止生长，38℃时菌丝会烧死。降温的方法很多，可灵活掌握。如减少菌袋垒排的层数，扩大菌袋间距，利于散热降温；温室和阴棚发菌，白天加厚遮盖物，晚上揭去遮盖物；室内和温室发菌，趁夜间外界气温低时，加强通风降温，有条件的可安装排风扇；气温过高，可喷凉水降温，但要注意喷水后要加强通风，不能造成环境过湿，以防止杂菌污染。菌袋培养到 30 天左右再翻一次袋。在翻袋的同时，用钢丝针在菌丝体的部位，离菌丝生长的前沿 2 厘米处扎第二次微孔，每个接种点菌丝生长部位扎一圈 4～5 个微孔，孔深约 2 厘米。为了防止翻袋和扎孔造成菌袋污染杂菌，装袋时一定要把料袋装紧，料袋装得越紧，杂菌污染率越低。凡是封闭式发菌场地，如利用房间、温室发菌，在翻袋扎孔前要进行空间消毒，这样可有效减少杂菌污染。发菌期还要特别注意防虫灭虫。

由于菌袋的大小和接种点的多少不同，一般要培养 45～60 天菌丝才能长满袋。这时还要继续培养，待菌袋内壁四周菌丝体出现膨胀，有皱褶和隆起的瘤状物，且逐渐增加，占整个袋面的 2/3，手捏菌袋瘤状物有弹性松软感，接种穴周围稍微有些棕褐色时，表明香菇菌丝生理成熟，可进菇场转色出菇。

（5）转色的管理。

香菇菌丝生长发育进入生理成熟期，表面白色菌丝在一定条件下，逐渐变成棕褐色的一层菌膜，叫作菌丝转色。转色的深浅、菌膜的薄厚，直接影响到香菇原基的发生和发育，对香菇的产量和质量关系很大，是香菇出菇管理最重要的环节。

转色的方法很多，常采用的是脱袋转色法。要准确把握脱袋时间，即菌丝达到生理成熟时脱袋。脱袋太早了不易转色，太晚了菌丝老化，常出现黄水，易造成杂菌污染，或者菌膜增厚，香菇原基分化困难。脱袋时的气温要在 15℃～25℃，最好是 20℃。脱袋前，先将出菇温室地面做成 30～40 厘米深、100 厘米宽的畦，畦底铺一层炉灰渣或沙子，将要脱袋转色的菌袋运到温室里，用刀片划破菌袋，脱掉塑料袋，把柱形菌块按 5～8 厘米的间距立排在畦内。如果长菌柱立排不稳，可用竹竿在畦上搭横架，菌柱以 70°～80°的角度斜靠在竹竿上。脱袋后的菌柱要防止太阳晒和风吹，这时温室内的空气相对湿度最好控制在 75%～80%，有黄水的菌柱可用清水冲洗净。脱袋立排菌柱要快，排满一畦，马上用竹片拱起畦顶，罩上塑料膜，周围压严，保湿保温。待全部菌柱排完后，温室的温度要控制在 17℃～20℃，不要超过 25℃。

如果温度高，可向温室的空间喷冷水降温。白天温室多加遮光物，夜间去掉遮光物，加强通风来降温。光线要暗些，头3～5天尽量不要揭开畦上的罩膜，这时畦内的相对湿度应在85%～90%，塑料膜上有凝结水珠，使菌丝在一个温暖潮湿的稳定环境中继续生长。应注意在此期间如果气温高、湿度过大，每天还要在早、晚气温低时揭开畦的罩膜通风20分钟。在揭开畦的罩膜通风时，温室不要同时通风，要将二者的通风时间错开。在立排菌柱5～7天时，菌柱表面长满浓白的绒毛状气生菌丝时，要加强揭膜通风的次数，每天2～3次，每次20～30分钟，增加氧气、光照（散射光），拉大菌柱表面的干湿差，限制菌丝生长，促其转色。当7～8天开始转色时，可加大通风，每次通风1小时。结合通风，每天向菌柱表面轻喷水1～2次，喷水后要晾1小时再盖膜。连续喷水2天，至10～12天转色完毕。在生产实践中，由于播种季节不同，转色场地的气候条件特别是温度条件不同，转色的快慢不大一样，具体操作要根据菌柱表面菌丝生长情况灵活掌握。

除了脱袋转色，生产上有的采用针刺微孔通气转色法，待转色后脱袋出菇。还有的不脱袋，待菌袋接种穴周围出现香菇子实体原基时，用刀割破原基周围的塑料袋露出原基，进行出菇管理。出完第一潮菇后，整个菌袋转色结束，再脱袋泡水出第二潮菇。这些转色方法简单，保湿好，在高温季节采用此法转色可减少杂菌污染。

（6）出菇管理。

香菇菌柱转色后，菌丝体完全成熟，并积累了丰富的营养，在一定条件的刺激下，迅速由营养生长进入生殖生长，发生子实体原基分化和生长发育，也就是进入了出菇期。

①催蕾：香菇属于变温结实性的菌类，一定的温差、散射光和新鲜的空气有利于子实体原基的分化。这个时期一般都揭去畦上罩膜，出菇温室的温度最好控制在10℃～22℃，昼夜之间能有5℃～10℃的温差。如果自然温差小，还可借助白天和夜间通风的机会人为地拉大温差。空气相对湿度维持在90%左右。条件适宜时，3～4天菌柱表面褐色的菌膜就会出现白色的裂纹，不久就会长出菇蕾。此期间要防止空间湿度过低或菌柱缺水，以免影响子实体原基的形成。菌柱缺水时，要加大喷水，每次喷水后晾至菌柱表面不黏滑，而只是潮乎乎的，盖塑料膜保湿。也要防止高温、高湿，以防止杂菌污染，菌柱腐烂。一旦出现高温、高湿，要加强通风，降温降湿。

②子实体生长发育期的管理：菇蕾分化出以后，进入生长发育期。不同温度类型的香菇菌株子实体生长发育的温度是不同的，多数菌株在8℃～25℃的温度范围内子实体都能生长发育，最适温度在15℃～20℃，恒温条件下子实体生长发育很好。要求空气相对湿度85%～90%。随着子实体不断长大，呼吸加强，二氧化碳积累加快，要加强通风，保持空气清新，还要有一定的散射光。夏播香菇出菇始期在秋季。北方秋季秋高气爽，气候干燥，温度变化大，菌柱刚开始出菇，水分充足，营养丰富，菌丝健壮，管理的重点是控温保湿。早秋气温高，出菇温室要加盖遮光物，并通风和喷水降温；晚秋气温低时，白天要增加光照升温，如果光线强影响出菇，可在温室内半空中挂遮阳网，晚上加保温帘。空间相对湿度低时，喷水主要是向墙上和空间喷雾，增加空气相对湿度。当子实体长到菌膜已破，菌盖还没有完全伸展，边缘内卷，菌褶全部伸长，并由白色转为褐色时，子实体已八成熟，即可采收。采收时应一手扶住菌柱，一手捏住菌柄基部转动着拔下。整个一潮菇全部采收完后，要大通风一次，晴天气候干燥时，可通风2小时；阴天或者湿度大时可通风4小时，使菌柱表面干燥，然后停止喷水5～7天。让菌丝充分复壮生长，待采菇留下的凹点菌丝发白，就给菌柱补水。补水方法是先用10号铁丝在菌柱两头的中央各扎一孔，深达菌柱长度的1/2，再在菌柱侧面等距离扎3个孔，然

后将菌柱排放在浸水池中，菌柱上放木板，用石头块压住木板，加入清水浸泡 2 小时左右，以水浸透菌柱（菌柱重量略低于出菇前的重量）为宜。浸不透的菌柱水分不足，浸水过量易造成菌柱腐烂，都会影响出菇。补水后，将菌柱重新排放在畦里，重复前面的催蕾出菇的管理方法，准备出第二潮菇。第二潮菇采收后，还是停水、补水，重复前面的管理，一般出 4 潮菇。有时拌料水分偏大，出菇时的温度、湿度适宜，菌柱出第一潮菇时，水分损失不大，可以不用浸水法补水，而是在第一潮菇采收完，停水 5～7 天，待菌丝恢复生长后，直接向菌柱喷一次大水，让菌柱自然吸收，增加含水量，然后重复前面的催蕾出菇管理，当第二潮菇采收后，再浸泡菌柱补水。浸水时间可适当长些。以后每采收一潮菇，就补一次水。

北方的冬季气温低，子实体生长慢，产量低，但菇肉厚，品质好。这个季节管理的重点是保温增湿，白天增加光照，夜间加盖草帘，有条件的可生火加温，中午通风，尽量保持温室内的气温在 7℃以上。可向空间、墙面喷水调节湿度，少往菌柱上直接喷水。如果温度低不能出菇，就把温室的相对湿度控制在 70%～75%，养菌保菌越冬。

春季的气候干燥、多风。这时的菌柱经过秋冬的出菇，由于失水多，水分不足，菌丝生长也没有秋季旺盛，管理的重点是给菌柱补水，浸泡时间 2～4 小时，经常向墙面和空间喷水，空气的相对湿度保持在 85%～90%。早春要注意保温增湿，通风要适当，可在喷水后进行通风，要控制通风时间，不要造成温度、湿度下降。

2. 冬播香菇袋栽方法

香菇在夏季播种，正值高温高湿季节，接种和培菌难度大，易出现杂菌污染或高温烧菌。香菇在冬季播种，宜采用中温型和中偏高温型香菇菌株，10 月下旬开始作母种，11 月初作原种，11 月底和 12 月初制作栽培种，1 月份播种。采用 17 厘米×35 厘米的塑料筒作为栽培袋，拌料、装袋、灭菌、接种的操作方法基本同夏播。选用便于增温、保温的房间或温室作为菌袋培养场所，培菌场所要经过空间消毒后才能放进菌袋，菌袋呈“井”字形一行一行沿接种穴侧向排垒起来，每行可垒 6～7 层，4 行为一方，长度不限，方与方之间留有走道。开始时要把室温控制在 25℃～26℃，每 3 天在中午气温高时通风一次。菌袋培养到 13～15 天，接种穴的菌丝体生长直径达 8 厘米以上时，进行第一次翻袋、扎微孔。翻袋前要喷洒 2%的来苏水或者用氧原子消毒器进行空间消毒，要把每方的中间两行温度高的菌袋调换到两边，把两边的菌袋调换到中间，这样使每个菌袋温度差异不大，菌丝生长整齐。在翻袋时，把杂菌污染的菌袋除去，同时对无杂菌污染的菌袋，在有菌丝体的部位距离菌丝生长前沿 2 厘米处扎微孔，微孔深 1 厘米，每个接种穴的菌丝体上扎 3～4 个。第一次翻袋扎孔后，菌丝生长量加大，这时要把室温控制在 24℃左右。这时每 2 天中午通风一次。再过 12～13 天进行第二次翻袋，并在每一片菌丝体上距离菌丝生长前沿 2 厘米处扎一圈微孔（5～6 个），孔深 2 厘米左右，这时要把室温控制在 23℃左右。整个培养过程都要注意遮光。规格为 17 厘米×35 厘米的菌袋，如果 4 点接种，一般 45 天左右长满袋，再继续培养，待菌袋内菌柱表面膨胀，2/3 的面积上出现瘤状体时，即可进出菇棚，脱袋转色出菇。一般在 3 月中下旬菌袋可进温室出菇。应先在温室内作畦，畦宽 1～1.2 米，深 15～20 厘米，温室要用硫黄或甲醛进行空间消毒，地面撒石灰粉，在畦面上铺一层炉灰渣或者沙子，把长好的菌袋在温室内脱去塑料袋，将菌柱间距 2 厘米立排在畦内，菌柱间隙填土（园田土 60%+炉灰渣 40%，晒干，再用 5%的甲醛水调至手握成团，落地即散，堆起来盖膜闷 2 天再用，也可用地表 10 厘米下的肥沃壤土）。每个菌柱顶端露出土层 2 厘米，并用软的长毛刷子将露出土层的菌柱部分所沾的土刷掉，畦上用竹片拱起，罩上塑料膜，保温保湿，转色。冬播香菇的转色在 3 月下旬，气温偏低，空气相对湿度小，多风，管理的重点是保温、保湿、轻通风。出菇管理同前。第一潮菇采收后，温室大通风1小时，停止喷水4～5天后，再向畦内喷一次大水，以补充菌柱的含水量。4月份以后的管理要注意遮光降温和防虫。这种栽培方法的优点是菌柱在土里可随时补充水分和部分养分，省去了浸袋补水过程。同时还要注意，由于菌柱只是顶端出菇，因此出菇面积较小，在出菇密度大时，常因菇体的相互拥挤而变形，造成质量下降，所以菇蕾太密时要及时疏蕾，以保证菇的质量。另外，菇体距离地面很近，很易沾上沙土，也会影响菇的商品质量，喷水时要轻喷、细喷，不能使菌体溅上土。

四、病虫害及杂菌的综合防治

袋料栽培香菇的综合防治措施如下：

（1）严格把好菌种关。在确定生产用的优良品种以后，菌种是否被杂菌污染是优质菌种最基本的条件。优质菌种可采用目测和培养的方法来确定。凡菌丝粗壮，打开瓶塞具特有香味，可视为优质菌种。有条件的，还应抽样培养，同时还可检查菌丝生活力。

（2）严格把好菌袋加工关。塑料袋应选择厚薄均匀、无沙眼、弹性强、耐高温、高压的聚丙烯塑料袋，培养料切忌太湿，料水比掌握在1∶(1.1～1.2)；装料松紧适中，上下表面一致；两端袋口应扎紧，并用火焰熔结，在高温季节制菌袋时，可用1∶800倍多菌灵溶液拌料，防治杂菌。

（3）严格把好灭菌关。常压灭菌应使灶内温度稳定在100℃，并持续8小时；锅内菌袋排放时，中间要留有空隙，使蒸气畅流菌袋、受热均匀；要避免因补水或烧火等原因造成中途降温；从拌料到灭菌必须在8小时内完成，从灭菌开始到灶温上升到100℃不可超过5小时，以免料发酵变质。

（4）搞好环境卫生。净化空气，使空气中杂菌孢子的密度降至最低，是减少杂菌污染最积极有效的一种方法。装瓶消毒冷却，接种、培养室等场所，均须做好日常的清洁卫生。暴雨后要进行集中打扫。坚持每天在空中、地面用0.2%肥皂水或3%～4%苯酚水溶液，5%甲醛，1∶500倍50%的多菌灵水溶液及5%～20%石灰水等交叉喷雾或喷洒，将废弃物和污染物及时烧毁或浸入药水缸，以防污染环境和空气。

（5）严格无菌操作。接种室应严格消毒，做好接种前菌种预处理，接种过程中菌种瓶用酒精灯火焰封口，接种工具要坚持火焰消毒，菌种尽量保持整块，接种时要避免人员走动和交谈，及时清理接种室的废物，保持室内清洁。

（6）科学安排接种季节。必须根据香菇菌丝生长和子实体发生对温度的要求，科学安排接种季节。过早接种或遇夏秋高温气候，既明显增加污染率，又不利菌丝生长；过迟接种，污染率虽然较低，但秋菇生长期缩短，影响产量。接种以日平均气温稳定在25℃左右时为最好。夏季气温偏高时，接种时间应安排在午夜至次日清晨。

（7）改善环境因子。杂菌发生快慢和轻重，在很大程度上取决于各种环境因子，特别是香菇栽培块或菌筒上的霉菌发生时应通风换气。温度、湿度等环境因子有利于香菇生长发育时，香菇菌丝生活力旺盛，抗性强，杂菌就不易发生；反之，杂菌便会乘虚而入，迅速发生。因此，在日常管理工作中，尽可能创造适宜于香菇生长发育的环境条件也是一项很重要的预防措施。

（8）减少菌丝未愈合时发生霉菌。采取将门窗关好（定量开窗通风几次），除去覆盖的薄膜，待控制霉菌后再盖上的措施。若个别栽培块发生霉菌，不要急于处理，待菌丝愈合后再作

处理，但需增加掀动薄膜的次数，并加强栽培室通风换气和降温减湿。

(9) 霉菌发生在栽培块或菌筒表面，尚未入料，一般可以采用 pH 8～10 的石灰清水洗净其上的霉菌，改变酸碱度，抑制霉菌生长。若霉菌严重，已伸入料内，可把霉菌挖干净，然后补上栽培种。霉菌特别严重的栽培块或菌筒，可拿到室外，用清水把霉菌冲洗干净，晾干 2～3 天后，再喷洒 0.5%过氧乙酸（CH_3COOH）可收到显著的防治效果。

(10) 加强检查。在气温较高的季节，培养室内菌袋排放不宜过高过密，以免因高温菌丝停止生长或烫伤，影响成品率。发菌 5～6 天后，结合翻堆要逐袋认真检查，发现污染菌袋随即取出。对污染轻的菌袋，可用 20%甲醛或 5%苯酚或 95%酒精注射于污染部位，再贴上消毒胶布。对青霉、木霉污染严重的菌袋，添加适量新料后重新灭菌接种；污染链孢霉的菌袋，及时深埋。此外，要防鼠灭鼠，避免老鼠间接污染，对污染废弃的菌袋要集中处理，千万不能到处乱扔，以免造成重复感染。

(11) 袋料栽培中危害香菇的害虫主要为螨类和线虫。菌筒室内培养期间主要是螨的危害，后期主要为线虫。培养室或栽培场发生害虫危害可喷高效低毒农药，1∶(1200～1500) 倍的特杀螨、1∶50 倍的杀虫乳剂或 1∶500 倍的马拉松乳剂防治线虫可收到良好效果。

第五节　黑木耳栽培技术

一、概述

黑木耳也称木耳、光木耳、云耳，分类上属担子菌纲，银耳目，木耳科，木耳属。此属中约有十多种，如黑木耳、毛木耳、皱木耳、毡盖木耳、角质木耳、盾形木耳等。这几种木耳唯有光木耳质地肥嫩，味道鲜美，有山珍之称。

二、生物学特性

黑木耳是一种胶质菌，属于真菌门，它由菌丝体和子实体两部分组成。菌丝体无色透明，由许多具横隔和分枝的管状菌丝组成，生长在朽木或其他基质里面，是黑木耳的营养器官。子实体侧生在木材或培养料的表面，是它的繁殖器官，也是人们的食用部分。子实体初生时像一小环，在不断的生长发育中，舒展成波浪状的个体，腹下凹而光滑，有脉织，背面凸起，边缘稍上卷，整个外形颇似人耳，故此得名。菌丝发育到一定阶段扭结成子实体。子实体新鲜时，是胶质状，半透明，深褐色，有弹性。干燥后收缩成角质，腹面平滑漆黑色，硬而疏，背面暗淡色，有短绒毛，吸水后仍可恢复原状。子实体在成熟期产生担孢子（种子）。担孢子无色透明，腊肠形或肾状，光滑，在耳片的腹面，成熟干燥后，通过气流到处传播，繁殖它的后代。

图 9-6　黑木耳形态

三、黑木耳生长条件

(一) 营养

野生的黑木耳主要生长在腐（枯）木上，分解其中的营养，供菌丝体和木耳生长，我们栽培黑木耳主要是利用木屑、玉米芯等原料，菌丝体分解纤维素、木质素的能力非常强，选择的木屑以硬质的阔叶树木屑为好，如柞木、栎木、桦木等，另外需大量的氮源、维生素及矿物质，主要来源是麸皮、糠壳等。在实际生产中，为适合出菇季节，尽可能缩短生产周期并获得较理想的产量，木屑的营养成分远远不够，必须人为添加一些氮源作为补充和调整，一般以添加麸皮、糠壳等为好，调整 C/N 比在（30～33）∶1 之间，这样 C/N 比稳定、长效、不易挥发浪费，可长期供给菌丝及黑木耳的生长。

（二）温度

黑木耳属于中温型的菌类，菌丝生长温度范围为 5℃～35℃，以 25℃～28℃为最适温度。培养基内温度低于 5℃时菌丝停止生长，温度高于 35℃时，细胞脱水，衰老死亡。子实体在 10℃～25℃均能生长。黑木耳属于变温结实，15℃～25℃为最适温度（出耳床内温度），温度小于 10℃时，原基分化相当缓慢，黑木耳在 25℃以上时生长速度非常快，木耳的品质非常差，耳片厚度偏薄形成“流失耳”。如果长期温度过高，会造成菌袋内感染杂菌。

（三）湿度及水分

黑木耳的两个生长阶段有所不同。菌丝生长阶段：培养基含水量 60%，空气相对湿度 45%～60%；子实体生长阶段：培养基含水量 60%，空气相对湿度 80%～95%。

在子实体生长阶段，原基形成期的湿度为 80%～85%；原基分化期的湿度为 85%～90%；黑木耳生长期湿度为 90%～95%。

（四）空气

黑木耳属于好氧性真菌，要求在通气条件较好的情况下才能生长良好。因此黑木耳在陆地或稻田地栽培的发展优势相当强，也就是模仿野生木耳的生长环境条件，加强其管理，使其达到良好的经济效益。通风的作用如下：补充菌丝生长所需要的氧气，促进菌丝的生长、木耳原基的分化，缩短栽培周期，有效抑制杂菌生长。缺氧的表现：初时有白色水珠，然后变成黄色。

（五）光线

光线对黑木耳的菌丝生长有一定的抑制作用，故养菌阶段应采取避光措施，在木耳生长阶段，光照有利于木耳原基的形成，中后期可使木耳的黑色物质增加，使木耳变黑，增加干重。光线一般要求是散射光，而不是太阳直射光。

（六）pH 值

木耳菌丝可在 pH 值 4～9 的培养基中存活及生长，传统的 pH 值是在 5.5～6.5 之间。现在生产中 pH 值控制在 8～9 之间，目的是防止杂菌污染。用液体菌种时，pH 值应该在 6.5～7.5 之间。

四、栽培技术

（一）原料的选择

木屑（锯木）：以阔叶、硬杂木为好，或软木屑经过营养搭配也可用的树种；硬木：柞木、

青秆木、栎木、桦木、榆木、槐木；软木：杨柳木、椴木等，但不能单独使用。

木屑的粗细程度：1～3 mm，细木屑透气性差，菌丝生长缓慢；木屑偏粗会形成无效菌丝，使营养流失，减少产量。

麦麸：主要补充氮源及微量元素、矿物质，要求：①选择新鲜的，陈年隔夏的不能用；②选择中麸；③无麦麸时可用稻糠代替，稻糠营养成分不够需加量，比例为1∶1.5。

豆饼粉：补充氮源，越细越好，无霉变。

石膏：补充钙元素，缓冲培养料的变酸程度。建筑用的细石膏粉即可。

石灰：补充钙元素，提高pH值，增加抗菌能力。一般选用生石灰，不用白石灰，因其有太多的添加剂。

各种秸秆可作为主料；棉秆、豆秆不可单独使用，混合料营养要全面。软质秸秆不能用，如稻草、麦秸、高粱秸、稻壳等。

（二）配方

配方1：木屑（硬杂木）81%，麦麸15%，豆饼粉2%，石膏10%；

配方2：木屑61%，玉米芯20%，麦麸15%，石灰10%，石膏1%，豆饼粉2%。

（三）拌料

干拌：按配方准备各种原料，先把麦麸、豆饼粉、石膏、石灰加在一起，搅拌均匀。如加玉米芯要提前预湿。

湿拌：含水量在60%。

干拌好的加水调湿，搅拌均匀。测pH值为8～9。pH值不足加石灰水调解。用液体菌种接种的，pH值应该在6.5～7.5之间。

闷堆1～2小时，目的是使原料吃透水。

（四）装袋

选择16.5 cm×33 cm折角袋，填料要少，用力均匀，四角撑起。袋四壁平滑，无褶，料面压平。高度为17～18 cm。打孔到底，孔径2～2.5 cm。距料面3～5 cm处套上无棉封存盖。也可用塑料棒直接封口。

（五）灭菌

常压灭菌：将装好的栽培袋放在灭菌锅内，封闭，大火快烧，在2～4小时内达到100℃，开始计时。之后改为慢火缓烧，使锅内水能够保持沸腾即可。维持6小时，焖锅2小时，当灭菌锅内温度降到80℃以下时，可打开灭菌锅，取出栽培袋，冷却，使栽培袋内温度降到28℃以下时即可接种。

高压灭菌：有条件的可采用高压锅灭菌。把装好的栽培袋放入高压锅内，旋紧固定螺栓，加热到压力为0.05兆帕时，打开放气阀，排放冷气，使加压表归零，之后关闭放气阀，加热到0.15兆帕时开始计时，维持2小时，即可达到灭菌目的。停止加热，使其自然降压降温。

（六）接种

接种室接种：接种室6 m×10 m，紫外线灯+接种机接种。

使用过程：把所有物品一次性放入接种室内，用高效气雾剂消毒，同时打开紫外线灯照射30分钟，关灯10分钟后即可进行接种。先用1%美帕曲星喷雾降尘，打开接种机5分钟后，在接种机前15～25 cm范围内接种。接种时先用75%酒精棉球擦拭工作台、菌种瓶、接种钩。点燃酒精灯，烧接种钩、菌种瓶。把菌种钩成黄豆粒大小，每袋接入乒乓球大小，均匀布满料面，每瓶菌种接30袋左右。

接种箱接种：接种箱是缩小的接种室，接种箱内不用紫外线灯。

菌种封口接种：此法不用无棉盖体，用塑料棒直接封口。接种时，将塑料棒拔掉，将菌种直接接到塑料棒留下的孔内，并用塑料棒捣实。

无菌通道液体接种：先将无菌通道电源打开，工作半小时后开始接种。此法一般用无棉盖体封口，也可用塑料棒封口，料内留孔。接种时，将无棉盖体打开，将液体菌种接入到袋内。

接种原则：抢温接种，栽培袋降到30℃时就开始接种，湿度不超过65%。使用接种机时，工作人员操作要协调。没有缓冲间时人员不要来回活动，喷雾降尘。停电要有备用接种箱。

（七）养菌

1. 室内养菌

温度：1～4天，25℃～28℃；5～15天，23℃～25℃；15天以后，15℃～25℃。

湿度：45%～60%，湿度大时撒石灰。要避光养菌。通风，前期可少通风，或不通风，保湿，中后期加强通风。

2. 室外养菌

搭建荫棚，林荫地盖遮阳网。地势高不存水。在室内站立3～4天菌种定植后，建垛养菌。垛高4～5层，以口对口排列，盖上草帘或其他覆盖物。15天后倒垛，内外、上下调换，挑出杂菌袋，加强通风。

注意：养菌前期防止低温，中后期防止超温。

（八）出耳管理

划口：划成“V”形口，斜线长为2～2.5 cm，深度为0.5 cm，角度为45°～60°，数量为8～12个，2～3排，成品字形排列。

原基形成期：湿度要求在80%，不让草帘干。子实体分化期：湿度80%～90%，水分不要过大，否则耳芽泡涨。子实体生长期：耳片展开后，小雨或大雾天打开草帘。

注意：浇水时要避开中午高温期，早晚浇水。水质要求：自来水、井水、淡水。25～30天即可采收。

（九）采收

采收前晚上揭开草帘，全面接受散射光，晚上早揭，早上晚盖。增加子实体间重，增重颜色，降低温度，防止杂菌污染，临采收前2天停止浇水。

采收标志：7～8分成熟，耳片充分展开，耳根收缩，边缘变薄，即将弹射孢子，腹面出现白粉。

采收：用手从上往下掰，带下一部分培养基，不要使耳根留在上面。采收后的木耳去掉袋上的培养基后，洗净，晾干，即可销售。

第六节　灵芝栽培技术

一、概况

灵芝又称灵芝草、仙草。它是一种名贵的大型药用真菌，以其子实体及孢子供药用，具有滋补健身、延年益寿之功效，在临床上可以治疗神经衰弱、慢性支气管炎、胃病、肝病、高血压、糖尿病、冠心病等疾病。配合治疗肿瘤，可降低放、化疗所引起的副作用。常服灵芝孢子粉可显著提高人体抗病能力，增强免疫力，减少患病概率。因此，种植、研究、开发灵芝产品是一件有益于社会和提高改善人民健康水平的工作。

二、灵芝的生物学特性

（一）灵芝的形态特征

灵芝菌丝是一种多细胞的丝状物，孢子萌发形成单核菌丝（一次菌丝），纤细，抗逆性差、不结实。相对的单核菌丝接触，细胞配合形成双核菌，洁白粗壮，生命力强。生产上用的母种、原种、生产种都是双核菌丝（二次菌丝）。

图 9—7　灵芝子实体

子实体是灵芝双核菌丝组织化形成的，子实体一年生，有柄，木栓质，菌盖肾形、半圆形，盖直径 3～32 厘米、厚 0.6～2 厘米，幼嫩时淡黄色，成熟后表面红色或红褐色。盖表面有同心环带和辐射状皱纹，边缘钝。菌管淡褐色，管口近圆形，每平方毫米有 4～5 个。菌柄中实，多偏生，长 2～20 厘米，与盖同色。

（二）灵芝生长发育条件

1. 营养

灵芝是一种木腐生菌，凡是含有纤维素、半纤维素、木质素、淀粉、糖、蛋白质等有机物质，如木屑、棉籽皮、秸秆、谷壳、麸皮等；经过科学配制均可作为培养灵芝的基质。灵芝生长的营养物质有碳素养分、氮素养分、矿物质和维生素等。

碳源：灵芝不能利用纯碳和氧化状态的碳，只能利用还原状态的有机碳、木质素、纤维素、半纤维素、淀粉、糖等。主要来源于木屑、棉籽皮、秸秆、谷壳等栽培主料。

氮源：灵芝能利用还原状态的有机态氮，如蛋白质、氨基酸、尿素等。栽培主料中含有的氮往往不能满足灵芝生长的需要，培养料中要添加含氮量较高的麸皮、米糠、玉米面、饼粉等辅料给予补充。

灵芝菌丝生长吸收和利用的碳素、氮素养分的比例为（20～22）：1；子实体形成阶段为 33：1。

矿质营养：自然界矿质元素种类很多，灵芝生长需要的矿物质养分有 28 种，其中磷、钙、钾、镁等需要量比较大，一般为万分之几，称为常量元素。通常培养料要适当添加一些常量元素。而对钼、锌、铁、锰等的需要量甚微，称为微量元素。一般培养料中的含量能够满足灵芝生长的需要。

维生素：维生素 B_1、B_2、生物素、烟酸、肌醇等，都是灵芝生长所必需的。大部分维生素灵芝能够合成，但合成维生素 B_1、B_2 的能力较差，需要在培养料中补充少量维生素 B_1、B_2，促进灵芝的生长。新鲜麸皮、米糠中维生素 B_1、B_2 含量较多。

2. 温度

灵芝是一种高温型的真菌，菌丝可在 6℃～35℃的温度范围内生长。灵芝还是一种恒温型真菌，菌丝和子实体生长发育的温度相同，最适为 25℃～28℃，高于 32℃菌丝生长细、稀、快，子实体小；温度低于 20℃，菌丝粗、生长慢、表面菌丝很快纤维化，影响菌蕾的形成；低于 22℃影响子实体开片。

3. 水分和温度

灵芝菌丝生长时培养料的适宜含水量为 60%～70%，和料的松紧有关，以木屑为主料的含水量在 60%为宜，以甘蔗渣为主料的含水量为 70%。

菌丝生长的空气相对湿度为 60%～70%，子实体生长发育要求空气相对湿度为 80%～90%，低于 60%子实体会停止生长，长期处于 95%相对湿度中，也不利于灵芝生长，易滋生杂菌和病害。

4. 空气

空气中 78%是氮气，21%是氧气，0.03%是二氧化碳。

菌丝生长培养料中最适二氧化碳浓度为 1%～3%，有利于保持菌丝幼嫩状态，降低细胞纤维化程度。二氧化碳浓度过高，菌丝呼吸受到抑制，不利于生长；二氧化碳浓度过低，氧的浓度过高，菌丝易老化。

子实体形成期最适二氧化碳浓度为 0.1%～0.3%，高于 0.3%菌蕾形成慢或难以形成；子实体开片时适当二氧化碳浓度为 0.03%～0.1%，当二氧化碳浓度超过 0.1%时，不能很好开片，柄长、盖小；二氧化碳浓度超过 0.3%时，子实体呈鹿角状。

5. 光照

灵芝菌丝能在无光条件下生长，菌丝生长速度随光照强度增加而减慢。子实体形成、生长和担孢子形成都需要光线，子实体发育的最适光照强度为 1000～2000 勒克斯。幼嫩子实体有明显的向光性。

6. pH 值

灵芝生长喜欢弱酸性环境，菌丝在 pH 值 3.5～7.5 均能生长，适宜 pH 值为 5.5～6.5。pH 值大于 7.0 或小于 4.5，菌丝生长细弱、稀疏，速度变慢。灵芝生长过程中会释放出酸性物质，使基质 pH 值下降，当 pH 值小于 3.5 时，菌丝生长将停止。

灭菌前，培养料 pH 值要调到 7.0～7.5，同时加入一定量酸碱缓冲剂，以防止料后期过酸。同时也要补充一些矿质元素。

三、灵芝栽培技术

灵芝代料栽培工艺：选料、备料→配料、拌料→装袋→装锅灭菌→冷却接种→菌袋培养→出芝管理→采收干制。条件适宜时，从接种到一潮灵芝采收完需 80～90 天。

（一）栽培料配方

（1）木屑 78%、麸皮 20%、蔗糖 1%、石膏粉 1%。

（2）棉籽皮 42%、木屑 42%、麸皮 15%、石膏 1%。

(3) 木屑 30%、棉籽皮 27%、玉米芯 27%、麸皮 15%、石膏 1%。

(4) 棉籽皮 89%、麸皮 10%、石膏 1%。

料的含水量为 60%～65%，灭菌前 pH 值为 7.0～7.5，如果偏低，可用石灰粉调节。

(二) 装袋灭菌

灵芝栽培一般采用 0.004～0.005 cm 厚、宽 17 cm 左右、长 35 cm 左右的低压聚乙烯塑料筒。

每袋可装湿料 1.0～1.2 kg。

常压灭菌 100℃、10～12 小时，然后闷 12 小时以上。要求上火供汽要猛、快，最好 4 小时内料袋达到 100℃。

(三) 冷却、接种

料袋出锅后，冷却至 28℃，进行无菌接种，0.5 kg 的菌种袋能接栽培袋 13～15 袋。

(四) 灵芝菌袋的培养

先将培菌室进行空间消毒和杀虫，然后进菌袋发菌，培养室空间温度 24℃～26℃，空气相对湿度 60%～70%。遮光，3 天后开始通小风。

10 天后，当菌丝封住袋两头的料面时，先进行空间消毒，然后翻袋扎眼，扎眼后重新排袋，要注意散热。同时，将室温降至 22℃～24℃，并随着菌丝生长量加大，要逐渐降低室温，加大通风量，使菌丝生长温度始终在 25℃～28℃。保证空气清新，必要时进行二次扎眼或解开菌袋两头扎口。30 天左右菌丝长满袋。

(五) 出芝管理

(1) 温室出芝管理：将温室清整干净，进行空间消毒和杀虫后，按每 1 米宽排放一行砖，南北走向，将发满菌丝的菌袋横排在砖上，每行垒 6～7 层高。然后解开袋口绳，并拉松袋口，使其有 0.5～1.0 cm 孔口。气温 25℃～28℃，相对湿度 80%～90%，光照强度 1000～2000lx，空气清新。

白色的菌蕾形成，长出袋口，逐渐展开，形成半圆状的菌盖，不断长大，盖边缘生长部分呈白色，后面成熟部分逐渐变成棕褐色，非常美丽。

(2) 林地出芝管理：要选择郁闭度好的砂壤林地作畦。灵芝菌袋脱袋，将菌柱立排在畦中，覆土厚 2～3 cm，浇足水，打拱、罩膜。膜的两头和底边要适当留有通风孔。按时喷水，保持覆土湿润。芝蕾形成后长出土层，并逐渐展开生长，形成近圆形菌盖。

(六) 采收

当芝盖边缘白色生长圈消失，整个芝盖呈棕褐色时，孢子大量释放，芝体成熟，不再长大。再继续培养 10 天左右，使芝体坚硬，同时采收孢子粉。

采收方法：在灵芝柄基部 1 cm 处剪下，要及时晒干。

采收后，继续进行空间保湿，3 天就在芝柄剪口处长满白色愈合组织，并逐渐长大，最终长成小于第一潮芝的子实体。

第七节 食用菌加工技术

食用菌中含有蛋白质、维生素等多种营养物质以及大量的水，非常有利于微生物的滋生繁衍，从而造成腐烂变质，极不适于长期储藏。另外，在包装、运输过程中，新鲜的食用菌也容易造成破损而使商品价值降低。因此，需要对其进行加工处理，以延长贮藏保存时间，减少菌体变质损耗，从而利于远距离运输。

食用菌加工保藏就是利用物理的、化学的和生物学的方法抑制各种腐败性微生物的活动，把食用菌产品制成耐贮藏的制品，以达到长期保存的目的。食用菌的常规加工技术主要有干制、盐渍、糖渍、冻藏及罐藏。

一、干制

食用菌的干制技术也称烘干、脱水加工等，是食用菌加工保存的一种常用方法，它是在自然条件下，保证产品质量的同时，利用外源热促使新鲜食用菌子实体中水分蒸发的工艺过程。经过干制的食用菌称为干制品，干制品不易腐败变质，可长期保藏。

有的食用菌经干制后可增加风味，改善色泽，从而提高商品价值，如香菇、竹荪、银耳和黑木耳等。但也不是所有的食用菌都适合进行干制处理，比如双孢菇干制后，鲜味和风味均会降低，平菇和猴头菇等比较适合鲜食。

为了提高干制品的质量，可根据不同的食用菌采用不同的采收期和处理方法，并在干制之前去除菇体基部的泥土和杂物以及蒂头，还要将其中的畸形菇和病虫菇剔除，然后按鲜菇标准分成不同等级，再根据不同等级分别进行干制处理。

（一）干制方法

干制主要有自然干制和人工干制。

1. 自然干制

自然干制主要是利用风吹日晒等自然条件来干燥原料。常用的自然干制的方法是晒干，包括晾干和晒干。晒干过程一般为 2～3 天，后熟作用强的菇类一定要在采收当天做灭活处理（一般采用蒸煮方式）后再晒。

将处理后的原料均匀摊在晒筛上暴晒至干。摊晒时，注意不能摊得过厚，还要经常翻动，翻动时要小心操作，以免造成破损。晒干后，不仅利于保存，还可以提高菌类品质和营养价值。

自然干制过程缓慢，所需的时间较长，还常受天气的影响。在晒干过程中，如果出现阴雨天气，不仅会延长干燥时间，还容易降低产品质量，严重时还会引起大量腐烂。并且在保藏过程中，容易返潮、生虫发霉，不利于长期保存。

2. 人工干制

人工干制不受气候条件的影响，与自然干制相比，不仅干燥快、省工、省时，而且人工干制品的色泽好，香味浓，外形饱满，商品价值很高。烘烤过程中，还可以杀死霉菌孢子和害虫，对商品的长期保存更加有利。

人工干制的常用方法是烘干，即在烘房中用炭火或电热等对鲜菇进行干燥。烘干主要分为以下几个步骤。

（1）准备：多数食用菌在采收后，都要去除杂物、蒂头、畸形菇和病体菇，再进行分级，然后便可以进行烘烤了。

但是有些食用菌，比如草菇、金针菇等，在干制后，其风味会有所降低，这就需要在脱水前做进一步的处理。草菇在烘烤前，一般要用锋利的不锈钢刀或竹片纵剖成两片，然后切口向上平摊在烤筛上烘烤；金针菇要先洗净，然后在蒸笼中蒸 10 分钟左右，再扎成小捆整捆摊在烤筛上烘烤。

（2）装筛：按菇的厚薄、大小和干湿分别放在烤筛上，开始时要稍微薄些，烘烤后期可适当加厚。

（3）预热：烘房使用前，要先进行预热，一般至 40℃～45℃即可，这样可缩短烘烤时间。进料时，烘房内的温度降到 30℃～36℃。

（4）升温：烘烤初始阶段，温度一般为 35℃，以后每小时升高 1℃～2℃，最后使温度达到 60℃～70℃。当温度升至 60℃～65℃时，水分已散发 70%左右，这时将温度降至 50℃～55℃，继续烘烤 2～3 小时。

（5）调筛：在烘烤过程中，将最下部的第一层、第二层烘筛与中部的烘筛互换位置，这样可使成品干燥程度一致。

在干制升温过程中，如果温度过高，会使菌盖变黑，菌褶弯曲。原料烘烤至八成干时，停止加热，在烘房温度降到 35℃左右后，再进行加热，这样可减少干燥时间。

（二）包装

对干制完成的产品进行再分级，然后放入塑料袋、复合薄膜袋或白铁皮桶中密封，防止返潮。

（三）贮藏

用于贮藏干品的仓库应该保持清洁、干爽、低温，同时还要采取一些防虫、防鼠的措施，比如在塑料袋中放入一小瓶二氧化碳以防虫蛀。贮藏过程中还要定期检查干品的保存情况，为了防止吸湿霉变，可在塑料袋中加入一小瓶用棉花作塞的无水氯化钙。

二、盐渍

盐渍加工时，一般选用不锈钢或铝制品，或用竹、木以及塑料制品作工具，如果使用铁、铜、锡等金属制品，很容易引起加工产品变色而降低商品质量。所选用的食盐必须是高质量的精制盐，以免食盐中含有的一些杂质使产品质地变粗变硬，甚至在菇体表面留下斑痕，严重影响产品的风味和外观。

盐渍加工后的产品含盐量一般为 25%，产生的压力远远大于一般微生物的细胞渗透压，从而抑制微生物的生长繁殖，甚至还会使微生物细胞内的水分外渗，而使微生物处于休眠或死亡状态。

盐渍加工法主要分为以下几个步骤。

（1）采收：在菇蕾期采收最为适宜，选择好的原料菇，当天采收，当天加工。如果采收不及时，将会影响盐渍菇的质量。

（2）漂洗：盐渍同干制一样，必须对原料分级整理，用质量浓度为 6 克/升的盐水洗去菇体表面的尘埃、泥沙等杂质，注意保证菇体完整、无破损。接着用 0.05 摩尔/升柠檬酸溶液

(pH 值为 4.5) 漂洗，既能起到护色作用，又能抑制食用菌表面附着的微生物的生长发育。

(3) 杀青：杀青指在稀盐水中煮沸、杀死菇体细胞的过程。在铝锅或不锈钢锅内，将稀盐水加热煮沸，将整理和洗涤好的食用菌原料放入锅内煮制，边煮边轻轻搅动，及时将锅中的菇沫滤去，一般煮 5～7 分钟即可。

杀青可抑制酶活性，防止子实体开伞褐变，还能使细胞膜结构遭到破坏，增加细胞的透气性，从而有利于菇体内水分的排出和盐水进入菇体。

(4) 冷却：将杀青后的菇体从锅中小心捞出，立即放入清洁冷水中进行冷却，冷却时一定要待菇心凉透，才可进行盐渍，否则盐渍后很容易发黑、发霉、腐烂。冷却 30 分钟后捞出，滤水 5～10 分钟。

(5) 盐渍：在缸内配制浓度为 15～16 波美度的饱和盐水，配制时，食盐要用开水搅拌溶解，直到盐不能溶解为止，冷却后取其上清液用纱布过滤，使盐水达到清澈透明即可。

将冷却滤水后的菇体按每 100 千克加 40～60 千克食盐（精盐）的比例逐层盐渍。先在缸（或桶）底铺一层菇，再铺一层盐，盐的厚度以看不见菇体为准，依次一层菇一层盐。装满缸后，向缸内灌入煮沸后冷却的饱和盐水以提高盐渍效果。表面放上竹帘，再压上干净石块等重物，使菇浸没在盐水内。注意菇体不能露出盐水面，否则菇体易发黑变质。盐渍 3 天后，将菇体捞出，放入 23 波美度的盐水缸中继续盐渍。此期间每天倒缸 1 次，并经常用波美比重计测盐水浓度，使盐水浓度保持在 23 波美度左右。若测得盐水浓度偏低，可加入饱和盐水进行调整或倒缸。盐渍 7 天后，缸内盐水浓度稳定在 23 波美度不再下降时出缸。

(6) 装桶：将盐渍好的菇体捞出并沥净盐水，然后用塑料桶分装，向桶内注满 20 波美度的盐水，并用 0.2%柠檬酸将盐水 pH 值调至 3～3.5，再用精盐封口，排出桶内空气，盖紧内外盖即为成品。

三、糖渍

糖液浓度较高时，具有很强的渗透性，从而抑制微生物的生命活动，甚至造成其细胞原生质脱水而收缩，使其处于假死状态，同时氧气在高浓度糖液中的溶解度很小，具有一定的抗氧化作用，因此，利用糖渍可以达到贮藏的目的。

糖渍的加工方法如下。

(1) 切分：分级后，根据加工的不同需要，将原料切成薄片或条块，这样可使糖分较易渗入。

(2) 硬化：如果食用菌的肉质较软，可用石灰、氯化钙、亚硫酸氢钙等溶液浸渍原料一定时间，使组织硬化耐煮。需要注意的是，硬化剂的用量要适宜，若用量过大，会导致原料对糖的吸收能力下降，从而使产品的质地变粗。

(3) 漂洗预煮：硬化处理后的食用菌需要进行多次漂洗，以除去表面残留的硬化剂。漂洗之后，再对原料进行预煮，这样可使原料变软透明，糖制时易于糖分的渗入。

(4) 煮制：煮制时，采用容器较小的不锈钢双层锅或真空浓缩锅，不能使用铁、铜等金属锅，既能避免变色或金属污染，又能防止组织软烂和失水干缩等不良现象的发生。其煮制方法主要有三种。①一煮：用浓度为 45%～60%的糖液加热熬煮原料。初始阶段，食用菌会排出一些汁液稀释糖液浓度，这时需要向锅内加入浓糖液或砂糖。煮制 1～1.5 h，糖液浓度达到 75%左右时即可出锅，然后滤干制品上的糖液，再经干燥即可成品。②多煮：多次煮成法适用于组织柔软、易碎且含水量较高的原料。将浓度为 30%～40%的糖液煮沸，然后放入处理过

的原料，煮制2～3分钟后，与糖液一同倒入容器中，冷放浸渍一昼夜，使糖分渗到原料中。然后将糖液浓度增高10%～20%后煮沸，2～3分钟后倒入容器中，浸渍8～24小时，此操作一般进行2～4次。最后将糖液浓度增高到50%左右煮沸，将浸渍的原料倒入其中，煮制过程中，需向锅中加糖2～3次。当原料变得透明发亮，糖液浓度达到65%以上时即可出锅，然后滤干表面的糖液，干燥后即得成品。③速煮：将处理过的原料装入提篮内，然后放入糖液中煮，煮沸4～8 min后，立即提出，浸入15℃的糖液中冷却5～8 min，再提高糖液浓度，煮沸4～8 min，再提出，放到15℃糖液中冷却，如此反复4～6次即可。

（5）烘干：煮制干燥后，制品应保持其完整性和饱满状态，质地紧密而不粗糙，不结晶，糖分含量在72%左右，水分在18%～20%以下。烘干时，将温度保持在50℃～60℃之间，如果温度过高，容易造成糖分结块和焦化。

（6）整理：干燥过程中，制品常会收缩而导致变形，严重时会破碎。因此干燥后，需对制品进行加工整理，使其外观保持整齐一致，这样可便于包装。包装时应注意防潮、防霉。

四、冻藏

食用菌冻藏技术就是将鲜菇放在低温的环境中，使菇体内的水分迅速结成冰晶，然后放入低温冷库中保藏。

纯水的冰点在0℃，而菇体组织所含的水分中含有无机盐、糖、酸、蛋白质等，所以其冰点要略微低一些。当环境温度达到冰点时，菇体组织中水分开始由液体转变成固体，形成的冰晶多且体积小，不会造成细胞组织损伤，不仅可以保持其原有的形态、品质和风味，还可抑制微生物的活动，从而能够较长期地贮藏。

蘑菇冻藏的加工方法如下：

（1）挑选菌盖完整、色泽正常的菇体作为加工原料。

（2）采收后，先放在0.03%的焦亚硫酸钠溶液内漂洗，清除泥沙及杂质，然后放在0.06%的焦亚硫酸钠溶液内浸泡2～3 min进行护色。

（3）将蘑菇放入100℃的0.15%～0.3%柠檬酸液中预煮1.5～2.5 min，然后放入3℃～5℃流动的冷却水中进行冷却。

（4）去除不符合质量标准的菇体，将合格的菇体进行修整、冲洗，备用。

（5）将菇体表面的水分滤干，并单个排放于冻结盘中，然后放入螺旋冻结机中，在－37℃至－40℃的温度下冻结30～45 min。

（6）取出已冻结的蘑菇，在低温房内逐个挑出放入小竹篓中，每篓装约2 kg，然后放入2℃～5℃的清水中浸泡，2～3 s后提起竹篓并倒出蘑菇。菇体表面会迅速形成一层透明的薄冰，可使菇体与外界隔离，防止蘑菇干缩、变色，从而达到延长贮藏时间的目的。

（7）将结有冰衣的蘑菇用无菌塑料袋分别盛装。

（8）将装好袋的产品放入冻库内贮藏。冻库温度维持在－18℃左右，上下波动不超过1℃，相对湿度保持在95%～100%，可贮藏12～18个月。

五、罐藏

食用菌罐藏就是将新鲜食用菌经过一系列处理后，装入特制的容器中，经过排气密封，隔绝外界空气和微生物，再经过加热，来杀死罐内微生物或使其失去活力，并破坏食用菌酶的活性，抑制其氧化作用，使罐内食品能够较长时间地保藏。罐藏工艺主要包括原料处理、装罐、注液、排气、密封、杀菌和冷却等几个环节。

（一）原料处理

（1）严格挑选原料菇，去除过熟、变色、畸形、霉烂、病虫害等不合格的原料，按大小、成熟度、色泽等分级标准来分级并及时加工处理。

（2）在质量浓度为 0.3 克/升的焦亚硫酸钠溶液中浸泡菇体 2～3 min，然后将菇体放入质量浓度为 1 克/升的焦亚硫酸钠溶液中漂白，之后再用清水洗净。

（3）将 2%的食盐水烧开，然后将菇体放入其中煮熟（注意不能煮烂），不仅可抑制酶的活性，减少酶引起的化学变化，而且能排除菇体组织内滞留的气体，使组织收缩、软化，减少脆性，既便于切片和装罐，又可减少铁皮罐的腐蚀。

（4）将煮熟的菇体立即放入清洁的流水中冷却。

（5）对冷却后的原料进行分级，一般采用滚筒式分级机或机械振荡式分级机。

（二）装罐

生产上常用的罐藏容器主要是马口铁罐，一般采用手工封罐机装罐。

空罐使用前要进行严格检查，将不合格的空罐剔除。装罐前，用 80℃热水对空罐进行清洗消毒。装罐时，要保证每罐的质量均匀一致，由于成罐后内容物质量减少，一般在装罐时增加规定量的 10%～15%。

装罐时，还要注意在内容物表面与罐盖之间留有一定的顶隙。顶隙过小，加热杀菌时，会因为食物膨胀而使罐内压力大增，造成罐头底盖向外突出，严重时可能出现裂缝；顶隙过大，则在杀菌冷却后，罐内压力大减，导致罐身内陷。另外，如果顶隙过大，罐内会存留较多的空气，容易引起食品氧化变色。

（三）注液

原料装好后，注入 0.12%的柠檬酸或含盐量为 1%～2%的盐液，可增加产品的风味，还能填充食用菌之间的空隙，既排除了空气，又可加快灭菌，减少冷却期间热的传递。

（四）排气

空气中的氧气会加速铁罐表面铁皮的腐蚀，因此要进行排气处理，以除去罐内的空气。排气主要有两种方法：一种是原料装罐注液后，先进行加热排气，再封盖；另一种是用真空泵抽气后，再封盖。

采用真空泵抽气时，抽气和封罐必须密切配合，可用真空封罐机进行，即将真空泵装在封罐机上。

（五）密封

排气后，必须立即密封，以防外界空气及腐败性细菌污染而引起败坏。以前常用手工焊合封盖，现在除螺旋式和旋转式玻璃罐头可用手工进行封盖外，其他必须使用双滚压缝线封罐机来完成。这一过程必须严格控制，才能保证容器的密封。

（六）灭菌

灭菌的目的是使罐头内容物不受微生物的侵染。采用高温短时灭菌，有利于保持产品的质量。对于含酸较多的产品，可采用高压蒸汽灭菌，也可用常压灭菌法。大部分食用菌罐头由于含酸较低，因此一般需用115℃～121℃的杀菌温度和较长的杀菌时间才能彻底杀菌。

（七）冷却

杀菌完毕后，罐头必须迅速放入冷水中冷却，否则会使产品色泽、风味发生变化，组织结构遭到破坏。玻璃罐不能直接投入冷水中冷却，水温要逐步降低，以免引起玻璃罐破裂；马口铁罐可以直接放入冷水中，待罐温冷却到38℃～40℃时取出，利用罐内的余热使罐外附着的水分蒸发。

对于生产出的罐头，应及时抽样检验，一般先进行保温（55℃下保温5天），再进行酸败菌培养检验以及耐热芽孢数的检验，以指导生产，确保质量。然后打印标记并包装贮藏。贮藏期间，要严格控制贮藏的温度（10℃～15℃）和空气相对湿度（70%～75%）。

六、食用菌精深加工技术

（一）食用菌风味食品

食用菌营养丰富，具有一定的医疗保健功能，是最理想的蛋白质和营养组合来源，是公认的“健康食品”，尤其是其鲜美的味道深受人们喜爱。构成食用菌鲜美味道的主要是风味物质。风味物质是指能使人的口腔、鼻等感觉器官产生嗅觉、味觉、视觉以及触觉等综合感觉的一类物质。研究表明，构成食用菌风味物质的主要有呈鲜味的氨基酸、5′－核苷酸、碳水化合物等非挥发性成分和呈芳香味的挥发性成分，如八碳化合物、含硫化合物以及醛、酸、酮、酯类等。

1. 氨基酸

氨基酸是人体生命活动新陈代谢的重要物质，具有各种生理功能，也是重要的呈味物质，在食品的呈味方面扮演着十分重要的角色。有些氨基酸呈现很强的鲜味，有些具有淳厚的甜味，有些能够和糖类反应呈现独特的香味。食用菌中含有丰富的呈味氨基酸，主要有下列种类：谷氨酸、天门冬氨酸、精氨酸、丙氨酸、甘氨酸、组氨酸、脯氨酸。氨基酸在食用菌中种类和含量不同，构成了不同食用菌的特有风味。

常见食用菌中风味氨基酸种类和含量见表9－1，据史琦云等研究了甘肃主栽的香菇、平菇、金针菇、双孢菇、杏鲍菇、茶树菇等食用菌氨基酸组成和含量表明：食用菌中谷氨酸含量是最高的，其次是天门冬氨酸。谷氨酸是食用菌中最重要的一种呈味氨基酸，食用菌味道鲜美与它的含量密切相关，它在食盐存在的情况下能形成谷氨酸钠（MSG），呈味阈值为0.03%。谷氨酸是味精的主要成分，能呈现出较强的鲜味，因此食用菌在烹调后食用都表现出鲜美味道。天门冬氨酸的钠盐有特殊味感，而丙氨酸能够改善甜感，增强甜感淳厚度，增强腌制品风味，缓和苦涩味，与谷氨酸、鸟苷酸等鲜味物质配合能发挥鲜味相乘作用，还可引出肉类、鱼类、果实类的鲜味。甘氨酸有特殊甜味，精氨酸与糖加热反应会形成特殊香味。

表 9—2 常见食用菌中风味氨基酸的种类

食用菌	风味氨基酸含量						
	谷氨酸	天门冬氨酸	甘氨酸	丙氨酸	精氨酸	脯氨酸	组氨酸
香菇	1.29	1.56	0.60	0.84	0.27	0.47	0.26
平菇	0.98	0.87	0.42	0.62	0.23	0.54	0.27
金针菇	3.15	1.91	0.91	1.19	1.45	1.38	0.62
双孢菇	1.06	1.92	0.56	0.77	0.74	0.69	0.17
茶树菇	2.02	1.42	1.11	1.02	0.56	0.23	0.28
杏鲍菇	1.62	0.94	0.90	0.74	0.76	0.97	0.30

2. 核苷酸类呈味物质

食用菌中的呈味物质除氨基酸外，还有高含量的核苷酸类。由于食用菌中呈味核苷酸含量以及氨基酸种类和含量的不同，使得不同食用菌品种各具特有风味。研究表明，双孢蘑菇核苷酸总量为 2.66%，鲍鱼菇为 2.93%，风尾菇为 4.06%，草菇为 3.88%。香菇中四种核苷酸的含量分别为 5'—IMP 2.82%，5'—GMP 7.05%，5'—UMP 4.25%，5'—AMP 6.51%。具有鲜味的核苷酸类有肌苷酸（IMP）、鸟苷酸（GMP）、尿苷酸（UMP）、黄苷酸（XMP）。5'—GMP、5'—IMP 和 5'—UMP 是自然界中存在的三种单核苷酸，具有强烈的呈味作用。5'—IMP 在水溶液中只要有 0.012%～0.025%的量存在就有呈味作用。

核苷酸对食品的作用如下：

（1）有助鲜的作用，可以作调味料。氨基酸类鲜味物质的含量在阈值以下时，其鲜味是潜在性的，添加少量 5'—核苷酸，就能使其提高到阈值以上，发挥其增鲜效果。如鸟苷酸（GMP）、肌苷酸（IMP）等核苷酸属于呈味性核苷酸，除了本身具有鲜味，在和左旋谷氨酸（味精）组合时，还有提高鲜味的作用，作为调料、汤料的原料使用。

（2）核苷酸对甜味、肉味有增效作用，对咸、酸、苦味及腥、焦味有抑制作用，在食品工业生产中越来越受到重视。

（3）核苷酸类调味料应用于食品，除增进和改善食品风味外，还可减少谷氨酸钠和同类调味料的使用量，相应降低成本。

（4）调节免疫功能，增强抵抗力，作食品添加剂。欧美、日本等国家和地区生产的婴儿奶粉均按照母乳中的含量添加了微量核苷酸。

3. 挥发性芳香物质

不同食用菌呈现不同风味，除与氨基酸和核苷酸有关外，还与食用菌中的挥发性芳香成分密切相关。食用菌中的挥发性芳香成分主要包括八碳化合物、含硫化合物以及醛、酸、酮、酯类等。研究表明，食用菌的香味不是单一化合物所体现出来的结果，而是众多组分相互作用、相互平衡的效果。食用菌最重要的风味由 C_8 中性化合物组成，而最具有特征的 C_8 中性化合物是 1—辛烯—3—醇，来自脂肪酸前体物质经脂肪氧化酶催化转变而成，普遍存在于食用菌中，含量丰富且具有浓烈的蘑菇风味。香菇中以含硫化合物为重要的香味来源。郑建仙和杨铭铎分别对香菇的风味物质作 GC/MS 联机分析后，检出的风味化合物以含硫化合物为主，其中又以含硫杂环化合物、硫化物为主，如 1，2，3，5，6—五硫杂环庚烷，其被称为香菇精，是香菇中最重要的风味化合物。

（1）原理。食用菌风味食品加工主要是应用各种食用菌子实体或子实体浸提液以及食用菌

加工过程中的下脚料，如预煮液、菇柄、碎菇等为原料，按照各种风味食品的加工方法，加工而成的带有浓郁食用菌香味的各种风味食品。常见的预煮液有香醋、酱类、汤料、酱油、调味液等。

（2）制作工艺。原料菇或下脚料→预煮→过滤→浓缩→调味→倒模→凝固→制成各种菇类风味食品。

（3）操作要点。

①原料菇：猴头菇干品 5 kg，白砂糖 30 kg，80 波美度的葡萄糖浆 61 kg，食用色素 3.2 kg，柠檬酸适量，琼脂 4 kg，水 40 kg 左右。

②制法：将猴头菇放入沸水中浸泡数分钟后捞起，用温水反复洗挤 3 次，除去苦味，然后倒入水中炖煮 1 h，用纱布压榨过滤，取其汁。琼脂剪成 2～3 cm 长的小段，用冷水浸软、洗净、沥水，和白糖一起放入猴头菇汁中煮沸。待琼脂完全熔化后，捞去猴头菇汁表面的白沫，再放葡萄糖浆继续煮，直到 102℃～108℃时停火；冷却到 70℃～75℃，加入柠檬酸、食用色素，充分搅拌；待温度降至 65℃时，倒入糖果模型中立即冷却使其凝固，然后置于 50℃左右的烘房或红外线电烤箱中烘干，包装。

（二）食用菌调味品

食用菌调味品包括食用菌酱油、食用菌调料、食用菌汤料、食用菌面酱等。

1. 原理

食用菌营养丰富，味道鲜美，早为世人所公认。如金针菇含有氨基酸、5'—腺苷酸和核苷类鲜味物质；香菇含有氨基酸、5'—腺苷酸、5'—尿苷酸等核苷酸及香味成分（如香菇精）。这些鲜味、香味成分，为生产食用菌调味产品创造了条件。食用菌调味品种类很多，如蘑菇鲜酱油、口蘑酱油、香菇调味汁、食用菌食醋、平菇芝麻酱等。以食用菌加工调味品，可以最大限度地利用食用菌子实体的各个部分，无论是菇根还是菇柄，均可以作为调味品生产原料，也就提高了食用菌生产的经济效益。

2. 制作工艺

原料→干燥→粉碎→过滤→食用菌调料。

3. 实例 1：野生松茸速溶鲜味剂

食用菌汤料属于方便调味料，由食用菌子实体经粉碎、过筛，添加甜味剂、咸味剂、鲜味剂、香辛料等混合而成；或由食用菌子实体经浸提后所得的浸提液浓缩、干燥后与其他调味料混合而成。食用菌汤料主要应用在方便食品中，如方便面、即食菜汤等。另外，食用菌汤料还可作为火锅汤料，以提升食物的鲜味和香味。

（1）原料：松茸、食盐、谷氨酸钠、5'—鸟苷酸、5'—肌苷酸。

（2）工艺流程：原料选择→漂洗→烘干、粉碎→浸制→干燥（喷雾）→配料混合→密封包装。

（3）操作要点。

①松茸的烘干、粉碎：拣去杂质及霉烂变质的松茸，用流水漂洗干净，在 50℃～65℃条件下彻底烘干，粉碎至绿豆粒大小。

②浸制：以干菇粉、糊精、水按 1∶1.2∶15 的比例浸制。先将糊精放入水中，加热至 70℃～80℃，使糊精完全溶解。待溶液温度降至 40℃以下时，放入干菇粉，浸制 6～12 h。松茸的粉碎必须在干燥状态下进行，不能浸泡后磨碎，否则成品冲服时溶液浑浊。

③干燥：将浸制后的溶液压榨过滤，压力应适中，否则滤液会出现浑浊沉淀等现象。滤液在50℃～60℃温度下喷雾干燥。

④配料的混合：所得粉剂、干燥精制食盐、复合鲜味剂以100∶15∶4的比例在干态下混合。复合鲜味剂的配置：谷氨酸钠95%，5'－鸟苷酸2.5%、5'－肌苷酸2.5%。采取干态混合，以避免复合鲜味剂在加工过程中的损失及食盐对干燥的影响。

⑤密封包装：由于松茸冲剂极易回潮黏结，故成品要及时密封包装，检查合格后即为成品。

4. 实例2：香菇方便汤料

(1) 原料：香菇、味精、食盐、白糖、白胡椒粉。

(2) 工艺流程：原料粉碎→加料磨粉→密封包装。

(3) 操作要点。

①原料粉碎：取次品干菇或干菇柄，经粉碎机粉碎成香菇粉。

②加料磨粉：取香菇粉10 g，味精80 g，盐320 g，白糖90 g，白胡椒粉1 g。磨成细粉后拌匀。

③装袋：将混合物分装在100个小型塑料袋中或防潮袋中，即成香菇方便汤料。

(三) 灵芝孢子粉破壁技术

灵芝孢子粉破壁是孢子粉加工的一个关键技术。关于孢子粉细胞破壁方法，国内外进行了很多研究工作，目前主要有温差法、机械法和发酵法等，每种方法又有多种具体操作方法。

(1) 温差破壁法。温差破壁法是利用孢子粉中的水结冰与加热熔化产生的力，破坏孢子粉壁的组织结构，从而达到破壁的目的。

(2) 机械破壁法。机械破壁法是利用机械的作用，将孢子粉细胞破碎的方法。由于孢子粉颗粒很细，细胞壁坚如“盔甲”，因此必须用特殊的设备和方法。机械破壁可分为湿法和干法两类。

(3) 水浸、减压破壁法。将孢子粉用水浸泡，冷冻至－30℃～0℃，再在真空为8 kPa的减压环境中保持15～20 min，蒸后用均匀机处理3～5 min。如此水浸与减压反复处理几次，以使破壁率达到所需要求。

(4) 胶体磨破壁法。一般来说，胶体磨破壁率较低。孢子粉经冷冻后，再用热水升温与搅拌，最后经胶体磨研磨处理，孢子粉破碎率可达60%左右。

(5) 超声波破壁法。将孢子粉在真空干燥器内干燥后，用10～30 kHz的超声波振动15～30 min。经过上述处理，可使孢子粉内含物自萌发孔处溢出。

(6) 冷冻粉碎破壁法。将孢子粉在－10℃以下冻干，再用液氮浸渍，送入回转叶片式粉碎机，机内温度在－30℃以下，破碎后的细粉由分离器分出。

(7) 气流粉碎法。将孢子粉先除去泥沙等杂物，再放入远红外干燥箱内，控制50℃～55℃鼓风干燥至含水分6%以下，后送入气流粉碎机，机器喷嘴喷出的空气压力为6.5 kg/cm^2。

(8) 膨化破壁法。此法利用普通谷物膨化机处理孢子粉，可得到类似谷物膨化的效果。由于膨胀力的作用，使孢子粉内含物冲破孢子粉壁而浸出。

1. 破壁灵芝孢子粉胶囊

破壁灵芝孢子粉胶囊是由高破壁灵芝孢子粉精制而成，富含灵芝多糖、三萜类灵芝酸、有

机锗和微量元素等多种生物活性物质，是肿瘤等慢性病患者康复佳选。尤其高破壁灵芝孢子粉更易于消化。

破壁灵芝孢子粉胶囊是由精选的灵芝孢子粉破壁之后制成的，它含有丰富的蛋白质、氨基酸类、糖肽类、维生素类、胡萝卜素、甾醇类、三萜类、生物碱类、脂肪酸类、内脂和无机离子等活性物质，对人体免疫系统、神经系统、内分泌系统、代谢系统、心血管系统等都具有调节作用，从而增强人体对各种疾病的抵抗能力。破壁灵芝孢子粉胶囊可以辅助治疗癌症和肿瘤，能够提高人体抵抗恶性病菌的能力，缓解病人化疗时的痛苦以及化疗后的毒副作用。破壁灵芝孢子粉胶囊还能消除体内自由基，终止脂质过氧化，增进细胞寿命，延缓衰老，益寿延年。

2. 复方破壁灵芝孢子粉胶囊

复方破壁灵芝孢子粉胶囊是由破壁灵芝孢子粉与灵芝多糖科学配制而成，具有比灵芝孢子粉更丰富的灵芝多糖、灵芝酸、有机锗、三萜类等多种活性成分，其保健功能和治疗作用更佳，有效成分更易被人体吸收。具有提高机体免疫力、抗病毒、抗肿瘤之功效，兼具一定的降血压、降血糖、预防心脑血管疾病以及提高记忆力、美容护肤、延缓衰老之功效。

复方破壁灵芝孢子粉胶囊选用纯破壁孢子粉、灵芝萃取多糖经超低温冻干技术科学配制而成，是纯天然产品，不含任何化学成分。适用于亚健康状态人群、体质虚弱及抵抗力差者，可提高机体免疫力、改善睡眠质量；抗病毒、抗肿瘤、延缓衰老、美容养颜。

附 录

实验一 实验器皿及器械的洗涤、灭菌和环境消毒

【实验目的】

植物组织培养是一项十分细致的工作，为了保证植物外植体不受污染，第一关就是要对各种器皿进行清洗和消毒，使它们保持无菌状态，做这些工作同样有一套科学的方法和需要熟练的技巧，因此每个学生必须学好这套基本功。在进行各类具体的组培实验前，首先了解组培室的结构及主要设备的用途和性能是十分必要的，总体上的了解有利于以后各实验的进行以及正确地使用各种仪器和设备。通过实际操作，学会洗涤剂的配制和各种器皿的清洗和灭菌方法。

【实验用具】

高压蒸气灭菌锅、实验所需的各种玻璃器皿、金属用品及塑料用品。

【实验方法】

1 洗涤技术

1.1 洗涤液

铬酸洗涤液是用重铬酸钾（$K_2Cr_2O_7$）与硫酸（H_2SO_4）配制而成，可根据需要配制成弱、中、强三种。

弱：用重铬酸钾 40 g 加入蒸馏水 1 L，加热溶化，冷却后再缓慢加入浓硫酸 90 mL。

中：用重铬酸钾 40 g 加入蒸馏水 100 mL，加热溶化，冷却后再缓慢加入浓硫酸 875 mL。

强：与浓硫酸加热的同时缓慢加入磨碎的重铬酸钾，直到重铬酸钾达到饱和为止。一般浓硫酸 1 L 加入重铬酸钾 40 g。

1.2 洗涤方法

（1）玻璃器皿洗涤。新的玻璃器皿上附有游离的碱性物质，其洗涤方法是用 1%的 HCl 溶液浸泡一昼夜，再用合成洗涤剂洗刷，然后用清水反复冲洗，最后用蒸馏水冲洗 1～2 次，干燥后即可使用。已使用过的试管、烧杯、三角瓶等的洗涤方法是，先将器皿中的残渣除去，用清水洗净，再用合成洗涤剂洗刷，用清水冲洗干净，最后用蒸馏水冲洗 1～2 次。用过的吸管、滴管等内径狭小的玻璃制品，需先放入铬酸洗涤液中浸泡 2 h 以上，取出后经流水冲洗半小时左右，再用蒸馏水冲洗 1～2 次，然后烘干或晾干。载玻片和盖玻片容易破碎，洗涤时不宜用

力擦洗，其洗涤方法是先用清水冲洗，然后放入铬酸洗涤液中浸泡几小时或用稀铬酸洗涤液煮沸半小时，取出后用清水冲洗干净，将其储藏在 95%的酒精中。

（2）塑料用品洗涤。塑料用品一般用合成洗涤剂洗涤，因其附着力较强，因此冲洗时必须反复多次，最后用蒸馏水冲洗。

（3）金属用品洗涤。金属用品一般不宜用各种洗涤液洗涤，需要清洗时，一般用酒精擦洗，并保持干燥。

2　灭菌、消毒技术

物理方法：物理灭菌包括干热、湿热、射线处理；物理除菌包括过滤、离心沉淀等。

化学方法：消毒剂、抗生素灭菌。

2.1　培养基灭菌

分装好的培养基置于高压蒸汽灭菌锅中灭菌，灭菌条件为温度 121℃，压力 1.1 kg/cm^2，培养基体积与灭菌时间的关系见下表。如果使用人工控制的灭菌锅，必须注意灭菌温度的稳定控制，因为温度过高会引起培养基成分和 pH 的改变，而温度过低则会造成灭菌不彻底。灭菌后的培养基室温下最好在 1～2 周内用完，特殊情况可贮存于 4℃下 1 个月左右。

培养基体积与灭菌时间的关系

培养基体积（mL）	灭菌温度（℃）	灭菌时间（min）
20～50	121	20
50～500	121	25
500～5000	125	35

2.2　玻璃器皿灭菌

玻璃器皿可任选湿热和干热灭菌方法灭菌。湿热灭菌条件与培养基灭菌条件一致，但要适当延长灭菌时间，一般以 25～30 min 为宜。湿热灭菌后器皿和包装表面常常有水蒸气覆盖，如果不及时干燥常常容易导致微生物的再侵染，因此，器皿灭菌后应及时放入净化工作台上吹干。干热灭菌即在烘箱中加热至 160℃～180℃后恒温保持 40 min，或 120℃灭菌 2 h。玻璃器皿放入烘箱之前必须完全干燥，以免引起破碎，灭菌时温度要缓慢上升，灭菌后待温度逐渐下降到 60℃以下时才能开箱门，以免器皿因突然冷缩而破碎。

2.3　金属用具灭菌

镊子、剪刀、解剖刀、接种针等金属制品，使用前和使用过程中均必须灭菌并保持无菌状态。使用前的灭菌可采用干热灭菌。使用过程中的灭菌通常是将其浸泡在 70%的酒精中，再以火焰将酒精烧去，待冷却后使用。也可使用一种小型电热石英砂灭菌器，代替酒精灯，每次使用完后，将用具插入消毒器中消毒，用时取出冷却。

2.4　接种室灭菌

接种室污染的主要来源是空气中的细菌和真菌孢子。因此，每次接种前应进行地面的清洁卫生工作，并用70%的酒精喷雾使空气中的灰尘沉降，并用紫外线灯照射20 min，接种前工作台面要用新洁尔灭或酒精擦洗，使用超净工作台对接种环境污染的控制更有成效。但它应置放在洁净的房间，窗户密封，并定期清洗过滤膜，以延长使用寿命。

2.5 外植体灭菌

（1）选取生长正常、无病虫危害的组织材料，除去多余部分后将材料整理成适当的大小放入烧杯中。特别不洁的材料则应先行用自来水冲洗。

（2）用70%～75%的乙醇处理材料0.5～1 min，立即除去乙醇。

（3）然后在烧杯中加入消毒剂（建议使用次氯酸钠或饱和漂白粉溶液），同时滴1～2滴土温20，将烧杯置于摇床上振荡10～15 min。如果材料污染较严重或组织较老，可适当考虑延长灭菌时间。

（4）将烧杯置于净化工作台上，弃去消毒液，用无菌水清洗3～4次，每次1 min。

（5）灭菌后的材料可置于垫有无菌纸的培养皿中备用。

需要注意的是，灭菌后的材料应立即接种培养，否则会造成二次感染，同时对于茎、芽、花等组织材料，灭菌后若不立即接种培养，即会影响其生活力而使培养失败。从灭菌处理完成后进入净化工作台操作开始，操作人员必需严格按无菌操作规则完成以后的步骤，否则会造成外植体污染。

几种常用消毒剂的效果比较

消毒剂	使用浓度（%）	消毒时间（min）	效　果	残液去除难易
次氯酸钙	10	5～30	好	易
次氯酸钠	2～5	5～30	好	易
新洁尔灭	10～20	5～30	好	易
氯化汞	0.1～1	2～10	最好	最难
过氧化氢	10～12	5～15	较好	最易
抗生素	4～50 mg·L^{-1}	30～60	较好	较难

3 常用灭菌方法

3.1 干热灭菌法

干热灭菌法是一种常规灭菌法，利用烘箱进行烘烤灭菌，适用于各种玻璃器皿和器械的灭菌消毒。将清洗后的玻璃器皿和器械放入箱内，控制在150℃ 40 min或120℃ 120 min，即可达到灭菌效果。玻璃器皿在160℃以上的热空气中放置至少2 h。

3.2 湿热灭菌法

高压灭菌锅通过聚积的潜热与需要灭菌的冷材料接触产生杀菌作用，称为湿热灭菌法，可用于大多数液体（对热敏感的培养基除外）、液体培养基、玻璃器皿、各种器械等的灭菌。一般情况下，培养基灭菌掌握在120℃灭菌20 min；无菌蒸馏水、器械等可在120℃灭菌20～

30 min。

3.3 照射灭菌

用紫外线或电离辐射灭菌适用于接种室空气和台面的消毒灭菌。在实验室中，紫外辐射的灭菌能力有限，电离辐射要用设备产生，在实验室内不便应用。紫外线照射时间一般为15～20 min。

3.4 过滤灭菌

对于不耐热的溶液（如生长素、赤霉素等）常用细菌过滤灭菌器进行过滤灭菌，此法也可用于液体培养基和蒸馏水的灭菌。过滤灭菌所使用的滤膜孔径通常为0.2 μm或0.45 μm，其形状和大小不同。滤器用高压灭菌或干热灭菌，大多数无菌滤膜都是先灭过菌的，因此从包装袋中取出滤膜时注意不要被污染。溶液通过孔径为0.2 μm的无菌滤膜过滤到无菌容器中，可以有效除去细菌，但不能除去病毒。

3.5 熏蒸灭菌

利用药物熏蒸以达到灭菌的目的。如向甲醛内加入高锰酸钾，促进甲醛的快速挥发而起到熏蒸灭菌的作用。一般1 m^3用甲醛2 mL，高锰酸钾1 g，此法适用于接种室和培养室的灭菌。在消毒前，要注意避免培养物中毒死亡，可以将培养物转移或改用乙二醇熏蒸法的灭菌方法（1 m^3用乙二醇6 mL，其他如前）。

3.6 灼烧灭菌

在酒精灯火焰上灼烧接种环、接种镊子、接种针等金属用具，以达到灭菌的目的。玻璃棒和涂布器的灭菌也可以利用酒精灯进行火焰灼烧灭菌。

3.7 湿热灭菌法（手提式高压灭菌锅）对培养基的灭菌

（1）首先将内层锅取出，再向外层锅内加入适量的水，使水面与三脚搁架相平为宜。加水量不可过少，以防灭菌锅烧干而引起炸裂事故。

（2）放回内层锅，并装入培养基和接种工具，注意不要装得太挤，以免妨碍蒸气流通而影响灭菌效果。三角烧瓶与试管口端均不要与桶壁接触，防止冷凝水淋湿包口的纸而透入棉塞。

（3）加盖，并将盖上的排气软管插入内层锅的排气槽内。再以两两对称的方式同时旋紧相对的2个螺栓，使螺栓松紧一致，勿使漏气。

（4）插上电源，同时打开排气阀，使水沸腾以排除锅内的空气，待冷气完全排尽后，关上排气阀，让锅内的温度随蒸气压力增加而逐渐上升。当锅内压力升到所需压力0.1 MPa（121.5℃）时，控制热源，维持压力至所需时间20 min。灭菌的主要因素是温度而不是压力。因此锅内冷空气必须完全排尽后，才能关上排气阀，维持所需压力。

（5）达到灭菌所需时间后，切断电源，让灭菌锅内温度自然下降，当压力表的压力降至“0”时，打开排气阀，旋松螺栓，打开盖子，取出灭菌物品。

（6）将取出的灭菌培养基在室温下放置24 h，经检查没有杂菌生长，即可待用。

3.8 紫外灯灭菌

在超净工作台的台面上接种时，每次使用前必须用紫外灯照射，让过滤后的空气吹拂工作台面和四周台壁。在无菌室内或在接种箱内打开紫外线灯开关，照射 30 min，将开关关闭。化学消毒剂与紫外线照射结合作用：在无菌室中内，先喷洒 3%～5%的苯酚溶液，再用紫外线灯照射 15 min。因紫外线对眼结膜及视神经有损害作用，对皮肤有刺激作用，故不能直视紫外线灯光，更不能在紫外线灯光下工作。

3.9 灼烧法对接种工具的灭菌

接种工具（如接种环、接种镊子、接种针等金属用具）一般分别用牛皮纸包好，经高压蒸气灭菌消毒。放置在无菌的超净工作台的台面上，使用前插入干净的 95%的乙醇中。使用时在酒精灯火焰上灼烧，冷却后即刻使用。

3.10 微孔滤膜过滤除菌方法

微孔滤膜过滤器是由上、下两个分别具有出口和入口连接装置的塑料盖盒组成，出口处连接针头，入口处可连接针筒，使用时将滤膜装入两塑料盒盖之间，旋紧盖盒，当溶液从针筒注入滤器时，此滤器将各种微生物阻留在微孔滤膜上面，达到除菌的目的。此法的最大优点是可以不破坏溶液中各种物质的化学成分。

操作步骤如下：

（1）组装、灭菌：将 0.22 μm 孔径的滤膜装入清洗干净的塑料滤器中，旋紧压平，包装灭菌后待用（0.1 MPa，121.5℃灭菌 20 min）。

（2）压滤：将注射器中的待滤溶液加压缓缓挤入过滤到无菌试管中，滤毕，将针头拔出。压滤时，用力要适当，不可太猛太快，以免细菌被挤压通过滤膜。

（3）无菌检查：无菌操作吸取除菌滤液 0.1 mL 于肉汤蛋白胨平板上，涂布均匀，置温室中培养，检查是否有菌生长。

（4）清洗：弃去塑料滤器上的微孔滤膜，将塑料滤器清洗干净，并换上一张新的微孔滤膜，组装包扎，再经灭菌后使用。

整个过程应在无菌条件下严格无菌操作，以防污染。过滤时应避免各连接处出现渗透现象。

【思考题】

1. 简述植物组织培养的广义与狭义概念。
2. 简述外植体的含义。
3. 根据外植体的不同，植物组织培养可以分为哪几种？比较常用的是哪些？
4. 植物组织培养有哪些特点？
5. 你认为植物组织培养技术在目前的农业生产中有什么价值？为什么？
6. 因地制宜建一个组织培养实验室，需要哪些组成部分？各部分的作用是什么？
7. 常规组织培养时，需要什么设备和器械？你是否会用？
8. 组织培养中，pH 有什么作用？如果 pH 过高或过低会有什么后果？
9. 谈谈组织培养中如何根据外植体的不同调整适宜的培养温度。

实验二　培养基的制作

【实验目的】

(1) 了解植物外植体离体培养所需各种营养成分及激素种类。

(2) 初步掌握培养基母液配制方法。

【实验原理】

培养基是供植物材料生长、繁殖或积累代谢产物而人工配制的营养基质。它能给植物材料提供水肥、营养，并起到固着植物材料的作用。不同的植物材料对培养基的需求不同，同一材料在不同时期需要的营养成分不同，甚至同一材料的不同部分需要的营养材料也不同。配制合适的培养基，为材料提供适合的营养成分，以帮助材料完成生长、繁殖或代谢产物的积累，是植物组织培养中极其关键的技术，是决定组织培养成败的关键因素之一。

1　培养基的成分

1.1　水

水是细胞的重要组成成分，作为介质和溶媒，参与了细胞一切的代谢活动，是植物生长发育必不可少的物质。田间栽培，植物可以通过根从土壤吸收水分。离体状态下，材料则从培养基吸收水分。因此水是培养基必不可少的成分。研究培养基配方时，常用蒸馏水或超纯水，以避免水中杂质或矿物离子对实验结果的影响。

1.2　无机营养成分

植物体内无机元素较多，而与其生长发育有关的无机元素有碳、氢、氧、氮、磷、钾、钙、镁、硫、铁、锌、硼、锰、铜、钴、钼、氯等。其中，前 9 种在培养基中需求超过 0.5 mmol/L，被称为大量元素；后 8 种在培养基中需求小于 0.5 mmol/L，称为微量元素。大量元素参与组织和细胞的形态建成、调节和控制物质体内的生理生化反应，维持植物体内离子和电荷平衡。微量元素的作用则主要在酶的催化功能和细胞分化、维持细胞完整机能等方面。

1.2.1　大量元素

在组织培养中，植物材料可以从培养基中获得各类营养物质。比如氧和氢原子可以从水中获得，而添加矿物盐又能为植物材料提供氮、磷、钾、钙、镁等大量元素。氮是培养基中添加最多的元素，它能参与蛋白质和核酸等物质的构成，也能调节培养基离子平衡，常由KNO_3、NH_4NO_3、$(NH_4)_2SO_4$ 等提供。磷参与植物的能量代谢，与光合作用有直接关系，常由KH_2PO_4、NaH_2PO_4提供。钾是多种酶的活化剂，由 KCl、KNO_3、KH_2PO_4等提供。镁是叶绿素的主要成分，常由 $MgSO_4 \cdot 7H_2O$ 提供。钙参与细胞的能量代谢，也能构成细胞壁，是植物材料生长发育必需的，它常由 $CaCl_2 \cdot 2H_2O$ 和 $Ca(NO_3)_2 \cdot 4H_2O$ 提供。

1.2.2 微量元素

微量元素尽管在培养基中含量较少，不足 0.5 mmol/L，但也是植物材料正常生长发育必不可少的。当微量元素缺乏时，植物会表现出一定的缺素症。如缺氮时叶会变黄，缺磷时植物生长缓慢，缺钙时顶芽死亡，缺镁时叶片边缘和中央呈白色等。因此，培养基中一般会添加微量元素。如锌存在于多种蛋白质中，与呼吸作用和光合作用有关，常由 $ZnSO_4$ 提供。锰具有保护细胞的作用，常由 $MnSO_4$ 提供。氯也参与光合作用，常由 KCl、CaCl 等提供。铜能促进根生长，常由 $CuSO_4$ 提供。

1.3 有机营养成分

培养基中除了无机营养成分，也包括有机营养成分。有机营养成分主要是维生素类、氨基酸类、碳源和肌醇。

1.3.1 维生素类成分

维生素类成分直接参与酶的合成，有促进植物的生长和发育的重要作用。植物细胞中包含有植物生长发育所需的大部分维生素，但这些维生素的含量和种类不一定在最适浓度。通过培养基中添加维生素类成分，常可使弱小而生长缓慢的外植体呈现更好的生长发育状态。植物组织培养中常添加盐酸硫胺素（V_{B1}）、核黄素（V_{B2}）、泛酸（V_{B5}）、盐酸吡哆醇（V_{B6}）、抗坏血酸（V_C）、生物素（V_H）等。其中盐酸硫胺素和盐酸吡哆醇可以帮助生根，抗坏血酸有抗氧化、防褐化的作用，核黄素（V_{B2}）能够促进 IBA 被光氧化。不同的培养基类型，不同的培养目标，不同的外植体，添加的维生素类型和量往往不同。一般情况下，维生素 B1 的用量范围在 0.1～10 mg/L，叶酸的用量范围在 0.1～0.5 mg/L，核黄素的用量范围在 0.1～5.0 mg/L，抗坏血酸的用量范围在 1.0～100 mg/L，盐酸吡哆醇的用量范围在 0.1～1.0 mg/L，生物素的用量范围在 0.01～1.0 mg/L，维生素 E 的用量范围在 1.0～50 mg/L，泛酸钙的用量范围在 0.5～2.5 mg/L，烟酸的用量范围在 0.1～5.0 mg/L。

1.3.2 氨基酸类

培养基中添加氨基酸，不仅能提供氮源，也对植物芽、根、胚状体的分化和生长发育有重要的正向作用。培养基中常用的氨基酸有丙氨酸、甘氨酸、谷氨酰胺、丝氨酸、酪氨酸、天门冬氨酸、天门酰胺、谷氨酸、精氨酸、半胱氨酸、脯氨酸，也有多种氨基酸的混合物，如水解酪蛋白、水解乳蛋白。

1.3.3 碳源

培养基中常添加的碳源有蔗糖、麦芽糖、葡萄糖等碳水化合物。一方面这些碳水化合物在分解的过程中，能为外植体提供能量，另一方面碳水化合物还能起到调节细胞渗透的作用。其中蔗糖是应用最广泛的碳源，它高压灭菌后能分解为葡萄糖和果糖，在培养基中的添加量一般为 20～30 g/L。

1.3.4 肌醇

肌醇又叫环已六醇。肌醇常由磷酸葡萄糖转化而来，又能进一步转化为果胶物质，从而构成细胞壁。肌醇能促进活性物质发挥作用，有利于胚状体和芽的形成。

1.4 固化剂

琼脂是培养基中常用的固化剂。琼脂是从石花菜属海藻体内提取的高分子糖类，是一种球

状衍生物。琼脂本身没有营养成分，可以避免对实验结果的影响。琼脂由中性琼脂糖和琼脂胶粒组成，主要成分为多聚半乳糖，其分子结构可使各种可溶性物质均匀分布，保证了培养基的均质性。琼脂无毒，遇热融化，冷却后凝固，具有很强的可塑性。琼脂浓度一般在 0.4%～1%之间。如果琼脂浓度过高，培养基过硬，不利于植物材料与培养基充分吸收，影响各种营养成分的吸收；琼脂浓度过低，培养基过软，不能为植物材料提供很好的固着作用。琼脂的软硬程度还与 pH 值有关。pH 值在偏碱性时易于凝固；在 4.5～4.8 则不能凝固。所以在培养基配好后，都要测定 pH 值，使其在合适的 pH 值范围内。

1.5 生长调节剂

植物生长调节剂调控着组织培养植物材料的生长和发育。它虽然用量微小，却起着至关重要的作用。培养基中加入适当的植物生长调节剂，才能触发植物的细胞分裂，促进愈伤组织的生长、根和芽的分化、胚状体的发育等。生长调节剂包括生长素、细胞分裂素、赤霉素、脱落酸和乙烯。

1.5.1 生长素

生长素（auxin）是最早发现的植物激素。这类物质可以用于诱导愈伤组织，促进细胞生长，促进生根和促进不定胚的形成。最早提取出的生长素是 1934 年荷兰科学家 Kogl 从人尿中分离出的吲哚乙酸（IAA）。后来人工合成了具有生长素活性的化学物，根据化学结构分为三类，即吲哚类、萘酸类和苯氧羧酸类。目前常用的生长素除了吲哚乙酸（IAA），还包括吲哚丁酸（IBA）、吲哚丙酸（IIPA）、萘乙酸（NAA）、2，4－二氯苯氧乙酸（2，4－D）、萘氧乙酸（NOA）和 ABT 生根粉等。

1.5.2 细胞分裂素

细胞分裂素是腺嘌呤的衍生物，在培养基中主要用于促进细胞分裂，诱导芽的分化，一般对生根有抑制作用。常用的细胞分裂素包括 6－苄基腺嘌呤（BA）、激动素（KT）、玉米素（ZT）、2－异戊烯腺嘌呤（2－iP）、噻重氮苯基脲（TDZ）等。在植物培养基中，常将生长素和细胞分裂素配合使用。培养基中细胞分裂素/生长素的比值控制植物材料的生长发育。如果比值高，则促进生芽，如果比值低，则促进生根。

1.5.3 赤霉素

赤霉素是一种双萜，其基本单元是赤霉素烷。目前已知的赤霉素有 60 多种，即 GA1、GA2、GA3、GA4、GA5、GA6 等。培养基中主要用到 GA3。GA3 能促进茎的伸长生长，还能与生长素配合促进形成层的分化。当生长素/赤霉素比值高时，主要进行木质部的分化；当比值低时，主要进行韧皮部的分化。

1.5.4 脱落酸

脱落酸（ABA）是 15 碳的倍半萜烯化物，其基本结构单元是异戊二烯。脱落酸具有较强的生长抑制作用，一般不用在培养基中。现有报道表明，ABA 有益体细胞胚的正常发育。

1.5.5 乙烯

乙烯是植物体内合成的气态植物激素，结构简单，能影响器官和体细胞胚的发生。

除了上述成分，培养基中可能还有其他成分。培养基中添加一些天然有机附加物，如椰子汁（CM）、酵母提取液（YE）、番茄汁、香蕉等，能明显促进细胞和组织的增殖与分化。在培养基中添加活性炭（AC）或抗氧化剂（抗坏血酸、二硫苏糖醇、谷胱甘肽等）可以缓解褐化现象。在培养基中加入抗生素（青霉素、链霉素、土霉素、金霉素等），可以减少植物材料因霉菌带来的损失。

2 培养基的类型及基础培养基

2.1 培养基的类型

组织培养根据不同的分类标准，分为不同的类型。培养基也根据划分的依据不同分为不同的类型。按外植体的来源，可将植物组织培养分为植株培养、胚胎培养、器官培养、组织培养、细胞培养、原生质体培养等。外植体是指在植物组织培养过程中，从植物母体上取来，用于离体培养的初始材料。植株培养是指对具有完整植株形态的幼苗或较大的植株进行离体培养的方法。胚胎培养是指对植物成熟或未成熟胚进行离体培养的方法。常用的胚胎培养材料有幼胚、成熟胚、胚乳、胚珠、子房。器官培养是指对植物体各种器官及器官原基进行离体培养的方法。常用的器官培养材料有根（根尖、切段）、茎（茎尖、切段）、叶（叶原基、叶片、子叶）、花（花瓣、雄蕊）、果实、种子等。组织培养是指对植物体各部位组织或已诱导的愈伤组织进行离体培养的方法。常用的组织培养材料有分生组织、形成层、表皮、皮层、薄壁细胞、髓部、木质部等。细胞培养是指对植物的单个细胞或较小的细胞团进行离体培养的方法。常用的细胞培养材料有性细胞、叶肉细胞、根尖细胞、韧皮部细胞等。原生质体培养是指对除去细胞壁的原生质体进行离体培养的方法。

按培养过程可以将植物组织培养分为初代培养、诱导培养、继代培养、生根培养。初代培养是将植物体上分离下来的外植体进行最初几代培养的过程。其目的是建立无菌培养物，诱导腋芽或顶芽萌发，或产生不定芽、愈伤组织、原球茎。通常是植物组织培养中比较困难的阶段，也称启动培养、诱导培养。继代培养是将初代培养诱导产生的培养物重新分割，转移到新鲜培养基上继续培养的过程。其目的是使培养物得到大量繁殖，也称为增殖培养。生根培养是诱导无根组培苗产生根，形成完整植株的过程，其目的是提高组培苗田间移栽后的成活率。各阶段相应的培养基分别为初代培养基、诱导培养基、继代培养基、生根培养基。根据培养基的类型分为固体培养基、半液半固体培养基和液体培养基。根据再生途径分为愈伤组织培养基、芽增殖培养基、原球茎培养基、体胚发生培养基等。而最常见的是，按照培养基的营养水平分为基本培养基和完全培养基。基本培养基只含有植物材料生长发育所需的基本营养成分，即只含水、无机营养成分和有机营养成分，不含植物生长调节物质。如果在基本培养基之上附加生长调节物质或其他复合有机物，则称为完全培养基。

2.2 基础培养基

常见的基础培养基有 MS 培养基、B_5培养基、N_6培养基和 White 培养基等。MS 培养基适合于大多数双子叶植物；B_5和 N_6培养基适合于许多单子叶植物，特别是 N_6 培养基对禾本科植物小麦、水稻等很有效；White 培养基适合于根的培养。

MS 培养基是目前应用最多、最普遍的培养基。无机盐的浓度较高，能保证组织生长所需的矿物质营养。并且因为离子浓度高，在配制、贮存、消毒过程中，即使有些成分略有出入，也不致影响培养基中的离子平衡。其配方表如下：

MS **培养基成分**（1962）（**单位**：mg/L）

无机盐	含量	有机物	含量	pH 值
NH_4NO_4	1650	肌醇	100	5.8
KNO_3	1900	烟酸	0.5	
$CaCl_2 \cdot 2H_2O$	440	盐酸吡哆醇	0.5	
$MgSO_4 \cdot 7H_2O$	370	甘氨酸	2	
KH_2PO_4	170	盐酸硫胺素	0.1	
KI	0.83	蔗糖	30 g/L	
H_3BO_3	6.2	琼脂	4～8 g/L	
$MnSO_4 \cdot 4H_2O$	22.3			
$ZnSO_4 \cdot 7H_2O$	8.6			
$Na_2MoO_4 \cdot 2H_2O$	0.25			
$CuSO_4 \cdot 5H_2O$	0.025			
$CoCl_2 \cdot 6H_2O$	0.025			
$FeSO_4 \cdot 7H_2O$	27.8			
$Na_2EDTA \cdot 2H_2O$	37.3			

B_5培养基含较低的铵；双子叶植物，尤其木本植物组培可选择。其配方表如下：

B_5**培养基成分**（**单位**：mg/L）

无机盐	含量	有机物	含量	pH 值
KNO_3	2500	肌醇	100	
$MgSO_4 \cdot 7H_2O$	250	烟酸	1.0	
$CaCl_2 \cdot 2H_2O$	150	盐酸吡哆醇	1.0	
$(NH_4)_2SO_4$	134	盐酸硫铵	10	
$NaH_2PO_4 \cdot H_2O$	150			
KI	0.75			
H_3BO_3	3.0			
$MnSO_4 \cdot 4H_2O$	10			
$ZnSO_4 \cdot 7H_2O$	2.0			
$Na_2MoO_4 \cdot 2H_2O$	0.25			
$CoCl_2 \cdot 6H_2O$	0.025			
$CuSO_4 \cdot 5H_2O$	0.04			
Na_2EDTA	37.3			
$FeSO_4 \cdot 7H_2O$	27.8			

N_6培养基是 1974 年朱至清等为水稻等禾谷类作物花药培养而设计，成分简单；KNO_3和

$(NH_4)_2SO_4$含量高，广泛应用于小麦、水稻及其他植物的花药培养等。其配方表如下：

N_6培养基成分（单位：mg/L）

无机盐	含量	有机物	含量	pH 值
KNO_3	2830	甘氨酸	2	
NH_4SO_4	463	烟酸	0.5	
$CaCl_2 \cdot 2H_2O$	166	盐酸硫胺素	1.0	
$MgSO_4 \cdot 7H_2O$	185	盐酸吡哆醇	0.5	
KH_2PO_4	400			
$FeSO_4 \cdot 7H_2O$	27.8			
$MnSO_4 \cdot 4H_2O$	4.4			
$ZnSO_4 \cdot 7H_2O$	1.6			
H_2BO_3	0.8			
KI	1.6			

White 培养基是 1943 年由 White 为培养番茄根尖而设计的。1963 年又作了改良，称作 White 改良培养基。无机盐含量较低，适用于生根培养。其配方表如下：

White 培养基成分（单位：mg/L）

无机盐	含量	有机物	含量	pH 值
KNO_3	80	烟酸	0.05	
$MgSO_4 \cdot 7H_2O$	750	盐酸硫胺素	0.01	
$Ca(NO_3)_2 \cdot 4H_2O$	300	盐酸吡哆醇	0.01	
Na_2SO_4	200	甘氨酸	3	
$Na_2H_2PO_4 \cdot H_2O$	19	蔗糖	2%	
KCl	65			
KI	0.75			
H_3BO_4	1.5			
$MnSO_4 \cdot 4H_2O$	5			
$ZnSO_4 \cdot 7H_2O$	3			
MoO_3	0.001			
$CuSO_4 \cdot 5H_2O$	0.01			
$Fe_2(SO_4)_3$	2.5			

在配制培养基之前，选择适宜的培养基。为了使用方便、简化操作、用量准确，减少每次配药称量各种化学成分所花费的时间和误差，常常将配制培养基所需无机大量元素、微量元素、铁盐、有机物、激素成分分别配制成比需要量大若干倍的浓缩母液，置于冰箱内保存。当配制培养基时，按预先计算好的量分别吸取各种母液稀释即可。

【实验用具与材料】

移液管、电炉、pH 试纸、培养瓶、标签、铅笔、量筒、烧杯、容量瓶、广口瓶、玻璃棒、电子天平、托盘天平、棉花、报纸等用具。

硝酸铵、硝酸钾、EDTA、硫酸亚铁、甘氨酸、盐酸硫胺素、盐酸吡哆醇、IAA、BA 等药品、琼脂、蔗糖、蒸馏水、0.1 mol/L 的 NaOH、0.1 mol/L 的 HCl、95%酒精。

【实验步骤】

1 三角瓶棉塞的制作

棉塞的作用：一是防止杂菌污染，二是保证通气良好。

要求：形状、大小、松紧适度。

制作：(1) 取一大小适当的纱布，将其中心铺于三角瓶口，任其自然下垂至外壁，用玻璃杯将纱布向瓶内推进，至棉塞所需长度，握住瓶壁及纱布，取适量棉花向内填塞并压紧。

(2) 将棉塞尾部加适量棉花并压紧，使其略大于瓶口，收紧尾部纱布，并用棉线扎紧，剪去多余线头和纱布，棉塞制作完毕。

(3) 使用时，再用牛皮纸或两层报纸包扎好。

2 培养基母液的配制

母液是欲配制培养基的浓缩液，一般配成比所需浓度高 10～100 倍的溶液。

优点：(1) 保证各物质成分的准确性。

(2) 便于配置时快速移取。

(3) 便于低温保藏。

2.1 步骤

(1) 测定各类母液保存容器容量，记录。

(2) 根据记录设计各种母液所配浓度倍数和制培养基时取用量。

(3) 计算各种药品所需用量。

(4) 称量药品。大量元素等大于 0.1 g 用托盘天平称量，微量元素等小于 0.1 g 用电子天平称量。

(5) 溶解。

(6) 定容。

(7) 写上标签。

(8) 装瓶。

将配制好的母液分别装入试剂瓶中，贴好标签，注明各培养基母液的名称、浓缩倍数、日期。注意将易分解、氧化的溶液放入棕色瓶中保存。

(9) 冰箱保存。

2.2 母液配方

（1）MS 大量元素母液（10×）。

称 10 L 量溶解在 1 L 蒸馏水中。配 1 L 培养基取母液 100 mL。

序号	化学药品	1 L 量	10 L 量
①	NH_4NO_3	1650 mg/L	16.5 g
②	KNO_3	1900 mg/L	19.0 g
③	$CaCl_2 \cdot 2H_2O$	440 mg/L	4.4 g
④	$MgSO_4 \cdot 7H_2O$	370 mg/L	3.7 g
⑤	KH_2PO_4	170 mg/L	1.7 g

（2）MS 微量元素母液（100×）。

称 10 L 量溶解在 100 mL 蒸馏水中。配 1 L 培养基取母液 10 mL。

序号	化学药品	1 L 量	10 L 量
①	$MnSO_4 \cdot 4H_2O$ （$MnSO_4 \cdot H_2O$）	22.3 mg/L （21.4 mg/L）	223 mg
②	$ZnSO_4 \cdot 7H_2O$	8.6 mg/L	86 mg
③	$CoCl_2 \cdot 6H_2O$	0.025 mg/L	0.25 mg
④	$CuSO_4 \cdot 5H_2O$	0.025 mg/L	0.25 mg
⑤	$Na_2MoO_4 \cdot 2H_2O$	0.25 mg/L	2.5 mg
⑥	KI	0.83 mg/L	8.3 mg
⑦	H_3BO_3	6.2 mg/L	62 mg

注意：$CoCl_2 \cdot 6H_2O$ 和 $CuSO_4 \cdot 5H_2O$ 可按 10 倍量，即 0.25 mg×10=2.5 mg（100 倍量 25 mg）称取后，定容于 100 mL 水中，每次取 1 mL（0.1 mL，即含 0.25 mg 的量）加入母液中。

（3）MS 铁盐母液（100×）。

称 10 L 量溶解在 100 mL 蒸馏水中。配 1 L 培养基取母液 10 mL。

化学药品	1 L 量	10 L 量
Na_2EDTA	37.3 mg/L	373 mg
$FeSO_4 \cdot 7H_2O$	27.8 mg/L	278 mg

注意配制时，应将两种成分分别溶解在少量蒸馏水中，其中 EDTA 盐较难完全溶解，可适当加热，并将 pH 调至 5.5。混合时，先取一种置容量瓶（烧杯）中，然后将另一种成分逐加逐剧烈振荡，至产生深黄色溶液，最后定容，保存在棕色试剂瓶中。

（4）MS 有机物母液（100×）。

称 10 L 量溶解在 100 mL 蒸馏水中。配 1 L 培养基取母液 10 mL。

序号	化学药品	1 L量	10 L量
①	烟酸	0.5 mg/L	5 mg
②	盐酸吡哆醇（VB6）	0.5 mg/L	5 mg
③	盐酸硫胺素（VB1）		
④	肌醇	100 mg/L	1 g
⑤	甘氨酸	2 mg/L	20 mg

（5）生长调节剂。

单独配制，浓度为1～5 mg/mL，一般配成4 mg/mL 。溶解生长素时，可用少量0.5～1 N的NaOH（6－BA）或1 mL 95%酒精（2，4－D和NAA）溶解，溶解分裂素类用0.5～1 N的HCl加热溶解。

2.3 配制培养基母液时注意事项

（1）某些离子易发生沉淀，可先用少量蒸馏水溶解，再按配方顺序依次混合。

（2）配制母液时必须用蒸馏水或重蒸馏水。

（3）药品应用化学纯或分析纯。

3 培养基的制备

培养基制备步骤如下：

（1）本次实验要求制作培养基数量1 L。

培养基成分	用量
10×大量元素母液	100 mL
100×微量元素母液	10 mL
1000×$CoCl_2 \cdot 6H_2O$母液	1 mL
1000×$CuSO_4 \cdot 5H_2O$母液	1 mL
100×铁盐母液	10 mL
100×有机物母液	10 mL
蔗糖	30 g
琼脂	10 g
蔗糖	30 g
琼脂	10 g

（2）根据制作要求计算培养基各种母液的用量。

（3）按上表中母液的顺序，用量筒或移液管提取母液，放入有一定蒸馏水的烧杯中。

（4）加入固化剂：称量10 g琼脂，溶解，在电炉上不断加温溶液，并不断搅拌，使琼脂熔化。

（5）加糖：放入30 g已称量蔗糖，稍加搅拌。

（6）加入生长调节物质，激素类型和用量视培养物不同而不同。

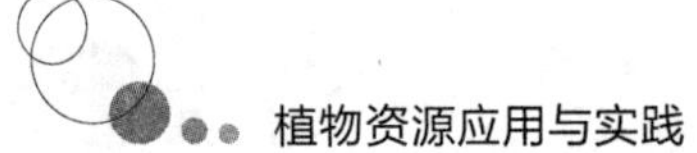

(7) 定容：定容至所需升数。

(8) 调整 pH 值：迅速用 pH 试纸测试 pH，应该在 5.8～6.0 之间，如过高，则滴加 0.1 mol/L 的 HCl 调整，过低则滴加 0.1 mol/L 的 NaOH 调整。

(9) 培养基分注：趁热将配制好的培养基分注到培养瓶中，每瓶装入 20～35 mL 的培养基。分注后立即加盖，贴上标签，注明培养基的名称和配制时间。

4　灭菌

高压蒸汽灭菌步骤如下：

(1) 包扎。用牛皮纸、纱布把玻璃器皿和金属器械包扎好。

(2) 装水。先在高压灭菌锅内装入一定量的水，需淹没电热丝。

(3) 灭菌。将装好培养基的培养皿、包扎好的玻璃器皿和金属器械放入高压灭菌锅。压力升至 49 kPa 时，打开排气阀排冷气，关闭排气阀继续加压至 108 kPa，锅内温度为 12℃～10℃时，保持 15～20 min，关断电源，自然冷却。

(4) 贮藏。将培养基、金属器械取出置于 30℃下备用。

附：组培的其他灭菌方式

◆　干热灭菌

(1) 洗涤。将组织培养的培养皿、三角瓶、试管等玻璃器皿进行彻底清洗。

(2) 灭菌。把洗涤干净的玻璃器皿放到烘箱中，在 150℃温度下，干热灭菌 1 h，或 120℃下 2 h。

(3) 放置。灭菌完毕，待冷却后取出。

◆　紫外线消毒

用于空气、操作台表面和一些不能使用其他方法进行消毒的培养器皿（如塑料培养皿、培养板等）的灭菌，方便，效果好，是目前各实验室常用的消毒法。缺点：①产生臭氧，污染空气，对身体有害；②射线照射不到的部位起不到消毒作用，故消毒时，物品不宜相互遮挡。

◆　滤过消毒

用于大多数培养用液，如人工合成培养液、血清、酶溶液等（这些在高温下会发生变性，失去其功能，必须采用滤过法除菌）。一般用液常用孔径 0.22 μm 滤膜过滤即可。

注意：(1) 滤膜用后丢弃，滤器清洗也比较方便，先用毛刷蘸洗涤剂刷洗干净，用自来水冲洗后，再用蒸馏水冲洗，晾干即可。

(2) 用前再装上一张新的滤膜。

(3) 消毒时旋钮不要扭太紧，凡与空气接触部位都用纸包好，以保证消毒时的效果。

(4) 消毒后，在无菌环境中立即将旋钮扭紧。

(5) 滤过少量液体时，用一种能安装在注射器上的小滤器，使用相同的滤膜，滤过时把滤过物装入注射器针管内，压出过滤物注入无菌容器中即可。

实验三　外植体消毒与接种技术

植物组织培养，通俗地讲是指愈伤组织的培养，利用植物细胞的全能性，在人工控制的条件下，通过无菌操作，将分离出来的植物组织先在培养基上进行增殖形成愈伤组织，然后诱导分化形成器官，最后形成一株完整植物体的过程。植物组织培养的生理依据是：植物是由细胞组成的，植物体的一切生命活动都是在细胞中进行的，成熟的植物细胞含有植物本身的全套遗传信息，也就是细胞全能性。植物组培发展到今天，其运用的范围已经逐步扩大到植物及其离体的器官、细胞和原生质体等。随着人们对多种植物组织培养研究的深入和拓展，不断地有新的组培方法出现，其针对不同种类的植物、不同的植物器官等，在培养基成分、光照条件等方面可能都不相同。植物组织培养的基本步骤包括培养基的配置及灭菌、外植体的选择、外植体消毒、外植体接种、培养以及驯化。

【外植体的选择】

1　外植体选择条件

从理论上讲，任何活的含完整细胞核的植物细胞都具有全能性，只要条件适宜，都能再生成完整植株。所以，外植体可以是植物细胞、组织或器官，甚至是原生质体。由于不同植物种类以及同种植物的不同器官对诱导条件的反应是不一致的，有的部位诱导成功率高，有的部位很难脱分化，有的即使脱分化，再分化频率也很低，出芽不长根，或长根不出芽。因此，生产实践中必须选取最易表达全能性的部位，以降低生产成本。一般多选择茎段、茎尖、叶片、花药等作为组培快繁的外植体。选择外植体主要从植物的基因型、生理状态、取材季节、取材部位等考虑。

1.1　植物基因型

植物组织培养的难易程度与植物的基因型相关。一般来说，草本植物的细胞再生能力大于木本植物；双子叶植物的细胞再生能力大于单子叶植物。双子叶植物中茄科（*Solanacea*）、秋海棠科（*Begoniaceae*）、苦苣苔科（*Gesneriaceae*）、景天科（*Crassulaceae*）、十字花科（*Cruciferae*）、郁金香（*Tulip*）细胞再生能力弱。因此，选取优良的或特殊的具有一定代表性的基因型，可以提高组织培养的成功率，增加其实用价值。

1.2　生理状态

外植体的生理状态和发育年龄直接影响植物离体培养过程中的形态发生。根据植物生理学的基本观点，同一植株上的器官具有不同的生理年龄，同一器官的不同部位也有不同的生理年龄。越幼嫩、生理年龄越小的组织越具有较高的形态发生能力和细胞再生能力，组织培养越容易成功。

1.3 取材季节

组织培养选择材料时，要注意植物的生长季节和生长发育阶段，对大多数植物而言，应在其开始生长或生长旺季采样，此时材料内源激素含量高，容易分化，不仅成活率高，而且生长速度快，增殖率高。若在生长末期或已进入休眠期时采样，则外植体可能对诱导反应迟钝或无反应。花药培养应在花粉发育到单核靠边期取材，这时比较容易形成愈伤组织。百合在春夏季采集的鳞茎、片，在不加生长素的培养基中，可自由地生长、分化；而其他季节则不能。叶子花的腋芽培养，如果在 1 月至翌年 2 月间采集，则腋芽萌发非常迟缓；而在 3—8 月间采集，萌发的数目多，萌发速度快。

1.4 选择优良的种质及母株

无论是离体培养繁殖种苗，还是进行生物技术研究，培养材料的选择都要从主要的植物入手，选取性状优良的种质、特殊的基因型和生长健壮的无病虫害植株。尤其是进行离体快繁，只有选取优良的种质和基因型，离体快繁出来的种苗才有意义，才能转化成商品；生长健壮无病虫害的植株及器官或组织代谢旺盛，再生能力强，培养后容易成功。

1.5 取材部位

在确定取材部位时，一方面要考虑培养材料的来源是否有保证和容易成苗；另一方面要考虑经过脱分化产生的愈伤组织的培养途径是否会引起不良变异，丧失原品种的优良性状。对于培养较困难的植物，在培养材料较多的情况下，最好比较各部位的诱导及分化能力，既保质又保量。

1.5.1 茎尖

茎尖不仅生长速度快，繁殖率高，不容易发生变异，而且茎尖培养是获得脱毒苗木的有效途径。因此茎尖是植物组织培养中最常用的外植体。

1.5.2 节间部

大部分果树和花卉等植物，新梢的节间部是组织培养的较好材料。新梢节间部位不仅消毒容易，而且脱分化和再分化能力较强，因此是常用的组织培养材料。

1.5.3 叶片和叶柄

叶片和叶柄取材容易，新出的叶片杂菌较少，实验操作方便，是植物组织培养中常用的材料。尤其是近年在植物的遗传转化中，以叶片为实验材料的报道很多。

1.5.4 鳞片

水仙、百合、葱、蒜、风信子等鳞茎类植物常以鳞片为材料。

1.5.5 其他

种子、根、块茎、块根、花粉等也可以作为植物组织培养的材料。

1.6 外植体大小

选择外植体的大小，应根据培养目的而定。如果是胚胎培养或脱除病毒，则外植体宜小，如果是进行快速繁殖，外植体宜大。但外植体过大，消毒往往不彻底，易造成污染；过小则离体培养难于成活。一般外植体大小在 0.5～1.0 cm 为宜。具体来说，叶片、花瓣等约为 5 mm ×5 mm，茎段宜带 1～2 个节，茎尖分生组织带 1～2 个叶原基，大小为 0.2～0.5 mm 等。

1.7 外植体要易于消毒

在选择外植体时，应尽量选择带杂菌少的器官或组织，降低初代培养时的污染率。一般地上组织比地下组织消毒容易，一年生组织比多年生组织消毒容易，幼嫩组织比老龄和受伤组织消毒容易。

1.8 外植体来源要丰富

为了建立一个高效而稳定的植物组织离体培养体系，往往需要反复实验，并要求实验结果具有可重复性。因此，就需要外植体材料丰富并容易获得。

但是，不同种类的植物以及同种植物不同的器官对诱导条件的反应是不一致的。如百合科植物风信子、虎眼万年青等比较容易形成再生小植株，而郁金香就比较困难。百合鳞茎的鳞片外层比内层的再生能力强，下段比中、上段再生能力强。选取材料时要对所培养植物各部位的诱导及分化能力进行比较，从中筛选出合适的、最易表达全能性的部位作为外植体。

2 其他选择条件

外植体的选择可以根据组培方法的不同分为植物培养的外植体选择、胚胎培养的外植体选择、器官培养的外植体选择、组织培养的外植体选择、细胞培养的外植体选择以及原生质体培养的外植体选择。

2.1 植物培养的外植体选择

这类组培方式是以具备了完整植物形态的物体作为外植体，如幼苗或较大的植物体。

2.2 胚胎培养外植体的选择

指从胚珠中分离出来的成熟或者未成熟胚为外植体的离体无菌培养。包括合子、胚珠、子房、胚乳以及试管授精等的培养。其主要目的是让早熟品种发育不完全的幼胚继续发育成植株，以便培育更早熟的品种或提高杂种后代早熟的百分率。同时，通过胚胎培养还可以在一定程度上克服杂交，包括远缘杂交、不孕和杂种胚的早期败育等问题。

2.3 器官培养外植体的选择

指以植物的根、茎、叶、花、果实等器官作为外植体，如根的根尖部位，茎的茎尖部位、茎段部位和切段部位，叶的叶原基、叶柄、叶片和子叶，花器官的花瓣、雄蕊（包括花药和花丝）、胚珠、子房、果实等。其中茎尖培养可以快速繁殖品种，加速新品种的生产和推广，而根培养不仅可以运用于获得再生植物，还可以用于研究不定芽和不定根的形态发生规律。

2.4 组织培养外植体的选择

指把分离出来的植物各个部位的组织，如分生组织、形成层、木质层、韧皮部、表皮、皮层、胚乳组织、髓部、薄壁组织等，或者已经诱导形成的愈伤组织作为外植体，这是狭义的组织培养。如茎尖分生组织的培育、茎尖显微镜嫁接以及热处理可以培养无毒苗。愈伤组织培养常用“组织培养”来代替，实际上两者的含义并不相同，彼此应该区分开来。

2.5 细胞培养的外植体选择

指把单个的游离细胞，如用果酸酶从组织中分离的体细胞，或者花粉细胞、卵细胞，作为接种的外植体。比如通过单细胞培养或者花粉粒的悬浮培养，或用看护培养、微室培养、平板培养等方法可以获得单细胞无性繁殖系。

2.6 原生质体培养的外植体选择

指把除去细胞壁的原生质体作为外植体。原生质体不仅具有活细胞的性质，而且可以融合形成杂交，即体细胞杂交。由于去掉了细胞壁，因此获得了易于摄取外来物质、细胞器以及病毒、细菌等微生物的特征。

【外植体的消毒】

植物组织培养的主要过程都是在无菌条件下进行的，对所有的培养基、培养瓶，用来进行操作组织的各种器械和植物材料等都需要进行严格的消毒灭菌，以防止和消除细菌、真菌、藻类以及其他微生物的感染，以免培养失败。植物体内带有各种各样的微生物，这些微生物一旦和培养基接触就会快速地大量繁殖，因此植物组织必须进行彻底的消毒和灭菌。

1 消毒剂的选择

在实验室中常见的消毒剂有漂白粉（1%～10%的滤液）、次氯酸钠溶液（0.5%～10%）、升汞（氯化汞，0.1%～1%）、酒精（70%～75%）、双氧水（3%～10%）等，不同消毒剂的消毒效果比较见下表。

常用消毒剂消毒效果比较

消毒剂	使用浓度（%）	清洗去除难易程度	消毒时间（min）	效果
次氯酸钙	9～10	易	5～30	很好
次氯酸钠	2	易	5～30	很好
漂白粉	饱和溶液	易	5～30	很好
溴水	1～2	易	2～10	很好
双氧水	10～12	最易	5～15	好
升汞	0.1～1	较难	2～10	最好
酒精	70～75	易	0.2～2	好
抗生素	4～5 mg/mL	中	30～60	较好
硝酸银	1	较难	5～30	好

常见消毒剂的使用方法及效果如下。

1.1 酒精

酒精是最常用的表面消毒剂，以70%～75%的酒精杀菌效果最好，95%或无水酒精会使菌体表面蛋白质快速脱水凝固，形成一层干燥膜，阻止酒精的继续渗入，杀菌效果大大降低。

酒精具有较强的穿透力，使菌体蛋白质变性，杀菌效果好，同时它还具有较强的湿润作用，可排除材料上的空气，利于其他消毒剂的渗入。但是酒精对植物材料的杀伤作用也很大，浸泡时间过长，植物材料的生长将会受到影响，甚至被酒精杀死，使用时应严格控制时间。酒精不能彻底消毒，一般不单独使用，多与其他消毒剂配合使用。

1.2　升汞

又称氯化汞，Hg^{2+}可以与带负电荷的蛋白质结合，使蛋白质变性，从而杀死菌体。升汞的消毒效果极佳，但易在植物材料上残留，消毒后需用无菌水反复多次冲洗。升汞对环境危害大，对人体的毒性危害极强，使用后要做好回收工作。

1.3　次氯酸钠

次氯酸钠是一种较好的消毒剂，它可以释放出活性氯离子，从而杀死菌体，其消毒能力很强，不易残留，对环境无害。但次氯酸钠溶液碱性很强，对植物材料也有一定的破坏作用。

1.4　漂白粉

漂白粉的有效成分是次氯酸钙，消毒效果很好，对环境无害，它易吸潮散失有效氯而失效，故需要密封保存。

1.5　双氧水

也称过氧化氢，消毒效果好，易消除，又不会损伤外植体，常用于叶片的消毒。

1.6　新洁尔灭

这是一种广谱表面活性消毒剂，对绝大多数植物外植体伤害很小，杀菌效果好。

2　外植体的消毒

2.1　茎尖、茎段以及叶片等的消毒

植物的茎、叶部分多暴露于空气中，有的植株本身就长有较多的绒毛、油脂、蜡质和刺等，在栽培的过程中又接触了泥土和肥料，受到其中的杂菌污染，又沾染了外界的灰尘泥土等，所以在正式消毒之前要用洁净的自来水进行较长时间的冲洗，时间长短根据材料的清洁程度来决定，一般要在流水下冲洗至少一个小时。流水冲洗过后可以肥皂、肥皂液、洗衣粉、洗衣粉液或者吐温等进行初步的洗涤。在超净工作台上进行消毒时用70%～75%的酒精浸泡数秒钟，无菌水冲洗2～3次，然后按照材料的老、嫩和坚实程度，分别采用2%～10%次氯酸钠溶液浸泡10～15 min，若材料上长有绒毛，则最好在消毒液中加入吐温－80，消毒后用无菌水冲洗2～3次即可接种。

2.2　果实和种子的消毒

果实和种子根据清洁度，用自来水冲洗10～20 min，甚至更长时间。再用纯酒精迅速漂洗一下。果实应在2%次氯酸钠溶液中浸泡10 min后再用无菌水冲洗2～3次，就可取出果实中的种子或者组织来进行接种操作。种子则要先用10%次氯酸钠浸泡20～30 min甚至几小时。

对难以消毒的还可以用0.1%升汞或者1%～2%溴水消毒5 min。为进行胚或者胚乳培养，对于种皮太硬的种子，可以先去掉种皮，再用4%～8%的次氯酸钠溶液浸泡8～10 min，经无菌水冲洗后，即可取出进行接种操作。

2.3 花药的消毒

用于培养的花药，实际上大多数是未成熟的状态，由于其表面有花萼、花瓣或颖片保护，通常处于无菌的状态，所以只要将整个花蕾或幼穗消毒就可以了。一般用70%的酒精浸泡数秒钟，然后用无菌水冲洗2～3次，再在漂白粉清液中浸泡10 min，经无菌水冲洗2～3次即可接种。

2.4 根及地下部器官的消毒

根及地下部器官生长于土中，消毒较为困难。除预先自来水洗涤外，还要用软毛刷进行刷洗，用刀切除损伤以及污染严重的部位，以吸水纸吸干后，再用纯酒精漂洗。可采取0.1%～0.2%升汞浸泡5～10 min或者用2%次氯酸钠溶液浸泡10～15 min，然后以无菌水冲洗3次，用无菌滤纸吸干水后可接种。若上述方法仍不见效，可将材料浸泡入消毒液中进行抽气减压，以帮助消毒液渗入，达到彻底消毒的目的。如用12%的双氧水+0.1%升汞混合液对生姜消毒10 min效果很好。

【外植体的接种】

外植体接种是在做好一切无菌准备后，如接种室消毒、超净工作台消毒灭菌、操作仪器消毒灭菌等，在无菌的环境中将植物材料进行分离、切割、选取并将其转放到无菌培养基的过程。

1 接种的准备工作

外植体接种的准备工作包括接种室消毒、超净工作台消毒灭菌、操作仪器消毒灭菌以及操作者自身的消毒。

1.1 操作仪器的消毒灭菌

在接种过程中常使用的金属仪器，如镊子、剪刀、搁置架、接种环、接种盘等，以及玻璃仪器、装消毒剂的药瓶、配置好的培养基、吸水纸等要进行消毒灭菌。最常用的消毒灭菌的方式有湿热灭菌和干热灭菌两种，湿热灭菌是指将物品置于灭菌柜内利用高压饱和蒸汽、过热水喷淋等手段使微生物菌体中的蛋白质、核酸发生变性而杀灭微生物的方法。实验室最常见的是依靠高压蒸汽灭菌锅在120℃高温高压的条件下灭菌20 min后取出放入烘箱中烘干备用，根据不同的需求可以将灭菌的时间进行适当的延长或者改变灭菌的温度。湿热灭菌的优点在于湿热穿透力强，灭菌效果好，可以杀死包括芽孢和孢子在内的所有微生物，适用于药品、容器以及其他遇高温和潮湿不会发生变化或损坏的物品。在灭菌时还要注意对灭菌物品进行一定的包封或装载，且排列不能过于紧密，以保证灭菌的有效性和均一性。干热灭菌指将物品置于干热灭菌柜、隧道灭菌器等设备中，利用干热空气达到杀灭微生物或消除热原物质的方法。干热灭菌条件一般为160℃～170℃ 120 min以上，170℃～180℃ 60 min以上或250℃ 45 min以上，也

可根据不同需求采用其他温度和时间参数。适用于耐高温但不宜用湿热灭菌法灭菌物品的灭菌，如玻璃器具、金属材质容器、纤维制品、固体试药、液状石蜡等均可采用本法灭菌，不过对于由有机物（动物脂肪）包裹的微生物进行干热灭菌，其灭菌效果会大大降低。值得注意的是，无论是用湿热灭菌法还是干热灭菌法都需要对灭菌物品进行一定的包装，如金属仪器可以用报纸密封包装做好标记，吸水纸用塑料盒密封包装等，且所有仪器和容器都要进行彻底的清洗之后再进行灭菌操作。

1.2 培养基高压蒸汽灭菌

培养基的灭菌时间取决于体积的大小，如下表所示。

121℃下不同体积培养基灭菌所需最短时间

容器的体积（mL）	在121℃下最少灭菌时间（min）
20～50	15
75	20
250～500	25
1000	30
1500	35
2000	40

在进行超净工作台消毒灭菌的时候，将已经灭菌烘干的装载好的金属仪器以及无菌水、酒精灯培养基等放入超净工作台运用紫外灯进行灭菌。

1.3 接种室灭菌

接种室中主要污染来源是空气中的细菌和真菌孢子，因此，在每次接种前半个小时应对接种室的地面进行清洁卫生，并且要用70%～75%的酒精喷雾使得空气中的灰尘沉淀下来，再开启紫外灯照射20 min。注意确认关闭紫外灯30 min后才能再次进入接种室，防止紫外灯工作时产生的臭氧对人体造成危害，亦不可开灯照明，防止光的光复活效应。接种室在一年中要定期进行2～3次用甲醛或高锰酸钾进行熏蒸。

1.4 超净工作台的消毒灭菌

超净工作台是采用紫外线灭菌法进行灭菌处理的，紫外杀菌主要有两种途径：一是紫外线直接照射杀菌，二是紫外电离空气产生臭氧杀菌，所以在开紫外线灯的时候最好不要开风，并照射足够的时间。在使用超净工作台之前用酒精消毒一遍也是很必要的。注意紫外线对人体有危害，操作者应避免直视紫外灯，或长时间在紫外灯开启的环境中，以免被灼伤。超净工作台的一般灭菌步骤如下：

(1) 接通超净工作台电源，提前40 min开机，同时开启紫外杀菌灯，处理操作区内表面积累的微生物，30 min后关闭杀菌灯（此时日光灯即开启），启动风机。

(2) 超净工作台的台面上不要存放不必要的物品，以保持工作区内的洁净气流不受干扰。

(3) 操作结束后，清理超净工作台台面，收集各废弃物，关闭风机及照明开关，用清洁剂及消毒剂擦拭消毒。

(4) 最后开启超净工作台紫外灯，照射消毒 30 min 后，关闭紫外灯，切断电源。要注意经常用纱布沾上酒精将紫外线杀菌灯表面擦干净，保持表面清洁，否则会影响杀菌能力。

1.5 操作者自身消毒灭菌

在操作过程中的污染源主要是细菌和操作者本身，所以要求工作人员在操作过程中除遵守无菌操作规程外，还要严守以下几点：

(1) 进入无菌室前，要洗手，去掉指甲中的污物。

(2) 入室时要穿上经过消毒的工作服、帽子、口罩和鞋子等。

(3) 操作前要用 70%酒精擦洗手，操作中要经常用酒精擦洗手。不准讲话，不准对着操作区呼吸，以免微生物污染材料、培养基和用具。每次重新操作都要把工具在火焰上消毒。

(4) 必须在酒精灯（或煤气）火焰处进行操作，如打开瓶口、转接材料。盖瓶盖前应将瓶口在火焰上烧一下，再将盖子也在火焰上烧一下，然后盖上。

2 接种

接种的基本步骤包括外植体的准备、分离以及接种。

外植体的准备包括选取、预处理（清洗）、消毒剂消毒和分离。将采来的植物材料除去不用的部分，将需要的部分仔细洗干净，如用适当的刷子等刷洗。把材料切割成适当大小，即灭菌容器能放入为宜。置自来水龙头下流水冲洗几分钟至数小时，冲洗时间视材料清洁程度而定。易漂浮或细小的材料，可装入纱布袋内冲洗。接下来是对材料的表面浸润灭菌。要在超净台或接种箱内完成，准备好消毒的烧杯、玻璃棒、70%酒精、消毒液、无菌水、手表等。用 70%酒精浸 10～30 s。由于酒精具有使植物材料表面被浸湿的作用，加之 70%酒精穿透力强，也很易杀伤植物细胞，所以浸润时间不能过长。最后用灭菌剂处理。表面灭菌剂的种类较多，可根据情况选取 1～2 种使用。最后用无菌水涮洗，涮洗要每次 3 min 左右，视采用的消毒剂种类，涮洗 3～10 次。

接种根据植物材料的不同在具体操作中存在差异，但是都遵循下列基本的操作步骤：

(1) 植物组织培养实验室内打开紫外线杀菌照射装置半小时后关闭，打开风机通风半小时。

(2) 超净工作台内同时进行紫外线照射和通风步骤，并将枪形镊和剪刀放到接种器具杀菌器上。

(3) 将组培苗、培养基以及培养皿准备到超净工作台上，将工作台玻璃门半关，双手伸入。

(4) 将灭菌完毕后的镊子和剪刀放到架子上，注意不要放到工作台上。

(5) 点燃酒精灯，用酒精棉球擦拭双手以及工作台。并用酒精棉球擦拭剪刀和枪形镊。

(6) 镊子和剪刀在使用前和使用后都要在火焰上进行灼烧，待冷却后再接触无菌苗。

(7) 将培养皿在火焰旁转圈后打开，放到酒精灯附近的工作台操作区域。

(8) 将组培瓶瓶盖在火焰旁迅速灼烧后打开盖，将盖子朝上放置，此步骤不要在培养皿上方进行，避免污染培养皿。

(9) 左手持镊子，右手拿剪刀，将组培苗按照要求剪碎到培养皿中。然后盖上培养皿盖子。

(10) 将用完的组培瓶瓶口和盖子都在火焰旁迅速灼烧后盖上。

(11) 掉到实验台上的组培苗应该抛弃，不能再用。

(12) 培养基瓶盖打开和盖住之前都要在火焰旁迅速灼烧，右手持枪形镊夹取外植体，注意将形态学的下端轻轻插入培养基，不要将芽的部分插入培养基。接种完毕灼烧后盖盖。

(13) 整理工作台，将自己接种的组培苗贴上标签，标注自己的姓名、外植体名称以及接种日期，然后放到光照培养箱内进行培养。每天光照 15 h，暗培养 9 h，23℃下恒温培养。

接种时操作者需要注意以下几个方面：

(1) 整个操作过程中都要严格灭菌。保证绝对的无杂菌污染。所有操作都要在火焰旁进行。

(2) 剪刀和枪形镊在使用前要用火焰灼烧，冷却后再接触无菌苗，使用完后进行灼烧，放到架子上，接触无菌苗部分一定要腾空。

(3) 组培瓶打开前要在火焰旁转一周，打开后瓶口和瓶盖都要在火焰旁迅速旋转瓶身进行灼烧，盖盖之前也要进行此操作。

(4) 无关操作尽量不要在培养皿的上方进行，也就是说，手或者其他仪器尽量不要从培养基或者接种盘（解剖盘）的上方通过，避免杂菌污染。

根据外植体种类的不同，接种时对不同植物材料的处理方式不同，接种的方法和标准也有所差异，根据外植体的类型可以分为茎尖接种、茎段接种、叶片接种、叶柄接种、花药接种、根尖接种等。下面介绍三种最常见的材料处理和接种方式。

2.1　茎尖接种

茎尖是指茎的顶端分生组织及其周缘部分。有形成茎和侧生叶的营养茎尖和形成花序或花的生殖茎尖。茎尖的分生组织含有大量的持续处于细胞分裂周期的细胞，有旺盛的分裂能力，且茎尖外部有芽叶保护，在无菌环境下接种不易染菌。

茎尖外植体的准备：去除老化叶片，保留 1～2 片幼叶，洗净后在流水中冲洗 10～20 min，注意选取幼嫩茎尖，大小要适当，选取生长旺盛的茎尖。表面灭菌：剪取顶芽梢段 3～5 cm，剥去大叶片，用自来水冲洗干净，在超净工作台中将茎尖材料放到灭过菌的烧杯中，加入 75%的乙醇轻轻振荡摇晃 30 s，然后将酒精倒出，加入 1%的次氯酸钠灭菌 10 min 或 5%～7%的漂白粉溶液消毒 10～20 min，处理后用无菌水冲洗 4～5 次。

茎尖分离及接种：在超净工作台上剥取茎尖时，把茎芽置于解剖镜下（8～40 倍），一只手用镊子将其按住，另一只手用解剖针将叶片和叶原基剥掉，解剖针要常常蘸入 90%酒精，并用火焰灼烧以进行消毒。但要注意解剖针的冷却，可蘸入无菌水进行冷却。用解剖针小心地剥除顶芽的小叶片，直到露出 1～2 个叶原基的生长锥后，用解剖针切取 0.1 ～0.3 mm 带 1～2 个叶原基的茎尖生长点，迅速接种到预先做好的培养基上，超过 0.5 mm 的时候，脱毒效果差，但外植体过小会导致茎尖存活率低，无法形成愈伤组织，不带叶原基生长点的茎尖外植体脱毒效果最好，带 1～2 个叶原基的茎尖外植体的脱毒率为 40%。接种时确保微茎尖不与其他物体接触，只用解剖针接种即可。此外，接种时还要注意芽尖朝上，轻轻地与培养基表面接触。剥离茎尖时，应尽快接种，茎尖暴露的时间应当越短越好，以防茎尖变干。可在一个衬有无菌湿滤纸的培养皿内进行操作，有助于防止茎尖变干。

2.2　茎段接种

茎段培养指不带芽和带 1 个以上定芽或不定芽。包括块茎、球茎在内的幼茎切段的无菌培养。茎段培养的优点在于培养技术简单易行，繁殖速度较快。

茎段外植体的准备：选择生长健康的植株上健康的枝芽，根据清洁程度在干净的流水下冲洗至少 1 个小时，如果沾有泥土等可以用毛刷等进行刷洗，枝芽上的叶片也要清洗干净，在超净工作台上将清洗干净的整个植物材料放入 75%的酒精中轻轻振荡清洗 1 min，然后用无菌水清洗 1～2 次，接着将植物材料放入 0.1%的升汞或者 1%的次氯酸钠溶液中振荡清洗至少 10 min，根据材料的不同可以适当地延长清洗的时间，但时间不宜过长，时间过长可能会导致植物材料死亡。最后用无菌水清洗 1～2 次，用吸水纸吸干放在解剖盘上备用。

茎段材料的分离及接种：将消毒好的植物材料放在已用酒精灯火焰灭菌冷却的干净解剖盘上，将茎段上的叶片切除，根据不同植物材料将茎段分为长度为 0.5～1 cm 的小段，太大会增加污染机会，太小则不易操作，生长缓慢。分离时要注意使用的镊子和剪刀或手术刀都需要频繁地进行酒精和酒精灯火焰灭菌并冷却后更换使用，最大概率降低污染可能性。最后将分离好的茎段接种到培养基上，接种时注意，要分清楚植株的形态学上端和形态学下端，用镊子将茎段的形态学下端轻轻插入培养基中。接种的镊子也要注意每接种完一个培养基就进行灭菌更换冷却。

2.3 叶片接种

叶片培养也是植物组培中最常见的一种方法，主要是指将还处于细胞分裂旺盛时期（生长期）的幼叶作为外植体进行无菌离体培养。叶片培养的优点包括材料易取得，且利于重复实验。

叶片外植体的准备：选择生长健康植物上生理年龄 1～3 周的健康叶片，根据清洁程度在干净的流水下冲洗至少 1 个小时，如果沾有泥土等可以用毛刷等进行刷洗，或者用洗衣粉清洗。在超净工作台上将清洗干净的整个植物材料放入 75%的酒精中轻轻振荡清洗 1 min，然后用无菌水清洗 1～2 次，接着将植物材料放入 0.1%的升汞或者 1%的次氯酸钠溶液中振荡清洗至少 10 min，根据材料的不同可以适当地延长清洗的时间，但时间不宜过长，时间过长可能会导致植物材料死亡。最后用无菌水清洗 1～2 次，用吸水纸吸干放在解剖盘上备用。

叶片外植体的分离及接种：将灭菌好的叶片放在已经过酒精灯火焰灭菌冷却的干净解剖盘上，切除叶柄和托叶。剪去叶片的边缘和主脉，剪去叶片边缘的原因是叶片的生长发育是从主脉方向由内向外生长，所以越靠近叶片边缘的细胞其分裂能力越弱，而剪去主脉是因为主脉属于植物的输导组织，没有细胞分裂的能力。根据植物种类等的不同将叶片用剪刀分为边长合适的正方体。分离时要注意使用的镊子和剪刀或手术刀都需要频繁地进行酒精和酒精灯火焰灭菌并冷却后更换使用，最大概率降低污染的可能性。接种时要注意，叶片的背面要朝下轻轻与培养基表面接触，叶片的表面要朝上。

实验四　观赏植物的栽培与养护

实训一　观赏植物的露地播种育苗

项目一　整地作床

一、目的要求

掌握整地、作床的方法，为播种、扦插育苗做准备。

二、用具

铁锹、耙子、皮尺、木桩、绳。

三、步骤方法

（一）整地

1. 清理圃地

清除圃地上的树枝、杂草等杂物，填平起苗后的坑穴。

2. 浅耕灭茬

消灭农作物、绿肥、杂草茬口，疏松表土，浅耕深度一般为 5～10 cm。

3. 耕翻土壤

用拖拉机或锄、镐、锹耕翻一遍。耕地时在地表施一层有机肥，随耕翻土壤进入耕作层。必要时拌入药土（呋喃丹、福尔马林等）进行消毒。

4. 耙地

耙碎土块、混合肥料、平整土地、清除杂草。

5. 镇压

（二）作床

1. 方法

首先用皮尺确定苗床、步道的位置、大小，然后在苗床的四角钉木桩，拉绳，起土作床。

2. 种类

（1）高床：床面高出步道 20 cm，床面宽 100 cm，步道宽约 40 cm。

（2）低床：床面低于步道 15 cm，床面宽 100 cm，步道宽 40 cm。

（三）要求

（1）以实习小组为单位，每组作一个高床，床长 10 m；一个低床，床长 5 m。

（2）要做到床面平整，土壤细碎，土层上松下实，床面规格整齐、美观。

（3）各小组成员要明确分工，密切配合。培养团队合作精神。

（4）注意安全，工具要按正确方法使用及放置。

四、作业

根据本地的气候条件，确定本地育苗整地、作床的种类、时间。

项目二　种子准备

一、目的要求

掌握种子的消毒、催芽处理方法，为露地播种做好准备。

二、材料

（一）种子

大、中、小粒种子各1～2种。

（二）农药

福尔马林、高锰酸钾、百菌清、敌克松、湿沙等。

三、方法步骤

（一）种子消毒

1. 福尔马林

在播种前1～2天，将种子放入0.15%的福尔马林溶液中，浸15～30 min，取出后密闭2 h，用清水冲洗后阴干再播种。

2. 硫酸铜

用0.3%～1%的溶液浸种4～6 h，阴干后播种。

3. 退菌特

将80%的退菌特稀释800倍，浸种15 min。

4. 敌克松

用种子质量0.2%～0.5%的药粉再加上药量10～15倍的细土配成药土，然后用药土拌种。

（二）催芽

1. 水浸催芽

浸种水温40℃，浸种时间24 h左右。将5～10倍于种子体积的温水或热水倒在盛种容器中，不断搅拌，使种子均匀受热，自然冷却。然后捞出水浸后的种子，放在无釉泥盆中，用湿润的纱布覆盖，放置温暖处继续催芽，注意每天淋水或淘洗2～3次；或将浸种后的种子与3倍于种子的湿沙混合，覆盖保湿，置温暖处催芽。应注意温度（25℃）、湿度和通气状况。当1/3种子“咧嘴露白”时即可播种。

2. 机械破皮催芽

在砂纸上磨种子，用铁锤砸种子，适用于少量的大粒种子的简单方法。

3. 混沙催芽

将种子用温水浸泡一昼夜使其吸水膨胀后将种子取出，以1∶3～5倍的湿沙混匀，置于背风、向阳、温暖（一般15℃～25℃）的地方，上盖塑料薄膜和湿布催芽，待有30%种子咧嘴时播种。

（三）要求

（1）以组为单位，根据种实及播种面积的大小确定播种量。

（2）根据种实的性质，以组为单位，确定催芽的方法。

四、作业

根据播种种子的类别，选择种子消毒、催芽的方法，并说明理由。

项目三　播种工序

一、目的要求

掌握播种的程序，了解影响苗木发芽的重要因素。

二、材料用具

（一）材料

准备的各种种子。

（二）用具

耙子、开沟器、镇压板（磙）、秤、量筒、盛种容器、筛子、稻草、喷水壶、塑料薄膜等。

三、方法步骤

（一）播种

将种子按床的用量进行等量分开，用手工进行播种。按种实的大小确定播种方法。撒播时，为使播种均匀，可分数次播种，要近地面操作，以免种子被风吹走；若种粒很小，可提前用细沙或细土与种子混合后再播。条播或点播时，要先在苗床上按一定的行距拉线开沟或划行，开沟的深度根据土壤性质和种子大小而定，将种子均匀地撒在或按一定株距摆在沟内。

（二）覆土

播种后应立即覆土。一般覆土深度为种子横径的1～3倍。

（三）镇压

播种覆土后应及时镇压，将床面压实，使种子与土壤紧密结合。

（四）覆盖

镇压后，用草帘、薄膜等覆盖在床面上，以提高地温，保持土壤水分，促使种子发芽。

（五）灌水

用喷壶将水均匀地喷洒在床面上；或先将水浇在播种沟内，再播种。灌水一定要灌透，一般苗床上5 cm要保证湿润。

四、作业

（1）设计某一种类植物播种育苗的全过程，按时间的顺序安排工作。

（2）以组为单位，进行播种后管理，并将措施记录整理。

注意：以组为单位检查成活率，记入实训成绩。

实训二　观赏植物的容器播种育苗

一、目的要求

掌握观赏植物容器播种技术。

二、材料用具

（一）材料
园林植物种子、药品、播种基质等。
（二）用具
浸种容器、播种容器（瓦盆或穴盘等）、喷壶（或浸盆用水池）、玻璃盖板等。

三、方法步骤

（1）根据种子发芽、出苗特性，选择合适的种子催芽处理方法。
（2）严格掌握浸种的水温、时间和药物处理的用药浓度及处理时间。
（3）选择并配制好播种基质。
（4）填装基质，进行点播或撒播。
（5）覆土，浇水（或浸盆），盖好玻璃盖板，嫌光性种子再加盖旧报纸。

四、作业

（1）任选一种常见的一、二年生草本花卉，进行穴盘播种的设计。
（2）以组为单位，对容器播种苗进行管理，并将管理措施记载总结。
注意：以组为单位，检查容器播种成活率，并记入实训成绩。

实训三　苗期管理

项目一　观赏植物露地播种苗的管理

一、目的要求

掌握苗床管理方法与幼苗移栽技术。

二、材料器具

（1）苗床准备：用于幼苗移栽。
（2）材料：幼苗期苗木、各种肥料、农药、除草剂等。
（3）用具：花锄、铁锹、移苗铲、喷壶、水桶、喷雾器等。

三、方法步骤

（1）根据苗木生长情况进行浇水、施肥、松土。

（2）根据杂草、病虫害发生情况进行除草和防治。
（3）根据苗木稀密适时进行幼苗移栽。

四、作业

观察抚育管理后苗木生长情况，杂草、病虫害防除效果，调查幼苗移栽成活率，并书写报告。

项目二　观赏植物容器播种的管理

一、目的要求

掌握幼苗移栽技术及温、湿度管理。

二、材料器具

（1）苗床准备：用于幼苗移栽。
（2）材料：容器播种幼苗，各种肥料等。
（3）用具：移苗铲、喷壶、喷雾器等。

三、方法步骤

（1）根据苗木生长情况适时喷雾浇水和追肥。
（2）根据苗木稀密进行幼苗移栽。
（3）调节温室内温度、湿度，使之适宜于幼苗生长。
（4）视室内外温度差异，移植至露地栽植前，进行为期一周左右的“炼苗”处理。

四、作业

观察幼苗移栽及水肥管理后的生长情况，调查移栽成活率，并书写报告。

实训四　大苗培育

一、目的要求

掌握苗木起苗、移栽的方法。

二、材料用具

（1）材料：树苗，如银杏、栾树、皂角、新疆杨、云杉等。
（2）用具：铁锹、修枝剪、水桶等。

三、方法步骤

（一）起苗
1. 裸根起苗
落叶阔叶树在休眠期移植时，一般采用裸根起苗。一般根系的半径为苗木地径5～8倍，高度为根系直径 2/3 左右，灌木一般以株高 1/3～1/2 确定根系半径。如二、三年生苗木保留根幅直径 30～40 cm。大规格苗木裸根起苗时，应单株挖掘。以树干为中心划圆，在圆心处向外挖操作沟，垂直挖下至一定深度，切断侧根，然后于一侧向内深挖，并将粗根切断。如遇到难以切断的粗根，应把四周土挖空后，用手锯锯断。切忌强按树干和硬劈粗根，造成根系劈裂。根系全部切断后，将苗取出，对病伤劈裂及过长的主根应进行修剪。

起小苗时，在规定的根系幅度稍大的范围外挖沟，切断全部侧根然后于一侧向内深挖，轻轻倒放苗木并打碎根部泥土，尽量保留须根，挖好的苗木立即打泥浆。苗木如不能及时运走，应放在阴凉通风处假植。

起苗前如天气干燥，应提前 2～3 天对起苗地灌水，使苗木充分吸水，土质变软，便于操作。

2. 带土球起苗

一般乔木的土球直径为根颈直径的 8～16 倍，土球高度为直径的 2/3，应包括大部分的根系在内，灌木的土球大小以其高度的 1/2～1/3 为标准。在天气干旱时，为防止土球松散，于挖前 1～2 天灌水，增加土壤的黏结力。挖苗时，先将树冠用草绳拢起，再将苗干周围无根生长的表层土壤铲除，在应带土球直径的外侧挖一条操作沟，沟深与土球高度相等，沟壁应垂直，遇到细根用铁锹斩断，3 cm 以上的粗根，不能用铁锹斩，以免震裂土球，应用锯子锯断。挖至规定深度，用锹将土球表面及周围修平，使土球上大下小呈苹果形，主根较深的树种土球呈萝卜形，土球上表面中部稍高，逐渐向外倾斜，其肩部应圆滑，不留棱角。这样包扎时比较牢固，不易滑脱，土球的下部直径一般不应超过土球直径的 2/3。自上向下修土球至一半高度时，应逐渐向内缩小至规定的标准，最后用锹从土球底部斜着向内切断主根，使土球与土底分开。在土球下部主根未切断前，不得硬推土球或硬掰动树干，以免土球破裂和根系断损，如土球底部松散，必须及时填塞泥土和干草，并包扎结实。

（二）假植

起出的苗木应该立即移栽，不能马上移栽的要进行假植。选地势高燥、排水良好、背风且便于管理的地段，挖一条与主风方向相垂直的沟，规格根据苗木的大小来定，一般深、宽各为 30～45 cm，迎风面的沟壁成 45°角。将苗木成捆或单株摆放于此斜面上，填土压实。

（三）移栽

1. 确定栽植点

通常采用大垄栽植。按照苗木的品种、规格及大小的不同确定株行距，按照株距定出栽植点。

2. 挖穴

栽植穴的大小，依土壤性质和环境条件及植株根系大小而定，挖出的土应将表土和心土分别放置。要求穴壁平直，不能挖成上大下小。穴挖好后，将适当有机肥与部分表土混合填入穴底，使成丘状。如果下层土壤具有卵石层，必须取出卵石，然后换进好土。

3. 苗木检查、消毒和处理

未经分级的苗木，栽植前应按苗木大小、根系的好坏进行分级，把相同等级的苗木栽在一起，以利以后培育的苗木规格一致和便于栽后管理。对苗木根系要进行修剪，将断伤的、劈裂的、有病的、腐烂的和干死的根剪掉。

从外地运来的苗木，由于运输过程中易于失水，最好在栽植前用清水浸泡根系半天至一天，或在栽植前把根系沾稀泥浆，可提高栽植成活率。

4. 栽植

将苗木按品种分别放在挖好的定植穴内。栽植时首先将根系舒展开，一人扶直苗木，另一人填土。栽植时要注意踩实，要使横向、竖向都成行。

填土时要先填混以有机肥料的表土，后填心土。待根系埋入一半时，轻轻提一提植株，踩实，使土壤与根密接，边填土边踩。苗木栽后，接口要略高于地面，待灌水后，土壤下沉。

5. 栽后管理

在风大的地区，规格大的苗木栽后为防倒伏要设立支柱。栽后立即灌透水，以使根系与土壤密接。灌水后苗木有的会因为没有踩实或风等因素而歪斜，要及时进行扶正。以后还要进行中耕除草、施肥、病虫害防治、整形修剪、补植苗木、越冬防寒。

四、作业

根据实际操作，整理起苗、假植和移植的方法步骤，写出报告。

注意：以组为单位，调查栽植成活率，记入实训成绩。

实训五　观赏花卉露地栽植技术

一、目的要求

掌握各种花卉露地栽植的方法。

二、材料用具

（一）材料

一、二年生草本花卉（万寿菊、一串红）、宿根花卉（福禄考、景天）、球根花卉（唐菖蒲、百合）等。沙子、有机肥、消毒药品等。

（二）用具

铁锹、皮尺、木桩、喷壶等。

三、方法步骤

（一）一、二年生草本园林植物露地栽培

1. 整地作床（畦）

常用的有高床和低床两种形式，与播种繁殖相同。

2. 栽植

(1) 起苗：裸根苗，用铲子将苗带土掘起，然后将根群附着的泥土轻轻抖落。注意不要拉断细根和避免长时间曝晒或风吹。

(2) 栽植：进行穴植，依一定的株行距挖穴栽植。覆土时用手按压泥土。按压时用力要均匀，不要用力按压茎的基部，以免压伤。栽植深度应与移植前的深度相同。栽植完毕，用喷壶充分灌水。定植大苗常采用漫灌。第一次充分灌水后，在新根未发之前不要过多灌水，否则易烂根。

（二）多年生宿根草本园林植物的露地栽培

多年生花卉育苗地的整地、作床、间苗、移植管理与一、二年生草花基本相同。

栽植地整地深度应达 30～40 cm，甚至 40～50 cm，并应施入大量的有机肥。

（三）球根类植物露地栽培

1. 整地

栽培球根花卉的土壤应适当深耕（30～40 cm，甚至 40～50 cm），并通过施用有机肥料、掺和其他基质材料。

2. 栽植

进行穴栽；在栽植穴施基肥，撒入基肥后覆盖一层园土，然后栽植球根。栽植深度一般为球高的 3 倍。

四、作业

（1）自行选择一种一、二年生花卉、宿根花卉、球根花卉，设计露地栽植方案。

（2）以组为单位，对栽植的各种花卉进行养护管理，并将措施记录整理。

注意：以组为单位，检查苗木的成活率，并记入实训成绩。

实训六　观赏树木露地栽植技术

一、目的要求

掌握观赏树木栽植的整个过程。了解和掌握提高栽植成活率的关键之处。

二、材料用具

（一）材料

针叶树、阔叶树、花灌木等。

（二）用具

修枝剪、镐、铁锹、皮尺、测绳、标杆、石灰、木桩、有机肥等。

三、方法步骤

（一）确定定植点

按照要求的株行距，在测绳上做好记号，按测绳上的记号插木桩或撒石灰。如果小区较大，应在小区的中间定出一行定植点，然后拉绳的两端，依次定点。

（二）挖穴

定植穴的大小，依土壤性质和环境条件及植株根系大小而定，挖出的土应将表土和心土分别放置。要求穴壁平直，不能挖成上大下小。穴挖好后，将适当有机肥与部分表土混合填入穴底，使成丘状。如果下层土壤具有卵石层或白干土的土壤，必须取出卵石和白干土，然后换进好土。

（三）苗木检查、消毒和处理

未经分级的苗木，栽植前应按苗木大小、根系的好坏进行分级，把相同等级的苗木栽在一起，以利栽后管理。对苗木根系要进行修剪，将断伤的、劈裂的、有病的、腐烂的和干死的根剪掉。

将已选好的苗木的根系浸在 20％的石灰水中消毒半小时，浸后用清水冲洗。

从外地运来的苗木，由于运输过程中易于失水，最好在栽植前用清水浸泡根系半天至一天，或在栽植前把根系沾稀泥浆，可提高栽植成活率。

（四）栽植

将苗木按品种分别放在挖好的定植穴内。如果苗木多，应先进行临时假植，即挖浅沟，将苗木浅埋。栽植时首先将根系舒展开，一人扶直苗木，另一人填土。如果栽植面积比较大，最好设立标杆，并在两头有人照准，保证栽后成行。

填土时要先填混以有机肥料的表土，后填心土。待根系埋入一半时，轻轻提一提植株，踩实，使土壤与根密接，边填土边踩。苗木栽后，接口要略高于地面，待灌水后，土壤下沉。

（五）栽后管理

在风大的地区，苗木栽后要设立支柱，把苗木绑在支柱旁，免使树身摇晃。栽后应立即筑一灌水盘，并灌透水，以使根系与土壤密接。待水完全渗进后封土，防止水分蒸发，以利根系恢复生长。

四、作业

（1）通过栽植树木，你体会提高栽植成活率的关键是什么？

（2）定植穴的大小根据什么来确定，为什么？

（3）以组为单位，进行栽植后的管理，并将管理措施记录整理。

注意：以组为单位，调查栽植成活率，记入实训成绩。

实训七　露地观赏植物养护管理

一、目的要求

掌握园林植物土、肥、水的管理方法。

二、材料用具

（一）材料

各种生长的园林植物，主要以各组自行培育的园林植物为主；有机肥、化肥等。

（二）用具

水源、水管、喷壶、锄头、铁锹、盛药容器、量筒、秤、防护用具等。

三、方法步骤

（一）灌溉

根据植物的生长状况和季节特点确定灌溉的时期，夏季灌溉要在早、晚进行；冬季灌溉应在中午前后进行。

一、二年生草本花卉及一些球根花卉由于根系较浅，容易干旱，灌溉次数应较宿根花卉为多。木本植物根系比较发达，吸收土壤中水分的能力较强，灌溉量及灌溉的次数可少些，观花树种，特别是花灌木灌水量和灌水次数要比一般树种多。针对耐旱的植物，如樟子松、蜡梅、虎刺梅、仙人掌等灌溉量及灌溉次数可少些。不耐旱的植物，如垂柳、枫杨、蕨类、凤梨科等植物灌溉量及灌溉次数要适当增多。每次灌水深入土层的深度，一、二年生草本花卉应达

30～35 cm，一般花灌木应达 45 cm，生理成熟的乔木应达 80～100 cm。掌握灌溉量及灌溉次数的一个基本原则是保证植物根系集中分布层处于湿润状态，即根系分布范围内的土壤湿度达到田间最大持水量的 70%左右。原则是只要土壤水分不足立即灌溉。

单株灌溉：先在树冠的垂直投影外开堰，利用橡胶管、水车或其他工具，对每株树木进行灌溉，灌水应使水面与堰埂相齐，待水慢慢渗下后，及时封堰与松土。

沟灌：在行间开沟灌溉，使水沿沟底流动浸润土壤。

（二）施肥

一、二年生花卉幼苗期，应主要追施氮肥，生长后期主要追施磷、钾肥；多年生花卉追肥次数较少，一般 3～4 次，分别为春季开始生长后、花前、花后、秋季叶枯后（厩肥、堆肥）。对花期长的花卉，如美人蕉、大丽菊等花期也可适当追施一些肥料。对于初栽 2～3 年的园林树木，每年的生长期也要进行 1～2 次的追肥。

施肥量根据不同的植物种类及大小确定，一般胸径 8～10 cm 的树木，每株施堆肥 25～50 kg或浓粪尿 12～25 kg，10 cm 以上的树木，每株施浓粪尿 25～50 kg。花灌木可酌情减少。

1. 穴施法

在有机物不足的情况下，基肥以集中穴施最好，即在树冠投影外缘和树盘中，开挖深 40 cm，直径 50 cm 左右的穴，其数量视树木的大小、肥量而定，施肥入穴，填土平沟灌水。此法适用于中壮龄树木。

2. 灌溉式施肥

结合灌溉进行施肥，此法供肥及时，肥分分布均匀，不伤根，不破坏耕作层的土壤结构，劳动生产率高。

（三）除草松土

除草松土的次数要根据气候、植物种类、土壤等而定。如乔木、大灌木可两年一次，草本植物则一年多次。除草松土时应避免碰伤植物的树皮、顶梢等；生长在地表的浅根可适当削断；松土的深度和范围应视植物种类及植物当时根系的生长状况而定，一般树木松土范围在树冠投影半径的 1/2 以外至树冠投影外 1 m 以内的环状范围内，深度 6～10 cm，对于灌木、草本植物，深度可在 5 cm 左右。

四、作业

与各组具体管理措施结合。整理总结，写出报告。

实训八　观赏植物的整形修剪

项目一　园林树木整形修剪（一）

一、目的要求

了解树体的结构，掌握短截、疏剪、缩剪的方法。

二、材料和工具

枝剪、手锯、电工刀、绳索若干。

三、方法步骤

（一）在现场认识树体的结构，熟悉各种枝条的名称

（二）短截的强度

1. 轻短截

轻剪枝条的顶梢（剪去枝条全长 1/5～1/4），主要用于花果树木的强壮枝修剪。

2. 中短截

剪去枝条全长的 1/3～1/2，剪口位于枝条中部或中上部饱满芽处。主要用于某些弱枝复壮，各种树木骨干枝、延长枝的培养。

3. 重短截

剪去枝条全长的 2/3～3/4，主要用于弱树、老树、老弱枝的复壮更新。

4. 极重短截

在枝条基部轮痕处留 2～3 个芽剪截，紫薇采用此法修剪。

（三）疏剪的方法

1. 一般疏剪。

2. 大枝疏剪。

（四）缩剪

1. 切口方向。

2. 剪口芽的处理。

（五）竞争枝的处理

四、实训报告

（1）记述修剪的操作过程。

（2）绘图说明短截强度，简述各强度的适用情况。

（3）大枝如何疏剪?

（4）一年生竞争枝如何处理?

项目二　园林树木整形修剪（二）

一、目的要求

掌握园林树木辅助修剪的方法。

二、材料工具

枝剪、刀片等。

三、方法步骤

（一）折裂

目的：防止枝条生长过旺，艺术造型。

时间：早春。

（二）除芽（抹芽）

目的：改善留存芽的养分供应状况，增强生长势。

时间：生长期。

（三）摘心

目的：抑制新梢生长，使养分转移至芽、果或枝部，有利于花芽的分化、果实的肥大或枝条的充实。

时间：生长期。

（四）捻梢

目的：抑制新梢生长。

时间：春、夏季。

应用：杜鹃等。

（五）屈枝（弯枝、缚枝、盘扎）

目的：调节生长势，造型。

时间：生长季节。

（六）摘蕾

目的：摘除侧蕾，促进主蕾生长，获得肥硕的花朵，摘除枯花，能提高观赏价值。

时间：生长季节，花后。

应用：牡丹、月季等。

（七）摘果

目的：使枝条生长充实，避免养分过多消耗；促使树木连续开花；采收果实的果树，可使果实肥大、提高品质或避免出现“大小年”现象。

时间：春、夏季。

应用：月季、紫薇、金柑等。

（八）切刻

目的：调节生长势。

时间：生长期。

（九）横伤和环剥

目的：抑制营养生长，促进开花结实。

时间：生长期。

应用：枣树、桃树等。

（十）除蘖

目的：避免分散养分，改善生长发育状况。

时间：生长期。

要求：选择 5～8 个有代表性的树种，进行各种辅助修剪。老师或工人师傅示范，学生操作练习。

四、实训报告

（1）园林树木辅助修剪有哪些主要方法？

（2）列举当地 3～5 种常见园林树木，说明如何进行辅助修剪？

项目三 园林树木整形修剪（三）

一、目的要求

了解各种树木的自然树型、绿篱的基本形态，掌握树木整形的基本方法，熟悉各种机械的使用。

二、材料工具

剪刀（弹簧剪、高枝剪、长剪）、绿篱平剪、人字梯、手锯、电锯、电工刀等。

三、方法步骤

（一）自然式整形

圆柱形（龙柏、桧柏）；塔形（雪松、云杉、塔形杨）；圆锥形（落叶松、毛白杨）；卵圆形（壮年期桧柏、加杨）；圆球形（元宝枫、黄刺玫、栾树、红叶李）；倒卵形（枫树、刺槐）；丛生形（玫瑰）；伞形（龙爪槐、垂榆）。

自然式整形的原则是尽量保持其树冠的完整，仅对影响树形的徒长枝、内膛枝、并生枝以及枯枝、病虫枝、伤残枝、重叠枝、交叉过密和根部蘖生枝，以及由砧木上萌发出的枝条进行修剪。

（二）人工式整形

(1) 绿篱的整形修剪。

(2) 绿球的整形修剪。

选择当地有代表性的绿篱、绿球进行示范操作。

（三）混合式整形

杯形、自然开心形、多领导干形、中央领导干形。

选择当地有代表性的树种进行示范操作。

四、实训报告

(1) 举例绘制各种典型的自然树形。

(2) 绿篱、绿球的整形修剪应注意哪些问题?

(3) 简述杯形、自然开心形、中央领导干形的特点。

项目四 常见园林树木的整形修剪

一、目的要求

学习各种常见园林树木的整形修剪方法，初步掌握其整形修剪的基本技术。

二、材料用具

材料：各种园林树木。

用具：枝剪、手锯、伤口保护剂等。

三、方法步骤

各种常见园林树木的整形修剪方法见下表。

各种常见园林树木的整形修剪

植物名称	科属	形态特征	枝芽特性	整形修剪要点
香樟	樟科樟属	主干明显，树冠卵圆形、广卵形至扁球形	单芽互生，早熟，潜伏力强，顶芽及附近侧芽发达而密集，容易形成过多过密、近轮生的主枝，自然换头频繁，“掐脖子”现象严重	幼树主要培养通直树干，逐渐提高主干高度。定植时采取去冠栽植或保留树冠回缩。除常规修剪外，可列植修剪成树篱或规则式造型
广玉兰	木兰科木兰属	主干明显，树冠阔圆锥形或卵形	萌芽率低，成枝率高，易形成轮生枝，不耐修剪	幼时要及时剪除花蕾并去除侧枝顶芽，使剪口下壮芽迅速形成优势向上生长，保证中心主枝的优势。定植时冠高比2∶3，定植后要回缩修剪过于水平或下垂的主枝
桂花	木樨科木樨属	自然树形为圆头形或半圆形	主枝较多，分布集中，冠内通风透光较差，叶幕层较薄，开花部位逐渐外移，花量不多，必须每年疏剪	整形方式一般有中干分层形、主干圆头形和丛状形3种。桂花以短花枝着花为主。修剪时除必需的回缩更新外，应以疏枝为主，克服树冠外围枝条密集的现象。尽量少短截或不短截，以防新梢旺长，花芽数量减少
石楠	蔷薇科石楠属	树形整齐，枝叶浓密，嫩叶深红鲜艳	萌芽力强，耐修剪，对烟尘和有毒气体有一定的抗性	除作绿篱或整形种植外，一般无须修剪。栽培中，只需适当施肥、浇水，并注意中耕除草和适当更新修剪，即可株健花繁
雪松	松科松属	高大雄伟，树形优美，世界著名的观赏树种之一	树冠塔形，大枝不规则轮生	幼苗具有主干顶端柔软而自然下垂的特点，幼时可重剪顶梢附近粗壮的侧枝，使顶梢生长旺盛。造型方式可修剪成整齐的塔形，还可视树形修剪成盆景状
茶花	山茶科茶属	单叶互生，革质，卵形或椭圆形	中国十大名花之一。叶色翠绿，花大色美，品种繁多	茶花幼年期顶端优势旺盛，易形成单干形，应适当进行摘心或短截。定植后，每年花后要除残花，对一年生枝进行短截，剪口下留外芽或斜生枝，促使侧芽萌发，防止枝条下部光秃
紫薇	千屈菜科紫薇属	落叶灌木或小乔木，花期长	枝条萌芽力、成枝力强，芽潜伏寿命长，耐修剪。花芽属当年分化当年开花型	整形方式有多主干枝形和中干疏层形。修剪以休眠期为主，一般在萌芽前进行为佳。紫薇对修剪反应比较敏感，较重的短截可以明显地增加花枝的数量
龙爪槐	蝶形花科槐属	拱形下垂枝类型	大枝拱形，伞形树冠，先端下垂	根据其枝条下垂的特点，一般整剪成伞形。伞形又分龙头伞形和平顶伞形两种。龙头伞形的主干一般要比平顶伞形的高一些。修剪主要以短截为主

续表

植物名称	科属	形态特征	枝芽特性	整形修剪要点
紫藤	豆科 紫藤属	生长较快，寿命很长	缠绕能力强	定植后剪去先端不成熟部分，如有侧枝，剪去2～3个。主干上的主枝，在中上部只留2～3个芽作辅养枝。来年冬季，对架面上中心主枝短截至壮芽处。以后每年冬季剪去枯死枝、病虫枝、互相缠绕过分重叠枝

四、实训报告

(1) 归纳各种园林树木的枝芽特性

(2) 归纳各种园林树木的修剪技术要点。

实训九 园林树木的防寒

一、目的要求

了解园林树木低温危害的发生原理，掌握园林树木防寒的方法。

二、材料工具

草绳、涂白剂原料、小木桶、排刷等。

三、方法步骤

(一) 树干涂白

涂白剂的配方各地不一，常用的配方为：水72%，生石灰22%，石硫合剂和食盐各3%，均匀混合即可。在南方多雨地区，每50 kg涂白剂加入桐油0.1 kg，以提高涂白剂的附着力。

用配制好的涂白剂涂刷树干，要求刷两遍，高度为1～2 m，同一排树涂刷的高度应一致。

(二) 设置防风障

用草帘、彩条布或塑料薄膜等遮盖树木。

用彩条布覆盖绿篱，在四周落地处压紧。

(三) 培土增温

月季、葡萄等低矮植物可以全株培土，高大的可在根颈处培土，培土高度为30 cm。培土后覆盖，覆盖材料可选择稻草、草包、腐叶土、泥炭藓、锯末等。

四、实训报告

(1) 简述园林树木防寒的主要措施。

(2) 当地有哪些园林树木需要采取防寒措施？如何根据当地实际预防低温危害？

实验五　观赏植物的嫁接技术

【嫁接概念介绍】

嫁接，植物的人工营养繁殖方法之一，即把一种植物的枝或芽，嫁接到另一种植物的茎或根上，使接在一起的两个部分长成一个完整的植株。

嫁接的方式分为枝接和芽接。

接上去的枝或芽，叫作接穗，被接的植物体叫作砧木或台木。接穗时一般选用具 2～4 个芽的苗，嫁接后成为植物体的上部或顶部，砧木嫁接后成为植物体的根系部分。

嫁接技术要点如下：

平：砧木切口和接穗削面要削平，成一平面，以确保砧、穗能充分接触在一起。

准：砧木与接穗形成层对准。

紧：用嫁接捆绑材料（如嫁接膜、牛筋草）捆绑，使砧、穗充分接触在一起。

快：指嫁接速度要快。速度越快，嫁接成活率越高。

【嫁接方法简介】

芽接：用一个芽片作接穗。包括丁字形芽接（盾片芽接）、芽片腹接（切片芽接）、芽苞接、嵌芽接、套芽接。

枝接：多用于嫁接较粗的砧木或在大树上改换品种。枝接时期一般在树木休眠期进行，特别是在春季砧木树液开始流动，接穗尚未萌芽的时期最好。优点是接后苗木生长快，健壮整齐，当年即可成苗，但需要接穗数量大，可供嫁接时间较短。枝接常用的方法有切接、腹接、劈接和插皮接等。

项目一　嫁接刀制作

嫁接工具的种类、质量不仅影响嫁接成活，还影响嫁接效率。嫁接之前，务必要求刀锋锯快，以便削面平滑，愈合良好。嫁接工具大致可以分为枝接工具、芽接工具和绑缚材料三大类。

枝接工具有：枝接刀、劈接刀、嫁接夹、手锯、修枝剪、铁钎子、接木铲、木槌或铁锤、小镰刀、削穗器等。

芽接：水罐、芽接刀、包稳布。

嫁接刀制作及研磨方法如下：

（1）刀身长 3.5 cm。

（2）楠竹柄长 12 cm。

（3）用细铁丝捆紧，刀身不能被摇动。

嫁接刀研磨技术要领如下：

（1）磨石平，走位尽；

（2）推力重，退时轻；

（3）压角稳，压力匀；

（4）不急躁，水降温。

优秀刀：锋面平、锋口直，刀口呈乌青色。

不合格刀类型及原因：

（1）滚口刀：锋面不平，呈弧面，刀口较厚。由压角不稳造成。

（2）斜口刀：刀口与刀柄不在一条直线上，压力不匀造成。

（3）卷口刀：刀口卷曲，不锋利，磨石粗、压力大造成。

（4）弯口刀：刀口不是一条直线，某段下凹，是由压力不匀造成。

（5）退火刀：研磨时没有加水，以至温度过高，刀口硬度降低，易卷口。

项目二　小芽片腹接法

一、背景介绍

小芽片腹接法在生产上用得较多，它的优点是一年四季均可嫁接，不受枝条是否离皮的限制，并因芽片带木质部不损伤芽片内的维管束而嫁接成活率高，苗木生长势强。芽通常在以下情况使用芽片腹接：接穗皮层不易剥离时；接穗节部不圆滑，不易剥取不带木质部的芽片时；接穗枝皮太薄，不带木质部不易成活时。带木质部芽接接穗和砧木的削法与“T”字形芽接相近，在削接穗时横刀重，直接将芽片削下。

二、实验目的

了解树木小芽片腹接成活原理，掌握树木小芽片腹接技术要点。

在了解嫁接技术的基础上，动手实践嫁接技术。

认识嫁接技术对人类生活的巨大影响，增强学生的创新精神，并树立生物科学的价值观。

教学安排：实验时，在老师的安排下进行，建议分组进行。

三、实验材料

1. 芽接刀

芽接时用来削接芽和撬开芽接切门，也可用锋利的小刀代替。芽接刀刀柄处有角质片，用以撬开切口，防止金属刀片与树皮内单宁物质化合。

2. 水罐

芽接时盛接穗用。里面放水，以防接穗干燥失水。

3. 包稳布

小芽片腹接方法如下：

（1）削接穗。长片小芽的削法：芽眼向上，在芽下方约 1 cm 处以 45°角斜削一刀，然后在芽眼上方约 0.5 cm 处落刀向前平削，将芽梢带木质削下，放入盛有清水的盆中备用。

（2）切削砧木。在离地 8 cm 左右的腹部或更高的位置选平直一面切削皮层，刀要沿皮部和木质部交界处向下纵切，长度视接穗长短而定，再将削下的砧皮切短 1/3 或 1/2，以利包扎和芽的萌发。

(3) 放接穗。应选与砧木切面大小一致、长短适宜的接穗。如接穗小的可放在一侧，使一侧的形成层对正密接。接穗基部的砧木切口底部要紧贴，上面不要“架桥”。

(4) 扎塑料薄膜带。自下而上均匀作覆瓦状缚扎，仅露出芽眼以利发芽。如用普通单芽，则可先把薄膜带折成小条，中间先扎一圈，然后向下，再向上包扎，使接穗与砧木切口密接，容易成活。

项目三　切接

一、背景介绍

枝接是用具有一个或几个芽的一段枝条作接穗。枝接多用于嫁接较粗的砧木或在大树上改换品种。枝接时期一般在树木休眠期进行，特别是在春季砧木树液开始流动，接穗尚未萌芽的时期最好。优点是接后苗木生长快，健壮整齐，当年即可成苗，但需要接穗数量大，可供嫁接时间较短。枝接常用的方法有切接、腹接、劈接和插皮接等。

切接是在砧木断面偏一侧垂直切开，插入接穗的嫁接方法，适合于较细的砧木。切接法操作容易，成活率高，萌发抽梢快，接穗用量省，是枇杷嫁接换种的最佳接法。

二、实验目的

了解树木切接成活原理，掌握树木切接技术要点。在了解嫁接技术的基础上，动手实践嫁接技术。

认识嫁接技术对人类生活的巨大影响，增强学生的创新精神，并树立生物科学的价值观。

教学安排：实验时，在老师的安排下进行，建议分组进行。

三、实验材料

枝接刀、劈接刀、嫁接夹、手锯、修枝剪、铁钎子、接木铲、木槌或铁锤、小镰刀、削穗器。

切接法一般用于直径 2 cm 左右的小砧木，是枝接中最常用的一种方法。

(1) 切砧木：嫁接时先将砧木距地面 5 cm 左右处剪断、削平，选择较平滑的一面，用切接刀在砧木一侧（略带木质部，在横断面上取直径的 1/5～1/4）垂直向下切，深 2～3 cm。

(2) 削接穗：接穗上要保留 2～3 个完整饱满的芽，将接穗从距下切口最近的芽位背面，用切接刀向内切达木质部（不要超过髓心），随即向下平行切削到底，切面长 2～3 cm，再于背面末端削成 0.8～1 cm 的小斜面。

(3) 插接穗：将削好的接穗，长削面向里插入砧木切口，使双方形成层对准密接。接穗插入的深度以接穗削面上端露出 0.2～0.3 cm 为宜，俗称“露白”，有利愈合成活。

(4) 绑扎封口：如果砧木切口过宽，可对准一边形成层，用塑料条由下向上捆扎紧密，使形成层密接和伤口保湿。嫁接后为保持接口湿度，防止失水干萎，可采用套袋、封土和涂接蜡等措施。

项目四 高接换头技术

一、背景介绍

插皮接法具有切削简单、容易掌握、速度快、成活率高的优点。相对于其他枝接方法，更适于较粗的砧木，尤其适用于大树的高接换头，是春季最重要、最常用的嫁接方法。插皮接法是将接穗插入砧木的形成层，即树皮与木质部之间的一种接法。在山东地区露天情况下，一般在清明节后，树液旺盛流动后进行。保温较好的温室内，一般在农历二月份进行。具体嫁接时间可观察砧木芽眼是否发紫膨大至麦粒大小，也可干脆剪下截小枝查看砧木是否完全离皮，如果树皮容易完全剥离，则可进行嫁接。如果似离非离，则还需等待几日。

嫁接前取出沙藏的接穗，立放于水桶内，水深 1～2 cm，让其吸水 12 h，补充接穗内的水分。

二、实验目的

（1）了解树木插皮接法成活原理，掌握树木插皮接法技术要点。

（2）在了解嫁接技术的基础上，动手实践嫁接技术。

（3）认识嫁接技术对人类生活的巨大影响，增强学生的创新精神，并树立生物科学的价值观。

三、教学安排

实验时，在老师的安排下进行，建议分组进行。

四、实验材料

枝接刀、劈接刀、嫁接夹、手锯、修枝剪、铁钎子、接木铲、木槌或铁锤、小镰刀、削穗器。

插皮接：是枝接中最易掌握、成活率最高的一种。要求在砧木较粗并易剥皮的情况下采用。

（1）一般在距地面 5～8 cm 处断砧，削平断面，选平滑处，将砧木皮层划一纵切口，长度为接穗长度的 1/2～2/3。

（2）接穗削成长 3～4 cm 的单斜面，削面要平直并超过髓心，厚 0.3～0.5 cm，背面末端削成 0.5～0.8 cm 的一小斜面或在背面的两侧再各微微削去一刀。

（3）接时，把接穗从砧木切口沿木质部与韧皮部中间插入，长削面朝向木质部，并使接穗背面对准砧木切口正中，接穗上端注意“留白”。

（4）如果砧木较粗或皮层韧性较好，砧木也可不切口，直接将削好的接穗插入皮层即可。最后用塑料薄膜条（宽 1 cm 左右）绑扎。

项目五 二重嫁接

一、背景介绍

二重嫁接是在砧木上嫁接两次，形成由基砧、中间砧、品种组成的中间砧木苗，使接穗品种同时具有綦砧和中间砧的优点。二重嫁接主要是随果树矮化密植栽培兴起而发展起来的一种嫁接技术，主要用于培育矮化中间砧果苗。在一些较为寒冷的地区，生产上还有采用三重嫁接的，即一株嫁接树是由根砧、抗寒中间砧、矮化中间砧和接穗品种 4 个部分组成，但是其基本原理与二重嫁接相同，只是多一次嫁接。

二、实验目的

了解树木二重砧嫁接成活原理，掌握树木二重砧嫁接技术要点。

在了解嫁接技术的基础上，动手实践嫁接技术。

认识嫁接技术对人类生活的巨大影响，增强学生的创新精神，并树立生物科学的价值观。

教学安排：实验时，在老师的安排下进行，建议分组进行。

三、实验材料

枝接刀、劈接刀、嫁接夹、手锯、修枝剪、铁钎子、接木铲、木槌或铁锤、小镰刀、削穗器。

二重砧嫁接步骤如下：

（1）位于接穗和基砧之间的一段砧木用于二重或多重嫁接，其成苗称中间砧果苗。果苗由品种接穗、中间砧、基砧 3 部分组成。

（2）以苹果树为例，进行二重砧嫁接要先培养海棠等乔化砧木苗。

（3）在砧木接近地面的地方采用 T 字形芽接法，嫁接上一个矮化砧的芽和一个苹果芽（矮化砧要采用有明显矮化作用的类型）。1 个芽接在正面，1 个芽接在背面。

（4）到翌年春季剪砧后 2 个芽都萌发。当新梢长到 50 cm 以上时，在离砧木 15～20 cm 处，将 2 个新梢进行靠接。靠接时要注意，中间砧选留的长度决定了矮化的程度。如果要求矮化程度大，就要把中间砧留长一些，靠接的部位要高一些。如果要求矮化程度小一些，树冠较大一些，就要把中间砧留得短一些，靠接的部位降低一些。

（5）嫁接 1 个月后靠接部即全部愈合。这时可将苹果枝在接口下部剪断，并将矮化砧从接口上部剪除。这种中间砧苗木通过 2 次嫁接，2 年即能育成中间砧，苗比常规嫁接可节省 1 年的时间。

项目六　根接

一、背景介绍

生产苗木繁殖一般需要两年，一年育砧木，一年育嫁接苗。而根接法只需要一年就可以育成苗，繁殖速度快，并且嫁接苗成活率高，长势好。

二、实验目的

了解树木根接成活原理，掌握树木根接技术要点。

在了解嫁接技术的基础上，动手实践嫁接技术。

认识嫁接技术对人类生活的巨大影响，增强学生的创新精神，并树立生物科学的价值观。

三、教学安排

实验时，在老师的安排下进行，建议分组进行。

四、实验材料

收集嫁接未成活苗、根孽苗、野生砧木等的根作础木，选择冬季剪下的水分充足、芽眼饱满、无病虫害的1～2年生枝条作接植。嫁接前，选直径为0.1～0.3 cm的根剪成10 cm的小段，接穗剪成8 cm左右的小段，每段上要带2～3个饱满芽。

根接技术步骤：

用树根作砧木，将接穗直接接在根上。各种枝接法均可采用。根据接穗与根砧的粗度不同，可以正接，即在根砧上切接口；也可倒接，即将根砧按接穗的削法切削，在接穗上进行嫁接。

劈接法操作如下：

如果根系的枝条精壮，可采用劈接法。将枝条两面削成长3.3 cm的斜面，要一面薄一面厚，削好后插入根系的切口内。然后用黄泥或蜡将伤口封上。嫁接的数量较多时，将接好的半成苗埋在沟内，沟深约1 m，宽约0.5 m，沟长可根据苗木数量而定。沟底面铺上一层湿沙，上面盖3.3 cm厚的细沙。如果嫁接数量多，可放在菜窖内用湿沙埋上。翌年春季谷雨前后，再将半成苗栽植在苗圃地内。

实验六　观赏植物的扦插技术

实训一　枝条扦插实验

项目一　枝条扦插实验

一、目的要求

初步学会插穗选择、切制、扦插及插后管理的技术。

二、材料工具

1. 插穗

夹竹桃、女贞、石楠、橡皮树、珊瑚树等常绿树枝条，柳树、水杉等落叶树枝条。

2. 生根粉

3. 工具

枝剪、墙纸刀、喷水壶、塑料薄膜、盆、钢卷尺、竹棒。

三、方法步骤

1. 采条

选择植株外围向阳一面一年生健壮无病虫害的枝条。

2. 插穗切制

用枝剪将粗壮、充实、芽饱满的枝条，剪成15～20 cm的插穗，每穗带2～3个发育充实的芽，带2～3片叶。用墙纸刀处理切口，上切口距顶芽0.5～1 cm，下切口靠近节，上切口平削，下切口斜削，切口要光滑。切制插穗要在阴凉处进行，防止水分散失。

3. 插穗的处理

下切口用生根粉浸泡（依据说明使用）。

4. 扦插

（1）扦插方法：先用略粗于插穗的木棒戳孔再放进插穗，以防下端的形成层碰伤，插穗与基质垂直（基质要提前处理）。

（2）深度：插穗入土深度为插穗长度的2/3。

（3）插穗入土后应充分与土壤接触，避免悬空。

（4）扦插密度：密度以插后叶片互相不覆盖为度。

（5）浇水：插后立即浇足水。

5. 管理工作

（1）扦插后立即浇一次透水，以后保持插床浸润。

（2）遮阴：为了防插条因光照增温，苗木失水，插后置荫棚下。

二、实验目的

了解根插成活原理，掌握根插技术要点。

在了解技术的基础上，动手实践根插技术。

三、教学安排

实验时，在老师的安排下进行，建议分组进行。

四、实验材料

植物组织、花盆、营养土、剪刀、白线、生根剂、标签等。

(1) 在早春幼芽开始萌发前挖根。

(2) 把根切成 1.3～2.5 cm 长的小段。

(3) 全部埋入插床基质或顶梢露出土面。注意上下方向不可颠倒。

(4) 某些小草本植物的根，可剪成 3～5 cm 的小段，然后用撒播的方法撒于床面后覆土即可，如蓍草、宿根福禄考等。

实验七　食用菌形态结构的观察

食用菌一般是能形成大型肉眼可见、徒手可摘的独特子实体，并可供人类食用的，具有肉质、胶质大型子实体的大型真菌，通常形态较大，多为肉质、胶质或膜质，常被人们称为“菌、菇、蕈、耳”，常包括担子菌和子囊菌的一些种类。担子菌最为常见。

尽管食用菌形态差异很大，但它们都是由生活于基质内部的菌丝体和生长在基质表面的子实体组成的，即食用菌是由菌丝体、子实体和孢子三部分组成。

菌丝体是食用菌的营养器官，由管状细胞连接而成的丝状体存在于基质内，主要功能是分解基质、吸收、输送及贮藏养分；子实体是繁殖结构，其主要作用是产生孢子、繁殖后代，也是人们食用的主要部分，子实体是从菌丝体上产生的。孢子是子实体生长到一定阶段产生的食用菌的种子。

菌丝是由孢子萌发而形成的丝状结构。菌丝细胞呈管状，通常无色透明，但老的菌丝可能产生各种色素，因而呈现各种不同色泽。菌丝中有横隔壁，大多是多细胞的，每个菌丝细胞都有细胞壁、细胞质和细胞核，细胞壁的主要成分是几丁质。

食用菌菌丝因发育顺序、细胞内核的数目不同可分为初生菌丝、次生菌丝、三次菌丝。

初生菌丝：孢子萌发而形成的菌丝。开始时菌丝细胞多核、纤细，后产生隔膜，分成许多个单核细胞，每个细胞只有一个细胞核，又称为单核菌丝或一次菌丝（子囊菌的单核菌丝发达而生活期较长，担子菌的单核菌丝生活期较短且不发达，两条初生菌丝一般很快配合后发育成双核化的次生菌丝）。单核菌丝无论怎样繁殖，一般都不会形成子实体，只有和另一条可亲和的单核菌丝质配之后变成双核菌丝，才会产生子实体。

次生菌丝：两条初生菌丝结合，经过质配而形成菌丝。由于在形成次生菌丝时，两个初生菌丝细胞的细胞核并没有发生融合，因此次生菌丝的每个细胞含有两个核，又称为双核菌丝或二次菌丝。它是食用菌菌丝存在的主要形式，食用菌生产上使用的菌种都是双核菌丝，只有双核菌丝才能形成子实体。

次生菌丝形成初生菌丝体发育到一定阶段，由两个单核菌丝细胞的细胞质融合在一起的过程叫作质配。由于细胞内含有两个遗传性不同的核，所以又称异核体。

次生菌丝每一个细胞都有两个核，其中一个核来自母本，一个核来自父本，当双核细胞进行细胞分裂时，在两个核之间处生一个短小弯曲的分枝，核移动，在二核之间生出一个突起如钩状，一个核进入钩，一个留在菌丝中。菌丝和钩状结构中的核发生分裂，钩状结构中的两个核，一个保留在钩状结构中，一个往后移；菌丝中两个核一个往前移，一个往后移。钩状突起向下弯曲与细胞壁接触溶化，分枝基部生分隔膜（分隔中间有孔道），在原分枝外形成一隔膜，产生一个新细胞双核体，在分隔处保留一个桥形结构叫作锁状联合。

三次菌丝：三次菌丝体又叫结实性双核菌丝体，是双核菌丝发育到一定阶段，在适宜条件下，能互相扭结成双核菌丝团，发育成子实体原基，进一步发育成子实体。它与次生菌丝体所不同的是有一定排列、有一定结构和组织分化的双核菌丝体，而不再是散生的、无组织的双核菌丝体。

子实体是食用菌的次生菌丝生长到一定阶段，在适宜的温度、湿度、光合气体等环境条件下，扭结形成子实体原基，原基逐渐形成成熟的子实体。

食用菌形态多样，依据子实体形态可分为伞菌类、褶菌（多孔菌）类、胶质类（银耳、木耳、花耳等）、腹菌类和子囊菌类。伞菌类食用菌种类最多，与人类关系最密切，肉质，伞状的子实体、形态结构相似。典型伞菌的子实体是由菌柄、菌盖、菌褶等部分组成的。以下从菌盖、菌柄、菌环、菌托、菌褶几个方面介绍子实体的形态结构。

菌盖又称菌帽，是伞菌子实体位于菌柄之上的帽状部分，是主要的繁殖器官，也是主要的食用部位。菌盖是成熟子实体的主体部分，其主要作用是对菌褶的保护。菌盖由表皮、菌肉和菌褶（或菌管）组成。

菌盖形状多种多样，因实用菌种类而异；有时它的形态与其所处生长发育时期和生态环境有关，一般常见的有钟形、斗笠形、半球形、平展形、漏斗形等。

菌盖颜色十分复杂，也因种而异，有乳白色（双孢蘑菇）、杏黄色（鸡油菌）、褐色（松塔牛肝菌）、鼠灰色（草菇）、红色（大红菇）、蓝绿色（青头菌）、紫铜色（紫芝）、杂色（花脸蘑）。菌盖的颜色还与环境、发育时期、菌株特性有关。菌盖基本上可辨别出白、黄、褐、灰、红、绿、紫等颜色，但是各类颜色中又有深、浅、淡、浓的差异，更常见的是混合色泽。幼小与老熟时它们的颜色可以不同，中央与边缘颜色更是常有差异。

菌盖表面有干燥的、有湿润的、有黏的，有光滑的，有粗糙的，还有的具有各种附属物，如纤毛、环纹、各种鳞片等，这些附属物的形状、大小、色泽又各有种种变化。

食用菌菌盖大小不统一。直径 5 cm 以下称为小型菌，5～10 cm 则为中等大小菌，10 cm 以上则为大型菌。通常情况下，每种食用菌的菌盖大小相对稳定，但也有一定的变化范围。

食用菌菌盖常见有肉质、膜质、韧肉质、革质和胶质等。

菌盖边缘的形状也不一样，幼小时与成熟后的形状可以完全不同。成熟后一般可分成内卷、反卷、上翘、延伸等。周边有全缘而整齐的，也有呈波浪状而不整齐或撕裂的。

菌盖表面有皮层。在皮层菌丝里含有不同的色素，因而使菌盖呈现各种不同色泽。

皮层下面便是菌肉，一般由长形的丝状菌丝组成，有的则由膨大的泡囊状菌丝组成。菌肉颜色以及受伤后颜色的变化，常因种类不同而不同。一般菌肉多呈白色或污白色，有的呈淡黄色或红色等。例如牛肝菌菌肉受伤后多变为青蓝色，稀褶黑菇先变成红色后变黑色，卷边网褶菌伤后变褐色，而黑蜡伞伤后变成黑色。

菌褶菌盖下面辐射生长的薄片叫作菌褶。菌褶呈放射状排列，向中央连接菌柄的顶部，向外到达菌盖边缘、子实层就排列在菌褶两侧，或存在于菌管里面的周围。

菌褶大多数种类位于菌盖的下部，书页状排列或呈多孔状密布，是着生担子的所在，担子才是真正的繁殖器官，其顶部产生 2～4 个担孢子，担孢子成熟后从担子上脱落并弹射到空气中。

有些菌褶的颜色由孢子的颜色决定，也有些菌褶的颜色由囊状体或菌褶组织本身所含的色素决定。经常看见的菌褶颜色，一般是孢子的颜色。幼嫩时一般是白色，老熟后变成各种不同的颜色。

菌褶的形态结构多样，常见的形状有宽的、窄的、三角形的。有等长的、不等长的、分叉的等。

菌褶与菌柄的着生关系是菌褶的重要特征，常以此作为分类的依据，大致可分为四类。直生：又称贴生，菌褶内端呈直角状着生在菌柄上，如鳞伞属；弯生：又称凹生，菌褶内端与菌柄着生处呈一弯曲，如香菇、金针菇等；离生：又呈游生，菌褶内端不与菌柄接触，如双孢蘑菇、草菇；延生：又称垂生，菌褶内端沿着菌柄向下延伸，如平菇。

菌柄是子实体的支持部分，联结和支撑菌盖。菌柄的质地，有肉质、蜡质、纤维质或脆骨质等；颜色也有多种多样；形状也各不相同，如圆柱状、棒状、纺锤状、杵状等。长短从1厘米到50厘米，粗细从1毫米到12厘米。菌柄基部有的膨大成球形。末端有齐头、圆头、尖头或根状等。

菌托是菌柄与菌丝体及生长基质连接的地方，有时附带着子实体外保护层的残留物，有的品种无此结构，或不明显。子实体在发育早期外面有一层膜包着，这层膜叫作总苞或外菌幕，有的很厚，有的薄些，在子实体发育过程中，膜薄的常常消失掉，不留什么明显痕迹；膜厚的常全部或部分遗留在菌柄的基部，形成一个袋状物或杯状物，这就是菌托。

菌托的形状有苞状、鞘状、鳞茎状、杯状等，是食用菌在形态上的主要特征。

食用菌形态结构观察各类指标

外观特征	显微特征
菌盖（直径、深度、附着物大小）	孢子（长宽及比值、纹饰高度、纹饰式样）
菌柄（长度、粗度、质地）	担子（长高、宽度、小梗长度粗度）
菌肉（厚度）	囊状体、刚毛（长度、粗度、基部着生深度）
菌褶（宽度）	表皮类（总体厚度、菌丝长度粗度、末端菌丝长度粗度、菌丝附着物、表皮附着物厚度）
伤变色	

食用菌形态结构观察的知识要点：

（1）盖缘由内卷变为平展甚至反卷，常伴随放射状开裂。

（2）菌褶变稀，易碎，开裂，表面有孢子粉的颜色。

（3）菌盖和菌柄表面的鳞片变得稀疏。

（4）菌柄由实变空，由坚硬致密变为松软。

【目的要求】

观察食用菌菌丝体的生长状态，利用显微镜认识食用菌的营养体和繁殖体的微观结构，利用徒手切片观察食用菌子实体的微观结构，通过对食用菌子实体形态特征的观察，让学生们了解和熟悉各种食用菌子实体的类型和特征，并能根据子实体的外形进行分类。

本实验实现如下目标：

（1）掌握食用菌生活史的基本过程。

（2）观察菌丝体的形态特征。

（3）观察并掌握常见食用菌子实体的形态特征。

【重点与难点】

重点：食用菌子实体形态观察、菌丝显微观察。

难点：食用菌子实体形态观察、孢子观察。

【教学方法与手段】

本次课主要采取讲授法和讨论法，在学生实验过程中辅以个别指导进行教学。

【实训准备】

(1) 材料：平菇、香菇、双孢蘑菇、草菇、金针菇、木耳、银耳、猴头菇、灵芝、密环菌、羊肚菌、虫草、茯苓等食用菌子实体或菌核水浸标本或干标本、鲜标本及部分食用菌的菌丝体，担孢子等。

(2) 仪器工具：光学显微镜（目镜 15×，物镜 10×，40×）、接种针、无菌水滴瓶、染色剂（石炭酸复红或亚甲蓝等）、酒精灯、75%酒精瓶、火柴、载玻片、盖玻片、刀片、培养皿、绘图纸、铅笔等。

【内容和方法步骤】

1 菌丝体形态特征观察

1.1 菌丝体宏观形态观察

(1) 观察平菇、草菇、金针菇、木耳、银耳等食用菌的试管斜面菌种或 PDA 平板上生长的菌落，比较其气生菌丝的生长状态，并观察菌落表面是否产生无性孢子。

(2) 观察菌丝体的特殊分化组织：蘑菇菌柄基部的菌丝束；密环菌的菌索；茯苓的菌核；虫草等子囊菌的子座。

1.2 菌丝体微观形态观察

(1) 菌丝水浸片的制作：取一载玻片，滴一滴无菌水于载玻片中央，用接种针挑取少量平菇菌丝于水滴中，用两根接种针将菌丝拨散。盖上盖玻片，避免气泡产生。

(2) 显微观察：将水浸片置于显微镜的载物台上，先用 10 倍的物镜观察菌丝的分支状态，然后转到 40 倍物镜下仔细观察菌丝的细胞结构等特征，并辨认有无菌丝锁状联合的痕迹。

2 子实体形态特征观察

2.1 子实体宏观形态观察

仔细观察各种类型的食用菌子实体的外部形态特征，并比较各种子实体的主要区别，特别注意菌盖、菌柄、菌褶（或菌孔、菌刺）、菌环、菌托的特征，并对之进行比较、分类。各个形态观察操作如下。

菌盖：最宽处的直径，无论盖型，对于漏斗状或球形菌盖，同时测量高度或深度，注意对边缘毛或盖表附属物的测量；如为侧生，测量自柄部向最远的边缘的值；同时测量与此方向垂直的最宽值。

菌肉：菌盖边缘至中心 1/2 处。

菌褶测量：最宽处。沿盖缘 1 cm 长度内有多少片菌褶，每两个完整的菌褶间有多少个小菌褶。

菌柄：若等粗，测量横径；若向基渐细或渐粗，测两端粗度；若纺锤状，测最宽处；长度从菌褶着生处至基部，如有假根，单独测量；如菌柄为空心，可测量壁的厚度。

2.2 子实体微观形态观察

（1）菌褶切片观察：取一片平菇菌褶置于左手，右手持刀片，横切菌褶若干薄片漂浮于培养皿的水中，用接种针先取最薄的一片制作水浸片，显微观察平菇担子及担孢子的形态特征。

（2）有性、无性孢子的观察：灵芝担孢子水浸片观察；羊肚菌子囊及子囊孢子水浸片观察；草菇担孢子水浸片观察；银耳芽孢子水浸片观察（以上各类孢子的观察可用标本片代替）。操作如下：

孢子的测量：从侧面测量，即侧面观，需注意孢子的平放度；如为腹面观，需特别说明；每个子实体测量 20 个孢子，一份标本可测多个子实体。

测量成熟的孢子，去掉特别大和特别小的；选取离目镜最近的孢子进行观察和测量。

需使用必要的恢复剂或染色剂，如水、5%KOH、梅氏剂、棉蓝。

【作业】

（1）描述菌丝体的生长状态，并画出所观察菌丝、无性孢子、担子及担孢子的形态结构图。

（2）列表说明所观察各种类型的食用菌子实体的形态特征，如：伞状、头状、耳状、花絮状、肾状、扇状、蛋形、钟形等。

	子实体颜色	菌柄直径	菌柄长度	菌盖直径	菌褶
平菇					
香菇					
双胞蘑菇					
草菇					
金针菇					
木耳					
银耳					
猴头菇					
灵芝					
密环菌					
羊肚菌					
虫草					
茯苓					

（3）绘制一种食用菌子实体的形态图，用绘图笔或钢笔（黑）绘制生物图，要求图形真实、准确、自然，画面整洁。

实验八　食用菌组织分离与孢子分离培养技术以及原种与栽培种的制种技术

实训一　食用菌组织的分离

【实验目的】

（1）学习食用菌组织分离技术的特点。
（2）掌握食用菌的组织分离技术关键操作。

【实验原理】

食用菌组织分离技术，是分离食用菌子实体内部的菌肉组织来获得纯菌丝的一种方法。食用菌的子实体实际上就是菌丝体的扭结物，具有较强的再生能力，只要切取绿豆大的一小块菇体组织，把它移植到合适的培养基上，通过培养就能获得纯粹的菌丝体（即母种）。子实体小、薄、呈胶质，或菇体细胞已泡囊化的种类不太适用。

从生物学的角度来看，组织分离培养是一种无性繁殖，双核菌丝中两个核并没有融合，即双亲的染色体并没有发生重组，因此组织细胞没有孢子细胞那样具有丰富的遗传性。但是也正由于组织细胞是双核细胞，所以它们都能生育结实而不像孢子细胞那样需要经过一个配对过程。

组织分离培养的方法较简单，取材较广泛，菌丝萌发快，遗传性稳定，后代不易发生变异，能保持原菌株的优良特性。

【方法步骤】

一、培养基的配制

同一种菌类培养基的配方虽然多种多样，但必须含有各种菌丝生长所需要的养分、水分和适宜的酸碱度。马铃薯、葡萄糖、琼脂作为各类母种的培养基最为普遍，菌丝都能正常生长。常用的培养基配方和配制方法如下：

（1）马铃薯葡萄糖琼脂培养基（PDA 培养基）。

马铃薯（去皮）200 g

葡萄糖 20 g

琼脂 20 g

水 1000 mL

pH 值　自然

(2) 马铃薯蔗糖琼脂培养基（PSA 培养基）。

马铃薯（去皮）200 g

蔗糖 20 g

琼脂 20 g

水 1000 mL

pH 值　自然

以上两种培养基广泛应用于各种菇、耳、猴头类食用菌的培养。其具体制作方法如下：将 200 g 马铃薯去皮，去芽眼，切成小条放入铝锅中，加入 1000 mL 水，煮沸 20～30 分钟左右至马铃薯软而不烂时，用 6～8 层纱布过滤，取滤汁于锅中，补水至 1000 mL，加入琼脂熔化，再加入糖搅拌均匀，趁热分装于试管中。

(3) 马铃薯半合成培养基。

马铃薯（去皮）200 g

葡萄糖 20 g

磷酸二氢钾 3 g

硫酸镁 1.5 g

维生素 B1 100 mg

琼脂 20 g

水 1000 mL

pH 值 5.8～6.2

此配方制作方法与 PDA 培养基相同。不过部分化学药品应在过滤后加入。适用于香菇菌种保藏用，也适于培养平菇、双孢蘑菇、滑菇、金针菇、灵芝和猴头等母种用。

(4) 蛋白胨葡萄糖培养基。

蛋白胨 10 g

葡萄糖 10 g

琼脂 20 g

水 1000 mL

pH 值 5～5.5

将琼脂放入 1000 mL 溶液中煮熔，再加入其他营养物后搅拌溶解，即可分装试管。主要用于竹荪母种培养。

(5) 苹果汁培养基。

苹果 100 g

蛋白胨 2 g

蔗糖 20 g

琼脂 20 g

水 1000 mL

pH 值　自然

将苹果洗净，切片，放入锅内加水 1000 mL，煮沸 20 分钟，过滤后取滤汁倒入锅内，补水至 1000 mL，然后加入琼脂熔化，加糖搅拌均匀即成。主要用于草菇母种培养。

(6) 玉米粉汁培养基。

玉米粉 40 g

蔗糖 10 g

琼脂 20 g

水 1000 mL

将玉米粉放入锅内，加水煮至70℃，保持60分钟，用纱布过滤，取滤汁1000 mL放入锅内，先后加入琼脂和糖溶解即成。主要适用于木耳、香菇、双孢蘑菇和金针菇等母种培养。

(7) 马铃薯淀粉培养基。

马铃薯淀粉 40 g

葡萄糖 10 g

蛋白胨 5 g

磷酸二氢钾 0.5 g

氯化钠 5 g

琼脂 20 g

水 1000 mL

将淀粉用凉水化开，加热煮沸，再加琼脂与蛋白胨熔化后，其他成分加入搅拌即成。适于银耳芽孢萌发，又适于银耳纯菌丝培养。

将培养基配制好后，趁热倒入大的搪瓷漏斗中，打开弹簧夹，让培养基液顺橡皮管流入试管内。装入量为试管总长的1/50。装好后，随即关闭弹簧夹。然后将分装的试管再塞上大小均匀、松紧适中的棉塞。棉塞总长约4～5 cm，一般要求3/5留在管内，其余2/5露在管外。最后把塞好棉塞的试管，每7～10支扎成一把，用防潮纸或牛皮纸包住并用皮筋扎紧，管口朝上放入手提式高压灭菌锅内，在1.2～1.5 kg/cm^2 压力下保持15～20分钟即可。但在使用高压锅灭菌时还应注意如下事项：

(1) 灭菌时锅中水要放至水线为止。如放水过少易引起烧干及烧焦培养基；如放水过多，棉塞易潮湿，以后易感染杂菌。

(2) 锅内的冷空气必须排除干净，否则达不到灭菌的温度。排除锅内冷空气的方法有两种，一种是将灭菌锅升火后，从开始出气起，经5分钟左右排气，至从排气阀排出的气达到直喷时，再关闭排气阀；另外一种是将排气阀关闭升火，待压力升到0.5 kg/cm^2 时，打开排气阀，使指针降落到“0”后，再关闭气阀，烧至所需压力。

(3) 灭菌时间不宜过长或过短，过长养分易被破坏，培养基颜色发黄，对菌丝生长不利；过短则达不到灭菌的效果。灭菌结束后，放气速度不能太快，宜逐渐进行，使指针慢慢下降到“0”，才揭开锅盖，否则棉塞容易冲出试管。

培养基灭菌结束后，应立即取出试管直立放置2～3分钟，待试管壁上的水珠回到培养基内后，再趁热搁置斜面。这样，试管壁上不会有大量的水珠，温度适当。斜放时，一般使斜面为试管总长的1/2至1/3。放好后，再用纱布覆盖，防止冷却过程中因温度急剧变化而使管壁形成水珠。

经灭菌后的斜面试管，必须在接种前于每一批或每锅中取出3～4支，放在28℃～30℃的恒温箱中培养2～3天做空白试验。经培养后，斜面仍光洁透明，无杂菌或细菌出现，则表示灭菌彻底，可作接种用。如发现杂菌，则应找出原因，并将这批试管重新灭菌一次后方可使用。

注意：在菌种制备过程中，从母种、原种至栽培种，各个阶段的目的要求有所不同，所选用的培养基的配比也应有所区别。母种初生菌丝一般较嫩弱，分解养分能力差，要求营养丰富、完全，氮源、维生素的比例应高，须选用易被菌丝吸收利用的物质，如葡萄糖、蔗糖、马铃薯、玉米粉、麦芽汁、酵母汁、蛋白胨、无机盐类及生长素等为原料。

培养基中的碳、氮比例很重要。若培养基中碳源供应不足，易引起菌种的过早衰老和自溶；若氮源过多或过少，则会引起菌丝过于旺盛生长或生长缓慢，对菌种培养不利。菌种培养基中的 pH 值也是影响菌丝生长的重要因素。一般培养基经高压灭菌后会使 pH 值有所下降，必须经检验后加以调整。调节 pH 值时，可用石灰澄清液，也可用氢氧化钠或盐酸。在配制培养基时，为了避免沉淀物的生成而造成营养物的损失，应掌握加入各种营养物的顺序。一般应先加入缓冲化合物，溶解后加入主要元素，然后是微量元素，最后加入维生素等，最好是前一种营养成分溶解后再加入第二种营养成分。此外，培养基加入糖类时，应采用适当的灭菌方法，因葡萄糖在高压下易被破坏，多糖和双糖也因高温易被水解和变质。

二、种耳、种菇的选择

供组织分离的种耳、种菇，必须来自优良的品系，且要选取幼嫩、肥壮、无病虫害的优良子实体。把选出来的若干种耳、种菇，再按生产要求进行系统的比较，择优去劣，把肥壮、饱满、无病的种耳、种菇留作分离材料。淋雨或吸水的种耳、种菇易污染杂菌，一般不能作为分离材料。

三、种耳、种菇的表面无菌处理

为了得到无杂菌的培养物，在无菌箱（室）内，种菇表面要用无菌水冲洗几次，并用无菌滤纸吸干，或用蘸有 75%酒精的药棉球擦拭菌盖的表面及菌柄，再用无菌水冲洗并擦干。

四、接种块的切取

把种菇切开，在菌盖和菌柄交界处或菌褶处，切取一小块组织作为接种材料，此处组织的再生能力较强，切取菌盖或菌柄任何一处亦可。菌褶靠近子实体的外缘，容易沾上污物或感染杂菌。所以分离时应选择清洁的、菌盖边缘向内卷的种菇作为分离对象。为了减少带杂菌的机会，切取组织块时，应尽量取小一些，因为肉眼看到的一小块组织，其中就有许多菌丝了，切一小块不仅可以减少污染，得到纯度高的菌种，而且容易成活。但同时，组织块越小，越容易被接种针烫死，因此接种针在火焰上过火消毒后，应先冷却才能接种。一般来说，接种块取黄豆大小适宜。

五、培养

组织块移植到适宜的培养基上后，应放在适合菌丝生长的温度下培养，一般温度为 23℃～26℃，使组织块迅速恢复生长，在气候寒冷的条件下进行组织分离，更应注意保持一定的温度。

六、观察

在适宜温度下培养 3～5 天，观察组织块上是否产生白色绒毛状的菌丝。

【实验思考】

（1）食用菌组织分离培养法分离时极易污染杂菌，操作要注意哪些问题？
（2）分析食用菌组织分离培养法所适用的食用菌种的类别。

实训二 食用菌孢子的分离

【实验目的】

（1）学习孢子分离技术的特点。
（2）掌握孢子分离技术的关键操作。

【实验原理】

食用菌孢子分离技术，是利用成熟子实体的有性担孢子能自动从子实体层中弹射出来的特征，在无菌条件下和适宜的培养基上，使孢子萌发成菌丝，从而获得纯种的一种方法。食用菌孢子分离可分为单孢分离法和多孢分离法两种。由于是从有性担孢子（是指其细胞核已经过核配过程）分离纯菌丝体，因此生产上多采用多孢分离法来保持菌株的原有特性，而单孢分离法主要应用于菌株的筛选和杂交育种等工作。在适宜条件下，采用多孢分离法得到的孢子比较容易萌发获得菌丝体。对于一些不易进行组织分离、孢子易萌发的胶质菌类（如黑木耳、毛木耳），采用多孢分离法较易成功。

【方法步骤】

一、培养基的配制（同食用菌组织分离技术）

二、种菇的选择

供收集孢子的种菇，必须纯正、发育健壮，无病虫害。种菇的成熟度也要适当，如双孢蘑菇和草菇等有菌膜的食用菌，最好选菌膜将破而未破的。因为这样的种菇发育已成熟，而子实层又未污染，能很快散发出大量的无菌孢子。但对于没有菌膜的食用菌，如平菇，则应选取八成熟，将要释放孢子的菇体，经培养 1～2 天后，从担子上弹射出来的孢子基本上也是无菌的。一进入出菇期，就要注意观察选择，并做好标记。不同的食用菌选择的具体要求如下。

香菇：菇型圆整，菇体肥大，柄细而短，菌盖呈深褐色，出菇早，无病虫害，一般为八成熟的子实体。

双孢蘑菇：菇型圆整，光滑直立，颜色洁白，柄粗盖厚，无病虫害，生长快而健壮的单生菇。

草菇：菇型端正，肥大健壮，包被未破，无病虫害的单生菇。

平菇：出菇早，菌盖厚实，重叠丛生，菌柄粗短，色泽鲜亮，尚未散发孢子，八成熟而无病虫害的子实体。

木耳：选朵大、耳片厚、色黑、生长健壮、褶皱多、无病虫害的春耳。

银耳：朵大肉肥、色泽洁白、展片良好、朵型美观、八成熟、无病虫害的子实体。

猴头：形状正常、颜色洁白、出菇早、生长健壮、菌刺丰满、无病虫害的子实体。

金针菇：出菇早而均匀、生长健壮、朵形正常、菌柄长短适中、无病虫害的子实体。

三、种菇的消毒处理

把选好的种菇，切去菌柄基部送入无菌室，用蘸有75%酒精的药棉球擦拭菌盖的表面及菌柄，消毒后须在无菌水中漂洗3次以便洗掉表面黏附的药剂，用无菌纱布擦干后备用。对于银耳、木耳类子实体，不能接触消毒剂，只能置于烧杯中用无菌水洗涤，然后捏起再经无菌水冲洗数次，同样用无菌纱布吸干表面水。

四、孢子的采集

（1）孢子采集器法：香菇常用这种方法采集孢子。孢子采集装置可用玻璃钟罩或玻璃漏斗做成，具体做法是：把玻璃钟罩或玻璃漏斗放在一个垫有几层纱布的瓷盘上，内放培养皿和不锈钢支架（漏斗内也可倒挂铁丝代支架），上端通气孔用消毒棉花塞住，然后用两层大纱布将整个装置包起来，在高压灭菌锅内以1.5 kg/cm^2 的压力灭菌1小时，然后取出放入已消毒的接种室或接种箱内备用。

分离时，在接种室或接种箱内把消毒后的种菇切去菌柄下部，然后轻轻地掀开钟罩，将其迅速插在支架上，使种菇褶向下，并正对钟罩内敞口的培养皿，随即盖好钟罩，下沿的纱布用75%酒精浸渍并将钟罩塞好。静置12～24小时，种菇菌褶上的孢子就会散落在培养皿内，形成一层粉末状孢子印（平菇为淡紫色，草菇为褐色，香菇、金针菇为白色）。

（2）三角瓶钩悬法：银耳、黑木耳常用此法采集孢子。以银耳为例，其具体做法如下：选朵大、雪白、无病虫害的新鲜银耳，作为种耳，经无菌水漂洗种耳数次后，用无菌吸水纸把种耳表面的水分吸干。再把种耳切下一小块，以入瓶后不会碰到瓶壁为度，挂在用火焰灭菌过的小金属丝钩（或不锈钢钩）上，迅速悬挂在三角瓶内，注意勿使种耳碰到培养基，以防杂菌污染。塞上棉塞，放在20℃～25℃条件下，经1～2天，就可看到培养基上形成一个雾状孢子印。此时，以无菌操作把悬挂瓶内的耳片取出，再塞上棉塞，移到20℃～25℃的室中培养，经2～3天，培养基表面就会出现许多乳白色糊状的白落，就是银耳的分生孢子。

（3）菌褶涂抹法：在接种室（箱）内，取消毒好的菌盖，用经火焰灭菌的接种环，沾上无菌水后准确地直插在两片菌褶之间（切勿使接种环接触到裸露于空气间的菌褶部分，以免沾上杂菌）。轻轻地抹取子实层，将尚未弹射的孢子沾在接种环上，取出接种环，在准备好的斜面培养基上或平板培养基上划线接种，加棉花塞或盖上平皿。

注意：采用孢子分离法，要控制培养的温度。因为食用菌孢子的弹射与培养的温度有密切关系，如双孢蘑菇孢子弹射最适温度是14℃～18℃，如培养在25℃条件下，孢子就很难弹出。一般食用菌孢子弹射的最适温度比菌丝体生长的最适温度低，而与子实体发育的最适温度大致相同。如香菇孢子弹射的最适温度为12℃～18℃，银耳为20℃～24℃，黑木耳为20℃～26℃，平菇为13℃～20℃。

五、孢子的分离

(1) 多孢分离法。

多孢分离法是把多个孢接种在同一培养基上，让它们萌发共同生长交错在一起，从而获得纯种的一种方法，由于多个孢子间的种性互补，基本上可以保持亲本的稳定性，此法比较简易，在蘑菇制种中应用较为普遍。多孢分离技术通常采用以下两种方法。

①斜面划线法：按无菌操作规程，用无菌接种环从收到孢子的培养皿上蘸取少量孢子，在PDA 试管斜面培养基上自下而上划线，划线时勿用力，以免划破培养基表面，接种完毕后抽出接种环，灼烧试管口，塞上棉塞，放置 24℃恒温培养箱中培养，待孢子萌发后（一般为15～20 天），挑选萌发快、长势旺的菌落，转接于新试管培养基上再行培养。

②涂布分离法：按无菌操作方法，用灭菌的注射器，吸取 3～5 mL 无菌水，注入盛有孢子的培养皿中，轻轻搅动，使孢子均匀地悬浮于水上，再将注射器插上针头，吸取沉于底部的饱满孢子，注 1～2 滴悬液于 PDA 试管或培养皿培养基上，转动试管使孢子悬浮液均匀分布于斜面上，或用玻璃涂布棒将培养基上的悬浮液涂布均匀。孢子在培养基上经 24℃恒温培养萌发后，挑选几株发育匀称，生长速度快的菌落，移接于另一试管斜面培养基上，恒温培养即为母种。

注意：经恒温培养后的斜面上就会出现星星点点的菌落，这些菌落中发育有快有慢，菌丝生长有整齐、浓密的，也有生长参差不齐、稀疏、易倒伏的，因此必须严格挑选发育匀称，生长快速的单菌落移植于另一空斜面上，再进行一次生长情况的比较试验，选取最优者作为母种扩大繁殖。

(2) 单孢分离法。

是将采集到的孢子群单个分开进行培养，让它单独萌发成菌丝而获得纯种的方法。单孢分离技术按分离的手段可分为以下三种。

1) 稀释分离法：通过不断稀释孢子悬浮液，使孢子分散，最终孢子浓度控制在 300～500个孢子/毫升，吸取其中 0.1 毫升的孢子液注入平板均匀涂布，分散孢子各自萌发形成单孢菌落，其步骤如下。

①制备无菌水试管：取 10 支试管，其中 1 支装 100 毫升蒸馏水，其他 9 支装 9 毫升蒸馏水，经高压灭菌即成无菌水。

②制备孢子悬液：取一小块收集有孢子的滤纸条，浸入 10 毫升无菌水试管中，摇振使孢子分散成悬液，用无菌 1 毫升移液管吸取 1 毫升孢子悬液于第 2 支试管中，摇振使其分离，再从第 2 支试管中吸取 1 毫升注入第 3 支试管中，如此反复稀释直到孢子浓度达到 300～500 个孢子/毫升，备用。

③制备培养基平板：配制 PDA 培养基，装入三角瓶中进行高压灭菌，准备倒平板的培养皿也经过高压灭菌备用，待已灭菌的 PDA 冷却至 50℃～60℃时，在无菌操作下倒 15～20 毫升 PDA 至培养皿中，培养皿放平，尽量使培养基表面光滑，厚度一致。

④孢子涂布：在无菌操作下，吸取 0.1 毫升的孢子悬浮液滴在平板培养基表面上，使用一次性 T 形无菌涂布棒把孢子均匀涂布在平板上，放置于 24℃～25℃恒温箱中培养。

⑤挑选单孢子萌发菌落：一般孢子经过 5 天的培养开始萌发长出菌丝，培养皿经过显微镜的镜检确定孢子萌发的菌落是由单个孢子萌发成长而成的，可使用打孔器进行打孔，把该菌落移接至新鲜的 PDA 斜面试管中继续培养。打孔器的外径应小于显微镜的视野范围，而且打孔

之前须检查该菌落周围是否有孢子或其他菌落，尽量使打孔不会触及周边的孢子或菌落，确保纯种。

2）毛细管法：孢子悬浮液经过稀释，使用毛细滴管把孢子悬浮液滴一小滴于皿盖内，使每一滴只含有一个孢子，从而达到单孢子分离的目的，其方法如下：

①孢子悬浮液制备同稀释分离法，孢子浓度控制在200～300个孢子/毫升。

②点样镜检：用毛细滴管吸取经稀释的孢子悬浮液约0.1毫升（可滴30滴），在无菌操作下，快速点于皿盖内壁的标记圈中央，滴液应小于低倍镜的视野，点样后的培养皿仍盖在有水琼脂的皿底上，贴胶布固定后再用低倍镜检查皿盖内壁的液滴，确定是单孢者，即在皿盖上标上记号。

③培养基推贴及刺激培养：使用接种针取一小块PDA培养基（约2×2毫米方块）推贴至标记为单孢子的液滴，使液滴中的孢子能够吸附到培养基边缘。将事先培养好的蘑菇气生菌丝的平板培养皿盖取下，套在菌丝平板的底部，再把已分离并推贴好的培养基的皿盖罩在套有菌丝平板的玻璃皿上，使两个皿盖对接，贴胶布封口（要留0.5厘米缝用作通气），这样就形成一个刺激单孢子萌发的培养室，置培养箱中24℃下培养，待单孢子萌发，及时撕下胶布，用接种铲挑取已萌发的单孢菌丝贴块，移接到新鲜PDA斜面试管中，置24℃恒温箱中培养，即可取得单孢纯种。

3）器械分离法：应用显微操作器，直接挑选单孢子，移至PDA平板中进行孢子刺激萌发培养，获得单孢纯种。

①孢子悬浮液制备：同稀释分离法，孢子浓度控制在1000个/毫升。

②平板涂布：将稀释后的孢子悬浮液滴0.1毫升于平板上，用一次性T形无菌涂布棒进行均匀涂布，每个平板含孢子大约100个。

③镜检分离：待涂布均匀的平板琼脂表面水分干燥后即可于显微镜下观察，当在视野中心见到孢子，而视野周围无其他孢子时，可用显微操作器操纵玻璃针把孢子从培养基表面挑取，随后把孢子转移至PDA平板的表面上，进行孢子萌发培养，孢子萌发培养须使用蘑菇气生菌丝刺激培养，才能提高萌发率，培养的具体操作方法与涂布法相同。

【实验思考】

（1）试比较食用菌的孢子分离技术与组织分离技术的不同。

（2）试分析几种食用菌的孢子分离技术在试剂操作时的关键步骤。

实训三　食用菌原种及栽培种的制作技术

【实验目的】

（1）学习食用菌原种及栽培种制作技术的原理。

（2）学习无菌条件下的接种技术。

（3）掌握栽培制作的关键步骤。

【实验原理】

制种是食用菌生产最重要的环节。常言道："有收无收在于种，收多收少在于管"，可见菌种在生产中的重要性。在食用菌生产过程中，菌种好坏，直接影响食用菌的产量和质量。因此，培育优良菌种，是提高食用菌生产水平的重要环节。人工培养的菌种，根据菌种培养的不同阶段，可分为母种、原种和栽培种三类。一般把从自然界中，首次通过孢子分离或组织分离而得到的纯菌丝体称为母种，或称一级种。它是菌种类型的原始种。原始母种通过移接（转管）成数支试管（斜面）种，这些移接的试管种，亦可称为母种。把母种移接到木屑、谷粒、棉籽壳、粪草等瓶（袋）培养基上培养而成的菌种称为原种，或称二级种。它是母种和栽培种之间的过渡种。把原种扩接到相同或类似的材料上，进行培养直接用于生产的菌种称栽培种，或称三级种。原种和栽培种，均能直接用于生产。栽培种不能再扩大繁殖栽培种（银耳菌种例外），否则会导致生活能力下降。

食用菌的菌种生产，基本上是按照菌种分离→母种扩大培养→原种培养→栽培种培养的程序进行。菌种通过三级扩大，菌种数量大为增加，同时菌丝也从初生菌丝发育到次生菌丝，使菌丝更加粗壮，分解基质的能力也增强。只有采用这样质量的菌种，才能获得优质高产的子实体。

【方法步骤】

一、接种前的准备工作

接种、操作一般应在经消毒的无菌条件下进行，先做空箱消毒，然后将灭过菌的菌种料、瓶及接用菌种的接种用具，用高锰酸钾溶液揩拭表面尘物，放入接种箱（室）内，用5%石炭酸或0.25%新洁尔灭药液在接种箱（室）内各处喷雾，再进行消毒灭菌。目前最常用的灭菌方法有甲醛熏蒸和紫外线两种。

二、培养基的配制与分装

（1）培养基的配制：原种和栽培种所需培养基的量较多，且菌丝分解养分能力强，可选用农作物的秸秆、粪草、锯木屑、麸皮、米糠等原料作为培养基。具体见食用菌组织分离技术。

（2）培养基的分装：培养基在装瓶（袋）前必须把空瓶洗刷干净，并倒尽瓶内渍水，然后一边装，一边用木棒压紧，直至瓶肩为止。装好瓶后，要用圆锥形木棒在瓶中打一个洞，直到瓶底和临近瓶底为止，以增加瓶内透气，有利菌丝沿洞眼向下蔓延，也利于菌种块的固定。有条件的地方可采用简易打洞机打洞，以提高打洞速度和质量，减轻劳动强度。洞眼打好后，随即用清水把瓶身和颈口洗抹干净，待瓶口晾干后即塞上棉塞，如再在瓶口用防潮纸或牛皮纸包扎，对防杂的效果更好。棉塞要求干燥，松紧和长度合适，成包子形，总长4～5 cm，2/3在瓶口内，1/3露在口外，内不触料，外不开花，用手提棉塞瓶身不下掉。这样透气好，种块也不会直接接触棉塞受潮感染。

粪草培养基装瓶的质量要求上紧下松，内松外紧，前期种宜紧，后期种稍松。紧不可有层叠印，松不能有蜂窝眼，瓶口定要扎紧抹净，一般750 mL菌种瓶装好料连瓶重0.85 kg左右。

麦粒菌种培养基只要将麦粒装至瓶肩，将瓶身稍震动几下，然后用干布将瓶口内壁擦抹干净，不必再行打洞。在装麦粒培养基时，可在瓶口内的上部用少量的料草衬口，以免搬动和倾斜时麦粒松散。

种木培养基装瓶时，应余下 1/3 的木屑配料盖在表面，然后压紧压平，有利于菌丝封口和菌丝的茁壮生长。

目前菌种容器采用玻璃瓶装的较普遍，但玻璃瓶在操作过程中易破碎，损失大，成本也高。如果生产栽培种时，采用聚丙烯塑料袋或农用的聚乙烯塑料薄膜袋较为适用，而且经济。特别是香菇、木耳等压块用种，效果最佳，可节省大量的挖瓶人工，且菌丝受损伤少，有利于子实体的生长。

用塑料袋生产菌种，袋长 40 cm、宽 15 cm 左右。高压灭菌用聚丙烯，常压灭菌用聚乙烯薄膜比较经济。装料可用装袋机，上下松紧一致。两头袋口套塑料环，用报纸两层上盖塑料封口，然后用橡皮筋扎紧，经灭菌后接种。

（3）培养基的灭菌。原种、栽培种所需的数量多，灭菌一般采用较大的灭菌锅。采用高压蒸汽锅进行湿热灭菌时，升温火力应逐渐加大，以防锅内温差变化太大，引起玻璃瓶炸裂破损。当压力开始升到 0.5 kg/cm^2 时，即打开排气阀排出冷气，待冷空气放尽后，再关上排气阀重新升温，烧至所需压力。

高压灭菌所需要的时间，应根据培养基原料的种类和生熟程度来决定长短。木屑、棉壳、蔗渣和种木为主料的培养基灭菌时的蒸汽压力要求达到 1.5 kg/cm^2，保持 60 分钟；稻草培养基和粪草培养基，在同上的压力下，保持 90 分钟；而麦粒培养基则要保持 120 分钟，才能达到灭菌效果。

采用土锅灭菌时，在 98℃～100℃的温度下，需连续灭菌 6～8 小时；麦粒培养基的灭菌时间须达 12 小时为宜。停火后再焖蒸 3～4 小时才能出瓶（袋）。

采用塑料薄膜袋装菌种培养基灭菌时，可按以上方法进行灭菌。聚乙烯耐压，耐温性能差，故只能采用常压灭菌，100℃保持 8～12 小时。聚丙烯塑料薄膜耐温、耐压性能好，可在 1.5 kg/cm^2 压力下保持 2 小时，灭菌彻底且不会破裂。灭菌后不要立即打开锅盖，待温度下降至 50℃时趁热开锅取出，这样可减少每包粘连一起的现象。

培养基灭菌完毕从锅中取出后，应放于清洁、凉爽、干燥的室内进行冷却待接，并在棉塞上喷 5%石炭酸或 0.25%新洁尔灭溶液，以防杂菌感染。

三、接种方法

1. 常规接种法

接种时，先点燃酒精灯，将接种用具、菌种表面、接种人员双手用 75%酒精擦抹，再将接种针或镊子、菌种棉塞在火焰上灼烧消毒，然后在火焰上将管（瓶）口棉塞轻轻拔出，斜对火焰，就可进行正式接种。接原种时将每支母种斜面用接种针横划成 4～5 段，每瓶原种培养基接入一段；接栽培种时，每个培养基瓶内用镊子挟入一小块原种，即每瓶原种一般可接栽培种 30～40 瓶或 40～50 瓶。

原种和栽培种的接种操作除按母种接种方法外，还应注意下列事项。

（1）接种时箱（室）内温度不要超过 32℃。因此，夏季接种时，应在晚上或清晨进行，以免影响菌种生活力。

（2）被接菌种要求健壮、生命力强、无杂菌和虫害。如瓶内出现有子实体或茶褐色菌膜时，只要不接触棉塞，将其去掉，并不影响菌种质量。

（3）接栽培种时，应将原种上部培养基块和少量料种去掉不用，以减少杂菌污染。

（4）接种块菌丝不能损伤过大或过碎，菌种块要接在瓶口中央。特别是接银耳栽培种时，如接种块过碎，形成子实体多，养分分散，朵形小，质量差；如果是整块，子实体只形成一个，营养集中，朵形大，质量好。

（5）接种箱操作时间一般不宜超过35分钟。特别是气温高时，如接种时间过长，温度升高，菌种生活力减弱。

（6）接种工作完毕后，应及时送入培养室培养，并做好标签记录，防止混乱。

2. 两点接种法

生产食用菌的原种或栽培种，从接种培养到菌丝长满全瓶，一般都要25～40天，特别是原种生长更慢。而且同一瓶里不同部位菌丝的菌龄相差悬殊，活力也有差异。根据真菌菌丝从接种点向周围呈球形状扩展的特点，采用两点法接种，可使菌丝提早1/3～1/2的时间长满全瓶，既节约了时间，又可使瓶内菌龄较为一致，活力也强。具体方法为：把常规的木屑麸皮等培养基装瓶后，用特制的打孔木棒在培养基中央打孔，灭菌操作均按常规进行。

接种时，先用接种铲将斜面横切成大致相等的5～6段，上部稍长，下部稍短（因下部培养基较厚），再用接种刀将各段纵切成两块。用接种钩或接种铲取一菌块，放入培养基内接种穴下部，再取一块放在培养基上面即可。

栽培种的接种，最好由两人操作，方法类似原种接种，不同处是接种工具为镊子或接种匙，在瓶中接两个点；若将整个中心孔接满成为柱状，则生长更快。

3. 栽培种的简易生产法

对一些适应性强，菌丝生长快的菇类，如平菇、凤尾菇、草菇等，也可用子实体直接繁殖栽培种或用生料生产栽培种。

（1）菇体繁殖栽培种。用子实体组织直接接种生产菌种，方法简便，时间短，遗传性稳定。在缺乏原种的条件下，可作为生产栽培种的一种应急措施。

方法是把表面消毒的子实体（未释放孢子），削掉菌柄表皮，切成0.5立方厘米大（如蚕豆大小）小块，取一块接入已灭菌的培养基内，在适宜温度下（23℃～25℃）培养20～25天，待瓶内培养基布满白色菌丝，即可使用。每千克平菇菌种可接80～100瓶栽培种。

（2）生料栽培种制法。在燃料缺乏的地方，生产平菇栽培种可采用此法。该方法是选择新鲜无霉变的棉籽壳，先在阳光下曝晒2～3天。然后加入0.1%的多菌灵（粉剂，先用少量酒精调成糊状），1%～3%的石灰水与料拌匀，装入事先经高锰酸钾、酒精消毒过的瓶内或塑料袋内。夹取原种块接入生料菌种瓶或袋内，接种时可分层或表面接种均可，但接种量要大（比熟料大3～4倍），也可用10%～15%的种量与生料培养基拌匀后装瓶或袋，置适温下培养（一般不超过20℃），约一个月左右，菌丝布满培养料即可使用。

四、接种后的培养管理

原种和栽培种的培育过程中应注意以下几点：

1. 培养温度

一般放置22℃～23℃的温度下培养，30～45天就可长满瓶。

2. 培养湿度

室内相对湿度保持在60%～70%之间，经常保持室内空气新鲜，以利菌丝的生长。如多雨季节室内空气湿度过大，应在地面上撒些石灰粉，降低湿度，防止病虫杂菌滋生。

3. 菌种瓶直立放置

因接入的菌种块还未生长固定，如卧倒叠放，菌种块易落到瓶侧，影响发菌。如生产菌种数量多，应待菌丝已封口伸入料中后，便可横放，以充分利用空间面积。

4. 检查去杂

从第 3 天开始就要经常检查有无杂菌污染，发现有杂菌的要及时处理，一般检查工作继续到菌丝体覆盖整个培养基表面为止。

5. 保持清洁卫生

培养室内外要经常保持清洁卫生，同时培育期间每隔 7～10 天，在室内外及瓶口棉塞上喷 1%的敌敌畏或其他杀虫药液一次，防止害虫发生。

另外，在培养麦粒菌种时，接种后 7 天左右应将菌种瓶摇动一次，使菌丝生长分布均匀；在培养银耳菌种时，有些瓶内木屑表面会看到有浅黄色的凸起糊状小菌落，它是芽孢，并非杂菌。

五、菌种的编号与记载

为了使栽培者和使用者充分了解菌种情况，以及便于菌种生产者自己分类管理，生产出的试管或菌种瓶上应及时贴上一张标签。注明菌种名称、编号、来源（有性繁殖或无性繁殖）、代数和移接日期。通常用一些明确、统一的符号表示。习惯上将食用菌名称用该食用菌拉丁文学名的第一或前两个字母表示：如 L（香菇），V（草菇），PL（平菇），FL（金针菇），Au（黑木耳），Tr（银耳），Po（茯苓），H（猴头），G（灵芝）。有性繁殖多指孢子分离，用 S 表示。无性繁殖中，利用菇（耳）子实体组织分离的用 T 表示，利用基内菌丝分离的用 M 表示，转管移接用 F 表示，最后一次移接时间用数字表示。

六、原种和栽培种短期保存

原种和栽培种，一般都应按计划生产，长好后及时使用，不宜长期保藏，只能作短期保存。它体积大，数量多，不可能放在冰箱内大量保存。再说保藏的时间长了也会影响其生活能力。但是自己生产或购来的原种或栽培种，往往不可能马上就用，也得进行短时间的保存。

要保存的原种，必须菌丝粗壮，生命力强，瓶盖严密，无杂菌感染。要保存的栽培种，必须菌丝茁壮，菌柱不应与瓶壁分离，不得有污染或出黄水的衰老现象。

把挑出的符合保存标准的原种和栽培种，放入保存室内。保存室的条件应该是：干净、凉爽、干燥、黑暗，以降低其生命活动，减少变异退化。温度以 5℃～10℃为宜。不要超过 15℃，也不能低于 0℃。在这样的条件下，原种和栽培种可保存 2～3 个月。温度越高，保存的时间越短。

【实验思考】

栽培种的制作过程中哪些操作容易引起污染？特别注意的问题有哪些？

实验九 食用菌的种植及管理

实训一 平菇栽培及管理

平菇学名侧耳［*Pleurotusostreatus*（Jacq. exFr.）Quel.］，又名鲍鱼菇、北风菌、元蘑、白香菇、边脚菇等。在真菌分类上，“平菇”属于担子菌亚门、层菌纲、伞菌目、侧耳科、侧耳属，学名叫糙皮侧耳（*Pleurotus ostreatus*）。而在生产和生活中，平菇通常是商品名称，是侧耳属中多个栽培种的总称。常见的平菇栽培种类有糙皮侧耳 、美味侧耳、桃红侧耳、金顶侧耳、凤尾菇等。因其成熟时，菌盖偏生一侧，菌褶延生至菌柄，形似耳状，故又称侧耳。是我国栽培最广、产量最高、食用和出口最多的一种食用菌。

平菇为大型菇类，菌盖初为圆形，扁平，成熟后因种类不同发育成耳状、漏斗状、贝壳状等不同形态。菌盖表面有不同色泽，初期较深，后期较淡。平菇菌褶一般延生，长短不一，通常为白色，少数伴有淡褐色或粉红色。菌柄侧生或偏生于菌盖下方与菌肉相连，无菌环、白色、肉质或纤维质。

1 目的要求

了解平菇栽培的人工环境条件，了解生料栽培的基本方法，掌握平菇栽培过程及各生长期的管理要点。

2 重点与难点

重点：生料栽培的基本方法，平菇栽培过程及各生长期的管理。

难点：平菇栽培过程及各生长期的管理。

3 教学方法与手段

本次课主要采取讲授法和讨论法，在学生实验过程中辅以个别指导进行教学。

4 实验内容

①培养料备料、装袋、灭菌；②转接生产种；③发菌管理；④出菇管理；⑤采收。

5 主要仪器设备药品材料

平菇栽培种、栽培料、接种铲、喷壶、灭菌锅、酒精灯、接种铲、盆、铁锹、聚丙烯塑料袋、塑料环、细棉绳、橡皮筋、高锰酸钾、甲醛、5%苯酚、75%酒精、脱脂棉。

6 实验操作与管理

6.1 配料

（1）杂木屑或稻草（切碎）78%、麸皮或米糠 15%、玉米粉 3%、过磷酸钙 1%、石膏

1%、石灰粉 2%；

（2）玉米芯 68%、棉籽壳 20%、麸皮或米糠 8%、过磷酸钙 1%、石膏 1%、石灰粉 2%；

（3）甘蔗渣 40%、杂木屑 34%、米糠 20%、石灰 3%、石膏 1%、过磷酸钙 1%、磷酸二氢钾 1%；

（4）玉米秆 97%、生石灰 1%、石膏 1%、棉籽壳 99%、石膏 1%、多菌灵 0.1%～0.2%，培养料混合均匀后的含水量为 60%～62%。

6.2 拌料

拌料时先称好棉籽壳，倒在已消毒好的水泥地面或桌面上，再把称好的多菌灵用水溶解，搅拌均匀，然后倒入棉籽壳中，边拌料边加水，直到均匀为止。

6.3 测含水量

培养料拌好后，用手抓一把培养料握在手中，攥紧，手指缝中有水印但无水滴滴下，这时的含水量合适，为 60%～62%，若含水量不足，可再加少量的水，充分搅拌均匀，再检测，直至含水量合适为止。

6.4 装袋接种

采用宽 25～30 厘米，长 40～50 厘米的聚乙烯塑料薄膜袋。一端用透气塞封口，先装入一层已掰成蚕豆粒大小的栽培种，再装入一层厚约 5 厘米的栽培料（边装边压实），再加一薄层栽培种，如此重复，直到快装满塑料袋时，最后在袋口放一层，加入一透气塞后将袋口扎紧，也可仅在塑料袋两端和中间部位放菌种。袋口直接扎紧后打孔透气。栽培种的用量一般为培养料的 15%～20%。

6.5 发菌管理

发菌期管理的主要任务是创造适宜平菇丝生长的温度、湿度、光照、空气等生活条件，促使平菇菌丝顺利萌发、定植、健壮生长，为出菇打下基础。

6.5.1 菌袋的堆放

菌袋可列状摆放，也可“井”状摆放，一般摆放层数为 4～6。

6.5.2 管理要点

（1）注意温度变化，保持温度（24℃～28℃）。

（2）经常通风换气，保持空气新鲜。

（3）保持干燥，不要喷水。

（4）黑暗培养。

（5）翻堆检查，接种后 10 天内要勤检查，发现污染的要及时拣出处理，15 天后把上下料调堆，检查菌丝生长情况。

（6）预防鼠害和虫害，防止老鼠咬破料袋和害虫危害，以免影响菌丝生长和引发杂菌感染。

（7）温度适宜，菌丝生长正常，从接种到菌丝长满袋后一周内，应将菌袋移到出菇场地进行出菇管理。

6.6　出菇管理

当菇筒内菌丝生长好后应立即搬到出菇室进行出菇。出菇室要求清洁卫生，通风透光，保温保湿性能好。出菇室的地面以水泥地面或砖面为好。

（1）原基形成期：光线和变温刺激有助于原基分化，此时菇房应该有散射光照射，菇房温度以10℃～15℃为宜。菌袋在这样的条件下继续培养3～7天，菌丝开始扭结形成原基（菌袋两端开始出现米粒状的扭结物）。此时应该将菌袋两端透气塞拔掉，使袋筒通风换气，向室内空间喷雾状水，保持室内相对湿度80%～85%。

（2）菇蕾形成期：原基得到空气和水分后生长很快，形成黄豆粒大小的菇蕾，这时应将袋筒两端多余的袋边卷起，使菇蕾两边的栽培料露出袋筒。菇蕾形成后，除需要光照外，菇房温度还应该稳定，这样有利于菇蕾的生长发育，一般保持在15℃～16℃。菇房内的相对湿度应该为80%～85%，要给予适当的通风，否则菇蕾会因为缺氧而不能正常生长发育。通风应在喷水之后进行，以免菇蕾因通风而失水干缩，甚至死亡。

（3）子实体生长期：菇蕾在适宜的条件下，迅速形成长大。此时对水分和氧气的需求量很大，因此应加大菇房的通风，提高菇房内的相对湿度。一般采用增加通风次数、延长通风时间的方法来增加菇房内的O_2，排出CO_2。子实体生长时期菇房内的相对湿度要求在85%～90%，达不到时应在菇房内喷雾状水。喷水次数应根据当时的天气情况和菇房湿度大小决定。喷水的原则是少喷勤喷，每天喷水2～3次，每次喷水后通风30分钟左右，并增加光照。总之，子实体生长时期的管理关键是要协调好通风、湿度以及温度之间的关系。

6.7　采收

子实体成熟之后要及时采收，采收标准应根据商品的需求决定，如盐渍平菇，菌盖长至3～5厘米时即采收，而鲜销时可适当大些。第一潮菇采后，将残留的菌柄、碎菇、死菇清理干净，停止喷水2～3天，让菌袋中的菌丝积累养分，然后再喷水促使第二潮原基形成，整个生产周期可收获三潮菇。

7　思考题

（1）平菇的栽培方法有哪几种形式？试分析各种栽培方法的优缺点。

（2）简要说明袋栽平菇每一工艺流程的要点。

实训二　香菇栽培与管理

香菇又名香菌、香蕈、香信、冬菇、花菇、栎菌、香皮褶菌、平庄菇（广东）、椎茸（日本）等。它是一种生长在木材上的真菌。在真菌分类中，香菇属于担子菌纲的伞菌目，口蘑科，香菇属的一个菌种。

香菇是世界第二大食用菌，也是我国特产之一，是最著名的食用兼药用菌之一，也是我国重要的食用菌出口产品。香菇肉质肥嫩、味道鲜美、香气独特，并具有一定的药用价值，因此深受国内外人们的喜爱，是不可多得的理想的健康食品，被誉为“菇中皇后”，在民间素有“山珍”之称。

香菇营养丰富，含有18种氨基酸，7种为人体所必需。其所含麦角甾醇可转变为维生素

D，有增强人体抗疾病和预防感冒的功效；香菇多糖有抗肿瘤作用；腺嘌呤和胆碱可预防肝硬化和血管硬化；酪氨酸氧化酶有降低血压的功效；双链核糖核酸可诱导干扰素产生，有抗病毒作用。民间将香菇用于解毒、益胃气等保健食疗。香菇是我国传统的出口特产之一，其一级品为花菇。

1 实验目的要求

了解香菇栽培的人工环境条件，掌握香菇栽培过程及各生长期的管理要点。

2 主要仪器设备药品材料

香菇栽培种、栽培料、接种铲、喷壶、灭菌锅、酒精灯、盆、铁锨、聚丙烯塑料袋、塑料环、细棉绳、橡皮筋、高锰酸钾、甲醛、5%苯酚、75%酒精、脱脂棉。

3 实验步骤与管理

3.1 培养料配方

①棉籽皮 50%、木屑 32%、麸皮 15%、石膏 1%、过磷酸钙 0.5%、尿素 0.5%、糖 1%。料的含水量 60%左右。②豆秸 46%、木屑 32%、麸皮 20%、石膏 1%、食糖 1%。料的含水量 60%。③木屑 36%、棉籽皮 26%、玉米芯 20%、麸皮 15%、石膏 1%、过磷酸钙 0.5%、尿素 0.5%、糖 1%。料的含水量 60%。

3.2 称料和拌料

根据配方、原料含水量和投料量，准确称量各原料用量及加水量。先将不溶于水的棉籽壳和麸皮按比例称好混匀，再将易溶于水的石膏粉、过磷酸钙和糖称好后溶于水，拌入料内，充分拌匀，调节含水量 60%左右，即手握培养料时，指缝间有水渗出，但不滴下为宜。拌料时还应注意培养料的 pH 值，一般为 5.5～6.5。拌料后 8 小时内必须装袋灭菌，超过 8 小时后拌好的料易变酸，既影响菌丝生长又易感染杂菌。

3.3 装袋

当装料装满时，把袋子提起来，将料压实，使料和袋紧实，装至离袋口 5～6 厘米时，将袋口用棉绳扎紧。装好的合格菌袋，表面光滑无突起，松紧程度一致，培养料坚实无空隙，手指按压坚实有弹性，塑料袋无白色裂纹，扎口后，手掂料不散，两端不下垂。一般说来，装料越紧越好，虽然菌丝生长得慢些，但菌丝浓密、粗壮，生命力强，袋均匀产菇多，质量好；相反，料松，空隙大，空气含量高，菌丝生长快，呼吸旺盛，消耗大，出菇量少，出菇小，品质差，而且料松易被杂菌感染。

3.4 灭菌

可采用高压蒸汽灭菌，也可采用常压蒸汽灭菌。高压蒸汽灭菌：当温度达到 126℃，蒸汽压力达到 1.5 kg/cm^2时，开始计时，维持 2～2.5 小时。注意：灭菌锅内菌棒应单层摆放，不可积大堆，以防温度不匀，造成灭菌死角。菌棒灭菌结束后，应趁热出锅，并迅速运输至接菌室内冷却。灭过菌的菌棒尽量不要接触土壤、生料等易污染物品，整个操作过程尽量要求无菌操作。

3.5 接种

应预先做好消毒工作，接种环境、接种工具、接种人员都要按常规消毒灭菌。将灭菌后的菌袋移入接种室，待料温降至30℃以下时接种。香菇的接种方法很多，但最为常用的是长袋侧面打穴接种的方法。接种时可由3～4个人流水作业操作，即第一个人用75%酒精棉球擦净料袋，然后用木棍制成的尖形打穴钻或空心打孔器，在料袋正面消过毒的袋面上以等距离打接孔（每袋4～5个孔，一面打3个，相对一面错开打2个）；第二个人用无菌接种器或镊子取出菌种块，迅速放入接种孔内。尽量按满接种穴，最好菌种略高出料面1～2毫米；第三个人用食用菌专用胶布或胶片封口，再把胶布封口顺手向下压一下，使之粘牢穴口，从而减少杂菌污染；第四个人把接种好的料袋搬走。整个过程要求动作迅速敏捷。尽可能减少“病从口入”的机会，接种时忌高温高湿。

3.6 培养

接菌后，将菌棒移入事先消毒好的培养室内养菌。在培养室内以“井”字形码堆，堆高12～15层菌棒，每层四棒，菌棒之间留点空隙，两堆之间设一条60 cm的过道，以便管理操作和通风散热。培养条件：室内温度20℃～25℃（菌棒内温度绝对不能超过28℃），空气湿度50%～60%，避光，通风良好，昼夜温差最好在5℃以内。

3.7 菌棒转色管理

3.7.1 温度

（1）菌棒走满后，从刺孔到转色完毕，要求袋内温度20℃～28℃。

（2）决不允许袋内温度超过28℃，以免高温烧菌，严重影响香菇产量和质量。

（3）由于香菇的变温结实性，为防止转色期间形成菇蕾，必须保持温度恒定，温差不允许超过5℃。

3.7.2 湿度

转色阶段要求空气相对湿度在70%以下。

3.7.3 光照

适当的光照强度可促进瘤状物的形成和转色，光照强度在100～300勒克斯，有利于转色。此时，可去掉培养室窗户的遮阴物，或把菌棒移入光照较好的房间内转色。生产中，通过倒堆使菌棒均匀接受光照，均匀转色。

3.7.4 通风

菌棒发满菌丝后，为增加菌棒深层的供氧和促进菌棒表面失水，促进瘤状物形成和转色，需加强通风和对菌棒刺孔。

（1）刺孔。菌袋发满菌后，再刺孔40～60个（依据孔径大小确定孔数），孔深4～5 cm（接近菌袋半径），通气增氧，促进菌棒内水分散失、料袋分离、气生菌丝形成与倒伏，以及瘤状物形成与软化，最终顺利转色。

（2）码堆。为使菌棒均匀接受光照和有利于通风，码堆时，每堆菌棒之间要留有一定的空隙，每层菌棒由原来的4棒减少为3棒。

3.7.5 加强通风（倒堆）

为使菌棒转色均匀一致，转色期间每隔20天左右倒堆一次。

（1）倒堆时把瘤状物形成弱和转色轻的一面翻转过来，冲向外侧、光线充足的一面。

（2）倒堆时，上下、里外、不同位置的菌棒调换位置，避免因温度、光照及通风差异，而使菌棒转色不一致。

菌棒完成转色的标志：

（1）菌棒表面未形成瘤状物的部分，重新长出气生菌丝，浓密程度和菌丝长短适中，经通风干燥后倒伏，形成厚薄适中的红褐色的菌膜。

（2）菌棒表面形成的瘤状物细胞，软化死亡后形成菌膜。

（3）菌膜均匀、厚薄适中，红褐色，有金属光泽。

3.8 出菇管理

3.8.1 上架催菇

菌棒上架时应注意以下事项：

（1）转色程度：菌棒转色基本完成，转色面积应达到 80%以上。

（2）菌棒摆放：摆放菌棒时，每两个菌棒的间隙为 4～5 厘米。

（3）上架时温度：上架时必须考虑温度对上架后菌棒的影响，无论长龄还是短龄菌种，都有一个共同点，即在 7℃～21℃的温度范围内，在合适温差、较高湿度条件下都会形成菇蕾。

3.8.2 现蕾后的管理

菌棒现蕾后，每天检查一下菇蕾情况，根据现蕾情况管理如下：

护蕾

菇蕾形成后，3～4 天内菌盖开始分化，在菌盖直径小于 1 cm 时，一定要注意保护幼蕾，不能触摸、挤压菇蕾。此阶段要求的条件如下：

（1）温度 15℃左右，最好不要超过 20℃。

（2）湿度 80%～90%。

（3）光照：适当。

（4）通风：尽量少通风，特别是在干燥或风大的白天，一定不能大通风，可在夜晚进行少量通风。

选蕾和疏蕾

（1）选蕾：选择生长健壮，无畸形，距离适当的菇蕾，每个菌棒留 6～8 朵菇，方向最好是朝一个方向。

（2）割口：当菇蕾的菌盖部分生长至 1 cm 左右时，用锋利的小刀在菇蕾的菌柄周围的塑料袋上割 3/4 或 4/5 的圆形割口，塑料片要在袋上保存，以缓冲外界环境条件对菇蕾的影响，保护幼蕾。

（3）疏蕾：把多余的、畸形的、丛生的菇蕾疏掉。大一点的菇蕾用刀割开塑料袋剔除，小菇蕾用指甲在塑料袋外按死。剔菇后，划口处用透明胶袋封严。

3.8.3 催花

（1）催花的定义：采取措施，促使香菇菌盖表皮出现裂纹，露出白色菌肉的过程。

（2）催花机理：菌袋“内湿外干”“内长外不长”，致使菌盖表皮出现裂纹。这时菌袋内含水量 55%～60%，菌丝体吸收和转运养分的功能正常进行，菌肉正常生长，而菌盖表皮细胞在干燥条件下（空气相对湿度小于 65%），生长缓慢或停止生长，致使菌盖表皮出现裂纹，露出白色菌肉。

（3）催花时幼蕾应具备的条件：菌盖直径 2～2.5 cm，菌肉质密坚实，菌盖圆整。如菌盖过大，催化时易形成条状裂纹；如菌盖过小，易形成花菇丁，培育不出优质花菇。

（4）催花时的天气条件：晴天、有微风、空气湿度小的天气进行。

（5）催花的方法和措施：当菇棚内的菇蕾菌盖直径大部分已达 2～2.5 cm 时，进行适时催花。上午 9：00 以后，将菇棚两侧的塑料薄膜揭开，加大通风让微风吹拂幼菇，使菌盖表面达到干燥状态。此时如果温度较低（低于 15℃），可让阳光直射到菌盖表面。下午 5：00 以后，盖上薄膜保持湿度。如此这般处理，经 3～5 天后，菌盖表面开裂，露出白色菌肉，形成花菇。

注意：整个催花过程，应尽量控制棚内温度不要超过 20℃，如温度过高，在采取措施后，虽也能形成花菇，但菌盖较薄，菌肉疏松易开伞，品质不好。

3.8.4 保花

保花的定义

幼菇菌盖开裂形成白花后，在生长过程中，要一直保持其白度。防止由于湿度过大，造成开裂的菌肉处重新形成表皮细胞，颜色加深、变褐，最终变成茶花菇。保持白花菇的色度不变的措施，即为保花。

保花的条件

（1）温度：15℃～18℃，有利于优质白花菇的形成。

（2）湿度：空气相对湿度 50%～70%，有利于保花和花菇的正常生长。

保花的措施

幼菇表皮开裂后，继续控制温度和湿度，使幼菇能够继续生长，而又能保持花的白度，控制湿度是关键。在保证温度和湿度的前提下，尽量提高光照强度和加强通风。

花菇异态及预防对策

（1）花菇异态：在花菇形成及发育过程中，遇上多变的气候，或因管理不精细，很易造成各种异态花菇，以至影响花菇的产量和品质。

①菇蕾枯死。当菌棒进入现蕾阶段，由于环境条件剧变，一部分菇蕾无法顶出菌皮而夭折。另一部分虽已长成幼蕾，但由于根基浅薄，无法抗拒恶劣环境的侵袭，导致菇蕾枯死。若气温较高，直射光较强，也会灼伤幼蕾，甚至造成死亡。

②花菇丁。由于恶劣环境的侵袭，一部分菇蕾枯死，还有一部分缺水，无法继续长大，但已成花纹。这种长不大的花菇称为花菇丁。这种花菇经济价值极低，甚至没有商品价值。

③茶花菇。花菇纹理形成后，若遇到连续 2～3 天阴雨，棚内空气相对湿度在 80%以上，会使花纹渐渐消失，似隐花，色不白，故称茶花菇。

④开伞花菇。如香菇 939，当长成 2.0～3.5 厘米大小的花菇时，在空气湿度 60%，温度 12℃条件下，一般都成为白花菇；当长到 3.5 厘米以上大小时，只能形成开伞菇，开伞花菇品级较低。

（2）预防对策。

①湿度与光照调节。原基和幼蕾的枯死，主要是受干燥和直射光照的影响，因此必须注意湿度和光照管理。在原基分化成蕾，蕾生长至 2～3 厘米大小的幼菇前，大棚内防止空气湿度大幅度下降（60%以下），杜绝直射光照到幼菇上，保持湿度 80%～90%，阴阳比为 3∶7，即三阳七阴。保持幼菇生长在最佳温度下，以培育大菇和圆整菇，为幼菇长成花菇打下基础。

②水分调节。造成花菇丁大量发生的主要原因是 1.0～1.5 厘米大小幼菇的菌棒缺水，空气干燥，菇细胞停止生长（即菌棒含水量降至 50%以下），因此，必须注意防止大棚内通风次

数过多，加强保持湿度的管理，或通过喷雾使空气湿度保持在 60%～70%。破损面积大的，要疏去小蕾，减少营养消耗，保住每棒 3～5 个大菇厚菇形成花菇，以减少花菇丁发生。

③防止环境湿度过大。茶花菇主要是空气相对湿度过大造成的，遇此情况，就要严格调控大棚内空气湿度，要十分关注天气预报，凡遇阴雨天气，就应采用各种手段使空气保持干燥。在封闭大棚内，可用去湿剂除湿，或用热风机吹送热干风。

④掌握好幼菇的成熟度。减少开伞花菇，主要措施是适时掌握幼菇的成熟度，即在幼菇大多数长至 2～3 cm 时，应马上进行促花处理，同时要防止突来的高温影响。因为较高的气温，幼菇长得快，易开伞。在高温来临之前应及时降温，保证在低温条件下形成厚花菇。

3.8.5　采收

花菇从现蕾到成熟，所需的时间因品种和温、湿度条件不同而有较大差异。早春气温较低，从现蕾到采收需要 2～3 周，且质量较好。而夏季气温较高，现蕾只要 1 周便可采收，此时花菇比例减少，光面厚菇增多。

花菇的采收原则是：达到标准及时采、天要下雨提早采、天气转暖马上采，保证花菇质量内优外美。

花菇采收的标准：

（1）出口保鲜菇：在香菇内菌幕未开（不露菌褶）或半开（露出部分菌褶）时采收为好。

烘干菇：在菌褶尚未完全展开，边缘内卷呈“铜锣边状”时采收为宜。

在高温高湿条件下不及时采收，会使花纹颜色变暗，易开伞，品质降低。

采收时应注意：

（1）要注意保护菌棒：采菇时不能“拔”，因为拔菇易带起培养料，而造成营养损失，影响下茬菇的生长和总体产量。正确的方法是用手指捏住菌柄基部，左右轻轻旋转，既可采下。如果菇蕾丛生，采收时要一手按住菌柄基部，另一手一朵一朵地采下。

（2）采大留小：成熟一朵采收一朵，采大菇时，切勿碰伤小菇。

（3）采下的花菇要轻拿轻放，装菇的容器要用透气好的塑料筐或竹箩筐，且不要过大，以免盛装过多，相互挤压变形。若是用不透气的容器盛装，会上热使花菇变色，降低品质。

（4）采收的花菇要及时送往保鲜厂保鲜或烘干加工。若要放置较长时间，应散放于阴暗通风处，不能重叠堆放在一起，防止由于鲜花菇的呼吸作用，而导致温度升高，菌褶变色，开伞，品质下降。

3.8.6　采收后的管理

养菌

第一茬花菇采收后，应让菌棒处于一个有利于菌丝休养生息，积累营养的环境，为下茬菇的生长打好基础。方法是：停止喷水，降低湿度，减少温差，稳定温度，减少通风。

待菌棒上被采菇柄基部重现绒毛状菌丝时（一般在 20℃，约 1 周左右），即可做下茬菇的催菇处理。此时，如果菌棒水分充足或基本充足，可不必急于补水；否则，应做补水处理。

催蕾

春季花菇栽培，除第一茬菇一般不用催蕾外，以后每一茬菇都要催蕾。催蕾方法得当，可使菇蕾整齐出现，既缩短生产周期，又便于集中管理，有利于提高产量和品质。

（1）催蕾的条件。

①温度：最高温度不超过 24℃，昼夜温差 10℃以上，持续时间不少于 3 天。

②水分和湿度：菌棒含水量 50%～60%，空气湿度 85%～95%。

③菌皮状态：菌皮要充分软化，如菌皮过厚要刺破菌皮。

④适当振动：菌皮过厚振动力度要加大。

⑤其他：适当的光照和通风条件。

（2）催菇措施。

①温度控制。

a. 加大遮阴度：夏季温度较高，为降低温度，可采取加厚遮阴物的方法，降低菇棚内的温度。

b. 棚外喷水：在棚外遮阴物上大量喷水，也可降低棚内的温度，特别是在夏季的中午，效果更明显，可控制菇棚内的最高温度不超过催蕾的上限。

c. 接合补水加大温差：可采用夜间补冷水的方法，降低菌棒的温度，拉大菌棒的昼夜温差。

d. 选择连续阴雨天催菇：此时催菇，既可保持湿度，又利于控制温度，是进入夏季以后催蕾的有效措施。

②振动：振动可促使菇蕾整齐快速地形成，振动的力度因菌棒的品种、菌龄、菌皮厚度、上茬菇的出菇状况不同而不同。一般情况下，振动力度大，出菇早，菇蕾量大。

③软化菌皮：浸水、喷水、提高菇棚内湿度都可软化菌皮。

④菌棒补水和提高空气湿度是催菇措施的中心环节，通过补水提高菌棒含水量和空气湿度不仅能影响菌丝生长，恢复菇蕾的正常形成，对温度和温差的调控也起着至关重要的作用。

（3）菌棒补水的条件。

①菌棒由于出菇或气候过于干燥而致失水过多，含水量不足50%时，应及时补水。

②采菇结束后，经7～10天恢复养菌后，才可注水。

（4）补水的方法。

①浸水：为使菌棒容易吃水，浸水前可对菌棒刺孔。最好使用10℃以下冷水浸泡，浸泡时间8～16小时。浸泡补水的同时，软化了菌皮，拉大了温差。

②注水：用高压水泵为菌棒注水，注水最好用冷水，注水后再用冷水喷雾5～7天，既保持了湿度、软花了菌皮，又人为拉大了温差。

（5）催菇步骤。

①养菌：一茬菇采收后，要充分养菌，一般需养菌7～10天。

②补水：注水或浸泡。

③振动：经补水的菌棒，最好经振动刺激，菇蕾才能整齐地分化。振动的方法：左右手各拿起一个菌棒，互相敲一下，菌棒转动180°，再敲一下。振动力度、振动频率和次数都对菇蕾的分化早晚、数量有很重要的影响。

④喷水：经振动的菌棒，应马上在菇棚内，贴地面成“品”字形摆放，高度随气温变化而不同，气温低时可多摆几层，气温高时不要超过三层，以免层高堆大，堆内菌棒温差不够，影响催蕾。每日早晚各喷两次水，水温最好不要超过10℃，水要喷透。白天不要喷水，以免影响温差。喷水的作用：提高湿度、软化菌皮、拉大温差。喷水需持续5～7天。

（6）现蕾后的菌棒应立即上架，进行第二茬菇的管理。

3.8.7　后期管理

（1）二茬菇以后的管理基本同第二茬菇。

（2）4月初入棚，4月中旬可现蕾，5月初可采第一茬菇，5月中旬催菇，5月底出第二茬菇，6月底至7月初可收第三茬菇。7月中旬至8月初歇伏，8月底至9月底可收第四、五茬菇。

（3）如当年不能出菇完毕，而菌棒需过冬时，应适当降低菌棒含水量，菌棒含水量在50%～60%时最易过冬，低于45%或高于65%都难以越冬。

4 作业

（1）简述袋料栽培香菇的工艺流程。

（2）你认为袋料栽培香菇的技术关键有哪些?

实训三 金针菇栽培及管理

金针菇学名毛柄金钱菌，又称毛柄小火菇、构菌、朴菇、冬菇、朴菰、冻菌、金菇、智力菇等，植物学名为*Flammulinavelutiper*（Fr.）Sing。因其菌柄细长，似金针菜，故称金针菇，属伞菌目白蘑科金针菇属，是一种菌藻地衣类。金针菇具有很高的药用效果。

1 目的要求

了解金针菇栽培的人工环境条件，掌握金针菇栽培过程及各生长期的管理要点。

2 重点与难点

重点：金针菇栽培过程及各生长期的管理要点。

难点：金针菇栽培过程及各生长期的管理要点。

3 实验内容

①培养料备料、装袋、灭菌；②转接生产种；③发菌管理；④脱袋覆土；⑤出菇管理；⑥采收。

4 主要仪器设备药品材料

金针菇栽培种、栽培料、接种铲、喷壶、灭菌锅、酒精灯、接种铲、盆、铁锹、聚丙烯塑料袋、塑料环、细棉绳、橡皮筋、高锰酸钾、甲醛、5%苯酚、75%酒精、脱脂棉。

5 实验步骤与管理

5.1 培育料配方及制造办法

5.1.1 配方

白色金针菇的培育：其质料及配方首先应思考碳素和氮素的含量及二者之间的份额。通常来讲，养分丰厚的质料可恰当少加辅料；含氮素少的质料可恰当多加麸皮。因为白色金针菇是维生素B1和B2的天然缺点型，所以在培育料中添加富含维生素B族的玉米面和麸皮是十分必要的。当前，全国各地培育白色金针菇最常用的配方有如下三个。

配方1：棉籽皮85%，麸皮10%，玉米面3%，石膏1%，石灰1%。

配方2：木屑68%，麸皮25%，玉米粉5%，石膏和石灰各1%。

配方 3：玉米芯 73%，麸皮 20%，玉米面 5%，石膏和石灰各 1%。

5.1.2 制造办法

拌料时，先将不溶于水的主料和辅料混合均匀，再将石膏和石灰溶于水中，随后，将水加入培育料中并用铁锹翻动一次。料水比应为 1∶1.2 左右。最后用拌料机将料悉数拌和一次。需要注意的是，拌和后力求快装袋及灭菌，若是长时间堆积发热，培育料会呈现酸败。

5.2 装袋与灭菌

5.2.1 装袋

培育白色金针菇最常用的塑料袋为低压高密度聚乙烯。装袋时先将一头绑死，再用装袋机进行装料，装料时要做到松紧适度并防止塑料袋破口，每袋装干料量为 0.45 kg，最后用塑料绳绑好另一端。

5.2.2 灭菌

灭菌最常用的办法是常压灭菌。在我国的广阔乡村，常压灭菌的办法通常有两种：一种是用土蒸锅；一种是用常压小锅炉。用常压小锅炉灭菌的具体办法如下：先将灭菌场所清扫洁净，再将已装满袋的塑料筐（聚丙烯）或铁筐一层一层摆好，通常一次可灭菌 3000～5000 棒。用一层塑料布（旧塑料布可用两层）盖在上边，再掩盖一层苫布。附近用沙袋压好。再经常压小锅炉可开端生火加温，它产生的水蒸气通过事前放在菌棒底部的两根塑料管道进入灭菌垛内。经过 3～5 小时垛内的温度达到 100℃以上，此刻开端计时灭菌 12～15 小时。

5.3 接种

接种的整个过程都应该按无菌操作进行，能否做到无菌操作是接种成败的关键。接种的办法可分为接种箱、接种帐和接种室。接种箱是一家一户最常用的接种办法，特别是新的培育户宜用此法。接种帐和接种室是有条件的菇场规模化出产常用的办法。

5.3.1 接种箱及处置

接种箱密闭性必须要好。接种箱的套袖要用不易透气的两层布料做成，前后要带有两个松紧带。旧接种箱在运用前要先用水冲刷洁净并在太阳下晾干，然后熏蒸消毒一次。接种箱尽量放在干燥、洁净、密闭性好的房间内。

5.3.2 菌种挑选与处置

菌种在运用前必须要有专人进行一次挑选。选好的菌种运用前处置办法如下：先用 0.5%～1%的甲醛水洗去菌种外表尘埃，再将菌种浸入 3%的来苏儿溶液中几秒后捞出。

5.3.3 熏蒸

将灭完菌并冷却至 26℃以下的菌棒放入接种箱中，将菌种及接种用具等放入接种箱并点着烟雾消毒剂进行熏蒸。熏蒸时间为 1 小时。

5.3.4 接种

熏蒸结束后可立刻进行接种。接种具体办法为：接种人员要对双手进行冲刷及消毒。点着接种箱内的酒精灯并在其上方进行接种操作，动作要娴熟，每瓶菌种（500 mL）可接种菌棒 15 个（两端接种）。

5.4 发菌办法

将接好种的菌棒及时运到发菌室或塑料大棚进行发菌。不管是发菌室还是塑料大棚，最重要的要求是洁净、干燥、通风、避光、适温。我国白色金针菇的培育，因南方和北方的出菇办法不一样，发菌时菌棒的摆放也不一样，此外，夏季发菌和冬季发菌菌棒的摆放也不尽相同。菌棒的发菌办法首要是人为提供一些适合白色金针菇菌丝成长的条件。发菌办法关键如下：温度要控制在20℃～25℃，温度过低菌丝成长慢，影响出菇时间；温度高菌丝成长较快，但菌丝的质量差，影响产值。发菌的湿度越低越好，在整个发菌过程中不能喷水。白色金针菇的菌丝成长不需要光线，特别是不能有直射阳光。发菌场所要根据温度进行通风换气，发菌 10 天后可去掉菌棒两端的塑料绳增氧，也可在菌棒两端用大针扎孔增氧。在发菌过程中尽量不要翻动菌棒，防止菌棒中心构成原基出菇。如发现菌棒少数污染杂菌先不要动，等到菌棒菌丝长到一半时，将两端污染或中心污染较重的菌棒挑出，袋内培育料经破坏晾干后可用于鸡腿菇或草菇培育。

5.5 出菇办法

白色金针菇的出菇办法，对其产值和质量影响较大。我国南方出菇办法多选用地上一层或床架多层一头向上出菇，出菇办法也常选用原基再生法。我国北方区域出菇办法多选用半地下式塑料大棚立体墙式两端横向出菇。出菇办法多选用直接出菇法。不管是何种出菇办法，其出菇关键如下。

5.5.1 催菇

当菌棒（菌袋）菌丝长满后约一周可进入出菇办理时刻。首先拉动袋口，使袋膜脱离料面，以利增氧催蕾。在袋的两端接种处，将较大的菌种块去掉，在菌种块上先成长出来少数而大的幼菇也应及时拔掉。不然，一方面使大多数小菇得不到养分，另一方面影响菇蕾的全部发作。此时最重要的是湿度，应添加湿度到 90%～98%。由于该时刻原基构成的数量直接影响到最终的产值，而湿度越大原基就越多。当通风和湿度对立时，应把湿度放在第一位。若是发菌和出菇在同一场所，应在催菇之前接连通风 2～3 天，以彻底扫除发菌时刻产生的废气。一旦拉动袋口，就应少通风，增大湿度。笔者曾在石家庄运用生果冷库培育白色金针菇，产值较低，根本原因即是湿度问题。此外，在本时刻，温度应调控在 8℃～13℃。坚持恰当的散射光，影响原基的构成。

5.5.2 子实体成长

当料面呈现很多鱼子般菇蕾时，应及时撑开整个袋口，温度控制在 8℃～10℃。当小菇长到 3 cm 以上时，可恰当降低湿度及光照度，促进菌柄成长。依据菇的形状进行通风换气，二氧化碳浓度应保持在 0.1%～0.15%。若是菇棚过于不透气，易形成针尖菇，影响产值及质量。遇到这种情况，不要发慌，应立刻进行通风换气，增加光照，几天就能改善过来。本时刻的办理重点是操控温度，温度应操控在 10℃以下，温度的升降直接影响到商品的质量。若是温度超越 13℃，白色金针菇保鲜期短，易腐烂变质。此外，该时刻最常见的问题是高温烧菌。由于在白色金针菇子实体成长时刻会产生很多生物热，使棚内温度达到 13℃以上，构成不该有的经济损失。特别是北方区域，因选用立体培育，单位面积所放菇袋较多，更易产生高温，这一点也须注意。

5.6 采收

5.6.1 采收规范

当白色金针菇菌柄长至 12～14 cm，菌盖在 1.2 cm 以内时应及时采收。采收前要采用两

个办法：一个是降温，其意图是延长菇的保鲜时间；一个是通风降湿，使菇体变得外观美观。若是采菇时，同一出菇车间或棚内有些菌棒正在构成原基，就不能通风降湿，可采收后对鲜菇商品进行通风降湿。

5.6.2　采收办法

在同一菇棚内，因开袋及构成原基的时刻不一样或是上层菌棒与基层菌棒温度不一样，采菇时刻也不一样。基本原则是采大留小，依据采收规范挑选采收。

6　作业

金针菇熟料栽培的技术关键是什么？

实训四　猴头菇栽培技术

猴头菇，又叫猴头菌、刺猬菌、花菜菌或山伏菌等，原是一种深藏于密林中的珍贵食用菌。其子实体圆而厚，常悬于树干上，布满针状菌刺，形状极似猴子的头，故而得名。猴头菇肉嫩味香，鲜美可口，其色、味、香均属上乘。猴头菇作为一种大型真菌，素有“山珍”之称，它含有16种氨基酸及多种维生素和矿物质。

1　实验目的要求

了解猴头菇栽培的人工环境条件，了解猴头菇栽培的基本方法，掌握猴头菇栽培过程及各生长期的管理要点。

2　实验重点与难点

重点：猴头菇栽培的基本方法，猴头菇栽培过程及各生长期的管理。

难点：猴头菇栽培过程及各生长期的管理。

3　实验内容

①培养料备料、装袋、灭菌；②转接生产种；③发菌管理；④出菇管理；⑤采收。

4　主要仪器设备和药品材料

猴头菇栽培种、栽培料、接种铲、喷壶、灭菌锅、酒精灯、接种铲、盆、铁锨、聚丙烯塑料袋、塑料环、细棉绳、橡皮筋、高锰酸钾、甲醛、5%苯酚、75%酒精、脱脂棉、灭菌锅。

5　实验步骤及管理

5.1　配料

棉籽壳98%，石膏粉1%，糖1%（或棉籽壳88%，麸皮10%，糖1%，碳酸钙1%），培养料混合均匀后的含水量为65%。

5.2　拌料

拌料时先称好棉籽壳，倒在已消毒好的水泥地面或桌面上，堆成小山状，麸皮和石膏粉由堆尖撒下。糖溶于水中。

5.3 测含水量

培养料拌好后，用手抓一把培养料握在手中，攥紧，手指缝中有水印但无水滴滴下，这时的含水量合适，为65%左右，若含水量不足，可再加少量的水，充分搅拌均匀，再检测，直至含水量合适为止。

5.4 装袋

保证松紧适度，装得太松，保水性差；装得太紧透气性差，菌丝不易蔓延下伸。

5.5 灭菌接种

高压灭菌1.5～2小时，塑料袋应直立排放于锅内。接种时袋口靠近酒精灯火焰处。一般每袋接3勺菌种，少量菌种接入洞内，大部分菌种分布在培养基表面。有利于整齐出菇，一瓶二级菌种大约接25～30个栽培袋。

5.6 培养

最适培养温度为22℃～25℃，高于28℃菌丝容易老化，子实体过早形成。子实体形成后应将袋口打开或将接种穴上的胶布揭去。每天开窗1～2次，每次0.5小时。当菌丝生长量和生长速度达到一定程度后，将袋口绳子解开，使之出现一小缝。也可以在接种穴口的胶布旁用针刺孔。菌丝体培养期空气相对湿度为65%～70%，空气湿度过大易长杂菌。菌丝生长期发菌室应有40～50 lx的光照强度。当菌丝长满袋时应增加到100 lx，促使菌蕾形成。

5.7 出菇管理

5.7.1 开袋

栽培开始时要把壶形袋的袋口做成瓶口状，把棒形袋菌种穴上的胶布撕去。壶形袋袋口的具体做法是用宽1～2厘米，长10厘米左右的硬纸片，弯成直径3厘米左右的圆纸圈，两头连接处用订书机订住。然后将袋口穿进纸圈，再翻折于圈外，拉直，用橡皮筋将塑料袋口箍在纸圈上即成。棒形袋接种穴口的胶布撕去后，若见到口内有不规则的小菌蕾，则用小刀将其割去，单层卧放于架子上。穴口向上，袋上用塑料薄膜覆盖，塑料薄膜和穴口应有0.5～1厘米距离，每2～3天将覆盖的塑料薄膜掀动一次，使覆盖膜上有良好的通气环境，促使菌蕾形成。当菌蕾直径2～3厘米时，将覆盖的塑料薄膜揭去。

5.7.2 温度管理

出菇温度尽量控制在16℃～20℃，勿使温度过高或过低，温度超过22℃时，白天关闭门窗，晚上开启；温度低于14℃时，白天开门窗，晚上关闭，必要时地面泼浇热水。温度高，猴头菇的质量会受影响，使子实体色暗、质松，但只要高温的时间不超过7～10天，且不超过25℃，下批菇还能正常生长；温度低于14℃，菇生长慢，但对后面几批菇无影响。

5.7.3 空气管理

猴头菇子实体生长要求有十分良好的空气。空气不良，子实体质松、重量轻、生长慢、菌刺少而粗，甚至会出现畸形。空气中CO_2含量对猴头菇生长的影响是很难用眼觉察的，但用统计调查的方法很容易发现其和子实体生长的关系。由此可见，子实体栽培时必须十分注意空气

条件，栽培室内菌袋不可放置过多，放置量不超过 20 袋/立方米。室内必须保持空气新鲜。子实体采收前，通气量要增加，室内 CO_2浓度不超过 0.1%。

5.7.4 光线

猴头菇子实体形成需要 100 lx 的光照度，而且光线要均匀。光线弱，子实体采收后转潮慢；光线强，空气湿度难以保持，菌刺形成快，子实体团块小。

5.7.5 空气相对湿度

猴头菇菌蕾形成和子实体发育需要 80%～90%的空气相对湿度。空气湿度过低，菌蕾和子实体生长缓慢，但菌刺较短，在一定程度上可提高商品质量。因此在开始形成菌蕾和子实体生长前期，空气相对湿度要求保持在 90%左右。当菌刺达 0.5～1 厘米时，空气相对湿度应降至 85%。从菌蕾形成到子实体生长前期，室内每天要喷雾 2～3 次，菌刺形成后每天喷雾 1～2 次。菌蕾形成阶段，菇体上不可喷水。子实体长至 4～5 厘米时，每天需喷 1 次细的雾状水。喷水后开门窗 0.5 小时，把菇体上游离的水分挥发掉。采收前一天不可喷水，以降低菇体含水量，以免运输贮存时产热使得菇体色泽暗、口味差。

5.8 采收管理

猴头菇子实体要在成熟前采收，当子实体坚实、孢子未落下、菌刺在 0.5～1 厘米时采收。子实体完全成熟后（即大孢子大量散落时）采收则肉质松，苦味重，加工成罐头时汤汁易发生混浊，采收后下一批菇形成慢，总的产量会下降。猴头菇采收后应将留于基部的白色菌皮（菌膜）状物捡去，表面压平，继续管理，7～10 天后第二批子实体即可形成。一般可收三批左右。

6 作业

（1）猴头菇在生长发育过程中对环境条件的要求如何？

（2）怎样掌握猴头菇采收的最佳时期？

实训五 黑木耳栽培技术

黑木耳又称木耳、光木耳、细木耳。在真菌分类中，黑木耳属担子菌亚门、层菌纲、木耳目、木耳科、木耳属。黑木耳薄而呈波浪形，形如人耳、耳状，许多耳片连在一起呈菊花状。干燥后强烈收缩成硬而脆的角质。

1 目的要求

了解黑木耳的生物学特性，了解黑木耳熟料短袋栽培的生产程序，掌握其关键技术。

2 实验准备

（1）原料：棉籽壳、稻草、麸皮、木屑、石膏粉、过磷酸钙、石灰粉等。

（2）菌种：黑木耳栽培种。

（3）用具：聚丙烯塑料袋（菌袋）、捆扎绳、竹筐、铡刀、铁锹、农用薄膜、接种箱、接种工具、常压灭菌锅、消毒杀菌剂等。

3 内容和方法步骤

3.1 培养料配方

配方1：棉籽壳90%，麸皮8.5%，石膏粉1%，石灰粉0.5%。

配方2：杂木屑41.5%，松木屑20%，玉米芯20%，麸皮15%，黄豆粉2%，石膏粉1%，石灰粉0.5%。

配方3：甘蔗渣61%，木屑20%，麸皮15%，黄豆粉3%，石膏粉0.5%，石灰粉0.5%。

配方4：稻草68%，麸皮20%，木屑10%，石膏粉1%，过磷酸钙1%。

3.2 培养料的配制

3.2.1 培养料的预处理

棉籽壳用1.5%的石灰水浸泡24 h后，捞起沥干备用；松木屑堆制发酵后晒干备用；甘蔗渣用粉碎机粉细备用；稻草切成3 cm左右的小节，用0.5%石灰水浸泡6～10 h后，捞起沥干备用。

3.2.2 拌料

分小组使用以上不同配方。将不同原料的干料混合拌匀，逐渐加水，使培养料的含水量达60%为宜，即用手握培养料时，指缝略有水渗出但不滴为度。

3.2.3 装袋

选用直径为15～17 cm的聚丙烯塑料袋，切成33 cm长的菌袋，将菌袋的一头用捆扎绳系活结，也可先将菌袋的一端用火烧凝固封口，然后开始装袋。粉料边装边振动袋子，辅以手轻压即可。留6～7 cm长的菌袋用捆扎绳子系活结。

3.2.4 灭菌

将已装好的料袋送入灭菌锅，分层排放，袋子不能互相挤压，要留有一定的缝隙。采用常压灭菌，即100℃条件下保持8～10 h，再焖12 h。

3.3 接种

料袋灭菌后，移入已消毒的接种箱内，待料温下降到35℃左右时，即可进行抢温接种。接种用具和菌种瓶及手都要进行表面消毒，在无菌条件下操作。掏种前先刮去种瓶内表面的表菌皮，再将菌种掏松，解开料袋的活结，打开袋口，两端或一端接种，表面种菌应压实，让菌种紧密地接触培养料，以利菌丝萌发、定植。

3.4 发菌期管理

根据黑木耳的生物学特性，春季栽培的料袋在3、4月份接种、发菌，当时气温比较低，往往采取堆叠发菌，依靠袋温来提高温度。此期间，在检查杂菌污染的同时，应注意调换菌袋的位置以达到发菌一致。秋季栽培时，气温较高，在发菌过程中要防止“烧菌”，注意发菌室的通风换气，严防高温。

3.5 出耳管理

菌丝满袋后，可以进行开袋催耳。方法是用刀片在菌袋表面纵向开口3～4条，然后将菌

袋置于出耳室的地面，菌袋斜靠排放，在上面覆盖薄膜。最后向地面洒水以增大湿度。当菌袋的开口处出现许多小耳芽时，便可揭膜挂袋，进入出耳管理。耳房的温度、湿度、光照和通气调节都会影响到木耳的产量和质量。温度过高（28℃以上），耳片生长快而薄；光线暗淡，耳片色淡；光照过强、湿度不够，耳背毛长质粗。还要注意避免高温、闷湿环境，防止耳片的感染（流耳）。

3.6　采收

当耳片充分长大时，即可采收。及时晒干或烘干，然后进行菌袋的后期管理，以催出下一潮耳。

四、作业

简述熟料袋栽木耳的生产程序及关键技术。

实验十　食用菌的加工技术

实训一　食用菌风味食品的加工

将食用菌子实体、菌丝体以及初级加工过程中剩余的可利用部分，如次菇、碎菇、菇柄等进一步加工，可生产出具有食用菌独特风味的食品，如食用菌米面食品、食用菌糖果、食用菌蜜饯及食用菌方便食品、休闲食品等。不仅可以改善这些产品的营养功能，满足人们的消费需求，还能够扩大食用菌资源的利用范围，提高食用菌产业的经济效益。

1　食用菌米面食品加工技术

米面是我国人民的主食，提高米面的蛋白质含量，增加其中欠缺的食用菌多糖，将会提高米面的营养价值和保健功能。将食用菌子实体或菌丝体烘干磨细成粉和米面混合在一起，制成食用菌米面食品；也可以利用禾谷类籽粒制作成培养基，于无菌条件下接入食用菌种，培养菌丝体后制成食用菌米面食品。

1.1　食用菌挂面、方便面加工

1.1.1　食用菌保健挂面

（1）原料。

精面粉 100 kg，猴头菌粉 1 kg（或猴头菌汁液 20 kg），白茯苓粉 500 g，食用精盐 1 kg。

（2）制作。

将白茯苓粉、猴头菌粉和面粉混合均匀，加入 26%的盐水（盐溶于清水或煮菇水中，过滤后使用），放入搅拌机中搅拌约 10 min，在 26℃左右温度下静置 15 min，使面粉充分吸水膨胀熟化后，具有一定延伸性。然后放入压面机内，将分散的面料挤压成面片。再通过数道压辊，将面片切成宽 1 mm，厚 0.8 mm。再将面片通过轧条机，将面片切成宽 1 mm、长 20 cm 的面条。将面条挂于阴干室内架上阴干。室内空气相对湿度 30%～70%，温度 15℃～20℃，通过一定风量进行排潮，使面条缓慢干燥，含水量下降到 14%左右即可。切忌室内温度过高，以免面条出现微裂痕，造成酥条易断。

1.1.2　猴头菇挂面

（1）原料。猴头菌粉 1 kg（或猴头菌汁水 20 kg），富强粉 100 kg，白茯苓粉 0.5 kg，食用精盐 1 kg。

（2）操作要点。

①和面：按配方将猴头菌粉和白茯苓粉掺入面粉中，加 26%过滤盐水或煮菇水，在搅拌机内搅拌约 10 min，使面粉中的蛋白质充分吸水膨胀，彼此黏结形成面筋网络。熟化后的料坯应有一定的延伸性，料坯应在（25±1）℃下放置 15 min，然后再上机压片。

②压片：熟化后的料坯通过双辊压延，将小颗粒面筋挤压在一起形成面片，再通过数道压辊逐步压延，使面筋网络均匀分布。轧条机将面片切成 1 mm 的面条后即可上架阴干。

③阴干：阴干室的相对湿度为70%～80%，室温为15℃～20℃。通过一定的风量使面条缓慢干燥。应防止室温过高，否则将使面条产生微裂而造成断条，阴干时间约为8 h。

1.1.3 香菇快餐面

(1) 原料。精制面粉、精盐、蛋白粉、精炼食用油及调味料（香菇粉、精盐、味精、鸡松、香菇松、五香粉、辣椒粉、食用香精、辣酱等)。

(2) 工艺流程。精制面粉、水、添加物→和面→制面（含片、压延、制条）→成型→蒸面→切断（定量）→风干→加调味料→包装。

(3) 制法。和面时加配制好的盐碱水，将蛋白粉、精炼食用油等添加物添加到精制面粉中，和面，按制面工艺制出精制面条，用塑料袋包装（袋内装一小包调味料，每小袋25 g)，密封即成。

1.2 食用菌方便米粉加工

1.2.1 金针菇方便米粉

利用金针菇鲜菇和大米一起磨浆，再经蒸熟、成型、干燥，即可制成方便米粉。

(1) 原料：大米10 kg、金针菇1 kg。

(2) 工艺流程：白色金针菇→清理去泥沙＋大米→清理→浸泡→磨浆→蒸粉皮→冷却→切粉→干燥→包装。

(3) 制法：选择白色金针菇，洗净泥沙。选用优质大米，淘洗干净，用水浸泡，以米粒充分浸透为度（如浸泡不透，会影响米浆质量；浸泡过度，易发酸）。然后将浸泡的米与切碎的金针菇一起磨成米浆，再挂浆蒸粉（在挂浆蒸粉时，厚度要均匀，否则易出现生熟不匀现象，影响米粉质量）。粉皮蒸熟，经冷却后，再切块，干燥（晒干或烘干)，最后包装即成。

1.2.2 草菇米粉片

(1) 原料：籼米10 kg，草菇1 kg。

(2) 制法。

①磨浆：将籼米搓洗干净，浸泡于25 kg的水中约3 h，捞出；将草菇去杂质、泥沙，切成小块，放入籼米中，一起磨成米浆。

②蒸皮：取竹制蒸笼一个，蒸笼内铺上不漏浆的纱布，上盖蒸至上汽，然后用勺舀适量的草菇米浆于纱布上，厚约0.5 mm，加盖蒸4～5 min，取出将粉皮平放在木板上。

③晒皮：粉皮冷却后，可逐张揭起晾晒，晒至五六成干时，切成各种形状的草菇米粉片，然后晒干或烘干即成。

1.2 食用菌糕点加工技术

食用菌糕点是近几年才发展起来的美味保健食品，人们在吃糕点时，不仅能品尝到糕点的美味，而且能享受到食用菌提供的高营养和保健功效，是值得发展的一种新食品。

1.2.1 米类糕点制作

1.2.1.1 香菇松糕

(1) 配料：香菇粉1 kg，糯米粉10 kg，粳米粉15 kg，砂糖12.5 kg，糖制猪油丁6.25 kg，糖莲心1.25 kg，核桃仁1 kg，玫瑰花1.25 kg，黄桂花1.25 kg，蜜枣1 kg。

(2) 制作：将糖制猪油丁去衣皮、切丁，糖渍3～4 d。将莲心切成两瓣，蜜枣切成小片，核桃仁切成两瓣，黄桂花洗去咸水挤干。将香菇粉和米粉与八成砂糖和八成猪油丁一起拌匀，放入松糕蒸笼内摊平，不要压实。再将各种干果料与桂花、玫瑰花及余下二成猪油丁在糕粉面上摆成各种花纹、图案，然后撒上余下的二成砂糖，入锅蒸制。待接近蒸熟时揭开笼盖，稍洒些温水再蒸，直蒸至糕面发白发亮，表明已蒸熟，取出冷却即可。

1.2.1.2　香菇发糕

（1）配料：香菇粉 500 g，粳米粉 12 kg，酵种 4.5 kg，食碱 150 g。

（2）制作：将粳米粉 3 kg 倒入盆内，加冷水 3 L，搅拌成糊状。置铁锅在旺火上，加水 6 L，烧沸后将粳米粉糊倒入沸水中，熬至八成熟时取出盛在盆内凉透。同时将酵种溶解在 3 L 30℃的温水中，稀释成糊状。将香菇粉 0.5 kg 和余下的粳米粉 9 kg 倒入盆内，搅匀，盖上棉被，静止发酵约 5 h。将食碱 150 g 溶于水中，分几次倒入粳米粉盆内搅匀。然后将米粉倒入蒸笼，置沸水锅上旺火蒸 50 min 左右，蒸熟后切成块。

1.2.2　面类糕点制作

在烤蛋糕的基础上，用香菇柄粉替代部分面粉，用淀粉糖浆替代部分白砂糖，开发研制出香菇保健蛋糕。本产品鲜香微甜，松软适口，老少四季皆宜，具有广阔的市场开发前景。

（1）配料：原料面粉 320 份，香菇柄粉 180 份，橘皮粉 50 份，鸡蛋 240 份，白砂糖 120 份，淀粉糖浆 80 份，发粉 12 份，柠檬酸 6 份，水适量，食用油适量。

（2）工艺流程：

香菇柄→清洗→切片→烘干→粉碎→过筛→香菇柄粉→
橘皮→清洗→浸泡→去内白皮→烘干→粉碎→过筛→橘皮粉→→拌匀
面粉、发粉→

鸡蛋→清洗→打蛋→取液→
白砂糖、淀粉糖浆、柠檬酸、水→打发→调糊→成型→烘烤→涂油→冷却→检验包装→成品

（3）操作要点。

①香菇柄粉制备：取无霉变的香菇柄用清水漂洗去杂，切成 1 cm 左右片状，置干燥箱中在 50℃～60℃下干燥 3～4 h，冷却后粉碎，过 100 目筛即得香菇柄粉。

②橘皮粉的制备：选新鲜、无霉变的橘皮，清洗干净，浸泡一昼夜，滤干水分，用刀刮去橘皮内白色部分，放入干燥箱中在 60℃～70℃下干燥 2～3 h，冷却后粉碎，过 100 目筛即成。

③打发：鸡蛋用清水清洗后去壳，蛋液放入多功能和面机，加入白砂糖、淀粉糖浆、柠檬酸、水，启动和面机，搅拌桨高速旋转，使原料溶解，空气充入蛋液，蛋浆容积比原容积增大 1～2 倍。

④调糊：将搅拌均匀的面粉、香菇柄粉、橘皮粉、发粉放入打成的蛋浆中，开启和面机慢速挡，轻轻混合均匀。

⑤成型：调成的蛋糊及时注入（经消毒、模内壁涂油）烤模中，蛋糊加入量占烤模高度的 1/2～2/3，一次成型，动作要快。

⑥烘烤：迅速将烤模放入烤炉，烘烤温度 180℃，时间约 20 min，用细竹签插入蛋糕中心，若竹签无粘连物，即熟。

⑦冷却包装：烘烤结束，将烤模去除，即用毛刷蘸少许油涂于蛋糕表皮，脱模冷却，检验包装，即为成品。

（4）产品质量指标。

①感官指标：黄褐色深浅一致，无焦斑，表面油润有光泽，蓬松饱满，块形整齐，不起

泡，不塌脸，不崩顶，起发均匀，呈细密的蜂窝状，有弹性，无杂质，松软适口，鲜香微甜，无粗糙感，不粘牙。

②理化指标：水分 18%～24%，总糖 25%～30%，粗蛋白 6%～8%。

③卫生指标：细菌总数≤750 个/g，大肠菌群≤30 个/100 g，致病菌（指肠道致病及致病性球菌）不能检出，霉菌计数≤50 个/g，As 含量≤0.5 mg/kg，Pb 含量≤0.5 mg/kg。

1.2.3 食用菌饼干

食用菌饼干是以面粉、糖、油脂等为主要原料，加入一定的食用菌菇粉，经面粉的调制、压片、成型、烘烤等工艺制成的食品。具有口感酥松、食用方便、营养丰富、便于包装携带、风味独特等特点。

（1）配料：食用菌菇粉 5 kg，面粉 95 kg，砂糖 32～34 kg，油脂 4～16 kg，饴糖 3～4 kg，奶粉（或鸡蛋）5 kg 左右，碳酸氢钠 0.5～0.6 kg，碳酸氢铵 0.15～0.3 kg，浓缩卵磷脂 1 kg，香料适量。

（2）制作。

①调粉：

卵磷脂（↓油脂）　碳酸氢钠（↓水溶液）　碳酸氢铵（↓混合）

糖浆→油脂→饴糖→鸡蛋→水溶液→混合→筛入面粉→筛入奶粉→调粉

②静置：当调粉结束时，面团温度应在 25℃～30℃。若面团黏性过大，胀润度不足，影响操作时，需静置 10～15 min。

③压面或碾轧：将面团进行压面或碾轧，使面团变成平整的面片。

④成型、烘烤：将压平的面片采用冲印或辊切等法成型，放在烤盘中，在 300℃温度下烘烤 3～4 min 即可。

⑤冷却、包装：饼干烤好后，取出自然冷却，当降至 45℃以下时，可包装入库。

1.3 食用菌蜜饯加工技术

食用菌糖渍，就是设法增加菇体的含糖量，减少含水量，使其制品具有较高的渗透压，阻止微生物的活动，从而得以保存。与果蔬制品一样，食用菌的糖制品含糖量必须达到 65%以上，才能有效地抑制微生物的作用。严格地说，含糖量达到 70%的制品的渗透压约为 5066.25 kPa，微生物在这种高渗透压的食品中无法获得其所需要的营养物质，而且微生物细胞原生质会因脱水收缩而处于生理干燥状态，所以无法活动，虽然不会使微生物死亡，但也迫使其处于假死状态。只要糖制品不接触空气、不受潮，其含糖量不会因吸潮而稀释，糖制品就可以久贮不坏。

糖还具有抗氧化作用，有利于制品色泽、风味和维生素等的保存。糖的抗氧化作用主要是由于氧在糖液中的溶解度小于在水中的溶解度，并且浓度的增加与氧的溶解度呈负相关，也就是糖的浓度越高，氧在糖液中的溶解度越低，由于氧在糖液中的溶解度小，因而也有效地抑制了褐变。

1.3.1 小白平菇

（1）配方：新鲜小白平菇 80 kg，白糖 45 kg，柠檬酸 0.15 kg。

（2）选料：选八九成熟、色泽正常、菇形完整、无机械损伤、朵形基本一致、无病虫害、无异味的合格菇体为坯料。

(3) 制坯：用不锈钢小刀将小白平菇菇柄逐朵修削平整，菇柄长不超过 1.5 cm，规格基本一致。

(4) 灰漂：将鲜菇坯料放入 5%石灰水中，每 50 kg 生坯需用 70 kg 石灰水。灰漂时间一般为 12 h，用竹笪把菇体压入石灰水中，以防上浮，使坯料浸灰均匀。

(5) 水漂：将坯料从石灰水中捞起，放清水于缸中，冲洗数遍，将灰渍与灰汁冲净，再清漂 48 h，期间换水 6 次，将灰汁漂净为止。

(6) 燎坯：将坯料置于开水锅中，待水再次沸腾、坯料翻转后，即可捞起回漂。

(7) 回漂：将燎坯后的坯料，放入清水池中回漂 6 h，期间换水 1 次。

(8) 熬制糖浆：以每锅加水 35 kg 计，煮沸后，将 65 kg 白糖缓缓加入，边加边搅拌，再加入 0.1%柠檬酸，直至加完拌匀，烧开 2 次即可停火。煮沸中，可用蛋清或豆浆水去杂提纯，用 4 层纱布过滤，即得浓度为 38 波美度的精制糖浆。若以折光计校正糖液浓度，约为 55%，pH 值为 3.8～4.5。

(9) 喂糖：把晾干水分的坯料倒入蜜缸中，加入冷的精制糖浆，浸没坯料。喂糖 24 h 后，将菇捞起另放，糖浆倒入锅中熬至 104℃，再一次喂糖 24 h。糖浆量宜多，以坯料能在蜜缸中搅动为宜。

(10) 收锅：也叫煮蜜。将糖浆与坯料一并入锅，用中火将糖液煮至“小挂牌”，温度在 109℃，舀入蜜缸，蜜置 48 h。由于是半成品，蜜置时间可长达 1 年不坏，如需要出售或急用，至少需要蜜置 24 h。

(11) 再蜜：将新鲜糖浆熬至 114℃，再与已蜜置的坯料一并煮制，将坯料吃透蜜水，略有透明感，糖浆温度仍在 114℃左右时，捞出坯料放入粉盆，待坯料冷至 50℃～60℃时，均匀地拌入粉糖，即为成品。

(12) 成品检验

规格：菇形完整，均匀一致。

色泽：蜡白色。

组织：滋润化渣，饱糖饱水。

口味：清香纯甜，略有平菇风味。

1.3.2 银耳

优选优质银耳，置于 70℃～80℃温水内浸泡 30～40 min，耳片充分吸水散开后，用手将耳片撕下，并撕成 2～3 cm 大小。沥干耳片，晒 30 min，稍晾干，以利于糖渍。以湿耳片 1 kg、白糖 3 kg 的比例混匀后，在铝锅内加热，控制火候，徐徐搅拌，待糖全部化开成黏稠状时，依次加入 0.3%柠檬酸（以湿耳质量计）、0.2%琼脂、0.2%香兰素，糖分变稠时起锅，糖渍时间为 40～60 min。将糖渍银耳摊放在瓷盘内，分开耳片，晾干，冷凝后，即可包装。

1.3.3 木耳

选用优质鲜木耳，切去耳基部分，冲洗干净，将大小不一的耳片切成宽 1 cm 左右的条状，晾晒 1 h，以利于糖渍。如果选用干木耳，则需放在 70℃～80℃的温水中浸泡 30～40 min，待耳片充分吸水散开后，再切成条状。按鲜耳 11 kg、糖 3 kg 的比例，搅拌均匀，放入铁锅或铝锅中煮，控制火候，前期温度可高些，后期要用文火加热，并徐徐搅拌。待糖融化后，一次加入 0.3%（以湿耳质量计）柠檬酸和 0.2%琼脂。待糖液熬至黏稠时，即可起锅，加热时间为 40～60 min。

煮制结束后，捞起沥干糖液，放在瓷盘中，分开耳片，在 60℃～70℃下烘 1～2 h，烘至

表面干燥、手捏无糖液时，即可装入塑料袋内，密封保藏，防止受潮。为了不使耳片粘接成块，亦可上糖衣。

1.4 食用菌糖果加工技术

食用菌糖果是以甜味剂为主体，加入食用菌所具有的蛋白质和多糖成分、香料、油脂、蛋白、果仁制成的甜味固体。由于所加辅料的不同，而形成了品种繁多、风味各异、具有一定营养功能的食用菌糖果。

1.4.1 食用菌硬糖加工技术

硬糖经高温熬煮而成，干固物在97％以上，糖体坚脆，入口溶化慢，耐咀嚼。其种类有不同味型，如果香型、菌香型、奶香型、清凉型等。硬糖由糖类和调味调色料两种基本成分构成，主要制作工艺为：配料→化糖→熬糖、冷却→调配→成型→包装。

（1）配方：赤砂糖 1 kg，黑木耳细粉 350 g，水 100 g，食用熟油、香精、佐料各少许。

（2）工艺流程：

赤砂糖适量→去杂→入锅→加水→煎熬→加黑木耳粉→佐料→香精→配匀压坯→切块→冷却→包装。

（3）操作要点说明。

①赤砂糖处理：定量称取好赤砂糖，除去杂物后，放入干净的铝锅中，加水用文火煎熬。

②黑木耳制备：选择优质黑木耳料，除去杂质后，稍干制处理即入粉碎机磨粉，粉末经筛后，即可备用。

③拌料：糖熬到基本熔化，看上去较稠厚时加入木耳细粉、香料、佐料，边加粉边搅拌，使之充分混合均匀后，停火。

④模具涂油：将食用熟油涂抹在准备好的干净的大搪瓷盘表面，要求匀而厚。

⑤压坯：趁热将糖倒入大搪瓷盘中，稍冷却，即将糖压平整坯。

⑥切块：用刀将糖坯划切成长 4 cm、宽 3 cm、厚 2 cm 的条状块，冷却后，即可包装。

（4）产品质量指标：产品外观呈黑色，有木耳味，口感不粗糙，木耳成分含量大于 23.5％。

1.4.2 食用菌软糖的加工技术

软糖属胶体糖，是一种含水量多、柔软、有弹性的糖果。其水分含量为 7％～24％，还原糖为 20％～40％，外形为长方形或不规则形。软糖的基本成分主要是糖体和胶体，特点是糖体具有凝胶特性。常见的有淀粉软糖、琼脂软糖、明胶软糖。主要制作过程：浸泡→熬糖→调配→成型→干燥→包装。

1.4.2.1 银耳软糖加工技术

（1）工艺流程：配料→浸发、漂洗→水煮→过滤→化糖→配料→成型→干燥→包装。

（2）操作要点说明。

①银耳汁制取：将干银耳 2 kg 用温水浸发，漂洗干净，按湿耳重加 4 倍量清水，在文火上煮 2～3 h，取滤汁。

②熬糖：在银耳滤汁内加白砂糖 63 kg，饴糖 20 kg，加热熔化，趁热加入淀粉 15 kg，面粉 2 kg，加热熔化，趁热加入淀粉 15 kg，面粉 2 kg，花生油、食用香精适量，搅匀，加热至 120℃，出锅。

③成型与包装：待糖液冷却到具有可塑状态时（65℃），倒入糖果模具中压制成型。脱模

后，自然干燥或烘干，即可包装。

1.4.2.2　猴头菇软糖

以猴头菇汁为主要原料制成，含多种氨基酸及多糖、多肽类生物活性物质，有助消化、利五脏、治胃病等功效。

(1) 工艺流程：猴头菇→温水泡发→温水漂洗→热水冷却→压滤取汁→煮糖→调料→倒模→脱模→烘干→包装→成品。

(2) 操作要点说明。

①提取汁的制备：猴头菇干 5 kg，入沸水浸泡数分钟后捞起，用温水反复揉洗 3 次，除去苦味；捞起，加水 40 kg，在沸水中煮 1 h，纱布过滤，取汁，在滤汁中加水补足 40 kg。

②熬糖：取琼脂 4 kg，用冷水浸软洗净，捞起沥干，另取白砂糖 30 kg，一并投入猴头菇提取汁中，加热煮沸。待琼脂全部熔化后，捞去表面白沫，再放入 80%葡萄糖浆 6 kg。继续煮沸至 106℃～108℃停止，冷却到 70℃～75℃，加入柠檬酸适量，使用色素 3.2 g，充分搅匀。

③成型、干燥：糖料冷却到 65℃时，倒入糖果模型中立即冷却凝结，置于 50℃左右的烘房或红外线电烘箱烘干，即可包装。

1.4.3　食用菌奶糖加工技术

奶糖是一种结构比较疏松的糖果，硬度介于硬糖与软糖之间，糖体富有弹性，口感柔软、细腻，具有奶香味。奶糖分为胶质糖和砂型糖两大类，两者的共同成分以乳制品、蔗糖、淀粉糖浆为主，胶质奶糖含有较多的胶体，砂型奶糖则胶体较少。

银耳蛋白糖是在蛋白糖加工配方中，添加银耳粉而制成。此糖具有滋补生津功能。

(1) 配料：砂糖 47 kg，淀粉糖浆 45 kg，蛋白质干粉或发泡粉 1.5 kg，奶油 3 kg，奶粉 3 kg，银耳粉 3 kg，香兰素 0.03 kg。

(2) 工艺流程：

砂糖、淀粉糖浆→溶化→过滤→熬糖　　银耳粉、油脂、香料
　　　　　　　　　　　　　　↓　　　　↓
蛋白质干粉或泡发粉→溶化→起泡→冲浆→搅拌→混合→冷却→成型→包装→成品

(3) 制作：

①浸蛋白质干粉或发泡粉：将蛋白质干粉或发泡粉浸于其质量 2.5～3 倍的温水（30℃～40℃）中，搅拌起泡（在浸泡和起泡中严禁混入油脂和酸）15 min 待用。

②制糖一气泡基：将 3/4 的砂糖和淀粉糖浆熬煮过滤后，再继续熬煮至 125℃～130℃时，将其冲入已搅拌起泡的打蛋锅中，继续快速搅打，使其成为所需要的糖一气泡基。

③熬糖和冲浆：将余下的砂糖和淀粉糖浆溶化过滤，将其熬煮到 140℃～145℃，缓慢冲入气泡基中，边冲边搅拌，一直搅拌到所需要的温度和黏度为止。

④混合：将奶油、奶粉、调料和银耳粉加入搅拌好的气泡基中，充分搅均匀。

⑤冷却、成型：当糖料全部搅拌均匀后，可停止加热，将糖膏倒在冷却台上冷却。蛋白糖为多孔性结构，热导率小，冷却时间较长，可在冷却台上上下翻倒，但不要反复揉。当冷却至软干适度时压成片，切成条，然后包装。

实训二　食用菌饮料的加工

目前随着国际市场上饮料向天然、营养、健康、疗效的保健和功能型发展的趋势及现代医学对食用菌愈来愈多的保健功能的研究与揭示，集天然、营养、保健于一体的食用菌饮料将会成为饮料中的一个重要种类，深受国内外消费者的喜爱。

食用菌饮料是以食用菌子实体、菌丝体或菌丝体培养液经浸提、发酵或直接加工而成的一种饮品。饮料中融入了菇体中的营养物质和一些生理活性物质，增强了饮料的营养价值和功能作用。

食用菌饮料种类繁多，就目前加工的饮料种类来看大致分为含醇饮料和无醇饮料。含醇饮料主要包括各种不含 CO_2 或含有 CO_2 的固体、半固体或液体饮料，常见的有食用菌茶饮料、食用菌碳酸饮料、食用菌乳酸菌发酵饮料及其他食用菌饮料。食用菌饮料不仅营养丰富、全面，而且具有滋补、强身和提高免疫力等功能，深受消费者喜爱，在饮料市场上有很强的竞争实力。

1　食用菌酒精饮料的加工技术

食用菌酒精饮料属于食用菌保健酒类，是主要以食药用真菌为主要原料生产的具有保健医疗作用的含醇饮料。其生产方法主要有发酵酿造、泡制和配制三种。发酵酿造酒与果酒酿造生产法相似，主要利用酵母菌的发酵作用，将食用菌子实体或菌丝体中可发酵性糖转化成酒精等物质，再经陈酿、勾兑等工序加工而成；泡制酒是将食药用菌子实体直接浸泡在一定酒精度的白酒、黄酒或米酒中，使菌体中的保健药用成分浸出于酒中；配制酒是在食用菌浸出汁中加入一定量的酒精后配制而成。

金针菇酿制酒加工技术

（1）工艺流程：

原料→破碎→压榨→调整成分→前发酵→后发酵→贮藏→调配→过滤→离子交换→杀菌→灌装→成品入库。

（2）操作要点。

①破碎：鲜菇经检验称量后，立即用破碎机破碎。从采菇到加工以不超过 18 h 为好。

②压榨：破碎后的金针菇，用连续压榨机进行榨汁，并向榨汁中按每 100 kg 加 12～15 g 二氧化硫护色、杀菌。

③静置澄清：每升汁液中加 0.1～0.15 g 果胶酶，充分混匀后静置、澄清，一般 24 h 内可得澄清汁液。

④调整成分：将澄清汁液用虹吸法进行分离，上清液泵入不锈钢发酵罐中，汁液不应超过罐容积的 4/5，以免发酵时液体溢出损失。取样分析时根据要求用白砂糖调整糖度至 22%～23%。

⑤前发酵：向发酵罐中接入 5%～10%的酵母菌或活性干酵母，充分搅拌或用泵循环均匀，片刻后前发酵开始，经 3～5d 即可转入后发酵。

⑥后发酵：采用密闭式发酵，入池发酵液占罐容积的 90%，温度控制在 16℃～18℃，约经 1 个月后发酵结束，取样进行酒度、残糖等各项理化指标的检验分析。

⑦贮藏管理：后发酵结束 8～10 d，皮渣、酵母、泥沙等杂质在自身重力作用下已沉积于罐底，及时将它们与原酒分开，进行第一次开放式（接触空气）倒池，补加二氧化硫至 150～

200 mg/L，用精制酒调整酒度至12°～13°，在原酒表面加一层精制酒封顶。当年11—12月进行第二次半开放式倒池，经常检查，及时做好添池满罐工作，次年3—4月进行密闭式第三次倒池，此时酒液澄清透明，可在液面上加一层精制酒封顶，进行长期贮藏陈酿。

⑧配置：根据产品质量指标，精确计算出原酒、白砂糖、酒精、柠檬酸等用量，依次加入配酒罐中，充分搅拌混合均匀，取样分析化验，符合标准后即可进行过滤操作。

⑨过滤：采用板框过滤机过滤。

⑩杀菌、灌装：温度控制在68℃～72℃进行巴氏杀菌15 min，灌装、封口、贴标、装箱，即为成品金针菇酒。

（3）产品质量指标。

①感官指标：呈淡黄色泽，具有金针菇的清香和醇正的酒香，酸甜适口，风味独特，典型性强。

②理化指标：酒度7°～10°，糖度10%～12%，总酸5～6 g/L，挥发酸0.8 g/L以下，总二氧化硫200 mg/L以下，游离二氧化硫30 mg/L以下，铁5.5 mg/L以下。

③微生物指标：细菌总数＜100 CFU/mL，大肠杆菌＜3个/100 mL。

2 食用菌碳酸饮料的加工技术

食用菌碳酸饮料属于充气饮料，一般充入的气体为CO_2气体，故又称碳酸饮料。食用菌充气饮料饮用后，具有清凉感觉，在酷暑季节，既能解渴，消除疲劳，又能补充营养，发挥食用菌的保健作用，因而是一种营养丰富的碳酸饮料。

2.1 猴头菇汽水的制作

将猴头菇入沸水煮片刻捞起，入碱液浸泡，然后以清水漂洗，直至洗净碱液。在锅内加水16 L，烧沸后投入猴头菇，用4层纱布过滤2次，滤液备用；在室温下或在高温下将糖液溶于水，糖度为55%，过滤去杂质备用；先以少量水将柠檬酸、色素溶解过滤，滤液与猴头菇提取液混合，之后加入糖浆液中，搅拌，使物料混合均匀。调和糖浆定量注入瓶中，再注入碳酸化水，经压盖，颠倒，检验合格后即为成品。

2.2 银耳汽水的制作

以干银耳30 g，洗净，放入锅中，加水1 L，煮沸30 min左右，用4层纱布过滤，取滤液，加开水补足至1 L。然后加入适量白糖，待冷却后装瓶，加入柠檬酸9 g，最后加入小苏打6.5 g，迅速压下瓶盖，以防气体逸出。最后将瓶子放入冷水或冰箱中，过20 min后即可饮用。

3 食用菌乳酸菌发酵饮料加工技术

食用菌乳酸菌发酵饮料是近年来开发研制的一类新型食用菌饮料，也是一类新型乳酸菌发酵饮品。食用菌含有丰富的营养，适合乳酸菌的生长；而乳酸菌本身就是一种益生菌，生长过程中能产生多种生理活性物质和特有的风味。因此两者结合互惠互利，具有营养互补、功能互补的增效作用。该产品的加工通常采用食用菌深层发酵液或子实体的浸提液，经过乳酸菌发酵后配制而成。

灵芝酸奶加工技术

灵芝酸奶是以全脂奶粉、灵芝深层发酵培养物为原料，制成的凝固型酸奶。产品营养丰富，可调节人体肠胃功能，帮助消化，有防止便秘、肠炎、食欲缺乏及贫血等保健功能。

(1) 工艺流程：

母种试管培养基→液体摇瓶培养→匀浆→过滤→配料→分装→灭菌→接种→发酵→后熟→成品。

(2) 液体摇瓶培养：将母种接入 PDA 液体培养基中，于 26℃～28℃摇瓶，菌丝球为培养基的 2/3 即可。

(3) 匀浆：菌丝球和发酵液一并置于匀浆器内，匀浆 10～15 min。

(4) 过滤：用 4 层纱布过滤匀浆后的发酵液。

(5) 配料：奶料、发酵液、水按 1∶3∶5 或 1∶2∶6 的比例混匀，若为鲜奶，可按发酵液与鲜奶之比为 1∶2 混匀即可，并加入配料总量 5%的白糖。

(6) 分装：配好的原料分装于酸奶瓶或无色玻璃瓶内，装置为容器的 4/5。

(7) 灭菌：装瓶后的配料置 90℃水浴 5 min 或 80℃水浴 10 min，取出放在干燥通风处冷却。

(8) 接种：等瓶壁温度降至室温时，按 5%～10%的接种量接入市售新鲜酸奶。

(9) 发酵：接种后待发酵瓶口覆盖一张洁净的防水纸，并用线扎好，于 42℃～43℃恒温发酵 3～4 h，注意观察凝乳情况。检查时切勿摇动发酵瓶，以免大量乳清析出，影响产品质量。待全部出现凝乳后，取出进行后熟处理。

(10) 后熟：将发酵好的酸奶置 10℃以下后熟 12～18 h，即为成品灵芝酸奶。

4 食用菌固体饮料加工技术

食用菌型固体饮料的主要原料有食用菌、调味剂、酸味剂、稳定剂、麦芽糊精等，按照配方要求投料混合后，制成干湿适度的坯料，进行干燥脱水制成产品。

香菇橙汁固体饮料的研制

(1) 工艺流程：

香菇→原料选择、洗净→打浆→调配→干燥→超微粉碎→包装→成品。

(2) 原料处理：

选择新鲜、硬挺的香菇，表面去杂、称量、洗净后，切成 0.2～0.5 cm 厚的片，100℃煮 20 min，冷却至室温，将香菇片捞出，便于打浆。

(3) 打浆：以 2∶1 比例将香菇和蒸馏水混合后，用打浆机打浆，打浆时间约为 2 min。

(4) 过滤：因为香菇汁较浓，不易过滤，先用 4 层普通纱布过滤，再用 16 层普通纱布过滤至不再出汁。

(5) 调配：麦芽糊精 15.00 g，羟甲基纤维素钠 0.10 g，甜菊糖 0.12 g，柠檬酸 1.00 g，橙汁 20 mL 分别加入香菇汁中。

(6) 干燥：在真空干燥箱中进行干燥，设定实验干燥温度为 75℃，干燥 2～3 h。

(7) 超微粉碎：将干燥后的固体用超微粉碎机进行超微粉碎，至平均颗粒度在 300 目以上。

(8) 包装：干燥完毕后，开箱取出托盘，冷却后进行密封包装。

实训三 食用菌酱类的加工技术

食用菌酱类的加工方法通常是以各类食用菌子实体为原料，与酱类制作技术相结合，再根据不同消费者的口味需求，配以各种调味料和新鲜调料，如葱、姜、蒜等加工而成。其具有酱类和食用菌的双重营养和风味，且因食用菌种类不同，风味各异，有些产品还具有食用菌的独特保健功效。

1 酱蘑菇加工技术

（1）工艺流程：原料的选择整理→漂洗→烫漂→切分→配料酱制→后熟→包装。

（2）操作要点。

①原料选择与整理：选质嫩、菇体完整、无虫蛀病斑的新鲜蘑菇，切除菇脚。另外选新鲜、完整、无机械损伤和病虫害的辣椒，去掉果柄。

②漂洗：将整理好的蘑菇和辣椒，最好在采后 2 h 内用稀盐水（盐含量不超过 0.6%）漂洗，以除去原料表面的杂质，保持原料的色泽正常。

③烫漂：将整理好的蘑菇捞出，置 95℃、含柠檬酸 0.05%～0.1%的水中，烫漂 5～8 min，以破坏菇内酶活性，杀死表面微生物，软化组织，稳定色泽。

④切分：将烫漂好的菇体及辣椒用不锈钢刀纵切成长条状，以利于酱渍。

⑤配料及酱渍：将蘑菇、辣椒、酱油各 2.5 kg，白砂糖 0.2 kg，熟花生油 350 g 和适量味精，以及上述原料放入洁净的容器中，混合均匀，用塑料布封口。

⑥后熟管理：入缸后 7 d 内，每隔 2 d 搅拌一次，共搅拌 3 次。搅拌过程中要将缸底与缸面的原料互换位置，保证酱制均匀，于室温下放置 10～30 d 即可成熟。

⑦包装：待产品成熟后即可取食，也可用塑料袋真空密封包装，经杀菌后作商品出售。

2 平菇酱加工技术

（1）工艺流程：鲜菇→去柄→清洗→捣烂→煮制→配制→防腐→灭菌→装瓶。

（2）原料处理：挑选无病虫害、无污染、无杂质、成熟度适中的新鲜子实体，除去菇柄，用清水洗干净，然后将菇撕成细条，用绞肉机将其绞碎，备用。

（3）煮制：将上述捣碎的菇浆放入不锈钢锅内，加入鲜菇质量 60%～70%的蔗糖，搅拌均匀，煮沸 20～25 min，使成稀粥状。

（4）配制：在上述煮制的稀菇浆中加入少量食盐、柠檬酸等，以调节口味。调味后，加入明胶，以增加菇酱黏稠度。在配制调味过程中，要一边加热一边搅拌，防止粘锅，产生焦味。

（5）防腐、灭菌：在上述配制调好味的菇酱中加入 0.5%的苯甲酸钠，搅拌均匀后，趁热装入瓶子，加盖密封。再在 80℃～90℃下消毒 30 min，即可入库贮存销售。

参考文献

[1] 中国科学院中国植物志编辑委员会. 中国植物志 [M]. 北京：科学出版社，2004.

[2] 郑万钧. 中国树木志 [M]. 北京：中国林业出版社，2004.

[3] 刘敏. 观赏植物学 [M]. 北京：中国农业出版社，2016.

[4] 陈卫元，杜庆平. 观赏植物识别 [M]. 北京：化学工业出版社，2011.

[5] 张建新，许桂芳. 园林花卉 [M]. 北京：科学出版社，2011.

[6] 李进进，马书燕. 园林树木 [M]. 北京：中国水利水电出版社，2012.

[7] 黑龙江省祖国医学研究所. 中草药 [M]. 哈尔滨：黑龙江人民出版社，1978.

[8] 陈冀胜，郑硕. 中国有毒植物 [M]. 北京：科学出版社，1987.

[9] 王振宇，刘荣，赵鑫. 植物资源学 [M]. 北京：中国科学技术出版社，2007.

[10] 兰进. 中草药基础 [M]. 北京：中央广播电视大学出版社，2008.

[11] 沈连生，卢颖. 中草药图典 [M]. 北京：北京科学技术出版社，2012.

[12] 吴德峰. 实用中草药 [M]. 上海：上海科学技术出版社，2017.

[13] 陆婉，曲中原，邹翔，等. 胡桃醌的研究进展 [C] //2008 年中国药学会学术年会暨第八届中国药师周论文集，2008.

[14] 贺建新. 植物除草 [J]. 林业与生态，2013 (3)：35.

[15] 李永春，赵美荣，李晓兰，等. 臭椿主要活性成分及在生物防治中的应用 [J]. 湖南农业科学，2018 (3)：126—130.

[16] 徐卉，张秀省，穆红梅，等. 臭椿开发应用研究进展 [J]. 北方园艺，2014 (11)：181—183.

[17] 余恒毅，李雪，阮汉利. 野核桃根皮化学成分研究 [C] //全国药用植物及植物药学术研讨会，2011.

[18] 周成明，张成文. 80 种常用中草药栽培、提取、营销 [M]. 北京：中国农业出版社，2015.

[19] W・巴尔茨，E・赖因哈德，M・岑克，等. 植物组织培养及其在生产技术上的应用 [M]. 北京：科学出版社，1983.

[20] 曹孜义，刘国民. 实用植物组织培养技术教程（修订本）[M]. 兰州：甘肃科学技术出版社，1999.

[21] 陈振光. 园艺植物离体培养学 [M]. 北京：中国农业出版社，1996.

[22] 崔凯荣，戴若兰. 植物体细胞胚发生的分子生物学 [M]. 北京：科学出版社，2000.

[23] 杜克久，旧慧娟. 植物人工种子的研究 [J]. 河北科学院学报，1944，9(4)：3—353.

[24] 韩贻仁. 分子细胞生物学 [M]. 2 版. 北京：科学出版社，2002.

[25] 胡琳. 植物脱毒技术 [M]. 北京：中国农业大学出版社，2000.

[26] 李浚明. 植物组织培养教程 [M]. 北京：北京农业大学出版社，1992.

[27] 李向辉，陈英，孙勇如，等. 植物细胞培养与遗传操作 [M]. 长沙：湖南科学技术出版社，1992.

[28] 刘青会. 组织培养及其在实际生产中的应用 [J]. 农业科技通讯，2010(3)：100 —103.

[29] 罗广庆. 植物组织培养在农业生产中的应用 [J]. 天津农业科学，2006(3)：7.

[30] 裘文达. 园艺植物组织培养 [M]. 上海：上海科学技术出版社，1986.

[31] 盛玉婷. 植物组织培养技术及应用进展 [J]. 安徽农学通报，2008，14(9)：45—47.

[32] 覃拥灵. 植物组织培养技术及其应用 [J]. 河池师专学报，2003(4)：98—100.

[33] 谭文澄，戴策刚. 观赏植物组织培养技术. 北京：中国林业出版社，1991.

[34] 王蒂，李友勇. 应用生物技术 [M]. 北京：中国农业科技出版社，1997.

[35] 王蒂. 细胞工程学 [M]. 北京：中国农业出版社，2003.

[36] 吴雪莲，杨强. 组织培养技术在保护藏药材中的作用 [J]. 西藏科技，2008(1)：69—72.

[37] 向辉. 细胞工程与无性繁殖——克隆绵羊引出的热门话题 [J]. 生物学教学，1997(9)：43—45.

[38] 熊丽，吴丽芳. 观赏花卉的组织培养与大规模生产 [M]. 北京：化学工业出版社，2003.

[39] 詹忠根，张铭. 植物非体细胞胚与人工种子 [J]. 种子，2001(6)：28—31.

[40] 张东旭，周增产，卜云龙，等. 植物组织培养技术应用研究进展 [J]. 北方园艺. 2011(6)：209—213.

[41] 张淑红. 植物组织培养及其发展方向 [J]. 垦殖与稻作，2003(6)：1673—6739.

[42] 周维燕. 植物细胞工程原理与技术 [M]. 北京：中国农业大学出版社，2001.

[43] 陈体强，李开本. 中国灵芝科真菌资源分类、生态分布及其合理开发利用 [J]. 江西农业大学学报，2004，26 (1)：89—95.

[44] 卯晓岚. 中国香菇属的种类及香菇的自然分布 [J]. 中国食用菌，1996，15 (3)：34—36.

[45] 王健，图力古尔，李玉. 香菇属 (Lentinus) 真菌的研究进展兼论中国香菇属的种类资源 [J]. 吉林农业大学学报，2001，23 (2)：41—52.

[46] 张金霞. 我国食用菌育种、菌种现状及分析 [J]. 中国食用菌，2000，19 (增刊)：36—37.

[47] 张树庭. 蕈菌及其应用 [J]. 真菌学报，1993，12 (4)：323—326.

[48] 张树庭. 关于蕈菌种类的评估 [J]. 中国食用菌，2002，21 (2)：3—4.

[49] 陈国良，薛海滨. 食药用菌专业户手册 [M]. 北京：中国农业出版社，2002.

[50] 黄年来. 中国食用菌百科 [M]. 北京：中国农业出版社，1993.

[51] 黄年来. 中国大型真菌原色图鉴 [M]. 北京：中国农业出版社，1998.

[52] 刘旭东. 中国野生大型真菌彩色图鉴 [M]. 北京：中国林业出版社，2002.

[53] 黄年来，林志彬，陈国良，等. 中国食药用菌学 [M]. 上海：上海科技文献出版社，2010.